世界思维名题

达夫 主编

中国华侨出版社

图书在版编目(CIP)数据

世界思维名题/达夫主编.—北京:中国华侨出版社,2014.8
(2014.11 重印)

ISBN 978-7-5113-4839-5

Ⅰ.①世… Ⅱ.①达… Ⅲ.①思维训练 Ⅳ.①B80

中国版本图书馆 CIP 数据核字(2014)第 187895 号

世界思维名题

主　　编:	达　夫
责任编辑:	王亚丹
封面设计:	王明贵
文字编辑:	李　鹏　黎　娜
图文制作:	北京东方视点数据技术有限公司
经　　销:	新华书店
开　　本:	720mm×1020mm　1/16　印张:28　字数:716 千字
印　　刷:	北京中创彩色印刷有限公司
版　　次:	2014 年 11 月第 1 版　2017 年 4 月第 3 次印刷
书　　号:	ISBN 978-7-5113-4839-5
定　　价:	58.00 元

中国华侨出版社　北京市朝阳区静安里 26 号通成达大厦 3 层　邮编:100028
法律顾问:陈鹰律师事务所
发 行 部:(010)65772781　　传真:(010)65756570
网　　址:www.oveaschin.com
E-mail:oveaschin@sina.com

如果发现印装质量问题,影响阅读,请与印刷厂联系调换。

前 言

爱因斯坦说过："人们解决世界的问题，靠的是大脑的思维和智慧。"思维创造一切，思考是进步的灵魂。如果思维是石，那么它将敲出人生信心之火；如果思维是火，那么它将点燃人生熄灭的灯；如果思维是灯，那么它将照亮人生夜航的路；如果思维是路，那么它将引领人生走向黎明！

思维控制了一个人的思想和行动，也决定了一个人的视野、事业和成就。不同的思维会产生不同的观念和态度，不同的观念和态度产生不同的行动，不同的行动产生不同的结果，而不同的结果则昭示着不同的人生。

只有具有良好的思维，才能升华生命的意义，收获理想的硕果。成功者无一不具有创造性思维，而失败者总是困于僵化的思维之中。人的命运常常为思维方式所左右，创造性思维就是打开命运之门的金钥匙。

当今世界的发展日新月异，我们面临着一次又一次的重要变革，挑战无处不在。越来越多的人意识到，思维训练不只是专家和高层管理人员的事情，它对于一个普通人的学习、生活和工作也起着至关重要的作用。一个人只有接受更多、更好的思维训练，才能有更高的思维效率和更强的思维能力，才能从现代社会中脱颖而出。

人的一生可以通过学习来获取知识，但思维训练从来都不是一件简单容易的事情，也不可能一蹴而就，许多心理学家和社会学家都认为思维命题训练是一种最好的方式。美国著名心理学家哈伊·奇克森特米哈伊把思维命题训练称为"使思维流动的活动"，它不但能够帮助发掘个人潜能，而且能使人感到愉快，是一种通过轻松有趣的游戏训练思维、提高智力的方式。

《世界思维名题》精选了600多道最具挑战性、趣味性与科学性的思维名题，每一个类型都经过了精心的选择和设计，每个命题都极具代表性和独创性，荟萃了古今中外众多思维大师的思维方法，同时将许多思维名题融于名人的轶事趣闻中，让读者能够更深切地体会到这些人类思维长河中大浪淘沙后的智慧沉淀。书中列举了求异思维、急智思维、迂回思维、发散思维、经典逻辑、逆向思维等类型，阐释了40种突破常规的思维方法。

书中 600 多道思维名题难易有度，有看似复杂但却非常简单的推理问题，有运用算数技巧及常识解决的谜题，以及由词语、数字组成的字谜等。书中的思维名题丰富多彩，无论是学生、上班族，还是管理者，甚至高智商的天才们，都能在此找到适合自己的题目。在解决思维名题的过程中，你需要大胆地设想、判断与推测，需要尽量发挥想象力，突破固有的思维模式，充分运用创造性思维，多角度、多层次地审视问题，将所有线索纳入你的思考。你会发现，每一个命题都能让你的思维能力在潜移默化中改变，从而在轻松解答时体味到自信，在一筹莫展中体味到坚持，在曲折离奇中体味到惊奇……

　　本书适合利用点滴时间进行阅读和练习，既可作为思维提升的训练教程，也可作为开发大脑潜能的工具。无论你是 9 岁，还是 99 岁，对于任何一个想变聪明的人来说，它都是不二的选择。阅读本书，能让你思维更缜密，观察更敏锐，想象更丰富，心思更细腻，做事更理性，心情更愉快。

目 录

第一章　思维命题与解题技法

第一节　关于思维命题 …………… 2
　1. 什么是思维命题 ……………… 2
　2. 传统游戏思维命题 …………… 4
　3. 逻辑思维命题 ………………… 5
　4. 科学思维命题 ………………… 6
　5. 现代创造性思维命题 ………… 7
第二节　思维命题解题技法 ……… 9
　1. 发散思维法 …………………… 9
　2. 水平思考法 …………………… 10
　3. 头脑风暴法 …………………… 11
　4. 删繁就简法 …………………… 13
　5. 观点逆向法 …………………… 14
　6. 倒转思维法 …………………… 15
　7. 补白填充法 …………………… 17
　8. 类比思考法 …………………… 18
　9. 叠加思索法 …………………… 19
　10. 特异搜索法 ………………… 19
　11. 经验清除法 ………………… 21
　12. 定势突破法 ………………… 21
　13. 灵感思维法 ………………… 22
　14. 替代达标法 ………………… 24
　15. 角度变异法 ………………… 25
　16. 换位思维法 ………………… 26
　17. 逆反思维法 ………………… 27
　18. 模仿思维法 ………………… 28
　19. 属性对立法 ………………… 29
　20. 正面思考法 ………………… 30
　21. 想象思维法 ………………… 31
　22. 怪诞思维法 ………………… 33
　23. 打破背景法 ………………… 34
　24. 不满图新法 ………………… 34
　25. 移植思维法 ………………… 35
　26. 旋转思维法 ………………… 37
　27. 联想思维法 ………………… 37
　28. 迂回思维法 ………………… 39
　29. 将错就错法 ………………… 42
　30. 排除干扰法 ………………… 43
　31. 心理造势法 ………………… 44
　32. 求同变异法 ………………… 45
　33. 假言判断法 ………………… 46
　34. 试探推论法 ………………… 46
　35. 具体分析法 ………………… 47
　36. 按序检验法 ………………… 48
　37. 极限思维法 ………………… 49
　38. 审视前提法 ………………… 50
　39. 归纳思维法 ………………… 50
　40. 系统思维法 ………………… 52

第二章　发散思维名题

1. 铅笔的改进 …………………… 56
2. 福尔摩斯的推论 ……………… 56
3. 女孩的选择 …………………… 56
4. 你说得对 ……………………… 56
5. 5＝？＋？ …………………… 56
6. "慷慨"的洛克菲勒 …………… 57
7. 洞中取球 ……………………… 57
8. 于仲文断牛案 ………………… 57
9. 山鸡舞镜 ……………………… 58
10. 小小智胜国王 ………………… 58
11. 忒修斯进迷宫 ………………… 59
12. 除雪 …………………………… 59
13. 泰勒的特殊兴趣 ……………… 60
14. 绚丽的彩纸 …………………… 60
15. 甲乙堂 ………………………… 60
16. 加一字 ………………………… 61
17. 火灾的原因 …………………… 61
18. 纪晓岚戏改古诗 ……………… 61
19. 令人匪夷所思的广告点子 …… 62
20. 一字之变 ……………………… 62
21. 惊讶的飞行员 ………………… 62
22. 白色血液 ……………………… 62
23. 苏格拉底的追问 ……………… 63
24. "看破红尘"的学生 …………… 63
25. 小孩与大山 …………………… 64
26. 马克·吐温"一见钟情" ……… 64
27. 倒霉的乘客 …………………… 64
28. 老人与小孩 …………………… 65
29. 阿基米德退敌 ………………… 65
30. 富翁和乞丐 …………………… 66
31. 大度的狄仁杰 ………………… 66
32. 梦的两种解法 ………………… 66
33. "赔本"经营 …………………… 67
34. 变障碍物为宝 ………………… 67
35. 刘埔巧妙解释"笑" …………… 67
36. 神童钟会 ……………………… 68
37. 聪明的商人 …………………… 68
38. 聪明的田文 …………………… 68
39. 剩余的杏子 …………………… 68
40. 聪明的算命先生 ……………… 69
41. 鹦鹉的价格 …………………… 69
42. 聪明的盲人 …………………… 69
43. 不会说话的主人 ……………… 70
44. 吹牛和尚 ……………………… 70
45. 毋择自救 ……………………… 70
46. 争银子 ………………………… 70
47. 猜谜 …………………………… 71
48. 聪明的小达尔文 ……………… 71
49. 三个面试者 …………………… 71
50. 聪明的狐狸 …………………… 72
51. 要不要赶走猫 ………………… 72
52. 傻瓜的理论 …………………… 72
53. 小和尚的烦恼 ………………… 73
54. 老虎和庄稼汉 ………………… 73
55. 找"妈妈" ……………………… 73
56. 一个"错误"的故事 …………… 74
57. 季羡林看行李 ………………… 74
58. 最后一幢房子 ………………… 75
59. 三个金人 ……………………… 75
60. 想不通的船长 ………………… 75
61. 妙计夺城 ……………………… 76
62. 陈细怪改诗 …………………… 76
63. 小孩难住铁拐李 ……………… 77
64. 带"女"旁的"好"字和
　　"坏"字 ……………………… 77
65. "加法"创造法 ………………… 77
66. 聪明的砖瓦工 ………………… 78
67. 地质学家 ……………………… 78
68. 哥伦布巧借粮 ………………… 79
69. 独到的商业眼光 ……………… 79
70. 电熨斗的改进 ………………… 79
71. 偷懒偷出的创新 ……………… 80
72. 燕子去了哪里 ………………… 80
73. 美洲为何没有发明车轮 ……… 81
74. 巧妙的字谜 …………………… 81
75. 猜字谜 ………………………… 81

76. 丈夫的信 …………………………… 82	79. 野草与命运 …………………………… 83
77. 巧改对联勉浪子 …………………… 82	80. 必胜的丘吉尔 ………………………… 83
78. 最高智慧的一句话 ………………… 83	答案 ……………………………………… 85

第三章　求异思维名题

1. 核桃难题 …………………………… 96	23. 简单的办法 …………………………… 104
2. 充满荒诞想法的爱迪生 …………… 96	24. 聪明的摄影师 ………………………… 105
3. 毛毛虫过河 ………………………… 97	25. 应变考题 ……………………………… 105
4. 蛋卷冰激凌 ………………………… 97	26. 挑选总经理 …………………………… 106
5. 图案设计 …………………………… 97	27. 智斗刁钻的财主 ……………………… 106
6. 百万年薪 …………………………… 98	28. 惩罚 …………………………………… 106
7. 聪明的小路易斯 …………………… 98	29. 有智慧的商人 ………………………… 107
8. 聪明的马丁 ………………………… 99	30. 巧取银环 ……………………………… 107
9. 银行的规定 ………………………… 99	31. 炮车过桥 ……………………………… 108
10. 购买"无用"的房子 ……………… 100	32. 巧过沙漠 ……………………………… 108
11. 鬼谷子考弟子 ……………………… 100	33. 奇怪的成功条件 ……………………… 108
12. 复印机定价过高 …………………… 101	34. 如此求职 ……………………………… 109
13. 绝妙的判决 ………………………… 101	35. 三个司机 ……………………………… 109
14. 用一张牛皮圈地 …………………… 101	36. 智力题 ………………………………… 109
15. 聪明的小儿子 ……………………… 102	37. 考学生 ………………………………… 110
16. 倾斜思维法 ………………………… 102	38. 火灾带来的"灾难" ………………… 110
17. 检验盔甲 …………………………… 102	39. 故事接龙 ……………………………… 110
18. 巧装蛋糕 …………………………… 103	40. 最短的道路 …………………………… 111
19. 汉斯的妙招 ………………………… 103	41. 酱菜广告 ……………………………… 111
20. 莎士比亚取硬币 …………………… 103	42. 华盛顿抓小偷 ………………………… 111
21. 赃钱的下落 ………………………… 103	答案 ……………………………………… 113
22. 安电梯的难题 ……………………… 104	

第四章　转换思维名题

1. 棒极了 ……………………………… 120	10. 自动洗碗机的畅销 …………………… 122
2. 保护花园 …………………………… 120	11. 霍夫曼的染料 ………………………… 123
3. 废纸的价值 ………………………… 120	12. 神圣河马称金币 ……………………… 123
4. 报废的自由女神铜像 ……………… 120	13. 熬人的比赛 …………………………… 123
5. 把谁丢出去 ………………………… 121	14. 青年的理由 …………………………… 124
6. "钢筋混凝土"的发明 …………… 121	15. 租房 …………………………………… 124
7. 计识间谍 …………………………… 121	16. 萧伯纳与喀秋莎 ……………………… 125
8. 约瑟夫的发明 ……………………… 121	17. 石头的价值 …………………………… 125
9. 范西屏戏乾隆 ……………………… 121	18. 除杂草 ………………………………… 125

19. 马克思的表白 …………… 126	44. 两个商人 ………………… 137
20. 触龙巧说皇太后 …………… 126	45. 失去的和拥有的 ………… 137
21. 曹冲称象 …………………… 126	46. 解梦 ……………………… 138
22. 只借一美元 ………………… 127	47. 聪明的小吏 ……………… 138
23. 巧换主仆 …………………… 127	48. 书商与总统 ……………… 138
24. 张齐贤妙判财产纠纷案 …… 128	49. 赢了两个冠军 …………… 139
25. 聪明的老板 ………………… 128	50. 老住持考弟子 …………… 139
26. 牙膏促销创意 ……………… 129	51. 智解难题 ………………… 139
27. 编草鞋的鲁国人 …………… 129	52. 罗斯福的连任感想 ……… 140
28. 妙计保春联 ………………… 129	53. 满是缺点的秘书 ………… 140
29. 移山 ………………………… 130	54. "雅诗·兰黛"的成功 …… 140
30. 数学和苍蝇 ………………… 130	55. 妙解 ……………………… 141
31. 狄仁杰巧谏武则天 ………… 131	56. 远近之辩 ………………… 141
32. 打赌 ……………………… 131	57. 讨马 ……………………… 141
33. 笨妻子 …………………… 132	58. 找铁环 …………………… 142
34. 富人与穷人 ………………… 132	59. 卖雨伞 …………………… 142
35. 爱迪生与助手 ……………… 133	60. 爱迪生的看法 …………… 142
36. 苏小妹看吵架 ……………… 133	61. 老师的斥责 ……………… 143
37. 三个推销员 ………………… 134	62. 双面碑的启示 …………… 143
38. 聪明的苏代 ………………… 134	63. 作家的反击 ……………… 144
39. 无货不备的商店 …………… 135	64. 双胞胎兄弟的不同人生 … 144
40. 馆长催书 …………………… 135	65. 墙角的金币 ……………… 145
41. 卖猫的农夫 ………………… 136	66. 幸好 ……………………… 145
42. "懒惰"的邻家太太 ……… 136	67. 价值千万美元的培训费 … 145
43. 吴用赚卢俊义 ……………… 136	答案 ………………………… 146

第五章　逆向思维名题

1. 宋太祖的妙招 ……………… 158	13. 晋文公不守承诺 ………… 160
2. 公仪休拒鱼 ………………… 158	14. 阿凡提训驴 ……………… 160
3. "倒悬之屋" ………………… 158	15. 陈建平的飞机 …………… 160
4. 出售贫穷 …………………… 158	16. 赢了官司 ………………… 161
5. 雷少云的发明 ……………… 158	17. 如此广告 ………………… 161
6. 汽车大盗的转变 …………… 159	18. 电磁感应定律的发现 …… 161
7. 氢氟酸的妙用 ……………… 159	19. 琴纳发明种痘术 ………… 161
8. 电晶体现象的发现 ………… 159	20. 巧治精神错乱 …………… 161
9. 青蒿素提取 ………………… 159	21. 优旃劝阻秦二世漆城 …… 162
10. 吸尘器的发明 ……………… 159	22. 神箭手 …………………… 162
11. 郑渊洁教子 ………………… 160	23. 魔术表演 ………………… 163
12. 变短的木棒 ………………… 160	24. 章鱼的习性 ……………… 163

25. 王子破案	163	30. 突发奇想	165
26. 毕加索的妙招	164	31. 赵汴救灾	165
27. 柏拉图理发	164	32. 大胆的创意	166
28. 摄像师解难题	165	33. 船长的高招	166
29. 推广马铃薯	165	答案	167

第六章　形象思维名题

1. 伽利略发明钟摆原理	174	26. 踏花归来马蹄香	181
2. "动者恒动"定律	174	27. 伞的发明	182
3. 女佣的简单方法	174	28. "构盾施工法"的发明	182
4. 安慰剂效应	174	29. 听诊器的发明	182
5. 成功学大师的形象思维	175	30. 薄壳结构的应用	182
6. 被赐福的球棒	175	31. 变电器的发明	183
7. 充气轮胎的发明	175	32. 冥王星的发现	183
8. 利伯的设想	175	33. 人工牛黄	183
9. 番茄酱广告	175	34. "蝇眼照相机"的发明	183
10. 费米发现核能	176	35. 门客的比喻	183
11. 毕达哥拉斯定理的发现	176	36. 邹忌抚琴谏威王	184
12. 瓦特发明蒸汽机	176	37. 荀息巧谏晋灵公	184
13. 哈格里夫斯发明珍妮纺纱机	177	38. 丘吉尔严守秘密	185
14. 蜘蛛的启示	177	39. 刘伯温的巧妙比喻	185
15. 善于联想的企业家	177	40. 智者点醒青年	185
16. 杜朗多先生的"陪衬人"	178	41. 小太监讽谏	186
17. 绷带到输油管的联想	178	42. 碰到熟人	186
18. 水银矿的发现	178	43. 农民的理由	187
19. 拼地图的小孩	178	44. 父亲巧妙教子	187
20. 王冠的秘密	178	45. 墨子教徒	187
21. 盟军的"笨"办法	179	46. 老子释疑	188
22. 鲁班的发明	180	47. 装杯子的顺序	188
23. 鸡蛋变大了	180	48. 命运在哪里	189
24. 极大思维	180	49. 绝无错误的书	189
25. 摆直角	181	答案	190

第七章　迂回思维名题

1. 毁衣救吏	200	5. 巧妙的劝阻	201
2. 诸葛亮出师	200	6. 郑板桥巧断悔婚案	202
3. 别具匠心	200	7. 记者装愚引总统开口	202
4. 毛姆的广告	201	8. 甘茂暗箭伤政敌	203

9. 启疆索弓 ………………………… 203
10. 张大爷求和解 …………………… 203
11. 老宰相撒谎 ……………………… 204
12. 新知府"絮叨"问盗 ……………… 204
13. 魏徵巧劝唐太宗 ………………… 205
14. 长孙皇后劝唐太宗 ……………… 205
15. 赵普一语点醒宋太祖 …………… 206
16. 劝章炳麟进食 …………………… 206
17. 孙宝充称徼子 …………………… 206
18. 神甫的答案 ……………………… 207
19. 拥挤问题 ………………………… 208
20. 富翁教子 ………………………… 209
21. 县令学狗叫 ……………………… 209
22. 花农的疑惑 ……………………… 210
23. 吃美金的"芭比"娃娃 …………… 210
24. 空手套白狼 ……………………… 211
25. 薛礼借麻雀攻城 ………………… 211
26. 服务员的难题 …………………… 212
27. 帅克打赌 ………………………… 212
28. 纪晓岚吃鸭 ……………………… 213
29. "傻"老板 ………………………… 213
30. 纪晓岚不死的理由 ……………… 214
31. 诗没有被偷走 …………………… 214
32. 学者劝国王 ……………………… 215
33. 聪明的妻子 ……………………… 215
34. 转达一下 ………………………… 215
35. 催款妙招 ………………………… 216
36. 创意营销 ………………………… 216
37. 巧取王冠 ………………………… 217
38. 你需要割草工吗 ………………… 217
39. 林肯的回绝 ……………………… 218
40. 一则广告 ………………………… 218
41. 吴道子除雀 ……………………… 219
42. 城里教师的妙招 ………………… 219
43. 客人是谁 ………………………… 219

44. 张良用蚂蚁计赚楚霸王 ………… 220
45. 雪地救女 ………………………… 220
46. 兔子的论文 ……………………… 221
47. 女孩的惊人选择 ………………… 222
48. 绝妙的广告 ……………………… 222
49. 声东击西 ………………………… 222
50. 韩雍大事化小 …………………… 223
51. 佛祖的条件 ……………………… 223
52. 破瓮嫌妨路 ……………………… 223
53. 特别的求情法 …………………… 224
54. 优伶巧谏 ………………………… 224
55. 优孟妙谏楚庄王 ………………… 224
56. 机智的奴隶 ……………………… 224
57. 女中学生智擒小偷 ……………… 224
58. 简雍妙谏刘备 …………………… 225
59. 智者比尔巴 ……………………… 225
60. 陶渊明教诲少年 ………………… 226
61. 陈轸巧说昭阳 …………………… 226
62. 三人成虎 ………………………… 227
63. 晏子讽谏齐景公 ………………… 227
64. 黄庭坚讨鱼吃 …………………… 227
65. 汗明讽谏春申君 ………………… 228
66. 禅师和学者 ……………………… 228
67. 黑煤块与白窗帘 ………………… 228
68. 狄青占卜 ………………………… 229
69. 智破假借据案 …………………… 229
70. 名医讽刺员外 …………………… 230
71. 汪伦"骗"李白 …………………… 231
72. 巧惩恶霸 ………………………… 231
73. 奴隶讨债 ………………………… 232
74. 海瑞审石头 ……………………… 232
75. 杰克卖保险 ……………………… 232
76. 蒋恒智找真凶 …………………… 233
答案 …………………………………… 234

第八章 急智思维名题

1. 弦高救国 ………………………… 248
2. 绝缨救将 ………………………… 248
3. 拿破仑救人 ……………………… 249
4. 老太太点房报警 ………………… 249

5. 与贼巧周旋 ………………… 249
6. 曹操机智脱险 ……………… 250
7. 布鲁塞尔第一公民 …………… 250
8. 聪明的丽莎 …………………… 251
9. 伊丽莎白的暗示 ……………… 251
10. 智取手稿 …………………… 252
11. 处变不惊的曹玮 …………… 252
12. 林肯的反击 ………………… 253
13. 越狱犯和化妆师 …………… 253
14. 丘吉尔一语解尴尬 ………… 255
15. 约翰逊公寓中的惊魂之夜 … 255
16. "顺藤摸瓜" ………………… 256
17. 妻子智退小偷 ……………… 257
18. 机智的相士 ………………… 257
19. 村妇智退流窜犯 …………… 258
20. 狡猾的小偷 ………………… 258
21. 心理学家智退强盗 ………… 258
22. 反应迅速的国王 …………… 259
23. 聪明小孩贾嘉隐 …………… 259
24. 忘了台词 …………………… 259
25. 尴尬时刻 …………………… 259

26. 陶行知改诗 ………………… 259
27. 爱因斯坦的司机 …………… 260
28. 卓别林和强盗 ……………… 260
29. 吟鹤 ………………………… 260
30. 消防车警笛寻人 …………… 261
31. 陈平渡河 …………………… 261
32. 聪明的农夫 ………………… 262
33. 丘吉尔的雅量 ……………… 262
34. 英国间谍绝路逢生 ………… 262
35. 经理的考题 ………………… 263
36. 计算器上的算式 …………… 264
37. 巧妙报案 …………………… 264
38. 阿尔德林的回答 …………… 264
39. 聪明的诸葛恪 ……………… 265
40. 机智的女演员 ……………… 265
41. 张作霖妙解错字 …………… 265
42. 史都华机智自保 …………… 266
43. 将军与二等兵 ……………… 267
44. 萧伯纳的回应 ……………… 267
45. 开门事件 …………………… 267
答案 …………………………… 269

第九章　博弈思维名题

1. 买房子送家具 ……………… 276
2. 失窃大案 …………………… 276
3. 一条线的价值 ……………… 276
4. 华盛顿找马 ………………… 276
5. 晏子使楚 …………………… 277
6. 郑板桥智惩盐商 …………… 277
7. 县令巧计除贼窝 …………… 278
8. 墨子退兵 …………………… 278
9. 聪明的一休 ………………… 279
10. 阿凡提戏财主 ……………… 279
11. 晏子论罪 …………………… 280
12. 射蒿识敌首 ………………… 280
13. 练箭突围 …………………… 280
14. 把鸡蛋立起来 ……………… 281
15. 鱼骨刻的老鼠 ……………… 281
16. 海瑞智惩胡公子 …………… 282

17. 最好的和最坏的 …………… 282
18. 和什么样的人做邻居 ……… 283
19. 真假稻草人 ………………… 283
20. 所罗门判子 ………………… 284
21. 赶走淘气的小孩 …………… 284
22. 聪明的姑娘 ………………… 285
23. 死里逃生的囚徒 …………… 285
24. 伍子胥过关卡 ……………… 286
25. 报复 ………………………… 286
26. 你在哪里 …………………… 287
27. 孙叔敖的遗命 ……………… 287
28. 曹操计除袁氏兄弟 ………… 288
29. 两家报纸的博弈 …………… 288
30. 卢循兵败 …………………… 289
31. 陆逊回兵的原因 …………… 289
32. 李宗仁灭敌顺序之安排 …… 290

33. 果敢的隋何 …………………… 290	73. 狡猾的死囚 …………………… 310
34. 张巡退敌 ……………………… 291	74. 唐朝大将薛仁贵 ……………… 311
35. 空城计 ………………………… 291	75. 巧妙的走私 …………………… 311
36. 惊心动魄的决斗 ……………… 292	76. "抄袭"的牧师 ……………… 312
37. "贪婪"的王翦 ……………… 293	77. 曹彬的怪异请求 ……………… 312
38. 克格勃的"模糊"策略 ……… 293	78. 李靖的怪异命令 ……………… 312
39. 夏完淳骂叛国贼 ……………… 294	79. 吝啬的县官 …………………… 313
40. 海涅的还击 …………………… 294	80. 商人与水手 …………………… 313
41. 杨修与张松 …………………… 294	81. 一口喝干海水 ………………… 314
42. 抵赖的小偷 …………………… 295	82. 美女推销员 …………………… 314
43. 赖账案 ………………………… 295	83. 爸爸支招 ……………………… 314
44. 不孝子 ………………………… 296	84. 创意营销 ……………………… 315
45. 难缠的少妇 …………………… 296	85. "伏击圈" …………………… 315
46. 骗当 …………………………… 296	86. 李若谷的高招 ………………… 315
47. 郑大济 ………………………… 297	87. 如何证明杰米有罪 …………… 316
48. 老实的山里人 ………………… 298	88. 聪明的老农 …………………… 317
49. 女秘书的回应 ………………… 299	89. 我的麻子如何 ………………… 317
50. 聪明的小孔融 ………………… 300	90. 无赖经理 ……………………… 318
51. 萧伯纳的反击 ………………… 300	91. 刘徽戏财主 …………………… 318
52. 巧捉小偷 ……………………… 300	92. 编辑的回答 …………………… 318
53. 王羲之主持正义 ……………… 301	93. 聪明的哥哥 …………………… 319
54. 李璐智惩奸诈老板 …………… 301	94. 四个傻瓜 ……………………… 319
55. 阿凡提"种金子" …………… 302	95. 班克黑德抢戏 ………………… 320
56. 毕加索的反击 ………………… 303	96. 猴子难以模仿的动作 ………… 320
57. 将计就计 ……………………… 303	97. 火牛制胜 ……………………… 320
58. 声东击西 ……………………… 303	98. 包拯断牛 ……………………… 321
59. 阿凡提打抱不平 ……………… 304	99. 无情的妻子 …………………… 322
60. 旅馆经理耍赖 ………………… 304	100. 泰勒巧审德国俘房 …………… 322
61. 老人智惩坏小子 ……………… 305	101. 高湝断案 ……………………… 322
62. 范西屏智赚骗子 ……………… 305	102. 智断认亲案 …………………… 322
63. 作家职业的妙用 ……………… 305	103. 审狗 …………………………… 324
64. 刘邦的妙答 …………………… 306	104. 猜心思 ………………………… 324
65. 机智的商人 …………………… 306	105. 商人对付刁寡妇 ……………… 325
66. "糊涂"的老人 ……………… 307	106. 彦一智判人犯 ………………… 325
67. 农民与地主 …………………… 307	107. 法官智斗贪污犯 ……………… 326
68. 王之涣审狗 …………………… 308	108. 于成龙巧计捉贼 ……………… 326
69. 小偷耍弄小聪明 ……………… 308	109. 巧妙除奸 ……………………… 327
70. 巧辩"皮箱"案 ……………… 309	110. 揭谎言 ………………………… 327
71. 有无信念 ……………………… 310	111. 机智的无赖 …………………… 328
72. 苏格拉底与柏拉图 …………… 310	112. 机智的女乘务员 ……………… 328

113. 特殊要求的房子 …… 328	120. 律师的问题 …… 331
114. 机智的林肯（1） …… 329	121. 比赛吃馒头 …… 331
115. 机智的林肯（2） …… 329	122. 老妈子智斗刁财主 …… 332
116. 机智的林肯（3） …… 329	123. 师爷诱供 …… 332
117. 歌德的反击 …… 329	124. 聪明的农民 …… 333
118. 机智的米开朗琪罗 …… 329	125. 卖马 …… 334
119. 应聘者的纸条 …… 330	答案 …… 335

第十章　逻辑思维名题

1. 拷打羊皮 …… 360	31. 不一样的态度 …… 377
2. 孙亮辨奸 …… 361	32. 贵妇人的小狗 …… 377
3. 孔子借东西 …… 361	33. 县令智判捡钱案 …… 377
4. 路边的李树 …… 361	34. 被冤枉的县官 …… 378
5. 分粥的故事 …… 362	35. 盲人 …… 379
6. 战俘的帽子 …… 362	36. 争烟袋 …… 379
7. 谁偷了小刀 …… 363	37. 诸葛亮猜箭数 …… 380
8. 大卫牧羊 …… 363	38. 过桥 …… 380
9. 目击者的谎言 …… 364	39. "阿尔昆过河难题" …… 381
10. 猜帽子游戏 …… 364	40. 兄弟巧过关卡 …… 381
11.《木偶奇遇记》续 …… 365	41. 越狱 …… 382
12. 三个嫌疑犯 …… 365	42. 高斯算法的进一步运用 …… 382
13. 谁说了真话 …… 365	43. 自私的五兄弟 …… 383
14. 庸芮说服秦宣太后 …… 366	44. 辅币制度改革 …… 383
15. 皮埃尔智抱美人归 …… 366	45. 蜗牛爬墙 …… 384
16. 杰克的怪诞做法 …… 367	46. 炮舰环岛航行 …… 384
17. 母亲与鳄鱼 …… 368	47. 福克纳买东西 …… 385
18. 失窃案 …… 368	48. 发财机会 …… 385
19. 约翰的诡辩 …… 369	49. 离奇的火灾起因 …… 387
20. 助手的错误判断 …… 369	50. 阳光揭谎言 …… 388
21. 马克·吐温的道歉声明 …… 370	51. 邮票失窃案 …… 389
22. 被害者的提示 …… 371	52. 数学不好的店主 …… 390
23. 劫持犯逃窜的方向 …… 371	53. 商业间谍 …… 391
24. 凶手惯用哪只手 …… 372	54. 一桩奇案 …… 392
25. 弄巧成拙的"自杀" …… 372	55. 假古董 …… 392
26. 刁藩都的墓碑 …… 373	56. 如何选择伴侣 …… 392
27. 陶渊明考子 …… 374	57. 草原失火 …… 392
28. 智辨小偷 …… 374	58. 悬赏启事 …… 393
29. 女孩智捉小偷 …… 375	59. 马知县智识诬告案 …… 394
30. "拆半仙"授徒 …… 375	60. 一桩"抢劫案" …… 395

61. 阿基里斯追不上乌龟 …………………… 395
62. 约瑟芬脱险 ……………………………… 396
63. 报案者 …………………………………… 397
64. 明察秋毫的宋慈 ………………………… 397
65. 有趣的猜心术 …………………………… 398
66. 长老会人数 ……………………………… 398
67. 该释放谁 ………………………………… 399
68. 弄巧成拙的凶犯 ………………………… 399
69. 贪婪鬼 …………………………………… 400
70. 拿破仑考将领 …………………………… 400
71. 琼斯夫人的损失 ………………………… 401
72. 你头上有角 ……………………………… 401
73. 白吃者的诡辩 …………………………… 401
74. 半瓶可乐 ………………………………… 402
75. 帽子值多少钱 …………………………… 402
76. 案发现场的判断 ………………………… 402
77. 死亡地点 ………………………………… 403
78. 情人的骗局 ……………………………… 403
79. 吹牛吹砸了 ……………………………… 403
80. 钱哪儿去了 ……………………………… 404
81. 逻辑学家靠山吃山 ……………………… 405
82. 尹家明智断真贼 ………………………… 405
83. 鸟王"自杀" …………………………… 406
84. 曼哈顿的枪杀案 ………………………… 407
85. 弄巧成拙的证明 ………………………… 408
86. 瞬间被破的案子 ………………………… 410
87. 录音带的疑点 …………………………… 410
88. 清洁工的"线索" ……………………… 411
89. 贼喊捉贼 ………………………………… 412
90. 假警察露馅儿 …………………………… 413
91. 撒谎的女秘书 …………………………… 414
92. 打电话叫法医 …………………………… 414
93. 被狗咬了 ………………………………… 415
94. 背部中弹 ………………………………… 416
95. 物理学家之死 …………………………… 416
答案 ………………………………………… 418

第一章
思维命题与解题技法

第一节

关于思维命题

1. 什么是思维命题

　　北京烤鸭之所以有名，一个重要原因是采用填肥的鸭子为原料。饲养鸭子的师傅硬生生地掰开鸭嘴，把圆条状的饲料填到鸭子的胃里，用这种方式把鸭子催肥。后来，苏联的一位教育家发明了填鸭式教育，即硬生生地把知识灌输给学生。

　　我们从小学到中学，再到大学，十几年的学习时间里，经历过成百上千次大大小小的考试，做过数不清的练习题。有些人一提到考试就害怕，担心自己不会做试卷中的题目。试卷发下来之后，面对一道道自己不会的题目确实是一件令人沮丧的事。很多人毕业之后都会欢呼："再也不用考试了！永远不做练习题了！"

　　填鸭式教育模式只告诉我们"是什么"，不告诉我们"为什么"，学生为了应付考试死记硬背，考试之后就忘光了。这正是大多数学生厌恶考试的原因。填鸭式教育模式把积累知识当作学习的主要任务，老师们最关心学生知识累积的速度。考试时大部分题目是知识命题，思维训练成了知识积累过程中的副产品。这必然会使学生的思维单向发展，并定型下来，进而扼杀了学生的创造力和想象力，把学生训练成了没有自己的思想，只会考试的机器。

　　"思维决定一切"，"有思路才能有出路"。我们常常会听到类似的话，并且知道在竞争日趋激烈的当今社会中，我们要想拥有更好的生存与发展，就必须让自己的脑筋更为灵活。恩格斯把"思维着的精神"比喻成"地球上最美丽的花朵"。为了使思维之花开得更美丽，我们需要用不同的渠道和方法去培育它。思维命题就是思维学家通过语句设计来考察和训练人的思维能力的方法，包括分析、综合、比较、抽象、概括等操作手段。

　　树上有三只鸟，猎人开枪打死了一只，请问还有几只？

　　这是一道经典的"脑筋急转弯"题，受过填鸭式教育训练的人很快会算出结果：三只减去一只，还剩两只。但是，受过思维训练的人会告诉你，一只也没剩下，因为另外两只被吓得飞走了。其实，答案也可以是两只，因为猎人的枪装有消音器。

　　有人曾做过这样的试验：在黑板上画一个圆圈，问大学生画的是什么，大学生的回答很一致："这是一个圆。"同样的问题问幼儿园的小朋友，得到的答案却五花八门：有人说是"太阳"、有人说是"皮球"、有人说是"镜子"……大学生的答案当然很正确，从抽象的角度看确实只是一个圆。但是，比起幼儿园孩子来，他们的答案是不是显得有些单调呆板呢？幼儿园小朋友的那些丰富多彩的答案，是不是更值得我们喝彩呢？

　　心理学家认为人类在4岁之前的思维是最活跃的，也是最具有开发潜能的。随着年龄的增长，随着知识的增加，人的思维逐渐被知识束缚住了。人们思考问题的时候局限在常见的、已知的圈子里，不能想到更多的解决问题的方法。一旦现有的条件不能满足常规的解决问题的途径，人们就束手无策了。因此我们需要思维命题对思维能力进行训练。

思维命题的目的是进行思维训练，而知识命题的目的是检验对专业知识的掌握程度。二者的差别很明显，比如，"秦始皇在哪一年统一了中国？"这显然是纯知识性的命题。大部分人在学历史的时候都学过，都背过，但是考试之后都忘了。如果问题改为"秦始皇为什么能够统一中国"，这就是一道思维命题。还可以进一步启发思考："如果你是秦始皇，你会采取哪些措施来达到统一中国的目的？"

据说西方国家的考试相对于中国的考试来说很简单，中国成绩不好的学生到了西方国家可能是中等生。但是比较一下中国和西方国家的作文题目，你就知道中国更侧重于知识命题，而西方国家更侧重于思维命题，中国学生应付知识性考试还行，但是在思维命题方面未必表现出色。

中国作文题目：
1. 诚实和善良
2. 品味时尚
3. 书
4. 我想握着你的手
5. 谈"常识"有关的经历和看法
6. 站在……门口

美国作文题目：
1. 谁是你们这代的代言人？他或她传达了什么信息？你同意吗？为什么？
2. 罗马教皇八世 Boniface 要求艺术家 Giotto 改手去画一个完美的圆来证实自己的艺术技巧。哪一种看似简单的行为能表现你的才能和技巧？怎么去表现？
3. 想象你是某两个著名人物的后代，谁是你的父母？他们将什么样的素质传给了你？
4. 假如每天的时间增加了 4 小时 35 分钟，你将会做什么不同的事？
5. 开车进芝加哥市区，从肯尼迪高速公路上能看到一个体现著名的芝加哥特征的建筑壁饰。如果你可以在这座建筑物的墙上画任何东西，你将画什么，为什么？
6. 你曾经不得不作出的最困难的决定是什么？你是怎么做的？

法国作文题目：
1. 艺术品是否与其他物品一样属于现实？
2. 欲望是否可以在现实中得到满足？
3. 脑力劳动与体力劳动的比较有什么意义？
4. 就休谟在《道德原则研究》中有关"正义"的论述谈一谈你对"正义"的看法。
5. "我是谁？"——这个问题能否以一个确切的答案来回答？
6. 能否说"所有的权力都伴随以暴力"？

当然了，我们强调思维命题的重要性，并不是说知识命题不重要。通过知识命题的训练，我们可以学到前人已经总结出的知识。但是知识命题只有唯一的答案，抑制了思维的创造性。在过去的教育中，我们过于重视知识命题，忽视了思维命题，导致很多人的思维能力有所欠缺。思维命题可以训练人的思考问题和解决问题的能力，培养正确的思维方式，使思维活跃起来，超越固定的思维模式。

其实，知识和思维的关系并非界限分明、截然对立，而是相辅相成的。没有创造性的思维就不会产生知识，而人们的思维活动又是在过去积累的知识层面上进行的。任何思维活动都不可能脱离知识，思维难度越高，对知识积累的要求越高。如果不重视知识，思维只能在较低层次上进行。如果你不懂系统论，就没有办法进行系统思维。如果不重视思维，那就永远不能超越已有的知识，无法开拓更广阔的空间。思维和知识就像性格不同的两个好朋友，它们互相依赖，谁也离不开谁，但是又各行其道。

思维命题的主要任务是训练大脑更好地获取知识、运用知识和创造知识，充分开发大脑的智能，提高思维的效率。如果把知识比作杠杆，那么思维则是使杠杆发挥作用的支点。学习知识的目的是延长杠杆的长度，思维训练的意义则在于更有效地发挥知识的作用。如果只有杠杆，而没有支点，那么不管杠杆多长都起不到作用。古希腊著名数学家、物理学家阿基米得曾经说过："给我一个支点，我能撬起地球！"由此可见支点的重要性。相反，如果只有支点没有杠杆，我们同样没有办法撬起地球。

2. 传统游戏思维命题

在众多形式的思维命题中，传统游戏命题是离我们最近的，也是经常接触的。因为这类型的命题所涉及的都是我们在日常生活中所遇到、所思考和所要解决的问题，不仅有非常感性的生活常识性问题，也有关于人生存的价值、意义、情感、心理、信仰以及交往关系等一系列较为实际的问题。

传统游戏命题常常以谜题、谜宫、棋术、操术、算术等形式出现。其中最常见的是谜题，它由谜面和谜底构成。

麻屋子，红帐子，里面住着个白胖子。——打一食物

这是一个很简单的谜语，相信大部分人都知道，答案是花生。谜语用一种隐晦的语言表达事物的形象、性质、功能等特征，供人们猜测。

《周易·归妹·上六》篇的商代歌谣"女承筐"，可算是我国谜语的最早记录之一："女承筐，无实，士刲羊，无血。"女人用筐接着，却没有装到果实；男人用刀割羊，却没有流血。这种矛盾的说法必然引起人们的思考：这是怎么回事儿呢？这个谜语巧妙地表现了牧场上一对青年牧羊人夫妇剪羊毛的情景，使人不易猜着。人们知道答案后，又会恍然大悟。这是谜语的雏形，当时还没有类似的专门名称。

在西方社会，同样很早就出现了谜语。在古希腊神话中，有一个狮身人面兽，叫斯芬克斯。它守在路口让过路人猜谜语，猜不中者就是被它吃掉。这个谜语是："什么动物早晨用四条腿走路，中午用两条腿走路，晚上用三条腿走路？"很多人都猜不出答案，大家只好绕道而行。后来俄狄浦斯猜到了答案，谜底是"人"。斯芬克斯羞愧万分，跳崖而死。斯芬克斯以命抵偿谜底被揭穿的事实，可见古人把思维能力看得比生命更重要。

与猜谜语相反，编谜语也是训练思维的一种较好的形式，但是这种训练方法难度要大一些。比如，你可以把日常用品、食物、植物、动物等用独特的方式形容出来，但是又不点透，这样就编成了一个谜语。请你把下列事物编成谜语：水杯、枕头、饺子、西瓜、含羞草、波斯猫。

除了谜语，我国的象棋、围棋等棋术也是很好的训练思维的游戏。那些能把象棋、围棋下得好的人都是擅长思维的聪明人。民间还有一些棋术与历史故事有关，比如"华容道"就是取材于曹操在赤壁打了败仗之后，从华容道上逃跑的故事。此外，七巧板、九连环等游戏都是经典的益智游戏，已经有几百年的历史了。它们需要运用知觉组织能力和空间想象能力，通过图形的分解和组合，把握整体与部分的关系。

这类智力命题具有可操作性的特点，用现代心理测量学的术语，就叫作"操作性命题"。

像这样的思维命题，它的外表或多或少涂染上了一些神秘色彩，其实却内含着一些哲理，促使人们去思考、咀嚼一些令人回味的道理。

3. 逻辑思维命题

随着人类社会的发展，人们在实践的基础上认识了客观事物发展过程中的逻辑规律，于是出现了很多逻辑思维命题。

在公元前5世纪的古希腊曾经出现过一个智者哲学流派，他们靠教授别人辩论术吃饭。这是一个诡辩学派，以精彩巧妙和似是而非的辩论而闻名。他们对自然哲学持怀疑态度，认为世界上没有绝对不变的真理。其代表人物是高尔吉亚，他有三个著名的命题：

1）无物存在；
2）即使有物存在也不可知；
3）即使可知也无法把它告诉别人。

这就是逻辑思维命题。

逻辑思维命题是逻辑学家通过对人类思维活动的大量研究而设计的。逻辑思维命题有两个较为显著的特征：第一个就是抽象概括性，就是抛开事物发展的自然线索和偶然事件，从事物的成熟的、典型的发展阶段上对事物进行命题；第二个就是典型性，具体来说就是离开事物发展的完整过程和无关细节，以抽象的、理论上前后一贯的形式对决定事物发展方向的主要矛盾进行概括命题。

形式逻辑是一门以思维形式及其规律为主要研究对象，同时也涉及一些简单的逻辑方法的科学。概念、判断、推理是形式逻辑的三大基本要素。概念的两个方面是外延和内涵，外延是指概念包含事物的范围大小，内涵是指概念的含义、性质；判断从质上分为肯定判断和否定判断，从量上分为全称判断、特称判断和单称判断；推理是思维的最高形式，概念构成判断，判断构成推理。由形式逻辑派生出的逻辑推理命题，是逻辑学家用思维学的理论对人类的思维活动过程进行大量的研究而设计的。这类命题主要有以下的特点：

1）在具体命题研究展开之前对研究对象进行分析。分析事物中的哪些属性相对于研究目的来说是主要的和稳定的，这种分析是对经验材料的杂多和繁复进行分离。

2）引入还原方法，把复杂的命题材料还原为简单的命题规律格式，通过能够清晰表述的命题规律格式再现思维结构。其目的是更好地解析思维的逻辑特点及其规律。

古希腊哲学家苏格拉底、柏拉图、亚里士多德等人就是这方面的代表，他们构建了至今已有两千多年历史的形式逻辑思维框架。

苏格拉底认为自己是没有智慧的，声称自己一无所知，然而德尔菲神庙的神谕却说苏格拉底是雅典最有智慧的人。

苏格拉底在雅典大街上向人们提出一些问题，例如，什么是虔诚？什么是民主？什么是美德？什么是勇气？什么是真理？等等。他称自己是精神上的助产士，问这些问题的目的就是帮助人们产生自己的思想。他在与学生进行交流时从来不给学生一个答案，他永远是一个发问者。后来，他这种提出问题，启发思考的方式被称为"助产术"。

苏格拉底问弟子："人人都说要做诚实的人，那么什么是诚实？"学生说："诚实就是不说假话，说一是一，说二是二。"苏格拉底继续问："雅典正在与其他城邦交仗，假如你被俘虏了，国王问：'雅典的城门是怎么防守的，哪个城门防守严密？哪个城门防守空虚，我们可从哪面打进去？'你说南面防守严密，北面防守疏松，可以从北面打进去。对你而言，你是诚实的，但你却是一个叛徒。"学生说："那不行，诚实是有条件的，诚实不能对敌人，只能对朋友、对亲人，那才叫诚实。"苏格拉底又问："假如我们中有一个人的父亲已病入膏肓，我们去看他。这位父亲问我们：'这个病还好得了吗？'我们说：'你的脸色这么好，吃得好，睡得好，过两天就会好起来。'你这样说是在撒谎。如果你坦白地告诉他：'你这病活不了几天，我们今天就是来告别的。'你这是诚实吗？你这是残忍。"学生感叹道："我们对敌人不能诚实，对朋友也不能诚实。"接着，苏格拉底继续问下去，直到学生无法回答，于是就下课，让学生明天再问。

这种提问方式引发的思维方法可以帮助我们更清楚地认识事物的本质，对人类思维方式的训练具有重要意义。我们学习了很多知识，自以为知道很多，每个人说起自己的观点都侃侃而谈。实际上，深究起来，很多观点都经不起推敲，我们需要更深入地思考。

4. 科学思维命题

科学思维命题，就是把诸多我们所见的现象还原到一个固有的概念体系中，从而在理论中构思或重建命题系列。其目的在于，在解决问题的严格推理过程中，接受思维命题的受训者要分析情境，发现其中所包含的材料和关键因素，并对这些材料加以重新组织，从而得到清晰而有效的解决问题的方法。

最早的现代科学思维命题是由德国心理学家卡尔·邓克尔（Karl Danker）设计的。邓克尔是德国心理学家，格式塔心理学的创始人韦特海默的学生。他提出，创造性地解决问题的过程是由一系列相互联系的心理组织构成的，每一个心理过程总是把问题总结成更明朗、更精确的陈述。他设计的命题不是用于检验假设，而是通过推理过程解决实际问题。

1945年，邓克尔做了关于解决问题的经典研究，通过很多实验，最后得出了有关寻找解决问题方法的过程的一般性结论。邓克尔的分析表明，解决问题的途径可归为三个主要的水平：一般的解决、功能性解决和特殊性解决。在试图寻找解决问题的方法时，某些类型的总体性陈述就是邓克尔所说的"一般解法"，而在此总体性陈述的支配下重组知识，想出辅助陈述，使设想进一步完整具体化的过程中，就产生了"功能性解法"和"特殊性解法"。

一般的解决——思维策略水平的解决：这是解决问题的第一步，是把原来的问题作非常一般的重述，目的是寻求解决问题的方向。

功能性解决——思维模式水平的解决：这是解决问题的第二步，它改造缩小一般性范围。其典型形式是：如果这样那样能够达到，问题就可以解决了。

特殊性解决——运算技能水平的解决三个层次：这是解决问题的最后一步，它可以描述为功能性解决的进一步特殊化；而且，如果成功了，它是最后正确的解决。

他用柏林大学的学生做被试者，在他的一个实验中，他给被试者提出下列的命题：

假定，一个人的胃里面长了一个不能实施外科手术的肿瘤。如果我们应用某种放射线，只要有足够的强度，肿瘤是可破坏的。但是，问题在于：这样强烈的放射线同样会破坏健康的组织，而肿瘤周围都是健康组织。怎么能够把射线应用到肿瘤上，同时又不会破坏围绕这个肿瘤四周的健康组织呢？

邓克尔让他们解决问题时边想边说出声。由下述可以看出，他解决问题的过程是由几个一般解法、功能性解法和特殊性解法所构成的。

这个学生采用的第一个一般解法是："我必须找出一种办法，使射线不与健康的组织接触。"这样的一般范围能够而且确实导致对这个问题的几种更为明朗、更为精确的陈述。由这条思路可以找到下面几种解决方法：

▷找出一条达到胃部的通道，比如把射线通过食道送入胃部；

➢把健康的组织移出射线的通道以外，比如服用化学药剂使健康组织免受破坏；

➢在射线和健康的组织之间插进一道保护墙，用一种无机的，射线无法透过的东西保护健康的胃壁；

➢把肿瘤移到表面上来，让射线直接照射肿瘤部位。

这些解决办法的每一种都会被暗示一种特殊的解决，然而这几种解决办法缺乏可行性和实际操作性，都被被试者认为不适当而放弃了。由于每一种特殊的解决办法都被放弃了，被试只得扩展思维，另找其他的一般解法。最后，他想到："在通过健康组织时，把射线的强度降低。"射线的强度应该是可以控制的，但是怎样做呢？

最后，这条思路终于引导到可行的解决办法。当他达到最后一段行程，思考如何降低射线强度时想到："多多少少转一下方向，把射线扩散，然后通过透镜将微弱的射线聚集起来，使肿瘤恰好在焦点上，聚集起来的射线足以毁灭癌细胞，但是对周围其他健康组织没有伤害。"

邓克尔发现有时错误的解决问题的方法可以启发人们思考，找到正确的途径。在上一经典命题中，被试者提出了某些看似不合理的方法。比如，让射线从食道进入胃部是行不通的，但是让射线从组织空隙中通过却是可行的。

每一解决路线都是对命题的重新解读，一个新的路线是在所有因素的灵活转变中建立的。对任何一条路线，我们都可以通过其功能特征来判断其是否可行。很多解决路线具有相同的功能特征，比如"把健康组织移出射线的通道以外"和"把肿瘤移到表面，让射线直接照射"具有相同的功能特征，即通过移动身体组织避免射线的照射。一旦提出完善的解决路线（功能性解法），就需要结合实际情况考虑切实可行的解决办法（特殊性解法）。在找到功能性解法的前提下，把解决问题的方法应用到不同情境中就可以得到特殊性解法。

科学思维命题可以把复杂的问题还原在一个概念体系中，以便在理论中构思、重建命题系列。我们在解决问题过程中，通过分析情境发现其中所包含的关键因素，然后通过对这些因素重新组织，使解决问题的方法越来越清晰。

5. 现代创造性思维命题

一群小孩在院子里玩耍，突然一个孩子掉进了大水缸，其他的小孩吓得不知如何是好。这时，一个聪明的孩子从地上拾起一块石头砸向水缸，水缸被砸破，水流出来了，溺水的小孩得救了。

这个著名的"司马光砸缸"的故事所体现的就是创造性思维命题。简单来说，创造思维命题就是具有开放我们创造能力的思维命题。创造性思维命题来源于生活事件，生活中的具体问题为思维提供了特殊的情境，从而刺激创造性的思考。事件中的应激源能够最大限度地激发大脑的潜能，使之瞬间绽放美丽的思维花朵。虽然任何形式的思维过程都是在解决问题的过程中产生的，但是突发事件的应激源使思维更加活跃，冲击力更强。比如，曹植七步成诗的典故正反映了这一现象。

曹植从小就才华出众，很受到曹操的疼爱。曹操死后，曹丕当上了魏国的皇帝。曹植并未犯下什么大罪，只是有人告发他经常喝酒骂人，他把曹丕派出的使者扣押起来，并没有招兵买马，阴谋反叛的迹象。这算不上犯罪，杀之怕不服众，曹丕便想出个"七步成诗"的办法，让曹植在七步之内完成一首诗，否则就定他的罪。所幸曹植能够出口成诗，在很短的时间内创作了著名的《七步诗》，原诗为六句："煮豆持作羹，漉菽以为汁。其在釜下燃，豆在釜中泣。本是同根生，相煎何太急。"曹丕明白了曹植这首诗的道理，如果自己杀了曹植便会被人民耻笑，于是放了曹植。

最早把思维命题和创造品质结合起来的是美国心理学家吉尔福特。现今被人们熟知的一些创造思维命题，就是他创造出来的。吉尔福特创造性思维的核心是发散搜索功能，后来被称为发散思维。他认为发散性思维品质具有4个主要特征：

流畅性：在短时间内能连续地表达出的观念和设想的数量，是发散思维的基础；

灵活性：能从不同角度、不同方向灵活地思考问题，是发散思维的关键；

独创性：具有与众不同的想法和独出心裁的解决问题的思路，是发散思维的目的；

精致性：能想象与描述事物或事件的具体细节。

按吉尔福特的理论，创造性思维就是发散思维。尽管把创造性思维等同于发散思维是一种简单化的理解，但是对于创造性思维的研究与应用来说，毕竟是起了不小的推动作用。吉尔福特研究出一整套测量这些特征的具体方法。然后，他们又把这种理论应用于教育实践，围绕上述指标来培养发散思维，使发散思维的培养变成了可操作的教学程序。

吉尔福特采用语言文字、数字计算、图像再造和识别、操作性作业等形式设计创造性思维命题。后来，他的学生托伦斯、吉特泽尔斯、杰克森进一步对创新命题进行研究和设计，赋予命题一些新的内容和形式。主要有下面几种：

词的联想：给出一些词，让被试者说出词的近义词和反义词。这种方法可以训练被试者的发散思维和联想思维。比如，请说出尽量多的"开心"一词的同义词和反义词。

物体用途：运用发散思维指出事物的多种用途，答案越多越好。比如，除了供人坐之外，凳子还有什么用途？除了供人喝水之外，水杯还有什么用途？

从隐蔽的图案中找出完整的东西：让被试者看一些图片，要求找出图片中隐蔽起来的图形。比如让被试者从一张图片中找出几个人的头像。

解释寓言：给出几个没有结尾的寓言故事，要求被试者对每一个寓言故事补充三种不同的结尾。比如，请给龟兔赛跑的故事重新设计结局。

自编问题：让被试者自己编几个问题，看谁编得更有创意。比如，设计一种在空中飞的机器代替汽车、自行车等日常代步工具。

创造性思维在实际解决问题过程中具有非常重要的意义。吉尔福特认为，经由发散性思维表现于外的行为即代表个人的创造力。你的思维越灵活说明你的创造力越强。相反，一个思维刻板、僵化或者呆滞的人，不会有什么创造力。

经过创造性思维训练可以使我们的思维变得更灵活、更开阔，遇到问题时，不会束手无策，而是发挥创造力，找到有创意的、有趣的解决方法。

第二节
思维命题解题技法

1. 发散思维法

所谓发散思维，是指根据已有信息，从不同角度，不同方向进行思考，寻求多样性答案的一种思考方式。创新思维学者托尼·巴赞指出发散思维有两方面的含义，一方面是来自或连接到一个中心点的联想过程，另一方面是指思维的爆发。这种思维方法不受传统规则和方法限制，要求我们遇到问题的时候，尽可能地拓展思路。著名美国心理学家吉尔福特在研究创新思维的过程中，指出与创造力最相关的思维方法就是发散思维。吉尔福特认为，经由发散性思维表现于外的行为即代表个人的创造力，思维越灵活说明创造力越强。科学家的新发明、商人的新点子、艺术家的新创造大部分是通过发散思维取得的。

有人请教爱因斯坦："你和普通人的区别在哪里？"爱因斯坦把普通人的思考比作一只在篮球表面爬行的甲虫，他们看到的世界是扁平的，而他自己的思考则像一只飞在空中的蜜蜂，他看到的世界是全方位的、是立体的。

相反，一个思维刻板、僵化或者呆滞的人，不会有什么创造力，也不可能在某个领域做出太大的成就，因为缺乏发散性思维的人总是想到一个思路之后就不再思考了，得到一个说得通的解释就不再去探索其他的解释了，这样就养成了懒惰的思维习惯。

要想养成发散思维的习惯，可以从发散思维的三个特性入手进行训练。

首先，发散思维具有流畅性，可以让我们在很短的时间内产生大量的思路。

如果一个人的思维的流畅性很好，他的思路就如行云流水，创意迭出。心理学家克劳福德建议用属性列举法来训练思维的流畅性。简单的训练方法如下：

1. 用你能想到的所有定语形容某一个名词。
2. 想出一个故事的多个结局。
3. 给一个故事拟定多个标题。
4. 用给定的字组成尽可能多的词或用给定词语组成尽可能多的句子。

其次，发散思维具有灵活性，可以让我们的思想自由驰骋。

灵活性要求我们重新解释信息，强调跨域转化，用一种事物替换另一种事物，从一种类别跳转到另一个类别。转化的数目越多、速度越快，转化能力越强。比如，针对"砖头有什么用途"，我们回答"可以盖房子、可以盖一堵墙"，其实是把砖头限制在建筑材料这一个门类里了。如果回答说砖头可以用来做磨刀石，这就跳转到别的类别里了。

训练变通性可以提高触类旁通的能力。简便的训练方法如下：

1. 说出给定定语能够描述的所有东西。
2. 对给出的系列单词按照一定的类别进行组合。比如蜜蜂、鹰、鱼、麻雀、船、飞机等单词，按照飞行的、游水的、凶猛的、活的等类别进行组合。

最后，发散思维具有独创性，可以让我们别出心裁地产生不同寻常的想法和见解。

独创性的意思是指这种思维方式是唯一的，非凡的，别人想不到的。独一无二的思维方式可以得到意想不到的结果。独创性建立在流畅性和灵活性的基础之上，可以说流畅性和灵活性是途径，独创性是结果。只有产生大量的、不同类别的思路，才能从中找到能够出奇制胜的创造性想法。

此外，发散思考还要求我们敢于提出新观点和新理论。现成的、固定的答案是发散思考的最大障碍，如果我们敢于对现有答案提出质疑，往往能够另辟蹊径找到更加便捷、更加有效的方法。数学家华罗庚上中学的时候就曾经大胆对权威理论提出质疑，结果他证明了一位数学教授的公式推导有错误。

2. 水平思考法

甲从乙处借了一笔债，如果无法偿还，就得去坐牢。乙是高利贷者，他想娶甲的女儿做老婆，姑娘至死不从。乙对姑娘说了一个解决的办法："现在我从地上拣起一块白石子，一块黑石子，然后，装进袋子由你来摸。如果你摸出白石子，你父亲的那笔债就一笔勾销；如果你摸出的是黑石子，那你就得和我成亲。"说完，他从地上捡起两块黑石子放进了口袋。然而，这个动作被姑娘看到了。

姑娘会怎么办呢？

水平思考法的创始人爱德华·德·波诺教授在用这个故事解释何谓水平思考时，也同样提出了这个问题，并且他得到了下面几种答案：

1. 姑娘拒绝摸石头；
2. 姑娘揭穿乙拣起两块黑石子的诡计；
3. 姑娘只好随便抓起一块黑石子，违心地同乙结婚。

很显然，上面的方法都不尽如人意。而如果运用水平思考法——将考虑的焦点移向水平方向：由口袋中的石子移到地上的石子，则能两全其美地解决问题：

姑娘的眼光从口袋移到地面上，想到乙的两块石子是从地上捡起来的，于是，她伸手到口袋里抓起一块石子，在她拿出口袋的一刹那，故意将其掉落在地上。这时，她对乙说："呀！我真不小心，把石头掉在地上了。我抓出来的那一块是黑是白已经无法知道了。但这也无关紧要，看看你口袋里剩下的那一块吧，我抓的肯定和口袋里的那一块不一样……"

姑娘利用水平思考法，将束手无策的局面扭转过来，取得了令人满意的效果。

爱德华·德·波诺教授是这样解释"水平思考法"的："以非正统的方式或者显然的非逻辑的方式寻求解决问题的办法。"他还说，简单地说水平思考法其实就是："你不能通过把同一个洞越挖越深，来实现在不同的地方挖出不同的洞。"很显然，水平思考法强调的是寻求看待事物的不同方法和路径。这种显然非逻辑的思维方式，要求我们摆脱常规的思维路径。爱德华·德·波诺教授主张，当你为实现一个设想而进行考虑的时候，很有必要摆脱一直被认为是正确的固有的观念的束缚。因为当我们按照常规的固有的观念进行思考时，很多可能性被忽略掉了。举例来说，按照人们的固有观念，水总是往低处流的，如果仅从这一观念出发，世界上就不会有能将水引向高处的吸虹管了。

水平思考法是针对垂直思考法而言的。在运用垂直思考法时，首先要选取一个位置，然后作为一次感知的基础；接着，就要看看自己此时此刻处于什么地方；再接着，就要从所在的位置和时刻进行逻辑分析。而运用水平思维时，我们移动到侧面路径上尝试不同的感知、不同的概念、不同的进入点。我们可以使用各种各样的方法，包括一系列激发技巧，来使我们摆脱常规的思维路径。比如，创造性停顿、简单的焦点、挑战、其他的选择、感念扇、激发与移动、随意输入、地层、细丝技巧等。

在水平思维中，我们致力于提出不同的看法。所有的看法都是正确的和相容的；每个不同的看法不是相互推导出来的，而是各自独立产生的。运用水平思考我们可以从不同角度、不同侧面来看待一个问题，从与思考对象相关的、可能相关的、甚至不相关的任何事物中寻找解决问题的方法。常规逻辑关注的是"真相"和"是什么"，而水平思考就像感知一样，关注的是"可能性"和"可能是什么"。

水平思考和发散思维一样，试图寻找多种可能性，但是水平思考具有逻辑性和收敛集中的一面，它的意义在于通过系统地运用具体的技巧和工具来改变概念和感知，从而提出新的创意和概念。

3. 头脑风暴法

头脑风暴的英文表述是"Brain storming"，原指精神病患者头脑中短时间出现的思维紊乱现象，病人会产生大量的胡思乱想。被誉为创造学之父的美国人亚历克·奥斯本借用这个概念来比喻思维高度活跃，打破常规的思维方式而产生大量创造性设想的状况。奥斯本提出的头脑风暴法是一种激发集体智慧，提出创新设想，为一个特定问题找到解决方法的会议技巧。

俗话说："三个臭皮匠，顶一个诸葛亮。"当我们面对复杂的问题时，靠一个人冥思苦想很难解决问题，在会议上大家提出的想法可以互相激励，互相补充，从而产生新创意和新方法，但是，并非所有会议模式都能让人们敞开思路、畅所欲言。奥斯本找到了一种能够实现信息刺激和信息增值的会议模式，在企业进行发明创造和合理化建议方面效果显著。他提出头脑风暴法之后，很快就在美国得到了推广，随后日本人也相继效仿。

美国北方常下暴雪，有一年雪下得格外大，冰雪积压在电线上导致很多电线被压断，严重影响了通讯。电讯公司想尽办法也没能解决这一问题。后来电讯公司经理召集不同专业的技术人员举行了一次头脑风暴座谈会。

在会议上大家提出了不少奇思妙想，有人提出设计一种电线清雪机；有人提出提高电线温度使冰雪融化；有人提出使电线保持震动把积雪抖落。这些想法虽然不错，但是研究周期长，不能马上解决问题。还有人提出乘坐直升飞机用扫帚扫雪，这个想法虽然滑稽可笑，但是有一个工程师沿着这个思路继续思考，想到用直升飞机的螺旋桨将积雪扇落，他马上把这个想法提出来。这个设想又引起其他与会者的联想，人们又想出七八条用飞机除雪的方案。

会后专家对各种设想进行分类论证，一致认为用直升飞机除雪既简单又有效。现场试验之后，发现用直升飞机除雪真能奏效。就这样，一个困扰电讯公司很久的难题在头脑风暴会议中得到了解决。

头脑风暴的意义在于集思广益。为了保证头脑风暴发挥作用，奥斯本要求与会人员务必严格遵守四个原则：

自由设想。与会者要解放思想，开拓思路，无拘无束地寻求解决问题的方案。鼓励与会者提出独特新颖的设想，因此与会者要畅所欲言，不要担心自己的想法是错误的、荒谬的、不可行的或者离经叛道的。

在平常的会议中，我们力求让自己提出的建议和想法符合逻辑，因为我们总希望自己的建议得到别人的认可，不会提出一个连自己都不能自圆其说的想法，这就放过了很多潜在的解决问题的方法。头脑风暴会议就是要求我们天马行空地思考，无所顾忌地表达，让那些潜

11

藏的方案显露出来。

延迟评判。不许在会上对别人提出的设想进行评论，以免妨碍与会者畅所欲言。对设想的评判要在会后由专人负责考虑。

在平常的会议中，大家总喜欢用批判的态度对待别人提出的一些想法，挑毛病是很容易的事，然而这种批判的态度使很多优秀的设想被扼杀在萌芽之中。比如，在美国电讯公司的会议中，当有人提出乘坐直升飞机用扫帚扫雪之后，如果有人说"这个想法太离谱了"，那么就不会有后面的"用螺旋桨扇雪"的设想。

追求数量。与会者要运用发散思维尽可能多地提出设想，数量越多就越有可能产生高水平的设想。

日本松下公司鼓励职工运用头脑风暴法提出改进技术、改进管理的新设想，1979年一年内产生了17万条新设想。公司从如此多的设想中选出优秀的、建设性的设想应用在设计和管理领域，使生产经营水平不断提高。

引申综合。在别人提出设想之后，受到启发产生新的设想，或者把已有的两个或多个设想综合起来产生一个更完善的设想。

头脑风暴是一种思维技能，也是一种艺术，头脑风暴的技能需要不断提高。人们常常把合作的好处比作1+1＞2，头脑风暴并不仅仅是把各自的想法罗列出来，还有一个激荡的过程，一个想法催生另一个想法从而得到更多更好的想法。有交流、有发展才有创新。

头脑风暴的效果显而易见，因此在世界各国受到了普遍欢迎，各国在不断应用中对头脑风暴法进行了创新和发展，以适应不同团体的需要。我们这里介绍美国、德国和日本的三种典型的头脑风暴法。

美国逆向头脑风暴法：这是美国热点公司对头脑风暴法的发展，其特点是不但不禁止批判，反而重视批判，旨在通过批判使设想更完善。这种方法与美国人那种自由、开放的性格相适应。需要注意的是要防止因为批判而导致大家不愿意提出荒谬的设想。

德国默写式头脑风暴法：这是德国学者鲁尔巴赫根据德国人惯于沉思和书面表达的特点而创造的会议方法。其特点是每次会议由6个人参加，每个人在5分钟之内提出三个设想，所以这种方法又叫"635法"。主持人宣布议题之后，发给每个人一张卡片，卡片上有3个编码，两个编码之间有一定的空隙，为的是让别人填写新的设想。在第一个5分钟内每个人在卡片上填上3个设想，然后传给下一个人。在下一个5分钟内，大家从上一个人的设想中受到启发填上3个新的设想。这样传递半个小时之后，可以产生108个设想。

日本NBS头脑风暴法：这是日本广播公司对头脑风暴法的发展，是一种事务性较强的方法。具体做法是主持人在会议召开之前公布议题，并发给与会人员一些卡片，要求每个人提5条以上设想，每一条设想写在一张卡片上。会议开始后，与会人员逐一出示自己的卡片并发言。当别人发言的时候听众如果产生了新的设想，就把设想写在备用的卡片上。发言完毕之后，主持人收集卡片并按内容分类，然后在会议中讨论、评价，选出解决问题的方法。

头脑风暴作为一种激励集体进行创新思维的方法在企业和设计性团体中得到了广泛的应用，此外在日常生活中也很实用，比如在学校中老师可以组织头脑风暴会议，让学生们讨论如何提高学习成绩，如何丰富课外生活等问题。家庭成员也可以召开小型的头脑风暴会议讨论如何度过周末，如何使晚餐更丰盛等问题。在日常生活中的训练可以逐渐提高发散思考的能力。

4. 删繁就简法

面对困难找不到出路，很多时候是因为我们陷入了自己设置的圈套之中，把原本简单的问题弄复杂了，结果越来越乱，理不清头绪，本来几分钟就能搞定的问题要用一天的时间来解决，本来轻轻松松就能做完的工作，把自己弄得精疲力竭。这种情况下我们就需要用删繁就简法思考问题了。

删繁就简思考法就是让我们把繁杂的、与主题无关的或关系不大的内容删掉，减少不必要的环节，然后把握事物的重要方面和本质规律，使复杂的问题变得简单容易。

亚里士多德说："自然界选择最简单的道路。"你抛一块石头到空中，它一定是沿着最短的那条路径落下来。本来很简单的事情，我们何必把它弄复杂呢？那样既浪费时间，又浪费精力，还未必能解决问题。我们应该顺其自然，不要人为地把简单的事情复杂化。要知道，把简单的事情复杂化很简单，把复杂的事情简单化却很难。德国科学家克林凯就曾说过："最容易和最简单的东西往往是最难找到的。"

删繁就简的思维方法有三种具体的做法：剪枝去蔓、同类合并和寻觅捷径。

剪枝去蔓

剪枝去蔓就是我们排除问题的旁枝错节，去除掉可以不予考虑的次要因素，抓住问题的主干。

15世纪，罗马教皇把异端分子奥卡姆·威廉关进监狱，以禁止他传播异端思想。但是，没想到奥卡姆竟然逃跑了，并且投靠了教皇的对头罗马皇帝路易四世。他对路易四世说："你用剑保卫我，我用笔捍卫你。"

在皇权的保护之下，奥卡姆著书立说，他的一句格言对后世影响很大——"如无必要，勿增实体。"这就是著名的"奥卡姆剃刀"的中心意思，它的含义是一个具体存在的理论一经确定，其他干扰这一理论的普遍性感念都是无用的，应该像多余的毛发一样剔除掉。它还告诉人们在处理问题的时候，要把握事情的实质和主流，解决最根本的问题。

人们本能地追求全面和安全，喜欢把事情弄复杂，事实上这样往往造成画蛇添足、多此一举，事物的一些结构和功能变得不合时宜而成为累赘。用"奥卡姆剃刀"把多余的东西去掉，事情会变得更简单、更方便。

最初的火车车轮上装有齿圈，为的是与铁轨上的齿条相契合，以保证火车稳定前进。一些专家认为如果车轮没有齿圈，火车就会打滑，甚至脱轨。火车的司炉工人司蒂文森有一天看着车轨展开了想象，如果把齿圈和齿条去掉会怎么样呢？他进行了大胆的试验，结果发现火车不但没有脱轨，反而大大提高了行使速度。

即使是一件小物品也可以删繁就简，使制作工序和操作过程更简单。比如钢笔，最初的笔舌处有多道凹槽，为的是蓄积墨水，后来有人把凹槽去除掉之后，发现照样可以流畅地书写。以前的钢笔帽里面加工有螺纹，为的是能够固定在笔筒上，有人尝试着把螺纹去掉之后，发现没有螺纹也能很好地固定笔帽。

如果你现在正为一些复杂的问题感到烦恼，请试着拿起"奥卡姆剃刀"把那些复杂的想法剔除掉，露出事情的本来面目，也许你能立刻找到简单的解决问题的方法。

同类合并

同类合并是指把同类问题合并起来进行分析和处理，这样可以提高解决问题的效率。

伊莱·惠特曼被称为美国"标准化之父"，因为他首创了流水作业批量生产的工厂运作模式。

美国爆发南北战争的时候，伊莱·惠特曼与政府签订了两年内提供1万支来复枪的合同。那时的生产模式是由每个工匠负责制作一支枪的全部零件，然后再组装成枪，生产效率非常低，1年才生产了500多支枪。这样下去，无论如何也完不成任务，惠特曼开始思考如何才能提高工作效率。他运用同类合并的思考法想到，如果让每个人负责制作一个零件，然后由专门的人负责把零件组装成一支枪，这样会不会快一些呢？

他把制枪的过程分为几道工序，每个员工只负责其中一道工序，他还对枪支零件的尺寸制定了一些标准，这样生产的每一个零件都一样，最后生产出来的都是标准化的枪。这样实行之后，工作效率和质量得到了大幅度提高，如期完成了任务。

把同一道工序合并在一起，就能使每个人的工作流程更加简单，每个人只负责生产一个零件，就可以大大提高熟练程度，从而提高生产效率。

寻觅捷径

寻觅捷径就是让我们的思维简洁化、理想化，单纯地反映事物的本质与规律，找到解决问题的最便捷的方法。

一位叫贝特格的保险推销员就是这样挽救自己事业的危机，并走向成功的。贝特格刚进入保险行业的时候踌躇满志，但是一年之后他就灰心丧气了，他不明白为什么自己那么努力地工作，业绩却一直不好。某个周末的早晨，他决定理出个头绪来。他问了自己下面这3个问题：

问题到底是什么？

问题的根源在哪里？

解决方案是什么？

最让他苦恼的问题是当他与客户洽谈业务的时候，有些客户突然打断他，说下次有时间再面谈，结果他把大量的时间和精力花在"下次"面谈上，收获甚微却给他带来强烈的挫折感。他把自己一年的工作记录做了一番统计，发现一次谈成功的客户占70%，两次谈成功的占23%，只有7%的生意需要三次以上的洽谈。他却被那7%的生意折磨得筋疲力尽。他决定不再为那些需要3次以上洽谈的生意奔波，把省下的时间用来开发新客户。结果他的业绩在很短的时间内就翻了一倍。

洞悉问题的根本所在，简单地去想，简单地去做，问题就会迎刃而解。当我们在工作、学习和生活中遇到难于解决的问题时，不妨用删繁就简的思维方法把看似复杂的问题简单化。抓住影响问题的关键点，找到导致问题的根本原因，然后用"釜底抽薪"的方法，就能把问题轻松化解。

5. 观点逆向法

观点逆向法，即采用一种与常规、大众不同的思路来思考问题，以获得新颖的见解和结论。这种思维方法往往能够极大地使我们摆脱从众心理，增强我们思考的独立性和创造性。这种思路在文学和学术上经常用到。

牛郎、织女在每年七夕相会的故事，是历代中国人都耳熟能详的故事了，历代文人歌咏这个事件的文学作品数不胜数。比如大诗人李商隐、杜牧均曾有有关的诗词作品，不过，多数文人对此的态度都是为两人的长期"分居"而遗憾，但是，宋代词人秦观却一反这种态度，写下了一首《鹊桥仙·七夕》的词作，其除了在前面赞美牛郎织女的爱情外，在结尾处笔锋一转，提出了"两情若是久长时，又岂在朝朝暮暮"的新颖观点，顿时使得此首词作在众多同主题词作中脱颖而出。

再看有关长城的作品。历代文人对于这个雄伟壮丽的万里长城，一向视之为中原王朝防御草原民族南下的有力屏障，吟咏长城的作品也大多充满赞叹。但是，康熙年间的书生张廷玉却一反这种态度，留下了"万里长城万里空，百世英雄百世梦"的诗句，一下子显得与众不同，不落窠臼。相传张廷玉也正是因为这首诗而受到了康熙的器重。

还有，《史记》中的《孟尝君列传》一篇文章中，说孟尝君借助于鸡鸣狗盗之徒得以从秦国逃脱，因此被历代视为善于纳士的典范。但是，到宋代时，王安石则在《读孟尝君传》一文中，一反众人观点，提出了"如果孟尝君真的善于纳士，则一个真正有才能的士便足以使得齐国雄霸天下了，哪还用得着这些鸡鸣狗盗之徒出力，因此孟尝君并不善于纳士"的观点，读来令人耳目一新。

类似的例子还有许多，总之，观点逆向法便是这样一种故意与众人"对着干"的思维方式，其总体上可算作一种求异思维。学会这种思维方式，能够使我们具有一种与众不同的思维与见解，说话或写文章时都能出语不凡，让人刮目相看。另外，不仅是人文学科，在自然科学领域，此思维方法有时也能够帮助人们摆脱惯性思维，获得新的发现。

需要指出的是，观点逆向思维并不是盲目地追求与众不同，提出的新观点要合乎逻辑，能自圆其说，让人信服。

其实，在现实中我们不妨经常有意识地进行一番练习，比如在《水浒传》中的潘金莲历来被人视作淫妇，但是如果站在她的角度来说，她本人不也是值得同情的吗？武松历来被视作英雄好汉，在"血溅鸳鸯楼"一章中，张都监和蒋门神被武松杀死是罪有应得，但是包括张都监夫人和府中丫鬟、仆人在内的几十口人，武松凭什么杀死他们呢？从这个角度来讲，武松可以说只是个杀人魔鬼罢了。

再比如，有句话叫"开卷有益"，这话在古代书籍少的年代可能不错，但是在如今书籍泛滥、泥沙俱下的信息时代，这话难道不值得重新思考吗？

……

6. 倒转思维法

倒转思考法又叫逆向思维法，是指从思考对象的反面或侧面寻找解决问题方案的思考方法。

有四个相同的瓶子，怎样摆放才能使其中任意两个瓶口的距离都相等呢？

如果让四个瓶子全部正立着摆放，你将永远找不到方法。把一个瓶子倒过来试试。想到了吗？把三个瓶子放在正三角形的顶点，将倒过来的瓶子放在三角形的中心位置，这时你制造了很多个等边三角形，任意两个瓶口之间的距离都是正三角形的边长。

没有人规定一定要把瓶子正立摆放，但是很少有人想到把瓶子倒过来。因为人们习惯于沿着事物发展的正方向思考问题，并寻求解决问题的方法。但是，有时候按照传统观念和思维习惯思考问题你会找不到出路，百思不得其解。这时你可以试着突破惯性思维的条条框框，从相反的方向寻找解决问题的办法。

倒转思考法最初由哈佛大学教授艾伯特·罗森和美国佛蒙特州投资顾问汉弗莱·尼尔共同提出，他们把这种思维方法表述为："站在对立面进行思考。"倒转思考法就是让我们打破常规思维模式的束缚，表现为对传统观念的背叛。采用倒转思考法的前提是对思维对象进行全面分析，细致地了解思维对象的具体情况。此外，进行倒转思考的人还要有敢于冒险，勇于创新的精神。

运用倒转思考法，我们可以注意并思考问题的另一方面，从而深入挖掘事物的本质属性，有助于开拓新的解决问题的思路。日本丰田汽车公司的创始人丰田喜一郎曾经说:"如果我取得一点成功的话,那是因为我对什么问题都倒过来思考。"倒转思考法的作用可见一斑。

宋灭南唐之前,南唐每年要向大宋进贡。有一年,南唐后主李煜派博学善辩的徐铉作为使者到大宋进贡。按照规定,大宋要派一名官员陪同徐铉入朝,但是朝中大臣都认为自己的学问和辞令比不上徐铉,大家都怕丢脸,没人敢应战。

宋太祖很生气,但是又无可奈何。他也不想随便派个人去给朝廷丢脸。后来,他想了这样一个办法:让人找到十个魁梧英俊,但又不识字的侍卫,把他们的名字呈交上来。然后,宋太祖找到一个比较文雅的名字,说:"此人堪当此重任。"大臣们很吃惊,但是没人敢提出异议,只好让大字不识的侍卫前去接待徐铉。

徐铉见了侍卫先寒暄了一阵,然后滔滔不绝地讲起来。但是不管他说什么,侍卫只是频频点头,并不说话。徐铉想"大国的官员果然深不可测",只好硬着头皮讲。可是一连几天,侍卫还是不说话。等到宋太祖召见徐铉时,他已经无话可说了。

宋太祖就是利用逆向思维来应对南唐的进贡官员。按照正常的逻辑思维,对付能言善辩的人应该找一个更加善辩的人,但是宋太祖却找了一个不认识的字的人,效果居然不错。因为徐铉也是按照常规的思维方法来想问题的,他认为宋朝一定会派一个数一数二的学者来接待自己。面对不说话的侍卫,他猜不透,但又不敢放肆,结果变得很被动。

1935年之前,英国出版商出版的书大部分是精装书。他们有充分的理由这样做:印在铜版纸上的字的确看起来比较舒服,大篇幅的图片也更加吸引人,大块的空白使读者省去了许多时间。更加重要的是,英国的读者都是贵族——他们有的是钱,而精装书更能够帮助他们展现自己与众不同。出版商靠精装书赚到了不少钱,他们的思路是把书做得更加精美,从而把价钱定得更高。

1935年艾伦·雷恩开创了企鹅出版社,他是一个喜欢特立独行的人,当别的出版商力求把书做得更加精美的时候,他准备出版以前从来没有出现过的平装书,每本只卖6便士——相当于一包香烟的钱。

这套丛书每本只卖6便士——大概相当于一包烟的钱。书商觉得这太荒谬了,纷纷向他质疑:"既然连定价七先令六便士都只能赚一点钱,六便士怎么能赚钱?"很多作者也担心自己赚不到版税。只有伍尔沃斯公司配合艾伦·雷恩,但这是因为他们店里只卖价格在6便士以下的商品。

出乎人们的意料,那套售价6便士的企鹅丛书一经出版后,立即受到了读者的一致好评,人们争相阅读。事实上,也正是出版平装书籍让企鹅公司在日后成为了一个大品牌,艾伦·雷恩成了英国出版史上的一位鼎鼎大名的人物。

传统观念认为图书装帧越精致才能卖高价,只有卖高价才会越赚钱,艾伦·雷恩反其道而行之,出版朴素的平装书,把价格降到最低,这正是对倒转思考的运用。结果证明他的选择没有错。

这种思维方法应用在发明创造上很有效果。比如,有人觉得传统的绣花针拔出后需要掉头再穿回去,很费时间。于是发明了双向针尖的绣花针,把针鼻放在中间。没有人规定针鼻一定要在针的尾部啊!

逆向思维的应用在现实生活中具有重要的意义。运用逆向思维可以让你突破对事物的常规认识,创造出惊人的奇迹。如果向前走找不到出路的时候,当你需要寻找新颖独特的解决问题的方法的时候，当你不满于步别人的后尘，希望突破常规思路时候，就可以回过头来向相反的方向试试。

倒转思考法是一种科学的思维方法，我们可以把条件、作用、方式、过程、观点、属性和因果倒转过来思考，还可以把人物、情景、结果颠倒过来思考。在以后的章节，我们将具体地介绍这些倒转思考的方法。

7. 补白填充法

由于时间和空间条件限制，人们只能认识客观事物的一部分，在对事物的运作过程进行全盘思考的时候，有些环节可能会出现缺失。所谓补白填充就是运用想象对缺失的内容进行填补，以增强事物的完整性。这种思考方法在实际中非常实用，一方面可以帮助我们对未知领域做出预测，这在科学研究领域里有重大意义，另一方面还可以帮我们发现市场中的空白点，抓住商机。

19世纪的物理学家已经能够确定在原子中存在两种粒子，一种带正电，一种带负电，但是不能确定这两种粒子是以什么状态存在的。这既不能仅仅用逻辑思维来进行推论，也无法通过观测来证明。于是有些科学家对原子内部结构进行大胆想象，推测两种粒子保持着什么样的关系。

得到广泛支持和认可的设想有两种，一种是英国物理学家汤姆森提出的"葡萄干面包模型"，一种是英国物理学家卢瑟福提出的"太阳系模型"。葡萄干面包模型认为带负电的粒子镶嵌在由带正电的粒子构成的球状实体中，就像葡萄干镶嵌在面包里一样。太阳系模型认为带负电的粒子围绕占原子质量绝大部分的带正电的粒子的原子核旋转，就像行星围绕太阳旋转一样。这两种模型的区别在于是否认为正电粒子与负电粒子之间存在空隙。后来的试验证明卢瑟福的太阳系模型是正确的。

汤姆森和卢瑟福就是运用补白填充的思考方式另辟蹊径，通过想象来补充人们对原子内部结构认识的不足。当然，这种想象并不是胡思乱想，而是以现有的科学知识作为想象的基础，根据已知推测未知的过程。

与组合想象相比，补白填充更加需要思考者理智的逻辑思维，也就是说补白填充必须建立在已知信息的基础之上，通过已知信息的充分分析之后找出其中的规律，然后发挥想象填补空白内容。如果不顾已有的信息，对问题进行随意的想象，最后得到的方案可能会与事物的运作过程不协调，因而不能解决问题。

由于时空限制，在现实中我们无法看到事物过去和未来的景象，这时就可以运用补白填充，发挥想象把过去的事物和未来的事物构想出来，展现出来。比如，考古学家可以根据残缺不全的古生物化石，想象出古生物的原貌和它当初生存的状态。利用先进的电脑技术或各种模型材料还可以把想象中的图像和模型展现出来。比如，建筑工程师或城市规划师首先要在头脑中想象出设计方案，然后在图纸上绘制出设计蓝图，用3D做出效果图，或用各种模具做出模型。

补白填充的应用还体现在通过大胆想象寻找商机。在商界，抓住市场空白点是成功的重要策略，空白点没有竞争，因而很容易获利。寻找空白点的思路有两条，一条是找那些已经存在但是没有引起人们重视的市场，另一条是开发全新的产品，创造新的市场。显然，前一种方法要容易一些。

身价亿万的香港富豪霍英东当年就是靠补白填充思维发家致富的。香港作为世界上举足轻重的经济贸易港口和东南亚重要的交通枢纽，建筑行业发展很快。很多人看到搞建材有利可图，纷纷投身于建材市场。但是与建材市场紧密相关的河沙市场却无人问津，因为海底捞沙工作量大，而且利润有限，那些想赚大钱的人对此不屑一顾。这使建材市场留下了一个空白空间，霍英东看准了这个空白决定大干一番。

他分析了市场需求和发展前景之后，觉得应该能够赚钱。于是他从欧洲购进先进的淘沙机船，这种新型的挖沙船20分钟就可以挖出2000吨沙子，大大提高了劳动生产率。先进机器的使用还降低了用工量，改进了工作方法。很快，被人们冷落的河沙市场给霍英东带来了滚滚财源，他成了香港最大的河沙商。当别人看到他的成功想效仿的时候，他已经取得了香港海沙供应的专利权了。

霍英东正是运用了补白填充的思考法，抢占商机，找到了一条成功之路。

如果想创造商机，就要关注人们的需要，解决尚未解决的问题，进行新的发明创造，推出前所未有的产品。比如某家蛋糕店推出了一种可以食用的照片，贴在生日蛋糕上，很受欢迎。北京某家具公司一改传统家具的死板风格，开发出一种可以拼装、变形的家具。用户可以根据需要改变家具的结构以适应居室的格局。某厂家推出了一款屏幕可以被扭曲拉伸的手机，机身由传导型织物做成，不但可以折叠，而且没有突起的键盘按键，因此占用空间非常小，方便携带。

可见，补白填充想象的意义还在于满足人们的需要，开发出能够解决某种问题的新产品。

最初的洗衣机没有过滤网，衣服洗完之后经常沾上一些小棉团之类的东西。这个问题让家庭主妇非常烦恼，她们建议厂家解决这个问题。技术人员经过研究之后，虽然提出了一些解决方案，但是都比较复杂，而且会大大增加洗衣机的体积和成本。厂家觉得没有必要为了这个小问题大费周折，于是不再试图改进。

一位叫笕绍喜美贺的日本的家庭妇女想自己解决这个问题，有一次她看到孩子们用网兜捕捉蜻蜓的情景，心想如果做一个小网兜是不是也可以把洗衣机中的杂物网住呢？她用了三年时间不断尝试、改进，终于发明了简单实用的过滤网。她把这项发明申请专利，仅在日本她就获得1.5亿日元的专利费。

8. 类比思考法

类比思考法是指把两个或两类事物进行比较，并进行逻辑推理，找出两者之间的相似点和不同点，然后运用同中求异或异中求同的思维方法进行发明和创造。类比思考法可以分为直接类比、间接类比、幻想类比、因果类比、仿生类比和综摄类比。

类比思考法的意义就是在比较中进行创新，具体表现在两方面：

第一，发现未知属性，如果其中一个对象具有某种属性，那么就可以推测另外一个与之类似的对象也具有这种属性。比如，桔子和橙子在外观上很相似，已知桔子的味道是酸酸甜甜的，由此可以推断橙子的味道也是酸酸甜甜的。

第二，把一事物的某种属性应用在与之类似的另一事物上，带来新的功能。如果其中一个对象的属性能带来某种功能，那么如果我们赋予另一个对象同样的属性就能得到类似的功能。比如，茅草的锯齿状叶片能够划破手指，那么如果把铁片做出锯齿状的边就发明了锯子，可以锯断大树。

类比思考法是创造学领域里的一种重要的思考方法，在日常生活和科学研究中的应用都很广泛。可以说类比思考法把世间万物都囊括在了思考范围之内，因而能大大拓展我们的视野，有利于开拓新的思路。很多重大的发现和发明都是通过类比思考法得到的。

地质学家李四光经过长期考察，发现我国东北松辽平原的地质结构和中东的地质结构很相似。大家都知道中东地区盛产石油，那么松辽平原是不是也蕴藏着大量石油呢？李四光运用类比思考法推断这是很可能的。经过一番勘探，果然发现了大庆油田。

已知思考对象 A 中具有属性 a、b、c、d，思考对象 B 中具有属性 a、b、c，那么我们可以推断 B 中也具有属性 d。当然，这个逻辑推理只是给我们拓展了一条思路，是不是真的这样，还需要检验。

需要注意的是，进行类比的两个事物之间应该具有较多的共同属性，已知的共同属性与我们推断的属性之间应该有密切的联系。这样才能保证推断的结论具有较高的可靠性。如果雷安军把残株栽植的原理应用在黄瓜上，可能就不会产生什么效果了。虽然都是蔬菜，但是黄瓜属于葫芦科，青椒属于茄科，不具备太多的可比性。

运用类比法进行思考要求我们从事物的对比中找到相似点和不同点，这就要掌握同中求异和异中求同的思维方法：

同中求异

同中求异简单地说是找到两个类似事物之间的区别，利用不同点进行发明创造。不同点可以给大脑带来新的思考角度，需要我们运用新的知识进行分析和观察，以摆脱传统思维模式的束缚，在思考对象中寻找新的属性和功能。

异中求同

异中求同简单说来是在不同的事物之间找到共同之处，利用相似点进行发明创造。我们把熟悉的某种事物的属性或功能应用在陌生的事物上，使陌生的问题变得更容易处理。

熟练掌握类比思考法之后，我们就能完善对事物的认识，从看似不相关的事物中找到各种隐蔽的关系，然后利用这些关系展开设想进行推理，从中找到解决问题的新方法。

9. 叠加思索法

叠加思索法是一种比较具体而有针对性的思维方法。为了形象地对其进行解释，我们来看一个智力题：假如让你将 10 只乒乓球放到三个同样大小的篮子里，并且要求每个篮子里的乒乓球都是单数。你能做到吗？

按照一般思路来想的话，你肯定会觉得这是不可能办到的事情。因为，三个篮子里放 10 个乒乓球，无论怎么放，似乎都不可能使得每个篮子里都是单数。而反过来，如果每个篮子里都是单数，那么其最终的和一定是个奇数，而不可能是"10"这个偶数。无论从反面还是从正面想，这件事似乎都是不可能做到的。真的这样吗？

实际上，这里你便是被一种惯性思维所束缚了——题中并没有规定三个篮子都必须平放在桌面上呀，如果我们将篮子叠起来会如何呢？那么，顺着这个思路，我们会发现三个叠起来不行，而将其中两个篮子叠起来，在里面放上 1、3、5、7 或者 9 个乒乓球，而在另一个单独放的篮子里放上与前面对应的 9、7、5、3 或者 1 个乒乓球，这下便满足了题中的条件了。

其实，类似的智力题在许多思维开发性的书中都可以看到，其关键就在于打破惯性思维。因此可以说，叠加思维可以算作是求异思维中的一个小类型。它提醒我们，在遇到难题的时候，也许难住我们的不是题目，而是我们头脑中固有的障碍。找出并剔除这个障碍，问题便迎刃而解。

10. 特异搜索法

所谓特异，即与一般情况或规律相区别，而一般情况或规律，反映在人们的主观意识里，便是经验。一般而言，凭借经验，人们往往能够更加方便地理解和把握世界，做事情时也往往会更有效率。但是，经验有时候也会给人们带来束缚，使得人们在匆忙之间下错误的结论。我们来看下面这个故事：

有一个将近30岁的男子，在某宴会上遇到了一个漂亮的少女，他一下子喜欢上了她。但是，他担心自己的年龄比女孩子大得太多了，于是，他找了许多人打听女孩子的年龄，但是，他最终没有问出来。就在他感到有些失望时，那个女孩子知道了，主动对他说："你想知道我的年龄是吗？我可以告诉你：过两天就是我22周岁的生日，可是去年过元旦时我还不到20岁。"

年轻人听到女孩子这样的说法，觉得女孩子可能是嫌他年龄太大，在戏耍他，于是沮丧地离开了宴会。

而事实上，女孩子对于这个气质不俗并且对她痴情的男子感觉很不错，所以并没有戏耍这个男子，她说的是真实情况。乍一看，这个女孩子的说法令人难以置信，因为按照我们的经验来想，20岁过了应该是21岁啊！怎么可能会是22周岁呢？但是，不要忘了，这种理解只是一种通常的情况，如果在一个特殊的前提下，这种情况是可能发生的。而这里的特殊之处就在于女孩的生日和女孩当时说话的日期。事实是，那个女孩子的生日是1月2日，而她说出那番话的当天则是12月31日。这样一来，她去年元旦时是19岁，1月2日是20岁；而今年1月1日还是20岁，1月2日21岁。而两天后的1月2日正好是她22岁生日，到时她当然就是22岁了。显然，那个男子是太急躁了点，如果他能够在遇到问题时，不那么匆忙地按照自己的固有经验下判断，而是能够在经验之外寻找特殊化的情况，那么他可能便能抓住这段姻缘了。其实，这便是一种特异搜索法的思维习惯。

应该说，这种思维往往能够使得我们在常人产生惰性的地方，进一步思考，从而获得比别人更多的机会。关于此，下面这个故事便是明证。

2001年5月20日，美国推销员乔治·赫伯特成功地将一把斧子推销给了美国总统布什。随即，布鲁金斯学会把刻有"最伟大的推销员"字迹的一只金靴子授予了他。这是自1975年以来，继该学会的一名学员成功地把一台微型录音机推销给当时在任的尼克松总统之后，又一名学员获此殊荣。

事情是这样的。美国布鲁金斯学会成立于1927年，以培养出了不少杰出的推销员而闻名于世。该学会有一个传统，在每期学员毕业时，学会都会设计一道最能体现推销员能力的实习题，让学员去完成。例如，在克林顿当政期间，他们就出了这样一道题目："请把一条三角内裤推销给克林顿总统。"在题目出来后的8年间，有无数学员试图去完成这个题目，最后无功而返。当克林顿卸任后，布鲁金斯学会便把题目换成了："请将一把老斧头推销给小布什总统。"

鉴于前8年的失败和教训，许多学员都知难而退了。大家都这么想，布什总统整天大事缠身，要一把斧头干吗呢？况且，即使需要斧头，他也不需要自己亲自购买。退一万步，即使他亲自买斧头，也肯定看不上"我"手头的这把又笨重又钝的老斧头。但是，在记者采访乔治·赫伯特时，他告诉记者，其实他向布什总统推销斧头并没有花费太多的工夫，他说道："我觉得把一把斧子推销给布什总统是完全可能的，因为小布什总统在得克萨斯州有一个农场，农场里面长着许多树。于是，我给他写了一封信，说：'总统先生，我曾经有幸参观了您的农场，发现里面长着许多矢菊树。有些已经死掉，木质变得松软。我想，您一定需要一把斧头砍去这些枯树。但是以您的体质而言，现在市面上流行的斧头显然有些轻，所以我想您需要的是一把不甚锋利的老斧头。现在我这儿正好有一把这样的老斧头,很适合砍伐枯树。假若您有兴趣的话,请按这封信所留的信箱,给予回复……'不久,布什总统就给我汇来了15美元。"

从故事中我们可以看到,这个推销员之所以能够成功,最重要的一点便是因为他具有了一种特异搜索法的思维——那么多人因为在向克林顿推销的过程中失败了,而如同前面所分析,布什总统需要一把老斧头的可能性几乎为零。因此笼统地看,这件事成功的几率几乎为零。也正是因为此,众多推销员知难而退了。但是,这个推销员却没有受这种笼统的判断所束缚,而是认真地调查了布什总统的有关情况,进而发现了他的农场,进而又找到了向他推销的合理理由。最终,他取得了成功。

从上面的两则故事可以看出,特异搜索法的关键便在于不要盲从于自己的经验或者是笼统的判断,而是要有一种"凡事都不可绝对"的意识;在遇到问题的时候,要养成排除固有的印象,冷静地从一般中寻找特殊的思维习惯。

11. 经验清除法

许多时候,人们的思维都有很大的惰性,习惯按照固有的经验看问题和做事,而不喜欢动脑筋思考。这当然是无可厚非的,因为按着原有的经验办事,许多时候都给我们带来方便和效率,并降低在做的过程中所遇到的风险。但是,经验也有一定的弊端,那便是它会限制我们的思维,让我们的思维进入死角,难以创造性地解决问题。经验清除法,就是帮助我们抛开固有的经验束缚,培养思维的灵活性,创造性地解决问题的思维方法。

我们来看下面这个题目:

现在你面前的桌子上放着一根蜡烛、几个图钉、一个空火柴盒子,现在要求你在尽短的时间内,把这根蜡烛安放在垂直的木板墙上。

对于这个要求,大家很容易便能想到办法:先把火柴盒用图钉钉在木板墙上,然后再把蜡烛插进火柴盒里。

那么,现在将这道题目稍作变换:几样东西不变,但是,火柴盒里却不再是空的,而是装满了火柴。这样一来,可能有些人就觉得不知道该怎么完成题目要求了。因为当火柴盒里面装满了火柴时,人们首先想到的是:"火柴盒是用来装火柴的",却难以想到火柴盒还可以用来作固定蜡烛之用。

那么,为什么火柴盒中装了火柴和没装火柴,会出现不同的结果呢?其原因就在于固有的经验束缚了我们的思维!

因此,我们在思考问题的时候,要学会对经验做辩证的意识,不要对其过分依赖,必要时就要对经验进行一番"清除",以摆脱其束缚,以创造性地解决问题。

经验清除法在使用时应该注意:

对经验有辩证的认识,做到借鉴经验,但不过分依赖;

遇到难题时,要学会打开思路,换个角度去看原有的经验。

12. 定势突破法

定势突破法说的是一种打破我们思维过程中的定势的一种思维方法。我们知道,在路上行驶的汽车,在司机踩了刹车之后,也不会立刻停下,而是要沿着原来的路线滑行一段距离,这就是物理学上所说的惯性。实际上,在我们的思维过程中,也存在这样一种惯性,即在我们思考问题的时候,往往会习惯于沿着固有的思维思考,而不知道根据实际情况灵活地进行变通，这就叫作思维定势。为了进一步理解这个问题，现在举一个例子：

哥哥想要考一下弟弟，对弟弟说："有个哑巴到商店去买钉子，他也不识字，指着货架上的钉子'啊啊'着要买。但是，店主拿了几次都拿的是其他商品。聪明的哑巴于是把两根手指放在柜台上，另一只手做了个捶击动作。店主于是给他拿了把锤子，哑巴摇了摇头，并指了指柜台上的两根手指头。店主才恍然大悟，给他拿来了钉子，哑巴于是才买了钉子走了。接下来，又进来了一个盲人，他同样不识字，你猜他应该怎样让店主知道他要买什么呢？"

弟弟琢磨了一下便说道："他可以这样比划，店主就知道了！"说着，他用两根手指头比划出了剪刀的形状。

哥哥一听，便哈哈大笑着说道："笨蛋，盲人可以直接告诉店主他要买剪刀啊！"

弟弟一听，恍然大悟，不好意思地摸了摸头。

在这个故事中，弟弟之所以会上当，是因为哥哥在前面绘声绘色地讲的哑巴买锤子的情景，已经悄悄地给弟弟设下了一个思维陷阱，使得弟弟潜意识里惯性地认为，只要是残疾人都会通过打手势来告诉店主自己所需。实际上，这便是一种典型的思维定势。其实，我们的现实生活中，思维定势是大量存在的。不信，试看下面的几道智力题。

（1）一天，一个盲人走在熙熙攘攘的大街上，不仅不借助任何东西健步如飞，而且没有撞到任何人，你猜这是怎么回事？

（2）某公安局长的儿子小明匆匆地跑进屋喊道："不好了，你快回家吧，你爸爸和我爸爸打起来了！"你猜公安局长和小明是什么关系？

（3）在一个屋子里，只有一个沙发和一张床，一个人坐在沙发上。后来，又从外面进来了一个人，他坐在了一个第一个人永远都坐不到的地方。你猜，第二个人坐在了哪里？

我们来看第一道题。人们在回答这个问题的时候，曾给出过各种各样的解释来解释这令人不可思议的现象。比如这个瞎子是武林高手，他的听力特别好，他在拍电影，等等。这些理由显然都太牵强附会，不能令人信服。而正确的答案是——他只有一只眼失明。许多人之所以想不到这个答案，便是因为他们一看到"盲人"两字，便会惯性地认为他肯定是双目失明，殊不知盲人其实也可以只有一只眼失明。

再看第二道题，很多人之所以猜不出公安局长和小明的关系，原因便在于他们惯性地认为公安局长肯定是男性，殊不知公安局长也可以是女性。因此，答案是——公安局长和小明是母子关系。

第三道题的答案是——第二个人坐在了第一个人的身上。

可以看出，在这三道题目中，许多人之所以回答不出答案，是因为他们受到了定势思维的干扰。

其实，许多时候，我们在想一个问题想不通时，并不是问题有多复杂，而是我们自己固有的东西束缚了我们。因此，在思考一个问题得不到答案时，不妨回过头来检验一下我们习以为常的概念是不是存在漏洞，或者一些前提条件已经悄悄发生了变化，因此前面所得出的结论在这里已经不再适用。

13. 灵感思维法

灵感思维法，可能有人对于这种说法感到不理解。因为在人们的印象中，所谓灵感，似乎是一种不可捉摸乃至有些神秘的东西，人很难有意识地控制这种东西，使其成为一种行之有效的思维方法。实际上并非如此。首先，让我们来通过一些事例来感性地认识一下灵感。

笛卡尔是17世纪法国的大数学家，一次，他长时间都在思考这样一个问题：几何图形是形象的，代数方程是抽象的，能不能将这两门数学统一起来，用几何图形来表示代数方程，用代数方程来解决几何问题呢？为了找到办法，笛卡尔日思夜想，但一直都找不到好的方法。一天早上，笛卡尔在床上睁开眼后，看到一只苍蝇正在天花板上爬动，他饶有兴趣地看了起来。看着看着，他的头脑中忽然产生这样一个念头：这只不断移动的苍蝇不正是一个移动的"点"吗？而墙和天花板不就是"面"吗？墙和天花板相连的角不就是"线"吗？苍蝇这个"点"与"线"和"面"之间的距离显然是可以计算的。想到这里，笛卡尔一下子从床上跳了下来，他找来纸和笔，迅速画出三条相互垂直的线，用它表示两堵墙和天花板相连接的角，又画了一个点表示来回移动的苍蝇。然后，他用 X 和 Y 分别代表苍蝇到两堵墙的距离，用 Z 来代表苍蝇到天花板的距离。后来，笛卡尔对自己画出的这张图进行反复思考和研究后，得出结论：对于在图上的任何一个点，都可以用一组数据来表示它与另外那三条数轴的数量关系。同时，只要有了任何一组像以上这样的数据，也必然可以在空间上找到一个对应的点。如此一来，数和形之间便建立了稳定的联系。结果，数学领域中的一个重要分支——解析几何学，就此创立了。他的这套数学理论体系，引起了数学的一场深刻革命，有效地解决了生产和科学上的许多难题，并为微积分的创立奠定了坚实的基础。

笛卡尔受苍蝇启发而解决了重大的数学难题，这显然是一种数学上的灵感思维。再看下面的一个故事：

在一个小学课堂上，一个老师为了考一下学生们的应变能力，提出了这样一个问题："一群小鸟在天空中自由地飞着，用什么办法能一下子将这些鸟全部抓住呢？"

下面的小学生七嘴八舌地说开了：几个人同时用气枪打；用麻袋；用大网……一会儿便说出了十几个办法，但老师均摇了摇头。其实老师自己也没有答案。

"用照相机抓拍！"一个学生回答道。

"对呀，好主意！"老师一听，眼睛顿时一亮，这的确是个充满创意的好主意！

在这个故事中，这个想出用照相机抓拍的学生的主意显然是充满了灵感。这种灵感虽然不像科学家们的灵感那样产生了实用的价值，但是他同样是体现出了一种创造性的思维。

上面的两个故事便形象地向我们展示了什么是灵感。而除了上面的两则故事，关于灵感的故事，相信每个人都可以举出几个来。实际上，可以说，所有的具有创造性的活动，都离不了灵感的参与。无论是艺术家们进行艺术创作，还是科学家们进行科学研究，乃至现实生活中我们想到了一个好主意，其实都借助了灵感。因此，灵感有些难以把握，但是它却是人类进行创造性活动所不可或缺的，可以说，灵感思维乃是人们一种重要的思维方式。

目前来说，虽然历代的思想家都无法准确地给灵感下一个定义，不过人们已经普遍认识到，灵感并非是完全不可捉摸的，而同样是一种可以用来为我所用的思维方法，人们将其称作灵感思维法。灵感思维法是一种比较特殊的思维方法，是指在思考或研究形物的过程中由于某种因素的触发，高度发挥创造力，使思路豁然开朗，从而获得对该研究对象的一种突破性认识的思维方法。这种思维方法的特征是，不借助于人类的逻辑思维系统以及语言、文字、知识等，而是与人的先天直觉密切联系。我们知道，直觉是人的一种先天能力，它不经过渐进的、精细的逻辑推理，是一种思维的断层和跃进，人们习惯将其称为"第六感"。总体而言，直觉是人类在逻辑认知系统之外的另一个认知系统，而灵感，便是这个认知系统的产物。虽然直觉思维系统所产生的东西绝大多数都没有什么价值，但是其中对的那一小部分往往具有非凡的价值。

那么，我们究竟该如何有意识地去掌控灵感思维法呢？人们一般认为，灵感这种东西，乃是不可捉摸的，只能静静等待它的到来，而不可刻意追求。这种说法其实只说出了事情的一个方面，不错，灵感是不可刻意追求，但是，灵感也绝非是一个仅靠运气获得的东西。事实上，我们可以发现，那些刻苦钻研、勤于思考的人往往能够获得更多的灵感。关于这个现象，许多人其实早就做过总结，俄国画家列宾曾说过："灵感是对艰苦劳动的奖赏。"德国哲学家黑格尔则说："即使是最聪明的天才，如果朝朝暮暮懒散地躺在草地上，眼望星空，让微风吹拂……灵感也不会拜访他。"由此也可见，灵感思维法的基础便是之前的艰辛探索，长期的思考酝酿，只有在对研究对象进行了一番深思熟虑的思考，有关研究对象的各种信息已经烂熟于心之后，这些信息才会在潜意识里暗暗地发酵，进而在某一瞬间令人突然顿悟，这就是灵感。

在有了长期的探索和思考的基础之后，灵感便随时可能会降临。具体情况又可大致分为几类，一种是思考者在经历了艰辛的探索和思考之后，自己突然恍然大悟。数学家高斯便曾经说过，他曾经一连求证一个数学难题许多年，一直得不到答案。但是，有一天他突然一下子得到了答案，他自己也说不清这其中的原因。这就是顿悟型的灵感。另一种则是思考者受到了外界某种东西的启发，顿时想到了解决问题的办法。这种产生启发的东西，则不一而足，可以是别人的一句话、一个动作，或者是书中的一句话、一个图像，也可以是一只苍蝇。另外，还有一种则是，有的人干脆是在梦中得到问题的答案。历史上，有不少科学家都是在梦中解决了冥思苦想不得其解的难题，比如俄国化学家门捷列夫即是在梦中发现了化学元素周期表。也有不少艺术家在梦中产生创作灵感，有不少诗人干脆在梦中完整地写出了优秀的诗词作品。

以上我们得知了灵感产生的基本过程大致可分为两个阶段，第一个阶段是对于疑难问题的长期艰辛探求阶段；第二个阶段，是信息发酵后，探索者方式不一的顿悟阶段。对于我们来说，第一个阶段显然毋庸多言，只能是老老实实去做。而对于第二个阶段，我们却是可以有所作为，以催生灵感的到来。经过大量的总结之后，人们发现，灵感产生的一个重要条件就是人要处于一种放松状态中，处于紧张状态中的人往往不能产生灵感。因此，在你对于一个问题苦苦思索不得其解的时候，不妨将问题暂时搁置起来，运动一下，或者干脆去旅行，过段时间再去考虑它。如此一来，自己的精神放松下来后，没准答案就突然在脑海中出现了。此外，我们也可以随意地翻看一些不相干的书籍，或者是找人聊天，也许从中能获得启发，产生灵感。总之，关键是使自己的精神处于放松状态。

另外需要特别注意的是，灵感思维的一个重要特征就是它是一瞬间在脑海中一闪而过的，如果你不能及时抓住，过后可能它再也不出现了。因此，掌控灵感思维的一个重要条件就是要相信自己的直觉，重视突然出现的念头，而不要将其当作无用之物。因此，最好养成随时记录自己突然出现的想法的好习惯。固然这里面有许多无价值的东西，但是其中也必然有一些充满了创造性乃至于你可能花几年时间都追求不到的新发现。事实上，几乎所有的伟大科学家和艺术家都有随时记录自己想法的习惯。所以说，还是那句话，机遇更青睐有准备的头脑。

14. 替代达标法

替代达标法总体上属于一种急智思维，其是在缺乏某种东西的情况下，临时借用另一种东西代替所缺乏的物体，从而暂时满足当时特殊的要求。为形象化地对其进行理解，让我们看下面这道思维名题：

有一只容器，其上面只刻了两个刻度：5升和10升，其中装了8升的溶液。现在一个人想要从中倒出5升的溶液。他发现手头除了一些小石子外，没有别的东西可用。那么，你能帮他想一个办法准确地倒出5升溶液吗？

这个问题乍一看，似乎是没办法做到的。因为照现在的条件来看，能够从这个容器中准确地倒出的溶液体积只有两个：3升和8升，而所要倒出的5升这个数值则无法通过容器的刻度准确地体现，只能是大致估摸着倒了。其实，是有办法的——我们知道，根据这个容器的刻度，如果能够再找来2升溶液，使得溶液"体积"升至10升的刻度处，那么便可以根据刻度倒出5升溶液了。那么，现在，我们可以选择一些小石子填入容器中，使其中的溶液升高至10升的刻度处。这样一来，我们便可将容器中处于5升和10升的刻度之间的溶液倒出来，就正好是5升了。

在上面的名题中，我们利用石子临时替代溶液，使得溶液体积临时达到10升，从而最终达到了目的。这便是一种典型的替代达标法。并且，从中，我们也可以看到替代达标法的关键有两点。其一，对于所缺乏的物品，我们对其的利用所要达到的功用，替代物正好也能达到。以上面的名题为例，即石子和2升溶液都正好能够使得溶液体积升高至10升的刻度处。所以说，这种替代仅仅是针对特定的目的的一种临时替代。也正因为此，要看到替代品和被替代品之间的这种联系是难的；其二，替代品在代替被替代者满足要求的同时，不能产生负面的作用，比如说，在上面的名题中，如果用水来替代溶液便不行，因为它会改变溶液的性质。正是因为这两点要求，所以替代达标法可以说是一种很精致的思维方法，只有细心而聪明的人才会善于使用。

另外，替代达标法的一个关键便在于我们在遇到难题的时候，不能根据笼统的印象，轻易地得出这个问题无法解决的结论，而是要知难而进，积极地想办法。其实，我们在现实生活中常见的在急中生智的情况下想出来的临时替代方法都可算是替代达标法。

15. 角度变异法

角度变异法属于转换思维的一种，其内涵是在面对一个找不到解决办法的难题的时候，抛弃原先的思路，从另一个角度寻找新思路的思维方法。为形象化地理解这种思维方法，我们来看下面一个故事：

有个小男孩在一次生日时收到一样礼物——一面小鼓。这个小男孩对于这个礼物很是喜欢，每天不停地敲打着这个小鼓，吵得左邻右舍不得安宁。一段时间后，忍无可忍的大人们都非常气愤地对他说："不要再敲了，我们被吵得受不了了！"然而小男孩不仅不听，反而越来越有干劲儿，每天敲鼓的声音更大了。一天，邻居中的一个叔叔找到小男孩，轻声对他说："你这么喜欢这个鼓，难道不想看看鼓里面到底有什么吗？何不打开来看看？"从此，邻居们再也听不到吵闹的鼓声了。

在这个故事里，小孩对于周围的呵斥已经听不进去了，如果你还是一味地呵斥他，只能更激起他的逆反心理。而邻居中的这个叔叔则换了一个角度，从小孩子的好奇心的角度"引诱"小孩，结果一下子便将问题解决了。这里，这个邻居叔叔所使用的便是一种角度变异法。实际上，许多难题在看似已经走入死胡同，无法解决的时候，如果能够适时地转换一下角度，可能很轻松地便将问题解决了。这正是角度变异法的妙用。

另外，角度变异法不仅是一种很好的解决问题的方法，其对于我们的心态也能产生很重

25

要的影响。我们来看下面的故事：

当年爱迪生发明电灯时，为了寻找能够长时间耐热的材料来作为灯丝，他花了两年的时间，试验了1200多种材料，最后都没有找到合适的材料。这时，有人前来讽刺他："爱迪生，你已经失败了1200次了，我要是你我才不做这种无用的傻事呢！"爱迪生笑了一下回答道："没关系，我至少已经知道有1200种材料不适合用来做灯丝了！"

当然，爱迪生试验最后的结果我们都知道了。其实，爱迪生在故事中的回答也可以说是一种角度变异法。如果以通常的眼光来看，爱迪生失败了1200次，这的确是令人沮丧的事情，如果缺乏一种换一个角度看问题的思维方式，爱迪生也许就真的放弃了。通过这个故事，我们可以知道，一件事情，从不同的角度看过去，往往能够得出不同的结论。而这，显然也是一种角度变异法。

总之，角度变异法可以分作两类，一类是帮助我们从不同的角度看待一件事情；另一类则是告诉我们，在遇到一个难题的时候，如果沿着一个思路苦苦追索得不到答案，那么不妨转换一下思路，从其他角度试探一下。而这其中的关键，便是要尽可能地拉开思维，将事物的种种可能性都考虑进去。

16. 换位思维法

有这样一个笑话：

一位妻子正在厨房炒菜。这时，丈夫站在她旁边一直不停地唠叨："慢些、小心！火太大了。赶快把鱼翻过来、油放太多了！"妻子忍无可忍，脱口而出："我懂得怎样炒菜！"没想到丈夫这时平静地答道："我只是要让你知道，我在开车时，你在旁边喋喋不休，我的感觉如何……"

在这个笑话里，丈夫故意装作一副唠叨的样子，以让妻子切身体会到她唠叨时自己的感受。这个笑话没有说后面的事情，这个妻子会不会在以后丈夫开车时不再那么唠叨，不得而知。不过可以肯定的是，妻子已经切身地体会到了自己对开车的丈夫指手画脚时丈夫的不耐烦。之所以能达到这个效果，便在于这个聪明而幽默的丈夫采用了一种换位思维。换位思维便是这样一种思维方式，思考问题时站在别人的角度思考问题，进而更准确地预测出别人的感受以及反应。相反，现实生活中之所以会产生许多误会和不理解，则正是因为人们缺乏一种换位思维，看下面的笑话：

一头猪、一只绵羊和一头奶牛，被牧人关在同一个畜栏里。一天，牧人将猪从畜栏里捉了出去，只听猪大声号叫，强烈地反抗。绵羊和奶牛不耐烦听它的号叫，于是抱怨道："我们还不是经常被牧人捉去，都没像你这样大呼小叫的。"猪听了回应道："捉你们和捉我完全是两回事，他捉你们，只是要你们的毛和乳汁，但是捉住我，却是要我的命啊！"

在这个笑话里，猪说的话显然是对的，而绵羊和奶牛的话显然有些"站着说话不腰疼"了。之所以会如此，就是因为绵羊和奶牛只是站在自己的角度说话，而没有切身站在猪的立场说话。虽然这只是个动物笑话，不过，放在人类社会中，道理是一样的。一味地站在自己的立场说话，而不考虑别人的感受，往往会遭致别人的反感。

通过上面的两则笑话我们便可以知道，换位思维在我们的生活中也是一个很重要的思维方式。如果能够很好地掌握并运用，那么我们便能够更好地与人相处，在涉及与人打交道的事情的时候，必定会做得更为顺利一些。比如说当我们与上司或下属发生观点上的冲突时，如果每个人只站在自己的立场上说话，那么最终都会觉得对方不可理喻。而如果这时我们利用换位思维法，站在对方的角度考虑一下他为何要这么想，如此，彼此更容易达成共识。而在商品生产过程中，如果我们能够更多地站在消费者的立场去考虑，把握他们的心理，明白他们的需求，那么我们开发出的产品必定能够受到更多的欢迎，取得更大的商业成功。尤其是在双方博弈性质的事情中，换位思维则更显得重要了，比如在军事战争中，一个指挥者如果缺乏换位思维，那是不可想象的。

总之，换位思维法的道理一点也不深奥，任何人都可以很轻易地掌握。不过，因为每个人在做事时都习惯性地从自己的立场出发，事到临头往往顾不得别人的感受了，因此换位思维法的关键便在于遇事时能够打破惯性思维，站在别人的角度想一想。

17. 逆反思维法

逆反思维法，和前面所说的颠倒思维法有些类似，不过其具有更强的针对性，强调在遇到难题的时候，如果从正面找不出解决问题的答案，则反其道而行之，看能不能使问题得到解决。许多时候，这种方法往往能够使陷入难题的人豁然开朗。我们来看下面这个故事：

有个建筑师负责一个城市小区的设计工作，在小区整体上完工后，建筑师需要完成最后的工作——在小区里的大道之外增设一些小径，以方便人们行走。建筑师对此很犯难，因为他拿捏不准小径究竟该如何设计才能最大可能地方便大家。最后，一个园丁给他提出了一个好建议，让他在小区里种植大片的草坪，任大家自由在上面行走，再按照人们踩出来的小径进行设计。建筑师接受了园丁的建议。结果，一个月后，人们在草坪上清晰地踩出了一些纵横交错的小径。建筑师就在这些小径上设计。

在这个故事里，这个园丁所使用的便是一种典型的逆反思维法——既然无法预测小径如何设计会令人们满意，那么何不干脆让人们先踩出小径来，然后按照人们踩出来的小径来设计道路。再看下面这个故事：

在英国伦敦的某街道上，有三个裁缝店。三家裁缝店因为要招揽的顾客对象相同，都是这条街附近的居民，所以三家裁缝店竞争十分激烈。为了压倒竞争对手，三家裁缝店的老板经常采用手段提醒顾客自己比另外的两个裁缝高明。这天，其中的一个裁缝为了吸引顾客，在店门口挂了一个招牌，上写：伦敦最好的裁缝。另一个裁缝一看不高兴了，在第二天也写了一个招牌挂在店门口，上写：全英国最好的裁缝。这下，第三个裁缝犯难了，照这个思路想下去，他似乎应该挂出一个写着"全欧洲最好的裁缝"的招牌。可是，如果说"伦敦最好的裁缝"和"全英国最好的裁缝"的说法有些吹牛的话，毕竟也说得过去，而"全欧洲最好的裁缝"的说法就未免显得夸张了，根本就没有人会相信。况且，即便他真写一个这样的招牌，另两个裁缝可能会再挂出"全世界最好的裁缝"，乃至"全宇宙最好的裁缝"。这样一来，三个人最终都只会沦为笑柄。思来想去，第三个裁缝灵机一动，想到了一个主意，在自己的店门口挂出了一个"本条街最好的裁缝"。结果，大家看到第三个裁缝的招牌后，不禁会心一笑，觉得这个裁缝聪明而又朴实，因此纷纷都愿意找他做活。结果，三个裁缝中，第三个裁缝的生意最好。

在这个故事中，前两个裁缝为了显示自己的手艺高超，纷纷尽量往"大"处想，殊不知这样反倒使人们觉得他们在吹牛皮，对他们产生不好的印象。而第三个裁缝则反其道而行之，从"小"处着眼，不仅轻巧地告诉了人们他的手艺在另外两个裁缝之上，而且还显出一副十分客观低调的样子，这样便更容易取得人们的好感和信任。这里，第三个裁缝所用的便是一种逆反思维法。

通过上面的两则故事，我们也形象地了解了逆反思维法便是这样一种在人们习以为常的惯性思路上，突然掉转思路，反过来想问题的思维方式。许多时候，我们利用这种思维法往往能够得到一种创造性的结果。例如在现代产品开发设计中，通常开发新产品都是先进行市场调查，研究人们的需要状况，然后攻关设计，再实物实验，然后批量生产，推向市场。但是，按照这种传统的生产方式生产出来的产品往往或多或少有些赌博性质，赌对了，产品大受欢迎，企业赚得盆满钵满；赌错了，则产品滞销，企业回报平平，甚至要赔本。鉴于此，意大利的某服装企业则反其道而行之，他们不是生产出产品后再接受人们的检验，而是先在市场上搜集各种受到人们欢迎的服装，然后再快速按照这些服装的款式进行批量加工生产。这样一来，其产品在未上市前便已经受到了人们欢迎，这家企业的每件产品也都肯定包赚不赔了。这便是逆反思维在商业方面的应用。

此外，不仅我们在解决问题时，可以试着反过来去寻找问题的答案，甚至有时候我们还可以将问题本身反过来看，以寻找解决之道。我们来看下面这个故事：

圆珠笔是我们常用的一种很方便的书写工具，而在发明之初，这种笔一直有一个难题困扰着人们。这个问题就是，每支笔管写到2万字左右，笔的圆珠就坏了，因此便会产生漏油问题，弄得到处都是油。制造商们为了解决这个问题，想了许多办法，想延长圆珠笔的使用寿命，但效果总是不理想。最后，一个日本人想到：既然一支笔写到2万字左右圆珠会坏掉，那么，何不少装油，不等写到2万字油就用完了不就行了吗？结果，这个问题便被如此简单地解决掉了。直到今天，我们所使用的圆珠笔都在沿用这个办法。

在这个故事中，这个日本人便是使用逆反思维，使得如何解决漏油的问题变成了如何使得漏油问题根本不出现的问题。

总之，一般而言，人们在解决问题时首先是要从常规角度去思考。但是，如果苦苦思索而找不到解决问题的好办法，这时候便不要囿于常规思维，而要学会反过来思考一下，没准一下子创造性地解决了问题。一般而言，能够灵活运用逆反思维法的人都是创造能力比较强的人。

18. 模仿思维法

所罗门说："太阳底下没有一样东西是新的。"无论中外古今，无论科学、艺术，模仿是创造发明的很重要的一个环节，因此，人们常常说"模仿生创造"、"模仿是创造的第一步"、"创造力强的人都精于模仿"。

模仿首先从自然中来，是一切动植物的本能。动植物都是通过复制DNA、传递遗传基因等方法来实现传宗接代，这些遗传因素发生作用，都是通过复制DNA的结果。生物学的这些发现或许可以从另外的角度说明模仿是我们一种与生俱来的本领。如果我们对小孩子进行观察的话，可以发现他们学习东西就是依靠模仿。他们看着别人的样子说话、吃饭、穿衣……模仿也是小孩子的天性。

如果说小孩的模仿学习方法是一种本能的、无意识的模仿的话，那么在创造的过程中，我们的模仿是积极的、有意识的。那些擅长模仿的人们都懂得，模仿的意义在于，我们要继承和发展，就必须以模仿为坚实的基础。任何门类都是在模仿中求得发展的。而所谓的创新，就是在原来的基础上有所变化——大的或者小的变化。因此，创造学中的模仿思维主要包括两层意思：一是模仿；二是在模仿的基础上有所创新。

我们可以设想，如果发明创造撇开前人的智慧将会出现多么糟糕的局面。轮子是人类最早的聪明智慧之一，也是最重要的发明之一。如果一个从来不知道有轮子这个东西存在的人想要发明一样可以代替人力的交通工具，那该是多么困难的一件事情。无论如何，他必须首先发明一个轮子出来，然后才能发明马车——不过，在此之前他必须要把野马驯养成家马，需要找出钢铁的锻造方法。西方有一句谚语说："你不需要再发明轮子。"因为已经有人发明过了，我们只需要在这个基础上发挥我们的聪明才智，进行发明和创造。我们可以模仿——我们真是幸运。所以，歌德说："模仿是人的天性，虽然人们往往不承认自己是模仿的。"

日本是当今世界最擅长模仿的国家，这个传统可以追溯到日本建国伊始。在中国唐朝时期，日本"百事皆仿唐制"，仿照汉字创立了日文，承袭了许多优秀的汉文化，甚至模仿长安城建立了日本的奈良城。西方工业革命后，日本开始了全盘西化的"明治维新"，全面模仿西方发达国家。二战后，日本模仿世界最强大的国家——美国，尽管他们曾经是敌人。

日本的模仿能力给他们带来了诸多好处。唐朝时期的学习使它们加速了向文明社会的发展；"明治维新"使它从一个落后的封建国家一跃而成为世界资本主义发达国家；而二战后的模仿则使它在战争时期遭到的巨大破坏极快地得到恢复，并且在20世纪80年代成为世界第二大经济大国。

在模仿的过程中，有以下三点需要注意：

一是去其糟粕，取其精华。鲁迅先生曾经有一篇文章《拿来主义》精辟地论述了如何学习和借鉴间接经验，他的一个重要的立论就是"取其精华，去其糟粕"。也就是说，我们在学习和模仿的时候需要分析这些经验哪些是需要借鉴的精华，哪些是不适合我们的糟粕，而不是胡子眉毛一把抓。

二是学神，而不是学形。"邯郸学步"的故事指出了机械性学习而不知变通的可笑。故事是这样的：一位少年听说邯郸城的人走路的姿势很美，于是他到邯郸城去学习。他到了邯郸城之后，看到小孩走路，他觉得活泼，学；看见老人走路，他觉得稳重，学；看到妇女走路，摇摆多姿，学。就这样，还不到半月，他的盘缠也用完了，而新的走路姿势也没有学会，最后连自己原来走路的姿势都忘记了，于是只好爬着回家。这个故事意在讽刺那些生搬硬套，机械地模仿别人，最后不但学不到别人的长处，反而把自己的优点和本领也丢掉的人。我们在模仿别人的时候，要注意学习的东西为我所用。

三是要不断创新。我们在模仿的同时应该突破原有经验和思想的限制，找到合适的创新点进行新的创造，因为这才是创新中的模仿思维的核心所在。那些囿于别人思想、经验的人，无法取得创新的成功。

19. 属性对立法

所谓属性对立法，是从事物的某种特定属性入手，进行反向思考，找到与其对应的属性，进而进行创造。

人们对事物的属性有常规的认识，比如，蚂蚁很小，大象很大，叶子通常是绿色的，花儿通常是姹紫嫣红的等等。进行属性对立思考就是要打破这些常规的认识，一个巨型的蚂蚁是不是可以给人一种震撼力？一个小巧的大象是不是更加可爱？叶子可不可以是五颜六色的？花儿可不可以是黑色的？我们都知道水和火是不相容的，但是在悉尼奥运会的开幕式上却出现了水火交融的景观，熊熊大火从碧绿的水中升起，令世人惊叹不已。

使用电脑的人都有体会，在删除软件时，有时不小心便会将有用的文件给删除掉了，这往往会造成很大的麻烦。尤其是工作上的商业策划案、书稿等重要资料，一旦不小心删除了，对于电脑使用者来说，简直是一场噩梦。但是，从来没有人想过删除的文件还可以恢复。美国软件设计师德·诺顿却将自己的思维往前推进了一步，他想，既然有"删除"功能，那么，是不是可以设计一种"恢复删除"的软件呢？在这一想法的驱使下，他最终设计出了一种"恢复删除"软件。这种软件受到了广大电脑使用者的热烈欢迎。

在这个故事中，德·诺顿所采用的便是一种典型的属性对立法。其实这种方法在许多地方都有着体现，比如电脑中存在病毒，便存在众多的查杀病毒的软件；在刑侦学上存在追踪练习，便存在反追踪练习；在军事上存在雷达，便存在反雷达技术。总体而言，属性对立法仍旧属于一种逆向思维，只不过其更具有针对性，更具体化。

属性对立思考法在文学和艺术创作领域有广泛的应用。其实，我们的祖先就已经运用这种方法进行思考了。在一个史前时期的岩洞中有一个壁画，画面内容是很多人围坐在一起分吃一条鱼。按照正常的思维，鱼的体积应该很小，再大也不能超过人体。但是在那幅画中，人和鱼的比例严重失调，鱼被刻画得非常夸张，占据了画面的大部分空间，人则处于次要的地位。这种夸张的表现手法体现了古代人们对食物的渴望。在《爱丽丝梦境奇遇记》中属性对立的应用更是随处可见，会说话的兔子，能变大变小的扑克牌，穿过镜子可以进入另一个世界，皇后可以变成羊等等。在美丽的童话世界中，你可以无拘无束地自由畅想。

具体到我们身上，这种思维法的关键便是提醒我们在面对一些看似不可逆的事物时，不要被惯性思维所束缚，学会在众人思维停步的地方往前想一步，寻找相对应的相反属性，其往往能够带来新的创造。

20. 正面思考法

如果在你面前摆上半杯水，你认为这杯水是半空，还是半满？习惯负面思考的人会说："真糟糕，只有半杯水了。"习惯正面思考的人会说："太好了，还有半杯水呢。"

类似的事情我们经常会遇到：

上次考试成绩只是班上的中等水平，这使得那些对你寄予厚望的人们很失望。你决定努力学习，打算考个第一名给大家看看。在老师、家长的督促下，经过你的努力，你考试比以前提高了几十个名次。对你来说，这是以前从来没有过的好成绩。但是，你的目标是第一名。因此，你虽然有一点高兴，但是总的来说，你很失望。

下雨了。你讨厌下雨。虽然这场雨在这个季节十分平常，虽然从农村出来的你知道，那些庄稼等着雨水的浇灌，但是你仍然十分恼火——它把你的衣服打湿了，鞋子弄脏了，使水泥路积了一些水。

你创业失败了。你投入的几万块顷刻之间化为乌有，那可是你辛辛苦苦打工赚来的钱。你埋怨世道不好，上天不公。你灰心丧气，连自杀的心思都有了。

……

不错，这几个"你"正在用一种负面思考来看这个世界。

所谓的负面思考是这样一种思考方式，即总喜欢把事情朝坏的方面去想。在看待一件事情的时候，它使我们总是想到：问题多于机会、缺点多于优点、坏处多于好处……总之，它使我们产生消极的思考，从而使自己变得忧郁、沉闷、消极和暴躁。

而在我们解决问题的时候，偏重负面思考会带来比事情本身更多的麻烦，使我们被阴影遮蔽眼睛，看不到事情的多种可能的解决方案，从而阻碍事情的解决。

本杰明·富兰克林曾经说："少一根铁钉，失掉一个马蹄；少一个马蹄，失掉一匹战马；少一匹战马，失掉一位骑士；少一个骑士，失掉一场战争。"虽然这句话的本意是要求严于律己，但这可能算是"负面思考"的极端的例子了。这种连贯性的负面思考能够使人想到最坏的一面，从而由一件小事产生彻底的消极。

不幸的是，心理学家证实了这样一个结论：负面思考是人类的本能反应。也就是说，人类总是喜欢设想最糟糕的一面。尤其在后"9·11"时代，恐怖主义的威胁和耸人听闻的新闻消息往往使我们陷入消极和焦虑之中。负面思考更加成为了家常便饭。人们慢慢地失去了对生活的坚定信念和热情。

不过，尽管负面思考是人的本能反应，这并不代表我们必须任由它来支配我们的信念、思想和状态。我们必须经过自己有意识的训练，把这种影响我们心情、精神和行为的思考方式改变。

我们必须学会正面思考。正面思考是这样一种思考方式：在看待一件事情的时候，它让我们能够考虑到这件事情的"好处"的一面；它帮助我们阻挡住那些困扰我们的因素，发现给我们信心、激励和勇气的因素，从而使我们更加积极地去解决一个问题。

正面思考和负面思考是两种截然不同的方法，产生的效果也不同。不过，它们只是看问题的两种不同的角度而已，并没有改变事情的本身。同一件事情，用正面思考的方法能够使你自信、乐观和拥有解决问题的高效率，而负面思考则正好相反。

正面思考要求我们以独特的思维来看待这个世界，可以帮助我们把注意力从坏事转向好事，改变自己的心态和解决问题的各种方式。

20世纪末，伦敦入室抢劫案频频发生，但是警察的态度非常消极，他们认为无论如何也抓不到犯罪分子，因为小偷一听到风声就会逃之夭夭。这时警察陷入了情绪化的状态，他们在抱怨而不是在寻找解决问题的方法。

后来，警察把消极的想法转变为积极的行动，把所有信息都看作有价值的信息。既然"小偷一听到风声就逃之夭夭"，那么最好让他们自投罗网。于是，他们设立了一些"典当行"引诱犯罪分子把赃物卖到那里。很快，一些犯罪分子就送上门来了。

从这个案例中，我们能看出正面思维的好处，它可以把那些消极的、令人恐惧、令人厌恶的想法利用起来，帮助我们实现目标，而不是让那些不利因素阻碍我们成功。

21. 想象思维法

想象思维法，即通过直观的想象来把握未知事物的方法，其是对于形象思维的一种运用。形象思维又叫右脑思维，其不同于借助左脑的运用逻辑演绎来进行思考的抽象思维，而是赋予抽象的东西以直观形象，使其形象化、具体化，以便于我们更直观地把握。我们来看下面这个故事：

当年，爱因斯坦在发表相对论后，在学界引起了轩然大波，每一个见到他的人都询问他相对论到底是何物。一次，一个青年借助一个很仓促的机会询问爱因斯坦什么是相对论。爱因斯坦知道，要在几分钟的时间里对这个门外汉讲清楚既高深又抽象的物理学理论，是不可能的。于是，他想了一下后，说道："打个比方来说，如果在一个大热天，你一个人待在火炉旁，那么五分钟的时间你会觉得过了一个小时；而如果你坐火车到一个地方去旅行，旅途中你和邻座的一个迷人的姑娘一直在聊天，那么一个小时的时间你却会觉得只有五分钟，这就是相对论。"青年听后，满意地点点头，表示理解了。

爱因斯坦之所以能够仅仅几句话就能让一个门外汉明白了高深而抽象的物理学理论，便是因为他借助了一种形象思维。除了这种打比方的方法，形象思维还常常借用图像、模型、标本、实验等手段来使抽象的事物直观化。而想象，则是形象思维的一种高级状态，具有很强的创造性。其具有自由、开放、跳跃、形象、夸张等特征，往往能够摆脱现实条件的拘泥，给人以巨大的启发。大戏剧家萧伯纳认为，想象是一切创造的开始。爱因斯坦则声称，想象比知识更重要，因为知识是有限的，而想象则可以抵达无限。事实上，对于大部分具有创造性的活动来说，想象力都是不可或缺的，并且其往往起着至关重要的作用。

美国的莱特兄弟小时候，一次在大树下玩耍。兄弟俩看到一轮明月挂在树梢旁，便想要去触摸一下。于是，两个小家伙爬到树上，结果却发现无法够到月亮。于是，两个孩子想："如果能有一只大鸟，骑在它身上就能飞到月亮旁触摸月亮了！"

正是这个"不现实"的想法，在两兄弟心里种下了科学的种子，经过后来的一番潜心研究，两人根据风筝和飞鸟的飞行原理，发明了飞机。

想象，往往是不现实的，但正是因为此，它才能够最大程度地使人摆脱惯性思维的束缚，突破思维的瓶颈。不仅如此，在人们的已知知识走到尽头，面对未知时，想象也往往能够成为人类进一步思维的凭借。

19世纪时，物理学家们通过实验证实，在一个原子里，既存在带正电的粒子，又存在带负电的粒子。但是，对于这两种粒子在原子内究竟以一种什么样的状态存在着，科学家们无从得知。这既不能依靠逻辑思维推理出来，在当时的条件下，也不能通过实验来证实。到了19世纪末20世纪初，许多物理学家开始借助想象来预测原子的结构模型。最终，大家公认英国物理学家汤姆生提出的"葡萄干面包模型"和英国物理学家卢瑟福提出的"太阳系模型"较为合理。汤姆生是这样想象的：带负电的粒子，像葡萄干一样，散乱地镶嵌在由带正电的粒子组成的像面包一样的球状实体里。而卢瑟福则这样想象的：带负电的粒子像太阳系的行星那样，围绕着占原子质量绝大部分的带正电的原子核旋转。

后来证实，卢瑟福的想象是正确的，就是说，他准确地想象出了原子内部的结构状态。

由此我们也可以得知，想象力有一个神奇作用，即能够与逻辑思维互为补充，共同探索真理。类似的科学上的实例不胜枚举，如居里夫人发明放射性元素镭，沃森、克里克发现人类DNA的双螺旋结构等，无不借助了想象。此外，在文学艺术方面，想象力的作用就更自不待言了。

需要指出的是，想象思维法不仅仅是属于那些大文学家、科学家的专利。其实，在我们的日常生活中，想象思维法都有着广阔的应用空间，甚至于不知不觉间我们都在使用着想象思维。比如一个建筑师在设计图纸时，必然会在头脑中想象出一座大楼的模型；一个古生物学家看到一块动物化石，必然会在头脑中想象出古生物的形态；一个警探在进行案情推测时，必然会想象案子发生时的具体情景……不仅如此，心理学家们还证实，想象还有一个令人不可思议的功效。请看下面刊登在《美国研究季刊》上的一项实验：

心理学家为研究想象对于现实的影响，将参与实验的成员分成了三个小组。第一个小组的成员，让他们每天花半个小时的时间实际练习对着靶子投飞镖；第二个小组成员不做任何练习；第三个小组成员则每天花半个小时在想象中对着靶子投镖。

心理学家对比三个小组的成员在第一天和最后一天的成绩，发现第一个小组的成员的准确率增加了24%；第二个小组成员没有任何进步；第三个小组的成员的准确率则提高了40%。

由此，心理学家得出结论，在心理上进行想象的练习与实际进行的练习一样，能够提高人们的成绩。

其实，类似的实验还有许多，这些实验均证明了一点，即想象对于现实有着实际的影响。实际上，这个道理也很容易明白。假如你今天要去一家公司面试，如果你能够在出发前想象一下你接下来将会遇到的情况，比如路上可能遇到的堵车以及你的解决办法，面试时的具体情景，那么，你今天的面试肯定会更加成功。因此，我们可以知道，善于运用想象思维法，对于我们的生活实际有着十分实用的价值。

应该说，想象思维法我们每个人都不同程度地会运用，只是程度有所差别罢了，而且，这种能力是可以通过练习来提高的。想象思维法的基础便是我们的形象思维能力，因此要培养并提高这种思维法，其关键便在于提高我们的形象思维能力。下面说一些提高我们形象思维能力的方法：

（1）画知识结构图。在学习的过程中，经常将我们学习到的知识按照一定的层次梳理总结一下，画出相互关联的图标，标清楚整体与部分的关系。

（2）培养自己的空间感。每到一个陌生地方时，有意识地分清风向，明确自己的方位，观察当地街道和建筑的布局。

（3）经常接触一些绘画和音乐，因为这两项运动都是由右脑来控制的。注意进行这两项活动时要集中精力。

（4）经常进行一些冥想训练。如回忆美好的往事，或者畅想未来，或者设想自己到一个陌生的地方去旅行的情景。注意想得越详细越真切越好。

（5）有意识地多用身体的左半部，如在公车上用左手握把手，打电话时用左耳聆听，有意识地用左腿作为支撑腿，将钱包放在左边口袋里，等等。因为我们身体的左半部是由右脑控制的，这些都能很好地锻炼右脑，促进形象思维的发达。

……

22. 怪诞思维法

怪诞思维法，顾名思义，是一种常人难以想象得到的怪诞的思维方式。在一般情况下，这种思维方式可能用处不大，但是，在非常时刻，一旦常规的思路无法解决问题时，这种思维方式至少能够给人提供一种解决问题的可能性。我们来看下面这则故事：

20世纪80年代，美国与秘鲁在太平洋上举行了一次联合军事演习。不料，秘鲁的一艘鱼雷潜水艇正在做演习的时候，一艘日本渔船突然闯了过来，双方躲避不及，撞在了一起。结果，鱼雷潜水艇上的舰长和6名士兵当场死亡，24人则从艇上逃了出来，另有22名士兵则来不及逃出，随着潜水艇沉入了33米深的海底。

被困在鱼雷艇内的人根据部队的制度，选举老船员詹特斯为代理艇长。詹特斯则组织大家集思广益，设想逃生的办法。但是，尽管大家纷纷说出了自己的办法，但因为鱼雷艇已经严重变形，这些办法都无法得到实施，看上去大家只有等死的份儿了。时间一分一秒地过去了，许多人开始感到绝望。这时，鱼雷发射手突然灵机一动，想到了一个主意，他试着向詹特斯建议道："何不使用鱼雷将人'发射'到海面上去！"经这么一提醒，詹特斯也顿时觉得是个办法，尽管有一定风险，但是他凭借丰富的海洋阅历知道，这样做至少能够有一部分人活下来，比大家一起等死强。于是，詹特斯果断决定采取此法，他嘱咐大家道："在出艇之前，尽量呼出肺里的空气，并憋气30秒钟。我估计，这么长的时间从海底发射到海面应该是足够用的了。"

于是，这些士兵忍受着压力快速变化所带来的巨大痛苦，从海底被弹到了海面之上。最终，除了一人因脑出血而死亡外，其他21名船员都得以安然脱险了。后来，这种方法还被军方普遍采用，被当作是鱼雷潜艇出事后船员逃生的常用手段之一。

显然，用鱼雷将人"发射"到海面上，这听起来完全是不可思议的事情！可是，在当时那种别无选择的特殊情况下，又何妨一试？在无路可走的情况下，人只有最大可能地打破自己的常规思路，利用一切可以利用的事物进行尝试，看似荒唐，实则是一种智慧。所谓非常时刻，行非常事。而这正是怪诞思维得以存在的逻辑所在。其实，总体而言，怪诞思维属于一种求异思维，只是看上去更加极端化罢了。

23. 打破背景法

如图，每个黑圈代表一枚游戏币。现在，由你来移动其中的一枚游戏币，使得每行的游戏币都变成6个，你能做到吗？

对于这个题目，可能许多人左思右想，都想不出办法。其实，答案很简单，那就是把具有6个游戏币的那行的除交叉点那枚以外的任何一枚放到交叉点上，与原有的游戏币摞起来即可满足题意。许多人之所以想不到这个办法，是因为他们在脑子里为这道题目设置了背景，即认为游戏币是不能摞起来放的。其实，这个背景并不存在，是他们受到表象的暗示而自我设定的。

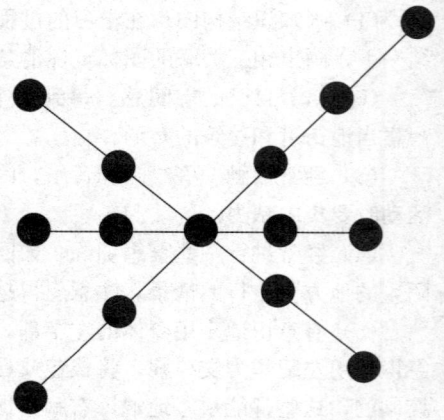

其实许多时候，我们之所以找不到问题的解决之道，都是因为我们受到表象的迷惑，设想出了一些本来不存在的背景。因此，在遇到一些难题，百思不得其解的时候，不妨回头想一下我们认为理所当然地存在的背景是不是根本不存在的？这便是打破背景法。

24. 不满图新法

所谓"不满图新法"，即对于已有的事物，有意识地找到它的不足之处，然后加以改进或完善。这种思维方法听起来似乎很简单，似乎没必要单独提出来作为一种思维方法，其实不然。因为人们对于自己所熟悉的事物，往往会有惯性心理，因为司空见惯而"顺眼"、"顺手"，以为这个东西本来就该是这个样子，永远都不必改动了。而不满图新法便正是专门针对这种惯性心理而提出的思维方法。

国际网联规定，网球球拍的面积必须在710平方厘米之下。因此，长期以来，所有的网拍生产厂家便都按照这个标准来生产球拍，而所有的网球爱好者也都习惯了这种球拍。但是，专门生产体育用品的日本美津浓有限公司经过调查后，发现初学网球者在打球时，不是打不到球，就是打一个"触框球"，把球碰偏了，十分头疼。很多人都想，要是球拍大一点，兴许不会出现上述毛病。于是，该公司便打破惯性思维，专门做了一些比标准大30%的初学者球拍。这种球拍一上市便受到初学者的热烈欢迎，十分畅销。于是，这家原本很小的公司一下子成了全国知名的企业。

在这个故事中，日本的这家企业便是利用了一种不满图新法。它没有受到国际网联所规定的标准和人们习以为常的心理的束缚，敏锐地捕捉到了人们的需求，对网球拍进行了改进，结果获得了成功。

其实，在现实中人们司空见惯的东西，往往都有一定的改进空间，只是许多人并不去多想罢了，而一旦你改进出来，只要满足了人们的某种需求，便会受到欢迎。这正如美国汽车大亨福特所说："对于没有见过汽车的人，你如果问他想要什么，他肯定会说他想要一辆跑得更快的马车。"

事物之所以有改进的空间，主要是基于两点：

其一便是事物本身的局限性。一般而言，一个事物在发明创造之初，人们总是只会考虑其主要的功能，而忽视其他的方面。比如，厨房里使用的锅，其主要功能便是烧煮食物。但是，当用它烧煮汤、羹类的东西，就暴露了它的局限性，因为锅的上口太宽，不便倒入小碗。有人便针对这个缺点，设计了"茶壶锅"。这种锅的外形很别致，它是把上口宽的锅与倒水方便的茶壶巧妙地结合在一起而制成，似锅似壶，一物多用，尤其适合烧煮面食之用。

其二，则是因为时间的缘故。一个东西，即使本来既好用又好看，经过一段时间后，也可能因为人们需求的变化显得不好用了，或者因为人们看腻了而显得不好看。例如，日本商人酒井靠发明玩具小狗而发家。但是，过了一段时间后，人们便感觉没有新鲜味了。于是，有个人便想出一篮双狗的主意。他把两只这样的小狗并排放在塑料小篮中，小狗前肢搭出篮缘，姿态可爱，一下子后来居上，抢了酒井的生意。再比如，长期以来，人们总是习惯先用锅炉烧开了水，再将热水倒进热水瓶中去。后来随着科技的发展，有人研究设计了电热器直接对热水瓶里的水加热，烧开，更方便了。

一般而言，不满图新法大致可分作四个步骤：

一、确定要研究的课题。

二、确定与课题有关的信息科类。例如材料、功能、外观、大小等。

三、根据已确定的信息，分析、研究，找出其缺点；或者反过来，对产品提出一些希望，希望它能达到什么样的效果。

四、针对缺点或者希望提出改进实施的方案。

在这四个步骤中，第三步是最重要的一步，它决定了今后研究的方向与质量。

最后，不满图新法的关键还在于能够打破惯性思维，不要因为对事物习以为常而将自己的思维束缚住。其实，平常不妨做一些类似的训练，使得自己对于常见的事物有种"挑剔"的意识。比如，在夏天时，人们最讨厌的就是蚊子了，为此，点上蚊香固然不错，但烟气缭绕，很呛人。于是有人便发明了"电子蚊香"，在一块特殊材料制成的加热器上放置一片含有除虫菊脂的药片，受热时挥发出清香的气味，达到驱蚊的目的。但也有缺点，它增加了电能的消耗。你能否再改进一下？

再比如，筷子用起来很方便，但是筷子也有弊端，即难以夹住鱼丸、豆子等圆形食物，你能想办法改进一下吗？

25. 移植思维法

移植思维法，是人们受到植物学上的启发而总结出的一种思维方法。在植物学上，人们经常出于一定的目的，将植物从一处移植到另一处。这种方法后来被人们应用到更广阔的领域，人们将已发明的某一事物、技术、原理等有意识地转用到新的领域，以解决新的问题或创造新的发明的方法，称作移植思维法。这种思维方法的基础来源于人们的联想思维，其对于人们具有很实用的价值。英国学者贝弗里奇对这种方法十分推崇，他言道："移植是科学发展的一种主要方法，许多重大的科学成果都来自于移植。"

盲文的发明便来自于一种移植思维。

19世纪初的一天，法国海军的一个舰长带着通讯兵来到一个盲童学校，给孩子们表演夜间通讯技术。因为在夜间时，无法用眼睛读文字，所以军事命令被通讯兵译成电码。具体的做法便是由传令士兵在一张硬纸上"戳点子"，记录下电码内容。而接受电码的士兵则通过"摸点子"的办法再将电码译成军事命令。当时在场的盲童布莱叶受此启发，创造了供盲人阅读用的盲文。

压缩空气制动器的发明也属于一种移植思维。

19世纪，火车发明初期，人们一直未能找到一种好的制动器，因此经常因为在紧急状况下无法及时刹住车而造成惨剧。一天，一个名叫乔治的美国青年在看报纸时，偶然看到一则筑路工人用压缩空气的巨大压力开凿隧道的新闻报道。乔治灵机一动，心想：既然压缩空气有这么大的力气，能不能用它来对火车进行制动呢？于是，经过一番研究和反复实验后，乔治发明了压缩空气制动器。

移植思维不仅可以应用于自然科学领域，在社会科学领域其同样有着广泛的应用。

在日本的北海道附近，许多人都以打渔为生。这些渔民世代打鱼，技术很高，尤其擅长打沙丁鱼。而沙丁鱼因味道鲜美，很受欢迎，市场价格很高。但是，渔民们长期以来一直被一个问题所困扰，那就是出海打回来的鱼总是大部分死去了。我们知道，同样一条鱼，死鱼和活鱼的价格是截然不同的，死鱼因为不再新鲜，其价格要远低于活鱼。

后来，有个渔民终于想到了一个办法，每次出海回来总是带着新鲜的活沙丁鱼。在大家的一再询问之下，他终于说出了自己的绝招。原来，他因为一次偶然的机会，捕到了几条鲶鱼，并将这些鲶鱼和沙丁鱼混放在一起。他发现，这次出海回来后，大部分的沙丁鱼都没有死去，而是活蹦乱跳的。仔细琢磨之后，他终于知道了其中的缘故，因为鲶鱼是沙丁鱼的天敌，其和沙丁鱼放在一起后，总是不停地追逐沙丁鱼，沙丁鱼为了逃命，始终处于紧急状态，从而保持了活力。从此之后，每次出海前，他都要事先在船舱里放上几条鲶鱼，最后也便总能带着活的沙丁鱼回来。自然，从此，北海道的渔民便都能带回活的沙丁鱼了。

后来，有个日本的经济学家在听说了这个故事后，将其称之为"鲶鱼效应"。经济学家将这个效应应用于市场领域，认为一个企业也应该始终使自己处于一种不断的竞争之中，甚至必要时主动帮助一下自己的竞争对手，以使其能有效地同自己展开竞争，从而保持自己的活力。同样，这也可以用于企业内部，企业内部也应该保持一种竞争态势，以使得员工保持一种积极进取的活力。

通过以上几则故事，我们也就大致明白了移植思维法大致是怎么回事了。可以看出，移植思维并非是一种机械的搬用，它的前提是移植的"供体"和"受体"之间存在着一种共性，能够很好地解决问题，并给人们带来益处。许多时候，这都需要一种灵感的参与，因此可以说是一种颇具创造性的思维方法。

总体上，移植思维常见的有以下几种：

一种是直接移植。即两者的相似性非常大，直接搬用即可。如拉链最初发明时仅仅用于鞋子，后来人们直接将其应用到衣服、口袋、皮包等。

一种是间接移植。这种移植的基础是两者具有一定的相似性，但不完全一样，于是便将一个事物的原理、方法等，加以改造后，再应用到其他领域。如海绵橡胶的发明，便是有人将面包的发酵技术应用到橡胶工业中的结果。

一种是原理移植。即将一种宏观而基础性的原理应用到新的领域中。如二进制计数原理在电子学中获得广泛应用后,有人便试着将其应用到机械学中,创造二进制的机械产品。事实上,如今这方面已经取得了进展,二进制液压油缸、二进制工位识别器都属于这类产品。

此外,还有方法移植、结构移植等。总之,移植思维的关键有两点,一是在态度层面,要处处留心,善于观察,勤于琢磨;二是在操作层面,要对移植双方的相同和不同之处进行认真的分析。需要注意的是,移植是为了创造,毫无创造价值的机械移植是我们应该规避的。

26. 旋转思维法

有这样一个故事:

民国时期,北京城里一家有实力的剧院邀请三个著名的京剧演员同台演出。三个京剧演员一看是这家剧院的邀请,很乐意出演,都满口答应了。不过,后来三个演员才得知另外两个知名演员要和自己同台演出。这三个演员都是京剧界的大腕,名气不相上下。因此,他们都专门找到剧院经理,要求在发布海报时,将自己的名字放在最前面。剧院经理一听感到十分头疼,三个演员都是大腕,谁也得罪不起;而三人将要同台献艺的消息又早就传出去了,京城的戏迷都期待,不可能临时更改为三人的专场。不过,头脑灵活的剧院经理随即想到了一个主意,对于三人的要求都满口答应了。

到了演出这天,三个名演员来到剧院,一看演出名牌,都感到十分满意,最后这场演出也十分成功。原来,剧院经理没有像往常那样使用纸面形式的名牌,而是使用了一个不断旋转的不大的灯笼,三个名演员的名字在灯笼上转圈出现,这样,三个人都可以说自己的名字排在前面。

在这个故事中,剧院经理之所以能够想出这个巧妙的办法,便是因为他采用了一种旋转思维法——既然三个人都想将名字排在最前面,而这个最前面的位置只有一个,那么何不让这个最前面的位置旋转起来,三个人轮流来享用!问题自然迎刃而解!

与上面的故事类似,19世纪时的英国工人罢工时,为防止工厂主对带头签名的人打击报复,工人们在请愿书上签名时采用了圆形签名法,即大家围着一个圆圈签名,不分先后顺序。这其实也是一种旋转思维。另外,政治谈判中为了体现与会者地位的平等,在一个圆形桌子上开会,即所谓的圆桌会议,同样属于一种旋转思维。而除了上面所说的消解先后主次的问题,旋转思维还有一些其他的用途,例如,在早期,人们参加宴席时,因为桌子太大,就席的人往往只能夹到离自己比较近的菜,而够不着离得远的菜。后来,有一个餐厅经理便想到了一个主意,使得桌面能够转动,这样便解决了这个问题,这就是我们现在在餐厅里常见的旋转餐桌。

总体而言,旋转思维可算作一种求异思维,其对于一些特定的难题往往具有很好的效果。因此,在遇到一些相关问题的时候,如果用常规思路找不到解决问题的办法,则不妨"旋转"一下,也许问题便迎刃而解了。

27. 联想思维法

联想思维法是由于一定的诱因,人们在脑海中将一种事物与另一种事物联系起来,从而解决问题的一种思维方法。这种思维方法对于人们学习记忆、发明创造、进行艺术创作等都具有十分重要的意义。具体而言,联想思维法大致可分为接近联想、相似联想、对比联想、因果联想等。

接近联想

接近联想,是人们由于两个或几个事物在空间、时间或性质上具有一定的联系而产生的联想。这种联想往往遵循一定的逻辑，有时甚至一环扣一环，比较严谨。

在阿拉伯国家，流传有这样一句谚语："如果大风吹起来，木桶店就会赚钱。"

怎么回事呢？原来其内在原理是这样的：大风吹起，沙石就会漫天飞舞，这便会导致瞎子的增加，进而沿街弹琵琶的盲艺人就会增加，而制造琵琶弦的猫的皮的需求量便会增加，进而更多的猫被杀死，接下来老鼠猖獗，更多的木桶会被咬坏，木桶店就挣钱了！

显然，这个谚语所体现出来的便是一种典型的接近联想。当然，这个谚语只是一个形象的比方而已，具体分析的话，这里面的逻辑还是不严谨。不过这种思维方法，在现实生活中的确具有很实用的价值。

曾经有个餐馆老板，其餐馆的经营十分惨淡，眼看就要倒闭了。一天，一个心理学家前来就餐，看到老板的生意如此清淡，便给老板出了个改善生意的简单方法。老板照办后，没想到生意果然好了许多，不再考虑关门的事情了。

原来，心理学家的办法就是让餐馆老板在夏天时将餐馆的墙壁都漆成绿色，冬天时则将墙壁都漆成暖黄色。这个办法之所以有如此效果，便是因为，一般而言，绿色、蓝色、青色等颜色属于冷色调，人们看到之后很容易联想到草地、蓝天、大海等，进而产生一种清凉的感觉；而黄色、橙色、红色等颜色则属于暖色调，人们看到之后，一般会联想到太阳或者火焰等，进而产生一种温暖的感觉。心理学家在这里正是利用了人们在心理上的联想效应，使得餐馆吸引了更多的顾客。

这个故事，便是一个运用接近联想思维法的典型实例。

相似联想

相似联想，是因为事物之间在外形、性质、意义上的相似而由此想到彼的思维方式。比如由这场足球比赛而联想到另一场足球比赛，便属于此。这种思维方法，在科学上有着很广泛的用途，如人们根据鸟的飞行原理发明了飞机，根据鱼的形状而制造了潜艇，均属于对于这种思维方法的运用。我们再来看下面两则故事：

故事一：有一个年轻人对于刀很感兴趣，但是他发现所有的刀都有一个共同的麻烦，便是用过一段时间之后，刀便会变钝，需要重新来磨，而这相当麻烦。这个年轻人于是一直想找到一个使刀永久保持锋利的办法。一天，这个年轻人路过一个建筑工地时，看到几个工人正在用玻璃刮木板上的油漆。他发现，工人在玻璃片刮过一会儿变钝之后，便将玻璃片敲断一节，用新的玻璃片接着刮。这个年轻人由此联想到刀刃：能不能在刀刃变钝之后也将其这段扔掉，接着使用新刀片呢？于是，他设计了一种长长的刀片，上面有许多刻痕，刀刃用钝之后便可以沿刻痕将刀片这段扔掉一段，使用新的刀刃。这种刀片出现之后，受到了许多人的欢迎。最后，这个年轻人开办了专门的工厂，并藉此走向了成功。

故事二：肾结石是形成于人的肾里的一种异物，早期时，医生们对此并没有很好的办法来治疗。后来，一个医生在回家的路上看到一些城建人员在对一栋楼进行定向爆破。他发现，爆破时的炸药设置得非常巧妙，正好将一栋坚固的建筑物炸得粉碎，而又不会伤害到周围的建筑物。这个医生由此联想到，能不能也用这种办法来治疗肾结石呢？由此，便产生了治疗肾结石的微爆破疗法，即正好将肾结石炸毁，而不会危及到肾脏本身。

在上面的两个故事中，均体现出了相似联想的思路。

反向联想

反向联想又叫对比联想，一般是由一个事物联想到与其有相反特点的事物。

19世纪，法国微生物学家巴斯德用实验证明了细菌可以在高温下被杀死，因此，可以将食物煮沸进行保存。物理学家开尔文得知这一消息后，便想：既然高温能够将细菌杀死，那么低温是不是也能将细菌杀死呢？沿着这一思路进行了进一步的研究后，开尔文发明了"冷藏工艺"，掀开了人类保存食物方法的新篇章。

再看下面这则故事：

18世纪时，人们证实金刚石和石墨的成分一样，都是由碳元素组成。1799年，法国化学家摩尔沃成功地将金刚石转化为了石墨。因为金刚石的使用价值要大于石墨，因此，许多人在摩尔沃的基础上展开了反向联想：既然金刚石能够转化为石墨，那么石墨能不能转化为金刚石呢？后来，真的有人实现了这个想法，创造了很大的价值。

上面的两则故事便是反向联想给人们带来方便的典型例子。可以看出，善于运用这种思维方法，往往能够带给人们新的思路，最终有新的发现和创造。

灵感联想

灵感联想，也叫即时联想，是指在某一瞬间受到一种事物的启发，进而产生灵感的思维方法。这种思维常常见于科学、艺术等具有创造性的活动中。

爱因斯坦在读大学的时候，一次雨后，他突然看到天空中的一道彩虹。这时，联想到自己正在研究的物理学问题，他不禁想到：如果人能够乘坐光速飞行的宇宙飞船到太空中去旅行，会看到什么呢？就这样，爱因斯坦沿着这个思路想下去，走上了相对论的发现之旅。

再看下面这个故事：

一天，一个漫画家到市场上买肉。没想到商人是个无良商人，卖给他两斤注水猪肉。漫画家气恼之余，突然想到了一幅好的漫画作品。随后，他画出了这样一幅名叫"抗旱"的漫画，画面上，只见农民正在抗旱浇水。不过，农民用的不是水泵，而是一头注水肥猪。只见水流从猪的嘴中喷涌而出，让人忍俊不禁。这里，漫画家由注水猪肉联想到了抗旱，才会有如此绝妙作品。

以上的几种联想思维法乃是最常见的几种，其实还有一些其他的联想思维法。总之，联想思维是一种对人们十分有价值的思维方法，借助这种思维，人们往往能够打破束缚和框框，使自己的思路更具创造性。另外，联想思维在人们的学习过程中也有着特殊的作用，将自己学习过的知识点进行总结归纳，找到相似或相反的特征，这样串起来记忆，由此能够想到彼，能够更好地记忆和把握知识点。

最后指出，联想思维是能够通过不断的练习逐步提高的。我们可以有针对性地围绕着一个事物展开联想，比如以一台电视机为例，我们可以从它的家用电器的属性的角度联想到其他的家用电器，也可以从它的传播信息的功能的角度联想到人们其他的获得信息的途径，还可以从它帮助人们打发时间的角度来联想一下人们还经常以一些什么其他的手段来打发时间，等等。如此，练习多了，我们的联想思维能力必然能够得到提高。

28. 迂回思维法

所谓迂回思维法，又叫变通思维法，即在遇到难题的时候，如果用直接的办法解决不了问题，便绕个弯子将问题解决。我们来看下面这个寓言故事：

一天，北风和南风碰在了一起，两"人"想比一比看谁的力量更强大一些。

北风指着路上的一个裹着大衣走路的行人说："我们看谁能把他的大衣吹掉，就算谁的力量大，怎么样？"

南风点头同意了。于是北风使尽全身力气盘旋着猛地吹向那个行人，没想到行人一看起风了，赶紧将大衣又使劲往身上拉了拉，裹得更紧了。无论北风怎么用力吹，都吹不下来，只好放弃。

然后南风上前去吹，并没有用力去吹，而是轻轻地用热气去吹拂这个人。这个人一下子感到气温升高了，热得难受，赶紧便将大衣给脱掉了。

在这个故事中，要想将行人的大衣吹掉，显然最直接的办法便是用力去吹。但是，北风采用这种直接的办法，却没能达到目的。而南风则采取了迂回的策略，通过气温的升高让这个人主动将大衣脱下来，这表面上是绕了弯子，结果却更有效。

两点之间直线不一定最短

我们知道，在数学上，在两点之间的所有线条中，直线是最短的。但是，放在具体做事的过程中，这就不一定了，许多时候最直接的办法往往不是最有效的办法。我们来看下面一则小故事：

有两只蚂蚁想要翻过一堵墙，到墙的另一面去找食物。

其中一只蚂蚁径直来到墙角，便开始往墙上爬去。但是，因为墙面很光滑，并且略微有些风，这只蚂蚁爬上一段后便会掉下来。但是，这只蚂蚁并不气馁，掉下来之后便又重新开始从墙角爬起。而另一只蚂蚁则观察了一下情况，发现这堵墙虽然高，但只是一小截断墙，于是，它顺着墙角往前爬了一段，便绕过了这堵墙。

这个故事便很形象地说明了迂回思维。上面所讲的故事只是寓言故事，下面让我们来看一则真实的故事：

有个作家到台北旅行。这天，他上了一辆出租车，告诉司机他要到城区某出版社去。没想到司机却转过头来问他："先生您是要走最近的路呢，还是要走最快的路？"作家一听感到很迷惑，问道："怎么，最近的路难道不是最快的路？"司机于是解释道："从这里到你所说的出版社，最近的路便是走中环，不过这条路因为是交通要道，每天的车都很多，所以经常会塞车，即使不塞车，车速也很难快起来，所以路虽然近，却不会最快到达。而我知道另一条道路，要绕一些，但是因为交通状况良好，却会更快到达您想去的地方。"这样一听，作家便选择了最快的路。

最近的路不一定是最快抵达目的地的路，这听起来也像是一句格言了。

别一条胡同走到黑

有时候，直接的办法不仅不是最近的，而且干脆是走不通的，是一条死胡同。这个时候，我们便更要懂得迂回思维的运用了。如果不知变通，非要一条胡同走到黑，到头来无论费多大劲儿都解决不了问题。我们来看下面这道思维名题：

一个老牧民临死前留下遗言，将自己的17只羊分给三个儿子，长子分1/2，二儿子分1/3，三儿子分1/9。并且，老人规定，羊一只也不许宰杀。问该如何分，才能最大限度地遵从老人的遗愿？

这显然是个难题。因为老人的17只羊这个总数目，既不是2的整数倍，也不是3和9的整数倍，又不能宰杀羊，根本无法分配。因此，如果这道题目循着直线式的思路来思考，是没有答案的。但是，如果我们迂回一下，拐个弯，是可以找到办法的——我们可以从邻居那里借来一只羊，凑成18只羊，便可以分配了。这样，大儿子可以分9只羊，二儿子可以分6

只羊，三儿子可以分 2 只羊，加起来正好是 17 只羊。这样分好后，再将剩下的那只羊还给邻居，这个难题便巧妙地解决了。当然，这种分法与老人的遗嘱略微有些出入，但是这已经是在遵从老人的前提条件（不许宰杀羊）下的最佳分配方案了。

这个故事便启发我们，有时候，直接的思路不仅不是最快的解决问题的道路，而且可能还是走不通的，因此，在遇到难题的时候，千万不可直肠子。我们再来看下面这个故事：

1945 年，刚刚战败投降的德国一片废墟，人心惶惶。一个名叫马克斯·歌兰丁的德国青年发现，当时的德国人普遍处于一种"信息荒"中，大家对于外界消息十分饥渴。于是，他觉得卖收音机肯定大有市场。但是，当时占领德国的联军为了分散德国人，以防止他们联合起来武装反抗，不仅禁止德国人制造收音机，连售卖收音机都规定为违法。歌兰丁左思右想之下，想到了一个主意——他将组装收音机的所有零件、线路全部备好装在"玩具"盒子里，并附上安装说明书，然后一盒一盒地以"玩具"卖出，再由顾客自己动手组装。如此一来，他很快便卖掉了数十万盒，最终歌兰丁的公司以此为基础，成为了西德最大的电子公司。

以退为进

在古代的一个来往行人密集的大道旁，并列开了两家酒馆。自然，两家酒馆是死对头，每天都在互相抢生意，拉顾客。其中一家酒馆的老板为了压倒对手，便在店门口贴出广告：本店以信誉担保，出售的散酒全是陈年佳酿，绝不掺一点水。这个酒馆老板贴出广告后，感到十分得意，心想自己这广告一打出去，对面的酒馆肯定竞争不过自己了。而对面酒馆的老板见对手贴出了这么个广告，想了一下后，也写了一则广告贴在店门口，上写：本酒馆按照惯例，出售散酒时会在陈年佳酿中掺水一成，如有不愿掺水者请买酒时说明，但一旦饮醉，本店概不负责。这下，对面酒馆的老板更得意了，心想对面这老板真傻，如此把实话都说了出来，谁还会去他那里饮酒。不料，过往的行人在两家酒馆前驻足对比一番后，都纷纷到"掺水一成"的酒馆里喝酒，很少有到"绝不掺水"的酒馆里喝酒。

之所以会如此，便是因为前者将话说得太满了，让人感觉言过其实，反而更不信任他。而后者虽然表面上退了一步，实际上则使得自己显得坦诚实在，取得了顾客的信赖。其实，这便是一种"以退为进"的策略。有时候，面对障碍，如果我们不顾一切地硬要前进，反而会被卡在那里；而如果我们能够后退一步，反而能够为前进更大一步打下基础。而"以退为进"的策略便是一种典型的迂回思维。这种迂回思维，在我们的现实生活中有着十分普遍的用处，尤其是在说服别人的过程中，经常用到。我们来看这样一则故事：

有一位新来的中学老师当了一个全校有名的调皮捣蛋班的班主任。她上班第一天，正好赶上学校安排各班级学生参加平整操场的劳动。这个班的学生便一个个躲在阴凉处，谁也不肯干活，老师怎么说都不起作用。后来这个老师换了一个思路，她温柔地对同学们说："我知道你们并不是怕干活，而是都很怕热吧？"学生们一听老师给他们找了理由，自然很乐意，都七嘴八舌地说，确实是因为天气太热了。老师于是便说："既然是这样，我们就等太阳下山再干活，现在我们可以痛痛快快地玩一玩。"学生一听都很高兴。老师为了使气氛更热烈一些，还买了几十个雪糕让大家解暑。结果，只玩了一会儿，学生们便不好意思再玩了，纷纷主动去干活了。

在这个故事里，这个老师刚开始用直接劝说的办法没能说服同学们，后来她正是采用了一种以退为进法，才说服了学生们。其实，在现实生活中，这种方法我们经常都会用到。许多时候，要想让对方接受你的观点，如果你一味咄咄逼人地想让对方就范，很可能适得其反，得到的是不服气的反驳。而如果你并不用强硬的语言，而是通过一种温和的方式，对方便往往会自己认识到你的观点的正确性，并主动接受。老子曾言："大辩若讷"，说的便是这个意思。因此，在生活中我们不要逞口舌之利，尽量少与人争论。其实许多时候，对方都并不是不承认你的观点，只是在面子上下不来，嘴上不认输罢了，因此你要懂得给别人以台阶，别人自己就下来了。

总之，迂回思维乃是一种在生活中经常会用到的思维，学会运用这种思维，对我们具有非常实用的意义。不过，需要提醒的是，迂回思维并不是漫无目的地绕弯子，而是在提前看清楚并计划明白了之后的有的放矢。

29. 将错就错法

我们来看下面一个故事：

20世纪30年代，上海烟草市场几乎完全被英美公司所占领。当时，国产香烟厂家中的佼佼者上海南洋兄弟烟草公司决定实施绝地反击。该公司为了打破外国香烟独霸的局面，专门精心设计了一种质量上乘、包装讲究的产品：美丽牌。公司为了一炮打响，不惜投入大量人力和资金，用霓虹灯管大做广告。一天晚上，在上海闹市的夜空，出现了一座巨型霓虹灯管招牌。上面打的便是美丽香烟的广告。但是，没想到广告却出了差错，广告上的"美丽香烟"变成了"美丽烟香"！

南洋烟草公司的老板得知这一情况后，大为光火，来不及训斥手下，便急匆匆带着员工到现场，试图做出补救。在当时，用霓虹灯管招牌做广告是件新鲜事，因此，其广告招牌已经吸引了众多行人的注目观望，人们聚集在一起对此议论纷纷。老板赶到现场后，听到人们对此正在争论：

有人说："这个广告字打反了！"

有人却不同意："这么大的公司怎么会做错，肯定是故意的！美丽烟香，说明了美丽牌香烟，烟香诱人！"

"对，美丽烟香，一点不错。中国烟味就是比外国的烟香！"有人跟着附和。

"对，中国人就爱吸中国烟！"

……

老板听了一会儿之后，突然转怒为喜，决定不再更换广告了。因为实际上，这个错误的广告更加吸引了人们的注意力，效果要更好。于是，这个错误的广告就这样"将错就错"地一直放在了那里。果然，美丽香烟后来十分畅销。

在这个故事中，上海南洋烟草公司的老板所体现出来的便是一种"将错就错法"。许多时候，当你犯了一个错误之后，其结果未必就如同你想象的那么严重，也许人们根本没看出来，你着急地纠正，反而提醒了人们。甚至就如同上面故事中的，错误所带来的结果未必就是坏的呢。因为许多表面上看似错误的道路，未必就是死路，既然回头已经来不及了，不如索性走下去，也许也能抵达目的地。

再看下面一则故事：

某时装店的经理不小心将一条高档呢裙烧了一个洞，其身价一落千丈。如果用织补法补救，也只是蒙混过关，欺骗顾客。这位经理突发奇想，干脆在小洞的周围又挖了许多小洞，并精于修饰，将其命名为"凤尾裙"。一下子，"凤尾裙"销路顿开，该时装商店也出了名。

这个故事同样是"将错就错"的典型例子。除了商业领域，这种将错就错法常见于科学研究中和艺术表演的过程中，许多科学家在进行研究的时候，都正是因为"错误"而获得了新的发现。而一些著名表演艺术家也都坦言，在舞台上表演时难免有时候会出现背错台词、穿帮等状况，这个时候如果停下来表示道歉，反而破坏了表演的整体流畅性，影响观众的兴致，因此不如索性假装这是提前设计好的情况，观众未必会发现，甚至有时候临场的发挥反而能够出彩。

总之，将错就错法的关键就在于在遇到错误时不要惊慌失措，而要沉着冷静，以错误为跳板，取得成功。

30. 排除干扰法

有这样一个题目：

一个商人先是用 500 元钱的价格买了一匹马，然后以 600 元卖了；过了几天后，商人又花 700 元将这匹马买了回来，然后又以 800 元的价格卖掉了。请问，这个商人在这次买卖中总共赚了多少钱？

这个问题在一个课堂上提出后，下面的学生给出了多个答案，有的说赚了 100 元，有的说赚了 200 元，有的说赚了 300 元，有的则说没赚到钱。在说出这道题目的答案之前，我们再来看另一道题："一个商人先是用 500 元钱的价格买了一匹黑马，然后以 600 元卖掉了；过了几天后，商人又花 700 元的价格买了一匹白马，然后又以 800 元的价格卖掉了。请问，这个商人在这次买卖中总共赚了多少钱？"这个题目提出后，下面的学生立即异口同声地说出了答案：这个商人总共赚了 200 元钱。

而实际上，这两道题目实质上是一样的，都可以看作是商人做了两笔买卖，每笔赚了 100 元，总共赚了 200 元。而第一道题目之所以会出现那么多种答案，便是因为商人第二次买马时是以比第一次卖出价高 100 元的价格买回了同一匹马这一情况，给大家造成了盈亏抵消的错觉。实际上，这一信息是一个多余的信息，根本不需要考虑，解题时只需要分别算出商人所做的两笔买卖各赚了多少钱即可。

其实，在我们做事的时候，这种"信息多余"进而造成干扰的情况十分常见，这往往会使得本来简单的问题在表面上看上去复杂起来。因此，在遇到这种问题时，我们便要善于将没有价值的信息撇开来，排除干扰，从而得到问题的答案，这就是标题所说的排除干扰法。

再看下面两道题：

（1）大刘总共兄弟 4 个，都还没有娶媳妇，他们每个人都有一个姐妹，那么，如果将大刘的妈妈算在内，你猜他们家总共有几个女人？

（2）某学校有 20% 的学生是不住校的走读生，现在从这批走读生中随机抽取 60 名学生，请问有多少人是不住校的走读生？

应该说，这两个问题的答案都很容易知道。但是，有些人却并不能很快地得出答案，而是要经过一番思虑后才能得知答案，其原因便在于受到了题目中的多余信息的干扰。在第一道题目中，大刘兄弟 4 个便是一个多余信息，尤其是这个信息和"他们每个人都有一个姐妹"这条信息结合起来后，很容易让人产生错觉，认为他们共有四个姐妹。其实，4 个人虽然每人都有一个姐妹，却是共同的，因此总共只有一个姐妹。这样，他们家便总共有 2 个女人。

43

而第二道题目中,"某学校有 20%的学生是不住校的走读生"是一个多余信息,因为抽样所抽取的 60 名学本来就是在走读生中抽取的,自然是 60 人全是走读生,而用不上"某学校有 20%的学生是不住校的走读生"这个条件。

在人们遇到事情或者是解题的时候,往往会有一种预设,总认为所有的信息在解决问题时都是有用的,并想办法将这些信息给用上。殊不知,这恰恰给自己造成了不必要的干扰。因此,排除干扰法便是提醒我们,在利用给出的信息之前,要先考虑清楚哪些信息是有用的,哪些信息是多余的,对于多余信息,要果断摒弃。

31. 心理造势法

一天,两个酒鬼得到了一瓶好酒,决定将酒平分了。但是,他们两个手头只有两个形状不同并且没有刻度的杯子,两人都不想自己吃亏,又无第三者帮两人分酒。问,采用什么办法分酒才能使两个酒鬼都觉得自己没有吃亏?

这个问题看起来似乎很难办,其实可以这样来解决:让其中的一人将酒分别倒在两个容器里,然后让另一个人选择属于自己的那份,分酒者则只能选剩下的那份。这样一来,率先挑选的人肯定会挑选自己认为多的那一份,而分酒者也明白这一点,因此会尽量将酒分得公平,以免剩下的那份少,自己吃亏。

对于这个问题,之所以很多人想不出办法,是因为他们惯性地认为要想使两人都觉得自己没有吃亏,必然得在客观上将酒分得公平。而实际上,且不说由于条件所限,无法在客观上做到公平,即使拿来两个有刻度的杯子,在客观上将酒平分,但是两个酒鬼在主观上还是觉得自己吃了点小亏的情况也是可能存在的。因为所谓的客观只能是相对的,而非绝对的。是否公平最终是两个人心理上的感觉。现在,用上面所说的办法,即使客观上不公平,但两个酒鬼在心理上也会觉得自己没有吃亏——因为分酒者为避免自己吃亏,必然会将酒分得觉得无论对方选哪份自己都不会吃亏的程度,而选酒者则必然会选择自己认为多的那一份。针对心理上的感觉,便采用针对心理的办法来解决,这便是一种心理造势法。我们再来看下面一则故事:

有个人有天在报纸上看到一则新闻,讲的是有个小男孩老无缘无故地喊自己肚子疼,其父亲便将他带到医院里就诊。医生查不出原因,便通过特殊的光学仪器对其身体内部进行了检查,结果大吃一惊,竟然发现在小男孩的肚子里盘着一条小蛇。在询问之下,医生了解到,小男孩在几个月前曾经在野外的一口山泉旁喝水。医生推测,很可能是小男孩在那次喝泉水时,泉水旁边有蛇穴,小男孩无意间将打破后的蛇蛋中的卵黄给喝进肚子里了。后来,蛇卵在小男孩肚子里遇到适宜的条件,竟然生成了小蛇。所幸小蛇现在体型还十分小,最后,医生给小男孩吃了能引起呕吐的药,最终小男孩将小蛇给呕吐出来了。

这个看报纸的人看了这则新闻后,便发起愁来。因为他记得自己一年前在一个山里玩耍时,也曾经喝过那里的泉水。这个人回想起他那天在山里是见过蛇的,这说明那座山里是真有蛇的。并且,他在不断回忆起自己趴下喝泉水时的情景后,越来越断定自己当时是真的将一个类似蛋黄的东西给喝进肚子里去了。就这样,这个人越想越担心,最终病倒了。他一连几个月躺在床上,越来越憔悴。家里人将他送到医院,医生用特殊的光学仪器对他肚子进行了检查,并没有发现他的肚子里有异物。但是这个人就是不信,大夫也都没辙,家人只好又将他接回了家里。

这天,这家人又去请来了一个有名的大夫来,大夫在询问了这个人得病的原因后,便将着胡须告诉病人的家人此病可治，但是要依照他的吩咐，并附耳对病人家属交代了一番，病人家属答应了。于是，这个大夫故意装出认真的样子对病人进行了一番检查，然后他告诉病人说，据他观察，他的肚子里恐怕有个异物，需要服呕吐药将其吐出来。病人一听，眼睛里便顿时亮起了光芒，使劲点了点头。

于是，在病人服用了呕吐药之后，医生和家人都守在他身旁。过了一会儿，药性发作，这个人便呕吐起来，其家人遵照医生嘱咐，趁这个人不注意，突然在他吐在地上的呕吐物中扔了一条小蛇。医生则慌忙说道："这下好了，异物给吐出来了，原来是条蛇！"而这个人从此病也就好了。

在这个故事中，虽然在客观上这个病人的肚子里并没有一条蛇，但是他在主观上非这样认为，别人也没办法。因此，医生干脆采取了"欺骗"的方法，让他看到蛇被"吐"出来了，使他在心理上得到了解脱，病也就好了。这同样也是一种典型的心理造势法。

由上面两则故事我们可以看出，所谓的心理造势法，其实就是不再较真于客观事实，而是针对对方心理特征，采取具体措施，让其在心理上得到满足的一种解决问题的思路。人们在感知这个客观世界时，终究还是要依据一种主观上的感觉，许多时候，能够让人们感到满足的关键并不在于客观上，而在于主观上，因此这种思维方式其实是有着广泛的用途的。举个例子，我们逛街时，便会发现一个有趣的现象——许多商品，尤其是服装的价格往往标价29、99、198 元等接近一个整数却又差一点的数目，这并非出于偶然，而是商家故意的行为。因为微妙的心理作用，虽然只差一点没有达到某个整数，我们也会觉得似乎比那个整数便宜了许多，关于此，想必我们自己都有切身体会。其实，这里便有一些心理造势法的思路在里面。

32. 求同变异法

20 世纪 60 年代，美国七喜公司所做的一场营销策划让业界津津乐道。

在当时，美国的饮料市场几乎被可口可乐和百事可乐两家所霸占，人们提到饮料，便会想到可乐，而不会想到其他的东西。1968 年，七喜作为一种新开发出来的饮料，想要隆重推向市场，在饮料市场中分一杯羹。但是，七喜公司的高层很担心，美国人当时已经形成了一种惯性思维，不承认可乐之外的饮料。

经过一番精心的研究和策划后，七喜公司想到了一个绝妙的主意，他们推出七喜的核心口号就是简单的一个概念——"非可乐饮料"。这个概念后来大获成功，七喜迅速打开了饮料市场，成为美国人广为接受的一种饮料。

在上面的故事中，七喜公司的营销策略里便是包含了一种"求同变异法"。其因为担心美国人习惯了将可乐和饮料划等号的固有心理，于是使自己和可乐"拉上关系"，让人们一看便立刻明白：七喜和可乐一样，是一种饮料。这一步可算作"求同"。然后，通过一个"非"字，则又使得自己与可乐区分开来，使得人们明白，这是一种与可乐不同的饮料。实际上，这又正好可以迎合一些对可乐感到腻烦，渴望品尝新的饮料的消费者的心理。这一步则可算是"变异"。

求同变异法便是这样一种方法，它对于固有的有价值的东西，采取一种"靠拢"策略，但不是全盘接受，而是在此基础上寻求突破和创新。应该说，这种策略是一种省事而又稳妥的创新方法。许多时候，我们的创新并没有必要完全从头到尾都散发着创新的气息，对于有价值的东西，完全没必要做改变，而是应该借来为我所用，只是在必要创新的地方，做一番变动，所谓好钢用在刀刃上。总之，这种思维法在我们做创新时是很有实用价值的。

33. 假言判断法

看下面这个题目：

3＋4 在什么情况下不等于 7？

注意，这不是个脑筋急转弯题目，而是要求你按照严密的逻辑进行回答。

我们想必见过类似的题目，不过这类题目一般都是作为脑筋急转弯的题目出现的，比如最常见的答案便是在赵本山的《卖拐》小品里出现的"在错误的情况下，3＋4 不等于 7"。但是在这里，如果让我们从严密的逻辑角度来回答这个问题的话，就完全是另一回事了。下面我们试着从逻辑角度来分析一下：我们知道，按照通常的理解，3＋4 是等于 7 的。而之所以如此，乃是因为这个答案是按照数学规则算出来的。也即是说，3＋4 等于 7 这个结果乃是在数学规则下的逻辑推理的结果。那么，根据逻辑推理的原则，当前提不成立的时候，其结论必然也不能成立。现在要想使得"3＋4 等于 7"这个结论不成立，只要将支撑其的数学规则破坏掉，便可以了，所以我们只要随便找一个能够破坏掉我们的数学规则的假设，便能够使得这个结论不成立了。比如假如 1＋1 不等于 2，我们的数学法则便被破坏掉了，失去了这个数学规则的支撑，"3＋4 不等于 7"这个结论便可以成立了。类似地，假如 2＋4 不等于 6，或 50－17 不等于 33，或 2×5 等于 36，等等，这些错误的算式只要有一个成立，便可以将我们公认的数学法则推翻了，因此都可以得出"3＋4 不等于 7"的结论。当然，我们也可以不用算式的形式来表示，而用语言的方式表示，如"在我们约定俗成的数学法则失去效力的情况下，3＋4 不等于 7"。

在上面题目中的解题方法，便是一种假言判断法，即假设一个前提条件，来得出后面的结论。而对于上面的结论，许多人之所以回答不出来，是因为习以为常的缘故，在他们的脑海里，认为 3＋4 等于 7 是理所当然的事情。其实不然，殊不知，任何一个结论都必然是有一个前提支撑着的，没有不需要前提的绝对真理的存在。只要给出一个前提，任何看似荒谬的事情都可以在逻辑上说得通。因为既然是假设，也就不需要追究可不可能实现。按照这种思路来考虑问题，许多看似无法回答的问题都可以得到答案。比如有人问你："如果有人将月亮放入太平洋，你如何才能将月亮捞出来？"这个问题，看起来似乎根本无法回答，因为肯定没有人能将月亮从太平洋里捞出来。但是，从逻辑上来讲的话，是可以有答案的，事实上你可以这样回答："别人将月亮怎么放进去太平洋的，我就怎么样把它捞出来！"虽然没有人能将月亮放进太平洋，但是我们却可以做这样的假设。

总之，无论什么结论，都是有前提支撑的，假言判断法便是一种巧设前提的思维方法。利用这种思维方法，我们往往能从司空见惯的现象中找到真理，并且这种思维方法对于我们打破惯性思维，提高自己的创新能力有很大的帮助。

34. 试探推论法

我们来看下面这个故事：

古时候，在一个小城镇上有两个好朋友，一个叫李三，一个叫张四。一天，李三想要到外面去经商，向张四借了一百两银子。因为两人关系好，张四连借据都没有写，便将钱借给了李三。不成想后来李三做生意赔了，回来后便想赖账，拒不承认借过张四银子。张四无奈，只好将李三告到了县衙。

知县升堂后，两人在堂上各执一辞，知县也无法判断。最后，知县问张四道："你说被告借了你的银子,那么你是在什么地方将银子借给他的?"

"回老爷,我是在县城南郊的一棵树下将钱借给李三的,当天他要从那里出发,到外面去经商,我就将银子送给他,顺便为他送行。"张四回道。

知县捋了捋胡须,说道:"这样看来,这棵树对本案至关重要了,张四,你现在就去这棵树那里,告诉它本官要它前来作证,要它跟你前来。"

张四一听,感到莫名其妙,但也不敢多问,便出衙门朝南郊走去了。

而这个李三一听,也搞不清楚知县葫芦里卖的什么药,心想反正没有借据,又没有见证人,我死不承认,你奈我何?想到这里,便放下心来。

大概等了一个时辰后,知县和堂上的衙役都显出困倦和百无聊赖的神情来,堂下的李三也觉得十分无聊。这时,知县摆出一副烦躁的样子问李三:"怎么去了这么久,现在他到了地方没有呢?"

李三便百无聊赖地回答道:"应该还没到!"

知县于是点点头,又继续等下去。

又过了半个时辰,知县问道:"现在张四该走在回来的路上了吧?"

李三点了点头,说道:"嗯,差不多刚刚开始往回走。"

过了一会儿,年轻人果然回来了,他苦笑着对知县说:"老爷,我照您的话对那棵树说了,但树并没有反应,我只好一个人回来了。"

没想到知县却说道:"好了,树已经为你作了证了,你是诚实的。"说罢,他将惊堂木一拍,呵斥李三道:"大胆刁徒,还不从实招来——既然你没有向张四借钱,怎么会知道那棵树在哪里?"

李三一听才转过弯来,只好认罪。

在这个故事中,知县先是假设李三根本不曾在张四所说的那棵树下向张四借钱,那么他肯定不知道张四所说的那棵树在什么地方。于是,他假装不经意地问李三、张四有没有到地方,而如果假设成立的话,即李三没有借钱,他肯定无法回答这个问题。而他竟然回答了这个问题,便说明假设是不成立的,所以李三在赖账。显然,知县是利用了充分条件假言推理的否定后件式来进行了推论。显然,知县的这个办法并非是万无一失的,如果对于知县的问题,李三回答自己并不清楚的话,那么知县便仍旧无法断定两人谁在撒谎了。想必他只能再想其他的办法。因此,知县在这里所用的办法便是进行一种试探性的推论,先假设一种情况,看能不能得到真相,不行的话再想其他办法。这便是一种试探推论法。许多时候,我们在进行推论时,不一定一下子便能推出结论,这时便不妨用这种试探推论法,先假设,再根据结果进行判断。

试探推论法的关键便是要找到突破口,并在逻辑上要保证严密。另外需要注意的是,试探推论法只是为我们提供一种推出结论的可能性,并不能保证能得到答案。

35. 具体分析法

看下面这道题目:

有个商人驾车到邻近某市去办事,他估计,如果回来时也开现在这样的速度,自己在办完事后能够在正午之前赶回来。但没想到,他在途中遇到严重的交通堵塞,结果,他花费了比预计时间多一倍的时间才到达目的地。接下来,他按照原计划所花费的时间办完了事。最后的问题是:如果这个商人在返回时,以他去时速度的两倍的速度往回赶,能否在正午之前赶回来？

可能许多人会这样分析：商人去时多花费的时间，返回时正好补了回来，因此他正好能够在正午之前赶回来。其实这样的结论是错误的，之所以会如此，便是人们犯了想当然的错误。试想，按照商人原本的计划，他刚好够赶回来。而现在，商人去时所花费的时间是自己原计划的两倍，也正好相当于自己原计划来回一共花费的时间，那么再加上他办事所花费的时间，他办完事后便正好是正午了。即使他回来时开得再快，也难以在正午之前赶回来了。这就像是一个人昨天饿了肚子，今天吃得再饱也弥补不了昨天饥饿的感受。

许多时候，我们在看到一个问题的时候，往往都会想当然地给出答案，结果往往是错误的。甚至有时候，我们想当然得出的结论与实际情况之间的差距是令人难以想象的。我们来看下面这个故事：

在一个课堂上，一个心理学教授拿出一张纸，举在手里对大家说道："现在我们来做一个心理测试，你们看我手里的这张纸是一张普通的作业纸。我的问题是，如果将这张纸接连进行对折，一直折叠51次，你们猜一下会有多厚？"

结果，下面的学生纷纷发言，有的说大概一本词典那么厚吧，有人说会有一个冰箱那么厚，其中认为厚度最大的会有一座摩天大楼那么厚。最后，教授说道："你们的答案离真实答案太远了！我们假设这张纸的厚度是 0.07 毫米，那么折叠 51 次后其厚度为 2 的 51 次方，大约是 1.576 多亿公里，超过了地球到太阳的 1.496 亿公里的距离！"

这个故事更是典型地说明了想当然想出来的答案和真实的差距会有多大。

上面的题目和故事提醒我们，在遇到问题的时候，不要想当然地考虑，而应该对问题进行具体的分析，必要时还要进行量化的计算，这样一来，我们才能避免出现想当然的错误。而这种思维方法，我们不妨称之为具体分析法。这种思维方法的关键便是在遇到问题的时候，摆脱浮躁的心态，不匆忙下结论。

36. 按序检验法

有这样一道思维名题：

在莎士比亚的名著《威尼斯商人》中有这样一个情节：富商的女儿鲍西娅，容貌美丽，且品德高尚，得到了许多有钱子弟的追求。不过，其父亲却想将其嫁给一个聪明人，因此在临死前给鲍西娅留下了三个盒子：一个金盒子，一个银盒子，还有一个铅盒子。父亲在遗嘱中交代，三个盒子中的其中一个放着鲍西娅的画像，而在三个盒子上则各写有一句话，其中只有一个盒子上的话是真的。如果有谁能够根据这三句话推测出鲍西娅的画像在哪个盒子中，便可以娶鲍西娅为妻。

金匣子上刻的是："肖像不在此匣中"；银匣子上刻的是："肖像在金匣中"；铅匣子上刻的是："肖像不在此匣中"。

人们得知这个消息之后，纷纷前来猜匣子。镇上有一个年轻人名叫巴萨尼奥，他下定决心要赢得鲍西娅，于是也前来猜匣子。并且，最终，聪明的巴萨尼奥猜中了，并得到了鲍西娅。

你猜，鲍西娅的画像是在哪个匣子中？其推理的过程是怎样的？记住，匣子上的三句话中，只有一句是真话。

这个题目乍看起来，似乎是老虎吃天——无从下口。实际上，如果能够充分运用题目中给出的条件，是能够得出答案的。下面我们分析一下：我们先假设肖像在金匣子里。那么金匣子上所说的"肖像不在此匣中"便是错误的；而银匣子上所说的"肖像在金匣中"则是正确的；铅匣子上所说的"肖像不在此匣中"则是正确的。这样一来，三个匣子上的话有两句是正确的，不符合三句话只有一句是正确的前提条件，所以排除。

然后我们假设肖像在银匣子里。那么金匣子上的"肖像不在此匣中"是正确的；银匣子上的"肖像在金匣中"是错误的；而铅匣子上的"肖像不在此匣中"是正确的。这样一来，同样有两句话是正确的，不符合三句话只有一句是正确的前提条件，所以排除。

那么便可以直接推测，肖像肯定在铅匣子里。我们还可以验证一下，假设肖像在铅匣子里，那么金匣子上的"肖像不在此匣中"是正确的；银匣子上的"肖像在金匣中"是错误的；而铅匣子上的"肖像不在此匣中"也是错误的。正好满足了三句话只有一句是正确的前提条件，所以，肖像必定在铅匣子中。

显然，在上面的题目中，我们所采用的是一种——分析，排除错误的答案，最后得出正确的结论的方法。这种方法虽然比较麻烦，却终究是能够得到答案的。其实，面对许多类似的看上去无法下手的问题，我们都可以采用这种方法，我们将这种方法称之为按序检验法。

按序检验法总体上属于一种迂回的思维方法，这种方法在警察面对多个嫌疑犯时经常会用到，排除不具备作案条件的嫌疑犯，剩下的便可能是罪犯了。这种方法一般都是用于面对多个结果，又不能直接找出答案的情况下。其关键便是在遇到这种"无从下口"的问题时，不要慌，而是要冷静下来进行分析、排除。

37. 极限思维法

所谓极限思维法就是在想问题、考虑事情的时候，把所有的条件进行理想化的假设，当假设被一步步推向极限的时候，问题的本质往往便露了出来。

当年，爱因斯坦就是利用极限思维法，做出大胆预测，认为光的传播不是连续的，进而建立了光量子的概念，并且还根据量子论重新正确地解释了光电效应、辐射过程和固体的比热，因此，爱因斯坦获得了1921年的诺贝尔物理学奖。后来，有人说爱因斯坦的极限思维只能运用到量子学说理论研究上面，在现实生活中没有多大的实际意义。爱因斯坦面对这种怀疑，给出了这么一道题目：

两个人在圆桌上轮流平放一枚大小相同的硬币，有一个规则是后放的硬币不是压在先放的硬币之上。这样一直连续下去，谁最后放下一枚硬币而使对方没有位置再放的时候，谁就将获胜。假设两个人都是高手，请问是先放的那个赢还是后放的那个赢呢？

这是一个看似复杂的问题，但是假如运用极限思维的办法它将变得很简单。如果我们把想象推到极限，假设桌子上面小到只能放下一枚硬币，或者是硬币的大小与桌子的桌面一样大小，这个时候就能得出这么一个结论：第一个放硬币的人先赢。

由这样的极端思维推断，我们可以得出不管桌子多大，硬币多大，先放的那个人一定会把硬币放在圆桌中心，然后总是将硬币放在对手所放硬币为对称点，这样，先放的那个人一定会获胜。

因此，可以看出，在现实生活中，极限思维法不仅适用于高深的知识领域，在日常生活中，同样是很有用的。关键是在遇到问题的时候，你能够学会将问题推向极端的情形。显然，这种思维方法的基础是人的想象力。

49

38. 审视前提法

我们来看下面一个故事：

卡车司机老王因为有急事要回老家，将自己新买的小型卡车以 12000 元的价格给卖了。过了几天，买卡车的人因为急用钱又要将卡车卖出，但苦于没人买，于是他又找到了老王，声称自己只要 10000 元。老王一听，觉得是个便宜，便又按这个价格将自己的卡车买了回来。过了段日子，老王又将自己的卡车以 11000 元的价格卖给了另一个人。

老王的几个朋友听说这件事后，都觉得老王这下捡了大便宜，不过，他们对于老王究竟赚了多少钱有些争论。

其中一个同样是卡车司机的朋友认为，老王将卡车以 12000 元的价格卖出，又以 10000 元的价格将卡车买回来，这就赚了 2000 元；接下来，他又以 11000 元的价格将卡车卖出，这便又赚了 1000 元。如此一来，老王整整赚了 3000 元。说完，这个朋友眼睛都红了，琢磨着什么时候自己也能遇到这样的好事儿！

但是，另一位开饭馆的朋友却不同意卡车司机的算法。他认为，这件事应该从老王拿到 12000 元后算起，老王在之后做了两次交易，最后到手的只有 13000 元，所以老王只是赚了 1000 元。说完，开饭馆的老板还卖弄了一下自己一知半解的经济学知识，指出老王第一次卖车得到 12000 元，这里面并没有损益，只是单纯的无物交换（用卡车换钱）。而将卡车以 10000 元买进又以 11000 元卖出，正是从这中间，老王赚了 1000 元。

最后，一个做会计的朋友总结道："你们都错了，我算了半辈子的账，让我来给你们算这笔账！事实上老王真正赚钱正是在第一次卖出和买进这中间，你们想，老王以 12000 元的价格卖掉卡车，然后又以 10000 元买回来。这样，老王卡车还是自己的卡车，却平白无故多了 2000 元钱，这不就是赚了 2000 元吗？而后来老王再次将卡车以 11000 元的价格卖出，则是单纯的物物交换，没有损益。因此，老王总共是赚了 2000 元钱。"

看起来，三个人的算法都有一定的道理，那么，究竟谁的算法是正确的？

实际上，三个人的算法都说不上正确，也无所谓错误。事实上，根据题目中所给出的条件，只能算出一笔糊涂账，因为题目中少了一个重要的前提条件，即老王究竟是以多少钱买进卡车的。少了这个前提条件，这个问题便根本没有结论。

上面的题目提醒我们，在解决问题的时候，我们一定要对前提条件有一个清晰的认识。许多时候，我们之所以苦苦得不出问题的结论，便是因为前提条件本身是不够的，根本就得不出答案，而我们却看不出这一点，只是惯性地认为必然有一个答案存在。因此，在寻找一个问题的答案而不得的时候，不妨仔细推敲一下前提条件，看是不是在前提这里出现了问题，我们不妨将这种思维称之为所谓的审视前提法。

39. 归纳思维法

归纳思维法，又叫归纳推理或归纳法，是一种由特例推测出一般性的公理的推理方法。其特点是从特殊到一般，目的在于揭示事物的共性规律。这种思维方法对人们十分重要，是人们获取经验、追求真理和知识的基本方法之一，也是和演绎思维并列的人们最为常用的两种思维方法之一。

事实上，在我们的日常生活中处处有归纳思维法的影子。比如，我们看到太阳似乎每天都从东边升起，于是我们得出结论："太阳每天都从东方升起。"我们看到周围的女孩子比男孩子要羞涩一些，于是我们便得出结论："女孩子比男孩子要羞涩一些。"有个朋友一连几次向我们借钱都没有按时还，需要我们催促，于是我们便会得出"这个人不守信用"这样的结论，进而不愿再借钱给他；我们在买葡萄时，我们会先尝一颗葡萄，发现这颗葡萄是甜的，于是我们便会得出"这个商贩所卖的葡萄是甜的"的结论，进而放心地买上一大串。可以看出，归纳推理是每个人都或多或少在运用的一种思维方法，许多时候，在我们无意识间，便运用了这种思维方法。

不仅在日常生活领域，在各个知识领域，归纳推理也是人们最常用的工具之一。比如在数学上，德国数学家哥德巴赫曾经写信给当时的著名数学家欧拉，提出了两个猜想。其一，任何一个大于2的偶数，必然是两个素数之和；其二，任何一个大于5的奇数，必然是三个素数之和。这就是著名的哥德巴赫的猜想。我们以第一个为例来看一下其推理过程：

4＝1＋3（两个素数之和）
6＝3＋3（两个素数之和）
8＝3＋5（两个素数之和）
10＝5＋5（两个素数之和）
12＝5＋7（两个素数之和）
14＝7＋7（两个素数之和）

正是在这些例子的基础上，哥德巴赫得出了"任何一个大于2的偶数，必然是两个素数之和"的结论，当然，他所举出的例子要多得多。

此外，我们在给一个事物下定义时，往往也运用了归纳法。比如"雕塑"这个东西，我们可以将之定义为：此为一种造型艺术，是通过塑造形象或者有立体感的空间形式来展现美的一种艺术形式。不仅是下定义，总结一类事物的特点，也要用到一种归纳法，同样以"雕塑"为例，这种物品的特点便是优美动人、轮廓清晰、紧凑有力、有立体感等。

总之，归纳推理法无论是在我们的日常生活中还是在严肃的知识领域，其都是一个基本的方法。古希腊哲学家亚里士多德曾经对归纳推理法定了一个三段论推理形式：

前提1：王五会变老；
前提2：马九会变老；
结论：所有人都要变老。
又如：
前提1：这个城市里的这个女人很漂亮；
前提2：这个城市里的另一个女人也很漂亮；
结论：这个城市里的所有女人都很漂亮。

亚里士多德所说的这种推理法乃是一种最典型的归纳法，对于我们非专业领域的人而言，掌握了这种方法便基本算是掌握了归纳思维法。

需要指出的是，归纳思维法所得出的结论乃是一种不确定的真理，即其前提只是推出结论，却并不确保结论的正确性。比如上面所举的第二个例子，由"这个城市里的这个女人很漂亮"和"这个城市里的另一个女人也很漂亮"而归纳出的"这个城市里的所有女人都很漂亮"的结论很明显便是不可靠的。一旦在这个城市里看到一个丑女人，这个结论便会宣告被推翻。而即使上面的第一个例子，也不能保证完全正确，因为也许有人真的会永葆青春，只是你没有看到罢了。而一旦有这样一个人，"所有人都要变老"的结论便要被推翻。再以我们前面所举的人们凭借经验得出的"太阳每天都会从东边升起"的结论为例，这看上去似乎是绝对的真理，其实也不一定，因为说不定哪天太阳系出现变数，太阳就不再每天从东边升起了。总之，要明白，归纳推理法所得出的结论都是一种要不断接受验证的"真理"。

不过，虽然并不确证，但是这种并不能确证的"真理"往往对我们的生活有着巨大的帮助，正是凭借这些不确证的真理，我们才能感觉周围的世界不是一团乱麻。比如我们正是通过一个人在几件事上的表现，才能对这个人的品质有个大致判断，以确定该如何和他相处。另外，不仅是这些常识性的应用，善于利用归纳思维，往往能够帮助我们有一些好的有用的发现，解决一些难题。比如牛顿发明万有引力定律，便是看到苹果要落在地上，又发现其他的东西也都有落在地上的趋势，所以他得出"地球上所有的物体都有靠向地面的趋势"的结论，并通过进一步研究，他最终发现了万有引力定律。下面我们再来看下面一个故事：

杰瑞出身于美国一个贫苦家庭，其姊妹好几个，而其父亲因病在杰瑞 13 岁时便去世了。因此，杰瑞很小便做起了擦鞋匠，以挣钱养家。但是杰瑞很爱动脑筋，在擦鞋的过程中，他经常听到有前来擦鞋的黑人顾客抱怨自己的头发是卷曲的，并表达了想要一头直发的愿望。杰瑞听到这样的抱怨多了，便想到了一个主意，他找到一个化工厂的老板，问他能不能试着生产出一种能让卷曲的头发变直的化工品。结果，这个老板最终生产出了这种商品。于是，杰瑞便将这种东西买下来，并注册了商标，然后拿到市场上去卖，结果这种东西果然大受欢迎。杰瑞凭此一下子成了百万富翁。

在这个故事中，可以看出，杰瑞之所以能够发财，很重要的原因便是因为他善于利用归纳思维法——他通过一些擦鞋顾客的抱怨，进而推断出许多头发卷曲的人都希望自己的头发能够变直，进而去寻找能满足这些人需求的产品，进而发了财。由此也可以看出，如果善于利用归纳思维法，我们往往能够找到别人所忽视了的机会。

可以看出，归纳思维法的关键便是要善于观察，并处处留心，勤于思考。另外需要说明的是，在运用归纳思维时，要时刻保持一种怀疑态度，知道这只是一种有待检验的规律，要具有一种随时验证以更加确保它的正确性的积极意识。

总之，思维都是训练出来的，要想熟练地掌握归纳思维法，我们可以通过训练来提高自己的这种思维能力。其实，我们可以试着给司空见惯的事物下定义、总结事物的特征等，以此来锻炼我们的这种思维。比如，我们便可以试着对"家用电器"这个词下定义：近代以来出现的，必须以电作为动力，放置在家中，能够给人们的生活带来某方面的方便或者供人们消遣娱乐的一种发明。

40. 系统思维法

创造，并不一定要完全通过自己的单打独斗，通过综合别人的经验成果，进行合理的整合，利用系统效应，形成具有新功能的事物，同样也是创造。这就要求我们要具有系统思维的能力。实际上，人的思维基本可以分为分析思维和系统思维两类。分析思维是指去粗取精、去伪存真，由整体到部分的思维方法；系统思维则是指由此及彼、由表及里，统观全局，由部分到整体的思维方法。进行分析固然重要，但系统思维同样是进行创新思维的必要能力。因此，提高创造力，就必须提高自己的系统思维能力。

材料综合

材料综合是一种最常见的综合方法，它把不同的、零散的材料作为要素汇集起来，形成一个系统，从而得到新的功用。

20世纪30年代，欧洲大陆正处于战争的阴云之下，纳粹德国正在加紧进行扩军备战，二次世界大战一触即发。就在这时，英国一位作家出版了一本小册子，在册子中，他详尽地介绍了德军的战力情况，其中包括德军的各集团军情报、军区位置，甚至就连一些刚刚组建的新军情况和一些中层军官的简历，这本小册子都有涉及。这大大暴露了德军的实力，而且有的内容完全是属于高度机密的。

德国情报部门得到这个情况后，相当震惊，于是秘密将那位英国作家绑架到德国进行审讯。然而审讯的结果却让所有的人感到不可思议，那位作家竟然说他的写作材料全部来自于德国公开出版的报刊！原来，这位作家长期以来注意寻找有关德军的各种信息，并将它们分门别类地搜集并整理出来，甚至连报纸上的结婚启示和广告也不放过。这样，经过几年的材料综合，再加上自己的分析，于是形成了这本书。

一些看似无关紧要的内容和材料，经过有心人的分析综合，立刻变成了价值极高的情报。这无疑也是一种创造。

方法综合

同样的一个方法，放到不同的系统中，将会起到不同的作用。这种方法有助于取长补短，强强联合，从而形成更新更好的创造和设想。

说起拉链，一般人都会想到它是应用在衣服、皮包等物上的。你能想象在人的腹部装上拉链吗？

美国的一名外科医生史栋就做到了这一点。他常年给人做外科手术，有的内脏手术需要进行多次的开腹，这不但给病人带来了巨大的痛苦，而且还十分容易导致病人的大出血，造成危险。史栋在一次很偶然的机会想到了拉链的原理：利用链牙的凹凸结构，在拉头的移动中，从而实现牢固的嵌合和脱离。于是萌生了将拉链安置在病人身上的想法，尽管当时受到了很多的质疑，但是史栋还是进行了一次尝试，他将一条七寸长的拉链移植到了一名胰脏病人的腹部，并获得了成功。这种拉链可以在病人身上使用一到两周，术后摘除，从而大大减少了病人的手术痛苦和危险性，也方便了手术操作，更换一次止血纱布，现在只需要五分钟的时间。

史栋将拉链的原理和方法综合到了手术操作上，从而创造了一种前所未有的医疗技术。

现代社会的发展，学科之间的联系越来越紧密，各学科之间的概念、理论、方法等越来越可以相互渗透和转移，从而为方法综合带来了广阔的前景。

分合综合

系统思维，并不是一味地要求人将事物都看作一个个的个体，然后试图将其整合为整体。其实任何一个事物本身，它在是一个个体的同时，又都自成一个系统，有时先将它分离，然后再进行合并，往往能够获得一种新的产物和发现。这即是"分合综合"的要求。

创立大陆漂移学说的法国气象学家魏格纳有一次卧病在床，百无聊赖之际，他盯着床头墙上的世界地图思考起来。突然，他发现南美洲和非洲的海岸线轮廓曲线相当相似，这两个大陆，似乎是被生生割裂开来的。这一发现使他惊奇不已，为什么会是这样呢？难道只是巧合吗？

魏格纳在进一步研究中更惊奇地发现，其实，把几大洲的轮廓从地图上剪下来，然后进行拼凑，差不多正好能拼成一个圆形！这就证明了南美洲和非洲的轮廓并不是巧合，魏格纳大胆地猜测，莫非几个大陆过去是连成一体的？在他这个假想学说的指引下，很多生物学家、地质学家和考古学家进行了进一步的研究，终于以大量的事实，确立了大陆漂移学说的理论。

魏格纳成为了活动论地质学的先驱人。

如果把整个地图看成一个系统，那么上面的一块块大陆图案就可以看作是一个个要素。魏格纳正是能从整体中分离出这些要素，然后再进行合并思维，先分后合，从而得到了这一重大发现。

系统思维，不但需要我们有善于综合的头脑，也需要能够分离的眼睛。

第二章
发散思维名题

1. 铅笔的改进

现在市面上有各种各样的铅笔，使用起来非常方便。但是在最初的时候，人们使用光秃秃的石墨写字，石墨容易断，而且写字的人总是弄得满手黑。后来在德国纽伦堡的一位木匠把石墨和木条组合起来，发明了现代铅笔的雏形。1662年，弗雷德里克·施泰德勒根据这个原理开办了第一家铅笔工厂，他将细石墨放入带槽的木条，然后用另一根上了胶的木条把石墨笔芯夹在中间，再将笔杆加工成圆形或者八角形。

1858年，美国费城有一位名叫海曼·利普曼的穷画家对铅笔进行了又一次改进，他还申请了一项专利，后来以55万美元的价格卖给了一家铅笔公司。

你知道改进后的铅笔是什么样子的吗？

2. 福尔摩斯的推论

有一次，福尔摩斯和华生去野营，他们在星空下搭起了帐篷，然后很快就睡着了。半夜里，福尔摩斯把华生叫醒，对他说："抬头看看那些星星吧，然后把推论告诉我。"华生想了想说："宇宙中有千百万颗星星，即使只有少数恒星有星星环绕，也很可能有一些和地球相似的行星，在那些和地球相似的行星上很可能存在生命。"

这是福尔摩斯想要的答案吗？

3. 女孩的选择

一个南方女孩和一个北方男孩相爱了，有一天晚上男孩向女孩求婚。女孩有点不知所措，她说："让我想想。"她回家后拿出一张纸，左边写上"不嫁"，右边写上"嫁"。在不嫁的那一栏，她写下：

他工作不稳定，收入不高。

南、北方生活习惯不一样，将来会有麻烦。

他学历不高。

他家在农村。

他有体弱多病的母亲和上学的妹妹，家庭重担靠他一个人承担。

……

在右边那一栏，她写下了一个字——爱。

女孩会作怎样的选择呢？

4. 你说得对

有两个人为一件事发生争执，他们来到寺院让一个德高望重的老和尚评理。甲来到老和尚面前说了自己的一番道理，老和尚听后说："你说得对。"接着，乙来到老和尚面前说了和甲的意见相反的另一番道理，老和尚听后说："你说得对。"站在一旁的小和尚说："师父，怎么两个人说的都对呢？要么甲对乙错，要么乙对甲错。"

这回老和尚会怎样回答呢？

5. $5 = ? + ?$

在一节思维培训课上，一个小学一年级的数学教师向思维培训师请教如何教孩子们发散思维。思维训练老师在黑板上写了一道算术题：

2+3=？

然后，他说："这是小学一年级常见的计算题，只有唯一的答案，对就是对，错就是错。这会让孩子们养成寻找一个答案的思维习惯，导致思维的扁平化，遇到问题时缺乏寻找多种答案的意识和能力。虽然大部分数学题是一题一解的，但是我们可以运用关系发散来改变出题的方式。"接着，他在黑板上写下了这道题：5=？＋？

6. "慷慨"的洛克菲勒

第二次世界大战结束之后，战胜国决定成立一个处理世界事务的联合国。各国政府遇到的第一个问题就是购买可以建立联合国总部的土地，这需要很大一笔资金，而对刚成立的联合国来说很难筹集大笔资金。美国石油大王洛克菲勒听说了这件事情后，决定出资 870 万美元买下纽约的一块地皮，并无偿地捐赠给联合国。有人赞叹洛克菲勒的义举，有人对此表示无法理解，事实上洛克菲勒另有打算。洛克菲勒有什么打算呢？

7. 洞中取球

北宋的宰相文彦博小时候是个聪明可爱的孩子，不仅书读得好，而且活泼好动，经常和小伙伴们一起踢球。

有一天，文彦博又和村里的小伙伴们在打谷场上踢球。大家你来我往，踢得兴高采烈，文彦博更是厉害，一个人就踢进了两个球。大家正玩得高兴，不知是谁一不小心把球踢出了场外。只见那球刚开始力道很大，后来没有劲了，滚着滚着，正好滚到一颗大白果树的树洞里去了。大家笑着说："这是谁啊，脚法这么好，一脚就把球踢到那么小的树洞里去了，太厉害了吧。"说着，大家纷纷跑过来捡球。

树洞里黑黝黝的，大家睁大了眼睛，也看不到球在哪里。有个胳膊长的小朋友自告奋勇来够球。只见他趴在地上，手臂使劲往树洞里伸，半个身子都快伸进去了。但是树洞太深了，他怎么也够不到底。看来用手是够不到了，只有想别的办法了。

又有一个小朋友说："我有办法了，我去拿个竹竿来够。"于是他找来了一根长长的竹竿。可是树洞竟然是弯弯曲曲的，竹竿是直的，不会拐弯，所以也够不到底。

大家都着急起来，骂这讨厌的树洞："破树洞，坏树洞，怎么偏偏长在这里，把我们好好的球给吃进去了。"如果树洞会说话的话，肯定会很委屈："怎么怪到我啦？是你们自己踢进来的呀，要怪也只能怪你们自己。"

想到以后没有球踢了，大家都很沮丧。忽然，文彦博一拍脑袋叫道："有了，我有办法了。"

文彦博想出的是什么办法呢？

8. 于仲文断牛案

于仲文是隋朝的大将军，他足智多谋、英勇善战，曾经率领 8000 人打败了对方 10 万人的大军，小时候他就是一个聪明伶俐的孩子。

于仲文 9 岁的时候曾经面见皇帝，皇帝见他聪明可爱，就有意考考他："听说你爱读书，那么书里写的都是哪些内容呀？"

于仲文从容地回答："奉养父母，服务君王，千言万语，只'忠孝'二字而已。"

皇帝听了连连称赞："说得好，说得好！真是一个聪明的孩子！"

从此于仲文的名声就传扬开来了。

有一回，村里的任家和杜家都丢失了一头牛，两家都倾巢出动，分头寻找，但是后来只找到一头牛，两家都抢着说牛是自己家的，争执不下，就把官司打到了州里，州官接到这个案子也难以判断，愁眉不展。

这时候，手下的一个官员向州官出主意："于仲文聪颖过人，连皇上都夸奖他，何不让他来试试断这个案子呢？"

州官摇摇头说："嘴上无毛，办事不牢，于仲文只是一个乳臭未干的毛孩子，凭借一句巧话，赢得皇上开心，徒有虚名而已，未必有什么真才实学。"

官员说："大人这样说就不对了，自古英雄出少年，我觉得于仲文还是有过人之处的，反正有益无弊，就让他试试吧。"

州官觉得有理，就派人请来了于仲文。

于仲文来到州府，问明了情况，就笑着说："这个案子不难断。"说着，他就让任家和杜家都把自家的牛群赶到大操场上，分别圈在操场的两边，然后叫人牵来那头有争议的牛。州官和围观的群众都不知道他葫芦里卖的是什么药。

9. 山鸡舞镜

山鸡是南方珍贵的飞禽，它爱站在河边，看着河里自己的影子翩翩起舞。有一回，南方派人给曹操送来了一只山鸡。

曹操非常想看山鸡跳舞，但是宫殿里没有河流，山鸡不肯跳舞。曹操就让身边的大臣们，想个办法让山鸡跳舞。大臣们挖空了心思，也没有想到好办法。曹操见了，长叹一声说："我是没有缘分看到山鸡跳舞了。"

曹操6岁的小儿子曹冲看到父亲不高兴，他想了想，就跑到曹操面前说："父亲，你不要苦恼，孩儿有办法让山鸡起舞。"

曹操知道曹冲是个机灵鬼，但是满朝文武都没有什么好办法，他不太相信曹冲能想到好办法，就将信将疑地问："哦，你有什么办法？"

曹冲调皮地说："其实办法很简单，父亲只管观看山鸡起舞就是了。"

曹冲想出了什么办法？

10. 小小智胜国王

一年夏天，热爱冒险的三兄弟，来到了X王国，看到城墙上贴着一张布告，上面写着：凡是能完成国王三道难题的，国王将奖赏他500两黄金，但如果做不到，他将面临终身监禁的惩罚。

大哥大大看到奖赏500两黄金，就美滋滋地跑进宫去了。结果，×国王的三道难题，大大连一道也没做出来，被关进了监牢。

二哥中中决心救回大大，就坚定地走进皇宫，可是他也失败了，和大大关在了一起。

最小的弟弟小小，在家等了三天三夜，也没等到二哥回来，他知道二哥也被抓起来了，就怀着悲愤的心情，走进皇宫，对×国王说："尊敬的陛下，如果我能做出您的三道难题，我不要您的500两黄金赏赐，我只要求您能放了我的两个哥哥。"

国王听了，就说道："好，如果你能做出三个难题，我就放了你的两个哥哥，还会给你500两黄金，但是做不出来，我就不客气了。"说完，就让小小开始做题。

只见侍卫拿过来一个装满水的玻璃杯，一个空盆子和一个铁丝编成的筛子。第一道题是用筛子盛水，只要把玻璃杯里的水倒进筛子，而不漏出来，就算完成了；第二道题目是把鸡蛋放在纸上煮熟；最后一道题目是：从一个盛满水的大盘子里，取绿色的玉片，前提是不能沾湿了手。

……

测试结果是小小出色地完成了三道题目，连国王都暗暗佩服，他立即放了大大和中中，还送给他们 500 两黄金。兄弟三人高兴地拿走黄金，又到别的地方冒险去了。

小小如何做对这三个题的你知道吗？

11. 忒修斯进迷宫

海神波塞冬为了惩罚雅典国王的不忠诚，就在雅典城降下了一个牛头人身的怪兽。怪兽名叫弥诺陶洛斯，它凶残成性，每顿都吃童男童女的肉。

国王不能奈何它，只好叫一个技艺高超的工匠建了一个迷宫，把怪兽关在迷宫里。据说迷宫造得非常精巧，当初那位工匠建好迷宫后，自己都找不到出来的路了，只好又做了一个翅膀才飞出来。但是，因为惧怕海神，国王还是命令雅典臣民每九年给怪兽弥诺陶洛斯进贡七对童男童女，一时间，人心惶惶，有儿女的人家纷纷背井离乡。

转眼又过了九年，又该给怪兽弥诺陶洛斯进贡了。这时候出现了一个英雄——忒修斯，他决心救雅典人民于水火。于是，他就装扮成一个童男，身上藏着锋利的宝剑，打算混进迷宫去，趁弥诺陶洛斯不备，一举杀了它。

美丽的公主阿里阿德涅看出了忒修斯的意图，非常欣赏忒修斯的勇气，她已经暗暗地喜欢上了眼前这个英俊的年轻人了。就关切地问："弥诺陶洛斯凶猛无比，一般人根本伤不了它，你打算怎么对付它？"

忒修斯胸有成竹地说："怪兽来吞吃童子的时候，是最没有防备的，我会趁机用锋利无比的宝剑，刺穿它的心脏，这对于我来说，不是什么难事，我所担心的是迷宫，只怕进去后就出不来了。"

聪明的阿里阿德涅低头想了想，就有了一个好主意……

12. 除雪

20 世纪 70 年代，加拿大北部地区因为地处高纬度，又是山地地形，气候寒冷多雪，电话线经常会被厚重的积雪压断，给人们的生活带来很大的不便，而电信公司不得不频繁地修复断掉的电话线。后来，为了防止这种情况，电信公司经常要在大雪过后乃至是下雪期间派人清扫电线上的积雪，而这样的事做起来繁琐而缓慢，需要投入巨大的人力，十分麻烦。一次，一场罕见的大雪过后，两个电信公司的员工又赶往现场清扫电话线上的积雪，当看到电话线上十分厚重的积雪后，其中一个人无奈地感慨道："哎，这么厚重的积雪，恐怕只有上帝才能尽快将其清扫完毕了！"说完便开始干自己的活了。

但是，说者无心，听者有意，另一个一向爱动脑筋的同事在听了同伴的这句话后开始动起了脑子：是啊，如果上帝肯帮忙清扫的话，那就快多了！如果上帝清扫的话，他会怎么清扫呢？对他来说，他肯定不用拿着扫把一点一点地清扫，而是在空中……顿时，他想到了一个主意，于是将这个主意上报给了其上司。最后，经过层层认真研究之后，电信公司果然采用了他的这个办法，使得清扫积雪的工作变得简单而高效。

你能猜出这个电信公司的员工想出的办法是什么吗？

13. 泰勒的特殊兴趣

马克斯韦尔·泰勒上尉1937年底被美国派往中国的驻华武官。当时，由日本挑起的"七七"卢沟桥事变刚刚爆发，于是美国也加紧了对于日本的情报收集。因此就在泰勒上尉前往中国前夕，他受到了美国中央情报局的召见，并被赋予了一项特殊使命，就是秘密调查侵华日军的编制及其番号。

泰勒之所以被授予这项任务，是因为他其实是个日本通，早年他曾在日本帝国大学留学多年，对日本的文化和各种习俗都十分熟悉。正因为此，他在读书期间以及之后都结识了许多日本朋友，但是由于中日战争爆发之后，美国一直是站在中国一方的，因此他和他的朋友不得不选择站在自己的阵营里。来到中国后，泰勒一边以驻华武官身份作掩护，一边秘密搜集情报，但经过一番苦思冥想，很难有机会接触到日军的他也未能找到一个完成任务的锦囊妙计。

这天，泰勒又一个人在房间里苦苦思考该如何完成自己的任务，他一边想，一边开始回忆自己在日本的生涯，试图从中得到一些启发。在经过一番思索之后，他的目光被挂在墙上的一幅贴在镜框里的相片所吸引。照片上是全副戎装的三个青年，风华正茂，左右两个是日本人，中间的那个则是泰勒自己。泰勒回忆起，这是自己留学东京时与大学里最要好的两位朋友田木与竹浦利用休假日一起到名古屋游览时，在名古屋最大的一座寺庙里照的。

于是，泰勒不禁又回想起了当时的情景。泰勒记得，当时，两个朋友还带着自己到寺庙中签名留念，自己刚开始并没有当作一回事，只是草草签上了自己的名字。但是，竹浦和田木还专门提醒泰勒，不仅写名字，而且要注明自己的身份，并十分严肃地对他说："泰勒君，在我们日本，签名留念是一桩十分虔诚严肃的事。"而后来在世界各地的许多名胜古迹，泰勒都发现有日本人的签名留念，的确如两位朋友所说，日本人有这个癖好，并且他们也往往会注明自己的身份，以显示自己的诚意。

想到这里，一个奇妙的主意在泰勒头脑里产生了，他觉得自己找到了完成自己任务的一个绝佳的方法……

你能猜出他的方法是什么吗？

14. 绚丽的彩纸

1901年，荷兰轮船"塔姆波拉"号因为雾大，在东印度群岛触礁沉没。附近小岛上的土著居民纷纷划船出海打捞东西，其中有一个人因为来得晚，看好东西都被别人捞完了，只好捞了别人不要的一大捆花花绿绿的纸。他觉得这些纸挺绚丽的，可以用来当壁纸装饰他的小屋子。

几个月后，有个外国商人带了许多商品来到岛上做生意。这个打捞了彩纸的人告诉外国商人，他想从他那里得到一些针线，但是他没有钱，想用一些鱼骨交换。商人于是跟着他来到了他的小屋里，一看到小屋墙上的彩纸，商人立刻表示自己不要他的鱼骨了，他只要墙上的这些彩纸就行了。

猜一下，商人为何对这些没用的彩纸感兴趣？

15. 甲乙堂

古时候，四川地区有个皮匠，通过自己的勤劳节约，盖起了一座气派的新房子。新房将要落成之际，皮匠因为高兴，便想附庸风雅一下，请同村的一个读书人为自己的房子起个名字。读书人于是想了一下，提笔给他写了"甲乙堂"三个字。皮匠也不识字，并不知道这三个字的意思，只是高高兴兴地带着三个字去做了一块匾，将它高高地挂在厅堂的正中。

新屋落成后，亲戚朋友们都前来为皮匠暖房，大家济济一堂，好不热闹。其中也有些识字的，看了这个匾后，感到莫名其妙。一问之下，才知道是那个读书人题的，宾客中也有和读书人相熟的，前去请教他"甲乙堂"的含义。读书人于是解释了一番，宾客一听，恍然大悟，觉得这匾题得朴素而恰切。

你能猜出这"甲乙堂"三个字的意思吗？

16. 加一字

南宋末年，蒙古铁骑在扫除了南宋外围的一系列障碍之后，开始南下灭宋。公元1271年，蒙古建国，国号为元。1276年，元朝军队攻占南宋都城临安（今杭州），俘虏5岁的宋恭宗，灭南宋。后来，南宋光复势力陆秀夫、文天祥、张世杰等人连续拥立了两个幼小的皇帝（宋端宗、幼主），在广东南崖山建立南宋流亡朝廷。元军对这个流亡朝廷穷追不舍。1279年，在崖山海战中，陆秀夫保护着9岁的小皇帝赵昺拼死与元朝军队战斗，终因寡不敌众而失败。陆秀夫宁死不屈，抱着小皇帝投入大海，在历史上留下了可歌可泣的一页。

可恨的是，当时追杀陆秀夫和小皇帝的正是南宋降将张弘范。这个投敌叛国的败类逼死小皇帝，不仅没有感到惭愧，反而恬不知耻地在当地树起了一块石碑，上刻"张弘范灭宋于此"，意思是以元朝开国功臣留名后世。

崖山的百姓看到这块碑后怒火中烧，要将石碑推倒。但是一位当地的书生却说，不用推倒石碑，只要加上一个字就可以了。

于是，乡民们便按照读书人的意见加刻上了一个字，一下子，这个记功碑便成了张弘范的耻辱柱。

你能猜出这个字是如何加的吗？

17. 火灾的原因

美国墨西哥州首府图马尔市郊区的一套别墅突然起火，因为没人在家，周围也没有邻居，火势很快蔓延开，消防员将火灭掉时别墅已经烧毁了大半。消防员寻找了很久，最终才发现了起火的原因。原来，这套别墅的主人是一个大学的物理学教授。在他的一个房间外面的窗台上，这位教授不知什么时候随手放了一面特殊的镜子。这些天，教授带着家人到英国旅行去了。而这个特殊的镜子便导致了这场火灾。

猜想一下，镜子为何会引起火灾呢？

18. 纪晓岚戏改古诗

中国古代曾留下一首四喜诗，说的是人生四件特别令人高兴的喜事，这首诗本来是首五言诗，内容是：

久旱逢甘雨，
他乡遇故知。
洞房花烛夜，
金榜题名时。

关于该诗的作者，向来有多种说法，一说是见于南宋诗人洪迈《容斋四笔·得意失意诗》，一说出自《神童诗》，还有野史称是杜甫所作。而到了清朝时，怪才纪晓岚闲来无事，先是觉得该诗太"瘦",在该诗每句的句首添加了两个字,在体裁上使之成为了一首七绝,在内容上则使这四件事的令人高兴的程度更为加深。而后来,他又在每句诗的结尾做一停顿,然后在后面添加两字作为注解使该诗顿时成了四悲诗。

你能否猜出纪晓岚的两种改法各是如何进行的?

19. 令人匪夷所思的广告点子

20世纪80年代,美国的一家黏液生产厂家想要将自己的一种叫作"超级3号胶"的强效黏液打入法国市场。但是,在当时的法国市场,几家本国的强效黏液生产厂家已经牢牢地占据了市场。如何才能打开局面呢?这家美国公司不惜重金请巴黎知名的奥布尔雅和马瑟广告公司为自己设计广告。而这两家广告公司的策划师们绞尽脑汁,最终想到了一个别出心裁的广告点子:在一个人的脚底上滴上了4滴超级3号胶,然后将这个人倒粘在天花板上,总共保持了10秒钟。为证明其真实性,广告公司还专门请来了公证部门进行现场监督,丝毫不假。这个广告在电视上一经播出,便立刻在法国引起了轰动,人们纷纷打来电报、电话求购这种神奇的胶水。仅半年时间,美国厂家就销出去50万支这种胶水,并在法国市场拥有了一席之地。

而在美国厂家的广告大获成功后,其他的厂商也受到了启发,纷纷效法这种广告手段,并且,还大有"青出于蓝胜于蓝"的势头。其广告创意更吸引人,更令人感到匪夷所思。

你能否猜测一下其他厂商的广告创意?

20. 一字之变

1946年,抗日战争硝烟刚刚散去,一个上海商人瞅准人们对于抗日战争的回顾总结心理,组织人手写了一部《抗日战争演义》的章回体小说。为了提高此书的身价,这个商人便通过朋友介绍,找到当时正驻防在无锡的京沪卫戍司令汤恩伯,请他为本书的封面题了签。

汤恩伯之所以爽快答应这件事,和他在这本书中的光辉形象有关,此书中有一章的题目就叫"汤恩伯血战南口,刘汝明误失张恒"。但是,汤恩伯虽然很高兴,同为国民党高级将领的刘汝明就不乐意了,因为此标题明显显示出刘汝明指挥失误。于是,刘汝明知道这件事情后,极为不悦,紧急派了一位高级参谋专程到无锡,要求汤恩伯禁止这本书的发行。汤恩伯已经为这本书题了签,现在又禁止发行,他觉得很没面子,但是对于刘汝明也不能不做个交代。无奈之下,汤恩伯便干脆出面牵线,让这位高级参谋和书商直接坐在一起商量出个办法。

最后,经过反复商讨,有人出了个主意,全书内容不变,只是改了一个字,结果,书商、刘汝明和汤恩伯都十分满意,皆大欢喜。

你能否通过改一个字让这三方都满意?

21. 惊讶的飞行员

二战时期,一个英国飞行员身上曾发生过一次不可思议的事情:一次,他与伙伴一起在离地面很低的地方对德军阵地实施完空袭之后,开始回到高空中,准备撤离。在他的飞机回到2000米高空的时候,他看到窗外离自己右脸很近的地方有个小东西在蠕动,好像是一只小昆虫。于是,他伸手一抓,就将它抓在了手里。但是,当他伸开手仔细一看,吓了一大跳,你猜他抓到了什么?

22. 白色血液

1966年的一天,美国科学家克拉克到实验室里准备做实验时,发现有一只老鼠淹死在了装着含碳氟化合物液体的容器里。他于是将这只倒霉的老鼠给夹了出来，出于科学家的好奇心，他试着将老鼠呼吸道内的液体给排除掉。结果令他惊讶的是，这只老鼠竟然渐渐又苏醒了过来。于是，克拉克来了兴致，他又将一只老鼠放进了这种液体中，并淹死了它。几个小时候，他又将淹"死"的老鼠取出，结果出乎意料，他将老鼠呼吸道内的液体排除后，老鼠又奇迹般地复活了。于是，克拉克对于这种液体产生了兴趣，他经过研究发现，老鼠之所以能够复活，是因为这种液体内具有很强的溶解生命体呼吸所需要的氧气和呼吸代谢后排出二氧化碳的能力，其溶解氧气和二氧化碳的能力分别是水的 20 倍和 3 倍。科学家的直觉告诉克拉克，这个发现应该具有一定的价值。那么这个价值究竟是什么呢？经过一番思索，他终于将这个发现应用在了医学上。

你能猜出这个发现是如何应用在医学上的吗？

23. 苏格拉底的追问

苏格拉底是古希腊著名的哲学家，这位哲学家不喜欢待在书斋里研究问题，而是喜欢到热闹的雅典街头发表演说或与人辩论，在这个过程中使自己的思维得到发展，使自己的学问得到提高。而苏格拉底与人辩论的方式也很奇特，往往是他在不停地追问对方，直到对方和他达成一致。

有一天，苏格拉底像往常一样，来到雅典闹市的中心，伺机寻找人辩论。他看到一个过路的年轻人正要从自己身边经过时，他上前一把拉住这个年轻人说道："对不起，先生，我有一个问题搞不明白，想向您请教一下。大家都说我们应该做个有道德的人，可是道德究竟是什么呢？"

年轻人回答说："忠诚老实，不欺骗别人，就是有道德了。"

苏格拉底装作低头想了一会儿，然后又问道："那为什么在战斗中，我们雅典的将领设计欺骗敌人，我们非但不骂他没有道德，反而却称颂他呢？"

年轻人一听，便说："欺骗敌人是符合道德的，只有欺骗自己人才是不道德的。"

苏格拉底又继续问道："那么，当雅典的军队身陷重围之中，将领为了鼓舞士气，欺骗士兵说援军就要到了。于是，大家在这个好消息的鼓舞下，奋力突围了出去。这种欺骗也不道德吗？"

年轻人于是说道："那是在战争中，将领出于无奈才那样做，如果在日常生活中这样做就不符合道德了。"

苏格拉底于是又问道："如果一个老人患了不治之症，医生和家人为了不给其造成心理阴影，使其能够快乐地度过最后的一段日子，从而瞒着他这件事，难道这也是不道德的吗？"

年轻人只好承认："这种欺骗也是符合道德的。"

苏格拉底于是总结道："这么说来，不骗人是道德的，而骗人有时也是道德的。就是说：'道德不能用骗不骗人来说明。'那么，究竟用什么来说明它呢？您能告诉我吧！"

你能试着回答苏格拉底这个问题吗？

24. "看破红尘"的学生

有一个初中二年级的学生，自以为看破了红尘，认为人世间没有真实可言，人与人之间也只是一种相互利用的利益关系。因此，在他的日常生活中乃至作文，他都经常流露出要离开学校这个虚伪的地方到社会上独自闯荡的思想。班主任对于这个学生的想法也有所注意，并找他谈过话，但似乎并没能打动他。于是，班主任没辙，干脆不管这件事了，心想他也只是出于一种青春期的叛逆心理，不会有什么过激的举动。

没想到的是，一天下午，这个学生真的出走了。临走前他给班主任留了一封信，在信上他再次阐述了一番自己之前的观点，并在最后祝班主任身体健康，并希望班主任能多送几个学生升学。班主任通过调查得知这个学生的去向后，立即骑上摩托车，追了一天，最终在省城找到了这个学生。但是，这个学生仍旧不愿回学校。鉴于这种情况，班主任一针见血地指出了他的观点的谬误。最终，这个学生承认自己的观点是错误的，乖乖地跟班主任回学校了。

如果你是班主任，你会如何说服这个学生呢？

25. 小孩与大山

有一个小孩子第一次到山里的外婆家去玩，吃过饭后一个人跑到外面去玩。当他看到对面的大山时瞪着很好奇的大眼睛，不知道这个奇怪而巨大的东西是什么，于是他试着和对方打招呼，轻轻地喊了一声："喂！"

结果小孩发现对方也回了一声："喂！"

小孩于是很高兴，便又喊道："你是谁呀？"

对方也同样问了一句："你是谁呀？"

小孩于是回答道："我叫小明，你呢？"没想到对方这次还是回应了同样的话。小孩于是便不高兴了："你怎么老是学我说话！"又是同样的回应。小明这下干脆恼火了："你真讨厌！"对方也同样不客气地回应了同样的话。接着小明便将对方使劲骂了一顿，自然，对方也一点不漏地奉还给了他。

小孩最后感到又气愤又难过，正在这时，一个山里的老人从旁边经过。他正好看到了小孩的举动，于是便对他说了一句话，要小明按照自己的做法去和对方沟通。结果，小明果然和对面大山成了很好的玩伴。想一下，假如你是那个老人，你该对小孩怎么说？这个故事反映了什么样的哲理？

26. 马克·吐温"一见钟情"

一天，有个年轻人向美国著名幽默作家马克·吐温请教："您知道这世界上有什么能治疗一见钟情吗？"

"当然有了！"马克·吐温当即回答，"这很简单！"

"那是什么呢？"年轻人问道。

你猜马克·吐温如何回答？

27. 倒霉的乘客

在一辆公共汽车上，一个来自城里的乘客发现与自己邻座的农民的背篓里装着一只甲鱼。出于好奇，他凑到背篓上去观看。没想到该他倒霉，甲鱼突然跃起透过背篓的孔隙咬住了他的鼻子。甲鱼这种东西，一旦咬住了东西，往往是死不松口，并且，它边咬着这位乘客的鼻子，还边将脑袋往鳖壳里缩。这下，这个乘客疼得满头大汗，鼻子也流出了血。但是，车上的人，包括那个背甲鱼的农民，都没有办法使甲鱼松口。无奈之下，公共汽车便只好开进医院。但是医院的医生也没有遇到过这种情况，不知道该怎么办。外科医生提出，可以小心翼翼地将甲鱼给弄死了。但是，在这个过程中，甲鱼必定要挣扎，会越咬越紧，担心将乘客的鼻子给完全咬下来。

最后，还是一位住院的农民想出了一个办法，将这个问题给解决了。

你能猜出农民的办法是什么吗？

28. 老人与小孩

有这样一个故事。

有个老人在湖边钓鱼，老人的技术很高明，半天下来，他钓的鱼装满了他带来的背篓。而在老人钓鱼的时候，有个小孩一直站在旁边看他钓鱼，半天时间没有离开，也没有乱说话打扰老人。老人一看这小孩又有耐心又懂事，便很喜欢他，说要将自己钓的一篓鱼送给他。

但是，小孩却摇了摇头。

老人奇怪地问："你为什么不要呢？"

小孩回答："因为一篓鱼很快就会吃完了，之后我就又没有鱼吃了！"

老人便问："那你想要什么呢？"

"我要你的鱼竿，那样等没有鱼了，我就能自己钓鱼了。"小孩答道。

老人一听，觉得小孩真是聪明，于是便高兴地将鱼竿送给了小孩。

这个故事就这么讲完了，其主题显然是夸赞这个小孩的聪明。同时，其隐含的结局便是这个小孩从此一直有鱼吃了。不过，如果仔细想一下的话，会发现这个故事是有漏洞的。可以想象，从此以后，这个小孩未必就真的一直有鱼吃了。

你能指出这个故事的漏洞吗？

29. 阿基米德退敌

阿基米德是古希腊伟大的数学家及科学家，他在物理学、数学、静力学和流体静力学等诸多科学领域都作出了突出贡献。阿基米德之所以受到异常的尊崇，是因为他不仅长于理论，而且还善于将科学理论应用于实践中，被科学界公认为是"理论天才与实验天才合于一人的理想化身"。公元前 240 年，阿基米德回到自己的出生地——位于地中海的西西里岛上的叙拉古，当了赫农王的顾问，利用自己的科学知识和智慧帮助赫农王解决难题，解决生产实践、军事技术和日常生活中的各种科学技术问题。

在阿基米德担任赫农王的顾问期间，他帮助赫农王解决了许多难题，其中最耳熟能详的便是阿基米德利用浮力原理帮助国王测试王冠是否是纯金的故事。除此之外，阿基米德还发明了许多非常实用的东西。例如，他利用杠杆定律设计制造了举重滑轮、灌地机、扬水机等，给人们的生产生活实践带来了方便和效率。公元前 213 年，古罗马帝国率军攻打叙拉古，已经 74 岁高龄的阿基米德为保卫祖国，设计出了投石机把敌人打得哭爹喊娘，他还制造了铁爪式起重机，能将敌船提起并倒转。此外，关于阿基米德在这场战争中的作用，还有一个有争议的传说——

据说，在古罗马前来侵略时，叙拉古王国先是派出了海军在海上阻截古罗马军队。但几次海战下来，叙拉古海军败下阵来，于是只好退回城中固守。不过，经过海战的失败后，城中的兵力已经不多了，很难长久固守。于是，赫农王便将希望寄托在阿基米德这位智者身上，询问道："听说您最近叫人做了许多奇怪的大镜子，这里面有什么名堂呢？"

阿基米德指着远处的敌舰说道："古罗马军队的后备物资全都在战船上，只要我们将他们的战船消灭，他们就彻底失败了！而今天中午，就是他们灭亡的时刻，因为有太阳神会帮助我们。"他指着头顶热辣辣的太阳兴奋地说，显然，现在是上午，到了中午，太阳肯定还会更耀眼。

"您不是从来不相信神灵的吗，怎么现在突然信奉起太阳神来了？"赫农王奇怪地问。于是，阿基米德便将自己的主意跟赫农王说了。赫农王一听，有些将信将疑，但是他亲眼目睹了阿基米德之前的发明的威力，便按照阿基米德的部署试一下。

果然，到了中午，太阳正毒辣的时候，阿基米德利用自己的新发明给古罗马军队的船队造成了巨大损失，使得他们以为是太阳神在帮助叙拉古，吓得慌忙撤退了。

你能猜出阿基米德是如何击退古罗马船队的吗？

30. 富翁和乞丐

有个故事大家耳熟能详了：一个富翁在海边的沙滩上惬意地边散步边晒太阳，走着走着看见沙滩上躺着一个乞丐，穿得破破烂烂，也躺在那里在晒太阳。富人一看便来气，走上前去质问乞丐："你为什么不去干活挣钱，而在这里懒懒地晒太阳？"乞丐懒洋洋地看了一眼富翁，然后问道："你拼命地挣钱，成了富人是为了什么呢？"富人说："废话，有了钱就可以自由自在地做许多事情吧，比如就像我现在这样，到海边悠闲地度度假，晒晒太阳啊！"乞丐于是笑道："那你看我现在在干什么呢？"富翁无言以对。

这个故事的立意显然说的是富翁虽然富有，却使得自己整天处于一种忙碌之中，失去了许多生命的悠闲和情趣。看到这个故事，人们也都是惯性地这么理解的。但是，如果进一步思考的话，事情显然没这么简单。不然，也不会人人都追求做富翁，而不愿做乞丐了。显然，富翁是有富翁的好处的。现在，你能从另一个角度来分析一下这个故事吗？

31. 大度的狄仁杰

唐代名臣狄仁杰，在武则天当政时期曾任宰相，长期受到武则天宠信，被其尊称为"国老"。之所以能够获得如此尊崇，正是因为其恪守为政的大道，廉洁奉公，以百姓之心为心；在做人上，则恪守守柔、豁达、无争的本性。有一个例子可以很好地说明他恪守大道的本性。

一次，狄仁杰离京到外面出差时，有官员便到武则天面前说狄仁杰的坏话。于是，狄仁杰回京后，一向宠信他的武则天便告诉狄仁杰有人说他坏话，问他想不想知道详细情况。没想到狄仁杰一听，哈哈一笑说了句话，武则天一听一连数天都非常高兴，十分欣赏这位大臣的开阔胸襟和不凡气度。而从这件事我们也可以看出狄仁杰之所以能够长期受到武则天的宠信，靠的并不是投机钻营，逢迎拍马的手段，而是靠的坦荡的为人为臣之道。

那么，你猜狄仁杰当时是如何说的？

32. 梦的两种解法

有一个穷秀才进京赶考，连续两次都没考中，他心有不甘，第三次进京赶考。这次他住在京城的一家小旅店里。

第一天夜里，他做了个很奇怪的梦，梦见自己在墙上种白菜。第二天夜里他又做了个梦，梦见自己在下雨天戴着斗笠，还打着伞。秀才感到很奇怪，但是因为忙于复习功课就没有多想。谁知第三天晚上，秀才又做了个更离奇的梦，梦见他和自己心爱的表妹脱光了衣服躺在床上，但是却背靠着背。

秀才忧心忡忡，觉得这三个梦似乎预示着什么，于是找了一个算命先生给自己解梦。算命先生一听这三个梦，就摇头叹息说："你还是别考了，赶紧回家吧！你是不可能考中的！你想想，在墙上种菜不是白费力吗？下雨天你戴着斗笠还打伞，这不是多此一举吗？你和你表妹脱光了衣服却背靠着背，这不是没戏吗？你这次考试是不可能有什么结果的，我看你还是趁早回家吧！"

秀才一听，心灰意冷，想到自己前两次落榜的经历，越想越觉得算命先生说得有道理。于是，他沮丧地回到旅店，收拾包袱准备回家。店老板一看，感到非常奇怪，问道："你不是明天才考试吗？怎么今天就要回家了？"秀才便把自己的三个梦和算命先生的解析向店老板说了一遍，店老板听后大笑道："哦，我也会解梦呢，可我的解法和算命先生的解法可是完全不一样啊！"秀才连忙请教，于是店老板又给秀才做了一番完全不同的解释。

秀才听了店老板的话，觉得也很有道理，就决定留下来继续考试。等到揭榜那天一看，秀才竟然中了个探花。

你猜店老板是怎么给秀才解梦的？

33. "赔本"经营

一条街上有两家电影院，由于市场不太景气，两家电影院的老板都使出浑身解数招揽顾客。路北的电影院刚推出门票八折优惠，路南的电影院就跟着来个五折大酬宾。对于顾客来说，同样情况下当然都愿意去价格便宜的影院，于是，路南的电影院生意兴隆，路北电影院顾客逐渐减少。路北电影院的老板当然也不甘心坐以待毙，于是一赌气，干脆将门票打两折。按照当地的消费水平和行业常规，影院门票五折以下其实已经没有利润了。路北影院打两折的目的是为了把对手彻底挤垮，然后再进行价格垄断。谁知他们刚刚才把顾客拉过来，路南的影院接着就推出了门票一折的优惠活动，并且每人还另送一包瓜子。路北影院的老板经过一番考虑，觉得自己做不了这种赔本生意，便关门了。

自从推出送一包瓜子的活动后，路南的影院顾客纷至沓来，场场爆满，大家都以为路北影院会恢复竞争之前的价格，没想到的是，这个送瓜子的"赔本生意"却一直坚持下来。并且，半年多的时间过去了，路南影院的老板不仅没有赔钱，反而赚了很多钱，不仅买了奥迪轿车，房子也换成了高档别墅。

猜想一下，这是为什么？

34. 变障碍物为宝

希尔顿买下阿斯托里大酒店后，就开始了酒店的装修工作。一天，他到酒店里视察工作，无意中用手指敲了一下放在走廊上的大圆柱。希尔顿发现这几根圆柱都是空心的，根本没有任何支撑作用，只是起到一个装饰作用而已。

看到这几根有点碍眼的圆柱，希尔顿寻思着怎样才能发挥它别的用途。后来，希尔顿果然利用这几根圆柱赚取了不少钱。你能想到希尔顿是怎么利用这些圆柱赚钱的吗？

35. 刘墉巧妙解释"笑"

刘墉是乾隆皇帝的爱臣，他位居中堂，才思敏捷，能言善辩。乾隆总是不失时机地试探他的才华，并以此为乐。

一次，乾隆去承德避暑山庄，让刘墉陪驾。这天，办完公事，乾隆让刘墉陪同去大佛寺。到了大佛寺，乾隆看见大肚子弥勒佛冲他笑，便有意为难刘墉，说："刘爱卿，你说说弥勒佛为什么冲朕笑？"刘墉回答道："启禀皇上，圣上是文殊菩萨转世，当今的活佛，今天你来这里，所以弥勒佛就笑了。"乾隆听了十分高兴。当刘墉走到弥勒佛面前时，乾隆又转身问道："那佛为什么见了你也笑呢？"

猜猜刘墉是怎么回答的？

36. 神童钟会

三国时，魏国的太傅钟繇有两个儿子，大儿子叫钟毓，小儿子叫钟会，兄弟俩从小就聪明绝顶，闻名一时。但两人的性格却完全不同，钟毓比较憨厚，钟会则比较调皮。

魏文帝偶然听人说起两个小神童，就命钟繇带两个儿子来觐见。

钟毓和钟会都是第一次见皇帝，难免有些紧张。看到大殿上庄严肃穆的气势，钟毓紧张得满面流汗，而钟会则若无其事，一点也不紧张。

魏文帝问钟毓："你为什么出这么多汗呢？"

钟毓回答道："战战惶惶，汗出如浆。"这是实话，也是钟毓当时的感受。

魏文帝又问钟会："你为什么不出汗？"

猜猜钟会是怎么回答的？

37. 聪明的商人

从前有一个商人从外地采购了大量的面粉和蔗糖，由于货物较重，商人决定从水路回去。路上商人想，回去一定可以大赚一笔。可是天有不测风云，人有旦夕祸福，半路上忽然下起了暴雨，而且一连下了七天。当暴风雨过后，商人发现面粉和蔗糖都被淋湿了，蔗糖已经开始融化了，面粉也都成了糊状。看着一船的货物将成为废品，商人心里很难过，但他马上又振作起来，准备给这些"报废"的面粉和蔗糖找一个用途。

后来，商人不仅没有赔钱，还利用这些面粉和蔗糖大赚了一笔。你知道他是怎么做的吗？

38. 聪明的田文

薛公田婴是齐威王的小儿子，曾在齐国为相。他有个儿子叫田文，生在五月五日，田婴认为这个日子不吉利，就要妻子丢掉田文。但田文的母亲不忍心，就偷偷地把田文养大。

一天，田婴看见了田文，就大声呵斥妻子："谁让你把他养大的？"

田文的母亲吓得一句话都不敢说。

田文却据理力争，向父亲叩头后问："父亲大人，您为什么不让养五月五日出生的孩子？"

田婴说："这天出生的孩子，会长到大门那么高，将来对父母不利。"

田文又问："人的命运是由天支配的呢，还是由大门支配的？"

"这……这……"田婴被问住了。

接着，田文又说了一句话，这句话让田婴心服口服。

你知道田文说了什么吗？

39. 剩余的杏子

一位数学老师正在给一年级的小朋友们讲减法。

为了吸引小朋友们的注意，让他们对问题更感兴趣，老师便以杏子为例子提问学生。老师看麦克斯这节课听得特别认真，就把他叫起来问道："麦克斯，你想一想，如果桌子上放着四个杏子，你的姐姐拿走了一个，这时桌子上还剩下几个杏子？"

"几个姐姐，老师？"麦克斯认真地问道。

"不是，你认真听！我把这道题再重复一遍，桌子上放着四个杏子……"老师把题目又重新说了一遍。

"老师，这是不可能的，现在是冬天，没有杏子。"麦克斯依旧很认真地说道。

"麦克斯，我是假设桌子上放着四个杏子，你的姐姐来了拿走了一个……"

"哪个？"

"什么哪个？当然是你姐姐！"

"啊，可是我有两个姐姐，莫尼卡和英格。"麦克斯解释道。

"这是一样的！听好，是一个姐姐拿了一个杏子……"老师很无奈。

"莫尼卡和英格是不会只拿走一个杏子的，她俩总是什么东西都拿完。"

"但是，麦克斯，你爸爸只允许她拿走一个！"老师有点生气了。

"可这是不可能的，老师。"

"为什么？"

"我爸爸出差了，他一个星期后才回来。"

老师发火了："注意，麦克斯！我现在把这道题再重复一遍！如果你再打断，就在座位上站着。桌子上放着三个杏子，不，是四个杏子，你姐姐从中拿走了一个杏子，还剩下几个？"

"没有了！"麦克斯毫不犹豫地回答道。

老师大惑不解，不过，很快她又从麦克斯那里得到了"合理"的解释。

最后，老师无奈地笑了。

你猜这次麦克斯是怎么给老师解释的？

40. 聪明的算命先生

元朝有一名道士，以"神机妙算"著称。有三个书生准备进京赶考，听说了道士的大名，便想去占卜一下吉凶，看这次进京能否考中。他们向道士说明情况后，道士掐指一算，什么也没说，只伸出一根手指。书生们很好奇，问道："这是什么意思啊？"道士说："天机不可泄露，其中玄机日后自有分晓。"

三人不解，忧心忡忡地回去了。三人走后，站在道士旁边的小道童忍不住问师父是什么意思。道士解释后，小道童豁然开朗，说道："师父不愧是神机妙算，原来不管他们中还是不中，也不管他们中几个，这个手指都能解释得通。"

你知道这个手指有什么意思吗？

41. 鹦鹉的价格

有个年轻人很喜欢鹦鹉，他决定到市场上去买一只。

有一天，他路过一家奇特的鹦鹉店，就进去看了一下。他发现店里有两只非常漂亮的鹦鹉，一只鹦鹉前面的牌子上写着：此鹦鹉会两种语言，售价二百元。另一只鹦鹉前面的牌子上写着：此鹦鹉会四种语言，售价四百元。买哪只好呢？这两只鹦鹉的羽毛都很鲜亮，都非常可爱。年轻人犹豫起来，转了好几圈都拿不定主意。

这时他发现一只很老很丑的鹦鹉，这只鹦鹉的羽毛散乱而且颜色黯淡，再一看标价，竟然是八百元，比那两只漂亮的鹦鹉还贵。年轻人感到非常奇怪，就把店主叫来询问原因："难道这只鹦鹉会说八种语言？"店主摇了摇头。

为什么这只又老又丑的鹦鹉会那么贵呢？年轻人百思不得其解，直到听了店主的解释才恍然大悟。猜猜看，店主是如何解释的？

42. 聪明的盲人

在一个炎热的下午，一个盲人去街上买东西。正走着，盲人听到有人在前面叫喊着卖陶罐。盲人家里的陶罐刚好坏掉了，就决定买一个。卖陶罐的告诉盲人黑陶罐15元一个，白陶罐质量更好，20元一个。盲人想了想，决定买白陶罐，于是就掏出20元钱给卖陶罐的。卖陶罐的想，反正他是个瞎子，也看不见颜色，就故意把一个价钱便宜的黑陶罐给了盲人。

盲人接过陶罐，正准备离开，又返身回来摸了摸其他几个陶罐，然后大声叫道："你这个骗子！竟然欺负我这个瞎子，我要的是白陶罐，你却给我黑色的。"卖陶罐的狡辩道："我给你的明明就是白陶罐啊，你怎么说能说是黑陶罐呢？"盲人语气坚定地说："别以为我是瞎子看不到，我眼瞎心不瞎。大家都过来看看，评评理，看这到底是黑色的还是白色的？"

人们纷纷都来围观，七嘴八舌地指责卖陶罐的不该这么黑心，卖陶罐的赶紧给盲人换了个白色的。猜猜看，盲人是怎么知道卖陶罐的给他的是黑陶罐呢？

43. 不会说话的主人

有一个人在家设宴招待几个同窗好友，一共请了四位客人。快到中午了，还有一个人没有到，几个人等得都很着急。主人自言自语地说："该来的怎么还不来？"听到这话，有一位客人很不高兴，心想："该来的还不来，那么我是不该来的了？"越想越生气，于是便起身告辞。看到客人走了，主人心里很难过，说道："不该走的却走了。"另一位客人心想："不该走的走了，看来我才是该走的。"于是也起身离去。主人见因自己言语不慎，把客人都气走了，心里十分懊悔，就赶紧辩解。谁知，一解释更糟糕，最后一位客人也被气走了。

猜一下，这次主人说了一句什么话把最后一位客人气走了？

44. 吹牛和尚

从前，一个老和尚把当地寺庙里所有的高僧都请了过来，准备一起探讨佛法。其中，有一个相貌极其丑陋的胖和尚，说自己是"千里眼"、"顺风耳"，能看见天上的仙人，听到天上的声音。众人半信半疑，觉得这是神仙才能做到的事情。不过，虽然多数人都持怀疑的态度，但大家却没有办法证明胖和尚的话是假话。

后来，一个聪明的小和尚想了一个办法揭穿了胖和尚的谎言。你知道小和尚是怎么做的吗？

45. 毋择自救

魏文侯得到了一只天鹅，就派毋择送去给齐侯。一路上，毋择小心翼翼地照看着天鹅，谁知一不留神，天鹅飞走了。毋择非常害怕，不知怎么办才好。经过一番衡量，他毅然来到齐侯的宫殿，双膝跪地，恭恭敬敬地呈上一只空鸟笼。

"天鹅在哪里呢？"齐侯见是只空鸟笼，非常生气。大臣们都想着毋择一定难逃一劫，不过，出人意料的是毋择不但没有受到惩罚，反而得到了齐侯的赏赐。

毋择到底对齐侯说了些什么呢？

46. 争银子

明朝嘉靖年间，宋清在河北任知县时，曾断过很多案子，被当地的人称为"铁判官"。

有一次，宋清正在县衙办公，有个叫王讳的人跑过来告状，王讳说他是卖蜜饯的，刚才摆渡过河时，被艄公抢走了50两银子。

宋清问道："你的银子原来藏在哪里？"

王讳说就放在包袱里，他打开包袱，只见里面果然有几盒蜜饯。

宋清当即命衙役去渡口捉拿艄公。

不一会儿，艄公带到。他一到堂上就大喊冤枉，说包里的50两银子是自己多年的积蓄。

王讳和艄公各执一词，到底银子是谁的呢？宋清根据两人的职业，只用了一个简单的办法，便查明了真相，你能猜出他用了什么办法吗？

47. 猜谜

从前有一个姓李的秀才非常有才华，尤其擅于画画，但他屡试不第，50多岁时，李秀才终于决定放弃科考。李秀才在街上租了一间店铺，每天以卖画卖文为生，街坊邻里经常向李秀才求字求画，店里的生意还不错。

这天，李秀才觉得很有雅兴，就画了一条黑狗，画完后让伙计把画挂在店门外，并在旁边贴了一张说明："此画为谜语画，猜中此谜者，免费赠送此画。"

这幅画刚一贴出来，街上的人一传十，十传百，很快李秀才的店门口就挤满了人，有看热闹的，还有想猜谜的，大家七嘴八舌，但最终没有一个人猜对这个谜语。

当人群渐渐散去的时候，一个老农走过来认真地观察这幅画，老农沉思了一会儿，什么也没说，取下画就要走。

李秀才问："你是不是要买这幅画？"老农摇了摇头，仍然一语不发。李秀才又问："那你是不是要猜谜？"老农点点头，还是不说话。李秀才问了好几遍，老农还是一句话都不说。这时，李秀才忽然大笑起来，说道："终于有人猜中这个谜语！"

可是围观的人更困惑了，你能告诉他们谜底是什么吗？

48. 聪明的小达尔文

达尔文是19世纪英国著名的生物学家。他小时候很调皮，对大自然有强烈的好奇心，凡事总喜欢问个为什么。

一年春天，小达尔文家的花园里，长满了报春花，它们有白色的和黄色的，在阳光下开放着，漂亮极了。小达尔文跟在爸爸身边，一边帮爸爸整理花草，一边不停地问这问那。

"爸爸，报春花只有白的和黄的吗？"

"是的。"

"要是红的、蓝的、黑的，什么颜色的都有，那该多好啊！"

"那是不可能的。花的颜色是大自然决定的，人是无法改变的。"

可是小达尔文并不放弃，他一心要弄出一束不同颜色的报春花来。

第二天，爸爸在河边钓鱼，小达尔文兴冲冲地跑过来，拿一束红色的报春花给爸爸看。爸爸非常惊奇地睁大眼睛看了又看，觉得这太神奇了，因为不光在自己的花园里，就是整个英国也找不到红色的报春花。

猜猜看，达尔文是怎么弄出红色的报春花的？

49. 三个面试者

某一知名企业要招聘一名高级女秘书，因其待遇丰厚，一时应聘者如云。经过一番筛选之后，还剩下贞子、杨子、文子三人，但三人中只能留一个人。三个人都是名牌大学的毕业的，不仅漂亮，而且气质优雅，她们条件不相上下，不知道谁会成为最后的胜利者。

这天早上八点，公司给三个人每人发了一套白色制服和一个黑色公文包，要她们穿上公司的制服，带上公文包，到总经理室参加最后一轮面试。人事部李部长对她们说："总经理是个非常注重仪表的人，而刚才发给你们的制服上都有一小块黑色的污点，但当你们出现在总经理面前时，必须是一个着装整洁的人，怎样对付那个小污点，就看你们的了。你们只有十分钟的时间，八点一刻的时候你们必须出现在总经理办公室。"

听完李部长的要求，三个人立即行动起来。

贞子用湿毛巾反复去擦那块污点，结果污点越弄越大。她请求李部长给她再换一套制服，但李部长对她说："这是不行的，我觉得你的考试已经结束了。"贞子伤心地离开了。

与此同时，杨子飞奔到洗手间，她拧开水笼头，用自来水清洗那块污点。很快，污点就没有了，可是制服湿了一大片。于是，杨子迅速打开烘干机。烤了一会儿，她一看表，约定的时间马上到了。于是，杨子赶紧往总经理办公室跑。

杨子赶到总经理办公室门口的时候刚好八点十五，这时，白色制服上的湿润处已经不再那么明显了。杨子推开门，文子已经到了，看到她白色制服上的污渍还是很明显，杨子心里自信了很多，心想，自己一定能比过文子。但出乎意料的是，最后总经理却宣布录用文子。杨子很不理解，听了总经理的解释后，才心悦诚服，你知道总经理是如何解释的吗？

50. 聪明的狐狸

从前，有一只狮子年纪大了，它的身体越来越虚弱，甚至无法独立捕食。狮子想，怎么说我也是百兽之王，不能把自己饿死吧？于是狮子就让全森林里的野兽都知道它生病的消息，百兽纷纷去探望它。

最先去探望狮子的是羚羊和梅花鹿，但是它们去了之后再也没有回来，接着斑马和野猪去了之后也没有回来。于是大家心里开始犯嘀咕了，但是它们都惧于狮子的权威，还是一个接一个地去探望它。

聪明的狐狸觉得其中大有蹊跷，一直没有去，但它又很想去看个究竟。

这天，天气晴朗，狐狸觉得是个好日子，就决定去探望一下狮子。狐狸站在狮子的洞门前，问道："大王，您的身体好了吧？"

狮子道："狐狸先生，快进来坐坐吧，好久没有看见你了！"

狐狸说："不用了，我还是赶紧走吧！实不相瞒，我是因为看了洞口的脚印而不敢进去看望您的。"

想象一下，狐狸从脚印里看出了什么？

51. 要不要赶走猫

从前，有个农家，家中老鼠泛滥成灾，墙壁上到处是老鼠洞，家具、衣服也都被老鼠咬破，更要命的是家中的粮食也被老鼠糟蹋了很多。

父亲想，猫是老鼠的天敌，如果有一只擅于捕老鼠的猫，鼠患或许可以消除。于是，父亲在外地买到了一只猫，据说，这只猫抓老鼠的本领很强，但它还有一个不好的习惯，就是喜欢吃鸡。

两个月后，家里的老鼠基本上被猫吃完了，可是，鸡也所剩不多了。

儿子对父亲说："猫把家里的鸡吃完了，我们把它赶走吧！"

父亲坚决不同意，并分析了一下其中利弊，儿子听后再也不提把猫赶走的话了。想象一下父亲是怎么分析其中利弊的？

52. 傻瓜的理论

一个40多岁的中年人在商店里买东西，他看得很入迷，一不小心撞到陈列橱上，把上面的一块玻璃给打碎了。中年人觉得很不好意思，连忙向商店的老板道歉。

商店的老板看到没有伤到人，觉得已经很幸运了，对中年人说："没关系的，一块玻璃而已，没有伤到人就好，走吧，我请你喝一杯去！"于是两个人就像什么事都没发生过似的一块喝酒去了。

一个傻瓜刚好看到了这一切，他想："如果打碎一块玻璃，顾客就能有酒喝，如果我把商店门前的窗玻璃打碎会怎么样呢？老板会不会也请我喝一杯啊？"于是，傻瓜找了一块石头去砸窗玻璃，店里的员工看到了，赶快过来拉他，但是窗玻璃已经被打碎了。

"你们为什么要拉我，你们老板呢？他怎么还不请我喝酒？"傻瓜挣扎着叫嚷着。

老板听了又好气又好笑，只好忍着怒气给傻瓜解释了原因。如果你是老板，你会怎么给这个可怜的傻瓜解释？

53. 小和尚的烦恼

在一座山上有一个破旧的寺庙，寺庙里有个小和尚叫慧明，他每天的工作就是打扫寺庙院子里的落叶。这个工作看似简单，但却需要花费很多时间，特别是在秋天，每天都有很多落叶，刚打扫干净又有树叶落下，这让慧明十分苦恼。

有一天，慧明正在打扫落叶时，他的师父刚好路过，慧明就向师父请教，怎样才能让自己轻松些。师父说："明天你在打扫之前先用力摇树，把落叶全都摇下来，后天就可以不用扫落叶了。"慧明一听，觉得师父的这个主意不错，怎么自己都没想出来呢？

第二天，慧明很早起床，连早饭都没吃就到后院去使劲摇树，直到院子里落了很厚的树叶，慧明觉得落叶差不多落完了，就开始打扫。打扫完后，慧明心里乐滋滋的，心想明天就不用打扫了。谁知到第二天早上，慧明来到院子里一看，不禁惊呆了，院子里像往常一样落满了树叶。

慧明不解，就去请教师父。师父对慧明说："我让你这样做是想让你明白一个道理。"你能说出这个道理吗？

54. 老虎和庄稼汉

从前，山上住着一只凶猛的老虎，所有的动物都很害怕它。

有一天，老虎准备下山溜达一圈，路上它看见有个农夫正挥着鞭子驱赶水牛耕田，老虎很纳闷，心想：水牛身高体壮，力气又大，怎么就那么心甘情愿地让那个又瘦又矮的老头儿鞭打呢？于是，老虎趁农夫休息时乘机问水牛。

水牛说："人虽然个子小，但他们聪明、有智慧，我心甘情愿为他们劳动。"老虎不明白"智慧"到底是什么东西，便决定等农夫回来问个究竟。农夫回来之后看到老虎，非常害怕。老虎说："你不用害怕，我虽然有力气，但是却没你有智慧，你还害怕什么呀？不过，你得把你的'智慧'拿来给我看看，如果你拿不出来，我就把你们都吃掉。"

最后，农夫真的把"智慧"拿出来给老虎看了，猜猜农夫是怎么做的？

55. 找"妈妈"

有一个年轻人非常聪明，但是他家里很穷，读不起书，所以就到王爷府里当佣人。

有一年皇帝要为小公主选驸马，王爷府里的二公子也刚好赶上结婚的年龄，王爷很希望二公子能够娶到公主，所以一直忙着给儿子张罗，但是皇帝这次选驸马非常严格，出了各种各样的题目难为大家。

年轻人也听说了这个消息，他暗自嘀咕："机会来了，我这么聪明，那些题目一定难不倒我。"于是年轻人也去报了名，准备参加竞选。

经过两轮的比赛，最后还剩下 5 个人参加决赛。这次的题目是找出小马的"妈妈"。太监们牵出了 100 匹母马和 100 匹小马，让选手们找出每匹小马的妈妈。这可难倒了大家，他们都抓耳挠腮，想尽了各种办法。有的人把毛色相同的马凑在一起，有的人试图将栅栏打开放出小马，让小马去找自己的"妈妈"，但这些方法都以失败而告终。最后，只有年轻人成功地找出了小马的"妈妈"。

你知道年轻人是怎么找出小马的"妈妈"的吗？

56. 一个"错误"的故事

每晚临睡前，教授都要给孙子讲个故事，这已经成了一种习惯。但有一次，教授看到了一个名为《三个猎人》的故事，他百思不得其解，怎么也没法讲下去了。

这个故事讲的是：有三个猎人一起去打猎，他们中两个没带枪，一个不会打枪。他们碰到了三只兔子，两只兔子中弹逃走了，一只兔子没中弹，却倒下了。三人提起一只逃走的兔子往前走，来到一个没有门没有窗户，也没屋顶和墙壁的房子跟前，叫出房子的主人，说道："我们要煮一只逃走的兔子，能否借个锅？"

主人说："我有三个锅，两个打碎了，另一个掉了底。"

"太好了！我们正要借掉了底的。"三个猎人高兴地说道。

后来，他们用掉了底的锅，煮熟了逃走的兔子，美美地吃了一顿。

教授思考了很多天，也没有弄明白这个故事究竟说的是什么。他觉得这个故事有着明显的逻辑错误：其一，中了弹的兔子怎么能逃走，没中弹的兔子如何会倒下？其二，既然兔子逃走了，猎人如何能把它提起来煮着吃？其三，没有底的锅怎么能煮熟逃走的兔子呢？

一年之后教授突然明白了其中的含义。大家猜一猜这个故事到底有什么寓意呢？

57. 季羡林看行李

又是一年秋天到，北京大学又一个新学期开始了。整个校园在这个秋天因为又多了那么多的新面孔而显得更热闹了。来自全国四面八方的学子都高高兴兴地来到这座全国知名的学府报道，每个人都是无比兴奋。

一个外地的学生急匆匆地背着好几个大包小包走进了校园，一路奔波之后的他实在是太累了，加上自己带了太多的包，于是他就把包放在路边，暂时歇息一会儿。就在这个时候，他看到对面走来了一位老人，老人看起来很慈祥。这个学生就走上前去很有礼貌地问老人："请问，您能不能帮我看一下我的包呢？我是新来的学生，现在要去办入学手续，但是带的包太多了，实在是太累了。"老人听后，笑了笑，他见这个学生确实是带了不少的包，二话没说就答应了学生的这个请求。

就这样，这位学生轻装地去办理了所有的入学手续。各种手续办完以后已经是一个多小时以后了。他回到自己放包的地方，那个老人尽职尽责地完成了自己的任务，帮助这位学生看好了包。年轻学生非常高兴地向老人表达了自己的感谢，然后二人各自离开了。

几天以后，北大的开学典礼盛大举行了，新入学的所有学生还有学校的领导和各位老师都如约参加了这次典礼。典礼开始，主持人首先一一介绍在坐的各位领导。在这个时候，年轻学生惊奇地发现，主席台上那位北大副校长季羡林先生竟然就是那天帮助自己看了一个多小时行李的老人。

对于这样的一件事情，如果让你写篇自己的感想，可以有多个立意，你能写出几个呢？

58. 最后一幢房子

从前有个老木匠，忙碌了大半生之后，准备退休了。一天，老木匠去和老板说了自己的想法，说自己想离开建筑行业，回家和妻子儿女共享天伦之乐。

老木匠有着一手非常好的手艺，老板非常舍不得老木匠离开，他再三挽留老木匠，但是因为老木匠决心已定，所以老板只能遗憾地答应老木匠的退休请求。最后老板问老木匠可不可以再建最后一座房子，老木匠答应了。

在老木匠建造最后一座房子的过程中间，大家明显地感觉出来了老木匠的心思已经完全不在工作上了。从选料到用料，老木匠都没有了往日工作的热情，这样状态下做出的活自然也没有了以前的水准。老板把老木匠所有的一切都看在眼里，但是什么都没说。在老木匠把最后一座房子建好准备离开的时候，老板对木匠说了几句话。

老木匠一听，感到既羞愧又后悔，想象一下，老板对老木匠说了什么话？

59. 三个金人

从前，有一个小国为了处理好与邻国之间的关系，特意向邻边的一个大国进贡了三个一模一样的金人。三个小人金光闪闪地出现在大国国王的面前。国王看到后非常高兴。但是此时小国的使臣给国王出了一个难题：三个金人之中，哪个最有价值呢？

因为从表面看起来，三个小人都是一模一样的金光灿烂，很难分辨，国王冥思苦想了好久，依旧没有想到答案。国王于是请来了国内最有名的珠宝鉴定专家，专家们称重量，看作工，用了很多的办法，结果也没有找出问题的答案。国王有些着急了："自己这么大的一个国家，竟然找不到可以解答这个问题的人吗？小国的使臣还在等着我的答案，难道要就此丢脸吗？"

就在国王无计可施之际，有个退位的老臣前来对国王说他有办法解决这个问题。国王高兴地赶紧将这位老臣请到了大殿，让老臣用自己的办法找到最有价值的金人。

退位的老臣不紧不慢地拿着三根稻草来到三个小人面前，只见他不慌不忙地把三根稻草分别插入了三个金人的耳朵里面。过了一会儿，只见插进第一个金人嘴里的稻草又从它的耳朵里面掉出来了，插进第二个金人耳朵里的稻草从它的嘴巴里掉了出来。而第三个金人，老臣把稻草插进去之后，稻草则直接掉进了金人的肚子里面，然后什么响动也没有。老人于是走到国王面前说："国王陛下，第三个金人最有价值！"小国的使臣听后也点点头，老臣的答案是正确的。

你能谈谈为何第三个金人最有价值吗？

60. 想不通的船长

从前，有一位驾驶技术非常高超的船长。他年轻时便具有一流的驾驶技术，曾经驾驶着一艘简陋的帆船在台风肆虐的大海中独自漂泊了半个月，最后死里逃生。后来，他有了自己的一艘大船，整天都率领几十名水手驾驶着那艘大船在浩瀚的海洋中航行，往往敢于去别人不敢去的地方探险。因此，渔民们都尊敬地称他为"船王"。

船王有一个儿子，在父亲的熏陶下，从小就学习驾船技术。他也是船王唯一的一个继承人，所以船王对儿子的期望很高，希望他能掌握好驾驶技术，然后继承自己的那条大船。船王的儿子是一个很听话的孩子，学习驾驶技术一直很用心，到了成年的时候，他驾驶帆船的技术在船王看来已经很好了，于是船王就很放心地让儿子一个人驾船出海了。

然而世事难测，船王的儿子在第一次出海的时候竟然出事了，死于航海的路途中的一次台风。那次台风对于渔民来说实在是微不足道的一次，没想到偏偏船王的儿子就出事了。

船王得知这个消息之后，非常伤心，同时又感到很迷惑，他说："我真不明白，他怎么会出事呢？我的驾驶技术这么好，并且一直在悉心教导他，从他懂事开始，我就从最基本的教他，告诉他如何对付海中的暗流，如何识别台风前兆，如何采取应急措施。我把我这些年来积累的经验都毫不保留地教给他了，没想到，他却在一个很浅的海域中丧生了。"

大家都对于船王儿子的丧生感到很悲伤，听到船王的哭诉，渔民们纷纷安慰他。这时，有位老人问船王："你一直是手把手地教儿子驾船吗？"

船王回答说："是的，为了让他能得到我的真传，我一直手把手仔细地教他。"

"那么他一直跟着你吗？"老人又问。

"是的，他从来没有离开过我。"

老人说："这样看来，你也有过错啊！"

船王听后深感疑惑。

接下来老人说了一段话，船王听后恍然大悟，你能看出船长错在什么地方吗？

61. 妙计夺城

东汉末年，硝烟弥漫，战争不断。

有一次，曹操带领大军攻打袁谭驻守的南皮城。

袁谭粮草充足，城池坚固，故而选择了守而不战，他认为曹操在断粮之后一定会自动选择放弃的。

曹军所带的粮草不是很多，不能与袁军进行长时间的对峙，正巧袁谭看出了曹军的弱点，就是闭门不出，避免与曹军直接交锋。曹操眼看着自己的粮草就要用尽了，日夜担心，辗转反侧，难以入睡。但是一直也没想出比较好的办法去解决这个难题。

有一天，曹操带着几个将领去巡视各个营寨，顺便鼓舞一下士兵的士气。当他们走到一座高高的台子前的时候，一位将领感慨道："要是我们能有这么高的一座用粮草堆积起来的山，那该有多好啊！那样咱们就能和袁谭耗下去了。"说者无意，听者有心，一旁的曹操陷入了沉思。回去之后，曹操立即想到了一个计策，最后不战而胜。

你能猜出曹操的计策吗？

62. 陈细怪改诗

古时候有个人叫陈细怪，自幼喜欢读书，虽然家里贫苦，但是他性格很好。天生幽默的特点让他身边的人在心情不好的时候总喜欢找他聊天。

陈细怪自幼天不怕地不怕，不成想长大后却怕老婆。他的老婆是一个非常厉害的人，每次陈细怪不小心做错了一点小事，回家都要被老婆体罚。

有一天，陈细怪一个不小心又得罪了老婆大人，老婆这次罚他跪在床前，并且这次还附加了一个条件，非要陈细怪做出一首诗才肯让他起来。

陈细怪从小读过不少诗词，所以让他作诗不是一件很困难的事情，但是此时的他既害怕严厉的老婆，又想偷懒，于是他想起了这么一个点子，临时改诗。他想起的是《千家诗·春日偶成》，原诗是这么写的：

云淡风轻近午天，傍花随柳过前川。

时人不识余心乐，将谓偷闲学少年。

当陈细怪跪在地上把这首诗改完之后，他的老婆看完后感觉既好气又好笑，一下子气全消了，让他起来了。

你猜陈细怪是如何改诗的？

63. 小孩难住铁拐李

八仙过海的故事相信你肯定听说过，今天的这个小故事讲的就是八仙中的其中一仙被一个小孩子难倒的故事。

八仙中的铁拐李总喜欢背着他的那个宝葫芦云游四海。一次，他来到了峨眉山，峨眉山风景秀丽，铁拐李玩得不亦乐乎。他在山上逛到一个地方后，遇到了一个小孩，小孩对铁拐李身上背的那个宝葫芦非常感兴趣，他好奇地问铁拐李："你的葫芦里面装的是什么东西呢？"

铁拐李非常自豪地对小孩说："小孩，我这宝葫芦里面全是好东西啊，灵丹妙药，包治百病，一般人我可不给的。"说完哈哈大笑。

谁知那小孩异常淘气，听后很不以为然地回了一句："既然这样，那你怎么不先把你自己的瘸腿治好呢？"

这样的一句话让铁拐李顿时憋得满脸通红，感觉很没面子，于是他非常生气地对那小孩子说："小小年纪，竟然如此无礼！快告诉我你姓什么，几岁了！"

哪里知道这个小孩子不是一般的淘气，他没有老实回答铁拐李的问题，而是给他出了一个谜题。只见他回答说："我的姓刚好就是我的年龄，我的年龄加起来就是我的姓。"

铁拐李听后一下子被难住了，心想眼前的这个小孩子一定不是个简单的角色，于是赶紧腾云驾雾离开了。

铁拐李回去后就和吕洞宾说了这件事情，吕洞宾听完小孩的谜题后马上给出了答案。铁拐李顿时恍然大悟，更觉得不好意思。

你能猜出这个小孩的年龄和姓到底是什么吗？

64. 带"女"旁的"好"字和"坏"字

相传在很早的时候，世界上每种东西都有一个人在掌管着。在那个时候，掌管造字的是一位男子。这个男子一生都不喜欢女子，他自己觉得天下许多事都坏在了女人身上，所以在他造字的时候，特别运用形声法则，将一些贬义词都与女人联系了起来。

比如"心胸狭隘，乃女人通病也！"想到此，他便信手将"女"字旁和"疾"合在了一起，于是就有了这个"嫉"字；"大凡私情越轨之事，十有八九为女人所为也！"这样，他又一次造出来一个以"女"字旁造的"奸"字。接着，他又接着造出了"婢"、"嫱"等一系列的带"女"字旁的"坏"字。

后来，这个男子由于种种原因，不再掌管造字这项工作了，接任他工作的是一位女才子，她不仅博学而且多才。当他看到男人所造的"嫉"、"奸"等字之后，非常生气，决心要为天下所有的女子正名，于是她就用"女"字作为偏旁造出了一系列褒义字："少女，妙也"，通过这句话，她造出了一个"妙"字；"姿美者，女人也"，于是她又造出"妩"、"媚"等称赞女子的一系列字。

据说以"女"字为形声旁的字，不管是好还是坏，就这样地被造出来了。那么你能举出5个以"女"字为形旁，表示褒义和贬义的形声字吗？

65. "加法"创造法

在创造技法中，通过对事物的增添扩充补充，往往能使其性能更加完备，使其功用更具特色。

比如我们常见的铅笔、橡皮，这两件是我们生活中很普通的两件东西，它们原本是分开的两件东西，但是有一位美国人威廉用自己的聪明才智将这两个东西完美地加在了一起，发明了橡皮头铅笔。

在我国的某个小城市，有一家铝制品工厂。针对水壶倒开水的时候容易掉盖子烫伤人的这个缺点，他们在水壶盖子的后部增设了一个小挡片，这样一来，就解决了壶盖容易烫伤人的问题，人们以后再倒开水的时候就不用害怕翻盖烫人了。

类似的故事还有许多，总之，一个看似简单的举动，在现实生活中往往会给人们带来很大的方便，进而带动产品销售量的猛增。所以这种加法创造法不管是在工作中还是在生活中都是非常值得提倡的。

那么你是否也能在我们日常生活中，用自己的智慧找到这样类似的"加法"创造出来的产品呢？你能列出几种这样的日常用品吗？

66. 聪明的砖瓦工

1945年8月，第二次世界大战终于结束了。在这次战争中，美国是最大的受益国，战后美国的经济超过了英法等欧洲国家，处于蓬勃发展的态势，特别是建筑业发展迅速。因为战争的原因，无数的房屋、楼宇被摧毁。而建筑业的发展急需砖瓦工，于是，大量的招聘职位都是提供给砖瓦工的，而且待遇与以前相比大幅提高。

急需砖瓦工的消息迅速传遍了美国各个城市的大街小巷，一夜之间，这个看似最不起眼的职业成了美国最吃香的职业之一。

由于乡下的消息没有城里那么灵通，过了一个月之后，这个消息才被一个乡下的小伙子知道。他以前曾经做过砖瓦工，有丰富的经验，如果他去城里找工作，应该能应聘到薪水不错的岗位。于是，他决定离开乡村去城里找工作。在简单地收拾了行李之后，他就乘着汽车去城里了。

经过了长途的跋涉，他终于来到了城里。他发现到处张贴的都是招聘砖瓦工的广告，铺天盖地，这么多的需求超出了他的想象。他想：原来需要这么多的砖瓦工啊！但是，在美国会有这么多人会这个行业吗？肯定没有。既然需求这么多，供给这么少，那么那些公司很可能找不到合适的人选。而且，肯定有很多人想从事这个行业，只是没有技术。突然一个念头出现在他的脑海中，他马上决定不再找工作了，而是在城里租了一个门面，做起了另一种营生。结果，他很快发了大财，成为了一个大富翁。

想一下，他租的店面是用来干什么的？

67. 地质学家

美国有一个地质学家叫伍德沃德。1949年，为了考察，他去了赞比亚。

在西部的一座高原上，他发现了一种很奇怪的小草。这种小草所开的花是紫色的，而且叶子比较茂盛。小草吸引了伍德沃德的注意，更让他觉得吃惊的是，周围的小草看起来好像没什么差别，都是这种颜色。经过仔细观察后，他又发现这些小草开的花的颜色不是紫色，而更像是红色。伍德沃德是一个好奇心很重的人，他把这两种小草和一些土壤都带回了实验室。

回来之后他把这些交给植物学家，想弄清楚到底是怎么回事。经过研究发现，这种小草名叫和氏罗勒，其之所以长出与众不同的花色，是因为它们体内含有丰富的铜元素。铜元素越多，草就越茂盛，花的颜色也更浓。所以，可以肯定的是，这种小草非常喜欢铜。

之后，伍德沃德再次来到了赞比亚的那个高原。你知道他为什么要回来吗？

68. 哥伦布巧借粮

公元 1492 年，意大利航海家哥伦布在西班牙女王支持下，率领一支西班牙船队开始探索通往东方的新航路。但是，在出海第二年，哥伦布一行的船队在大西洋上遭到了飓风的袭击，大部分船只损毁，只幸存了几只。哥伦布一行乘坐着幸存的几只小船漂泊到了牙买加岛一个偏僻的港口。因为大部分物资已经损失掉，船队没有了粮食，于是便向当地的印第安人求助。但是，这里的居民曾经遭到过西班牙海盗的洗劫，因此痛恨西班牙人，无论哥伦布如何解释，提出如何的交换方法，他们都拒绝为哥伦布一行提供粮食。

眼看着大家就要挨饿，哥伦布感到又焦急又无奈，他在船长室里随意地翻着一本天文历书。突然，他看到第二天晚上将会有月食，他眼睛一亮，想到了一个主意。于是，凭借这个主意，他顺利从印第安人那里得到了粮食。

你猜哥伦布的主意是什么？

69. 独到的商业眼光

20 世纪 70 年代，有个名叫西格弗里德的奥地利青年，在女儿出生三个月后，深切地体会到了婴儿所带来的麻烦。同时，西格弗里德通过与朋友们的接触了解到，许多年轻的父母都有相同的苦恼。婴儿到来后，原本甜蜜的二人世界往往会被搅得一塌糊涂。经常发生这样的情况，在周末的晚上，夫妻两人本来做了一系列的准备，想要渡过一个温馨浪漫的夜晚，可是婴儿的哭闹声使得浪漫的情调频频被打断。并且，许多年轻夫妇因为这个原因干脆不敢要孩子。了解到这些情况后，一向爱动脑筋的西格弗里德突然感到自己看到了一个绝妙的商机。于是，他便将自己的想法告诉了自己的朋友。但是，朋友们都觉得他的想法是异想天开，根本不会有盈利的市场。尽管如此，敢想敢做的西格弗里德还是勇敢地按照自己的想法去实现了自己的商业构想。结果，西格弗里德的想法大获成功，很快发了大财。

你猜西格弗里德的商业构想是什么？

70. 电熨斗的改进

日本松下电器公司是一家非常著名的生产电器类产品的公司。其中，他们的熨斗事业部在电熨斗生产领域极具权威性。

20 世纪 80 年代，电器市场开始高度饱和，电熨斗在这个时候也不可避免地面临着滞销的命运。熨斗事业部的科研人员急需研制一种功能更好的熨斗来打开市场。

熨斗事业部部长名字叫岩见宪，人称他为"熨斗博士"，他在熨斗的改革方面拥有非常出色的成就。一天，他把几十名不同年龄的家庭主妇请到公司，想让她们对"松下"所生产的电熨斗提出自己的意见和建议。他想通过这种方式改进现有的熨斗生产技术。

在会上，很多家庭主妇提出了自己的想法与意见，其中一个主妇的突发奇想引起了很多人的注意，她说："假如电熨斗能够无线使用那样就会方便多了。"

"这个想法太妙了！无线熨斗，这个主意好！"岩见宪听完这位主妇的提议，非常高兴。于是事业部马上成立了专门攻关小组，专门研究这项技术。

一开始，他们采用的办法是用蓄电的办法取代电线。这样的办法实施以后，做出来的熨斗重量达到了 5 公斤重，使用起来非常笨重。为了克服这个难题，攻关组把家庭主妇熨烫衣服的画面特意拍成了录像片，科研人员通过看录像逐步分析她们动作上的规律。经过几天的研究，他们发现：主妇们并不是一直拿着熨斗在熨衣物，而是会经常把熨斗竖起来放在一边，等调整好衣物的位置之后再开始熨衣物。攻关小组受此启发，修改了蓄电的方法，不久之后，最新的无线熨斗便向顾客亮相了。这款产品也成为日本当年最畅销的电器产品之一。

你知道，攻关小组修改的蓄电方案是什么吗？

71. 偷懒偷出的创新

吉雅朗是美国一家公司的打字员，他每天的工作就是将收信人的姓名和地址分别打在信封和信纸上。这样的工作他已经干了十几年了，这样单调、乏味的重复劳动令他感到不胜其烦。每当他坐在办公桌前，看到眼前的一堆又一堆的小山似的信纸和信封，他就想，要是能够偷一些懒就好了，这样的话我就可以将节省下来的时间用于一些我感兴趣的事情或者干脆用来休息。于是，他总是试图想出各种办法来减轻自己的工作，但最终不能大量地减少自己的劳动量。终于有一天，他在给一封信件的信纸上打上姓名和地址，接下来又要往信封上重复打一遍的时候，他突然灵光一闪，想到了一个将工作量一举减半的"偷懒"办法。并且，他的这个"偷懒"办法得到了普遍的推广。

72. 燕子去了哪里

在18世纪的瑞士北部城市巴塞尔，有一个美丽的故事。

在这个城市中有一个年轻的补鞋匠，他在街角搭起了一个简易的棚子，以为来往的人们补鞋为生。这个年轻人因为穷困，也没有姑娘愿意和他交往，但是这个年轻人一直很乐观快乐。在他的棚下面不知什么时候搬来了一个燕巢，有一只燕子栖息其中，年轻人和这只燕子便成了很好的朋友。他每天自顾做自己的生意，而燕子则飞进飞出地忙活自己的事情。但是，一到秋天，这只燕子便要离开这个鞋匠的棚子，到暖和的地方去过冬。直到第二年春天，它才会准时回来。

每到秋冬季节的几个月里，补鞋匠便没有了燕子的陪伴，觉得有些孤单，因此他很想知道燕子到底在这几个月里去了哪里。于是，有一天，他前去请教了住在附近经常来找他补鞋的一个渊博的老学者。

老学者听了他的问题后说道："关于这个问题，你其实不是第一个好奇者。早在2100年前，古希腊哲学家亚里士多德就思考过这个问题，他最后得出一个结论，认为家燕是在沼泽地带的冰下过冬的。因此许多年来人们都将他的这个结论当作真理。但是，就在前些年，有个名叫布丰的学者，他曾经专门捉了五只燕子放到冰窖里，结果它们全冻死了。因此现在人们对亚里士多德的结论又产生了怀疑。"

补鞋匠也根本不大知道亚里士多德是何许人也，更别提什么布丰了，他于是有些不耐烦地问道："老先生，您说的这些人我都不认识，我只想您告诉我，燕子到底在哪儿过冬？"

老学者一听只好耸耸肩，对鞋匠说道："关于这个问题，我只能回答你四个字——去向不明！"

补鞋匠只好离开学者的家。他回来后，还是不停地琢磨这个问题，越琢磨他就越想知道答案。最后，他忽然想到：燕子既然每年都会准时回来，那么它每天去的地方应该是固定的吧！会不会燕子在那边也同样有一个像我这样的朋友呢？于是，他灵机一动，想到了一个主意。通过这个主意，他果然得到了他问题的答案。

你能猜出补鞋匠是如何得到自己问题的答案的吗？

73. 美洲为何没有发明车轮

自从 15 世纪末哥伦布发现了美洲之后，欧洲人便展开了对于美洲的探索。一些欧洲专家经过研究总结之后，发现一个奇怪的现象，即在美洲大陆，玛雅人、阿兹台人和托尔克人等都有不少的发明，但他们最终却没有发明车轮。要知道，因为车轮这个东西，简单而对人们作用巨大，因此几乎世界各地的文明都发明了车轮。对于这个奇怪的现象，专家们给出了多种解释：

第一种，在哥伦布发明新大陆之后，一些前去美洲探险的西班牙人才将马带到了美洲大陆，而在此之前因为没有拉车的牲畜，所以车对人们用处不大，所以才没有出现车轮；

第二种，因为美洲的地面崎岖不平，人们更喜欢借河流运输和人力搬运。

……

但是这些观点都显得有些勉强，缺乏充分的说服力。后来，英国剑桥大学的德·波诺教授从一个新颖的角度，提出了一个不寻常的见解，此见解也得到了不少人的认同。

你能否猜出德·波诺教授的见解是什么？

74. 巧妙的字谜

北宋时，著名诗人、"唐宋八大家"之一的文学家苏东坡的一大家人都十分有才华，因此，其日常生活中也处处充满着诗情画意与"智力比拼"。

有一次，苏轼到妹婿秦观家里去做客。苏小妹见哥哥来了，十分高兴，她和丈夫秦观大摆酒席，在席上频频举杯祝酒，热情招待苏轼。

诗人喝酒，自然少不了吟诗，这不，秦观在给大舅子苏轼祝酒时便来了兴致，顺口吟出一首绝句，同时，这首绝句也是一则字谜："我有一物生得巧，半边鳞甲半边毛，半边离水难活命，半边入水命难保。"

苏轼一听，觉得这首诗做得妙极了，他也想用一首诗来回敬自己的妹夫，可是想了半天却对不出工整的诗句。饭后，秦观陪苏轼准备到书房小憩片刻，苏轼一走到书房，忽然，灵感来了，于是他提起笔来，随手也写了一个隐藏字谜的诗句："我有一物分两旁，一旁好吃一旁香，一旁眉山去吃草，一旁岷江把身藏。"

写毕，秦观拍手道："妙！真是太妙了！"

苏小妹听到了两人的应和声，便好奇地跑进书房，说："你们说什么东西如此之妙？"俯身看罢，文思敏捷的苏小妹也不甘示弱，她也脱口而出："我有一物长得奇，半身生双翅，半身长四蹄，长蹄的跑不快，长翅的飞不好。"

一听苏小妹说完，苏轼、秦观异口同声地说："妙极了！妙极了！"

其实，他们三个人说的是同一个字谜，请大家猜猜，这字谜的谜底是什么呢？

75. 猜字谜

唐朝开元、天宝年间，有一位姓李的秀才十分爱喝酒，在喝酒的时候他也善于猜字谜。而李秀才喝酒猜谜的地点一般选在离他家不远、生意红火的"太白楼"酒楼上。

一日，李秀才照例来到"太白楼"喝酒，这次，依旧有一位老朋友在那儿候着他。这位老朋友就是酒店的王老板。王老板和李秀才一样，也十分喜欢猜谜，他一见是李秀才来了，便笑道："我想出了个好字谜，就等你来猜呢！"说罢便吟道："唐虞有，尧舜无；商周有，汤武无。"

李秀才一听便乐了，他沉吟片刻，便道："我将你的谜底也制成一谜，你看对不对 '跳者有，走者无；高者有，矮者无；智者有，愚者无。'"

李秀才说完这个还不过瘾，又接着说："这个谜也可以这样解：右边有，左边无；凉天有，热天无。"

王老板一听，就知道李秀才已经破解了自己的谜，又接着道："对呀，哭者有，笑者无；活者有，死者无。"

李秀才也会心地笑着又道："哑巴有，麻子无；和尚有，道士无。"

王老板哈哈大笑，摆出丰盛酒菜，请秀才开怀畅饮。

你知道这两人猜的这同一个字是什么吗？

76. 丈夫的信

魏、蜀、吴三国争雄时期，战争频繁，百姓们的生活艰苦极了。在徐州一带，有一对勤劳的夫妻，丈夫名叫李大宝，他身体健壮，吃苦耐劳；妻子叫赵阿秀，她心灵手巧，十分体贴丈夫。但是，尽管他们拼命劳动，由于当时兵荒马乱，战争不断，因此他们的生活过得仍然十分贫困。

为生活所迫，丈夫李大宝决定到外地去谋生。临别时，妻子阿秀叮咛他：一找到工作，就马上写信过来，免得自己挂念。丈夫连忙答应。

李大宝出去几天后，安顿好了，就立即给阿秀写信报平安。妻子阿秀收到了丈夫的来信后特别兴奋，连忙打开信，见大宝信中说他找到的工作是"日行千里，足不出户"。看到这里，阿秀的眼泪夺眶而出，因为聪明的她通过这几个字立刻猜出丈夫所干的是很苦的那种活。

过了几个月，眼看新年就要到了，阿秀特别盼望大宝能从外地赶回家团聚。这时候，正巧大宝又来了信，在信中他告诉阿秀："若有便船，步行回家。"

阿秀一见了信的内容，不禁又凄楚地哭了起来，因为她知道丈夫已经换了另一种更艰辛的工作。

聪明的读者，你知道她丈夫两次做的是什么工作吗？

77. 巧改对联勉浪子

明朝万历年间，有一个姓朱的大户人家，家境颇好，可是美中不足的是这对夫妇年过半百还没有孩子。于是他们求神拜佛，吃斋行善，也许是真的感动了神灵，最终求得一子，夫妻高兴极了。

孩子生下来之后，夫妻二人给孩子取名为朱天赐，意为是上天给了他们这个儿子。由于老年得子，夫妻二人十分疼爱这儿子，因此，天赐在父母的宠爱之下挥霍无度，并不知道节俭为何物。一开始父母并不以为意，等长大后想再管，就已经来不及了。

等父母死后，朱天赐变得更加放肆，原很富裕的家境在他挥霍无度之下，等他父母去世的这年底就败落了。

眼看就要过年了，天赐心里十分难受，他现在没吃没喝，缺柴少米，而且没有朋友。贴春联时，为了自欺欺人，他堂而皇之贴了这么一副对联："行节俭事；过淡泊年。"接着，朱天赐便饥肠辘辘地睡下了。

大年初一，朱天赐的叔叔来了，他知道天赐这时已经穷困潦倒，就带了几斤肉，背了一袋米和一些熟食过来。他一见到天赐贴的对联，顿时感慨万千，便对自己的侄子说，你这对联写得好，但是如果加两个字会更好！说完，天赐的叔叔就让天赐端来笔墨，在门笺上添了两个字。

朱天赐一看，更加羞愧了，这时他下定决心改邪归正，并从此开始自力更生，艰苦创业，成了一个回头浪子。你知道那个好心的叔叔在对联上各加上了一个什么字才让天赐反思自己的行为的吗？

78. 最高智慧的一句话

某天，伟大的所罗门王做了一个梦。在梦中，一位仙人对他说了一句话，并希望他永远谨记这句话，因为它涵盖了人类所有的智慧。可是第二天早晨醒来时，所罗门王怎么想也想不起那是一句什么话来了，于是他召集群臣，令大家一起和他想。

一位大臣问他道："陛下，仙人有没有告诉你那句话的用途呢？你还记得吗？"

"记得。"所罗门王答道，"他告诉我，这句涵盖人类一切智慧的话能够让人在高兴时，不会忘乎所以；忧伤时，能够及时自拔。从年轻到年老，始终保持着勤勉平静和兢兢业业。"

"哦，如此说来，请陛下给我们一点思考的时间。"大臣请示道。

"好吧，"所罗门王答应了，随后，他命侍从拿来一枚大钻戒递给那位大臣，"等你们想出来了，就把它镌刻在这枚戒指的戒面上。到时候，我会把它天天戴在手上，以便时刻警示自己。"

几天后，那位为首的老臣毕恭毕敬地给所罗门王献上了那枚戒指，戒面上，刻了一句极简单的话，所罗门一看，大臣们猜对了，感到十分满意。

你来想一下，这句话会是什么呢？

79. 野草与命运

南非少数民族布须曼，几十年前还过着原始般的狩猎生活。他们的捕猎技术很高，能通过观察动物在地上留下的痕迹，判断出是什么动物以及动物的性别、年龄、是否受伤等等。可是，随着自然环境的退化，猎物们越来越少，这使得布须曼全族陷入了一场空前的灾难中。他们不识字，除了打猎也没有什么其他技术，在愈来愈激烈的社会竞争里，他们要想寻找一个立足之地确实是难上加难。

哈里是南非某科研机构的研究员，一次偶然的机会他来到了布须曼族的领地，见识了穷苦之至的布须曼人的生活，深感震惊的他决心拯救这个即将没落的民族。

在当地生活了一段时间后，哈里发现了一个重大秘密：尽管布须曼人已经到了穷途末路的危急时刻，可是族里却从未有过饥饿至死的人。这是怎么回事呢？原来，被逼无奈之下，族人们会去吃一种沙漠中生长的野草。那种草虽然难吃，可是经验告诉他们，它有很强的抗饥饿作用。

怀揣着这个重大发现，兴奋不已的哈里回到了研究所，他觉得这种草具有重大的商业价值，凭借此，自己完全能够拯救这个可怜的民族。

猜一下，这种草该如何用到商业上来赚大钱？

80. 必胜的丘吉尔

据说第二次世界大战之前，丘吉尔曾经和德国的大独裁者希特勒在一次政府要员会晤中见过面。在会晤中某个闲暇的下午，两人在花园中边走边谈。来到一个水池边时，为了缓和所谈话题的严肃气氛，也为了暗示一下自己的必胜心态，丘吉尔忽然提议跟希特勒打个赌：看谁能不用钓具将水池中的鱼捉起来。

83

希特勒心想，这还不容易！谁不知道死鱼会漂到水面上来，我先把鱼打死，等它们漂上来我伸手一抓就是！想到这里，他拔出手枪便朝池中射去，但由于一到水里子弹就会失去威力，所以接连七八枪之后，水面上还没有一丝死鱼的影子。希特勒尴尬无比，只好搓搓手说："我放弃了，看你的吧。"

只见丘吉尔不慌不忙地从衣服里掏出了一个东西，并作出了一个举动，希特勒看到后，忍不住便笑了出来，但笑完后，他又不得不承认，丘吉尔必将取得最后的胜利。你猜，丘吉尔是怎么做到的？

答 案

1

他用金属片把小橡皮固定在一端，于是，就有了带橡皮的铅笔。这项发明中海曼·利普曼运用的是组合发散思维——把两件或多件事物组合起来就产生了一件新的事物。很多发明创造都是用这种思维方法完成的。

2

福尔摩斯听完之后，说："现在我告诉你我的推论，我们的帐篷被人偷走了。"

同样是看到了星星，华生和福尔摩斯得到了不同的推论。在进行由果及因的时候，我们应该像福尔摩斯一样从实际出发，关注与生活密切相关的问题。

3

她反复思量这个问题，把左边的理由一条条划去，把右边的理由一遍遍加深，于是她确定了自己的选择。

4

老和尚说："你说得也对。"

也许你觉得老和尚的话自相矛盾，但是真的存在绝对的对与错吗？很多事并非只有一种解释。从甲与这件事的关系来看，甲说的是对的；从乙与这件事的关系来看，乙说的是对的；从小和尚与这件事的关系来看，小和尚说的也是对的。这就是所谓的关系发散。我们所处的这个世界是一个多元的、复杂的世界，我们所做的每一件事都有利有弊，对与错、好与坏就像一股黑线和一股白线相互交织，有时甚至紧密得难以分开。我们在观察和解释事物的时候，应该避免单一和僵化的解释，那样只会导致偏执一词，钻牛角尖，看不到事情的全貌。

5

看到这个等式，想必那个数学老师的思维会立马开阔起来。显然学生在计算这道题的时候思维是发散的，而计算前一道题的时候，思维是封闭的。

思维培训师对等式两边的关系进行了发散处理，把已知变未知，把未知变已知，从由分求和到由和求分。有人把这种发散方法称为"分合发散"。

6

联合国大楼很快建起来了，随着联合国在世界事务中的作用越来越重要，周围的地价立即飙升起来。当初洛克菲勒在买下捐赠给联合国的那块地皮时，也买下了与这块地皮相连的全部地皮。没有人能够计算出洛克菲勒家族在后来获得了多少个870万美元。

洛克菲勒之所以敢做大胆的投资，是因为他已经看到了潜在的好处。联合国购买土地作为联合国办公地址，这件事不是孤立的，必然会带来一系列其他的影响。运用特性发散思考问题，可以帮我们预测隐藏在某一事件中的潜在的机遇。

7

文彦博对小朋友们说："我们大家都回家提一桶水来。把水灌到树洞里，球就浮上来了。"文彦博借着"皮球能浮在水面上"这个属性发散思维想出了一条妙计。

8

牛的身上并没有标记，怎么来判断牛的归属呢？于仲文知道牛是群居的，孤单的牛，一定会非常渴望回到自己的群体。聪明的于仲文就是在这一点上发散思维，想出了好办法的。

事实也是如此：牛群赶到大操场上之后，于仲文大喊一声："放牛！"只见那只无法判断是谁家的牛冲着任家的牛群跑了过去。围观的群众都明白了，他们欢呼着："牛是任家的，牛是任家的。"

9

这同样是一个借动物属性发散思维的解决问题的事例——曹冲叫人拿来了一个大铜镜，把铜镜放在山鸡的身边。山鸡看到铜镜里自己美丽的影子，忍不住跳起舞来。

山鸡爱站在河边跳舞，那是因为山鸡是个顾影自怜的家伙，它只有看到了自己的倒影才翩然起舞。满朝的大臣都是死脑筋，他们都往河的方向去想，要在宫里挖一条河，那可真够麻烦的，所以，他们一筹莫展。其实，要山鸡看到自己的影子，有很多办法，河水和曹冲想到的镜子只是其中两个办法而已。开动思维，看看是否还有更好的办法。

10

第一题：小小悄悄地从口袋里掏出石蜡，放在空盆子里融化掉，然后把铁筛子浸在里面，当把筛子拿出来的时候，筛孔就蒙上了一层薄薄的透明的石蜡，这层石蜡谁也看不到。小小走到国王面前，小心地往筛子里倒水，结果把筛子都倒满了，也没有漏出一滴水。第一个题目就算完成了。

第二题：小小不慌不忙地把纸叠成锅的模样，把鸡蛋放在纸锅里加满水，然后放在火苗上烧，奇怪的是，火苗舔着纸锅，但是就是烧不着，没一会儿，就把鸡蛋煮熟了。小小很轻松地完成了第二道题目。

第三题：小小先把纸烧着，放进玻璃杯里。纸烧完了，玻璃杯里充满了白色的烟雾，小小立即把玻璃杯扣在盘子里。令人惊奇的是，盘子里的水长脚了似的，都流进了杯子，小小把盘底的绿玉捡了起来，手一点都没沾湿。

11

只要有线索，就算最复杂的迷宫，也不能把你困在里面——阿里阿德涅找来一团红色的线，然后对忒修斯说道："进去的时候，把线的一端系在迷宫的门上，边走边放线，这样，杀死怪兽后，你就能顺着红线出来了。"忒修斯满怀感激地收下了线，便和其他童男童女们进入了迷宫，他们在迷宫里拐弯抹角地转了好一会儿，终于遇到了令人毛骨悚然的怪兽弥诺陶洛斯，怪兽张开血盆大口向他们扑过来，大家都惊恐地四散跑开了，只有忒修斯冷静地站在那里。就在怪兽就要扑倒他的那一刻，忒修斯把宝剑深深地刺入了怪兽的心脏。怪兽重重地倒在地上，痛苦地喘着粗气，过了一会儿就停止了呼吸。忒修斯长舒一口气，带领其他童男童女，沿着红线出了迷宫。

12

原来，这个电信员工正是受到上帝从空中清扫积雪的启发，想到人也可以从空中将积雪清扫掉，于是建议用直升飞机绕着电线飞来飞去，利用直升飞机的螺旋桨旋转时所产生的强大气流将电话线上的积雪刮掉，既简单又高效。

在这个故事里，第一个员工只是感叹了一句之后便停止了进一步思索，而另一个员工则是在人们惯性地停止思维的地方将思维进一步扩展，进而想到了实际有效的办法，这便是一种典型的发散思维。

13

不久，泰勒便突然多出了一个爱好，便是穿着便衣在北京城的各名胜古迹闲逛。看到名胜古迹处的签名，他便拿起相机将其拍下来，在外人看来，这是个对于签名感兴趣的奇怪的摄影爱好者。但是，身处战争年代的泰勒，可不会真的有这种闲情雅致，他实际上是在利用日本人签名并留下身份注明的习俗来搜集日本军人的信息。一天，他在颐和园万寿山的一尊大佛身后，发现了三个日本军人的签名及所属的师团。后来，他发现类似的签名越来越多，于是，他将自己所搜集来的相关签名整理归纳一番之后，他准确地搞清楚了侵华日军的编制及其番号。

在这个故事里，泰勒利用早年记忆中的一件小事，并通过一个细节联想到日本的一个习俗，进而联想到利用这个习俗来收集情报，并最终完成任务，这便是一种典型的发散思维。

14

原来贴在墙壁上的是荷兰纸币。

15

读书人对宾客解释道:"此人作为一个皮匠,建造了这个房子。皮匠最基本的工具有两样:一是钻子,二是皮刀。'甲'字从外型上看,不就像个钻子吗?'乙'字不就像一把皮刀吗?所以我用'甲乙'两字替他题了堂名,这叫作'君子不忘其本'!"

16

原来,人们在前面加了一个"宋"字,石碑成了"宋张弘范灭宋于此"。

17

原来,物理学教授在窗台上放的镜子不是普通的平面镜,而是一面凹面镜。那天,天气很好,阳光照在了凹面镜上,形成了一道光束,其焦点正好落在在了窗台的窗帘上。到下午时,窗帘起了火。

18

使其变成更令人高兴的四件事的改法是:十年久旱逢甘雨,万里他乡遇故知。和尚洞房花烛夜,寒儒金榜题名时。

使其变四悲诗的改法是:久旱逢甘雨——几滴;他乡遇故知——债主;洞房花烛夜——隔壁;金榜题名时——师弟。

19

一家英国公司把一辆汽车的4个轮子涂上黏液,然后将汽车倒粘在广告牌上。而南非的一家公司,则将一名替身演员用胶粘在一架飞机的机翼下方,在空中飞行了将近一个小时。

20

原来,将"刘汝明误失张恒"的"误"字,改为"痛"字即可。"痛"、"误"之间,对于历史事实的描述都没变,但主观评价大不一样。"痛",便不仅没有了指挥失误的意蕴,而且还反映出了一种悲怆,刘汝明的忠勇尽显其中。

21

原来,他抓到的竟然是一颗德国子弹。

这虽然听上去不可思议,但事实上是可能发生的。因为子弹刚出膛时的速度一般是每秒800~900米,由于空气的阻力,子弹的速度会逐渐降低。到终点时,其速度其实就只有每秒40米了。这个速度就和飞机的速度差不多了。而如果飞机与子弹飞行的方向和速度相同,那么对于飞行员来说,子弹就相当于是静止的,或者是缓慢移动,如此一来,飞行员抓住子弹就一点都不困难。

22

因为人体血液的功能主要便在于为人体的呼吸循环向内运载氧气和向外运载二氧化碳,因此这种液体便可以用来作为一种"人造血液",在医院的天然血液不够用的时候用来临时抢救病人。这种液体后来果然在医学上得到广泛应用,抢救了无数人的性命。由于这种液体是白色的,因此人们称之为"白色血液"。

在这个故事中,克拉克之所以能够发现"人造血液",便是因为他能够充分利用一种发散思维,在看到这种液体具有很强的溶解氧气和二氧化碳的能力之后,他能够进一步联想到这与人体血液功能的相似之处。

23

年轻人想了想,说:"不知道道德就不能做到道德,知道了道德才能做到道德。"

苏格拉底这才满意地笑起来,拉着那个年轻人的手说:"您真是一个伟大的哲学家,您告诉我关于道德的知识,使我弄明白了一个长期困惑不解的问题,我衷心地感谢您!"

24

班主任说:"你觉得人与人之间不存在真实,可是,你走时却给我写信,并祝我身体健康,这说明你对老师的爱是真实的。你信中说希望我多送几个同学升学,这说明你对你的同学的爱是真实的。另外,难道你不爱你的父母吗?你对他们的爱不是真实的吗?在你身上存在着这么多真实的成分,怎么能说人与人之间不存在真实?"

25

老人对小孩说："你这样骂人家，人家当然要回骂你了。你如果用友好的方式跟对方沟通，它便会同样对你友好。"这个故事所反映的哲理便是：与人相处正像是回声一样，你对别人充满善意，自然便能得到别人的善意；你对别人充满恶意，别人自然也会还以颜色。

26

"只要你再细看一次就行了。"马克·吐温回答。

27

农民让乘客到医院院子里的一个水塘里，将脸和甲鱼一起浸入水中。过了一小会儿，甲鱼便松开了口。原来，甲鱼一旦被捕，便会具有攻击性，因为自感没有逃脱的希望，便会咬住对方不放。一旦将它放入水中，它便感到自己有了逃脱的希望，于是便会松口，以潜水逃脱。

28

因为一直有鱼吃的关键并非在于鱼竿，而在于钓鱼的技术。这个小孩只是有了鱼竿，却并没有学会老人高超的钓鱼技术，因此未必能钓到鱼。并且，鱼竿早晚是会用坏的，而钓鱼的技术却是永远不会用坏的，老人的钓鱼技术才是小孩真正该向老人索要的。

29

原来，阿基米德叫人制造的奇怪大镜子，是凹面镜。到中午太阳最毒辣的时候，他让士兵抬了几十面这样的凹面镜到城墙上，调整好焦点，将毒辣的太阳光反射到古罗马的船只上。不一会儿，古罗马船只便冒出缕缕青烟，经海风一吹，"呼"地便起了火。几十只船同时起火，再加上海风的帮忙，火势很快蔓延起来，古罗马军队来不及灭火，烧死的烧死，跳海的跳海，损失惨重。他们不知道这奇怪的大镜子是什么东西，还以为叙拉古人借助了神灵的魔法，吓得赶紧掉头逃窜了。

30

故事中，乞丐虽然可以像富翁一样在沙滩上晒太阳，但是，可以想象，富翁能做更多的事情，乞丐是无法做的。比如，最现实的，当太阳下山后，乞丐住在哪里呢？乞丐可以拥有美好的爱情吗？富翁可以去听门票昂贵的音乐会，乞丐可以吗？富翁可以供自己的子女接受好的教育，乞丐可以吗？——假如他有子女的话……

31

狄仁杰说道："有人指出我的缺点，我很高兴，我很乐意知道我有哪些缺点，但是我并不想知道这个说出我缺点的人是谁。"

32

店老板说："墙上种白菜，不是预示着高种（中）吗？戴着斗笠打伞不是说明你这次有备无患吗？跟你表妹脱光了背靠背躺在床上，不是说明你翻身的时候就要到了吗？"虽然秀才的高中跟店老板的劝慰没有太大的关系，但是如果不是店老板的话，秀才就会放弃考试，又何来高中呢？同样的梦，可以有两种截然相反的解释，这正说明任何一件事也都有它的两面性，关键在于我们从什么样的角度、用什么样的态度去看待它。积极的人，总能在绝望处看到希望，而消极的人，往往只看到阴暗的一面。很多时候，想法和态度决定着我们的生活，有什么样的想法和态度，就有什么样的未来。

33

路南影院一折的票价要赔钱，送瓜子更是赔钱，但送的瓜子是老板从厂家定做的超咸型五香瓜子。看电影的人吃了瓜子后，必然会口渴，于是老板便派人卖饮料。饮料也是经过精心挑选的甜型饮料，顾客们越喝越渴，越渴越买，于是饮料和矿泉水的销量大大增加。放电影赔钱、送瓜子赔钱，但饮料却给老板带来了高额的利润。路南影院的老板实际上是采用了"声东击西"的赚钱术。

34

希尔顿找人把圆柱拆了，在这些大圆柱

上安装一些小型的玻璃陈列橱窗，这些橱窗被纽约市著名的珠宝商和香水商租用，一年租金有几万美元，希尔顿轻而易举赚取了大量的财富。任何事物的用途都不只是一个方面，就看你能否充分去发掘了。

35

刘墉回答说："佛见臣笑，是笑臣成不了佛。"逗得乾隆不由得哈哈大笑。笑的原因有很多，有善意的微笑，也有恶意的嘲笑；人在高兴时会笑，在不高兴时也可以笑。刘墉巧妙地解释了笑的不同原因，抬高了皇帝，贬低了自己，马屁拍得恰到好处，怪不得乾隆皇帝会这么喜欢他。

36

钟会回答说："战战栗栗，汗不敢出。"人出汗可能是由很多原因造成的，或者因为炎热，或者因为害怕，也或者有别的原因。而且并不是只有出汗才表示敬畏，钟会回答正是抓住了这一点。不过很明显，钟会回答得虽然机智巧妙，但并不是实话，有明显的诡辩色彩。

37

商人把这些蔗糖和面粉混合在一起，做成片状，用火烘烤熟后拿去出售，没想到这种食物特别好吃，后来这个做法被广泛流传，并发展成后来的饼干。"福兮祸之所伏，祸兮福之所倚"，事物总是发展变化的，只要你善于动脑筋，就能立不变于万变，化不利为有利，从而"置之死地而后生"。

38

田文说："人的命运，如果是由天支配的，父亲何必忧愁呢？如果是由大门支配的，那么可以把大门再开高一些，就没有人能长那么高了。"田文抓住父亲要抛弃自己的主要原因，据以反驳，令父亲心服口服。

39

麦克斯是这么解释的："因为我吃了剩下的杏子，我最喜欢吃杏子了。"小孩子的思维是非常活跃的，在他们天马行空的世界里，一个非常简单的问题，都能得出许许多多看

似荒谬却又让人无可厚非的答案。作为一个教育工作者，遇到麦克斯这样的孩子不应该粗暴地批评压制，而应该给以适当的引导。

40

这一根手指涵盖了所有的可能性：中一个，说得通；中两个，一根手指就表示其中一个不中，也说得通；中三个，一根手指的意思就是一齐中；三个都落榜，一根手指就表示一个也不中。总之，不管是哪一种结果，答案都在这根指头上。由此可见，道士并非真的能够预测未来，而是脑袋聪明加上口才好罢了。

41

店主回答："因为另外两只鹦鹉叫这只鹦鹉老板。"一只又老又丑的鹦鹉，价格远远高于美丽而又很有语言能力的另外两只鹦鹉，确实很令人不解。但是，有时候，价格的高低并不是由我们通常所采用的思路和标准来决定的。

42

原来，不同的颜色对光的吸收能力不一样。黑色等较深的颜色吸收光的能力较强，转化来的热能也就较多，而白色等较浅的颜色对光的吸收能力差，转化来的热能也就相应的少。根据这个原理，黑陶罐的吸光吸热能力强，又经过大半天的太阳照射，表面会比较热。相反，白陶罐由于吸光吸热能力差，摸上去会比较凉。聪明的盲人就是根据这个道理判断出商人给他的是黑陶罐而不是他要的白陶罐，从而维护了自己的利益。

43

主人辩解道："我说的不是他们。"最后一位客人一听这话，心想："说的不是他们，那就是我了。"于是叹了口气，也走了。这个主人并没有别的意思，只是因为朋友没来而难过，但他思维混乱，说话没逻辑，以至于把客人一个个地都气走了。

44

吃饭时，每个人面前都是一碗饭和一盘菜，但胖和尚只有一碗饭。胖和尚非常不高

兴，就问老和尚，为什么自己只有饭没有菜？这时，小和尚就用筷子把胖和尚的饭拨了一下，下面的菜就露出来了。连近在眼前的东西都不能看到，胖和尚的所谓的"千里眼"、"顺风耳"的谎言也就不攻自破了。

45

毋择说："一路上我非常小心地看管着天鹅，我发现天鹅非常渴，于心不忍，就将它放出来喝水，谁知才一会儿工夫，它就飞上了天，再也没有回来，当时我非常难过。我想，世上的天鹅那么多，不如买一只相似的送给大王吧，但一想，这样岂不是欺骗大王吗？我又责怪自己，连送一只天鹅都送不到，不如自杀算了，但这样一来，传出去可能会让大家误解，说国君把鸟兽看得比人还重要。我想，我没有颜面见大王，不如干脆逃跑算了，但这样又会影响两国的关系。没有办法，我只好呈上一只空鸟笼给大王，请大王治罪吧！"听完毋择的话，齐侯被感动了，不但没有责怪毋择，反而重重地奖赏了他。

46

宋清让衙役把银子放到院子里，不一会儿，猫就跑到银子上嗅来嗅去，宋清据此来判断出银子是鲔公的。因为如果银子是和蜜饯放在一起的，放在院子里那么久，肯定会爬满喜爱甜味的蚂蚁。可是银子一只蚂蚁也没有引来，只引来了一只猫，这说明银子上有鱼腥味，银子的主人是谁就显而易见了。

47

原来，狗又称犬，黑狗即是黑犬，"黑"字和"犬"字放在一起就是个"默"字，这也就是谜底。老农一直不说话，实际上就是"默不作声"，所以李秀才说他猜中了。

48

原来，昨天傍晚的时候，小达尔文折了一束白色的报春花，把它插在红墨水瓶里，今天，报春花就变成了红色的了。达尔文不仅善于观察事物、思考问题，而且用于把想法付诸于实践，终于变出了红色的报春花。

49

总经理说："你虽然用水洗去了污渍，但衣服上还有湿迹，而且你是在手忙脚乱中处理这件事的。文子不同，她走进我的办公室时，一直把那只黑色公文包幽雅地放在她的前襟上，没有让我看见那块污迹。她在处理事情时，思路清晰，善于利用手中现有的条件解决问题，把事情做得从容漂亮，所以我们决定录用她。"

50

狐狸发现狮子洞门口只有进去的脚印，没有出来的脚印，据此断定，进去的动物都被狮子吃掉了。聪明的狐狸善于观察细节，并认真分析，从而使自己逃出"狮口"。

51

父亲说："我家面临的主要祸患是老鼠，而不是没有鸡。你想一下，如果没有猫，老鼠就会偷吃我们粮食，咬烂我们的衣物，破坏我们的房子和家具，这样下去，我们就要挨饿受冻了。而如果家里没有鸡，我们顶多不吃鸡肉了，还不至于挨饿受冻啊！"父亲站在整体利益的角度上去考虑问题，用长远的目光去权衡事物的利弊，令儿子心服口服。

52

老板解释道："你这个傻瓜！那个人是我最好的顾客，他只是打碎一块玻璃，算不了什么。可是你，你把我的玻璃打碎，我能从中得到什么好处呢？"很多时候，别人能做的事情，自己不一定能做，要具体问题具体分析，如果一味地遵循别人的思路，不知道变通，就可能会碰钉子。

53

树叶每天都会往下落，无论你今天怎么努力，明天的落叶还是会落下来。世上有很多事情是无法提前做完的，所以要认真活在当下，这才是最正确的人生态度。

54

农夫告诉老虎，自己的智慧没带在身上，让老虎明天再来。老虎不答应，非要立即要看，于是农夫便说自己回家去取，并以担心老虎吃掉水牛为由，要将老虎捆在树上。老虎答应了。农夫于是将老虎结结实实地捆在了树上，并告诉它："好了，这就是我的智慧！"老虎这才知道自己中计了，并对人类的智慧心服口服。

55

年轻人让小马独自关上一夜，只喂它们草料不给它们水喝，第二天，再打开栅栏让小马放到母马那里去，小马立刻跑到自己母亲身边去喝奶了。

56

这个故事就是要告诉孩子们一个简单的道理，有很多可能的事会成为不可能，不可能的事情也会演变成可能的事情。

57

不同的角度会有不同的立意：

1. 季羡林先生没有架子，平易近人，以身作则，为学生树立了很好的形象。
2. 学者身上的谦虚、认真的作风，拥有着人性中的闪光点。
3. 在这个世界上，人与人之间是平等的，没有大人物与小人物之分。
4. 北大给人留下的第一个难忘的印象。
5. 关爱身边的每一个人，不以善小而不为。
6. 渊博的知识与高尚的人格，这些是我们应该好好学习的地方。
7. 从学生的角度来说，要有谦虚谨慎的学习态度。
8. 从老师的角度而言，要平等对待每一个学生，在能帮助学生的时候尽力去帮助。

……

58

原来，老板把房子的钥匙交给了他。"这是我送你的礼物，谢谢你这么多年来一直辛劳工作。"老板说，"这是你的房子。"其实我们每时每刻都在为自己建造一座属于自己的"房子"，今天的任何一个不负责任的行为都会在以后的某个地方等着你。

59

这显然是个寓言故事。三个金人分别象征了听不进别人话的人，不能保守秘密的人和多听少说的人。老天给了我们两只耳朵一个嘴巴，意思本来就是让我们多听少做，因此最有价值的人往往不是最能说的人，而是最善于倾听的人。善于倾听，是成熟的人最基本的素质之一，也是个人不断成长的重要标志之一。

60

老人说："你的过错就是只传授了儿子技术，却没有让他学到教训。要知道，对于知识来说，教训是基础，假如没有基础，那么再多的知识也可能只是纸上谈兵。"

61

当天夜里，曹操就命令一些士兵在离台子不远的地方用挖来的泥土堆积成了一个很大的土堆，然后用装满粮食的袋子铺在这个大土堆的表层，然后就在军营里散布这样一个消息：这堆粮食是曹丞相提前命人悄悄藏在这里的。

这一消息很快传到了袁军那边，袁谭听后半信半疑，于是就派人悄悄去打探曹军的虚实。探子潜入曹营后，就听见很多士兵在说这件事情，说那些粮食是曹丞相提前藏好的。于是他赶紧回来向袁谭报告："将军，我去打听过了，那些粮草确实是曹操早年准备好的，现在他们的粮草堆积如山。"

袁谭听后，立刻神色大变，仰天长叹道："天败我也！"于是连夜带着士兵们弃城而逃。曹操就这样不战而胜，轻易地拿下了南皮城。

62

陈细怪是这么改的诗："云淡风轻近晚天，傍花随柳跪床前。时人不识余心苦，将谓偷闲学拜年。"的别具一格，难怪她老婆不生气了。

63

小孩子今年 11 岁，读作"一十一岁"，他姓王，因为"一十一"加起来正好是"王"字。

64

表示褒义的"女"字旁的好字：好，娇，姝，娴，妍……

表示贬义的"女"字旁的坏字：妖，娼，妒，嫌，妄……

65

连衣帽的雨衣：把雨具和衣服加在了一起。

电饭煲：把定时和做饭结合在了一起。

药物牙膏：将牙膏和药物组合在了一起。

车房：将房子和车子结合在了一起。

手机闹钟：将手机和闹钟结合在了一起。

……

66

这个聪明的小伙子能看到市场的变动，他发现了砖瓦工需求看涨的行情。小伙子想，砖瓦工的待遇提高了，自然有很多人愿意从事这一行业，然而并不是每个人都能胜任这个职业的，于是，小伙子就想到了何不培养愿意当砖瓦工的人呢？于是，他租门面是用来开办砖瓦工培训班的。

67

伍德沃德是位地质学家，他的工作就是找各种矿。根据拿回去的植物可知，这个地方的土壤应该含铜比较多，所以他推测此处有铜矿，于是就又来了赞比亚。果然如伍德沃德所预测，他在此处发现了丰富的铜矿。

土壤中含有铜元素，喜欢铜元素的和氏罗勒才会茂盛。而既然和氏罗勒茂盛，则地下必然含有丰富的铜矿。伍德沃德正是通过逆向思维，获得了重大发现。

68

原来，哥伦布考虑到印第安人天文知识的缺乏，决定利用这次月食来使印第安人就范。于是在第二天一早，他又来到印第安首领那里要求借粮。首领感到十分不耐烦，哥伦布却假装又像昨天那样进行了许多解释，最后在同样遭受拒绝后，哥伦布说道："如果你再不肯帮我们，我就夺走你们的月亮。"印第安首领听了根本就不相信。到了晚上，印第安人像往常一样，吃过晚饭后在月亮下跳舞唱歌。但是，突然，他们发现天空暗了下来，月亮果真不见了。这下，他们开始相信哥伦布这些外来人真的具有神奇的魔力，可以偷走他们的月亮，于是赶紧惊慌失措地找哥伦布，表示愿意用粮食来换回他们的月亮。哥伦布于是说："既然如此，两个小时后你们的月亮就会回到天上了。"在得到粮食的第二天，哥伦布一行便离开了牙买加，开始了新的航程。

69

原来，西格弗里德从有婴儿的父母的麻烦中看到了他们的需求，于是他独一无二地开办了一家专门为携带3岁以下的婴儿的夫妇入住的婴儿酒店。在婴儿酒店内，每个房间的家具、陈设都如同家庭中的婴儿房。同时还设有婴儿餐厅、婴儿酒吧，提供标准的婴儿食品和饮品。此外设有宽敞的儿童游乐场。而且，酒店的工作人员都是合格的护士或儿童教育工作者。他们负责小住客的饮食起居、洗澡、换尿片，服务周到，殷勤备至。因此，当年轻的父母们想要过浪漫的二人世界时，可以放心地将婴儿交给酒店方。

另外，来到酒店中的父母们也因为孩子有了共同话题，他们可以聚集在一起交流婴幼儿培训的心得体会。同时，酒店方面也会开设一些相关的培训课程。如此一来，这家婴儿酒店可以说是全方位地满足了年轻父母的需求。所以，酒店一开张，就受到热烈的欢迎，常常爆满，许多房间都被预定到下一年度。自然，西格弗里德的财源滚滚而来。

70

攻关小组设计了一种新的蓄电槽，这样每次熨完衣物之后就可以先把熨斗放进槽内进行蓄电。每次蓄电的时间则只需要8秒钟。这样一来，熨斗的重量便会大大减轻了。为了使用人的安全，蓄电槽还特别装了断电系统。

71

原来，吉雅朗想，每封信件我都要将收信人的姓名和地址分别打在信封和信纸上，这完全是一种没必要的重复。如果我只在信纸上打一次，然后在信封上打收信人姓名和地址的地方剪开一个小"天窗",再贴上透明纸,使得信纸上的收信姓名和地址同时显现在信封上,不就可以节省一半精力了吗?

于是,吉雅朗就按照自己的想法尝试起来。刚开始,总是有些挫折,小"天窗"的位置很难准确把握,常常不能正好将信封上的收信人信息露出来,给邮局和收信人带来了一些麻烦。于是,他又尝试在几个不同部位重新开窗,并在信纸的折法上动脑筋,规划设计统一的折叠式样,以使信纸上的姓名、地址能够单独完整地显露在窗口前。经过反复试验,终于,他成功了。

后来,他的这种"偷懒"行为被公司上司发现了。公司上司在听了他的解释后,非但没有责怪他,还嘉奖了他,并将他的这种方式向全公司推广。很快,全美国都采取了这种方式。而现在,基本上全世界的许多公司、机关乃至个人都采用了这种方式,并且对其进行了改进,使得原来的透明纸统一变成了透明塑料。这就是我们日常生活中常见的塑料透明信件的由来。

吉雅朗的发明看起来是微不足道的,但是这个小小发明一旦在全球推广开来,其总共所节省下来的时间,所提高的效率还是巨大的。而这,便是起源于一个人的求异思维,想一下,也许就在你的身边,你也能够找到类似的发明。

72

原来,在这年秋天燕子将要离开时,补鞋匠写了一张纸条绑在了燕子的腿上,上面写道:"燕子,你是如此的忠诚,你能否告诉我,你在什么地方过冬?"

几天之后,补鞋匠眼看着燕子带着自己的纸条飞向遥远的地方去了。然后,鞋匠在做活时,虽然明知道还不到时间,但是他仍然隔一会儿就忍不住抬眼看一下天空,看燕子是否回来了。

终于,在补鞋匠焦急的等待中,这个漫长的冬天被打发走了,又一次春回大地。一天,燕子飞回来了,而补鞋匠在那一刻激动得就像见到了自己久别的妻子一样。他于是一伸手,燕子落在了他的手上,只见它的腿上被缚上了一张新的纸条,上面写道:它在雅典安托万家过冬,你为何要对这件事刨根问底呢?"

第二天,补鞋匠将这件事告诉了老学者,老学者仔细看了那张纸条之后,心里惭愧地说道:"我还不如一个补鞋匠呢!"后来,老学者将这个故事写进了自己的书里,这也是我们能够知道这个故事的原因。

后来,一些专业的学者便采用补鞋匠的做法,对燕子进行了标记放飞,逐渐搞清楚了燕子的迁徙路线和规律。就这样,一个看似没有办法得到答案的学术问题得到了解决。

73

德·波诺教授的观点是:由于那里的人们对于其生活感到十分满足,没有人想到要去改变什么,所以也就没有人去想到要发明一个车轮。德·波诺教授的看法可以说是新颖而犀利的。因为不满足是向上的车轮,一旦一个人对于已有的东西或成就感到满足,便失去了创新的动力。这在逻辑上完全说得通,所以目前为止,德·波诺教授的观点被认为是对这个问题的最合理解释。

74

这三首字谜诗的谜底是同一个字,就是"鲜"。

75

这几则谜语是同一个谜底:"口"字。

76

李大宝的第一个工作是拉磨,第二个工作是拉纤。因为拉磨就是围着磨盘转圈,虽然不停地走,却始终在屋子里,所以是"日行千里,足不出户"。而他在拉纤时,如果正好有开往家乡的船,那么他便需要沿着回家的路线拉纤,到时自然可以顺便回家了,所以叫"若有便船,步行回家"。当然,这种说法有些夸张了。

77

朱天赐的叔叔在对联的上联和下联前分

别加上了"早"和"不"字,使原对联变成:"早行节俭事;不过淡泊年。"

78

这句简单而高深的话就是:"这,也会过去。"

79

回来之后,哈里开始联系各大洲的一些医药公司,并把他的发现公布了出去。结果不到一个月,订购这种野草的合同便堆满了哈里的办公桌。哈里郑重其事地把这些合同文本交给了布须曼族的族长,看着族长大惑不解的眼睛,哈里解释道:这种草是全球科学家们苦寻了几十年的治疗肥胖症的理想原料,你们发财的机会到来了,全族有救了。

果然,数年来,靠着这种比金子还昂贵的药材,布须曼每年约有640万欧元的收入,所有族人都不用再为食物担心了。其族长曾既欢喜又感叹地说过:真没想到,在这片祖祖辈辈生活的穷地方,一种看似普通的野草会改变全族的命运。

80

丘吉尔从上衣口袋里掏出了一把小汤匙,然后走到池边,蹲下身去,开始一勺一勺往池外舀水。

一事当前,人们的通病是寻找"多快好省"的巧方法,一旦巧方法无济于事,便立刻宣布放弃。其实,笨方法也是解决问题的有效途径,无计可施之下,何妨一试呢?

第三章
求异思维名题

1. 核桃难题

核桃好吃而富于营养，又不容易坏，因此人们在喜欢吃的同时，也喜欢拿它作为拜访亲友的礼品。而我们知道，核桃虽然好吃，但吃起来有些麻烦，需要先将外壳砸烂，然后慢慢掏出里面的仁来吃。鉴于此，一个食品企业便想找到一种事先将外壳去掉，使人们直接得到核仁的办法。当然，如果是碎掉的核仁，估计人们不会欢迎，因此必须是完整的核仁。并且，这去掉外壳的方法还要方便高效。这显然是个难题！

但是，一旦这个难题解决，该企业必将能一举占领广阔的市场。为此，该企业专门召开了一次集思广益的员工大会。在会上，员工们听到这个奇妙的想法后，也都热情地各抒己见。例如，有个员工提议做一个夹子，比有壳核桃小一点，比核仁大一点，将核桃壳给夹碎；有个员工提议将核桃放在笼里蒸 10 分钟，再取出来放入凉水中冷却，然后再砸开，就能得到完整的核仁；甚至还有人提议用高声波密封的机器震碎外壳，等等。厂长听了这些办法后，都摇摇头，觉得要么可操作性太差，要么效率太低。

就在将要散会之际，一个新来的年轻的员工提出了一个想法，即培育出一种新品种的核桃，让其在成熟之后，外壳自动裂开。厂长一听，觉得这个主意比较有创意，一旦成功，将完全符合自己的要求。不过，这显然具有相当的难度，因为要做成这件事需要请来顶尖级的生物学家。最终这个主意因为太没有把握，还是被否决了。但是，这个主意虽然被否决，它却提出了一个崭新的思路，即打开核桃不一定要从核桃壳外面着手，也可以从内部着手。正是沿着这个思路，有人最终想到了一个核仁被完好无损取出的简单有效的好方法。

你能猜出这个办法是什么吗？

2. 充满荒诞想法的爱迪生

我们知道，一旦说某人的想法比较荒诞，一般而言，便是说他的想法违背常理，乃至令人感到好笑，甚至会对持有这种想法的人进行嘲笑。但事实上，历史的进步很多时候都是由一些荒诞的想法推动的。比如牛顿刚提出"苹果为什么会落地"的问题时，在当时的人们看来，这便是一个傻问题；富尔顿在发明蒸汽机船的过程中，曾提出用钢材替换木材的想法，这也遭到了当时人们的嘲笑……但是，我们知道，最终事实证明，这些荒诞想法却是天才的想法。下面我们来讲一讲另一个著名的充满荒诞想法的人的故事，这便是爱迪生。

爱迪生从小脑袋里充满各种奇怪想法。5 岁那年，他问大人小鸡是如何产生的，在得知是母鸡用鸡蛋孵出来的之后，他竟然拿了许多鸡蛋，放在干草上，然后自己一动不动地蜷伏在上面，试图也孵出小鸡。只是最终没能成功。

后来，爱迪生 10 岁时，因为看到小鸟在天空中自由地飞翔，他就想：人能不能也像小鸟那样飞起来呢？经过一番想象和"研究"，他用柠檬酸加苏打制成了"沸腾散"，认为人喝了这个之后，便能够像鸟那样飞起来了。于是，他找了个小伙伴做试验，这个小伙伴以"为科学献身"的精神喝了大量的"沸腾散"，看能不能飞起来。当然，这也没有成功。

而到了爱迪生 15 岁那年，他则开始认真研究起"炼金术"来，他试图把一块铜熔化，然后再加点其他什么金属，使它变成金子。可惜又失败了。

但是，爱迪生的荒诞想法并非全都失败了，比如他试图把声音留下来的想法，把电码传到千里之外，把开水烧到120℃，等等，他都成功了，并由此为人类提供了许多伟大的发明。

事实上，直到老了以后，他还一直琢磨着许多稀奇古怪的荒诞想法。比如有一次，他拿出一张宽1英寸、长1英寸（1英寸＝2.54厘米）的小纸，问他的小孙子："有什么巧妙的方法能够把这张纸剪出个洞，使你能够从中钻进钻出呢？"

这看上去似乎又是一个不合常理，不可实现的荒诞想法，但是，联想到爱迪生之前曾经使那么多的荒诞想法变成了现实，或许这也是可以实现的。现在你来想一下，爱迪生的想法有没有办法实现呢？

3. 毛毛虫过河

在一个小学课堂上，一个年轻的女老师为了开发同学们的思维，给大家出了一个智力题目。题目是这样的：在一条河边的草丛中，住着一条毛毛虫。一天，毛毛虫爬到一棵比较高大的草上后，发现河对岸的草十分丰茂，各种鲜花争相斗艳，并且还有一片漂亮的小树林，风景十分诱人。于是，毛毛虫便想要到河对岸去定居。可是，大河却挡住了它的去路。问题是，你能帮毛毛虫想一个过河的好办法吗？

下面的小学生们于是开始议论纷纷，给出了各种各样的答案，有的说可以乘船过去，有的说可以爬在过河的大动物身上过去，有的说可以将一片树叶当作船划过去，还有的说干脆等河干了再过去。老师对于同学们的回答不住地点头。最后，等没有人再提出新的办法时，女老师提醒同学们道，其实毛毛虫还有一个好办法，这个办法不仅又快又安全，而且还不必借助外物，你们能想出来这是什么办法吗？同学们想了很长时间，最后都摇摇头，但是，其中一个聪明的小朋友突然想到了，并说了出来。女老师高兴地点了点头，并趁机教育同学们不要被惯性思维所束缚，要学会一种求异思维。那么，现在你来想一下，女老师所提示的这种办法是什么呢？

4. 蛋卷冰激凌

哈姆威原本是西班牙的一个制作糕点的小商贩。在20世纪初，随着美国经济的繁荣，世界各国的人掀起了一股移民美国的高潮。哈姆威也怀着发财的心理移民到了美国，他原本的心理是，自己的这种手艺在西班牙并不稀罕，而在美国则可以凭借物以稀为贵而受到欢迎。但是，到美国之后，他才发现，美国也并非如他所想象的那样轻易便能发财，他的糕点在美国并不比在西班牙时多卖多少。

不过，哈姆威倒并没有因此而灰心，只是心态平和地依旧做着自己的糕点生意。1904年夏天，在得知美国即将举办世界展览会时，他认为这可能是个向大家推广他的糕点的机会。于是，他将他的所有家什都搬到了举办会展的路易斯安那州。并且，经过一番努力后，他也被政府允许在会场外出售他的博蛋卷。

但是，他的博蛋卷生意又一次令他感到失望，并没有多少人对这种陌生的食品感兴趣。倒是和他相邻的一个卖冰激凌的商贩的生意非常好，甚至连他带来的用于装冰激凌的小碟子也都很快用完了。哈姆威在羡慕之余，灵机一动，突然想到另一个主意。正是凭借这个主意，他的博蛋卷也很快卖完，更重要的是，他的博蛋卷也从此找到了一个更好的销售途径。

猜想一下，哈姆威想到了什么主意呢？

5. 图案设计

英国伦敦的一家广告公司面向全国招聘一名美术设计师。该公司开出了丰厚的薪酬。当然，他们的要求也比较高。在对应聘者的要求中，该公司不仅要求应聘者具有扎实的美术功底，而且要求其具有开阔的思路和别出心裁的创意。为检验应聘者的这几点，公司要求应聘者先寄来三幅自己满意的近作：一幅素描、一幅写生和一幅图案设计。

公司招聘广告登出后，很快收到了来自全国各地的许多应聘邮件，但招聘主管最终没有发现令他满意的。一天，公司又收到了一封应聘邮件。来人在信封中放了一幅素描和一幅写生，从这两幅作品来看，这个人的美术功底是比较扎实的。但是，令招聘主管感到奇怪的是，信封里却没有寄来图案设计作品。

最后，招聘主管在信封里又找到了一张小纸条，看了那张纸条上写的一行字之后，招聘主管立刻决定录用这个人。

你猜纸条上写的是什么？

6. 百万年薪

两个年轻人一起开山，一个人把石头砸成石子运到路边，当作建筑材料卖给别人；另一个则直接把石块运到码头，卖给花鸟商人，因为他发现这里的石头形状比较奇怪，很适合卖造型。3年后，第二个青年成为村里第一个盖上瓦房的人。

后来，政策改变，政府严禁开山，鼓励种树，村子周围全都变成了果园。每年秋天，漫山遍野的各种苹果吸引来了远近的客商，他们成筐成筐地将这些原生态的水果运往全国的各个大中城市，有的甚至直接运往了国外。村民们都为有了这么一个发财的机会欢呼雀跃，他们一个劲地栽种果树。但是此时那位第一个建瓦房的年轻人却卖掉了果树，在另外的荒地上栽柳树。因为他发现，村里不再缺少苹果，而是缺少盛苹果的筐子。6年以后，他成为村里第一个在城里买房子的人。

再后来，村里通了铁路，村民可以更加方便地往来于各大城市之间。由于对外开放政策的实施，乡镇企业开始流行，有了资金并长了见识的村民们纷纷积极准备建厂，发展水果加工产业。这个时候，那个做事与众不同的年轻人则在铁路旁建造了一条3米高，百米长的墙，这面墙面向铁路，背依翠柳，两边则是一望无际的万亩果园，来往的旅客在欣赏美景的同时，会看到忽然闪现的四个大字——"可口可乐"。据说这是铁路沿线百里之内唯一的广告，那个年轻人凭借这道墙每年可以获得4万元的收入。

20世纪90年代末，日本丰田公司亚洲区的代表山田信一来华考察，当无意中听到这个故事后，他立即决定要去找到这位罕见的商业奇才。

当山田信一找到这个人的时候，发现这个人正在自己的店门口与对面的店主争执，因为他的店里一件衣服标价600元的时候，对面的店里就将同样的衣服标价为550元，而等他标上550元的时候，对面就标价为500元，这样一个月下来，他仅仅卖出去5件服装，而对面的那家店却卖出了500套。看到这个情况后，山田信一感到非常失望，他以为自己被那些故事骗了。但是很快他就了解到了事情的真相，之后当即决定以每年百万的年薪聘请那个人。

你能猜出日本商人弄清的真相到底是什么吗？

7. 聪明的小路易斯

父亲要带着小路易斯去郊外野餐。出发前，他们准备了各种要用的东西，父亲发现自家的油和醋都没了，就让小路易斯去打些油和醋来。

小路易斯一听说要出去野餐，非常高兴。他拎着两个瓶子就往商店的方向飞奔。脚下一个不留神，他摔了一跤，把用来装醋的瓶子打碎了。这可怎么办呢？回家去取吧，又太远了。

聪明的小路易斯想了想就带着一个瓶子去了商店。

到了商店，他对店主说："给我打半斤油和半斤醋。"说着就把一个瓶子给了店主。店主很奇怪，问道："你到底是要油啊还是要醋啊？"小路易斯说："都要半斤，打到一个瓶子里就行。"店主倒也没多想，照着小路易斯的做法做了。

小路易斯高高兴兴地回家去了。他把瓶子悄悄地放在了自己的包里。

父亲带着小路易斯去了郊外。郊外的景色很迷人，小路易斯在郊外玩得很开心。

到了中午饭的时间了，父亲问："小路易斯，你把油和醋放在哪里了？"小路易斯答道："在我的包里呢。"父亲拿到瓶子时，说："这是怎么回事，怎么都放在一个瓶子里了。"小路易斯说："您要什么，我给您倒出来就是了。"父亲心想肯定是小路易斯将钱打游戏玩掉了一半，并且将瓶子也忘在了游戏机房一个，所以才想出这个鬼主意来，心里有些生气，并想趁机教训一下他。于是，父亲不动声色地说道："好吧，我现在要油！"

小路易斯于是拿出瓶子来，因为油浮在上面，所以小路易斯很容易便将油倒了出来。

父亲于是又不动声色地接着说道："好吧，现在我要用醋，你也给倒出来吧！"父亲心想，看你这下怎么做！

没想到，小路易斯只是做了一个简单的举动，便将醋倒了出来。父亲一看，也觉得自己的儿子真是聪明，不仅不再生气，而且感到很高兴。

你猜小路易斯是如何倒出醋的？

8. 聪明的马丁

美国科普作家马丁·加德纳在少年的时候就很聪明。一次，在数学课上，为了活跃气氛，老师带领同学们做起了游戏。游戏内容是这样的：桌子上摆好10只塑料杯，左边5只盛的是红色的水，右边5只是空的。要求只允许动4只杯子，形成10只杯子中盛红色的水和空着的杯子交错排列的局面。

聪明好学的同学们在底下一边想，一边用文具摆来摆去。不一会儿，就有很多同学举手了。正确的答案就是：将第2只杯子和第7只杯子，第4只杯子和第9只杯子换个位置，就能得到不同的杯子交错排列的局面。

老师还想考考同学们，于是，又出了第二个题目。老师先把杯子放回最初的位置。然后问同学们："如果我只允许你们动两只杯子，那么你们该怎么动呢？"

这个题目比上个难点，过了很久，教室里一直都是静悄悄的。大家都在冥思苦想。这个时候，马丁·加德纳站了起来，向大家演示了一遍他的做法。果然，只动两只杯子就达到了要求的局面。

你猜他是如何做到的？

9. 银行的规定

在某个国家的某城市的一家银行，有着这样一个规定：如果客户所取的钱在5000元以下，就必须到自动取款机上去取，柜台不予办理。

有一个人急着用钱，就准备去银行取出3000元，但是他不知道银行的这个规定。银行的人很多，已经排了长长的一队，他只好排在了队尾。然而等了很久，好不容易排到他时，营业员却告诉他："5000元以下的必须到自动取款机去取。"那个人向营业员解释自己很着急用钱，希望这次能通融下，可是营业员说这是规定，不能为了一个人就改变规定。看到营业员那么坚决，他想只好去取款机取钱了。然而看到取款机前同样长长的队伍，他决定仍然在这里取，因为他突然想到了一个好主意。在营业员并没有通融他的情况下，他在那个窗口取到了他要用的钱数。

你知道他是怎么做的吗？

10. 购买"无用"的房子

火车驰骋在荒无人烟的山野中。由于长期的旅行，大部分旅客都很疲惫，有的已经睡着了，有的在打哈欠，还有的在无精打采地看窗外的风景。

在火车即将要驶向一处拐角时，速度慢了下来。这时候，一座简陋的平房吸引了乘客们的注意。因为这里是荒山老林，没有人烟，所以看到一座平房，大家都觉得很吃惊。这座平房成了大家眼中一道特别的风景。一些人就开始谈论起这房子来。大家都在猜测：这房子的主人在哪？这房子是什么时候建的？

从房子简陋的外表，可以看出这是一座废弃的房子，应该很长时间都无人住了。事实上，这房子的主人本来在此居住，但是由于过往的火车噪音太大，严重干扰了主人的生活，所以，主人就搬走了。然而房子却一直没人买，至今闲置在那里。

后来，火车上的一位乘客居然花高价买下了这座房子，并因此发了大财。你知道这是怎么回事吗？

11. 鬼谷子考弟子

战国时期的纵横家鬼谷子在教学中非常善于培养学生的创新发散思维，其方法也与众不同，别出心裁。他的两个学生孙膑和庞涓在他的引导与点拨下迅速成长，十分聪明。

一天，鬼谷子又要训练自己的弟子了。他给孙膑和庞涓每人一把斧头，让他俩一起上附近的山上砍柴。不过，作为考题，这次砍柴的任务十分具有挑战性，他要求孙膑和庞涓每人所砍的"木柴无烟"并且"百担有余"，而且两人必须要在10天内完成这个任务。

庞涓是个十分勇敢、踏实的学生，他接到任务后，未加思索，一大早就扛起扁担，拿着斧头到山上去完成老师所交代的任务去了。他每天一大早出门，直到天黑时才回来，努力砍柴。而孙膑的做法却和庞涓不一样，他并没有急于完成老师交给的任务，而是过得十分悠闲自在。他每天先是从容自若地吃过早饭，再认真地从书房中挑出一些自己以前想看而没有时间看的书，之后到后山上找了一处适合读书的地方，一读就是一整天。孙膑每天的生活都是这样，这样一直持续到第9天。

庞涓看到孙膑竟然不急于打柴，虽然搞不清楚孙膑葫芦里到底卖的是什么药，但还是感到幸灾乐祸。庞涓心想，自己身强力壮，孙膑在体力上根本比不过自己，老师规定的时间马上都要到了，孙膑竟然还在偷懒，这次，孙膑肯定不是自己的对手！

想到这里，庞涓又加紧了手中的活儿，一点儿也不放松，以前他总是输给孙膑，他下定决心这次一定要比过孙膑。

师徒约定的第10天快到了，庞涓劳作不止，直到天黑才砍了99担柴火。而孙膑呢？天快黑了，他才收起书本，砍了一根粗壮的柏树枝做扁担，又砍了两捆榆树枝，之后，他就从容地下山了。

天完全黑了，老师鬼谷子来了，他看到庞涓砍来的那99担木柴，就皱起了眉头。庞涓看到老师的表情，心里暗叫不妙，果不其然，等老师"检查作业"之后，并没有夸奖自己，而是夸奖了只砍了一担柴的孙膑，你知道这是什么道理吗？

12. 复印机定价过高

20世纪中叶，在美国有个著名的企业家名叫威尔逊，他是靠研制出新的干式打印机而发财致富的。

其实，刚开始，威尔逊只是一个小工厂的厂长，每天都在自己的工作岗位上兢兢业业地工作着。但是，随着自己工作阅历的增加，他发现原来收集各类信息是一件非常重要的事情，而且对自己的工作也很有帮助。有了这个发现之后，威尔逊就努力地寻找更加简单快捷的收集信息的方式。但是，由于受当时技术水平较低的限制，市面上广为使用的湿式复印机使用起来相当不方便，因为这种老式复印机必须要使用特殊的复印纸才行。所以，这就阻碍了信息的传播。威尔逊左思右想，再加上长期的研究和实践，终于研制出了一种新型的干式复印机。

新发明的复印机不仅没有老式复印机的缺点，而且复印的速度也特别的快，只需要三四秒钟的时间，就能复印一份。为了保护自己的劳动成果，威尔逊专门申请了专利，这样他便可以正大光明地生产大量的干式复印机了。

但是，由于当时威尔逊对干式复印机的定价过高，以至于美国法律不允许他以这样高的价格出售复印机。结果，生产出的大量新型复印机一台都没有卖出去。但是，即使是在这样的情况下，威尔逊公司所获得的利润却并不比出售复印机所得的利润少，反而多出了好几倍。这样的情况一直持续到20世纪60年代，最终，干式复印机可以以高价在美国出售了。

你知道为什么即使没有出售复印机，威尔逊还可以赚到那么多的钱吗？

13. 绝妙的判决

20世纪50年代，法国南部省份有一对夫妇要离婚。但是，这对夫妇却比较钻牛角尖，他们一共有两个孩子，按照常理，一人得一个孩子就是了，但是他们却都坚持要得到两个孩子的抚养权，并且要求得到原来的住宅。两人态度都十分强硬，寸步不让。最后，两个人对簿公堂。在法院，两个人都坚持自己的要求，不肯相让。最后，法官和陪审团经过协商后，当众严肃地宣读了判决书。而这份判决书一公布令当事人和公众都大吃一惊，但是，仔细一想，这又是十分绝妙的判决，令当事人双方都无话可说。

你猜法官是如何判的？

14. 用一张牛皮圈地

古代的腓尼基有个美丽的公主狄多，她从小聪明伶俐，深受国王喜爱。但是，长大后，她的国家发生了叛乱，父王也被人杀掉，狄多公主带领着一些随从和金银细软逃离了自己的国家。他们背井离乡，辗转奔波，一路坐船来到了富饶的北非。狄多因为喜欢那里的自然风光，便决定在此定居下来，并创立自己的新事业。于是，狄多公主将自己的经历告诉了当时非洲的雅布王，恳请雅布王给她一些土地。雅布王也很同情这位美丽的公主，但是一旦涉及到土地，便有些舍不得，于是他眼珠子一转想到了一个妙计，既答应了公主又要留住自己的颜面，又不会损失太多的土地。他给了狄多公主一块牛皮，说："你们用这块牛皮圈土地，我会把圈到的土地给你们的。"公主的随从们一听，一张小小的牛皮能圈多大的土地？都觉得这是在故意刁难他们，其实是不想给土地，大家都很生气。但是，狄多公主却没有生气，而是想了一下，便带领随从们拿着牛皮圈地去了。雅布王心下暗喜，心想这下不会损失太多的土地了。但是，不一会儿，仆人来报告："狄多公主在海边圈起了一大片土地，看上去已经有整个国家的三分之一大了。"雅布王一听大吃一惊，急忙赶去看是怎么回事，一看，果然如随从所说。雅布王一言既出，驷马难追，并且他也十分佩服狄多公主的智慧，便心甘情愿地给了狄多公主圈起来的土地。最后，狄多公主在那块土地上建立了牛皮城。

你能猜测出狄多公主是如何用一块牛皮圈起一大块土地的吗？

15. 聪明的小儿子

从前，在印度住着一位老庄园主，他一共有三个儿子。一天，老财主觉得自己要不久于人世了，便将自己多年积攒的钱财一分三份，留给三个儿子。但是对于自己凭借其致富的庄园，老人有一定的感情，他希望能够将他留给最聪明的儿子，以使庄园能够长久地经营下去。于是他将三个儿子叫到了自己房间里，然后给他们说明了情况。然后，老人对三个儿子说："现在，我给你们出一个题目，你们谁能够最先回答出来，我就将这个庄园留给谁。"三个儿子点点头。

于是老人问道："题目是这样的，现在你们看，我的这间房间，除了一些床和家具之外，还有很大的空间。你们想一下，用什么办法能够最快将这些空间填满？"

三个儿子一听都陷入思考。其中大儿子心想自己是老大，不能让两个弟弟抢先了，于是回答道："我知道了，爸爸，棉花比较松软，用棉花最快！"结果老人摇摇头。

于是，二儿子又回答道："用鹅毛，它比棉花更松软！"老人还是摇摇头。

最后，小儿子没有回答，而是采取了一个举动，立刻便将屋子填满了。老人满意地点了点头，最后将庄园留给了小儿子。

猜一下，小儿子是用什么使房间充满了呢？

16. 倾斜思维法

有这样一道思维名题：

王老师在一个乡村小学的实验室里做实验时，需要量出10毫升的一种溶液，但是他却一时找不到量杯。他最后只找到了一个容积为20毫升的没有刻度的玻璃杯，他想了一下后，用这个玻璃杯大致准确地量出了10毫升的溶液，你猜他是如何做到的？

17. 检验盔甲

一次，印度国王准备御驾亲征，因此命令一个工匠为自己打造一副盔甲。自然，事关国王安全，工匠自然不敢怠慢，非常精心地为国王打造出了一副盔甲。但是，在工匠奉上盔甲的时候，国王为检验盔甲的质量，令人将盔甲穿在一件木偶身上，然后他亲自举起宝剑向木偶砍去。结果，盔甲立刻出现了裂痕。国王一看，便十分不满，他命令工匠再去打造一副，如果还是不堪一击，便要杀掉工匠。

工匠于是满心心事地回来了，他心想，国王手里拿的是稀世罕见的宝剑，又是这样尽力一砍，恐怕再厉害的盔甲都要出现裂痕。感到危难之际，工匠前去求见印度智者比尔巴，请他给自己出个主意。了解了有关情况后，比尔巴立刻给工匠说了一个主意。

于是，工匠打造好新的盔甲后，又去奉给国王。国王这次要身边的卫士拿上自己的宝剑去像上次那样检验盔甲。但是，这次工匠却按照比尔巴所出的主意，请求国王让自己代替木偶穿上盔甲进行检验，而果然，这次工匠通过了检验。

猜测一下，比尔巴给工匠出了个什么主意？

18. 巧装蛋糕

苏联作家高尔基小时候家庭贫困，曾在一个蛋糕店里工作。因为这个新来的小孩看上去呆头呆脑，没有顾客时只爱看书，也不和其他店员交流，于是大家都经常取笑他。但是高尔基似乎并不在意大家对他的看法，只是我行我素。

一次，有个刁钻古怪的顾客来到店里，声称要订做九块蛋糕，但是他有个奇怪的要求，就是要求将这九块蛋糕装在四个盒子里，并且每个盒子里至少要装三块蛋糕。说完，他不顾伙计满脸的为难表情，说了句："好了，就这样，我下午来取。"说完诡异地一笑，便走了。看来这是个喜欢捉弄人的顾客，但是，顾客就是上帝，伙计们也不能置客人的要求于不顾。无奈之下，大家将这件事回报给了老板。老板一听，也没辙，只是说："那就试着装吧！"

但是，这样摆弄来摆弄去，弄坏了好几块蛋糕之后，也没能按照顾客的要求装好蛋糕。最后，从外面送货回来的高尔基回来了。他看到大家都在忙活，便打听是怎么回事，一听，便说道："我来试试吧！"大家本来不看好高尔基，但是也没有其他的办法，看他那胸有成竹的样子，便让他试一下。没想到，只一会儿便解决了这个难题。

你猜高尔基是如何装的？

19. 汉斯的妙招

1933年，世界博览会在美国芝加哥举办，其规模巨大，广受关注。全球各大生产商争相购买展位，将自己的产品送去展览。当时美国赫赫有名的罐头食品公司经理汉斯先生，自然也不愿放过这次在世人面前扩大影响力的机会。他奔波了几个星期，花费了很大一笔钱，最终在博览会会场中得到了一个位置。不过，这个位置却是在一个相当的偏僻的阁楼上，这使他颇为失望。

博览会开始后，世界各地的人们纷纷前来参观，现场十分拥挤。但是，尽管如此，到汉斯先生阁楼的人，也是寥寥无几。汉斯先生对此感到十分沮丧，但是，这位在商场上奋斗了多年的商业奇才并没有因此宣布放弃，将展位扯下，打道回府，而是开始积极想办法。因为他知道，商业的成功最终靠的是点子。

你能帮汉斯先生想出一个好点子吗？

20. 莎士比亚取硬币

英国著名戏剧家莎士比亚出身低微，在他成名后还有一些贵族瞧不起他。在一次社交宴会上，有个贵族想让莎士比亚当众出丑。他对莎士比亚说："人人都说你很了不起，不过在我看来，你智力平平，不信，你敢和我做个游戏吗？"

莎士比亚知道对方不怀好意，但当着众人的面，他也不甘示弱地回答："请吧！"

于是那个贵族让仆人提来半桶葡萄酒，并将一块硬币放在了里面，硬币浮在酒面上一动不动。然后，贵族对莎士比亚说："不准向桶内扔石头之类的重物，不准用东西拨弄硬币，也不准左右摇晃酒桶，你能在桶边口处将硬币取到手里吗？"

围观的人一听都摇摇头，觉得这根本不可能。但是莎士比亚想了一下，很快便将硬币取到了手里。你猜，莎士比亚是如何做到的？

21. 赃钱的下落

清嘉庆年间，安徽某地遭遇罕见的涝灾，洪水泛滥，成千上万的百姓流离失所。朝廷于是下拨赈灾银子60万两，修复河堤，赈济灾民。但是，没想到知府贪得无厌，贼胆包天，竟然连赈灾银子都敢中饱私囊，私自扣下了一半。该知府辖境内的几个知县早就看不惯此人的贪婪暴虐，借机联合向朝廷检举了这个知府，并连带将其平时的贪污行为一一举报。朝廷于是派钦差前来查办此案，将该知府羁押在了牢中。但是，这个知府自知罪孽深重，认定一旦老实交代必定难逃死罪，而拒不交代还可能有一线生机，于是摆出一副死猪不怕开水烫的架势。他避重就轻，声称自己虽然平时有贪污的行为，但绝对不敢打赈灾款的主意，并一口咬定赈灾款已经用于修补河道，赈济灾民，并且还拿出了假账目给钦差看。钦差几经审讯，都撬不开知府的口，又找不到罪证，就此判知府死刑对上不好交代，对下也不能令知府心服，因此感到十分犯难。

一天，知府的妻子前来牢中探视，该知府最后递给妻子一张纸片，声称这是他最后的遗言。看守人员照例检查了内容，见是一首悔过诗：

黄水涛涛意难静，彩虹高高人难行？
笔下纵有千般言，内心凄凉恨吞声。
帐面未清出破绽，单身孤入陷囹圄。
速去黄泉无牵挂，毁却一生悔终身。

看守人员见没有什么特别内容，就要交给知府妻子。就在这时，躲在一旁的钦差走了出来，要过了这首悔过诗。原来，钦差因为无法定案，知道知府妻子今天前来探视的消息后，便偷偷躲在一旁观察偷听，试图从他们夫妻见面的过程中找到破绽。钦差拿起这首悔过诗，皱着眉头反复看了几遍，最后，眼睛一亮，高兴地喊了出来"这下有了！"说完转眼严厉地看了一眼知府，知府也瞬间瘫软在了地上。

你猜钦差从知府的悔过诗里看到了什么？

22. 安电梯的难题

20世纪初期，在美国西部的一个城市里，有一家酒店生意特别好，每天都有络绎不绝的顾客光顾。但是，由于顾客太多，乘坐电梯成了一个难题，很多顾客要等很久才能乘上电梯。

于是，顾客就向饭店的老板反映了情况。为了解决电梯拥挤的问题，酒店的老板打算增加电梯。几天后，这家饭店就请来了两名建筑师，讨论该如何增加电梯。

讨论的结果是，大家一致认为应该在每层楼打个洞，然后才能装电梯。虽然耗费的成本高，并且会占用酒店内部的空间，但是酒店老板"两害相权取其轻"，同意这样做。不经意间，楼层的清洁工人听到了两位建筑师的谈话，知道了要在每层打洞安电梯的事。出于本职工作考虑，清洁工说道："如果在每层都打个洞，那会有很多尘土落下来的，环境也会弄得很脏。"建筑师对清洁工说，只能这么办，至于对他的清扫工作带来的不便，他表示万分抱歉。但是，清洁工却仍旧不满意，他皱了一会儿眉头后，说了一句话，建筑师一听，茅塞顿开，想到了一个绝好的主意。酒店老板也开心地手舞足蹈，并奖励了清洁工。

你知道清洁工说了什么吗？

23. 简单的办法

在江浙沿海一带，有很多家工厂从事商品生产加工贸易，行业之间的竞争十分激烈，一些产品的加工技术也需要做好保密工作。其中，一家名为"威盛泰隆"的工厂便遇到了保密工作上的挑战。

现在，有一买家要来考察他们的商品——一台已经制造好了的大型机器。可是，从工厂大门到这台机器的路线上有许多其他绝密产品，如果这些绝密产品被泄露出去，可能会给公司造成巨大的损失。

于是，厂长使劲来发动全厂上下的人出谋献策，看谁能想出一个比较好的办法来解决这一难题。不过，这个问题很不好解决，因为威盛泰隆工厂的产品成本很高，无法搬动，买主前来考察的线路也无法改变。威盛泰隆工厂总结了一下全厂上下人的建议，其中最好的一个就是：做个帐篷，把从工厂大门到这台机器的路线上的绝密产品一个个全盖起来，可是这样做很是费事，而且成本将会非常昂贵。

正在全厂对这个问题无计可施的时候，买主听到了这个消息，他们出于对卖方的尊重与合作精神，就提出了一个既不花钱又不费事的好办法，威盛泰隆工厂听到这个解决方案之后对买主十分感激。你知道买主提出的这个好办法是什么吗？

24. 聪明的摄影师

在一个阳光明媚的夏天，明明一家祖孙三代一起去照全家福。他们一家人欢欢喜喜来到一家照相馆，由于明明家的人非常多，这家照相馆立即被他们一家挤满了。

照相馆老板一看一下子来了那么多顾客，赶紧出来招呼他们。老板先把他们让到会客室里，让他们稍稍休息一下，然后再进行拍照。

过了片刻之后，老板就把他们领到了摄影室，让他们按照长幼辈分依次坐好，然后就调整距离准备拍照。可是，当老板数了一、二、三，要为他们拍摄的时候，突然发现他们的表情一个个都僵硬了，原来脸上挂着的非常自然的笑容，一下子不见了。于是老板停止了拍摄，对明明一家人说："你们一个大家庭今天能够聚集在一块，热热闹闹地来拍全家福，是一件多么值得高兴的事情呀，怎么一个个脸上没有一丝笑容？这样拍出来的照片多不好看呀，你们各位都要面带笑容，这样才够喜气！"

听了老板的话，明明一家人感到很对，于是就说："嗯，对对，我们一家三代聚到一起不容易，是件值得高兴的事儿，大家都笑笑才对！"

但是说归说，当让他们去做的时候，效果却不那么理想。他们有的笑得非常不自然，有的根本笑不出来。老板看到这种情况，也有一丝为难。他扫了一眼这一大家子人，忽然间眼睛一亮，想到了一个主意。只听他说了一句话，就逗笑了明明一家人。

你知道老板说了什么吗？

25. 应变考题

一次，一家大型的上市公司要招聘重要职位，由于所给的待遇优厚，吸引了众多的求职者。公司一共收到了200多份简历。这么多的简历真是让公司人事部门很头疼，看着那么多优秀人士，舍掉哪个都不忍心，但是职位只有一个，所以，必须从这些简历中选出一个人来。

为了考察应聘者的随机应变能力，该公司为面试者准备了一道题目。这是一道选择题：在一个大雨滂沱的晚上，假如你开车路过一个车站，这时候，正好有三个人站在车站旁，他们都是由于当晚的大雨被阻隔在车站的。其中，一个人是曾经救过你命的医生，一个是奄奄一息的病人，一个是你最心爱的人。问题是，你的车只能载一个人，你会选择谁来坐你的车呢？

的确是非常难以选择，众多的求职者都被难住了。大家的答案都不一样，有的说先把病人送到医院，然后再来接那剩下的两个人；有的说先把医生送到医院，再让他开救护车前来接病人，自己则再回来载走心爱的人；有的说当然选择自己爱的人了……所有的答案都被考官——否定了。这个时候,一个年轻人出现了,他的回答让考官和其他应聘者都感到意外,但又觉得他的答案十分精彩。自然,最终这个年轻人就成功获得了这个重要的职位。

想一下,如果是你,你该如何选择?

26. 挑选总经理

只要是商人,总是希望自己赚的钱越多越好,开了一家店,老想着再开一家连锁店。下面就是一个这样的例子。

一位老总拥有一家生意不错的酒店,这家酒店为他带来了巨大的财富,现在他又想要再开一家分店了。由于精力有限,这位老总不可能事必躬亲,也不可能一个人同时管理好两家酒店。于是,他想从自己的员工中选出一位出类拔萃的总经理。

自己的员工那么多,精明能干的也不在少数,该选谁做这个职务合适呢?他左思右想,用了整整一个晚上的时间,选了三个员工作候选人。这三位员工头脑都很精明,能力也很强。老总把三位叫到了自己的办公室,向三位问了同样的一个问题:"你们三位能告诉我是先有鸡还是先有蛋吗?"其中的一个很快就回答道:"我认为先有鸡。"另一个也不甘示弱,很自信地回答道:"还是先有蛋。"对于这二位的回答,老总都很失望。

第三个人做出了自己的回答。他的回答得到了老总的赞赏,并成为了新酒店的负责人。

那么,你猜第三个人是如何回答老总的问题的呢?

27. 智斗刁钻的财主

在一个小镇上,有一个刁钻狡猾的财主,他仗着自己有钱,喜欢愚弄镇上人,很多人都被他愚弄过,大家对他也恨之入骨。

一天,财主又想要愚弄镇上的老漆匠。财主让漆匠把一个新的方桌的颜色漆得和旧的方桌一模一样,不能有半点差错。如果漆匠能把新的漆得和旧的一样,那么财主就会给漆匠双倍的工钱,如果漆匠做不到这点,那么财主就不会给漆匠一分钱的工钱。憨厚老实的漆匠没日没夜地干了整整两天,才把方桌漆完,漆完后的方桌非常漂亮。和旧的相比,几乎没有任何差别,唯一的差别就是一个是新的,一个是旧的。但财主就抓住了这点不同,非说新的和旧的不一样,说什么也不给工钱。老实木讷的老漆匠也拿财主没有办法,也没有收取这次的工钱,无奈地走开了。

刁钻的财主并没有满足,他还想要愚弄漆匠。过了没多久,刁钻的财主又来找漆匠了,又想要漆匠为他去工作。漆匠想起上次的事,自然不愿再去。但是,漆匠有个徒弟,他想起师傅上次被财主愚弄的事,心里就一肚子气,早想为师傅出出这口气了。于是,徒弟就表示自己愿意替师傅去财主家,不过要求双倍的工钱。财主奸诈地在内心盘算道:反正你又拿不到,不妨许给你!就答应了漆匠徒弟的要求。结果,财主又拿出上次的办法来对付漆匠徒弟,但漆匠徒弟却完全满足了财主的要求,拿回了双份的工钱。

你猜漆匠徒弟是怎么做的?

28. 惩罚

上课的铃声已经响了,在外面玩的学生都回到了自己的座位上。老师正在黑板前讲课,同学们也都在认真听讲,只有两个男生一直在窃窃私语个不停。老师发现后,并没有马上就把他俩叫起来,而是希望他俩能自觉点。然而,他们的声音越来越大了,老师这才把这两个小男孩叫了起来。原来是落在窗户上的小鸟吸引了他们的注意,他们正在议论这只小鸟。

为了让这两个小男孩吸取教训,下次不要再走神,同时也为了警示班里其他的同学,老师决定要惩罚这两个孩子。

"你们两个上课不认真听课,要受到惩罚。你们愿意接受惩罚吗?"老师说。

两个孩子答道:"我们不该在上课的时候走神。我们愿意接受老师的惩罚。"

老师想了想,就说:"我要你们把豌豆放进鞋子里,穿上装有豌豆的鞋子走一个星期。我想这样就能提醒你们下次不要再犯同样的错误了。"

两个小男孩很听话,他们就按照老师说的去做了。没过几天,这两个男孩相遇了。其中一个男孩走路一瘸一拐的,看起来很痛苦,但是另一个男孩走路却像往常一样方便,似乎鞋里没有豌豆。那个男孩就以为这个走路轻松的男孩,没有按照老师的要求在鞋里放豌豆。于是,他说道:"你是在接受惩罚吗?我觉得你根本就没有把豌豆放进鞋里,你不按照老师的话去做!"

另一个男孩的回答很简单:"我确实已经放了豌豆,我并没有违背老师的意思。只不过……"你知道这个男孩是怎么说的吗?

29. 有智慧的商人

有一个地方经常发洪水,每次发水,地势低的地方都不能幸免。有一个做纸品批发的商人,为了搬运的方便,他一直把自己的纸存放在一楼。

有一次,这个城市下了一场大暴雨,河水像猛兽一样肆虐。整个城市都处于一片汪洋之中,商人的店铺也不例外。商人看着雨水慢慢地渗入了门槛,由于没有事先准备,一点补救的办法也没有。店里的员工都很着急,大家都在抓紧时间抢救纸张。但是,哪还来得及,纸很快被水一层层地渗湿。

店员们都在抢救纸张,唯独商人站在那里不动。过了一会儿,商人却不顾外面的瓢泼大雨跑了出去。对于商人的这一举动,店员们很吃惊。现在这个时候,还有什么比抢救纸张更重要的事情吗?或许他是由于太伤心了,要出去发泄一下吧。这只是店员们的猜测。

等到商人回来的时候,店里的纸已经全部报废了。但是商人并没有难过的表情,他收拾完残局,就把店面搬到了另一个地方去了,这次商人也是选择把纸放在一楼。和以前不同的是,这次商人进了比以前多两三倍的货,做的依旧是纸张生意。

过了一段日子,这个地区又遭受了水灾,而且比上次严重得多。人们都跑到屋顶去躲避洪水了。奇怪的是,几乎城里所有的地方都遭受了水灾,但是商人的店铺却安然无恙。他的纸当然也没有被毁坏。但是由于城里其他的纸商的货都被水淹了,一时间,纸的价格就上涨了。很多出版社也急着出书,需要纸张,大家都拿着现款来找他,出高价买纸。

大家都感到很奇怪,纷纷问商人:"你怎么知道这个地方就不会被水淹呢?"

商人说了一番很有哲理的话,使人们十分佩服他,你猜他说了什么?

30. 巧取银环

王冕是元代著名的大画家,他的作品非常受人们的欢迎,当时连明太祖朱元璋都慕名前去找他作画。王冕小时候家里穷,没有钱去读书,只能靠着给别人做工来糊口过日子。

有一次,他给一个非常贪婪的有钱人家做事,双方谈好的条件是:每个月一个银环的工钱。王冕第一个月很勤劳地给有钱人家做完苦工之后,这家有钱人并没有马上给他这个月的工资,而是拿出一条7个银环连在一起的链子给王冕说:"这个银环只准断开一个,你每个月底从这里取走一个作为你的工钱。假如你违反了这个规定,那么你不但得不到应得的工资,

107

还要把以前我付给你的工资都还给我。"

王冕听后，知道有钱人是在故意考验他，想了一下之后就爽快地答应了。

时间不知不觉地过了 7 个月，他在这个有钱人家也一连做了 7 个月的劳工，并巧妙地按照有钱人的要求，取走了自己应该得到的 7 个银环的工钱。

开动脑筋想想，王冕是如何做到的呢？

31. 炮车过桥

硝烟弥漫的战场上，士兵们正在经历着枪林弹雨。

战争中，武器的及时到位自然是非常重要的。法国此时正在增援大炮的数量，一辆辆炮车载着大炮正急匆匆地开往前线。

炮车在行进的过程中，遇到了一座桥梁。只见桥梁的标志牌上很明显地写着：最大载重量 25 吨。然而当时法国的每辆炮车重量是 10 吨，大炮重量是 20 吨，这样加起来之后，总重量明显超过了这座桥的载重量。如何才能让炮车平安过桥呢？

负责这次运输的总指挥员纳西将军苦思了好久都没有结果，最后只好把这个情况报告给了拿破仑。拿破仑沉思片刻之后，告诉了纳西将军一个简单而有效的办法，使得载重量超过桥的炮车平安过了大桥。

那么请问，拿破仑想出的办法是什么呢？

32. 巧过沙漠

中国工程院院士翟光明是著名的石油勘探专家，他带领队员为我国的石油勘测事业做出了巨大的贡献。有一次，他率队要到新疆塔里木盆地进行石油勘测，路上要经过一片荒无人烟的沙漠，穿越这片沙漠最少需要 10 天的时间。当时每个队员随身却只能携带 8 斤水和 8 斤粮食，而按照当时的情况看，每个人每天最低要消耗掉 1 斤水和 1 斤粮食。

他们当时有的一个优势条件是：当地民工有很多，但是他们一样每个人也只能携带 8 斤粮食和 8 斤水过沙漠，而且他们每个人每天也要消耗掉 1 斤粮食和 1 斤水。

如何才能平安地度过这片沙漠，这个问题难住了很多人，但是在翟光明那里，却轻而易举地被解决了，你知道他是用什么办法帮助队员穿过沙漠的吗？

33. 奇怪的成功条件

美国大名鼎鼎的钢铁大王卡内基在小的时候，家里很穷，但他一直很勤奋好学。在读小学的时候，有一件事情对他以后的人生产生了很大的影响。

有一天，在放学回家的路上，卡内基经过一个很大的建筑工地，小小的他不是很能看明白工人们都在做什么。这时，他看到有一个身着西装，很像老板的人在那指挥着工人们干活，于是他很好奇地走上前去问道：

"叔叔，请问你们在盖什么啊？"他问那个很像老板的人。

"小朋友，我们在建一座摩天大楼，给我的百货公司和其他公司的员工用。"那人回答他。

这样的回答让小小的卡内基很是羡慕，因为在他心里，能建造一座房子就是一件很了不起的事情，更别说一座摩天大楼了。

"那我长大后，怎么才能像你们一样建造一座大楼呢？"卡内基羡慕地继续问。

"要想建造一座大楼，第一需要勤奋工作。"老板模样的人很认真地回答他。

"这个我们老师说过，我知道的，那么第二需要的是什么呢？"

"买一件红色的衣服穿！"

这样的回答让卡内基感到非常奇怪，因为他怎么也想不通红色衣服和成功之间有什么必然的联系，"买件红色衣服与成功有关系吗？"他问。

看到卡内基满脸的疑惑，老板模样的人示意卡内基看他对面的那些工人，他们几乎都是穿着统一的蓝颜色的衣服，只有一个人穿的是红颜色的衣服。这个时候他指着那个穿红颜色衣服的工人说了一段话。卡内基听后顿时明白了买件红色衣服与成功之间的关系。

那么，你能想出来其中的奥秘吗？

34. 如此求职

一个大学生，在毕业之后急着去找一份自己喜欢的工作。他大学所学的专业是新闻，很希望能找到一份与所学专业相关的工作。

这天，他来到了一家杂志社，想看看他们是不是有招聘计划。

他直接来到了主编的办公室，很有礼貌地问主编："请问，你们这里需要编辑吗？"

"不好意思，我们暂时不需要！"主编回答说。

"那记者呢？"大学生继续问。

"也不需要！"主编回答。

这个学生依旧不死心，他继续问道："那么排版、校对的工作呢？"

"实在不好意思，我们现在什么职位都不缺人，需要的时候我们再和你联系吧。"主编继续平静地回答了他的问题。听到这样的回答，这个毕业生并没有立即离开，而是微笑着对主编说："那么，你们一定需要这个！"他边说边从公文包里面拿出一个自己特别制作的小牌子，上面简单地写着几个字。

总编一看，不禁莞尔一笑，既折服于这个求职者的创意，又赞扬他的机智与耐心，于是当场决定录取他。你能猜出这个求职者牌子上所写的内容吗？

35. 三个司机

一家很有实力的公司最近想招聘一个小车的司机，前去面试的司机很多。

经过相关人员的层层筛选，进入最后一轮面试的只有三个司机，他们都是驾驶经验很丰富的司机，行车技术也很高。三个司机共同接受了面试，主考官最后的面试只给他们提出了一个问题。

这最后的考题就是："假如在悬崖边有一块金子，而你们要做的就是开着车去捡回金子，那么以你们的技术能把车停在距离悬崖多远的地方？"

第一个司机说："我能把车停在距离悬崖 2 米的地方。"

第二个司机这时候自信地说："我可以把车停在距离悬崖半米的地方。"

第三个司机却给了一个完全不同的回答。

最后，第三个司机被录取了，你能猜出他是如何回答的吗？

36. 智力题

一个周末，罗宾逊夫人与几个好朋友在自己家里聊天，气氛相当融洽。有一人提议让罗宾逊夫人给大家出个谜语猜猜。这个提议得到了在场朋友的一致通过。罗宾逊夫人说："我不善于猜谜语之类的游戏，但是我丈夫却非常喜欢猜谜语。"罗宾逊夫人一边说一边想着，突然想起了一道难题，她感觉那应该是这些朋友们没有见过的，于是就说出来给大家猜了。

题目是这样的：有一天，她正坐在房间里面缝衣服，她8岁的儿子走了进来，就在这个时候，她的儿子听到了一个声音在说：

"退回房间去，我的宝贝儿子，现在我在忙，不要打扰我。"

儿子听后说道："我确实是您的儿子，但是您却不是我的母亲，所以我希望您能给我解释清楚这到底是怎么一回事！"

朋友们听到这里，都陷入了沉思，他们搞不明白，怎么儿子说是您的儿子，而您却不是母亲呢？在读这个故事的你，能想明白这是怎么回事吗？

37. 考学生

古时候有一个私塾先生，一生兢兢业业地教书育人，后来，私塾先生慢慢老了，因为无儿无女，他便想把自己的私塾留给他的学生。

私塾先生有两个心爱的学生。这两个学生都很勤奋努力，私塾先生很喜欢他们，于是想从这两个人中选出一个来继承他的私塾。两位学生在学习上同样勤奋，在品格上也一样正直，一时之间，私塾先生很难决定选择谁作为继承人。最后，私塾先生想到了一个办法来考察一下哪个徒弟更聪明一些，让聪明的那个当他的继承人。

这天，他拿出两本同样厚的书和两支笔分别给了这两个学生，他考验这两个学生的方法是：让每个学生在给他们的书的每一页上都点一个点，每一页都必须点上，谁先点完整本书，谁就将继承私塾先生的私塾。

学生甲接到书之后就老老实实地开始用笔一页页地在书上画点，学生乙思考了片刻之后，换了一个办法，很快就完成了任务，私塾先生一看满意地点了点头，最后也就将自己的私塾给学生乙继承了。

你能猜出来学生乙是如何做的吗？

38. 火灾带来的"灾难"

约瑟夫的祖父在去世后为他留下了一座美丽的森林庄园。约瑟夫非常喜欢那座美丽的庄园，每天都精心地打理着庄园里面的一草一木。

然而世事难料，美丽的庄园在一次火灾中化为了灰烬。森林大火是由雷电引发的。看到那片茂密的森林被大火无情地烧毁了，约瑟夫心里非常难过，他决定向银行贷款，用以恢复那片美丽的森林。但是，当他满怀信心地向银行提出了申请之后，得到的却是银行的拒绝。

约瑟夫看着化为灰烬的森林，非常难过。他茶不思、饭不想地在家里过了好几天。他的太太看着他那样，非常担心，就劝他出去走走。

约瑟夫听从太太的建议，来到了一条热闹的街上闲逛。

在街道的一个拐角处，他看到一家店铺门口非常热闹，禁不住好奇心上前去看是什么情况，原来是好多家庭主妇在排队购买冬季取暖和做饭用的木炭。约瑟夫看到那家店铺箱子里面的木炭，忽然眼前一亮，想到了一个好的主意。

你能猜出他想到的是什么主意吗？

39. 故事接龙

在一次很著名的选美比赛中，美女云集。大赛经过几轮激烈的角逐，最后只剩下了四位佳丽，四人不论从外貌还是才华都非常优秀。

最后一轮是智力比赛，这将关系到最后的结果。主持人笑盈盈地走到话筒面前，温柔地对台下观众说："现在将要进行的是最后一轮比赛,此轮比赛是智力比赛,现在请四位佳丽轮流来为我们串讲一个故事。故事的开始是这样的:'今晚的月光很好',那么从我们的第一位美女开始。"

第一位佳丽接过话筒,很快地答出了下面的一句:"演出很圆满地结束了,我心情很舒畅,独自一人愉快地走在回公寓的路上,身后忽然传来一声枪响……"

第二位佳丽接过话筒笑容满面地说:"我慌忙回头看是怎么回事,只见一位警察正在奋力追赶一名歹徒……"

第三位佳丽继续着这个话题说:"经过一番激烈的搏斗后,这位警察最终将歹徒制服了。"故事讲到这里似乎已经结束了,大家都为第四位佳丽捏一把汗,看她如何接着讲。

话筒已经到了最后一位佳丽的手里,第四位佳丽灵机一动,又接上了一个精妙的结局,并明显高出前三位一筹,她也因此赢得了比赛。

你帮她想一下,她该如何往下接?

40. 最短的道路

在许多年前,英国的《泰晤士报》曾经出了这样一道题,公开征求答案,题目即:从伦敦到罗马,最短的道路是什么?最佳答案提供者将有一份奖品相赠。在问题的下面,还附有两行说明:这道题是没有固定答案的,所以大家可以大胆地去考想象,谁的答案合情合理,能让其他人都感觉非常恰当,那么他的答案就将获奖。

这个有趣的问题吸引了许多英国人的参与,他们有的从地理位置上找答案,有的去翻阅《旅游指南》一类的书籍,然而,他们的答案都落选了。最终,一个小伙子获了奖,人们都认为他的答案非常机智巧妙。

你能猜出这个最佳答案吗?

41. 酱菜广告

1997年,老李退休后用自己攒了半辈子的钱开了一个酱菜场,虽然注册资金只有十几万块钱,但干了一辈子营销管理工作的老李却蛮有信心做成全城第一品牌。

为了迅速挖到第一桶金,老李寻思着在酱菜上市之前先打个宣传广告。问过当地电视台的相关人员以后,他发现电视广告实在不是一个好选择,不但价格太贵而且自主性太小,看来只好选择广告牌位了。

可到哪里才能寻找到既便宜又实惠的广告位置呢?琢磨来琢磨去,老李灵机一动想出了一个主意,他用了整整三天的时间转遍了城中城郊的大街小巷,终于找到了一个让他非常满意的广告牌位——在进城的高速路口处,各种车辆和行人总是川流不息。

就是它了,老李心想,虽然这里路人皆行色匆匆,很难保证广告的良好效果,但只要他们看上一眼,我的酱菜就能印到他们脑子里了,要知道在这之前上百公里的高速公路上可都是没什么广告的。

决心一下,老李立刻行动起来,第二天,他的广告便登上了那个位置,但是令人惊讶的是,那并不是他的酱菜广告,而是一个"广告的广告"。原来,老李想到了一个大大放大自己的广告效果的点子,你猜他具体是怎么做的?

42. 华盛顿抓小偷

华盛顿小的时候非常聪明,经常帮助村长解决一些难题。有一次,华盛顿的邻居家遭到偷窃，丢失了许多东西，这家人本来就不是很富有，因此很难过。邻居于是向村长说明了情况，希望村长能帮忙找到这个可恶的小偷。

华盛顿想了一会儿之后，把村长悄悄地叫到一边说："村长，从作案时间和所偷的东西来看，我感觉这位小偷应该就是咱们村的人。"

村长一听，觉得有道理，于是继续问华盛顿："那么如何能够将这个小偷找出来呢？"

华盛顿和村长说了一个办法，然后让村长晚上把所有村民都聚集起来。

村长按照华盛顿的要求将村民们集合到了麦场，并告诉大家华盛顿说要给大家讲一个故事。那个晚上月亮很好，星星明亮地闪烁着。华盛顿对着在坐的村民们开始讲故事："传说黄蜂是上帝派到人间的使者，它有一双犀利的大眼睛，能够辨别人间的是非曲直和善恶对错，尤其善于将坏人揪出来，这天，它乘着朦胧的月光飞到了人间……"

说到这里，华盛顿突然停了下来，对着人群大声地叫到："哎！小偷就是他，黄蜂看到的小偷就是他！他偷了善思特大叔家的东西，现在黄蜂正在他的帽子上面打转呢……"华盛顿焦急地一边说一边指着人群，"看，黄蜂就要落下来了，马上就落下来了，就在那里！"

村民们这个时候纷纷四处观望起来，都想看看黄蜂在哪里。一阵纷扰过后，华盛顿指着人群中的一个人对村长说："小偷就是他！"接着，华盛顿还说出了自己的理由。这个人想抵赖都抵赖不了，只好低头向村长认罪了。

那么你知道这个小偷是怎么暴露自己的吗？

答 案

1

原来，这个办法就是，在核桃的外壳上钻一个小孔，灌入压缩空气，靠核桃内部的压力使核桃壳裂开。

在取核仁时，人们往往习惯性地想到要从外面去打开核桃壳，而不会想到从内部着手。这里的这个办法便是一种典型的打破常规思维的求异思维。

2

实际上，只要能够打破常规思维，这个想法是可以实现的：如图所示，沿着纸上的线剪开再展开，即可让人钻进钻出。这实际上是一种把"面"变为"线"的做法。实际上，这些看似荒诞至极的想法，往往能够培养一个人大胆思考的习惯，将其思维充分拉开，具有非凡的创造性。另外，就本题而言，试想一下，在爱迪生的这个办法之外，你能不能找到其他的办法呢？

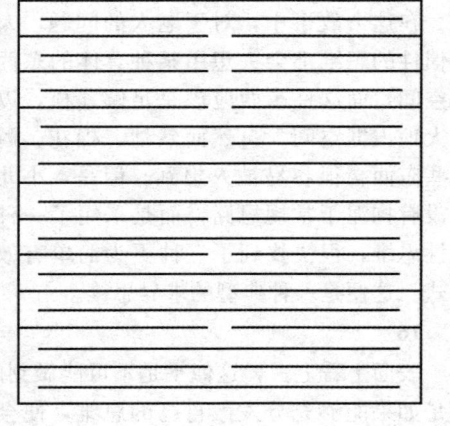

3

毛毛虫可以等自己变成蝴蝶后飞过去。

4

原来哈姆威看卖冰激凌的商贩没有盛装冰激凌的容器了，他便将自己的蛋卷卷成锥形，以用来盛放冰激凌。冰激凌商贩一看这个办法挺好，便买下了哈姆威的所有蛋卷，用来制造这种锥形冰激凌，以方便让顾客带走。而人们则发现，这种锥形冰激凌不仅携带方便，外观好看，而且冰激凌和外面的蛋卷一起吃，味道也很好，后来十分流行的蛋卷冰激凌就此诞生。不仅如此，这种蛋卷冰激凌还被人们评为那届世界博览会的真正明星。

5

纸条上写着："我的图案设计是信封上的假邮票。"这个人不仅表现出了自己扎实的美术功底，而且也展示了自己的创意思维能力。

6

日本商人弄清的真相是：对面的那家店也是这个年轻人开的。

故事中，这个年轻人总是能够摆脱从众思维，看到别人所看不到的机会，继而通过自己出人意料的举动获得更大的收获。这其实就是一种打破惯性的求异思维。而这种思维在商业上是非常有价值的，所以日本丰田公司亚洲区的代表山田信一才会花百万年薪雇用他。

7

小路易斯将瓶盖盖上并拧住，然后把瓶子倒过来。这样，油就浮了上去，醋沉了下来，他再将瓶盖松开，醋就流了出来。

8

他拿起了第 2 只杯子，把里面的红色的水倒进了第 7 只杯子，又拿起第 4 只杯子，把里面的红色的水倒进了第 9 只杯子，结果，杯子就成交错排列的格局了。

9

那个人先取出 5000 元，再把不需要的 2000 元存进去，结果就得到了他想要的 3000 元钱。

俗话说："规矩是人制定的。"营业员的做法就是不懂灵活处理规矩的表现。营业员只是按照规矩办事。如果那个人也和营业员一样，循规蹈矩，那么他只能去取款机前排队，说不定会误了他的事。所谓急中便生智，这个人在取钱和存钱之间进行了一种巧妙的转换，便巧妙地解决了问题。

10

这位乘客考虑到这座房子对于火车上处于极度无聊之中的旅客的吸引力，将这个房子买下来，用来给各家商家做户外广告。结果，因为其独特的位置，广告订单雪片般飞来，这个乘客于是就发了财。

按照正常人的思维习惯，房子位于火车的道旁，是致命的缺点，所以根本没有价值。但是，这位乘客却反过来看，认为房子位于火车道旁，恰恰是其优点，具有不可估量的价值。这是一种典型的逆向思维。

11

原来，鬼谷子给弟子们派出这个任务，是想考考自己这两个弟子的才智，而不是比他们两个的体力。10天之后，鬼谷子先在洞中点燃了庞涓打来的干柴，这些干柴的火势虽旺，但浓烟滚滚。显然，数量和质量都没有达到老师的要求。而孙膑从山上回来之后，就把自己砍来的榆树枝放到一个平时烧炭的大肚子小门的窑洞里，开始烧起榆树木炭来。等烧好之后，孙膑又用那一根柏树枝做成的扁担，将榆木炭担回鬼谷洞，意为"柏担有榆"。等到鬼谷子点燃这些木炭的时候，没有一点烟，这便做到了"木柴无烟"。鬼谷子一看十分满意。

原来，孙膑在接到老师的任务后，便意识到，10天的时间砍100担木材，凭自己的体力完全做不到，于是便用谐音巧妙地满足了鬼谷子的要求。而庞涓则遇事不知思考，仅凭着一股子蛮力，结果费力不讨好，自然要令鬼谷子感到失望。

12

在当时，美国法律只是禁止以高价位出售复印机，但是，却并不禁止威尔逊出租或提供复印服务。聪明的威尔逊只是稍稍动了一下脑筋，这个问题就解决了。他想到了通过这两种方式依旧可以赚钱，而且需求量会更大，因此他赚的钱也就更多。

13

原来法官是这么说的：鉴于父母离婚的最大受害者是孩子，为了保护儿童的权益并考虑到父母双方的要求，本庭宣判如下：父母归两个孩子所有；原有的住宅的居住权也归两个孩子所有，而不判给母亲或父亲。离婚后的父母定期轮流到原来的住宅中居住并照顾孩子，直到孩子长大成人。

14

原来，狄多公主让随从们将公牛皮切成一条一条的细绳，然后再把它们连结成一根很长的绳子。她在海边把绳子弯成一个半圆，一边以海为界，圈出了一块面积相当大的土地。因为同样周长的平面图形中，圆的面积最大，以海为界，又省下了一半的周长。

15

原来，小儿子点燃了一根蜡烛，马上烛光便将整个房间都填满了。

在这个故事中，对于老人的问题，人们习惯性的思维都会去想用某种具体的东西去填空间，而这种东西应该是足够蓬松，以尽量大地占据空间。自然而然地，棉花、鹅毛这些东西会很容易被人想到。但是，小儿子却没有拘泥于常规思路，而是采用了一种创造性思维，很快找到了一种更为简单有效的方式。这便是一种典型的求异思维。

16

表面上看上去，这似乎是不可能做到的，但是如果能够充分发散自己的思维，便会找到解决问题的办法。因为10毫升正好是玻璃杯容积的一半，所以将玻璃杯倾斜45度角，其留在杯子里的溶液便正好是10毫升了。

许多人之所以想不到这个办法，是因为在他们的脑海里有一个固有的思路——量液体的容积时，必然是将容器水平放置，然后根据刻度来看液体的体积的。殊不知特殊问题（溶液体积正好是杯子容积的一半）是可以特殊对待的。总体而言，倾斜思维法属于一种求异思维，其关键仍旧是思考者要能够打破惯性思维的束缚。至少，在读了这个思维命题之后，我们应该知道，在思考问题时，物体不一定非要四平八稳地放在那儿，而是可以适当倾斜的，没准儿在倾斜的那一瞬间，答案就出现了。

17

工匠按照比尔巴所说的穿上盔甲后，站在那里一动不动地等待国王的卫士出场。但是，就在卫士拔出宝剑就要砍下来时，工匠却突然大叫一声扑了上去。士兵被工匠的举动吓呆了，他以为工匠要跟自己拼命，于是赶紧跳开了。旁边的国王一看，便恼怒地对工匠说："你想干什么，想要造反吗？"工匠于是说："陛下，是这样的，我的盔甲不是做给木偶人穿的。当有人拿剑砍下来时，穿盔甲的人必然不会站在原地等他来砍，而是会躲开，如此一来，盔甲就不会被轻易砍破了。"国王一听，觉得有理，便收下了工匠所做的盔甲。

这个故事中，比尔巴便是突破了检验盔甲硬度时盔甲一定会被砍到的常规思维，使盔甲的作用得到了更合理的理解。

18

高尔基先将九块蛋糕分装在三个盒子里，每盒三块，然后再把这三个盒子一齐装在一个大盒子里，用包装带扎紧。

有个伙计一看便不服气了，质问道："你怎么能用不一样的盒子装呢？而且还有一个盒子没装蛋糕。"

高尔基反驳道："难道顾客限制了盒的大小，并规定不能套装了吗？"

那个人无言以对。

下午，那个挑剔的顾客来到了蛋糕店，他用挑剔的目光看了一下之后，也无话可说，提着蛋糕走了。从此，老板和伙计们都开始对聪明的高尔基刮目相看。

在这个故事里，老板和其他伙计们之所以想不出办法，是因为他们被惯性思维所束缚，以为四个盒子必须是一样大小，并且根本想不到还可以套装。而高尔基之所以能够想出办法，便是因为他不为常规思维所束缚，能够自由地发挥想象。

19

汉斯先生想了一个点子。在博览会开幕几天后，会场中突然出现了一个新玩意儿，前来参观的人们常常会在地上捡到一个小铜牌，上面刻着一行字："凭借这块铜牌，可以到阁楼上的汉斯食品公司换取一份纪念品。"前前后后，竟然有几千块铜牌出现在会场上。不用说，这是汉斯先生派人抛下的。

如此一来，那间本来几乎无人光顾的小阁楼，每天都被挤得水泄不通，以至于博览会举办方因为担心阁楼被压塌，请木匠加强了其支撑力。

20

原来莎士比亚叫人又提来了半桶酒，往桶内倒酒，等到桶里的酒满之后，硬币就浮了上来，并随着溢出的酒流了出来，莎士比亚伸手将硬币接在了手里。

21

这其实是一首"藏头诗"，每句开头第一个字连起来便是"黄彩笔内帐单速毁"八个字，最后，钦差果然在知府书房里的黄色笔筒里找到了赈灾款藏匿的清单。

22

清洁工说："何不把电梯装在楼的外面，那样既保持了环境卫生，又能方便顾客。"

可能你不知道，在早期时候，电梯都是装在楼宇内部的，没有人想到电梯可以装在外面。也正是因为此，两个建筑师虽然面对代价昂贵、挤占酒店内部空间的弊端，也"执意"要将电梯安装在酒店内部，这正是受到惯性思维的束缚。而清洁工正因为并非专业人士，所以才不会受到惯性思维的束缚，想出了这个绝妙的主意。这体现的正是一种求异思维。并且，正是此件事情发生后，人们普遍开始将电梯装在楼宇外面，以节约内部空间了。

23

思考问题的时候，我们要找到牵动问题的各个方面。解决这个问题的关键除了在威盛泰隆工厂之外，还可以在买家一方下工夫。买家主动提出的方案就是在去参观的路上拿布条蒙住自己的眼睛，这样看不见途中的绝密产品就解决问题了。

24

老板看到明明的身边坐着一位老太太，就对明明说："你能不能坐在你妈妈的怀里，让她抱着你，这样显得更亲切。"显然，老板是在巧妙地夸老太太年轻，不过，这种夸法也实在有点夸张了，大家一听，纷纷忍不住笑了出来。摄影师于是趁机按下快门，拍出了一张大家都非常满意的照片。

一个是年幼的孩子，一个是老太太，一眼便能看出来，两人必定是祖母和孙子的关系。但是，老板却硬是故意将其说成是母子关系，从而逗笑大家，应该说，没有一种求异思维，还开不出这样的玩笑呢。

25

年轻人的选择是："我会把车交给医生，让他开车送病人去医院，然后我和我的爱人一起等车。"

思维如果受到禁锢，便会失去灵性。那些没被录取的应聘者，便是始终不能跳出惯性思维的窠臼，他们自始至终没有想到，在这种危急的情况下，自己其实完全没必要非要和自己的车"拴"在一起。而那个年轻人显然是具有创造性思维的人，被录取是理所当然的了。

26

他是这样回答的："这完全取决于客人的要求，如果客人先点鸡，就先有鸡；如果客人先点蛋，就先有蛋。"

对于先有鸡还是先有蛋的问题，估计没人能说得清楚。这是一个让哲学家争论的议题，至今也没有明确的答案。老总选择这个题目显然并不指望得到确切的答案，而是通过这个题目测出了他们不同的思维方式。前两个人思考问题太死板，不会变通，联想能力太差，只会就事论事。而第三个人能挣脱惯性思维框架的束缚，联系相关的问题，所以被老板看中。

27

漆匠徒弟是这样做的：把新的和旧的一起都重新刷一遍，这样就一模一样了。

老漆匠之所以会被财主愚弄，便是因为他以常规的思路考虑问题，只想着将没上漆的新桌子照着旧桌子的样子漆，这样无论怎么漆，都不可能将新桌子漆得和旧桌子一模一样。而徒弟则能够打破常规思维，将旧桌子也漆一遍，这样，两个都是新漆的，自然一模一样了。他所采用的便是一种求异思维。

28

这个小男孩说："只不过我放的是煮熟的豌豆而已。"

煮熟的豌豆放在鞋里，一踩便碎了，自然不会使脚难受了。第一个小男孩按照常理去思考，主观上认为老师让他放的豌豆就是生的。但是实际上，老师并没有规定，另一个小男孩却能够跳出思维定势，寻求更好的解决方式，可谓聪明。

许多时候，我们之所以会被问题所困扰，是因为我们被惯性思维所束缚，一旦跳出窠臼，问题便不成问题了。

29

纸商说道："上次，洪水已经进屋，根本就无法拯救了，所以我才没有去徒费力气地抢救纸张。既然没法补救，何不把精力集中在下次，争取下次不让悲剧重演。我上次冒雨出去，走遍了全城，只发现了这一个地方没被水淹，于是就把店铺转到了这里。"

30

王冕的做法如下：

第一个月，他取走的是第三个银环；第二个月他用第三个银环换下一、二两个银环；到了第三个月，他再取走第三个银环；第四个月，他用一、二、三个银环换走了四、五、六、七这四个银环；第五、六、七个月的做法分别和第一、二、三个月相同。

王冕用自己的聪明智慧拿到了自己应该得到的工钱，有钱人的计策没有得逞，当然只好乖乖地把工钱付给王冕了。

31

拿破仑让纳西将军找来一个比桥面长的钢索，然后将这条钢索系在炮车与大炮之间。这样一来，炮车和大炮就能分段开过桥面，过桥的时候炮车与大炮不会同时压在桥上，桥身就不会超过载重量，这样便可以顺利地让炮车过桥。

拿破仑通过这样的办法分担了桥身本来应该承担的重量，把原本不可能通过的桥梁重量分担成了不同的部分，最后巧妙地完成了大炮过桥的任务，这办法看起来似乎很简单，但是纳西将军却愣是想不出来，原因就在于他为常规思维所束缚，不具备拿破仑那样的求异思维。

32

当我们现有的条件不能满足需要的时候，我们就需要借助外部的力量来满足自己的需要。翟光明选择的就是这种思路。

翟光明采用的办法是借助当地民工的力量帮助队员们穿过沙漠。他让每两个勘探员雇用当地的一个民工，每一个人带足8斤粮食和8斤水开始上路。等他们走了2天之后，就请当地的民工回去，并给他们2斤粮食和2斤水，够民工回去的路上吃喝。这个时候每两位勘探员那里还有6斤粮食和6斤水，民工携带的粮食和水还各剩下4斤。他们将民工剩下的粮食和水平分，如此一来，他们每个勘探员那里就有8斤粮食和8斤水了，而此时剩下的路程也只有8天了，所以正好能平安地走出这片沙漠。

如果按照常规思路来想，解决此类问题似乎只能是想办法去寻找骆驼了，或者用马匹来替代骆驼，而翟光明这样的办法似乎只有极少数聪明人才能想到的。其实，只要具有一种求异思维，这办法并不难想到。

33

老板指着那些穿蓝衣服的工人说："他们都是我的手下，但是他们都喜欢穿着清一色的蓝衣服，所以到现在对于他们我一个都不认识。"然后他又指向那个穿着红衬衫的人说，"但是那个人却和他们不一样，虽然说他们的手艺差不多，但是我却能在这么多人中间一眼就看到他。所以我会更多地注意到他，我准备请他做我的助手。"

成功并不是你想的那么困难，当然也不是你想的那么简单。有时候需要你有异于他人的眼光与智慧，用独特的思想让你在众人中独树一帜。成功不仅仅需要自己的努力，有时还需要你具有与众不同，和众人区别开来的意识。

34

求职者的小牌子上面写着："额满，暂不雇佣。"

这个刚毕业的大学生用自己的创意制作了这么一块别具一格的牌子，正是这样与众不同的创意思维让主编眼前一亮，进而为自己赢得了一个非常好的工作机会。

每个人都有独具一格的创意思维，假如你能在需要的时候用好，那么会在生活与工作中赢得更多的机遇，在遇到困境的时候，不要轻易放弃，一个与众不同的创意或许便能使你的处境顿时柳暗花明。

35

第三个司机不慌不忙地回答考官说："我会尽量远离悬崖，越远越好。"

前两个司机都尽量展示他们的驾驶技术，按照惯性思维，第三个司机似乎应该将距离悬崖的位置说得更近些，以显示自己的技术高超。但是，他没有受前两个司机的影响，而是从安全和责任的角度进行回答，这便是一种求异思维。

36

其实，当时房间里面有两个人，和儿子说话的那个人不是罗宾逊夫人，而是罗宾逊先生。

猜不出这个问题的原因是我们会陷入一种惯性思维，认为罗宾逊夫人坐在那里，便肯定就只有她一个人在房间里。解答这类的问题关键就是要摆脱惯性思维，而这，便需要一种求异思维。

37

学生乙拿起笔，在那本书的侧页上面画了一道直线，这样一来，整本书的每一页上面都有了一点墨迹，于是，他在最短的时间内成功地完成了先生规定的任务。

38

约瑟夫匆忙赶回家，然后雇用了几个炭工，把庄园里被大火烧焦的树木进行加工。不久，2000箱优质的木炭就加工好了。约瑟夫把这些木炭带到集市上的木炭店里，因为木炭质量非常好，价格也不是很高，所以没过多久，那2000箱木炭便被抢购一空了。约瑟夫用这些木炭换回了一大笔不小的收入。他用这些收入购买了很多树苗，经过一番辛苦劳动，他的那片美丽的庄园又重新建了起来。

当我们生活中遇到不幸的时候，不要垂头丧气，也不要抱怨生活，积极地面对上天赐予我们的一切。用一颗充满热情的心迎接每一个明天，或许变一下思路就会看到希望，记住这么一句话"山重水复疑无路，柳暗花明又一村"。

39

这位美丽的佳丽接着说道："写到这里，青年作家一把撕去了写满的一页稿纸，自言自语地说：'我怎么会写出如此无聊加俗套的故事！'"

40

这个小伙子的答案是：一个好朋友。有一个好朋友相伴，再长的旅途也会变得轻松愉快。两个人可以一路上说说笑笑，不但不会觉得道路漫长，反而会觉得此路太短。显然，小伙子运用了不同常人的思维方式，给出了让人耳目一新又觉得合情合理的答案，所以，他获得这一个奖，理所应当。

41

老李先是在广告牌上打上如此一个"招租广告"：好位置，专等贵客，此广告位招租185万/每年。其故意打上这样一个天价，以引起人们的主意。所有看到这个广告牌的人都倒吸一口冷气这样惊呼着，心想这样的天价谁能租得起！一时间，这个贵得离谱的广告位成了人们饭后茶余所津津乐道的新闻，连当地电视台、电台、报纸等各大媒体也纷纷给予了极大的关注。

一个月之后，老李将自己的酱菜广告登了上去。结果没出几天，全城的市场便被迅速打开了，因为那"185万/每年"的广告位早已经家喻户晓。

正当员工们为自己老板的睿智惊叹的时候，老李又在筹划如何将酱菜推向全国了。

拿到一个广告招牌后，不是直接打上广告，而是打上一个天价的"广告的广告"，先引起人们的关注，这实在是一个奇妙的主意，体现出了一种打破惯性思维的求异思维。

42

其实华盛顿是抓住了小偷做贼心虚的心理。

他的故事为小偷设置了一个情景，在这个情景中，小偷会不自觉地做出一些举动。当华盛顿说黄蜂就在小偷帽子上的时候，小偷受到华盛顿故事的感染，已经忘记了根本不存在这样的黄蜂，而是条件反射性地想要看看自己的帽子上是否真的有黄蜂，进而便将自己暴露了。

俗话说"不做亏心事，不怕鬼敲门"，相反，做了亏心事的人当然会害怕"鬼敲门"，在很多的时候，他们自己会不自觉地暴露了自己，抓住小偷这样的心理之后，稍微动下脑筋就能找到破绽了。华盛顿之所以能够想到这样一个巧妙的找小偷的办法，是因为他具有一种求异思维。

第四章
转换思维名题

1. 棒极了

一个探险家和他的挑夫打算穿越一个山洞。他们在休息的过程中，探险家掏出一把刀来切椰子，结果因为灯光昏暗，切伤了自己的一根手指。

挑夫在旁边说："棒极了。上帝真照顾你，先生。"

探险家十分恼怒，于是把这位幸灾乐祸的挑夫捆起来，打算饿死他。当他一个人穿过山洞的时候，却被一群土著抓住了，他们打算杀死他来祭奠神灵。幸运的是，那些土著看到了探险家伤了手指，于是把他放了，因为他们害怕用这样的祭品会触怒神灵。

探险家感到自己错怪了挑夫，于是回去把那位挑夫的绑松开了，并对他致以歉意。

这时候，挑夫又会说什么呢？

2. 保护花园

玛·迪美普莱是法国著名的女高音歌唱家，她有一个非常美丽的私家花园，花园里是她精心挑选的各色各样的鲜花、蘑菇、小草……这个花园非常漂亮。可是，每到周末，总会有一些人去她的园里采摘鲜花，捡拾蘑菇，有的还会搭起帐篷，在草地上野餐。原来漂亮整洁的花园被那些人践踏之后会变得又脏又乱。花园的管家曾经无数次地让人在园里四周围上篱笆，并且竖起"私人园林禁止入内"的牌子，但是这些做法都无济于事。花园依旧是经常被那些采花的人践踏、破坏。管家实在没有办法，只好向主人迪美普莱请示。

迪美普莱听完管家的汇报之后，没有说太多，只是让管家再去重新做一个木牌树立在各个路口，牌子上面写上了一句话。管家按照主人的话去做了，之后，再也没有人闯进花园了。

那么请你设想一下，木牌子究竟写的一句什么话，才能起到那么一个好的效果呢？

3. 废纸的价值

德国某家造纸厂的一位技师因为一时疏忽，在造纸工序中加胶，结果生产出了大批不能书写的废纸，墨水一蘸到纸上就会扩散开。这批废纸会给造纸厂造成很大的损失，这位技师非常焦急，做好了被解雇的准备。

当他看着那些废纸发愁的时候，忽然灵机一动。

他想出什么好办法了吗？

4. 报废的自由女神铜像

这是个真实的故事。

1974年，纽约的自由女神铜像因为时间长了，铜块出现了生锈老化现象，政府派人对其进行了维修更新。于是，旧的铜块被换下来，变成了一堆垃圾。为了处理这堆垃圾，纽约市政府进行了公开招标。但是，因为当时的环保分子的监督十分严厉，一不小心便会被他们起诉，所以几个月过去了，一直没人敢参加招标。

这件事也成了一则新闻被刊登在许多报纸上。有个人在巴黎旅行时，从报纸上得知了这一消息，他灵机一动，便看到了这其中的商机。于是，他即刻乘飞机前往纽约，买下了这些破铜烂铁。不久，他凭借这堆破铜烂铁，赚了几百万美元。

你猜，他是如何利用这堆破铜烂铁赚这么多钱的？

5. 把谁丢出去

20世纪末，一家英国的报纸为了提升自己报纸的知名度，曾经举行了一个高额的有奖征答活动：说在未来的某一天，人类遭遇了大的灾难，眼看就要灭绝。而在一个热气球上，载着三个事关人类命运的科学家，前去拯救人类。但是，热气球由于充气不足，无法承受这个重量，于是眼看就要坠毁。而能扔的东西已经都扔掉了，下面再要减轻重量的话，只能是将科学家中的一个扔下去了。在这三个科学家中，一个是核武器专家，他有能力阻止全球性核战争的爆发；一位环境专家，他可以消除现在已经严重的环境污染，给人类建造一个新的家园；还有一个则是粮食专家，他能够解决目前正陷入饥饿中的数十亿人口的吃饭问题。问题就是，在这个危机关头，究竟该把谁丢下去呢？这个题目的奖金高达10万英镑。

于是，全英国各地乃至其他国家的许多读者纷纷给该报社写信寄去自己的答案。其答案可以说是众说不一，有的人甚至写了长长的论文证明自己的答案的合理性。但是，最终赢得奖金的却是一个英国的10岁小男孩。

你猜他的答案是什么呢？

6. "钢筋混凝土"的发明

有一次，法国园艺家莫尼哀进行园艺设计的时候，需要一个坚固结实的花坛。对于建筑这行他一窍不通，但是作为一个园艺家他很熟悉植物的生长规律。他想到植物的根系密密麻麻地牢牢地抓住土壤才能使参天大树屹立不倒，如果把这个原理应用在建筑中，不就能保证花坛坚固结实了吗？

他会采取怎样的行动呢？

7. 计识间谍

第二次世界大战时，法国的一位反间谍军官怀疑一个自称是比利时流浪汉的人是德国间谍，但是又没有足够的证据。这位军官灵机一动想到了一个办法。他让这个流浪汉数数，从1数到10。流浪汉很快用法语数完了。军官只好对流浪汉说："好了，你自由了，可以走了。"流浪汉长长松了一口气，脸上露出了笑容。这时，军官终于确定这个流浪汉是德国间谍，命令手下把他抓起来了。

你知道军官是怎么做出判断的吗？

8. 约瑟夫的发明

约瑟夫因为家里贫穷，很小的时候就辍学回家，给别人放羊。但是约瑟夫并没有因此而自甘堕落放弃理想，他坚持一边放羊，一边读书。当他读书读得入迷的时候，就忘了看管羊群。牧场的栅栏是用一些木桩和几条横拉的铁丝围成的，如果约瑟夫只顾读书，不管羊群，它们就会钻出栅栏，去啃栅栏外面的庄稼。老板发现后就会对约瑟夫痛加责骂。

约瑟夫想找个办法使羊群无法通过栅栏，他看到羊群从来不在长着蔷薇的地方钻出栅栏，因为蔷薇上有刺，能够阻碍羊群向外钻。于是，他想到如果用蔷薇做栅栏，羊群就不会再向外跑了。他砍下了一些蔷薇的枝条插在栅栏上，但是很快他就发现这个办法并不可行，栅栏太长了，哪有这么多的蔷薇可以插啊？

约瑟夫还会有其他什么好办法吗？

9. 范西屏戏乾隆

清代著名的围棋手范西屏和施定庵是千古弈林中前所未有的大师级人物。二人同为浙江海宁人，年龄仅一岁之差，因而被人们称为"同乡棋圣"。二人棋艺的高低历来被作为弈林的热门话题之一。

乾隆四年（1739年），二人在浙江平湖相遇。棋圣相遇，难免一时手痒难耐，于是摆开战局，一决胜负。十局之后，二人依旧难分高下，在场的棋迷都说既然二人同为棋圣，难分高下也属正常，假如一定要刻意分出高下，反而不美。

此时，正好乾隆皇帝下江南，得知此事，非常感兴趣，于是决定去会一下二人。化装为平民之后，乾隆皇帝骑着一匹大马就来到了二人下棋的地方观看战况。

二人正在平湖大战，平湖周边景色宜人，风光秀丽，吸引了不少文人墨客前来观景。乾隆看着这里汇聚了不少人，于是也停下来仔细观看二人对弈情况。不知不觉已到了日落之时，二人依旧平分秋色。

范西屏抬头忽然发现了乾隆皇帝，于是起身迎接道："马有千里之气，人有万盛之态，不知贵人驾到，请恕罪。"

乾隆皇帝见身份被识破，只好摆手告诉范西屏不要张扬，他对范西屏说："听说范先生嬉游歌呼，随手应对。施先生敛眉射棋，出子甚紧。我今日过来就是想考考你们的。"

范西屏疑惑地问："您想考点什么呢？"

"这个……"乾隆皇帝思索着，转身指着波光粼粼地湖水说，"我看你俩棋场上奋力厮杀难分高下，关键之处杀得惊心动魄。都说二位落一子而力千斤，但是不知道二位是否有本事在落子间使我连人带马跳进湖里？"

施定庵本是出身书香世家，十分文雅，听到乾隆皇帝出言如此不慎，便有些不高兴，冷冷地回答说："湖水无盖，毫无阻滞。假若有心下水，何须拘泥于我等？刻意深求，反而过犹不及。"说完便转身专心下棋，不再接话茬。

而范西屏听后则是看了一眼清澈见底的湖水，然后一边挠挠头，一边对乾隆皇帝说："我虽不能落子推您下湖，但是却能借助举子之力牵您和马从湖里跃上来。"

乾隆听后，很是好奇，没多想就跃马跳入浅湖里，对着范西屏大声喊道："我倒要试试看，你如何让我和马从水里跳出来！"

结果范西屏不仅做到了"落子推入湖"，也做到了"举子牵马归"。乾隆不禁大窘，但是也心服口服。

那么你知道范西屏用的是什么办法吗？

10. 自动洗碗机的畅销

解放战争时期，有人想把一批银元从武汉运往上海。那时，长江一线匪盗猖獗，他害怕有什么闪失，苦思冥想也想不到万全之策。后来，一位姓吴的先生愿意帮他把钱运过去。吴先生把那批银元全部买了洋油，洋油装船运输，就比直接装银元运输安全多了。洋油运到上海之后，立即转手卖了，把洋油换成钱，这样就把问题轻而易举地解决了。当这批洋油运上海时，碰巧遇上洋油大涨价。这样吴先生不但把全部银元安全"运"到了上海，而且还大赚了一笔。

有时候，用直来直去的方法很难解决问题，如果遇到"此路不通"的情况，我们就需要运用目标转换的思维方法另辟蹊径，借助一个间接的目标来实现最终的目标。推销也一样有时直接推销很难达到目的，如果进行目标转换之后，通过另外的渠道间接推销反而能如愿以偿。

美国通用公司发明了一种全自动洗碗机，本以为这种先进的电器会很受欢迎，但是摆上货架之后却无人问津。公司的策划人员以为是宣传不够，于是通过各种媒体大力宣传这种洗碗机的好处，但是人们还是对洗碗机不感兴趣。

眼看这种新型洗碗机就要夭折了，策划专家会如何运用转换思维呢？

11. 霍夫曼的染料

有时候，当我们向着一个目标前进的过程中，会出现一些与我们的目标不相关，但是可能对其他领域有重大意义的现象。我们应该借助水平思考法中的创造性停顿来想一想目前的状况是不是对其他领域有意义。

奎宁是医治疟疾的良药，但是天然奎宁的数量有限，一旦疟疾流行起来，就会出现奎宁短缺的现象。19世纪40年代担任英国皇家化学院院长的霍夫曼试图用化学方法合成奎宁。他的学生帕琴按照老师的想法进行了多次实验，但是每次都失败了。但是他并没有放弃努力，继续做实验，结果还是没有成功。

霍夫曼会就此放弃吗？

12. 神圣河马称金币

很早以前，非洲大陆上生活着很多个部落，其中一个叫土也胡特的部落，以河马为图腾，视之为神物。而这个部落的酋长还专门养了一匹河马，对其精心照料。

不过，酋长也没有白养这匹河马，这匹河马对酋长有一个特殊的作用。每年在酋长生日这天，酋长和他的收税官都要用王室的船载着河马，沿河游览到收税站去。到了那里以后，当地的税官就要根据当地的习俗供奉给酋长金币，而称量金币时，正是让这匹河马站在一个巨大天平的一端，另一端则放金币，直到金币的重量达到了河马的体重为止。

不过对于交税问题，百姓们十分头疼，因为他们发现自己要供奉给酋长的金币一年比一年多。这是为什么呢？原来酋长的河马因为被精心喂养，越来越膘肥体壮，每年体重都要增加许多。因此百姓们每次都要供奉比上年多许多的金币才能等同于河马的体重。

这一年，酋长又带着收税官前来收税了。可是，正在称量金币时，意外发生了。因为那匹河马经过一年后，体重又增加了许多，只见收税官不停地往站着河马的天平的另一端放金币，金币已经放上去很多了，可是秤依旧偏向河马的那边。等又放上去一些金币的时候，秤杆"啪"的一声折断了。这下麻烦了，要修好秤杆，至少需要几天的时间。

过来收税的酋长一见到这种情况非常气愤，他告诉收税官："今天我要得到我的金币，而且必须是准确的数量。如果在日落前称不出金币，我就砍掉你的脑袋。"说完，酋长就怒气冲冲地走了。

可怜的收税官这时脑袋中一片空白，吓得几乎不能想问题。等他缓过神来，酋长早已走远了。这时，收税官强打精神，苦苦思索起来。经过几个小时的思考后，他突然有了一个好主意。你能猜出是什么主意吗？

13. 熬人的比赛

在非洲有个原始部落，虽然整个世界已经进入了现代，但这里的人凡事都做得很笨拙，甚至有些好笑，从下面这个故事便能看出来。

这个原始部落的首领有两个儿子，首领对他们都很喜欢。随着自己渐渐老去，首领想要在两个儿子中挑出一个人来接替自己的位子。但是，他迟迟拿不定主意究竟将位子传给谁。一天，首领想来想去，终于想到一个自以为高明的办法，那就是让两个儿子各自骑上一匹马，跑向一个地方。谁的马后到达，首领就将位子传给谁。于是，两个儿子依照规矩，各自骑上马出发了。两个人谁也不敢走得快一些，都想尽办法拖延时间，甚至走走退退。如此一来，本来一天可以走完的路，两人走了三天，也都没有到达，首领及部落的人也都等得很不耐烦。

显然，这样的比赛方法，可能再过一个月，也不会有结果。看来这个原始部落的人的确笨得出奇。

那么，你作为一个现代聪明人，假设你正好在非洲旅游到了此地，并在路上遇到了两兄弟，你能否给他们出个主意，在不违反首领的比赛规则的情况下，尽快结束这熬人的比赛？

14. 青年的理由

这个故事发生在远古的希腊时代。那时候，有一个年轻人特别热爱演讲，他想把演讲作为自己以后一直从事的事业。但是，当他把自己的理想告诉父亲的时候，却遭到了父亲的强烈反对。

父亲的理由是这样的："演讲是一个两难的职业。如果你说真话，那么一些达官显贵就会憎恨你；如果你说假话，那么贫民老百姓就不会喜欢你。演讲就必须说话，或者真话，或者假话。无论说真话还是说假话，你都会得罪人，所以，你不能把演讲作为你终身的职业。"

父亲的话似乎很有道理，年轻人一时感到难以辩驳。但是，过了一会儿之后，他突然想到了辩驳父亲的好主意。他再次找到父亲，说出了自己的理由。父亲一听，也不得不点点头，同意了他的要求。

如果你是那位年轻人，你会怎样说服父亲呢？

15. 租房

沙窝村的老王家一家三口准备搬到城里去住。可是城里的房子并不是那么好找，老王带着妻子和一个5岁的孩子跑了一天，腿都跑细了，可不是环境不好，就是房价太贵。直到傍晚，才好不容易看到一张高级公寓廉价出租的广告。他们赶紧跑去看了看，房子周围的环境出乎意料地令人满意，"如果能够将这套房子租下来就好了。"老王心里暗想。

于是，老王一家就前去敲门询问。房东出来了，他是个60多岁的老人，看起来很和气，不动声色地对这三位客人从上到下地打量了一番。王先生鼓起勇气问道："我看到了招租启事，请问是您这房屋出租吗？"

房东遗憾地说："是的，不过实在对不起，我的这栋公寓不找有孩子的住户入住。您还是到别的地方再看看吧！"

老王和妻子听了，感到很无奈。虽然跟房东商量了半天，但是看到房东没有让步的意思，觉得没有指望了。最后，他们终于默默地走了。

不过，他们那5岁的孩子可是把事情的经过从头至尾都看在了眼里。这孩子十分聪明，他跟着父母没有走出多远，就挣脱了父母的手，跑回去又去敲房东的大门，他想帮自己的父母住到这栋公寓里。老王和妻子都不明白怎么回事，还以为孩子相中了这栋公寓，想要跟房东闹呢！

孩子已经敲响了房东的门。门开了，房东又出来了。这个孩子就对这位房东说了几句话，房东一听，哑口无言，觉得这孩子说的话十分在理，让他无法反驳，又看孩子十分聪明伶俐，就决定把房子租给他们住。

你能猜到这个孩子跟房东说了什么，让房东改变了主意吗？

16. 萧伯纳与喀秋莎

萧伯纳是世界著名的大文豪、诺贝尔文学奖的获得者，出名之后，各地的邀请函如同雪片一般飞来，都是请他前去演讲的。

这一次，萧伯纳是到苏联来作演说。结束之后，满身轻松的他准备好好玩几天，没想到刚走进一个小公园，一个长相可爱的小姑娘便出现了。于是萧伯纳便和这个聪明的小女孩玩了起来，不知不觉，太阳已经快落山了。分手时，萧伯纳对小姑娘说："回去告诉你妈妈，今天和你一起玩的是世界著名的萧伯纳。"没想到小姑娘好像小大人一般，模仿他的口气说了一句话。

喀秋莎的话顿时让萧伯纳又吃惊又羞愧，他突然意识到，自己刚才那句话其实包涵着一种不尊重对方的味道，自己是"世界著名的"，而小姑娘只是一个再普通不过的小女孩，无形之中，他似乎暗示了自己比小姑娘"高出一等"，但是喀秋莎天真无邪的回话却重重地打击了萧伯纳的傲气。

后来的日子，这件事一直被萧伯纳铭记在心，无论何时何地，他都不忘以此为鉴，提醒自己要懂得尊重对方。

你猜喀秋莎对萧伯纳说了一句什么话？

17. 石头的价值

他很普通，没有什么大作为，因此一直觉得活着没有什么意义。

一天，他向一位哲学家请教道："你能告诉我，像我这样的人，活着有什么意义吗？"

哲学家想了想，便随手拾起树底下的一块石头来，递给他说道："你把这块石头拿到市场上去卖，但是记住，无论别人出多少钱，你都不要卖。"

他这样做了，没想到的是，由于坚决不肯出售，人们反而认为他的石头里藏着什么秘密，因此价越出越高。

第二天，按照哲学家的意思，他又把石头拿到了玉石场来卖，结果，由于还是不肯出售，价格又是一路飙升，已经远远超过了石头本身的价值。

第三天，哲学家又告诉他到珠宝市场去卖这块石头。最终，奇迹出现了，这块本来一文不值的普通石头成了整个珠宝市场价格最高的商品，人们甚至以为它是千年不遇的珍奇化石。

"怎么会这样呢？"这人非常奇怪地问哲学家，"这明明是一块再普通不过的石头嘛。"

你猜哲学家会如何回答？

18. 除杂草

一群即将出师的弟子正坐在草地上等老师出考题，只见老师挥手指了指四周说："我们的周围是一片杂草丛生的旷野，我想问大家的是：要除去这些杂草，用什么办法最好。"

弟子们一听考题如此简单，立刻眉开眼笑地各抒己见了：

"只要有恒心，用一把铲子就足够了。"一个学生说。老师点点头，没有说话。

"我觉得用火烧最好了，又快又干净。"又一个学生接着回答道。老师还是点点头，不说话。

"你们那些办法都不足以保证草完全被除掉，俗话说'斩草除根'，挖掉草根才是最好的办法。"

……

等弟子们静下来，一直没说话的老师开口了："你们都回去按自己的方法试试，明年的今天我们再在这里相聚讨论这个问题。"

一年后，弟子们都如约来到了这片庄稼地边——没错，原来的那片草地已经再无一棵杂草，取而代之的是满眼的庄稼。他们一边谈笑一边等着老师，可是不知为何，等了好久都不见老师，正在纳闷间，忽听大师兄指着那片庄稼道："我明白了，大家不必再等下去了，因为老师已经以这种方式告诉了我们答案！"

你明白了吗？除去杂草的最好办法是什么呢？

19. 马克思的表白

马克思在青年时期就志向高远，虽然一直闷头读书，但是在爱情上他也并不迂腐，而是相当有一手，他向燕妮的表白便是一个为大家所津津乐道的成功典范。

有一天，已经属意于对方很久只是没有挑明的马克思和燕妮又一次约会时，马克思突然对燕妮说："燕妮，我已经爱上一个姑娘，决定向她表白。"燕妮一听，心理咯噔一下，她急切地问道："你确定你真的爱她吗？""我确定我十分爱她，她是我见过的最好的姑娘，我肯定会永远爱她！"马克思严肃而热情地回答。燕妮一听，心里该是多么的难受，但她还是强忍心痛，对马克思说道："那我祝你幸福。"这时马克思似乎是完全没有看出燕妮的难受，还热情地继续道："我还带着她的照片呢，你愿意看看吗？"说着便递给燕妮一个小匣子，而燕妮一打开小匣子便突然变得高兴起来了。你能猜出这是为什么吗？

20. 触龙巧说皇太后

赵国国王惠文王突然去世了，惠文王的儿子孝成王继承了王位。但是孝成王那时还太小，根本不懂事，所以只能让他的母亲赵太后暂时掌权治理国家。因为领导人进行了更替，赵国国内一片混乱。

赵国的情况，引起了秦国的注意，他们认为进攻赵国的机会到了。于是秦国组织了大批的军力来疯狂进攻赵国。当时，秦国的实力是所有国家中最为强大的，凭借赵国一个国家的力量根本抵挡不住秦国的进攻。为了生存，赵国只好派使者向东边的齐国求救，希望齐国能派兵帮助赵国度过难关。当时两个国家之间如果要结盟的话，通常都把国王的儿子送到对方国家中作人质。果然齐王对赵国的使者说："要齐国出兵帮你们也可以，但是必须以赵太后的儿子长安君作人质。"

赵太后爱子心切，舍不得把长安君当作人质送到齐国，大臣们苦苦劝告赵太后："如果不答应齐国条件的话，赵国不久就要亡国了呀！"赵太后不但不听大臣们的劝告，还威胁他们说："以后谁要再敢提把长安君送到齐国当人质的话，我老太婆就向他脸上吐唾沫！"

大家听了赵太后的话，看着强大的秦军，都一筹莫展。

触龙听说了这个情况就过来求见赵太后，赵太后知道他是来劝告自己的，勉强答应了接见。

生死存亡的关头，只有把太后的亲生儿子长安君送到齐国去做人质，才能搬来救兵，解脱困难的处境。赵太后爱子心切，怎么也舍不得把儿子送入虎口，态度决绝，水泼不进。然而触龙一番体己的话，却使赵太后迅速转变了态度，从而也拯救了整个国家。

那么，到底触龙是如何说服赵太后的呢？

21. 曹冲称象

曹冲的父亲曹操是一个大官，有一次有人给他送来一只大象。曹操很高兴便带着曹冲和一群文武官员过来观看。他们以前都没有见过大象,现在看到大象柱子一样粗的腿、长长的鼻子和两只蒲扇一样的大耳朵,都感到很惊讶。曹操很想知道这个庞然大物的重量,于是他叫手下的官员想办法称一下大象的重量。但是,那时候根本没有那么大的秤来称大象,再说了也没有人能把大象抬起来呀。官员们都围着大象发愁,想不出办法来。

这时候,曹冲从人群中挤出来,大声说:"我有办法了。"官员们看着这个淘气的小不点,不相信他能有什么好办法,都想:我们这些大人都没有什么办法,你一个四五岁的小孩子能有什么办法。曹冲才不管他们怎么想呢,他说:"我的办法一定能称出大象的重量来,你们都跟我过来看吧。"曹操微笑着看着他的儿子,然后对官员们说:"好,那我们就去看看他怎么来称大象吧。"于是,曹冲在前面带路,曹操和官员们将信将疑地跟他来到一条小河边。

曹冲是用什么方法称出大象的重量的呢?

22. 只借一美元

一天,一位犹太商人来到一家银行贷款部。他对贷款部经理说:"你好,尊敬的经理,我想在贵行借点钱。"

贷款部经理看到眼前的这个人,身上穿着名贵的衣服,手腕上带着昂贵的手表,领带夹子上镶着一颗耀眼的宝石。显然,这是一位富豪,也许他急需进行一项重要的投资,贷款部经理想:这将是一笔大业务。于是,他殷勤地回答道:"好的,尊敬的先生,很荣幸您能选择我们银行,不知道,你打算借多少钱?"

犹太商人说:"我只打算借一美元。"

"什么!一美元?"贷款部经理开始怀疑自己的耳朵。

"是的,只借一美元,怎么难道贵行不借吗?"

贷款部经理证实了自己的耳朵没有问题,只借一美元,为什么呢?他想着富豪借一美元的意图:他一定是在试探,因为他需要一大笔钱,所以,他要事先了解银行的工作质量和服务态度,也许接着他就会说"好的,其实我是要借一亿美元"。

经理立即装出非常热情的样子,说:"当然,当然可以,只要你有足够的担保,借多少钱都可以。"

"好吧,我会给你足够的担保的。"说着,犹太人从豪华的皮包里取出一堆股票、债券、国债等:"这些票据价值50万美元,这些就是我的担保物。"

经理目瞪口呆,他赶紧把这些票据整理好,忙说到:"够了,这些担保足够了。"

经理热情地帮犹太人办完手续,犹太人拿到一美元,转身就要离开银行。经理赶紧说:"尊敬的先生,我们的服务是全市最好的,如果您还有什么需要的话,我们随时为您效劳。"

"是的,你们的服务确实很周到,但是,我没有什么需要。"

经理糊涂起来,他问道:"那您为什么只借一美元呢?"

为什么呢?

23. 巧换主仆

战国时期,一次一个公子和他聪明的仆人鸱夷子皮一起逃亡去燕国。主仆二人一路风餐露宿,披星戴月地赶了几个月的路,眼看就要到燕国了。但是,两人风尘仆仆的样子,一定会被客栈老板所冷落的,怎么办呢?忽然,鸱夷子皮想到了一个办法。

鸱夷子皮对公子说:"我想到一个故事,不知你愿不愿意听?"

公子知道鸱夷子皮向来鬼点子就多,这次不知又想到了什么主意,就说:"好,我愿意听，是什么故事，你快讲吧！"

鸥夷子皮笑着说："从前，在一条小河里住着很多蛇。有一年，天气非常干燥，小河里的水也快干枯了，蛇们为了生存，不得不迁徙到远处的一条大河中去。一条大蛇和一条小蛇打算结伴而行，为了安全，临行前小蛇出了一个主意：让大蛇背着它走。因为如果大蛇在前面走，小蛇跟在后面的话，人们就会把它们看成是非常普通的蛇，肆无忌惮地伤害他们。但是，如果大蛇背着小蛇走，人们会认为小蛇很有权威，连大蛇都听命于它，甚至还会以为小蛇是水里的蛇王呢，这样人们非但不会伤害它们，还会主动给它们让路。大蛇觉得小蛇的主意有道理，它们就按照小蛇的办法做。结果，它们果然安全地抵达了目的地。这就是我要讲的故事了。"

公子听了，若有所思："你的意思是：你就是那条小蛇，而我就是那条大蛇？"

鸥夷子皮一拍大腿说道："就是这个道理！"接下来，他说出了自己的主意，公子一听，觉得可行，于是，两人按照鸥夷子皮的主意采取了一个举动。结果，主仆二人得到了人们的热烈欢迎。

你猜，鸥夷子皮的主意是什么呢？

24. 张齐贤妙判财产纠纷案

张齐贤是宋代著名政治家，其人深有谋略，并多有奇计，被认为是一个奇才。

北宋立国之初，宋太祖赵匡胤西巡洛阳，张齐贤在洛阳街头拦住太祖的坐骑要求奉献治国之策。赵匡胤把他带回行宫，张齐贤指天画地，上策十条，皆是关系到国家统一和富国强兵的大计。宋太祖对于其中四条表示认可，但是张齐贤却坚持十条都很重要，最后竟然与赵匡胤争吵起来。赵匡胤无奈之下，叫卫士将其拉了出去，但心里很佩服这个人。赵匡胤回到开封后告诉其弟赵光义："我此次外出在洛阳遇到一个奇士，叫张齐贤。现在不给他官做，将来你可任他为相。"

宋太宗时期，张齐贤进士及第，开始为国效力，到宋真宗时，其已经官至兵部尚书，同中书门下平章事，相当于宰相。一次，皇亲国戚中有两兄弟因为家庭财产分割起了纠纷，都认为对方分的家产多了，于是打起了官司。地方官府的官员对于这两兄弟，谁也惹不起，不敢接这个案子。于是两兄弟干脆闹到了宋真宗这里。真宗也是清官难断家务事，对两兄弟调解了十多天，也没有效果，无奈之下来找张齐贤商量。张齐贤听了，便说道："这样的事御史台和开封府自然都比较难办，这样吧，陛下就把这事交给臣吧，臣亲自为他们了断。"

张齐贤审理此案当天，把诉讼双方叫来后问道："你们都认为对方分得的财产多于自己的，是这样吗？"

"是的。"两兄弟都点头。

"好，既然如此，你们就将各自的理由写成文字，签名画押。"收到两兄弟各自的字据后，张齐贤当场便宣布了他的判决结果。两兄弟一听，当场你看看我，我看看你，都无话可说。后来张齐贤将自己审判的结果告诉宋真宗后，宋真宗笑得前仰后合，连声称妙。

你猜，张齐贤是怎么判的案呢？

25. 聪明的老板

美国著名音乐指挥家斯托科夫斯基一次在巴黎逗留期间，经常到一家小饭馆去吃饭。认识他的饭馆老板对他非常热情，每次都用好菜款待他，并且坚持收很低的价钱。有一天，斯托科夫斯基感到有些过意不去，于是问老板道："您为什么要对我这么客气，请您按照正常价格收费就是,我完全付得起。""我非常喜欢您的音乐,您能来这里是我的荣幸。"老板解释道。

但实际上,这个饭店老板喜欢音乐也许并不是假的,但那至多只是一半的理由,事实上还有一半理由则是源于他的精明,你能猜出这另一半理由吗?

26. 牙膏促销创意

一家著名的生产牙膏的企业一连几个月销量无法按照预定的比例增长,销售总监十分头疼,采用了各种各样的促销手段,但因为牙膏行业竞争激烈,其效果都不明显。于是,销售总监放出去一个消息,只要谁能想出好的促销点子,奖励10万美元。

几个月过去了,虽然许多人都尝试提出建议,但这些建议要么是一些老掉牙的促销手段,要么虽然新颖却没有实际的效果,因此谁也没有拿到这笔数额不菲的奖金。一天,该企业一个基层的年轻员工声称自己有一个好的办法,并称只肯当着销售总监的面才肯说出。于是,销售总监便破例接待了他一次。销售总监看着这位其貌不扬但看上去却胸有成竹的年轻人说:"年轻人,说说你的办法!"年轻人回答道:"我的办法十分简单。"接着他便说出了自己的点子。销售总监一听,立刻兴奋地喊道:"太棒了!"立马便让秘书兑现了10万美元的奖金。后来凭借这个点子,这个企业的牙膏销量果然蹭蹭蹭地往上涨。而这个年轻人也因此被该企业从生产部门调到销售策划部门担任重要职务。

猜一下,这个年轻人的促销点子是什么?

27. 编草鞋的鲁国人

在《韩非子》中记载了这样一个故事。

有个鲁国人擅长编草鞋,他的妻子则擅长织白绢。夫妻两人商定一番后,准备到越国去谋生。一个朋友听说后,便来对这个人说:"你如果到越国去,一定会变得很穷。"

"为什么?"鲁国人不解地问。

"你想啊,你擅长编草鞋,但是越国人习惯赤足走路,根本不穿鞋子;你妻子擅长织白绢,白绢是用来做帽子的,但越国人习惯披头散发,不戴帽子。这样,你带着你的长处,到用不上你长处的地方去,想不贫穷,都很难吧!"

但是,鲁国人没有听从朋友的劝告,毅然去了越国。并且,鲁国人到了那边后,不仅没有变得贫穷,反而发了财。你能猜出是怎么回事吗?

28. 妙计保春联

我们知道,王羲之是中国晋代的大书法家,在当时他便已经名冠天下了。但是,名扬天下固然好,有时却也会给自己带来意想不到的麻烦。王羲之遇到的一个大难题就是贴春联的问题。有一年,王羲之一家从山东老家移居到浙江绍兴居住。此时正值年终岁末,王羲之一家人安定下来之后已经是大年二十八了。看到周围一片祥和欢快的气氛,王羲之也不禁来了兴致,命儿子磨墨,然后挥笔写下一副春联,命家人贴在新家大门两侧。对联内容是:

春风春雨春色,新年新岁新景。

果然是好书法加上好内容。但是因为王羲之的书法在当时为天下人所敬仰,因此没想到此对联到了第二天早上,竟然被人偷偷揭走了。家人于是将此事告诉了王羲之,王羲之只是莞尔一笑,并不责怪。只见他提笔便又写了一副,让家人再次贴上去。这回是:

莺啼北星，燕语南郊。

但是没想到的是，到了第二天早上，对联又被人揭走了。今天已经是大年三十了，眼看着周围的邻居都已经贴上了春联，唯独自己家门前还没有一点过年的气氛，王羲之的夫人开始着急了，急着催王羲之想办法。王羲之于是想了一下，微微一笑，提笔又写了一副对联，但是这次他让家人先将对联剪去下半截，只将上半截贴在门上。只见这次写的是：

福无双至，祸不单行。

到了半夜，果然又有人来偷对联。但是，来人借着灯光一看，见对联的内容竟然如此不吉利。纵然王羲之的书法如何了得，也不能大过年的搞一副这样的对联挂在门上啊，于是只好摇摇头回去了。

而到了第二天大年初一，天还没有完全亮，王羲之便命家人将昨天剪下来的下半截对联贴上了。而周围的邻居也都知道王羲之家因为丢对联而故意贴了张不吉利的对联的事，料想他家会在今天贴上完整的对联，因此都很好奇。于是天亮之后，许多人都围过来看王羲之家的对联。大家一看，只见昨天的不吉利的对联后面各添上了几个字，对联的不吉利气息一扫而光，成了一副非常吉庆的对联，众人拍手称绝。

试着猜一下，这副对联该如何变？

29. 移山

在一座山上的小寺院里，住着一个老和尚和一个小和尚。有一天，老和尚看小和尚脸上不高兴，便问他有何烦恼。于是小和尚告诉他，他每天喜欢站在寺门前的一个比较高的地方眺望远处，但是每次都被对面的一个座山挡住了视线，因此他很不高兴。老和尚一听，便对小和尚说："既然这样，那么很简单，我可以帮你将这座山移动一下，把他放在你的身后，这样你就能看到前面的景色了。"小和尚一听很高兴，便要老和尚马上做。于是老和尚就真的使山移到了小和尚身后。

想一下，老和尚真的会移山吗？

30. 数学和苍蝇

约翰·冯·诺伊（1903～1957）是20世纪最伟大的数学家之一，他在青年时期就表现出了很高的数学天赋。据说在一次宴会上，有人向在场的人提出一个数学问题：说有两个人各自骑一辆摩托车，从相距40英里（1英里合1.6093千米）的两个地方以每小时20英里的速度同时开始沿直线相向而行。在两人起步的一瞬间，一只蜜蜂开始从其中一个人处飞向另一个人处，然后又马上折回往另一个人这里飞。如此往返，直到最后两个人在中间碰面。那么请问，假设蜜蜂的速度是每小时10英里，到两个人碰面时，蜜蜂总共飞行了多远的路程？在场的人都感到十分有趣，同时也为了在众人面前展现自己的聪明，纷纷开始苦思冥想起来。他们先是计算蜜蜂在两个人之间第一次飞行时的路程，然后又开始计算蜜蜂往回飞了多少的路程……如此依次累加，但是，其后面的路程越来越短，这便涉及了无穷数列求和问题。这是相当麻烦的高等数学问题，不是一时半会儿可以解决的。因此，虽然在场的很多人都进行了思考，但是最终没有人给出答案。并且有人也有些显摆地告诉其他人，这涉及到高等数学，不是站立之间能够得到答案的。正在这时，约翰·冯·诺伊却直接该给出了答案：10英里。出题者一听，也立刻表示答案正是如此。

你知道约翰·冯·诺伊是如何这么快地解决这个难题的吗？

31. 狄仁杰巧谏武则天

武则天作为中国历史上唯一（为历史学家所承认）的一位女皇帝，可谓名不正言不顺，不过其总算凭着自己的政治才干得到了天下人的认可，当了十几年的皇帝。但是，在其当政的最后几年，作为一个女皇帝，她遇到了又一个非常麻烦的难题，那就是继承人的问题。其实，这个问题在她登基之初便开始困扰她，但当时她身体强健，政事处理起来得心应手，也便暂时将这个问题搁置起来。但现在，她身体已经衰弱，随时有可能归天，这个问题是非考虑不可了。

按说，既然现在天下已经姓武，按照规矩，自然应该是传给武姓娘家子弟，才算是保住了自己的江山。因此，她考虑将江山传给自己的娘家侄儿武承嗣或武三思，这样这江山便永远姓武了。但是，他的这两个侄儿却都不怎么争气。武承嗣头脑简单，没有教养，毫无谋略，只是行事鲁莽、头脑简单的一介武夫。而武三思虽然比武承嗣机智一些，但因自幼没有受过良好的教育，所以只是有些小聪明而已，对国家治理、历史鉴戒等事情则一窍不通。再加上他给武则天的情夫冯小保当了多年随从，学了不少坏毛病，所以在长安城名声极臭。

武则天的第二个选择便是传给自己和唐高宗所生的儿子李显或李旦。但是，这两个儿子毕竟是跟随父姓，他们一旦登基，必定将她的武姓江山改回李姓江山。事实上，这两个儿子早先也曾经被自己先后扶上过皇位，而他们一上台都试图从自己手中夺回大权，建立"李氏天下"，儿子长大后的确是向父不向母啊！而且，自己当皇帝几十年来，已经建立起了一个新的稳定的政治秩序，一旦李姓重掌江山，势必又要对原来的政治秩序进行大的改动，政治毕竟又要动荡。最终，经过一番反复考量之后，武则天还是决定将江山传给武姓子孙，以保住自己辛苦建立的武氏天下。

就这样打定主意后，武则天便想将自己的想法告诉自己最信任的智囊人物狄仁杰，顺便也听取一下他的意见。但是，这样的事情有些敏感，不方便在太正规的场合询问。并且，对于这样敏感的问题，在太严肃的场合，作为臣下，可能不敢直言，以免因此罹祸。而在比较随和的气氛中假装不经意地提起，臣下便不会那么紧张，另外突然发问，也来不及编造谎言，最容易说出自己的真实想法。这一向是精明的武则天套取臣下真实想法的手段。于是，一次，武则天便约狄仁杰到宫中和自己对弈。就在双方的弈局十分紧张的时候，武则天突然问狄仁杰："你说是立武三思等为太子好呢，还是立李显兄弟为太子好呢？"

狄仁杰是何等的精明！他近来见武则天经常眉头紧缩，心事重重，就猜到她在为何事犯难。并且他也早已猜到武则天早晚会向自己询问这个问题，于是他提前已经想好了自己如何作答。狄仁杰假装仍旧专注于棋局上，然后似乎是不经意地回答道："自然是李显兄弟了。"狄仁杰也十分了解武则天的脾性，知道她喜欢听别人猝不及防的回答。

武则天一听，便继续问道："那么你的理由是什么呢？"

接下来，没想到对于这个复杂的难题，狄仁杰只是很轻巧地说出了一个简单的道理，便让武则天改变了主意，你能想出这个简单的道理吗？

32. 打赌

明朝时期，在苏州城里住着两个狂放的书生，一个姓郑，一个姓黄。两个人颇有才智，又都喜欢打抱不平，在苏州城里都颇有名声，各自在身边聚集起了一帮朋友。但是，两个人都十分孤傲，虽然对对方都有所耳闻，素未谋面，但谁也瞧不上对方。一天，两人碰巧都和朋友到同一茶楼中喝茶，经人介绍之后认识了。两人见面后，都有些不服气对方，于是客套一番之后，郑书生便直言挑衅道："阁下的名声郑某早有耳闻了，素闻阁下才智胆识过人。不过所谓耳听为虚，眼见为实，今日得见，不知敢否和在下打一个赌，好让在下见识下。"

黄书生一看对方要和自己过招，便回道："只是朋友吹捧的虚名罢了，不足为信，不过倒是愿意听一下你的赌局。"

郑书生道："苏州城内最大官就是知府了，在下不才，有本事将知府的官帽给取来。我取来后，如果阁下能够将官帽还给他，并能得到一张收据，我就十分佩服。"

黄书生听了想了一下回道："好，只要阁下有本事将帽子取来，小弟自有办法还回去！"

显然，知府的帽子乃是其官职的标志，每天都离不了，即使回到府中，也会有专人保管，加上知府府中戒备森严，想要偷出来是不容易的。因此郑书生想要取得官帽并不容易。而如果郑书生有本事将官帽弄到手，知府必定大发脾气，如果黄书生将帽子不清不白地还回去，并且讨要一张收条，更是不可想象。

这天，苏州知府正在府中闲坐，忽然有人通报："老爷，有个自称提督大人的亲随的人在府外求见。"

"唤他进来。"知府命令道。

来人参见总督后禀道："刚才有个从京城来的珠宝商，拿着许多珠宝来卖，要价也很高。提督大人说如果能够有一颗像知府大人帽子上缀的那颗一样大小圆润就好了，因此差小人前来借大人的帽子前去比较一下。"说完，来人便呈上了提督大人的帖子。

苏州城中，知府乃是最高行政长官，而提督则是最高军事长官，两者平起平坐，互不干涉，也并无多少往来。从来没有事情劳烦自己的提督因为这件小事儿派人前来，知府自然不好拒绝，便命人将帽子取来借给来人带走，说好马上送还。但是，此人走后半天，也不见回来。知府便只好派人前去提督府讨要，但是提督竟然声称并无此事。这下，知府才慌了手脚，立即传令县令、捕头等一干人寻找贼人，并限令他们三日破案，否则革职查办。

原来，前来骗走帽子的正是郑书生。郑书生将帽子弄到手之后，便将帽子送到黄书生处，将烫手的山芋丢给了他。但是，黄书生也一点都不着忙，只是很从容地说："兄台果然好胆识，下面小弟也自当履行诺言，将帽子还回去！"于是，他便果然也很轻易地将帽子还了回去，并且还讨到了知府的收据。

想一下，黄书生是如何做到的呢？

33. 笨妻子

古时候，在四川江油地区有个卖油郎，这个卖油郎娶了个很贤惠的媳妇。每天早上卖油郎担货出门之前，卖油郎的妻子都会偷偷地将要担出去卖的油舀出来一勺装进罐子里存起来。这样到了年底的时候，因为卖油郎家的日子过得很紧巴，无钱过年。这时，他的妻子将一年里存起来的一罐油拿出来交给卖油郎说："这是我在一年里积攒起来的，你拿去卖了吧，我们好过年。"卖油郎于是高兴地将油卖掉了。

这件事后来被一个卖黄历的知道了，于是便整天在自己的媳妇面前夸卖油郎的媳妇贤惠。卖黄历的媳妇虽然脑子不是很好使，是远近闻名的笨媳妇，但是也不甘心自己丈夫在自己面前夸别人媳妇，于是听了之后不服气地瘪瘪嘴说道："有什么了不起的！"于是，她便做了一件令自己的丈夫哭笑不得的事情。你猜她做了什么？

34. 富人与穷人

从前，有个穷人很有骨气，从来不肯奉承富人。

有一天，一个富人前来问穷人道："我这么富，你为什么不来奉承我呢？"
穷人不屑地说："我奉承你有什么好处，你也不会把你的钱白白地给我呀！"
富人说："那好，我把我的钱的十分之一给你，这下你该奉承我了吧！"
穷人说："那样的话，我的生活变化并不大，我不会为了这点钱奉承你！"
富人于是说："那好吧，我把我的钱分一半给你，你肯奉承我了吧？"
没想到穷人却说："如果那样，我和你是平等的了，我为什么要奉承你！"
富人不甘心地说："那好，我将我的钱全都给了你，这下你总肯奉承我了吧？"
没想到穷人还是不肯奉承富人，而且他提出了一个十分充足的理由。
你猜，这次穷人的理由是什么？

35. 爱迪生与助手

我们知道，爱迪生是美国著名的发明家，其完全通过自学而成为科学巨子。但是，在早期的美国社会，人们很重视传统的门第，许多贵族对于出身低微的爱迪生总心存藐视。爱迪生的科研助手阿普顿就是这样一个人，其出身贵族，又是美国名校普林斯顿大学的高材生，毕业后因为成绩优异而被分派给大科学家爱迪生当助手。正因为此，他对于爱迪生十分轻蔑，经常找机会讥讽爱迪生。但是，有一件小事使得他改变了对于爱迪生的傲慢态度，变得毕恭毕敬起来。

一次，爱迪生在研究一个项目时，需要一个数据，于是对阿普顿说："麻烦你把这只梨形玻璃泡的容积计算一下，我马上要用。"阿普顿点了点头，便拿着梨形玻璃泡去了自己的工作间。在工作间里，他先是用尺子上下量了几次玻璃泡的几个数据，然后又按照其式样在纸上画出草图，最后便开始列出了一道算式，开始计算起来。但是事情并不像他想象的那么顺利，他一连换了十几个公式，算得满头大汗，最后也没有得出结果，他急得满脸通红，狼狈不堪。

两个小时过去了，爱迪生见助手还没有将数据交给自己，感到很奇怪，于是便来到阿普顿的工作间。看到阿普顿满脸窘迫地看着自己，同时桌子上则放着几张写满了算式的纸，爱迪生便拍了拍阿普顿的肩膀，然后笑着说："这样算就太浪费时间了。"

阿普顿一听很不高兴，他挑衅性地反问爱迪生："不这样算，请问该怎么算呢？"

爱迪生什么也没说，而是做出了一个举动，果然十分简单地便算出了这个玻璃泡的体积。你能猜出爱迪生是如何算出玻璃泡体积的吗？

36. 苏小妹看吵架

苏东坡的妹妹苏小妹生性聪颖机智，聪颖如苏东坡，也经常上她的当。

一天，她正在家中看书，忽然听到街上吵闹异常，便好奇地跑出家门来一看究竟，原来是有人在吵架。

这时，从外面回来的苏东坡看到妹妹在那里看人家吵架，便走上来对苏小妹说："一个女孩子家，怎么在这里看人家吵架，赶快回家去！"

没想到苏小妹却说道："要我回去也行，我出个上联，只要你能对上下联，我就回去！"

苏东坡说："好，你出吧！"

苏小妹于是吟道："闺阁闷，闻间闹，开门闲问。"

苏东坡一听，这对联比较偏，一时被难住了，于是琢磨了好一会儿，才想出了下联："官宦家，窈窕容，宜室安宁。"说完，苏东坡便催促妹妹回去，"好了，现在对出来了，你该回去了！"

没想到这时苏小妹说了一句话，苏东坡一听，才知道自己又上了妹妹的当了。

你猜，苏小妹说了句什么话？

37. 三个推销员

有一家生产企业大张旗鼓地招聘推销员，前来应聘的人很多。公司经理对前来参加应聘的人说道："推销嘛，说起来也很简单，就是想办法说服别人买我们的东西。当然，对于需求迫切的顾客来说，你不用怎么费劲，就可以说服他买了我们的东西。但最难的是，将产品推销给需求并不迫切甚至是根本没有需求的顾客，而我们所需要的推销员正是具备这种能力的人。下面，为了检验你们的能力，我给诸位出一个题目，即到寺庙里去向和尚推销梳子，以10天为限，推销成功者我们就会予以录取，并给以优厚的待遇。"

"什么，向和尚推销梳子，谁都知道，和尚一根头发都没有，怎么可能会买梳子，这不是开玩笑吗？"许多应聘者忿忿地议论开了，有不少人当场表示放弃。但是，也有一部分人留了下来。于是，公司经理便给这些人每人分发了一批梳子，让他们各自出发了。

10天后，应聘者们纷纷回来了，其中的多数人都垂头丧气，他们一把梳子也没有推销出去，这些人将梳子交还给公司便一声不吭地离开了。只有三个人成功地将梳子推销了出去。

公司经理问第一个人："你卖了几把梳子？"

"我只卖了1把。"这个人不好意思地回答。

"你是怎么卖的呢？"经理问道。

"哎，为了卖出这把梳子，我可是费了大劲了。我跑了附近的许多寺庙，和尚一看我是来推销梳子的，都直接将我赶了出来。"这个人苦着脸说道，"最后，我好不容易找到了一个好心的老和尚，请求他买一把梳子，好说歹说了半天，他才肯买了1把。"

"老和尚买了梳子也没什么用啊！"公司经理笑着说。

"所以才难推销啊，他基本上是为了帮我才买的。"这个人只好承认。

"你卖了多少呢？"公司经理又问第二个人。

"我还不错，卖出去了10把！"这个人略微有些得意。

"那么，说说你是如何推销的吧。"公司经理笑着说。

"我只去了一家某名山的寺庙，这座寺庙由于位置较高，寺庙里山风很大，前来烧香拜佛的人们的头发都被风吹乱了。我就对寺里的住持建议说：'人们头发这样蓬乱着拜佛，是对佛的不敬。如果在大殿门口放几把梳子，让他们先将头发梳理一下，想必会显得更虔诚吧！'于是，住持接受了我的建议，买下了我10把梳子。"

公司经理听完第二个人的讲述，也没说什么，将目光转向第三个人，问道："请问你卖了多少把呢？"

"500把。"第三个人说道。

"说说你的经过！"公司经理眼睛里闪露出一丝光芒。

你能想象出第三个人是如何卖了500把的吗？

38. 聪明的苏代

我们知道，苏秦是战国时期著名的纵横家。其实，苏秦还有个弟弟，名叫苏代，也是当时有名的纵横家。下面这件事便能够体现出苏代的智慧。

一天，楚襄王的宰相昭鱼前来拜访苏代，对他说："我想请你看在老朋友的分上帮我一个忙。"苏代问是什么事情。昭鱼讲道："魏国的宰相田需刚刚死去了，我担心张仪、薛公、公孙衍这三个人有人做了魏国宰相。因此我希望你能去说服魏王，让魏国太子做宰相，这样对楚国是很大的帮助，我会记着你的好处的！"

苏代答应了昭鱼的请求，北上魏国。见到魏王后，苏代凭借自己的一番话果然使得魏王让太子做了宰相。

你猜，苏代是如何说服魏王的？

39. 无货不备的商店

有一家大型的百货商店，门口放着一个广告牌，上面写着：无货不备，如有缺货，愿罚10万。有个法国人看到后，很想赚到这10万元，便去见经理。法国人问经理："店里有没有潜水艇？"经理领他到大楼的16层，果然有一艘潜水艇放在那里。法国人很惊讶，但又不甘心就这么放弃，又说："我还想看看飞船。"于是经理又领他到第11层去看飞船。法国人看难不倒经理，就又心生一计，问道："那么这儿有没有肚脐眼长在脚下面的人？"

法国人以为自己这么一问，肯定能难倒经理，但没想到经理还真给他找到了"肚脐眼长在脚下面的人"。猜猜看，经理是怎么给法国人找出来的？

40. 馆长催书

加拿大卡尔加里市有一家历史悠久、规模宏大的图书馆。很多居民都喜欢来这里借书看。其中有一个叫卡尔的学者，便是这里的常客之一。

卡尔是做学术研究的，经常要查阅很多资料，这家图书馆自然就成了他喜欢的地方。但是遗憾的是：卡尔经常会借不到他想要的书。书单上的书图书管理员经常会说没有，为此，他非常失望。

一次，卡尔为写论文急需查阅一些资料，他把自己需要的书名列了清单交给了图书管理员。过了一会儿，管理员过来抱歉地对他说道："先生，不好意思，你要借的书，我们这里暂时都没有。"

卡尔非常生气，他心想，这么大的图书馆怎么会有这么多书找不到？于是就直接找到了这家图书馆的馆长提意见。

馆长是一位和蔼可亲的老头，听完卡尔的叙述后赶紧打电话叫来了图书管理的负责人来询问情况。

负责人仔细看了一下卡尔所列的图书清单，然后说："其实这些书，我们图书馆都有，但是现在都在别人手中，很多书借了好多年了，到现在都没有人还。"

馆长听后非常生气地问："那么长时间，你们为什么不催借书的人？"

图书负责人低下头说："我们一直在催，但是想了好多办法都不奏效。"

馆长感到这个问题挺严重，于是便问图书负责人究竟有多少书逾期没有还回来，结果发现这样的书竟然多达7000多册。

馆长对此很是吃惊，决心要想出办法解决这个问题，于是他转身对卡尔说："先生，今天十分抱歉，没能让您借到想要的书。您先回去，我向您保证，一个星期以后，您再来一定能借到所有您想要的书！"

卡尔听到馆长这么保证就不好再说什么，转身离开了。卡尔走后，馆长冥思苦想了半天，最后终于想到了一个催书的好办法，他将图书负责人再次叫来，如此一般地交代了一番。

果然，短短几天内，图书馆众多逾期未还的书都回来了。人们争先恐后地都跑图书馆还书。一个星期之内，大部分书都完璧归赵了。结果发现，有的书竟然已经逾期了10多年之久。

一个星期之后，卡尔抱着怀疑的态度再次来到了图书馆，这一次，他果然如愿地借到了所有他想要的书。卡尔很好奇地向馆长询问催书的办法。馆长笑了笑，递给了卡尔一张报纸广告，卡尔看完后恍然大悟。

你能猜到那个广告上面写的是什么吗？

41. 卖猫的农夫

有一位古玩商，非常喜欢收集古玩。因为在城里转遍了，很难再收到比较有价值的古玩，于是他就决定去乡下碰碰运气。

这天，他来到了一家农舍前，观察了一会儿，忽然眼前一亮，他看到了一件很有价值的东西。那是一件非常别致的小碟子，凭着对古玩这么些年的研究和高超的鉴赏力，他断定那是一个值大钱的古董。但是好像这家主人对此一无所知，因为主人竟然拿它喂猫。

古玩商此时心中狂喜，但是他极力忍住了。他假装随意地走到了这家主人的身边闲聊起来，并假装一副才发现小猫似的样子对小猫表现出了极大的兴趣。古玩商先对那只猫大肆赞扬了一番，然后编造了一个非常动听的故事。他告诉小猫的主人，他的太太非常喜欢小动物，尤其喜爱小猫。前几天因为精心养的一只猫死去了，妻子正伤心不已，而此时眼前的这只小猫，竟然和太太死去的小猫出奇地像。

古玩商说着说着不禁流出了动情的泪水，木讷的农夫听后也跟着伤心起来。这个时候，古玩商问农夫："我想买下这只小猫送给太太，你这只小猫卖不卖？"

农夫干脆利落地回答说："当然卖了，既然你的太太这么喜欢小猫，我就卖给你好了，希望她早点恢复心情。"古玩商听了心里暗喜，为了表示自己的诚意与感谢，他还特意出了两倍的价钱给农夫。

就在他抱起小猫准备走的时候，他才开始引入正题。他故作若无其事的表情对农夫说："你们是一直用这个小盘子喂小猫的吧？我怕小猫以后不习惯，所以我还想继续用这个盘子喂它。请问您可不可以顺便把这个盘子送给我呢？"

古玩商心想，农夫不知道这个盘子的价值，肯定会很爽快地送给他。可是，他怎么也没想到，农夫的回答让他的美梦一下子破碎了。

你知道农夫究竟是怎么回答的吗？

42. "懒惰"的邻家太太

珍妮太太有个毛病，她总喜欢挑别人的毛病。这么多年以来，她总是不断指责对面的史密斯太太懒惰，原因是她总是认为史密斯太太洗衣服没洗干净。

珍妮太太不断地对身边的人说："那个女人真懒惰，连一件衣服都洗不干净，你看，她晾在绳子上面的衣服总是有斑点，哎，我就不明白了，一个女人家怎么会把衣服洗成那样，简直像是一个马虎的男人洗的衣服！"

这天，一个朋友来珍妮太太家里做客，她又开始抱怨对面的太太衣服没洗干净。这位朋友朝对面看了一下，然后走到这家太太的窗户旁边去擦了一下窗户，再看对面太太洗的衣服，竟然就一下子变得干净了。

你知道这是怎么一回事吗？

43. 吴用赚卢俊义

我们都知道，明朝小说《水浒传》中讲了梁山好汉的一系列精彩故事，而"吴用智赚玉麒麟"的故事就是其中著名的一个。

　　这个故事中的"玉麒麟"就是卢俊义,卢俊义乃河北俊杰,他不仅急公好义,乐善好施,济人危困,而且武艺高强,名闻四海,人称"河北玉麒麟"。梁山泊义军头领宋江久慕他的威名,一心想招卢俊义上梁山坐一把交椅,以借助他的威名扩展梁山的事业。但是,偏偏这个卢俊义有钱有势,有名有位,吃不愁,穿不愁,而且满脑袋的忠君思想,要他上山造反谈何容易,宋江常常为此苦恼。

　　为了拉卢俊义入伙,宋江便找军师吴用商量办法。说起来这军师吴用,人称"智多星",他为人机敏,善于谋略,凡事一经他策划,没有办不成的。所以,当宋江与他议起此事时,吴用很快就想了一个好主意。

　　这天,吴用扮成一个算命先生,悄悄来到卢俊义的庄上。吴用故意口出狂言,引起了卢俊义的注意,将其邀至府中。在卢俊义府中,吴用先是用一些危言耸听的话赚取卢俊义的信任,等到卢俊义相信他是一个非常"神机妙算"的算命先生了,吴用就说卢俊义最近肯定有血光之灾。他利用卢俊义正为躲避"血光之灾"的惶恐心理,口占四句卦歌送给了卢俊义,并让他端书在家宅的墙壁上。这四句卦歌的内容是:

芦花丛中一扁舟,
俊杰俄从此地游。
义士若能知此理,
反躬难逃可无忧。

　　当时的卢俊义正想着如何消灾解难,根本没有细细看这首诗,便按照吴用的嘱咐到远处避难去了。可是,这首诗仔细一看,就有很大的问题。当吴用走后不久,官府就来了,说卢俊义想造反,而证据正好就是这首诗。官府以这卦歌为罪证,大兴问罪之师,到处捉拿卢俊义,终于把他逼上梁山。你知道这首诗的玄机在哪里吗?

44. 两个商人

　　从前,有两个商人背着沉重的货物在山上艰难地行走,此时正是中午,火热的太阳炙烤着大地。两个人都累得满头大汗,他们必须越过这座山才能把货物运到对面的小镇上去卖。

　　走了一会儿,其中一个商人热得实在受不了了,就停了下来骂骂咧咧地抱怨道:"这座山也太高了,在这么大的太阳下爬山真是受不了!"

　　另一个商人听了,却不以为然,他竟然说希望这座山再高些。第一个商人感到很奇怪,询问他为何说这种傻话。第二个商人于是说出了自己的理由,第一个商人一听,十分佩服他的智慧。

　　你能猜出第二个商人的理由是什么吗?

45. 失去的和拥有的

　　一位商人经过自己多年的努力和打拼后,终于取得了成功,拥有了自己辉煌的事业和很高的社会地位。

　　这天,商人特意邀请自己的父亲来到一家非常高档的餐厅就餐。餐厅环境优雅,氛围温馨,一位技艺高超的小提琴手正在台上为大家演奏悠扬的音乐,音乐伴随着可口的饭菜让人们心情大好。

　　这个时候,商人想起了自己小时候曾经也练过小提琴,那个时候自己曾一度十分迷恋小提琴，但是最后没有坚持下来就放弃了。于是他就感慨地对父亲说："假如当初我坚持练小提琴，说不定现在在台上演奏的就会是我了，想起来真是有些遗憾！"

其父接着商人的话说了一句话，商人听后点了点头，顿时不再感到遗憾。

你猜出商人的父亲说了什么话？

46. 解梦

一个国王一天夜里做了一个梦，他梦见自己的牙齿不知道为什么掉了下来。早上醒后，国王感到很疑惑，便召来一个大臣为他解梦，他想知道这个梦代表着什么意思。

这个大臣听后对国王说："陛下，很不好意思，我非常不幸地告诉您，梦里每掉一颗牙齿就意味着您将失去一位亲人。"

国王一听，立即大怒道："你这个狂妄的家伙，竟然敢在这里胡言乱语，快给我滚出去！"

然后国王立即又召来一位大臣再次替他解梦，第二位大臣听完国王的梦之后，很快也告诉了国王结果，第二个大臣所说的意思与第一个智者差不多，但国王听了却很高兴，立即赏给了第二位大臣100个金币。

那么你能猜出第二个大臣是如何解梦的吗？

47. 聪明的小吏

相传有一次，两个官员在一起喝酒，酒过数巡之后，两人谈到了各自的孩子问题。

一个官员很忧虑地说："我家只有一个儿子，真的是人丁不旺啊！"

这个时候，在一旁的小官吏在旁边安慰说："儿子只要成器，不在乎多少，一个足够了！"

谁知道另一个官员这个时候问他道："我的儿子很多，这又该如何解释呢？"

小官吏这个时候随机应变地说了一句话，让在喝酒的两位官员不禁拍手称赞，于是赶紧把小官吏拉过来一起喝酒。

你知道这个小官吏是如何回答另一位官员的吗？

48. 书商与总统

一个做出版的经销商库房里面积压了一大批书，这个出版商就想找个办法把积压的书赶紧卖出去。很快，书商想到了一个办法，他通过关系将其中一本书送给了总统，然后多次询问总统看了此书后的感想，总统因为忙于公事所以一直都没有时间去看那本书，但为了让这个出版商不要再来纠缠，就对他说："这本书还不错。"这位出版商得到这个答案以后，便借题发挥，大力宣传，他不断地在各大媒体上刊登广告："本店现有总统喜欢的书出售！"人们看到这个广告后，纷纷前去书店抢购这本书，很快，这本书就被人们抢购一空。

过了一段时间后，出版商又遇到了同样的情况，他手里再次积压了一批滞销的书。于是这位经销商又送了一本书给总统。这次总统收到以后，想起上次被经销商利用的事情，就很气愤地说："这本书实在糟透了！"出版商听了以后，再次去刊登了这么一则广告："本店现有总统讨厌的书出售！"令人想不到的是这样的一则广告带来了同样的效果，那批滞销的书很快又被抢空。

第三次，经销商又来找总统时，总统拿着出版商第三次送来的书，吸取了上两次的教训，什么都不说。但是书商同样借此事打出了广告，使得手里的书同样销售很火。

你猜经销商这次是如何打广告的呢？

138

49. 赢了两个冠军

有三人是个好朋友，他们其中一个是全国网球冠军，一个则是全国象棋冠军，只有第三个人什么冠军都不是。

有一次，这三个好朋友一起来到一家俱乐部非常快乐地玩了一个下午。他们到玩够了之后，便一起吃晚饭。这时，那个什么冠军都不是的人很自豪地对周围的人说："今天我们一起不仅玩了网球，而且还玩了象棋。我今天可是大获全胜，既赢了网球冠军，又赢了象棋冠军，大家为我庆祝一下吧！"

周围的人怎么都不相信他，因为他们认为，以第三个人的水平怎么能够赢全国冠军呢？于是他们就说："那肯定是他们两个冠军让着你的！"

谁知道旁边的两个冠军笑着说："不是的，他说的是真的，我们可是尽了最大的努力，但是最后还是输了。"

你知道这是怎么回事吗？

50. 老住持考弟子

在一座高山上有一座新建的寺庙，庙里有一个住持和几个和尚。因为附近没有其他寺庙，所以这座寺庙在当地的影响相当大，来庙里烧香拜佛的人都很多，十里八屯的都专程跑来这里上香。寺庙建成之初，是一个中年和尚担任住持，许多年过去，寺庙被风雨冲刷得已经失去了往日的"容颜"，中年住持也老了。

住持知道自己年事已高，剩下的日子不多了，在离开之前，他决定要选一个新住持接替他。寺庙就这么几个弟子，习性也都了解，可是住持还是想考考他们。于是，住持给众多弟子们出了一个问题。

一天，他叫来了众弟子们，对他们说："我的日子不多了，现在我要从你们之中选出一人做住持。你们到南山上去，各自去打一担柴回来。谁第一个打柴回来，我就让谁做本院的新住持。"弟子们听了住持的话后，都往南山的方向跑去了。但是，非常不如人意的是，就在他们快到达南山时，前面出现了一条大河。这条河的河水从山上奔涌而下，气势非常吓人，根本无法穿行过去。看来南山是去不成了。

于是，很多弟子就放弃了去南山打柴的想法，纷纷掉头回去了。只有一个小和尚没有立即回去，等到他回去的时候，住持就让这个小和尚做了下一届的住持。你知道小和尚是怎么做的吗？

51. 智解难题

在一个小城里，只有一家电影院，而这个小城的娱乐场所并不多，人们都喜欢到这家电影院看电影，因此电影院生意非常好。这家电影院虽然座位很舒适，环境也很优雅，不过，这家电影院却有一个问题一直让观众不满意。

由于观众多，电影院的厕所的蹲位有限，每次散场后，厕所前面都要排很长很长的队伍。对于这个问题，观众已经向电影院多次提建议，怨声载道。

但是，电影院也有难题。电影院所占的空间有限，无法扩大厕所的面积。如非要扩大厕所的面积，那么电影院的经营成本上也是个问题。但是，如果一直不解决观众排队上厕所的难题，相信总有一天，观众将不再愿意来了。因此，这确实是一个很棘手的问题。

经营商在困扰之下，请来了一位有名的专家，希望能讨教到解决问题的方法。专家不愧是专家，给经营商出了一个几乎没有成本而又十分见效的主意，从此以后，虽然没有修建新的厕所，但是观众的怨声却魔法般地消失了，再也没有观众抱怨过厕所的问题了。

你猜这位专家的主意是什么？

52. 罗斯福的连任感想

我们都知道，美国的罗斯福总统一共连任了三届，这在美国历史上，是绝无仅有的。当罗斯福第三次当选总统后，一个记者就想采访罗斯福，请他谈谈连任三次总统的感想。面对记者的采访要求，罗斯福很爽快地答应了。记者开门见山就问起了他此时的感受，罗斯福并没有马上回答记者的问题，而是请记者吃三明治。被总统请客，记者感到很荣幸，当然很爽快地就答应了。记者很高兴地吃了第一块三明治。吃完后，总统又要请他吃第二块，记者本来就不饿，但是这是总统的邀请，也不好拒绝，于是，就勉强吃了这第二块。当吃完第二块，记者的肚子已经很撑了。没想到这个时候，总统又要请他吃第三块，记者无奈，只好硬着头皮吃了下去。

最后，总统又对记者说："再吃一块吧。"记者表示实在吃不下去了。

这个时候，总统简单地说了句话。记者听后，连连点头，满意地回去了。你知道罗斯福总统说了句什么话吗？

53. 满是缺点的秘书

一个公司老板脾气很坏，好几个秘书都因为受不了他而辞职了，于是他就招来了一个新的秘书。老板对这个新秘书的工作很不满意，经常数落她的不是。一次，新秘书的工作又惹得老板生气了，老板就把新来的秘书叫到了办公室。可想而知，等待这位新秘书的就是一顿狠批。老板对新秘书说："你的工作我很不满意。你和我之前的几个秘书相比可差远了，你哪都不如她们。你的应变能力不强，做事总是很呆板；文笔也一般，写的文章也不如以前的秘书写得好；你的字比不上她们任何一位。只可惜她们都辞职了，要不我也不会录用你。别的不说，就连拾掇办公桌，你都不能让我满意，你说我还有必要继续留你吗？你还是另谋高就吧！"

老板发火的过程中，新秘书一句话也不说，只是静静地等他说完。等老板话说完了，秘书开始说话了，她只简短地说了几句话，就逗得老板哈哈大笑，并决定不再裁掉这个新秘书。

你猜秘书说了什么话？

54. "雅诗·兰黛"的成功

雅诗·兰黛是国际上知名的化妆品品牌，是美国500强企业之一。但是，在最初开拓市场方面，雅诗·兰黛却并不是那么顺利的。

1953年，雅诗·兰黛推出的"青春之泉"香水在美国市场上大获全胜，一夜之间成了家喻户晓的品牌香水。具有敏锐洞察力的创始人埃斯·泰劳德并不满足只占领美国市场，她还要进一步抢占欧洲市场。突破口就选在了法国。

法国人的浪漫是举世公认的，同时，他们的挑剔也是举世公认的，他们对于这个新事物并不感兴趣。只是有几个爱占便宜的小市民，经常到店里来试用，把自己浑身喷了个遍，到最后也不买。这样的市民很多。更可恶的是，一个市民隔三差五地就到店里来试香水，却也不买。

看到这样的情形，店里的员工都气不过了，对埃斯·泰劳德提议要在店内贴些警示语，例如"法国是文明的国家，法国人是有教养的人"、"请勿起贪婪之念"、"天下没有免费的午餐"等等。对于员工的好意，埃斯·泰劳德却没有采纳，而是愿意继续让顾客试用香水，她"好心"地声称"就让她们把香味带走吧！"没想到，正是因为这份"好心"，雅诗·兰黛很快赢得了市场，在法国迅速流行，你知道这是为什么吗？

55. 妙解

商人的一个朋友要过生日了，商人想给朋友买张画作为生日礼物。于是，他就走入了一家画店。商人咨询了画店老板该买哪种画，老板看来人衣着光鲜，器宇轩昂，心想其朋友也必定是富贵之人，就说道："牡丹代表大富大贵，很符合您朋友的身份，不如就买张牡丹图吧！"商人觉得老板说的有道理，就买了张牡丹图回家去了。

在朋友的生日宴会上，他把自己送给朋友的生日礼物当众打开了。众人都夸这礼物选得好。正在大家夸赞画画得好时，一个客人惊讶地说："你们看，这张画没有画完。这幅牡丹最上面的那朵花，竟然不完整！"旁人一看也都议论开了，有不懂事的人忍不住议论道："这不是代表着'富贵不全'吗？"

商人也看到了那残缺的部分，也很懊悔自己买的时候没有认真看。现在，不但他的好意没了，而且还在那么多人面前出了丑。正在商人不知道如何是好的时候，主人来了。主人是个很有学问的人，他了解情况后，哈哈大笑着称这是个好礼物。在众宾客惊诧之际，主人笑着给出了新的解释，正好和"富贵不全"完全相反，是十分吉祥的意思。全场嘉宾无不称赞主人的智慧。你知道主人是如何解释的吗？

56. 远近之辩

曹植是曹操的第三个儿子，他不仅文章写得好，而且随机应变的能力也很强。

一年中秋的晚上，正直月圆之际，曹操带领家人出来赏月，看着皎洁的月亮，曹操突然想考考曹植，就问道："你觉得是月亮离咱们近呢，还是外国离咱们近呢？"曹植不假思索地答道："当然是月亮了。"对于儿子的回答，曹操不解，追问道："何出此言呢？"曹植说："我们抬头就能看到月亮，可是我们抬头却看不到外国，可见月亮离我们近些。"对于儿子的回答，曹操很高兴，还夸了曹植一番。

第二年，也是中秋。这一回来了几个外国人拜见曹操。曹操也把去年中秋问曹植的问题，问了这些外国人，可是客人们众说纷纭，有的说月亮近，有的说外国近，只是都没有给出个合适的理由来。曹操为了在外国人面前显示自己儿子的聪明，就命人把曹植叫来。这次依旧让曹植回答这个问题，谁知曹植的回答和上次却不同。曹操一听，心下一惊，担心曹植给自己丢面子。谁知，这次曹植同样给出了精彩的理由，曹操一听，更为高兴。你知道曹植这次是如何回答的吗？

57. 讨马

春秋时期，圣人孔子因为在国内得不到重用，带着众徒弟周游列国，推销自己的"仁政"，旅途劳累，十分辛苦。一天，他们来到了一个村庄，由于过于劳累，他们决定先在一片树荫下乘凉休息，也顺便吃点干粮，填饱肚子。正在大家都预备吃饭的时候，不成想孔子的马却脱缰了，跑到农夫的地里啃吃起庄稼。想是连着几天赶路，马也饿了。虽然拦得及时，可是庄稼已经被马糟蹋了不大不小的一片。

农夫这时正在田里劳作，看到自己的田地被马糟蹋了，非常生气，上去便抓住了马的缰绳，嘴里喊着要杀了马。孔子见状，就派自己能言善辩的弟子子贡去劝说农夫，要求和解。

子贡学识渊博，明白事理，相信自己一定能把农夫说通。可是，子贡去了很久，依旧在那里和农夫辩解，看上去没有结果。原来子贡和农夫讲的都是之乎者也之类的大道理，这些

141

农夫怎么听得懂呢？于是，谈判就没有进展。

这时孔子的另一个学生，原本就是个农民，没有多少学识，但对于人情世故很是了解，他换了一个思路，只是按照基本的人情世故说了一番话，那农民一听便点点头，将马牵了回来，想象一下，他是如何说的？

58. 找铁环

傍晚时分，在经过了一天的辛劳之后，农民都回家准备吃晚饭了。每家的炊烟都已经袅袅冒出来了，真是一幅恬淡的乡村傍晚图。吃完晚饭的小明来到一条小河边，在河里捉鱼玩。

小明每天都会来这条河捉鱼，以往他都会捉到鱼，有的时候还能捉到大鱼。不知道今天怎么了，连一条小鱼都没捉到。正在他打算回家的时候，突然发现在离他不远的水里有一个闪闪发光的东西。走近一看，原来是一个漂亮的铁环。

铁环是金色的，在月光的照耀下发出金灿灿的亮光，异常漂亮。小男孩特别高兴，迫不及待地走了过去，都忘记了把袖子往上卷卷。他伸手想要捞起铁环，可是不管怎么摸就是抓不住铁环。小男孩急坏了，明明就在那里，却捞不到。等到水再次清澈的时候，他又仔细辨别了下铁环的位置，又下水去摸，可是依旧摸不到。明明看见铁环在那里，却怎么也摸不到，这让小男孩很无奈。他只好去请救兵，从家中把父亲带到了水边。

父亲看了看河边的树，就对小男孩说了一句话，果然小男孩按照父亲的话，很快就找到了铁环。你知道父亲对小男孩说了什么吗？

59. 卖雨伞

有两个南方的商人，他们各自带了一批雨伞去北方出售。他们原以为自己带来的雨伞做工精细，美观耐用，一定能在北方卖一个好价钱。可是，万万没想到的是，北方的天气不比南方，一年之中也不会下几场大雨，所以北方人很少有买伞的。

两个商人在北方待的那些天里，一直艳阳高照，他们的雨伞根本就无人问津。看到这种情况，两个商人都感到十分沮丧，他们来时带的盘缠已经所剩无几了，如果再卖不掉这些雨伞，他们就要饿肚子了。

然而，这两个商人中的其中一位脑瓜比较聪明，他灵机一动，想到了一个好主意，不一会儿，他带来的雨伞就被抢购一空。

你能猜到这个商人的主意吗？

60. 爱迪生的看法

美国的爱迪生是一位伟大的电学家和发明家，他一生发明了许多对人们有用的东西，极大地推动了人类社会的进步和发展。然而这一切，都是他刻苦钻研，锲而不舍工作的结果。

有一次，一种新发明需要天然橡胶作为原料，为了寻找一种比较适用的天然橡胶，他试用了许许多多种植物。然而，实验结果总是以失败告终，因为从这些植物中提取的天然橡胶没有一种是匹配的。

后来，在试过了多达5万多种材料，均告失败后，爱迪生的助手泄气地对他说："亲爱的先生，我们都已经失败过5万次了，看来可能世上不存在这种原料，我们还是放弃吧，再这样坚持下去，有什么意义呢？"

爱迪生听了助手的话，停下了手中的工作，平静而坚定地对他说了一番话。之后，助手就再没有什么怨言，他们两个又开始忙碌起来了。又经过了无数个失败以后，爱迪生终于完成了那项发明。

你知道爱迪生对他的助手说了什么吗？

61. 老师的斥责

卢瑟福是现代原子物理学的奠基者，他对现代物理学作出了巨大的贡献。同时，在教育自己的学生方面，他也有自己独到的一面。

有一天深夜，卢瑟福到实验室去取一件东西，偶然发现他的一位学生仍然在那里埋头做实验。于是，这位物理学家问这个学生："这么晚了，你怎么还在这摆弄这些东西？上午你去干什么了？"

学生回答说："在做实验。""那么下午呢？"卢瑟福问。"也是在做实验。"

卢瑟福听了，对他说："那么整个晚上你也是在做实验对吧？""对，我一整天都待在实验室，在不停地做实验。"这个学生回答之后，以为老师一定会夸赞他几句。没想到卢瑟福听了不仅没有夸赞他，反而把他狠狠批评了一顿。

你知道这是为什么吗？卢瑟福会怎样批评这位"勤奋"的学生呢？

62. 双面碑的启示

有四个人一路同行，前往麦哲伦遇难的马克旦恩岛游玩。他们四人中一位是菲律宾大学生，一位是西班牙的海员，一位是批判主义学者，还有一位哲学大师。

来到马克旦恩岛之后，他们看到了一块用英文写成的双面碑。在碑的正面，记载着这样的文字：

1521年4月27日这天，拉普拉普率领族人在此地击败了一群西班牙侵略者，并杀死了他们的首领斐迪南·麦哲伦。菲律宾人英勇顽强地成功抵御了一次欧洲人的入侵。

在碑的附近还塑有一尊拉普拉普的铜像和他砍杀麦哲伦时的勇武画面。而在石碑的另一面，也有一段文字，这样写道：

1521年4月27日这天，伟大的航海家斐迪南·麦哲伦在马克旦恩岛与当地居民发生冲突，他率领随从与众人交战，最终寡不敌众，身受重伤而殒命于此。之后，他的船队由助手埃尔卡诺率领，于第二年9月6日到达圣罗卡尔港，完成了人类历史上首次环球航行。

西班牙的那位海员看到了雕塑和碑文，愤愤不平地说："这是多么大的一个历史的悲剧啊，一个愚昧的酋长，在狭隘的地方保护主义的冲动下，竟然把一位伟大的航海家杀死了。要知道，这位航海家为人类的文明和进步作出了多大的贡献呀！更可气的是，在这里竟然还塑有那个可恶酋长的铜像，真是岂有此理！"

菲律宾的那位大学生一看他攻击当地居民，就很不以为然地反驳说："你好像不了解当年的情况吧。当年麦哲伦和他的随从下船来到岛上，受到了当地居民的盛情款待，当地居民不仅让他们在岛上吃好睡好，而且在他们临走时，还为他们的船队补充足够的粮食。可是麦哲伦呢，却强制当地人放弃自己长久以来的宗教信仰，去接受他的传教和洗礼！当地人当然不愿意！然而麦哲伦竟然凭借他们手中的武器杀戮无辜的岛民，这样做文明何在？公理何存？这不是恩将仇报又是什么呢？"

批判主义学者听了笑了笑说："这两种截然不同的观点竟然写在同一块石碑上，是很滑稽可笑的，因为它没有是非、没有善恶的明确态度；同时，这块石碑又是非常有深意的，它作出了两种态度迥异的评价，显示了一种辩证的批判视角，这一点是难能可贵的。这究竟是麦哲伦的悲哀还是拉普拉普的不幸呢？谁是谁非、谁功谁过，千百年后，自有后人评说！"

哲说大师看到这位批判学者故作高论，早就不耐烦了。他如同在高处俯瞰一般地评价道："据我看，这块石碑，就是历史唯物主义的典范代表。一方面它缅怀了人类社会伟大而又艰难的文明进程和这位伟大的航海家的生死荣辱；另一方面，它又维持了民族的尊严，还历史以本来面目。历史，在这里聚焦在了一处！"

四个人于是唇枪舌剑地争论起来，都自认为自己的言论很高明，然而却谁也说服不了谁。其实，可以想象，也许拉普拉普和麦哲伦两人的英灵此时正在地下暗笑不止呢。

看完了这个故事，对你有什么启发？

63. 作家的反击

这是一次专门为慈善家准备的舞会，参加者都是些曾经捐出巨款的成功人士们。据说，他们之中，最少的都已经捐过百万元以上了。

灯火辉煌间，某千万富翁正在与新认识的朋友们谈笑。忽然，他瞥见房间角落处坐着一个沉默不语且无人陪伴的人，于是他端着酒杯走了过去。

"嗨，你好，我的朋友，"富翁向那个人打招呼道，"你也是这次舞会的客人吗？"

"是的。"那个人看他一眼，很礼貌地笑笑答道。

"哦，那我们可以认识一下，请问你是做什么的？"富翁又问。

"我是××报社的专栏作家。"那人答道。

"哦？"富翁惊讶地睁大了眼睛，"那你一定非常成功吧？能来参加这个晚会，捐款可是不能少于100万的。"

"我除外，"专栏作家淡淡一笑，"我只捐了5万元。"

"什么？"富翁先是一愣，继而有点鄙视地哈哈大笑了起来，"我还以为你是个成功人士，谁知你只捐了区区5万块钱。"

"我当然是个成功人士，先生！"专栏作家不卑不亢，站起来说出了一番话。千万富翁一听，顿时哑口无言。

你猜专栏作家是如何进行反击的？

64. 双胞胎兄弟的不同人生

一对双胞胎兄弟从小就生活在一个很不幸的环境中，这一切都跟他们的父亲有关。那个不负责任的父亲整天一幅冷酷无情的样子，兜里有一点钱便会拿来买酒喝。后来，他又沾上了毒品，由于毒瘾发作时他没有钱买毒品，狂燥之下扎死了这对兄弟的母亲，为此，他被判了终身监禁。那一年，这对兄弟还不到5岁。

可怜的兄弟无计可施，只好流落街头以乞讨为生，年龄稍稍大一点后又到工地上给人做帮工。可是谁都想不到，多年之后，曾经极为相似的他们会有如此大的差别：

哥哥同父亲一样，嗜酒如命毒瘾很深，而且偷窃、敲诈无恶不作，最后也因杀人罪而被判入狱。

而弟弟却滴酒不沾且从未嗜毒，他是一家大公司的部门经理，有一个美满幸福的家庭。

当记者分别采访这两位兄弟时，万万没想到他们的开头语一模一样："有这样的老子，我还能有什么办法！"只不过这句话后面的解释不同。

哥哥说："……我的身上天生就带了嗜酒吸毒杀人放火的种子，这些东西是我所无法控制的。"

你猜弟弟接下来的话是如何说的？

65. 墙角的金币

安德鲁是个穷小子，他最大的梦想就是哪天能够发笔大财，改变一下自己潦倒至极的生活。淘金大潮起来之后，一心发财的他加入了这个行列。可是不远千里来到目的地，又辛苦劳作了半年之后，运气欠佳的他不但一无所获，还把来时带的一点钱也花光了。沮丧之下，安德鲁打算打道回府了。看，他的行李都装好了，就等着第二天上路呢。

"安德鲁，安德鲁。"安德鲁忽然听见有人在叫他，待转过头去，他发现是那位靠门站着的老人。

"有事吗？"安德鲁问老人道。

"告诉我你最大的愿望是什么，我可以帮你实现。"老人微笑着对他说。

"愿望？"饱受打击的安德鲁摇了摇头，"原来我还梦想着哪天能得到一批金子，现在看来一切都是做梦而已，算了吧，以后我再也不敢谈'愿望'二字了。"

"哈哈哈，"老人突然大笑了起来，"如果你真的只想要金子的话，你又何必跑这么远呢？你家中房屋的墙角处，就埋着一罐金子嘛。"说完，老人就消失了。

一急之下，安德鲁醒来了，哦，原来自己是做了个梦。在清晰梦境的刺激下，异常兴奋的他再也睡不着了。"难道这暗示着什么？难道自己家的墙角处真埋藏着金子？"他翻来覆去地想着，结果没等到天亮，他就背上包裹朝家的方向出发了。

后来，安德鲁成了当地最有名的富翁。因为按照神的指示，他真的在自己家的墙角处挖出了一罐金子。

得知这件事之后，有人半是嫉妒半是惋惜地对他说："早知道这样，还不如不跑那么多路去淘金呢，吃了那么多苦，原来金子就在自己的脚底下。"

但是对于这个说法安德鲁并不同意。你猜他的理由是什么？

66. 幸好

没想到世界上有如此大胆的贼，他竟然趁无人之际，把美国总统富兰克林·罗斯福的家洗劫了！晚上，当罗斯福回到家时，发现许多值钱的、有用的东西都被偷走了。

听说这一消息，罗斯福的一个朋友赶紧写信来询问和安慰他，信中写道："亲爱的总统先生，听说您家被洗劫了，我甚为担心。上帝可真是不公平，他怎么能够让您这样伟大的人物遭此不幸呢！

"不管您丢了什么东西，我都希望您能以身体和精神为重，别为此过多分心，以免影响健康。祝您早日开心。"

罗斯福先生读完这封信，立即提笔回信道："亲爱的朋友，谢谢您来信安慰我，我现在很平安，无论身体健康还是精神状况，所以您完全没有必要为我担心。上帝真是太公平了，因为三个理由，我由衷地感谢上帝……"

你猜罗斯福的三条理由是什么？

67. 价值千万美元的培训费

香港德隆公司销售经理阿江，因市场动态判断失误，给公司造成了1000多万美元的损失。消息一经确定，阿江顿时既羞愧又懊悔。他立即向董事长解世龙递交了辞呈，以示谢罪。

猜猜看，解世龙是怎么处理的？即便我们提前知道他是个大度而睿智之人，面对如此巨额的损失，恐怕谁都会猜测他将火冒三丈，严厉指责阿江的过失，并作出开除阿江的决定。但是实际情况却大大出乎所有人的意料，你能大致猜出来吗？

答 案

1

挑夫说："棒极了。看来，上帝也很照顾我，先生。如果你没有把我捆住的话，我已经成为他们的祭品了。"同一件事情，用正面思考的方法能够使你自信、乐观和拥有解决问题的高效率，而负面思考则正好相反。我们必须学会负面思考到正面思考的转换。

2

迪美普莱让管家在木牌上醒目地写着："如果在园中不幸被毒蛇咬伤，距此处最近的医院在15公里外，开车约半个小时可以到达。"

迪美普莱就是应用了视角转换的思维方法来解决问题的。开始时，他按照常规的思路，从自己的利益出发，和闯入花园的人站在对立面，"禁止"他们入内。这种警告不但起不到积极的作用，反而会激起人们的逆反心理。经过视角转换之后，她站在对方的角度来思考问题，如果花园中有对他们造成伤害的东西，不就可以阻止他们了吗？

3

既然这种纸的吸水性很强，就把这种纸作为一种专门用来吸干墨水的"吸墨水纸"不是很好吗？这位技师运用价值转换思考法，发现了废纸的价值，发明了纸的一个新品种，并获得了专利。这种吸墨水纸上市之后很受欢迎，给造纸厂带来很大的利润。技师不但没有被解雇，还受到了奖励。

4

这个有头脑的人用这堆废铜烂铁，制造了许多个小小的自由女神铜像，当作纪念品出售。因为这批小铜像的材质是来自于原来的自由女神铜像，所以便具有了重要的纪念意义，游客们甚至是纽约当地的市民都纷纷乐于购买来收藏。所以，这批铜像的价格虽然卖得很高，也很快便销售一空。这个人凭借自己的这个点子赚了足足350万美元。

在别人眼中是烫手山芋的废铜烂铁，去成了这个人发财的宝贝，区别便在于是否具有价值转换的慧眼，从司空见惯的事物中找到潜在的价值。

5

小男孩儿的答案是——把最胖的科学家丢出去。其实这是报纸利用人们的惯性思维设置的陷阱，诱使人们讲道理，摆事实，引用大量数据来分析哪个科学家对人类的贡献最大。获奖的小男孩根本不去理会科学家的价值，而是运用了问题转换的思考方法，从最简单的思路出发，把最胖的科学家扔出去，轻松地解决了问题。

6

他把土壤转换为水泥，把植物的根系转换为铁丝，把根系固定土壤转换为铁丝固定水泥。这样他建造了一个非常结实的花坛。很快，他的这项发明就在建筑界得到了普及，成为一种新型的建筑材料"钢筋混凝土"。

我们面对陌生的问题时，常常感到无从下手。如果我们把陌生的问题转换为自己熟悉的问题，就好办多了。

7

流浪汉数完数之后，军官用德语对他说了那句话，流浪汉松了一口气并露出笑容，显然他能听懂德语，暴露了他是德国间谍的真面目。军官就是在流浪汉毫无准备的情况下，转换原理，使流浪汉落入圈套中。

8

看到围成栅栏的铁丝，约瑟夫又有了新的主意，把细铁丝做成带刺的蔷薇的样子不也可以阻止羊群钻出去吗？于是，他找来很多细铁丝，剪成很多几厘米长的小段，然后把这些小段缠在围成栅栏的铁丝上，露出的尾端就像蔷薇的刺一样。做好之后，他假装读书，看羊群的动向。果然，当羊群像往常一样试图钻出栅栏的时候被刺痛了，没多久它们就放弃了钻出栅栏。约瑟夫终于可以放心地读书了。

9

其实这本来就是一件不可能做到的事情。不管用什么办法，别说是皇上，就是一般人也不会自己跳进湖里。这个时候主动权在回答问题的一方，因此不能按照常规的思路出牌。范西屏于是反其道而行之，将"下岸"和"上岸"的顺序稍微做了一下变动，这样就轻而易举地解决了乾隆皇帝所出的难题。

他等乾隆帝跃马掉进浅湖里之后立落一子，然后大笑道："大人，您刚才不是叫我落子间将您连马一起推进湖里吗？现在您已经是在湖里了。"

乾隆听后，立即明白是上当了，于是立即从水里跃马上岸，并对范西屏大叫："这不算！这不算！"范西屏此时又举一子，不急不慢地对乾隆皇帝说道："大人，我又让您牵着马从湖里上来了。"此时便完成了"落子推入湖"和"举子牵马归"。

范西屏正是借助了目标转换的思维方法来实现自己的目的。他假设了另一个目标，使乾隆对真正的目标不再提防，结果出乎意料地使问题得到了解决。目标转换是指当某一目标很难实现的时候，我们可以试着通过一个间接的目标来实现最终的目标，或者把目标转向另一个方向。

10

策划专家运用了目标转换的思考法，把住宅建筑商作为销售对象。住宅建筑商发现安装自动洗碗机的房子很快就卖出去了，销售速度平均比不安装自动洗碗机的房子快两个月，所以新建住房要求全部安装自动洗碗机。就这样，通用公司的自动洗碗机打开了销路。

11

霍夫曼发现实验反应之后的化学试剂呈现鲜艳的紫红色，他想到：这么鲜艳的颜色如果用作染料不是很漂亮吗？于是他进行了目标转换，由研制奎宁转为研制染料，很快他就制成了"苯胺紫"。为此他申请了专利并建立了历史上第一家合成染料厂。

12

其实收税官的主意非常简单，就像曹冲称象一样，收税官先是把河马放在运载河马过来的那艘华丽的船上，接着在船的外侧记下船的吃水线。然后他把河马从船上牵走，再把金币往船上放。当达到相同的吃水线时，船上金币的重量就相当于河马的重量了。

13

可以让兄弟俩交换座骑，因为先后到达是以马而论的，这样一来，只要自己骑着对方的马赶在前面到达了指定地点，那么自己的马肯定就在后面抵达了。因此，比赛便变成了谁骑着马跑得快的性质了。

14

年轻人是这么说服父亲的："演讲非但不是个两难职业，而且是个左右逢源的职业，因为如果我说的是真话，贫民就会歌颂我；我说的是假话，显贵们就会拥戴我，我不是说真话就是说假话，所以，我要么得到贫民的歌颂，要么就会得到显贵的拥戴。"

15

孩子对房东说："这一次，是我要租房子，老爷爷，您放心，我没有孩子，只带来两个大人。这样行吗？"

16

喀秋莎对萧伯纳说："回去告诉你妈妈，今天跟你一起玩的是苏联美丽的姑娘喀秋莎！"

17

"但是，"哲学家回答道，"当你非常珍惜它，把它当成稀世珍宝时，它便拥有了无上的价值。生命不也一样吗？"

这人一下子明白了。

18

要想除掉旷野里的杂草，最好的办法就

是在上面种上庄稼。同样，要想让心灵不被世间的"杂草"所打扰，就必须在心中种满美德。

19

原来，燕妮惴惴不安地接过小匣子并打开之后，发现里面没有照片，而是只有一个小镜子，而所谓的"照片"即是她本人的映像。这时她才明白了马克思是在巧妙地向她表白，禁不住破涕为笑。

20

触龙来到了赵太后面前，首先抱歉地说："臣年纪大了，腿脚越来越不灵便了，所以很长时间没有来看望太后，太后您的身体还好吧？"太后双腿已经不能走路了，她说："我只能用车子代步。"

触龙关切地说："那您的饭量没有减少吧？每天坚持活动活动，吃一些自己爱吃的东西，这样对身体是有好处的。"赵太后听他说的都是生活上的事，态度慢慢好起来了。

触龙又说："我有一个孩子叫舒琪，是我最小的一个孩子。我非常疼爱他，现在我年老了，不知道还能活多久，我希望把他送到宫廷侍卫队，做一名侍卫，这样以后他也能有个依靠。"赵太后答应了他的请求，笑着对他说："原来你们男子汉也懂得疼爱自己的儿子啊。"

触龙回答说："其实男人比女人更疼爱儿子，但是父母爱孩子，一定要为孩子的长远打算。比如当年，您把您的女儿嫁给燕王做妻子的时候，拉着她的脚跟，为她哭泣，那情景够伤心的了。但是她走后，您不是不想念她，可是您总为她祝福：'千万别让她回来。'您这样做是为她考虑长远利益、希望她能有子孙继承为燕王吧？"太后答道："是的。"

触龙继续说："五代以前，各国国王那些没有继承王位的儿子，大多数都被封为侯，现在他们的后代还有存在的吗？"太后想了想说："没有。"

触龙沉痛地说："难道国王的这些子孙们命中注定不能长久吗？这是因为他们没有功劳，甚至连苦劳也没有，却享受着荣华富贵。他们自己没有能力，一旦失去了靠山，就生存不下去了。现在您给长安君这么高的地位，这么广阔肥沃的土地，还有无数的金银珠宝，却不给他为国建功立业的机会，一旦您不在了，长安君凭什么在赵国生存呢？"

赵太后听了如梦初醒，点头说："好吧，那就凭您怎么派遣吧！"于是，赵国把长安君送到了齐国当人质，齐国就出兵来帮助赵国了。

触龙成功的秘诀在于，他能从赵太后的角度去分析问题，指出了什么才是真正的爱，溺爱只能给孩子带来灾难性的后果。

21

曹冲首先叫人划过来一只大船，然后又叫人把大象赶到船上去，大象到船上以后船就下沉了一些。曹冲说："齐水面在船帮上作个记号。"记号作好以后，曹冲又叫人把大象赶到岸上来。这时候船空了，便又浮上来了一些。官员们看着曹冲把大象赶上船又下来都感到莫名其妙，心想："这孩子又在玩什么把戏呀？"

这时候曹冲又叫人往船上搬石头，船上的记号又慢慢地贴近了水面，曹冲看到船上的记号已经和水面一样齐了便叫道："行了行了，把石头搬下来吧。"这时候大多数人已经明白了曹冲的办法：如果两次搬上船的东西，船都下沉了一样的深度，就说明这两样东西是一样重的。刚才船上装大象和船上装石头，那船都下沉到了同一记号上，这说明石头和大象是一样重的，只要把每块石头的重量称出来，加在一起就是大象的重量了。

称一个东西的重量，常规的思维是用秤直接来称。但是，当这种方法遇到一个庞然大物的时候，比如故事中的大象，就束手无策了。故事中的那些大人们总是用常规的思维来想办法，这当然解决不了称大象这个非常规问题了。

小曹冲却能打破常规思维，运用一个生

活常识，巧妙地把大象的重量转换成一堆石头的重量，称一堆石头的重量就容易多啦。这样，一个常规思维看来根本无法解决的问题，小曹冲稍微转变了一下思维就给解决了。小曹冲的聪明之处就是及时地转变了思考问题的方向。

22

原来犹太人想出去做一笔生意，但是随身携带这些票据很麻烦，保存在金库里，租金太昂贵了，可是，把这些票据当作抵押品，贷款一美元，一年则只需要付一美分的利息，这个价钱就便宜多了。

遇到问题，如果从正面去解决，不能得到好的结果，何妨从它的反面去考虑呢，也许最理想的办法，就藏在那里。

把价值50万美元的证券存放在金库里，租金太昂贵了。这个时候，如果犹太人继续按照原有的思维去考虑问题，他就会千方百计地去找一个租金最便宜的金库，那样，即使是找到了价格最低的金库，他仍要付出不菲的租金，因为，那毕竟是金库呀。

聪明的犹太人把思路来了个一百八十度的转变，由原先存钱的思路变成了借钱思路，把保存品变成了抵押品。同样达到了保管证券的目的，但是所付出的代价就少多了，这就是他从事情的反面进行思考，所带来的回报。

23

鸥夷子皮说道："我相貌平平衣衫褴褛，而你气宇不凡衣服也很华贵，如果我做你的仆人，这是很正常的事，人们丝毫不会感到奇怪。而如果我们的身份换一下，人们看到你这样一个了不起的人也只能给我做仆人，就会认为我的身份非常高贵。这样，我们就会收到意想不到的好处。只是，这样做就委屈你了。"

公子想了想说："你说得很有道理，那么我们调换一下身份吧，这次就便宜你了！"

主仆二人巧换身份后，果然受到了人们格外热情的欢迎。

主人一定比仆人强，从仆人的气度上，可以推断出主人的身份，这是人们公认的道理。鸥夷子皮让气宇轩昂、有贵族气质的公子变成仆人，而自己反而摇身一变就成了主人。人们看到"仆人"都这么高贵，推想到"主人"鸥夷子皮更加不同凡响，所以，城里的人们不敢怠慢，两位原本很平常的主仆，受到了人们格外热情的招待。

鸥夷子皮的智慧之处，就在于转换思维，去迎合人们的习惯思维，给人们造成一种假象，从而自己从中得到好处。

24

原来，等双方将字据立好后，张齐贤说："好了，现在我有个办法，可以让你们皆大欢喜。"接着，他宣布判决结果是，让两兄弟各自搬到对方家里，互换财产。两兄弟一听，都无话可说。第二天，张齐贤果真派了吏员前去监督双方搬家。双方府上的人都不许携带财物，净身来到对方府中。完毕后，张齐贤又让二人互换了财产文契。实际上，两兄弟也未必就真的觉得自己的财产分少了，但是如果不同意，不是自己打自己嘴吗，并且自己已经写了字据留在那里，也不敢反悔。于是，这件案子就这么了了。

对于这个案子的审理，一般的思路应该是派人分别核算两家的财产。但两家财产多少的问题，实际上很难严格计算，可能最后越算越糊涂。因此，张齐贤干脆来了个剑走偏锋，使得双方无论苦甜都无话可说，实在是个既简单又很难想到的奇招。

25

原来这个老板是在用斯托科夫斯基来招揽客户。那次听完老板的解释后，斯托科夫斯基非常感动，但是有一天，他突然发现饭馆橱窗里有一块牌子，上写："欢迎来到这里和伟大的音乐家斯托科夫斯基一同就餐。"

26

原来，他的点子便是将牙膏管口的直径扩大一毫米。这扩大的一毫米对于使用者来说看上去并不起眼，但是因为人们每次挤牙膏时所挤出的长度往往是固定的，所以这样每个人每次其实都多用了一些牙膏，如此一来，反映在牙膏企业的销售量上，便是很大的增长。

在这个故事中，其他的人在想办法提高牙膏销量的时候，肯定都想的是如何在广告上、销售策略上下工夫，殊不知这些东西整天被专业人士琢磨来琢磨去，发挥想象的空间已经不大了。而这个年轻员工则避开通常的路子，从另一个别人忽略的角度提出了点子，这点子听上去十分笨拙，却又十分管用，堪称奇招。这就是转换思维的妙用。

27

原来，鲁国人带着自己的妻子到越国后，发现情况果然如朋友所说的那样，鲁国人既不喜欢穿鞋子，也不喜欢戴帽子。一开始，夫妻两人的生意的确都很冷清。但是鲁国人反过来一想，现在越国人都光着脚，不正是巨大的商机吗？越国人都没有帽子戴，自己的妻子不也正大有发挥的空间吗？于是，他们开始给越国人介绍穿鞋子和戴帽子的好处。这样，一开始，只有少数越国人接受，这些人感受到穿鞋子和戴帽子的好处后，便一传十，十传百。于是，越来越多的越国人来向鲁国夫妻购买鞋子和帽子。如此一来，鲁国人很快就发了财。

许多时候，劣势和优势都并不那么绝对，而要看你看问题的角度。如果善于运用逆向思维，劣势和优势之间往往是可以相互转换的。

28

原来对联变成了：福无双至今朝至，祸不单行昨夜行。

29

原来，老和尚带着小和尚下山，然后爬过对面的山，又下山。如此，这座山就真被"移"到了小和尚身后。由此小和尚也明白了，老和尚是在教给自己道理——一个人可以通过改变自己来改变环境。

这个故事也同样是在教育我们，在生活中，当不能改变周围的环境时，不妨换一个思路，通过改变自己的心态、眼光来获得平静和安宁。

30

实际上，约翰·冯·诺伊之所以能够快速得出这个看似复杂的问题的答案，是因为他巧妙地从另一个角度去解决这个问题。一般人往往试图分次计算蜜蜂往返的路程，最后好相加。而约翰·冯·诺伊则简单地将蜜蜂飞行的时间和速度进行相乘。因为蜜蜂在两人相遇之前的时间是很容易知道的，即一个小时，而蜜蜂的速度也是固定的。在这里，约翰·冯·诺伊正是使用了一种转换思维，使得看似复杂的问题简单化了。其实，现实中，我们所遇到的许多看似十分犯难的问题，如果你能试着变换一下思维，也许同样能找到简单的解决办法。

31

狄仁杰很平和对武则天说道："自古立后嗣的目的，一是为国家将来有人继承大统，二是为先帝宗庙有人祭祀。您想一下，如果武氏兄弟立宗庙，是祭祀他的先祖、祖父母、父母，怎么会祭祀他的姑母呢？"武则天一听，立刻恍然大悟，是呀，这是个乡下的村姑都明白的道理呀，怎么饱读诗书的自己怎么就没想到呢？

狄仁杰看武则天已经被自己的话打动，便又继续道："陛下您想，是自己的侄儿亲呢，还是自己的儿子亲呢？毕竟，儿子身上是流着母亲的血的啊！母子亲情，是任何别的感情都无法替代的。春秋时，郑庄公母亲为帮助小儿子谋反，被郑庄公囚禁了起来，这可是不可赦的大罪呀，但是最终母子二人还是和好如初了。可见亲情难间啊！"

武则天一听，便陷入了沉思，最终她还是决定宁愿放弃自己的武氏江山，自己只是重新以皇后的身份入庙。于是，她将被自己废为庐陵王的已经14年没见面的儿子李显召回京师，立为太子。后来李显即位重新做了皇帝，是为唐中宗。

在这个故事里，狄仁杰便是巧妙地利用了一种转换思维，他将武则天所考虑的政治形势、江山社稷等复杂的问题统统绕开，而巧妙地从侄子亲还是儿子亲的角度进行了说服。而实际上，狄仁杰也的确是一下子抓住了问题的要害，这才能够令武则天豁然开朗。可见，许多时候，说服一个人时，雄辩的言辞固然重要，能够找到好的角度更为关键，这便需要一种转换思维了。

32

失帽第三天，正当知府在府中刚刚训斥完知县、衙役等人，并强调如果第二天早上还没有将帽子找到就将革职查办时，突然有人来报："大人，帽子回来了！"原来门外一名武官拿着知府的帽子求见。来人进府见到知府后，跪下回禀："卑职是太仓县营防千总，听说大人帽子被贼人骗走，于是全营出动，捉得贼人，守备大人命卑职将帽子送来，请大人查验。"知府接过帽子一看，果然是自己的帽子，非常高兴。这时武官又禀道："现在骗子还被押在营中，请问大人是否将他押来府中？"

"立刻押来，我要仔细审问！"知府沉着脸说道。

"卑职遵命，这就将消息带给守备大人，并押骗子来府。不过请大人赐给卑职一个收到帽子的文书，卑职好回去交差。"

知府便命人拿来一张纸，亲自写了个证明，交给千总。

结果这位千总并没有回营房，而是直接去找郑书生了，原来他是黄书生扮的。

两位书生见对方果然有胆有略，都很佩服对方，从此两人成了很好的朋友。

在这个故事中，两个书生之所以能够将看似很不可能的事情很简单地便做成了，便是因为两者都善于运用转换思维，避开困难，从另外一个思路去解决问题。

33

原来，卖黄历的媳妇暗地里也想争口气，于是便每天也将丈夫要拿出去卖的黄历偷偷藏起一本。到了年底，她神秘地将丈夫叫到跟前，然后拿出了一大叠黄历，也要丈夫拿出去卖了好过年。面对这一大堆过时的黄历，卖黄历的自然是哭笑不得。

在这个故事中，卖黄历的媳妇便是犯了一个不知变通的错误，油和黄历的性质是有所不同的，她却不懂得转换自己的思维，结果闹了笑话。这个故事告诉我们的便是凡事要学会变通，不可一根筋。

34

穷人说："如果那样，我是富人，你是穷人，该你来奉承我才对！"

35

爱迪生将水倒进了玻璃泡，等倒满后，又将玻璃泡中的水倒进量杯中，通过量杯上的刻度很容易便得出了玻璃泡的容积。

阿普顿看到爱迪生的测量方法后，茅塞顿开，对于爱迪生顿时感到十分佩服。从此，他对爱迪生再也不敢心存藐视了，而是恭恭敬敬、认认真真地给爱迪生当起了助手。

其实，仔细想来，爱迪生的办法也并非有多高明，可能一经他说出，许多人都感到恍然大悟，觉得这十分简单，自己也能想得到。但是，在真正遇到事情的时候，能够懂得转换思维的人恐怕并不多。转换的关键在于"变通"。《易经》中说"穷则变，变则通，通则久"，当你沿着常规的、传统的道路走不通的时候，就应该换一个思考问题的角度，或者从另一个领域寻找解决问题的办法。

36

苏小妹说道："好吧，回去吧，我也看够了！"原来，她出对联是在拖延时间。

许多时候，当一件事不能直接达到目的的时候，转换一个思路，也是一个不错的方法，假装让步，实际上是在拖延时间便是一个常用的转换思维。

37

第三个人讲道："我也去了一座名山的古寺，这里的香火非常旺，一路上我看到了许多善男信女，他们都十分虔诚。同时，我一路上也遇到了许多返程的香客，他们有很多是从千里之外的地方慕名而来，只在这里烧一炷香便回去了。于是，我想，这些人从这么老远赶来，又费了这么大的劲爬山，然后就这么回去了。如果寺庙里能够回赠给他们一些东西，作为这次拜佛的纪念，他们回去后，也会因为这个东西而想起自己的这次拜佛经历，从而受到激励，更加虔诚，他们心里不是会很高兴吗？于是我对寺庙住持说，您的书法非常好，您可以在梳子上写上'积善行德'四个字，然后送给那些香客，香客高兴，又宣扬了佛法，同时，这样一传十，十传百，前来拜佛的香客也会越来越多，寺庙的香火也会更旺。住持听了我的话后，觉得有道理，便买下了我500把梳子。"

公司经理一听，当即决定让第三个人进入销售策划部门担任重要职务。而对于前两个人，则只是让他们当上了普通的推销员。

这个故事所体现出的便是一种典型的转换思维。试想，向和尚推销梳子，乍一看，这似乎是一个不可能完成的任务。之所以会这样，那是因为你被惯性思维所束缚，认为梳子卖给谁，就必然是被谁用来梳头的。第一个推销员和那些一把梳子也没有推销出去的推销员们便是因为被这个思维所束缚，所以才导致推销失败。而如果将思维转换一下，将眼光放开，会发现梳子卖给和尚，不一定便非要是和尚用来给自己梳头的，他们可以买来这些梳子供香客们梳头呀！第二个推销员之所以能够推销出去10把梳子，便在于它将思维做了转换。而第三个推销员的思维转换得则更彻底，不仅卖给和尚的梳子不一定被和尚用来梳头，甚至梳子本身都不一定是用来梳头的，而是可以具有另外的功能——即作为回赠香客的纪念品。正是因为第三个推销员的思维转换得更为彻底，所以他才推销出了更多的梳子。可以想象，他如果再到其他寺庙中，以同样的方法推销，他还可以卖掉更多的梳子。因此，可以说，对于第三个人来说，向和尚卖梳子已经完全不再是难题。这就是转换思维的神奇之处。

38

苏代见到魏王后，直接说道："我来的路上，曾经遇到楚国的昭鱼，他看上去很忧虑。我问他为何事忧虑，他说他担心田需死后，张仪、薛公、公孙衍三人中有一人会做魏国的宰相。我就告诉他，魏王是个贤明君主，肯定不会这样做的。"魏王于是问原因何在，苏代便解释道："因为您肯定十分清楚，如果张仪做了魏国宰相，他肯定将秦国的利益放在前面，而将魏国的利益放在后面；而如果薛公做了魏国宰相，他肯定将齐国的利益放在前，魏国的利益则放在后；而公孙衍做了魏国宰相后，则又必然将韩国放在前，将魏国放在后。所以您肯定不会让他们三人中的任何人担任宰相。"

"依你看来，谁出任宰相合适？"魏王好奇地问。

"我觉得不如让太子做宰相。这样一来这三个人都肯定认为太子做宰相只是暂时情况，不会长久。如此，他们都必然会尽力拉拢自己的国家和魏国亲近，好讨好您，以在有一天能够代替太子充任宰相。如此一来魏国本来就是大国，与这三个国家万乘之国关系亲密，必然可以长期安全稳固。"

魏王一听，果然让太子做了宰相。

在这里，苏代劝谏魏王的手法便是典型地使用了一种转换思维。本来是他自己想要劝说魏王不要立张仪、薛公、公孙衍为相而立太子为相，结果他没有直接从自己的角度进行分析，而是站在魏王的立场上分析问题，结果使得魏王自然而然地接受了自己的建议。

39

经理对一个店员说："你过来一下，做个倒立给这位先生看看！"我们都知道，根本不存在"肚脐眼长在脚下面的人"，但是如果转换一下思考的角度，让思维转个弯，就可轻松地化解困境，让对手有口难言了。

40

馆长报纸上的广告是这样写的："为了

励大家的阅读热情,本馆将在一周之内对借阅时间最久的一本书的读者颁发大奖!"看到广告后,那些逾期未还的借阅者纷纷前来归还图书。结果,有一本1927年借书的那位读者获得了奖品。

馆长的这个办法其实是换了一种思路来处理事情,为了催书而选择奖励的办法,独具一格,抓住了读者的心理同时也达到了效果。

41

农夫对古玩商说:"对不起,这个我不能送你,因为我还得用它来卖猫呢,因为这个碟子,我已经卖掉了100多只高价猫了。"

商人可谓狡猾,试图用一种迂回的方法通过买猫来骗到农民的古董,只是没想到农民也不笨,同样是在迂回地借助古董来卖猫。总之,这个故事典型地体现出了一种迂回思维。

42

原来是珍妮太太自己家的窗户脏了,所以才会老觉得史密斯太太洗的衣服是不干净的。

许多时候,对于一个百思不得其解的问题,转换一下思路,往往会恍然大悟。同时,这个故事也提醒我们,在我们指责别人的缺点的时候,要学会先检查一下自身,或许问题出在我们自己身上。

43

这其实是一首"藏头诗",四句诗中的每一句首字合起来念就是"卢俊义反"四个字。狡诈的吴用正是用这个计谋将卢俊义逼上了梁山。

藏头诗其实在古代是一种常见的杂体诗,例如在电影《唐伯虎点秋香》中也用到了,唐伯虎用一首诗说明了自己去华府的目的:"我画蓝江水悠悠,爱晚亭上枫叶愁。秋月溶溶照佛寺,香烟袅袅绕经楼。"其中每句的第一个字缀连起来是:"我爱秋香"。从思维上讲,藏头诗所体现的便是一种转换思维,即换个角度看,能够得出另一个意思。

44

第二个商人说:"假如这座山再高一点,很多人就会和你一样因为怕热怕累而不去那面做生意了,这样一来,我就会有更多的机会,岂不是能挣更多的钱了?"

第二个商人显然是个智者。许多时候,对于不利的因素,如果能够换个角度来看,往往会成为有利的因素。

45

父亲笑了笑对商人说:"假如是那样的话,你现在就不会在这里用餐了!"

失去一些东西的同时我们往往也会得到另一些东西,凡事都没有绝对的对错,要学会转换思路来看。

46

第二个大臣说:"尊敬的国王陛下,我很高兴地告诉您,这是一个非常吉祥的梦,它意味着您将会比您的亲人更长寿!"同样的话,从不同的角度来表述,便会有截然不同的效果。

47

这个小官吏说:"儿子只要成器,再多也不会发愁!"

48

出版商这次打的广告是;"本店现有令总统难以下结论的书出售,欲购从速!"

对于总统三次不同的态度,经销商之所以都能巧妙地加以利用,达到自己的目的,便在于他善于运用一种转换思维。

49

第三个人其实是与象棋冠军玩了网球,和网球冠军则是玩象棋,所以最后赢了两个冠军是很正常的事情。

有时候,我们需要摆脱一下定势思维,换个角度想一下,有些原本不可能的事情就会变得可能,不要让思维总是停留在本来的定势思维上面。

50

在无法过河的情况下,小和尚发现了河岸边有一棵苹果树,上面长满了沉甸甸的果实，于是，就摘了几个苹果给住持拿回去了。

那些中途放弃的弟子们在潜意识中，一直有这样一个逻辑：要想当住持，就必须到南山砍柴，既然无法到达南山，也就失去了做住持的机会。其实，他们的思路太死板了，出家人最忌讳的就是过分偏执。小和尚在不能去南山的情况下，想到了可以带些苹果回去，总比白来一回好啊。他的思维就从去南山转移到了摘苹果。住持正是看出了小和尚遇事能够随性而定，没那么偏执，才把这个位置传给他的。从思维的角度来讲，小和尚体现出的则是一种转换思维。

51

专家建议经营商在厕所旁边贴很多海报。这样，这些海报就可以转移观众的注意力，在他们排队等厕所的时候，就不会觉得时间太长了。

厕所小，人多，需要排很长的队才能方便，观众烦躁也是在所难免的。但是，客观环境摆在那里，改造或者扩充厕所是不太现实的，一来没有那么大的空间，二来需要投入大量的资金。按照人们的惯性思维，从厕所入手，看上去是条死胡同，但是，就真的无计可施了吗？未必，把观众的烦躁的情绪转移，不就行了吗？

52

罗斯福说："现在我不需要回答你的问题了，因为你已经体验到了。"

有的时候，很多事情只有亲身经历了，才能有深刻的印象。如果总统只是简单地回答记者的提问，那么记者有可能会觉得总统的言语有点假，但是，这样一来，记者就能亲身体会到总统的感受。

53

秘书说："在您眼中我有那么多的缺点，可是您却忽略了我的一个最大的优点。和其他秘书相比，她们在听了您的批评之后，都纷纷辞职了，我却仍旧在这虚心接受，并没打算辞职啊！"

显然这个秘书不仅具有虚心接受批评的优点，而且还具有善于运用转换思维的优点。她正是通过转换思维，一下子使得老板从对她缺点的关注转移到了对她优点的关注上。

54

原来，这些顾客将香味带走后，等于是为雅诗·兰黛做活广告。别人问到这种香水味后，纷纷打听这是什么香水，这样口口相传，雅诗·兰黛迅速知名度大增。

所谓在商言商，显然，埃斯·泰劳德当初的"好心"并非真的是出于简单的好心，而是她善于转换角度看问题，看到了这个"令人恼火"的问题背后有利的一面。

55

主人说："各位都看到了，最上面的这朵花，没有画完它的边缘，这不就意味着我的富贵是'无边'吗？你们说呢？"大家一听便连声喝彩，商人也顿时觉得十分高兴。

同样一个东西，从不同的角度进行解释，便可以得出截然不同的结论。

56

曹植这次回答："外国近。"接下来，他解释道："月亮虽然可以看得见，却不能和我们交流，外国虽然看不到，却可以和我们交流往来。"听完曹植的解释，不仅曹操笑了，就连外国朋友也夸赞曹植聪慧过人。

这其实便是一种转换思维，同一个问题，从不同的角度回答，有不同的答案。

57

这个学生只说："你我住得并不远，你既非住在东海，我也非住在西海。那么，既然离得这么近，难免我的马会吃你的庄稼，而说不定哪天你的马也会吃我的庄稼呢，你说是不是？我们还是和解吧。"

农夫一听，这道理浅显易懂，十分在理，便说道："你这个人说话还在理，不像刚刚那个说了一大通，我也不明白他说的是什么！"说完便将马还给了这个学生。

子贡虽然学问渊博，可是说话毫无针对性；新的学生虽然阅历浅，但知道具体问题具体分析。因此，遇到不同的人、不同的事情，便要学会转换思路，具体问题具体分析，这样才能将事情办好。

58

父亲说："这可能是铁环的影子，真正的铁环说不定在树上，你到树上去看看。"小男孩之所以花了那么久的时间都没有找到铁环，是因为他一直认为铁环在水中，他不知道水里的可能是铁环的影子。他的父亲转换了一下思维方式，寻找另一个办法，因此就很快解决了问题。这个故事告诉我们凡事要学会转换思维，不能一条道走到黑。

59

原来，这个商人看北方太阳这么大，人们肯定需要遮阳伞。于是，他舌头一转，将自己的雨伞说成是遮阳伞。结果，很快，他的伞就卖完了。

这个商人之所以能够扭转局势，正是他善于运用转换思路，懂得变通的结果。

60

爱迪生对助手说："每一次失败都有它的价值，经历了一次失败，我们就向成功迈进了一步。5万个实验失败了，然而却告诉我们有5万种东西是不适用的，这也是一种收获，所以我们并不是一无所获，在这个基础上，我想，成功就快到来了，让我们继续吧。"

有时候，我们也要学会换个角度思考问题。比如日常生活中人们总会患得患失，其实他们只是没有看到得中所失、失中所得罢了。

61

卢瑟福说："你一天到晚都在做实验，什么时候用于思考？在一切知识的获取方面，勤于思考才是最重要的。如果你整天只知道埋头实验，不去思考问题，早晚你也会成为实验室里的一台死机器，你的思维就会始终处于一个很低的水平，那么你永远不可能在物理学方面有所作为！"

勤奋，一般来说肯定是好事了，但凡事要辩证地看，换个角度来想一下，也许会发现本来的好事也有不好的一面，本来的坏事却有好的一面，这便是转换思维的作用。

62

其实，许多事情都很难下一个定论，没有对错之分。因为在这个世界上，根本不存在绝对的客观，任何事物最终要经过人的主观意识的加工。而每一个人在产生自己的观点时，总是会站在自己的角度，凭借自己的知识体系和价值观，最后所得出的结论必然是有出入乃至截然相反的。正像西方那句名言所说：一千个读者心中有一千个哈姆雷特。因此，在我们看问题的时候，如果能够有意识地跳出自己的"小圈子"，从别的角度来思考一下，我们便往往能够看得更全面，更接近客观，更能令人领首。

63

作家说道："我虽然只捐了5万，但它却是我全部财富的二分之一。而你呢，捐了100万，也不过你全部财富的百分之一。相比之下，请问谁更是成功人士，谁更有资格站在这里呢？"

如果从捐钱的总量来说，富翁的确要比作家更有资格站在慈善舞会上。但是，许多事情都并非是绝对的，换个角度看的话，从所捐钱数量占自己财富的比例来说，作家则比富翁更有资格站在慈善舞会上。这里，作家对富翁的反击，显然运用了一种转换思维。

64

弟弟说："……我已经无所指望，我只能靠我自己打拼，否则我只会再走出一条同样的路来。"

面对同样一个事实，哥哥感到自暴自弃，而弟弟则感到一种奋发的力量，原因便是两人的着眼点不同，这里体现的便是一种转换思维。

65

"不，如果我不去淘金，恐怕永远也不会知道这个结果。"富翁安德鲁回答道。

许多事情，都不是绝对的，换个思路，便会持不同的态度。安德鲁的回答正是体现了一种转换思维。

155

66

一、贼只是偷去了我的财物，而没有伤害我的身体。

二、贼偷去的只是我的部分财物，而不是全部。

三、这最后一点也是我感觉最值得庆幸的一点，做贼的是他而不是我！

本来，家中被小偷光顾是一件倒霉的事情，但是罗斯福不仅不感到难过，反而感到庆幸，这反映出了这位伟大人物的豁达精神，而从思维上讲的话，则体现了一种转换思维。

67

解世龙故意表现出惊讶的样子，当着阿江的面把辞职信一撕两半，顺手扔进了旁边的垃圾桶，然后笑着对他说道："你开什么玩笑！公司刚刚为你花了 1000 万美元的培训费，你想就这样一走了之？我告诉你，不把它挣回来你就别想离开！"

结果可想而知，听董事长如此说，深感意外的阿江立刻化羞愧为力量，在不到一年的时间内便为公司创造了远远大于 1000 万美元的利润。

损失已经发生了，一味抱怨、惩罚也不能挽回损失，既然如此，何不换个思路，损失就算作交"学费"了，遭受了失败后的员工则会因为有了教训而做事更加稳重，这次的失败为下次的成功奠定基础。这显然是聪明之举。

第五章
逆向思维名题

1. 宋太祖的妙招

宋灭南唐之前，南唐每年要向大宋进贡。有一年，南唐后主李煜派博学善辩的徐铉作为使者到大宋进贡。按照规定，大宋要派一名官员陪同徐铉入朝，但是朝中大臣都认为自己的学问和辞令比不上徐铉，大家都怕丢脸，没人敢应战。

宋太祖很生气，但是又无可奈何。他也不想随便派个人去给朝廷丢脸。后来，他想出了一个办法。这办法是什么呢？

2. 公仪休拒鱼

春秋时期，鲁国的宰相公仪休非常喜欢吃鱼，几乎达到了无鱼不食、无鱼不欢的地步。

得知当朝宰相的这一嗜好，许多前来求见的人纷纷奉上花尽心思得来的好鱼、奇鱼，希望以此来打动他，让他替自己办一些难办的事。可是奇怪的是，不管他们进献的是什么鱼，宰相都会婉言拒绝。

一天，当公仪休再次拒绝管家送来的一条奇大无比的金色鲤鱼时，他的学生终于忍不住好奇地问道："老师，您这么喜欢吃鱼，仆人每天都得到市场上给您买鱼，为什么别人把鱼送上门来，您却不要呢？"

公仪休笑道："因为我是真的喜欢吃鱼啊。"学生一听，感到十分不解。于是，公仪休对学生解释了一番，学生一听，便点了点头。

公仪休的这句话乍一听，是有些令人感到莫名其妙，但其实却是合乎逻辑的。那么，你能分析一下这句话背后的逻辑吗？

3. "倒悬之屋"

大石先生在本州岛库罗萨基市盖了一座旅馆，但是由于本州岛气候不好而且经常地震，到那里旅游的顾客并不多。大石在濒临破产的时候找到一位心理学家请教解决问题的办法。

你知道心理学家给了个什么建议吗？

4. 出售贫穷

日本兵库县丹波村非常贫穷，当别的地方都富裕起来的时候，这里还是改变不了贫穷落后的面貌。人们想尽办法也找不到脱贫致富的良方。按照正常的思路，出售物产和资源可以让村民富裕起来，但是这里土地贫瘠、物产贫乏、交通落后，根本没有什么东西可以出卖。

一个专家运用条件倒转的思维方式想到了一个好方法。你知道是什么吗？

5. 雷少云的发明

运用条件倒转，我们可以把困难的条件转化为发明创新的契机。业余发明家雷少云就是运用倒转的思维方式从困难的条件中寻找解决问题的方法，从而获得了很多发明创造。

业余发明家雷少云在工作和生活中专门"听难声、找难事、想难题"。他认真听取周围人们的唠叨和不满，寻找人们难于解决的问题。有一次，他听到油漆工人抱怨用直毛刷刷深圆管的时候，很难刷，而且费料。雷少云把这个困难的条件当作发明的机会，经过反复琢磨，不断试验，终于发明了一种圆弧形的漆刷。这种新型的漆刷松紧可调，使用方便，大大提高了油漆工人的工作效率。后来，他又加上了一种自动供漆系统，操作更加方便。

有一次，雷少云乘坐一辆卡车去拉货，半路上卡车出了毛病。他看到司机师傅爬到车下面去维修，结果弄了一身泥土。他把这个难题作为一个激发点，想到如果发明一种可以灵活进退的平板车，人躺在上面修车就不会弄脏衣服了，还方便进出。于是他发明了一种装有万向轮的修理车。这种修理车不但进出方便，而且装有升降装置、应急灯、伸缩弹簧挂，能够满足修车者的各种需要，很受司机师傅欢迎。后来，还应用在医院里，供卧床病人和行动不便的老人使用。

雷少云又发现司机师傅在开车的时候不能随意地喝水，只有在停车或者车辆较少的路段才能痛快地喝口水。由此，他想到什么了呢？

6. 汽车大盗的转变

警察局终于抓获了一个专门偷汽车的大盗。这个汽车大盗的偷车技术非常高，一分钟之内就能偷走一辆高级轿车，他偷走的汽车总价值已经超过5亿元了。以往警察抓到他之后，就判他坐牢，他已经为此坐过11年的牢了。这次，警察局长没这样做，而是换了个方法，你知道是什么吗？

7. 氢氟酸的妙用

很多化学试剂具有腐蚀性，不同的化学试剂要用不同质地的容器来盛放。有些化学试剂对玻璃的腐蚀性很强，比如氢氟酸，当氢氟酸与玻璃制品接触的时候，很快就把玻璃腐蚀掉，因此，氢氟酸不能用玻璃容器盛放，必须放在塑料或铅制的容器中。

氢氟酸腐蚀玻璃，这是不利的作用，按照正常的思路，人们想的是尽量避免让氢氟酸和玻璃接触，但是，玻璃工匠运用逆向思维却让氢氟酸腐蚀玻璃这一特性发生了正面作用。

你知道是怎么回事吗？

8. 电晶体现象的发现

为了研制高灵敏度的电子管，需要在最大限度内提高锗的纯度。当时锗的纯度已经达到了99.99999999%，要想达到100%的纯度非常困难。索尼公司为了成为同行业霸主，一直致力于这项研究。江崎玲于奈博士组织了一个研究小组，投入到这个科研攻关项目中。

大学刚毕业的黑田小姐是小组的成员之一，由于经验不足，她经常在做实验的时候出错，屡次受到江崎博士的批评。黑田开玩笑说："我才疏学浅，很难胜任提纯锗这种高难度的工作。如果让我做往锗里掺杂的事，我会干得很好。"这句话引起了江崎博士的兴趣，他由此想到如果往锗里掺入别的物质会产生什么效果呢？

9. 青蒿素提取

人们习惯性地认为从中药中提取有效成分，必须采用热提取工艺的方法。但是，当研究人员用这种方法提取抗疟中药青蒿素的时候，总是得不到期望的效果。他们想尽了多种办法改良热提取工艺，还是起不到任何作用。后来，中医研究院的研究员屠呦呦经过反复思考之后，提出了一个大胆设想。

你知道是什么设想吗？

10. 吸尘器的发明

大家都知道吸尘器的工作原理是把尘土吸到机器里面。但是，你知道吗？为了有效地把让人讨厌的尘土清除掉,人们最早想到的除尘机器是"吹尘器",即用鼓风机把尘土吹跑。

1901年,在英国伦敦火车站举行了一场用吹尘器除尘的公开表演。但是当吹尘器启动之后,尘土到处飞扬,效果并不怎么样。一个名叫郝伯·布斯的技师看到表演之后运用方式倒转的思考法想到:既然吹的方式不行,那么如果用吸的方式会怎么样呢?

11. 郑渊洁教子

童话大王郑渊洁有着独特的教育理念和教育方式。他的儿子郑亚旗小学毕业后就在家接受父亲的教育。郑渊洁自己给儿子编教材。按照常规的思路,要想检测教学效果就要通过考试,考试当然是老师出题,学生做题了。但是郑渊洁却不这样。

他是怎样做的呢?

12. 变短的木棒

一位财主家里失窃了一枚价值连城的夜明珠,种种迹象表明是家贼偷的,但是经过一番调查之后,还是查不出是谁偷的。经过一番思考,财主有了主意。他请来一位算命先生,然后把家里所有人召集起来,对他们说:"这位大师神功莫测、法力无边,他有办法帮我把贼抓出来。"只见算命先生手中拿着很多小木棍,口中念念有词,施了一番法术。财主告诉众人:"大师已经作法了,现在把这些长短一样的木棍发给大家每人一个。明天自有分晓,偷珠贼的木棍会变长一寸。"

真的会这样吗?

13. 晋文公不守承诺

公元前633年,楚国攻打宋国。宋向晋求救,晋文公派兵攻占楚国的盟国曹国和卫国,于是楚国放弃对宋国的包围,转而与晋国交战,两军在城濮对阵。晋文公重耳做公子时,曾到楚国避难,受到楚成王的款待。楚成王曾问他,将来如何报答。重耳说:"美女金银您都不缺,如果我有幸能执掌国政,万一晋楚交战,我将率兵退避三舍,如果楚国不能谅解,双方再动干戈。"

为了实践当年的诺言,晋文公真的下令撤退90里(一舍为30里)。楚国大将子玉紧追不舍,再加上敌强我弱,晋文公有点不知所措了。

接下来,晋文公该怎么做呢?

14. 阿凡提训驴

阿凡提养了一头驴子,脾气倔得出奇,让它走,它偏偏站着不动;让它停下来,它偏偏原地转圈。有一次,阿凡提带驴子去拉磨,走到半路上,说什么驴子都不走了。越是赶,它越往后退。哄也不行,打也不行,求爷爷叫奶奶也不行。

但是,阿凡提毕竟是阿凡提,他想出了一个办法,终于让驴子走到了磨坊。

你知道他想的是什么办法吗?

15. 陈建平的飞机

从概念上说,飞机是指具有机翼和一具或多具发动机,靠自身动力能在大气中飞行的重于空气的航空器。严格来说,飞机指具有固定机翼的航空器。从定义来看,飞机一定是有翅膀的。

可是,飞机一定要有翅膀吗?

16. 赢了官司

一位移民到美国的中国人与别人发生财务纠纷，要打一场官司。他对律师说："我们是不是应该约法官出来吃顿饭或者给他送点礼？"律师听后连忙制止："千万不可！如果你向法官送礼，你的官司必败无疑。"那人问："为什么？"律师说："只有理亏的人才会送礼啊！你给法官送礼不正说明你知道自己有罪吗？"

几天后，律师打电话给他的当事人，说："恭喜您！我们的官司打赢了。"

那人淡淡地说："我早就知道了。"

律师感到很奇怪："您怎么可能早就知道呢？我刚从法庭里出来。"

那人是怎么知道的呢？

17. 如此广告

在广告片中一个人拿着一部照相机在不停地拍照，闪光灯频频闪烁。突然，闪光灯不闪了，那个人试着按了几次快门都没有反应，于是他把照相机放在桌子上取出里面的电池。按照常规的思维模式，我们会想到电池没电了该换电池了。但是，那个人做了一个出人意料的举动。你知道是什么吗？

18. 电磁感应定律的发现

1820年有人通过实验证实了电流的磁效应：只要导线通上电流，导线附近的磁针就会发生偏转。法拉第怀着极大的兴趣来研究这种现象，他认为既然电能产生磁场那么磁场同样也能产生电。虽然经过了多次失败，他还是坚信自己的观点。经过10年的努力，1831年他的实验成功了：他把条形磁铁插入缠着导线的空心筒中，结果导线两端连接的电流计上的指针发生了偏转。法拉第据此提出了电磁感应定律，并发明了简易的发电装置。

你能解释一下蕴含其中的思维道理吗？

19. 琴纳发明种痘术

琴纳是英国的一个乡村医生，看到天花严重威胁着人们的生命，非常难过。为了治病救人，他一直潜心研究治疗天花病的方法。有一次，乡村里有检查官让琴纳统计一下几年来村里因天花而死亡或变成麻脸的人数。他挨家挨户了解，几乎家家都有天花的受害者。奇怪的是，养牛场的挤奶女工们，却没人死于天花或变成麻子脸。他问挤奶女工生过天花没有，奶牛生过天花没有。挤奶女工告诉他，牛也会生天花，只是在牛的皮肤上出现一些小脓疱，叫牛痘。挤奶女工给患牛痘的牛挤奶，也会传染而起小脓疱，但很轻微，很快就会恢复正常。好了之后，挤奶女工就不再得天花病了。

琴纳又发现，凡是生过麻子的人，就不会再得天花。

你知道由此琴纳想到什么吗？

20. 巧治精神错乱

古时候，在苏格兰有个王子产生了精神错乱，脑子总有个很怪的想法，认为自己是一头牛。开始还好，这个王子只是每天模仿牛走路的样子，又发出牛的叫声，感到痛心的国王和王后找了很多医生为他看病，医生们也都束手无策，时间一久，国王和王后便听之任之了。但是，有一天，这个王子更加钻进了牛角尖，他坚持认为按照当地教规，牛是应该被杀掉祭祀的，因此自己作为一头牛，便应该被杀掉祭祀神灵，并要求别人这么做。当然，谁也不敢满足他的要求，于是，他便开始坚持不吃不喝，要将自己饿死。这么一来，国王和王后着急得掉泪，悬赏重金在全国找医生。

两天后，有个民间医生来到宫廷，声称愿意一试。于是，他先是远远地仔细观察了王子的情况之后，便打定了治疗的主意。这个医生装扮成一个乡间负责祭祀的人，他拿着一把刀，假装是要杀"牛"。王子一看这情形，很高兴。在杀之前，"祭祀者"上前煞有介事地摸了摸王子的肩膀和四肢，看上去是看看从哪儿下刀合适。但是，过了一会儿，他突然停了下来，并对身边的人说，这头"牛"太瘦弱了，神灵不会喜欢，说完便走了。王子一听心里十分失望，为了能达到"祭祀者"的要求，他便开始吃饭了，并且很注意营养搭配。几个月后，他果然吃胖了，身体也又强健起来了，并且他的精神也逐渐好起来了，已经忘记了关于牛的事情了。

其实这种类似的精神分裂现象虽然在现实生活中不常见，但总体上类似的病人还是一直都有的，在挪威便有一个人也同样是得了这种精神分裂。并且这个人更奇特，他坚持认为自己是一只蘑菇，于是他便天天打着一把伞，蹲在地上一动不动。无论别人怎么劝他，他都无动于衷。于是，他也成了远近闻名的"景点"，许多人大老远赶来就为了看他，家里人也对他感到又好气又好笑。

终于有一天，家里人为他请来了一个心理学医生，医生想了一个和上面的故事类似的办法，将这个人的病治好了。

联系上面的故事，你能猜一下这次医生会怎么做吗？

21. 优旃劝阻秦二世漆城

在《史记·滑稽列传》中记载有一个叫作优旃的秦国歌舞艺人，此人身材矮小，却反应机敏，擅长逗趣，并且具有悲天悯人的情怀。面对残暴专横的秦王，优旃经常能够在群臣不敢讽谏的情况下，采用逆向思维的方式，巧妙地采用反讽的笑话方式给秦王讽谏，从而起到很好的讽谏效果。其中，他劝阻秦二世胡亥漆城墙的计划便是其中著名的一例。

残暴的秦始皇死后，秦二世胡亥并没有因为天下的民怨沸腾而有所收敛，而是实行了更加残暴专横的统治。一天，秦二世突发奇想，想要给咸阳的城墙都涂上漆，这显然是既无任何意义，又浪费巨大的人力物力的任性举止。但是，大臣们都知道秦二世的专横脾气，都不敢站出来劝阻。优旃听说这件事后，便去面见秦二世，像他一向的方式一样，他同样是采用了表面称赞实际上反对的方式。结果，秦二世一听，果然便放弃了这个荒唐的举动。

你猜优旃是如何对秦二世说的？

22. 神箭手

从前有一个射箭手，他的技艺十分高超，百发百中，方圆百里之内无人能及。箭手喜欢经常和别人切磋技艺，以弥补自己的不足。但是，附近的善于射箭的都和他切磋遍了，也都败在了他的箭下。一日没有对手，神箭手一日不得安生。

俗话说："山外有山，楼外有楼。"这个范围内是神箭手，并不代表其他的地方没有人可以胜过你。射手相信在别的地方一定有自己的对手存在，于是，他决定自己出去找对手。

就这样，射手离开了家乡。他边走边问有没有射箭的高手。可是，大家都说没有。这让他很失望。但是，他没有放弃寻找高手的想法。他走了很多地方，连驮他的马都疲惫了。但是，一天不找到对手，射手就不甘心。

一天，射手来到了一个村子里，发现村子到处都有被命中的红心。他想："这个村子里一定会有一个射箭高手,我一定要和他较量较量,也不枉我这么远跑来。"他边走边按照靶上的箭寻找"高手"。过了几个时辰之后,终于,他在村子东头的一个小树林里发现了那个"高手"。这个"高手"和他想象中的相差甚远,他既没有高大挺拔的身姿,也没有深邃坚毅的眼神,他只是一个十来岁的小男孩。神箭手正在纳闷:"难道这个小男孩就是高手吗?"

正巧,这个小男孩正在射箭。于是,神箭手悄悄地躲在一棵树后,看这个小男孩到底是如何次次射中靶心的。但是,这个小男孩的"命中"红心的过程却让神箭手感到又可气又可笑,并由此知道这只是个顽皮的孩子罢了。于是,神箭手又开始了自己寻找对手的路。

你猜那个小孩是如何"命中"红心的?

23. 魔术表演

一个非常著名的魔术师正在表演一个魔术。魔术师身着华丽的服饰,手里拿着四个球走到了舞台中央,只见他神秘地对台下观众说:"请各位仔细看好了,这将是见证奇迹的一刻。"说完之后,魔术师将四个球放在了手掌上面,然后大叫了一声,此时台上的那四个球依旧老老实实地在原来的位置待着,没有任何变化。但是此时台下的观众响起了一片雷鸣般的掌声。大家都在为魔术师精彩的表演鼓掌喝彩。

你能猜出来这究竟是为什么吗?

24. 章鱼的习性

19世纪中期,有一艘日本的轮船在日本海沉没了。这艘船本身价值并不大,然而,船里装载着为日本天皇从四处搜罗来的珍贵瓷器,这些瓷器价值连城。

虽然人们清楚地知道沉船的地点,可是却无法进行打捞,因为轮船沉没的水域太深了,连最好的潜水员也无法潜到水底。为了打捞这些瓷器,人们想尽了各种办法,却都没有成功,那些珍贵的瓷器依然深藏在水底。

有一天,一位负责打捞事宜的日本官员来到海边散步,他看到几个渔民从海里拉出来一串普通的陶瓷器皿,然后从里面捉出来许多章鱼。看到这些,他灵机一动,脸上露出了笑容,因为他想到了一个好主意来打捞那些贵重的瓷器了。

猜猜看,这位日本官员想到了什么主意?

25. 王子破案

普鲁士国王腓特烈二世在未登基的时候,人们都称他为腓特烈王子。王子自幼就特别聪明,经常去警察局帮警察解决一些很难解决的问题。

一天上午,王子一个人在皇宫里感到无聊,就一个人悄悄地从王宫后门溜了出来,来到警察局玩耍。局长看到腓特烈王子,赶紧上来敬礼说:"王子陛下,您好!您怎么又一个人跑出来了?这样多不安全,万一出了什么差错,我们怎么担当得起!"

王子笑着对他说:"哎,我在皇宫太无聊了,到这里来解解闷。我看你愁眉不展的,是不是发生了什么令你头痛的案件?"局长叹了一口气,然后和王子讲述了昨天遇到的一个案件。

局长说:"昨天在一座没有邻居的大房子里面发生了一起谋杀案。房子的主人是一个独居的寡妇,她在昨天莫名其妙地被害了。报案的人是住在离被害人不远的独身画家。他昨天傍晚6点左右,想去向寡妇借用一下平底锅,却发现了寡妇的尸体。正好当时有巡逻的警察从那儿经过,所以他就跑到警察那里报了警。"

王子很认真地听着,他对局长说:"你能具体介绍一下寡妇死亡的时间和其他的情况吗?"

局长继续对王子说："根据法医鉴定，女子死亡时刻为下午5点左右。因为昨天从早上开始就一直在下雪，到了下午3点左右大雪忽然停止，当时地面积雪有20厘米厚，所以这座房子等于被大雪围困了。很奇怪的一件事情是：当时雪地上只有画家去借书时的脚印，我们再也没有找到其他人的脚印了。"

王子仔细沉思了以后说："你们不要被画家主动报案的行为所迷惑了，依我推断，这个案件的凶手就是画家自己。"

局长听到王子的结论很是疑惑地说："你怎么知道的呢？"

王子于是冷静地给出了自己的理由，局长听完恍然大悟地叫道："对呀！"

于是，局长将画家当作犯罪嫌疑进行了调查，最后证实那个画家确实就是凶手。他之所以主动报案，便是因为他知道自己是住得离寡妇最近的人，警察必然会怀疑到自己身上，因此还不如主动报案，以排除自己的嫌疑。

你猜，王子推测画家就是凶手的理由是什么？

26. 毕加索的妙招

毕加索是当代西方最有创造性和影响最深远的艺术家之一，他和他的画在世界艺术史上占据着不朽的地位，关于他的故事也一直影响着很多为了理想而奋斗的人。

早年的毕加索生活得很不顺利。那个时候，他在浪漫之都巴黎闯荡，事业上一直默默无闻，生活上非常贫困，他的画一张也没有卖出去。在当时很多的画店里面，老板喜欢卖的都是一些当时很有名的画家的作品，而对于毕加索这样的无名画家一点也不感兴趣。

毕加索没有被残酷的现实打败，他依旧在努力画着自己的作品。一天，他的生活陷入非常困难的局面，当时他的口袋里竟然只剩下了仅有的15个银币。这个时候，他准备孤注一掷，为自己的画找一个出路。

想到画店的老板都愿意卖一些比较出名的作家的画，毕加索这个时候就想到了一个办法。他去附近的一个学校雇用了几个大学生，然后让这几个人每天都去附近的画店转悠，但是谁也不买画，等到他们临走的时候都要问画店的老板下面的一些问题，比如："请问，你们店里有毕加索的画吗？""请问，在哪里可以买到毕加索的画？""请问，你们这里什么时候才能有毕加索的画？"

就这样，毕加索的画不断开始在各个画店出现。很快，他的画就被卖出去了，最后他的画一点点地开始被人们认可，很快他就成了非常出名的画家。

你能分析一下毕加索的办法包含的思维方法吗？

27. 柏拉图理发

柏拉图是古希腊最伟大的唯心主义哲学家和思想家，他的哲学成就影响了后来很多的思想家与哲学家。

柏拉图在28～40岁这十几年经常去海外旅游。有一次，他来到了美丽的西西里岛观光游览，并住在了岛上的一个小镇上。这个小镇景色很好，唯一不足的就是地理位置有点偏，整个小镇竟然就只有两家理发店。让柏拉图有点奇怪的是这两家理发店的状况却是天壤之别。一家店是窗明几净，店里整理得非常整齐。理发师本人仪表整洁，举止大方得体。另一家则是完全相反的局面，店里面又脏又乱，理发师自己也没有好好打理，头发每天乱糟糟的。

柏拉图想了一下，最后却走进那家又脏又乱的理发店。你知道这是为什么吗？

28. 摄像师解难题

有一个摄影师，经常会被邀请去给一些大会拍集体照，但是一直有个问题困扰着他：在拍集体照的时候，照相机对面的人们就会出各种各样的问题。

开会的人比较多，一般是一排排坐着的，有些还要站着，时间一长，这些人们难免会犯困，即使不困，也会有人眨眼睛、眯眼睛之类的。

一般开会的人数是几十人，有时候甚至是上百人，摄影师"咔嚓"按下快门之后，有的人是睁着眼睛，有的是闭着眼睛，还有的在发呆。那些闭着眼睛的、表情没到位的看到照片后自然会很不高兴，但是可惜的是每次照相几乎都会遇到这样的情况。

对于拍照而言，个人形象是头等大事，大家苦苦等了那么久，一起喊完"一二三"之后还是有人会忍不住闭眼，摄影师为此非常头疼。

想了好久，他终于想到了一个特别好的办法，一举解决了这个问题。从那以后出来的照片几乎没有闭着眼睛的，每个人的表情都很到位，大家当然也就很满意了。

那么，你能猜出这个摄影师最后想到的解决问题的办法是什么吗？

29. 推广马铃薯

马铃薯本来是产于美洲大陆的作物，它不仅营养价值很高，而且产量也很高。马铃薯作为一种人们常吃的食物，既可以当作主食来吃，也可以作为蔬菜食用。一位名叫巴蒙蒂埃的法国农学家，认真研究了马铃薯之后，觉得马铃薯是一种值得推广的农作物。于是，他就想把马铃薯引进到法国来。

为了让法国人民认识到马铃薯的益处，巴蒙蒂埃千方百计地通过刊物和媒体宣传马铃薯。但是，由于法国人们受到传统观念的影响，加之人们对新事物的接受需要一个过程，最初很多人都反对引进马铃薯。巴蒙蒂埃无论怎样奔走相告，人们就是不接受马铃薯这个新鲜的食物。因此，在法国推广马铃薯的事情遇到了挫折。

但是，巴蒙蒂埃并没有放弃，他动了一下脑筋，想到了一个好办法。最终，马铃薯还是在法国普遍推广开了。你知道聪明的巴蒙蒂埃是如何做到这一点的吗？

30. 突发奇想

1935年，智利一个名叫凯文的小伙子失恋了。那一段日子里，凯文一直处于痛苦、彷徨之中。他怎么也想不到自己相恋多年的女友竟然会和他分手。这件事情对他的打击很大，为此，他十分难过，心情久久不能平静。

一天，他无意中发现自家阳台上的玫瑰花枯萎了，他不禁感叹："曾经那么漂亮的花也枯萎了，我的爱情曾经不也是那么的美好吗？"越看花，越感伤，他索性就把那朵枯萎的花剪了下来，把它用一根黑色的丝带扎好，寄给以前的恋人。

残花寄出去后，凯文的心情似乎比之前好了很多。他想："世界上有那么多的人，谁没有过痛苦伤心的时候呢？人们苦于无处表达，我是不是应该给他们提供一个机会呢？或许花能够作为这个媒介。"这样想后，凯文就去做了一件事情。之后，他成了智利家喻户晓的名人，并且发了财。

你知道凯文做了什么吗？

31. 赵抃救灾

宋朝神宗年间，有一个叫赵抃的清官，被派到越州做知州。当时的越州适逢蝗灾，农民的作物都遭殃了,一年的收成被蝗虫吃得所剩无几。

由于蝗灾的肆虐,百姓过的都是半饥半饱的日子。所以,赵汴到任的首要任务就是要让老百姓有饭吃。俗话说:"物以稀为贵",在粮食极度短缺的年代,黄金都没有粮食珍贵。当时的粮食价格飞涨,普通百姓无力购买,因此很多百姓都想要官府出面降低粮价。赵汴是大家公认的好官,大家都觉得他一定会为百姓着想降低粮价的。但是,令所有人大跌眼镜的是,赵汴却发出这样的告示:越州米价可以自由上升。表明官府不会控制米价。

对于赵汴的这一做法,大家都甚为困惑。但是,没过几天,越州的米价反而自然地回落了。你知道这是为什么吗?

32. 大胆的创意

杰米是一家公司的主管,他的薪水很高,他也很喜欢自己目前的工作。只是有一件事情让他很烦恼——他很讨厌他的上司,一直以来,他都是忍气吞声,可是最近他发现自己已经无法忍受了。

经过了一段日子的考虑之后,他决定去猎头公司找工作。让他很欣慰的是,猎头公司说他现在完全可以找到一份相同待遇的工作。

杰米回到家,就把事情和自己的妻子说了。妻子想了想,对杰米说:"有时候看待问题完全可以换个角度,也许你会有惊喜的发现。"听了妻子的话后,杰米似乎一下子明白了什么。他想到了一个大胆的创意,不仅不用换工作,而且还代替了上司的位置,你猜他的创意是什么?

33. 船长的高招

第一次坐船到密西西比河游玩,某乘客对船长高超精湛的技术佩服至极,于是便找机会同船长闲聊了起来。

乘客问:"船长先生,您的技术真是让人叹服极了,我想您肯定对这条河里的每一处暗礁都摸得一清二楚吧?"

"哦,不,"船长立即答道,"不是这样的。我虽然在这条号称'老人河'的大河上已经行进了几十年,积累了不少经验,但是我并不敢说已经清楚了全部暗礁,因为这样做几乎没有任何意义,简直就是在浪费时间。"

"什么?浪费时间?"乘客大吃一惊,继而大惑不解地问道,"如果连哪里有暗礁你都不知道,怎么能如此准确无误地领航呢?"

船长于是便说出了自己的方法,乘客一听,拍案叫绝之间又似若有所悟。你猜船长是如何说的?

答 案

1

宋太祖让人找到十个魁梧英俊，但又不识字的侍卫，把他们的名字呈交上来。然后，宋太祖找到一个比较文雅的名字，说："此人堪当此重任。"大臣们很吃惊，但是没人敢提出异议，只好让大字不识的侍卫前去接待徐铉。

徐铉见了侍卫先寒暄了一阵，然后滔滔不绝地讲起来。但是不管他说什么，侍卫只是频频点头，并不说话。徐铉想"大国的官员果然深不可测"，只好硬着头皮讲。可是一连几天，侍卫还是不说话，等到宋太祖召见徐铉时，他已经无话可说了。

宋太祖就是利用逆向思维来应对南唐的进贡官员。按照正常的逻辑思维，对付能言善辩的人应该找一个更加善辩的人，但是宋太祖却找了一个不认识字的人，效果居然不错。因为徐铉也是按照常规的思维方法来想问题的，他认为宋朝一定会派一个数一数二的学者来接待自己。面对不说话的侍卫，他猜不透，但又不敢放肆，结果变得很被动。

2

公仪休解释道："你想想看，倘若我收了别人送我的鱼，是不是要替别人办事？这样一来，我便会背上受贿与滥用职权的罪名，而这足可以使我失去相国的职务。到那时，我再喜欢吃鱼，也不会有人给我送了，而且我自己也会再没有钱天天买鱼吃。但是如果我一直廉洁奉公的话，鲁国宰相的位置我便可以坐得长久，只要还在这个位置上，我的俸禄便会足够我天天吃鱼的。"

3

心理学家告诉他："人们因为害怕地震而不敢在你那里住宿，你何不倒转一下思路，建造一个岌岌可危的房子，既能提醒人们时刻防震，又可以满足游客的好奇心。"

根据心理学家的建议，大石设计了"倒悬之屋"——屋顶在下，屋基在上。不仅倒悬，而且倾斜，外表看其来给人一种摇摇欲坠的感觉，走进房间，你会感到天旋地转，仿佛置身于颠簸的船舱之中。屋子的室内装潢也给人不稳定的感觉：房间内安放着锯断腿脚的桌凳，倾斜地固定在"天花板"上。种植着各式花卉盆景的陶瓷罐也被固定在"天花板"上。坐在椅子上抬头望去，地板倒置在屋顶。更让人叹为观止的是，旅馆的服务员都训练有素，她们能够在"天花板"上自由穿行，轻盈地为顾客端茶上菜。

这间奇异的"倒悬之屋"果然为大石招来了不少顾客。如今，这家旅馆已经闻名世界了，慕名而来的世界各地的游客络绎不绝。

4

既然穷的只剩下贫穷了，为什么不出售贫穷呢？专家建议村民穿树叶和兽皮做的衣服，在树上搭建房子，回到几千年前原始社会的生活状况，以此来吸引旅游者，通过发展旅游业脱贫致富。

村民们听从了这位专家的建议，离开自己的房子过起了原始生活。经过一番宣传之后，这个"原始部落"吸引了很多旅游者观光，很快丹波村就富裕起来了，甚至比别的地方还富有。

5

如果用吸管吸吮不就可以把手解放出来操纵方向盘了吗？于是雷少云发明了司机用来喝水的方便杯，在水杯里插上一根软管固定在司机的上方，司机想喝水的时候，就用一只手把吸管拉入嘴里吸吮就可以了，不喝时吸管会自动弹回，不会对行车造成影响。这种杯子价格低廉，使用方便，保证司机在任何时候都能喝到水，免去了长途汽车司机忍受口渴的痛苦。

6

警察局长运用倒转思考法想到，为什么不把他的偷车技术用在正当的防盗技术上呢？如果再把他投入监狱，出狱之后肯定还会走偷车这条路。

就这样，"汽车大盗"成了"汽车防盗技术指导"，帮助科研小组研制汽车防盗技术。可想而知，在"大盗"的指导之下研制出的汽车防盗设备质量特别高。

7

原来氢氟酸的腐蚀作用也有可取之处，比如在玻璃上钻孔，或者在玻璃上刻花。玻璃的质地很硬，只有用金刚石才能把它切割开，要想在玻璃上钻孔或刻花就更难了。而氢氟酸的腐蚀性恰恰满足了这一需要。玻璃工匠先将玻璃器皿在熔化石蜡中浸泡一下，沾上一层蜡水。等蜡水凝固之后，用刻刀在蜡层上刻上所需要的花纹，刻透蜡层，然后在纹路中涂上适量氢氟酸。等到氢氟酸的作用发挥完毕之后，刮去蜡层就可以在玻璃上看到美丽的花纹了。

8

江崎博士真的让黑田小姐试着往锗里掺杂。当黑田把杂质增加到1000倍的时候，测定仪出现了异常的反应，她以为仪器出现了故障，赶紧报告江崎博士。江崎经过多次掺杂实验之后，终于发现了电晶体现象，并由此发明了震动电子技术领域的电子新元件。这种电子新元件使电子计算机缩小到原来的1/10，运算速度提高了十几倍。由于这项发明，江崎博士获得了诺贝尔物理学奖。

在日常生活和工作中很多事都是约定俗成的，具有特定的做事方法和准则。人们习惯于按照常规的方法处理问题，比如，既然我们的目的是提纯，那么就要想办法把杂质分离出来。如果往锗里添加杂质，那不是南辕北辙吗？但是，荒谬的、不合常理的做法却往往能产生意想不到的效果。江崎博士正是运用了逆向思维法取得了成功。

9

用热提取办法得不到有效药物成分，很可能是因为高温水煎的过程中破坏了药效。如果改用乙醇冷浸法这种新的提取工艺，说不定可以成功。研究人员倒转了提取方式之后，真的得到了青蒿素这种具有世界意义的抗疟新药。

无论是在自然界还是在人类社会，任何事物都是一个矛盾统一体。有时人们所熟悉的只是其中的一个方面，事实上在对立面也许潜藏着没有被挖掘到的宝藏。运用倒转思考法就可以使对立面的价值显现出来。事物起作用的方式与事物自身的性质、特点、作用有着密切的联系，使事物起作用的方式倒转过来，就有可能引起事物在性质、特点、作用等方面朝着人们需要的方向改变。

10

他并没有停留在设想阶段。回家之后，他用手帕蒙住口鼻，趴在地上对这灰尘猛吸，果然地上的灰尘被吸到手帕上了。

他发现用吸的方法比用吹的方法更有效，于是发明了利用真空负压原理制成的吸尘器。

不同的方式会对事物产生不同作用，如果用正常处理问题的方式不能解决问题，那么我们就要运用方式逆向思维法，考虑一下用相反的方式处理问题会发生什么。对事物起作用的方式改变之后，事物的结构就会发生相应的变化，也许让我们一筹莫展的问题就会迎刃而解。

11

郑渊洁运用方式倒转思考法，教完之后让学生出题，老师做题。郑亚旗每次出题都想把父亲考得不及格，因为教材是郑渊洁编的，要想出好题就必须先学会书里的东西。如果把父亲考得不及格，那么就说明他学好了。如果父亲每次都考七八十分，则说明他没有学好。

我们总是对一些问题的惯常处理方式习以为常，进而认为不可以改变。其实，如果把处理问题的方式倒转过来，也许能产生更有效的结果。

12

第二天，财主胸有成竹地检查每个人的木棍，当看到李管家的木棍的时候，他的眼睛一亮，问道："李管家，真是奇怪，你的木棍怎么变短了一寸？"李管家瞠目结舌。财主笑道："老实说了吧，把夜明珠藏到哪儿了？"

你知道事情的原委了吗？事实上，什么大师啊、法术啊，都是故弄玄虚，财主只是用这个办法让小偷露出马脚。在这个案例中，体现了结果倒转的思维方法，即通过设计某一种结果，间接地得到自己真正想要的结果。财主知道"聪明"的小偷一定会想办法隐藏自己的罪行，既然法术会让木棍变长，他就会人为地让木棍变短。可惜聪明反被聪明误，木棍变短了，恰恰说明他做贼心虚。

13

这时晋文公的舅舅子犯献策说："诚信是对待君子的礼仪，如今是你死我活的战争，不妨用欺骗的手段。"晋文公听从了子犯的建议，继续假装撤退，引诱楚军追赶，然后留下伏兵夹击，结果晋国以弱胜强，大败楚军。

既然当初有了约定，楚国就不做任何防范，以为晋国真的会撤退 90 里。但是晋文公运用结果逆向思维法，在战场上没有遵守君子之间的约定。这给我们的启示是任何事物的发展都充满了变数，我们既可以根据自己的意愿使结果向我们期望的方向改变，也要提防敌人突然改变策略，导致我们预想中的结果发生变化。

14

他运用了结果倒转的思考方法，磨坊本来在东，他先把驴子转了个身，让它面朝西。然后，使劲赶，驴子和刚才一样，越是赶越是往后退，很快就退到了磨坊。后来，阿凡提觉得总是这样也不是办法，他又想到了一个绝妙的办法。他在鞭子上拴了一个胡萝卜，伸到驴子的前面，驴子想吃萝卜就不停地向前走。直到走到目的地，才把萝卜给它吃。

有时候，我们要想得到一个结果，用直来直去的办法很难达到目的。这时，我们就要运用结果倒转思考法，通过另外一种结果来实现我们的最终目的。就像阿凡提一样让驴子倒退到磨坊，把吃胡萝卜和达到目的地做一个等价交换。

15

广东农民陈建平用观点逆向法摘掉了飞机的翅膀。他在用手推车推着重物下坡的时候，发现车子很容易失控，而如果换作在前面拉着车子走，只要人跑的速度比车子稍微快一些，很容易使车子保持平衡并快速前进。由此他想到，车子的平衡和飞机的平衡是类似的，如果在飞机的前边加上一个螺旋桨，是不是不用翅膀也可以平稳飞翔呢？经过不断研究和多方求证，他终于设想出了一种前导式无翼飞机。

飞机有翅膀是正常的，合理的，那么飞机如果没翅膀就一定是不可能的吗？观点逆向就是对那些常规的观点进行反方向思考，从而得到解决问题的新方法。

16

那人说："因为我给法官送了礼。"

律师万分惊讶："您说什么？"

那人说："的确送了礼，不过我在邮寄单上写的是对方的名字。"

当事人那么做确实不道德，但是我们不得不佩服他的逆向思维方式。既然律师说送礼的人必败无疑，如果对方送了礼，自己不就赢了吗？

17

他把照相机随手一扔，拿来一个新的照相机，然后装上刚才取下来的电池。在拍照的时候闪光灯又开始不断闪动了。这时观众才明白原来出问题的不是电池而是照相机。把照相机用坏了，电池却还有电，可见电池的电量之足。

这种推因及果，由果溯因的思维方式在文学艺术等领域同样非常重要，可以营造一种出乎意料之外，又在情理之中的悬念。

18

头脑风暴法的创立者奥斯本曾经说过："对于一个表面的结果，我们应该思考，也许它正是原因吧。而对于一个所谓的原因，我们就要考虑，也许这个原因就是结果吧。我们将因果颠倒一下会怎么样呢？这样的次序问题可能会成为创意的源泉。"法拉第发明发电机的过程就是对这种思维的应用。

19

琴纳想到：得过一次天花，人体就产生免疫力了。

琴纳开始研究用牛痘来预防天花，终于想出了一种方法，从牛身上获取牛痘脓浆，接种到人身上，使之像挤奶女工那样也得轻微的天花。他做了一个危险的试验，从一位挤奶姑娘的手上取出微量牛痘疫苗，接种到一个 8 岁男孩的胳臂上。等男孩长出痘疱并结痂脱落之后，又在他的胳膊上接种人类的天花痘浆，结果没有出现任何病症，可见男孩具有了抵抗天花的免疫力。为了确定男孩是不是真的不会再得天花，他又把天花病人的脓液移植到他肩膀上，事实证明牛痘真的是抵御天花的有效武器。

按照常理，得了一种病，肯定要把致病的克星作为解药。但是，运用因果逆向思考之后，我们会发现有时候，因即是果，果即是因，致病之因就是治病之药。

20

这位医生同样是仔细观察了这个人的举止后，也打了一把伞，到路边蹲在这个人旁边，像他一样一动不动。这个病人一看这情况，便问医生是谁，医生便称自己也是一个蘑菇，这个人一听也不再说什么。就这样两个人一起蹲了半天之后，这个医生突然站起来走动起来，这个病人一看便不理解地问："你是蘑菇，怎么还会动？"医生便回答他："这不就动了吗？"病人一听，便也开始站起来走动了，这样一段时间后，这个病人便恢复正常了。

显然，在上面的两个故事中，按照正常的思路，治疗这两个病人的方式是应该指出他们的想法的荒谬。但是，这种正常的思路显然没有用，两个医生于是便采用了一种逆向思维，通过疏通的方式治好了他们的病。

21

优旃故意表现得很高兴地对秦二世说："陛下，关于您的漆城的主意，非常棒。其实早在您还没有发下话来时，我就想请求您干这件事。虽然漆城会耗费不少钱财，并且还十分折腾百姓，但它确实是件大好事。因为城漆好以后，表面就十分光滑了，一旦有敌人来攻城，就爬不上来了；别说爬了，就是有人想靠在城墙上，因为涂了漆，谁也不敢往上靠了。"

二世一听，便听出了自己的举动的荒谬，于是就笑着一挥手说："算了！算了！不漆了。"

22

小男孩先是射出箭，然后用笔围着扎在树干上的箭一圈一圈地画了靶心。

23

魔术师表演的魔术是：球不动，人消失。

按照一般的魔术表演所带给我们的惯性思维，我们肯定会觉得魔术师的表演是要在四个球上做文章。要想猜出这个答案，便要用一种打破常规的逆向思维。

24

这位官员想："既然可以用瓷器来捉章鱼，那么为什么不用章鱼来'捉'瓷器呢？"于是，他就吩咐渔民们多捉些章鱼，然后把它们带到沉船地点，在章鱼身上拴上长绳子后将其放入深水中。这些章鱼到了海底后，都纷纷钻入海底的贵重瓷器中。人们再将这些章鱼拉起来。就这样，那些瓷器就被章鱼"钓"上来了。

25

王子的理由是："白雪皑皑的天气里，没有别人的足迹，那么我们就很容易排除其他人作案的可能，因此具备作案条件的便只能是画家了。"

虽然无法直接推测出凶手是谁，但是凶手既然是在雪后杀死了寡妇后离去了，便必然会在雪地上留下脚印。现在，既然看不到其他人的脚印，那么便可以排除其他人，唯一具有嫌疑的便是画家了。王子用排除法找到凶手的方法，体现了一种转换思维。

26

一般而言，一个人是先有名气，然后才会有人去打探他的作品。毕加索则反向思维，先是想办法抬高了自己的名气，然后再去卖出自己的画。

27

柏拉图想：既然镇上只有两家理发店，那么两个理发师的头发都肯定是对方为自己理的。从两个理发师的头发状况，便能够看出两个理发师的手艺高下了。

按照一般人的思路，肯定会选择找那个干净整洁的理发师理发，而柏拉图则逆向思考，其实仔细想一下，柏拉图的选择是对的。

28

摄影师一改以前的思路，每次拍照的时候，都先让所有的到会者都先闭上眼睛，然后集体听他的口令，等他开始数"一、二、三"，等到他数到"三"的时候，所有的人一起睁开眼睛，这样一来，就不会再有闭上眼睛的人出现在照片中了。在这里，摄影师所运用的便是一种逆向思维。

29

巴蒙蒂埃专门种了一块马铃薯地，还请了一队卫兵专门看管他的马铃薯园地，声明不许任何人去偷。可是，百姓们很好奇，于是就纷纷跑去偷。百姓把偷到的马铃薯煮着吃，觉得味道很好，于是，很多百姓就偷着种马铃薯。几年的时间，马铃薯就在法国被普遍种植了。

30

凯文开了一个"死花商店"。这个花店不同于售卖寄托美好爱情、祝福的一般花店，而是专门售卖各种枯花、死花。这些花专门用来寄给那些欺骗感情的轻薄年轻人、背叛友谊者、卑鄙的生意合伙人等。这项服务一经推出，便受到了许多人的欢迎。后来，由于"死花商店"在平复人们的负面心情方面所做出的贡献，智利政府还专门对凯文的花店提出了赞扬。

花朵，本来是用来象征、寄托美好情感的，但是，这个智利小伙子却用花朵来象征、寄托痛苦、失望、仇恨的情绪，并取得了成功。

31

当各地都在降低米价的时候，米商自然会把米运到可以自由抬高米价的地方去，这样一来，越州的米就越来越多。但是，越州的老百姓却没有增加，按照市场经济的原理，米价虽然刚开始会有所上涨，但因为市场上米的增多，早晚会回落。而商人好不容易把米运来了，考虑到运费，即使米价下降了，他们也不会再把米运回去了，只能根据市场情况降价销售。

要降低米价，一般来说，最直接的办法自然是直接打压米价了。但是，赵汴却反其道而行之，看上去似乎是在有意抬高米价，其实却起到了降低米价的结果。

32

杰米又找到了猎头公司，这次他不是为自己找工作，而是为上司找工作。结果猎头公司就给他的上司找到了一份满意的工作，正好上司也厌倦了目前的工作，考虑之后接受了新工作。这样，上司走后，他岗位也空缺了出来，杰米向公司申请这个职位，由于杰米一贯的良好表现，公司接受了杰米的申请。

按照正常的思路，自己不能忍受上司，自然只能是自己走人了。但是，杰米却大胆地采用了一种逆向思维，不是自己走人，而是让上司"走人"，最后自己不仅保住了喜欢的工作，又不用再忍受讨厌的上司，而且自己还升了职，一石三鸟，可谓高明。许多时候，逆向思考问题，往往会带来意想不到的惊喜。

33

船长如同没听到乘客的疑问一般，又重复了一遍刚才说过的话："是的，弄清楚哪里有暗礁实在浪费时间。我为什么非要在暗礁之间摸索呢？对于我来说，知道深水在哪里，不就足够了吗？"

第六章
形象思维名题

1. 伽利略发明钟摆原理

1582年的一个星期天的上午，在意大利比萨城的一个天主大教堂里，一位18岁的青年人正在虔诚地做着礼拜，他的名字叫伽利略。

突然，一阵疾风从门洞里吹来，悬挂在教堂半空的一盏吊灯被吹得来回摆动。这引起了伽利略的注意，他眼睛一动也不动地盯着吊灯看了起来。看着看着，他的脑海里忽然闪过一个奇怪的念头：吊灯每次摆动的时间是不是相同的呢？为了搞清楚这个问题，伽利略一边右手按着左手的脉搏，一边目不转睛地看着天花板上摇摆不定的吊灯。因为那时还没有时钟和手表，正在学医的伽利略只好利用自己的脉搏跳动作为测时工具，来测量吊灯摆动的时间。

经过一段时间的观察，伽利略发现，吊灯的摆动虽然是越来越弱，每一次摆动的距离也越来越短，但是吊灯每完成一次摆动所需要的时间却是一样的。这说明吊灯来回摆动一次需要的时间与摆动的幅度大小没有关系，无论摆动的幅度大小如何，摆动一次需要的时间都是相等的——吊灯的摆动具有等时性。

伽利略为自己的这一发现感到惊喜。但他并没有就此停止思考，他的脑子里又冒出来两个问题："吊灯要是大小不一样，摆动一次需要的时间会有什么不同吗？挂吊灯的绳子要是有长有短又会怎么样呢？"

2. "动者恒动"定律

伽利略曾做过这样一个实验，使一个小玻璃球在两个并列的斜面上滚动，小球会呈抛物线的路径滚下，当它从第一个斜面上滚到第二个斜面上的时候，水平位置会降低。观察到这个现象之后，伽利略用已有的力学知识断定这是由斜面和小球之间的摩擦力造成的。这时，他给自己提出了这样一个假设：如果小球和斜面之间没有摩擦力会产生什么结果？

伽利略有办法证明自己的假设吗？

3. 女佣的简单方法

美国哲学家、诗人爱默生有这样一件趣事：

有一天，他和儿子想把一头放养在牧场上的小牛犊赶回牛栏。他们好不容易把小牛犊赶到牛栏旁边。但是任凭爱默生在后面如何使劲推，他的儿子在前面用力拉，小牛犊就是死死地抵住地面，不向前迈一步。父子俩急得满头大汗，还是奈何不了它。

这时，他们家的女佣出来看到了这个情景，笑了起来。

她有什么好办法吗？

4. 安慰剂效应

世界各地都有巫婆和神棍给人治病的现象，他们在病人面前表演一番，弄一些香灰、神水，或说几句咒语，就声称能把病治好。至今仍有不少人迷信巫婆的神药。这种现象之所以能存在这么久，是因为有的时候它真的奏效。但是，这和香灰、神水、咒语没有关系，巫婆实际上是运用了"引导想象"的方式来治病的。巫婆通过各种手段让病人想象她的巫术是有效的，因为巫术起不起作用关键在于患者是否相信巫术可以治愈他的病。

现代医学使用的"安慰剂"起作用的原理与古老的巫术是一样的。

你知道是怎么回事吗？

5. 成功学大师的形象思维

成功学大师陈安之有过这样一次经历：他想买一辆汽车——奔驰 S320，但是当时根本买不起。于是，他把那辆汽车的图片贴在书桌前面，后来觉得这辆车有点贵，就换成了奔驰 E230。

要想实现目标必须付出行动，为了得到自己想要的汽车，他努力工作，几个月之后，他的收入大增。当他挣到足够多的钱的时候，决定去买汽车了。在购买的前一天，他碰巧看到了他的学生，得知他们也要买汽车——奔驰 E800。陈安之觉得自己不能输给学生，临时决定买奔驰 S320。这个戏剧性的变化，竟然使他实现了最初的目标。

陈安之的老师安东尼·罗宾的经历更加神奇。你知道他是怎样运用形象思维成就梦想的吗？

6. 被赐福的球棒

欧雷里拥有一支优秀的棒球队，选手们都有过卓越的比赛记录，人们都认为这是一支最具潜力的冠军队伍。但是在一次比赛中，他们表现得很糟糕，接连输了 7 场比赛，比赛时队员的情绪非常低落。欧雷里仔细分析了情况之后，认为问题的关键不是技术的问题，而是队员普遍缺乏自信，没有必胜的信心，消极的态度使他们的水平受到了限制。

欧雷里听说一位著名的牧师正在附近布道演讲。很多人相信他拥有神奇的能量，当地人纷纷前去等待他赐福。欧雷里想出了一个绝妙的办法，你知道是什么吗？

7. 充气轮胎的发明

苏联心理学家哥洛万斯和斯塔林茨，发现任何两个概念或词语都可以经过四五次联想，建立起联系。比如桌子和青蛙，似乎是两个风马牛不相及的概念，但可以通过联想作媒介，使它们发生联系：桌子——木头——森林——水塘——青蛙。又如书和小麦，书——知识——精神食粮——粮食——小麦。每个概念可以同将近 10 个概念发生直接的联想关系，那么第一步就有 10 次联想机会，你可以从 10 个词语中选择一个接近目标对象的词语，第二步就有 100 次机会，第三步就有 1000 次机会，第四步就有 1 万次机会，第五步就有 10 万次机会。因此联想为我们的思维提供了无限广阔的空间，经过 5 次联想之后，你就能把两件事物联系起来了。

将两个看似毫不相干的事物联系起来之后，总能给你带来意想不到的点子。比如自行车充气轮胎就是运用联想思考发明的。

你知道是怎么回事吗？

8. 利伯的设想

精神病学专家利伯，有一次在海边度假的时候，看到了涨潮的现象，海水波涛滚滚涌向岸边，没多久又悄然退去。他知道这是月球引力的作用，每到农历初一、十五就会有大潮涨落。由此他联想每月月圆之夜，新入院的精神病人会增加，精神病院里的病人会变得情绪激动，病情加重。

真的是这样吗，月球的引力会不会对病情有所影响呢？

9. 番茄酱广告

有这样一则获奖的广告作品：夜里一个男人正在黑暗的卧室里看枪战片，电影情节非常

175

刺激，他看得非常着迷。突然间一声枪响，电影结束了。再看那个男人，他躺倒在床上，胸前有一摊血……观众看到这里会纳闷，怎么回事？那个男人遭到袭击了吗？

10. 费米发现核能

1934年后，意大利物理学家费米，用中子轰击铀，发现了一系列半衰期不同的同位素。1938年下半年，一位德国化学家用中子轰击铀时，发现铀受到中子轰击后得到的主要产物是钡，其质量约为铀原子的一半。1939年初，一位瑞典物理学家阐明了铀原子核的裂变现象。

由于铀－235裂变后会释放出大量的能量和中子，费米由此联想到……

11. 毕达哥拉斯定理的发现

有一次，毕达哥拉斯到一位朋友家做客。这天来了很多客人，其他客人们都在滔滔不绝地高谈阔论，而毕达哥拉斯却一个人安静地躲在墙角，低着头不说一句话，好像在思考着什么。

原来，他是在观察朋友家用花砖铺砌的地面：一块块等腰直角三角形花砖，有黑的，也有白的，交替着铺成了一个美观大方的方格图案。而在这美丽的方格中，似乎有一种模糊不清的规律在他面前时隐时现。

毕达哥拉斯想着，看着，不知不觉地用手指头在花砖上画起图形来。

他究竟发现了什么？

12. 瓦特发明蒸汽机

在瓦特还是少年的时候，有一次，瓦特的妈妈带他到外婆家玩。外婆见到小瓦特来了，十分高兴，连忙打了一壶水放在灶上，为他们烧开水喝。十几分钟过去了，水开始沸腾起来。这时，水壶的盖子被水蒸气顶了起来，不停地往上跳，还发出"啪啪啪"的声音。瓦特听到声音，急忙跑过去看发生了什么事。他的两只眼睛直愣愣地盯着水壶观察了好半天，感到很奇怪，不明白这是怎么回事，就问外婆说："外婆，壶盖为什么会跳动呢？"

外婆微笑着回答说："傻孩子，这有什么好奇怪的，水开了都是这样啊！"

可是瓦特并不满意外婆的回答，又追问起来："为什么水开了壶盖就会跳动啊？是什么东西在推动它呢？"

可能是外婆太忙了，没有工夫答理他，便不耐烦地说："不知道。小孩子问那么多干什么？"

瓦特在外婆那里不但没有找到答案，反而受到了批评，心里很不舒服，可是他并没有灰心，他决心一定要弄清楚到底是怎么回事。

回到家后，连续几天，每当妈妈用壶烧水时，瓦特就蹲在火炉旁边细心地观察着。刚开始，壶盖安安静静地一动不动，过了一会儿，水快烧开的时候，水壶就开始发出"哗哗"的响声。瓦特心里开始紧张起来，他两眼一眨不眨地盯着水壶看。

突然，瓦特看到，壶里的水蒸气冒了出来，推动壶盖往上跳动。水蒸气不住地往上冒，壶盖也一个劲地往上跳，好像里边藏着个魔术师，在变戏法似的。瓦特高兴极了，他兴奋得几乎叫出了声来。他把壶盖揭开再盖上，盖上又揭开，反复进行验证。他还把杯子罩在水蒸气喷出的地方看水蒸气喷出的情况，一会儿又在数杯子上蒸汽凝结成的水滴。瓦特终于弄清楚了……

13. 哈格里夫斯发明珍妮纺纱机

在 18 世纪以前，人们都是用手工纺车来纺纱的。这种纺车一次只能纺出 1 根纱，生产效率很低。1733 年，约翰·凯伊发明了飞梭，使织布的速度提高了两倍，棉纱更加供不应求。为了解决这个矛盾，英国皇家艺术学会于 1761 年公开宣布：谁要是能发明一种新型纺纱机，"一次纺出 6 根毛线、亚麻线、大麻线或棉线，而且只需一个人开机器或看机器"，谁就能得到重奖。可是两年过去了，仍然没有人将这笔奖金领走。

当时，英国兰开夏郡有个叫哈格里夫斯的纺织工，他的家里很穷。为了增加家庭收入，他的妻子珍妮每天坐在纺车前忙个不停。因为纺车上只能放 1 个纱锭，她每天起早贪黑地干活，也只能纺出 1 锭棉纱。看着妻子由于日夜不停地劳作而消瘦下去，哈格里夫斯非常心疼。他决心发明一种高效率的纺纱机，使妻子能轻松一点。萌生这个念头以后，他每天都在想着这个问题。

1764 年里的一天，哈格里夫斯很晚才回家，而珍妮还没有休息，仍坐在纺车前纺纱。也许是因为太累了，他开门后不小心一脚踢翻了纺车。他赶紧弯下腰，想把纺车扶起来，这时他突然愣住了。

"珍妮，你快看！"哈格里夫斯惊喜地叫起来。
"看什么？"妻子有点莫名其妙。
"原来平放着的纱锭现在变成直立的了，可是它仍然转得那么快！"哈格里夫斯解释道。
"那又怎么了？"妻子还是不太明白。
是啊，那又怎么了？

14. 蜘蛛的启示

法布尔是 19 世纪末法国著名昆虫学家。他从小就喜欢和各种小昆虫打交道，在他的眼中，那些小家伙们是那么可爱，那么有趣，跟它们在一起真是有不尽的乐趣。

出于研究的需要，法布尔饲养了 6 种园蛛。他发现，只有条纹蜘蛛和丝光蜘蛛经常停留在网中央，不管外面的太阳多么毒辣，它们也决不会轻易离开蛛网去阴凉的地方歇一会儿。而其他的蜘蛛在结好网后就把网往那儿一张，自己却跑到一个隐蔽的场所躲了起来，直到晚上才出来。

然而，令法布尔感到奇怪的是，虽然那些蜘蛛并不停留在网上，但是只要网上一有动静，比如当一些蜻蜓或蚂蚱不小心碰到网上被粘住的时候，躲在暗处的蜘蛛就会像闪电一样马上赶到，将猎物用丝网死死地缠住。

它们是怎么知道网上有了猎物的呢？

15. 善于联想的企业家

一位善于运用相关联想的企业家同时了解到了以下四件事：

四川万县食品厂积压了大批罐头食品；四川航空公司由于缺乏资金，没有属于自己的飞机；俄罗斯古比雪夫飞机制造厂生产的大批飞机滞销；俄罗斯轻工业发展缓慢，基本生活用品供不应求。

企业家发现这四件事之间有相关性，可以联系起来。

他是怎么做的呢？

16. 杜朗多先生的"陪衬人"

左拉的小说《陪衬人》中描写了一个杜朗多先生的故事。杜朗多先生是个经纪人，对美学一窍不通。有一天，他居然贴出广告，声称专为小姐和夫人们开设一个"陪衬人代办所"。

他有什么目的呢？

17. 绷带到输油管的联想

日本的一支南极探险队在基地遇到了一个难题，他们需要把基地的汽油输送到探险船上，但是输油管的长度不够。面对这个问题，大家一筹莫展。这时，队长西崛荣三郎展开了联想……

他想到了什么好办法了呢？

18. 水银矿的发现

20世纪50年代，苏联的绘画艺术兴起，很多青年都投身于绘画事业。那时一位叫普法利的学生放弃了自己所学的地质工程专业，决定学习油画艺术。为了增加见识、开阔眼界，他经常参观各种油画展。在参观一个油画展时，他被一幅风景画深深吸引住了，画面是一片光秃秃的山峦，整个画面透出荒凉、神秘、诡谲的气氛。普法利觉得这幅画似乎隐藏了什么。

他到底发现了什么？

19. 拼地图的小孩

因为下午有一个布道会，牧师早早地就起床了，端坐在书桌旁，他想准备一篇精彩的布道词。但是，整整坐了两个小时，牧师还是没有写一个字，他满脑子都是那些陈词滥调，没有一句话不是以前重复说过很多遍的。牧师开始烦躁起来，他在笔记本上胡乱地划着杂乱无章的道道。

这时候，牧师9岁的儿子，可爱的约翰起床了。他非常活泼，只要他在屋子里，你就别想安静了。你看他，一会儿抱起电动手枪，"嗒嗒嗒……"地打几枪；一会儿抱着玩具熊胡言乱语地嘟囔着；终于他安静地坐在电视机旁了，他在专心致志地看着动画片，哦，我的天哪，那电视的声音简直可以把屋顶掀掉。

可怜的牧师终于忍受不了了，他随手把一张世界地图撕得粉碎，然后把约翰叫了过来："约翰，爸爸来和你做个游戏，你看我把这张地图撕碎了，只要你能把它重新拼起来，我就给你一美元，怎么样？"

约翰想了想，终于抵挡不住一美元的诱惑，就答应了牧师。约翰抱着那堆碎纸回到了自己的房间。牧师想：那幅地图就算一上午也别想拼完，这下我可以安心地写布道词了。

但是，刚刚过了10分钟，约翰就来敲牧师的门，他兴奋地对牧师说："爸爸我拼完了，给我一美元吧。"

牧师连头也没回就说到："你一定拼错了，回去再检查一遍。"

约翰坚定地大声说："我拼得没错，你看一下吧。"

牧师将信将疑地拿过地图，果然拼得丝毫不差，他不解地问约翰："你怎么拼得这么快？"

20. 王冠的秘密

很久很久以前，一个国王想做一顶新的王冠。于是国王找来王国里最心灵手巧的，同时也是最狡猾的金匠，给他一块黄金，让他去做一顶纯金的王冠。

没过多长时间，金匠就把王冠做好了，他把精致的王冠献给国王："伟大的陛下，我已经按照您的吩咐做好了王冠，请您过目。"国王接过王冠，那王冠太漂亮啦，全身闪烁着金色的光芒，王冠的周围雕刻着美丽的花纹。国王立刻就喜欢上了它，他把王冠拿在手里，看来看去，就是不肯放下来。国王重赏了工匠，让工匠回去了。

但是，过了一会儿国王就高兴不起来了。原来，多疑的国王，怀疑狡猾的工匠克扣了他的金子，在王冠里掺了其他的材料。于是，国王偷偷地称了称王冠，重量和作为原料的金块的重量是一样的。但是，国王还是不能确定王冠是不是纯金的，他太喜欢这顶王冠了，舍不得打开王冠，检验里面的金属成分。这时候，国王想到了科学家阿基米德，他立即派人找来了阿基米德。

"阿基米德，你是王国里最受人尊重的，最有才干的科学家。现在，我要求你在不弄坏王冠的前提下，检验王冠是不是纯金的。你尽快给我一个结果。"

阿基米德接到国王的命令，开始想检验王冠的办法。但是，这个任务太难完成了，阿基米德从来没有遇到过这样的问题。他走在路上不停地想啊想啊，不知不觉就回到了家里，但是还是没有想到解决问题的方法，连一点线索都没有。阿基米德沮丧地打开房门，习惯性地来到浴室，也许洗个澡能让他更清醒一些吧。

阿基米德一边往浴缸里放水，一边继续思考着问题。水慢慢充满了浴缸，阿基米德完全沉浸在思索当中了，直到水开始溢到地面上，他才发现。"哦，真该死，我真是个大傻瓜。"阿基米德自言自语地嘟囔着。他迅速关上水龙头，脱掉衣服，当他一脚跨进浴缸的时候，浴缸里的水开始"哗哗"地溢出来。阿基米德看到这种情况，突然灵光一闪，一个念头从他的脑海里一闪而过。当他整个人躺到浴缸里的时候，更多的水溢出来了，阿基米德若有所思地漂浮在水里，忽然，他兴奋地大叫起来："我有办法啦，我有办法啦。"就像一个孩子忽然得到了他心爱的玩具一样。

阿基米德想到了什么办法？

21. 盟军的"笨"办法

第二次世界大战期间，盟军通过声东击西的办法，巧妙地实现了诺曼底登陆，使得盟军对法西斯的战争进入了战略反攻阶段。但是，盟军在诺曼底登陆后，并没有如原来所设想的那样迅速对德军构成强大的攻势。原来，在盟军前进的必经之路上，密密麻麻、纵横交错地分布着高出田埂一米多的灌木树篱，这些东西成为了德军的天然屏障。盟军的机械化部队根本无法前进，因为坦克和装甲车前进不到数十米便会被这些灌木所卡住，从而成为德军的活靶子。在前面几次的强行突袭中，德军往往只用小分队便能将大队的盟军如数消灭。如此一来，盟军登陆已经 50 多天了，但基本上没有对德军构成任何威胁。

为了解决这个问题，盟军高级统帅紧急召开了指挥官联席会议。在会议上，各指挥官纷纷发表意见，提出了各种各样的方案，但最终都被否决了。

最后，农民出身的美军第二师师长站起来说道："我想到了一个比较笨的办法，但也许是最有效的办法，不知可行不可行？"

在听取了第二师师长的"笨"办法后，盟军统帅立即决定采纳。而这个"笨"办法也果真有效地解决了这个问题，盟军很快顺利地通过了这个德军的天然屏障。德军做梦也没想到盟军突然解决了这个大麻烦，仓促应战，但已经抵挡不住盟军海陆空联合作战的强大攻势，很快土崩瓦解。

你猜那位师长的"笨"办法是什么？

22. 鲁班的发明

鲁班是我国古代著名的建筑师，许多人都拜他为师，学习建筑。一天，皇帝听说了鲁班的名声后，找他和他的徒弟们一起来给自己建造宫殿。皇帝要求将这个宫殿建造得雄伟壮观，因此工程量十分浩大。而且，他给鲁班的工期也有限定。

鲁班接到活儿后，立即和弟子们一起到山上采伐木材。因为宫殿需要的木料十分粗大，他们所要砍伐的都是参天大树。以往，鲁班所做的木匠活规模都比较小，木料也都比较小，因此他和徒弟们用斧子便能应付。但是这次，面对这些参天大树，用斧子便显得十分吃力，几天下来，人累得不行。并且这样砍，效率也太低，照这样下去，很难在规定工期内将宫殿建成。因此，鲁班十分焦急。

这天，鲁班到一个山岭上去寻找适合做梁的木料。在爬上一个比较陡峭的小坡的时候，他顺手抓了一下手边的一束草，想借下力，没想到瞬间感到一阵刺痛。一看，他抓草的手上已经渗出了血。

怎么这看上去很柔软的茅草这么锋利呢？鲁班感到很是惊讶，于是，他小心地扯起一把这样的草在手里，端详了一下，结果发现这种草的叶子边缘密密地长着锋利的小齿。他于是用这些小齿在手上轻轻地划了一下，手上居然又出现了一道口子。

于是，鲁班陷入了沉思，你能猜出鲁班接下来的举动吗？

23. 鸡蛋变大了

在美国，有一个穷小子，为了维持生计，他向朋友们借了点本钱，开了一家杂货店。杂货店里物品齐全，除了必备的日常生活用品之外，还卖鸡蛋。开张没几天，生意很好，来往的顾客很多。只是每次他都能听到顾客抱怨他的鸡蛋太小。为此，他还特地在进货的时候嘱咐了一下要些大的鸡蛋。可是顾客依旧抱怨鸡蛋太小。他怎么也想不通，鸡蛋都是差不多大的啊，自己店里的鸡蛋不会比别人店里的小啊！于是，每次顾客来店里买鸡蛋的时候，他都仔细地观察，琢磨着是哪里有问题。苍天不负有心人，经过一段时间的观察和琢磨，他似乎发现了问题的所在。他决定让妻子把鸡蛋搬到前台去卖，不再由自己卖鸡蛋了。

经过了他的这一小小的调整，果然，买鸡蛋的顾客再也没有埋怨过鸡蛋小。相反，大家都觉得鸡蛋大了呢。

这个穷小子就是以后的美国金融巨头约翰·皮而庞特·摩根，由于他两次拯救美国的经济，因此被誉为"华尔街的拿破仑"。你知道为什么顾客认为鸡蛋变大了吗？是鸡蛋本身真的变大了吗？

24. 极大思维

居里夫人是波兰物理学家，最早获得诺贝尔奖的女性科学家。其和科学家皮埃尔·居里结婚后，夫妇两人一直为科学做出自己的贡献。可惜的是，在他们结婚后的第十年，丈夫不幸遭遇车祸，死于马车下面。

居里夫人的科学研究，没有因为丈夫的去世而终止，她在皮埃尔·居里老父亲的大力支持下，自己带着两个孩子继续埋头研究科学。作为一位杰出的女性科学家，居里夫人在短短的8年的时间里，就两次摘取了科学史上的最高桂冠——诺贝尔物理学奖和诺贝尔化学奖。她一生中获得了无数的科学荣誉，用自己的智慧和勤劳换取了人们对她的敬仰。

不仅如此，居里夫人的两个女儿同样也是很伟大的科学家。长女伊伦娜是著名的核物理学家，她与丈夫一起发现了人工放射性物质，并因此一起获得了诺贝尔化学奖；次女艾芙则是著名的音乐家、传记作家，其丈夫曾以联合国儿童基金组织总干事的身份接受瑞典国王在1965年授予该组织的诺贝尔和平奖。

作为一个科学家，居里夫人有着最伟大的奉献精神。那么作为一个普普通通的母亲，居里夫人是如何培养自己的子女的呢？如何让自己的子女一个个都在不同的领域有了不同的但是同样优秀的成就呢？关于这个话题还有一段小故事：

一次，在居里夫人的两个女儿向母亲讨教成功的奥秘的时候，这位伟大的科学家亲切地对她的女儿们说了下面一段话：

我们在考虑问题的时候，首先要走出自己生活的那个圈子，然后去探索我们看到的物理现象的一些极致状态，比如："极大"和"极小"等，假如研究我们每天都居住的地球，那么我们就不能只立足于地球这一个东西，而是要看到它外面的世界还大得很，比如银河系，比如整个宇宙。地球和银河系相比，真是像是沧海一粟，就像是浩瀚海洋里面的浮游生物一样渺小。所以在以后你们研究问题的时候一定要把眼光放得远一点，思维拉得开一些。

最后她说："孩子们，这个话题是训练你们思维的一个很好的话题，现在就让我来考考你们，迄今为止，你们见过的最大的影子是什么物体的影子？"

聪明的你，假如你有一双善于发现自然，观察自然的眼睛，那么这个问题就会很简单，搜索一下你的记忆，想想这个问题的答案吧！

25. 摆直角

大家都知道瓦特是蒸汽机的发明者。当他获得了蒸汽机的发明专利之后，从一名普通的大学实验员，变成了一位公司老板，而且成为了英国皇家学会的会员。

一次皇家学会举行一次盛大的音乐会。很多著名的人物都应邀参加了这次活动，瓦特同样也出席了此次音乐会。

音乐会上有一个贵族以非常嘲讽的口吻对瓦特说："乐队指挥手里的指挥棒在物理学家手里仅仅只是一根棒子而已。"

瓦特回答他说："是的，那在物理学家手里只是一根棒子而已。不过，大家都知道用这样普通的三根棒子，可以组成5个直角。但是我却可以组成12个直角，而你，最多也就只能组成6个直角。"

瓦特这样说让这位贵族很不服气，他找来3根棒子不断地摆出各种直角，但是很可惜的是无论怎样都摆不出12个直角来。

那么假如你来摆，用三根棒子你能摆出几个直角来呢？

26. 踏花归来马蹄香

北宋皇帝宋徽宗赵佶喜欢绘画，他本身也是一个善于画花鸟的能手。他在位的时候，广为搜集历代名人书画墨宝，并亲自掌管宣和画院，经常考查宫廷画师的技艺。宋徽宗自己绘画时特别注意构图的立意和意境，因此在朝廷考试画家的时候常常以诗句为题，让应考的画家按题作画择优录用。

有一次，朝廷决定考试天下的画家，择优录取为宫廷画家。诏命一下去，各地的画家都纷纷来到京城。到了考试那天，主考官出了一个命题："踏花归来马蹄香"，让画家以这句话为主题，画出一幅画，这幅画要把这句诗的内容体现出来。

一见到这个题目，画家们个个在考场中抓耳挠腮，一筹莫展。试想，花的香味如何通过画面表现出来呢？况且还要和马蹄联系起来，着实很难。因此，许多参加考试的画家虽然画功十分了得，一个个有丹青妙手之誉，但面对这样的题目却无从下手。

眼看着考试时间都快到了，无奈，这些画家只好先后硬着头皮动起笔来。有的画家绞尽了脑汁，在"踏花"二字上下工夫，在画面上画了许许多多的花瓣儿，一个人骑着马在花瓣儿上行走。可这显然太生硬，完全没有意境，看上去活脱一副游春图，却无法表现出"香"；有的画家煞费苦心在"马"字上下工夫，画面上的主体是一位跃马扬鞭的少年，在黄昏时候疾速归来，这显然更是跑题；有的画家运思独苦，在"蹄"字上大下一番工夫，结果在画面上画了一只大大的马蹄子，特别醒目。

等考卷交上来以后，宋徽宗一幅一幅地亲自审看。他抱着期待，看了一张，不满意，放在一边；又看了一张，还是不满意，又放在了一边……翻了一会儿，宋徽宗几乎不耐烦看下去了。正当他准备放下画准备休息的时候，却有一幅考卷令他脸上立时现出了喜悦的微笑，他抚掌连连称赞："好极了！好极了！"于是他选中了这一幅，还下了评语："此画之妙，妙在立意，妙在意境深厚。把无形的花'香'，有形地表现在纸上，令人感到香气扑鼻。"这才心满意足地休息去了。

第二天，宋徽宗告诉宫廷的众画师说自己发现了一幅好画，众画师一听，连忙跑过去欣赏。一看到这幅画，这些画师们也连连称是，觉得自愧不如。你能猜出这幅画是如何巧妙地体现了"踏花归来马蹄香"这个主题的吗？

27. 伞的发明

传说雨伞是鲁班发明的。木匠的祖师鲁班曾在路边建造很多亭子，方便过路人在亭子里休息，雨天的时候可以避雨，晴天的时候可以遮阳。有一次，他在雨天遇到一个急着赶路的人，他身上淋得湿漉漉的，怕耽误时间，只在亭子里待了一会儿就又冒雨前行了。鲁班心想如果有一种能够随身携带的亭子就好了。

鲁班是如何发明会移动的亭子——伞的呢？

28. "构盾施工法"的发明

19 世纪 20 年代，英国要在泰晤士河下面修建地下隧道。传统的地下施工方法是"支护施工法"，这种方法施工进度非常慢，而且经常遇到塌方事故。工程师布鲁内尔为解决如何更好地在地下施工的问题大伤脑筋。

有一天，布鲁内尔无意中看到一只蛀木虫在挖橡树……

他想到什么好办法了吗？

29. 听诊器的发明

19 世纪的某一天，一位贵族小姐来找雷内克医生看病，只见她面容憔悴，手捂胸口，好像病得不轻。听她讲述症状之后，雷内克认为她可能得了心脏病。但是要想确诊，还得听心肺的声音。那时的做法是隔一条毛巾把耳朵贴在病人的胸廓上进行诊断，但这种方法显然不适合用在贵族小姐身上。

雷内克心想，能不能用别的办法呢？

他想到好办法了吗？

30. 薄壳结构的应用

你能用一只手把鸡蛋捏碎吗？也许你想象不到薄薄的蛋壳却能承受很大的力。英国消防人员为了试验鸡蛋的受力,曾把一辆消防车停在草地上,伸直救火梯子,消防队员从离地21米高的救火梯顶端向草地扔下10个鸡蛋,出乎意料的是只破了3个。有人做试验发现当鸡蛋均匀受力时,可以承受34.1千克的力。鸡蛋具有如此大的承受力,是与它特有的蛋形曲线和科学的结构分不开的。一个鸡蛋长为4厘米,而蛋壳厚度只有0.38毫米,厚度与长度之比为1:105。

奇妙的蛋壳引起了建筑学家的关注。
建筑学家都做了什么?

31. 变电器的发明

有一个物理学家正在研究如何发明能够扩大电压的变压器。一次偶然的机会,他看到了传说中雷公的画像,画像中的雷公身穿虎皮、背负大鼓、手持铁锤,形象非常威武庄严。他看到虎皮的花纹是黄色杂有黑色的条纹,忽然头脑中有了主意……

32. 冥王星的发现

业余天文学家威廉·赫歇尔1781年发现了天王星,但是进一步的观测显示天王星的实际运行轨道与预测的轨道存在偏差。1846年天文学家发现了海王星,但是海王星的存在只能部分解释天王星实际轨道与预测轨道的差异。

接下来,天文学家又会有什么发现呢?

33. 人工牛黄

牛黄原是一种昂贵的中药,它是牛的胆结石,只能从屠宰场上偶然得到,产量很小,所以非常珍贵。后来人们利用产生胆结石的原理,把牛、羊、猪的胆汁提取出来研制人工牛黄,但是这种人工牛黄的临床医疗功效很差,医学专家不得不继续寻找新的解决办法。某药品公司的科研人员想到,河蚌经过人为的"插片"植入砂子,会分泌出黏液将砂包住慢慢形成珍珠,如果……

他们联想到什么了?

34. "蝇眼照相机"的发明

苍蝇是细菌的传播者,似乎对人类没什么用,但是我们应用形象思维之后,可以把苍蝇身体的独特结构和功能应用起来。苍蝇的楫翅(又叫平衡棒)是"天然导航仪",人们模仿它制成了"振动陀螺仪"。这种仪器安装在火箭和高速飞机上,可以实现自动驾驶。苍蝇的眼睛是一种"复眼",由3000多只小眼组成……人们模仿复眼又制成了什么呢?

35. 门客的比喻

战国时期,齐威王的小儿子田婴,因功被封于薛(今山东滕州东南),号靖郭君。到达封地之后,田婴要在薛地构筑城墙,门客纷纷劝阻。田婴不耐烦之下,便干脆不再接见前来拜见他的人。

这天,有个门客又前来求见田婴,他保证自己只说三个字,如果多说一个字,情愿被抛牲锅里煮死。田婴于是才破例接见了他。

这个人见到田婴后,果然只说了三个字——"海大鱼",说完便转身就走。田婴见此人说了这没头没脑的三个字,便感到十分奇怪,派人将其叫回来问道:"您这话究竟是什么意思呢?"来人却说:"我可不敢拿性命当儿戏!"田婴于是说:"没关系,你继续说就是了。"

于是这个人便对自己先前所说的三个字进行了解释。原来，这三个字乃是他打的一个比喻，目的是用来劝阻田婴修筑城墙的。没想到田婴一听他的比喻，立刻停止修筑城墙。

你能猜出，门客究竟会如何以"海大鱼"这三个字劝阻田婴修筑城墙吗？

36. 邹忌抚琴谏威王

战国时期，齐侯田午不听神医扁鹊的劝告，病入膏肓死掉了。其子继位，是为齐威王。齐威王即位后，整天沉迷于酒色，不理朝政。以致韩、魏、鲁、赵等国都来入侵，齐国出现了"诸侯并伐，国人不治"的局面。

一天，平民邹忌抱着一把琴前来求见齐威王，他自称能够弹奏高妙的音乐。齐威王素来喜欢音乐，于是接见了邹忌。

邹忌行过礼之后坐定，认真地调好琴弦，摆出一副马上要弹奏的样子，只是手放在琴上一动不动。齐威王一看很着急，问道："先生调好了琴弦，怎么不弹？"邹忌回答说："大王，在我弹琴之前，请允许我先谈谈弹琴的道理。"

齐威王便让邹忌讲讲，邹忌于是指天画地地谈了起来，刚开始齐威王还能听懂，到后来便越讲越玄，越讲越空，齐威王逐渐听不懂了。但邹忌讲了很长时间，仍旧滔滔不绝，没有停下来的意思。齐威王感到有些不耐烦了，打断邹忌道："好了，道理您已经讲得很透彻了，还是请弹奏一曲来听听吧！"

邹忌于是停止了长谈阔论，将手放在琴弦上，但是仍旧一动不动。齐威王于是火了："怎么还不弹？"邹忌接下来说了一番话，齐威王一听便明白了邹忌原来是来讽谏自己的，并且也接受了邹忌的讽谏。

你猜邹忌接下如何借弹琴之事讽谏齐威王？

37. 荀息巧谏晋灵公

春秋时期，晋灵公生活奢侈无度，残暴专横。一次，他征发大量百姓，耗资巨大，建造豪华的九层之台，以供自己娱乐。因为担心大臣们反对，晋灵公事先放出话来：若有人劝阻，格杀勿论。

身为相国的晋国大臣荀息，知道此事后非常担忧，前去觐见晋灵公。晋灵公一看荀息此时进宫，便知道他所为何事，于是毫不客气地命令卫士搭建拉弓，箭头对准荀息，只要荀息开口劝阻他建造高台，就一箭射死。荀息一看这架势，心知自己若直言讽谏，必将遭致杀身之祸，于是他便想了一个办法。他假装以一副轻松愉快的样子对晋灵公说："大王，不必这样，我此次前来，并非为规劝您什么，而只是来为您表演一个小技艺，供您开心。"

晋灵公于是问道："不知爱卿要表演什么技艺呀？"

荀息答道："我能够将十二个棋子堆起来，然后在上面加九个鸡蛋。"

晋灵公一听，十分感兴趣，便让卫士撤了弓箭，让荀息开始表演。

荀息于是定了定神，果真开始严肃认真地将十二个棋子堆起来；然后，他又将鸡蛋一个一个地加上去。旁边观看的人，看着荀息将鸡蛋越加越多，眼看就要掉下来，都紧张得屏住了呼吸；晋灵公也同样紧张地瞪大了眼睛，并不时地叫嚷道："危险！危险！"

荀息听到晋灵公说危险，于是便顺势开始了对晋灵公的讽谏，并最终成功地说服晋灵公停止了高台的建造。

你能猜出荀息是如何借自己的游戏讽谏晋灵公的吗？

38. 丘吉尔严守秘密

英国著名首相丘吉尔在担任首相之前，曾任英国海军大臣。一次，一个朋友想私下里向丘吉尔打听一些有关英国海军的私密消息。一向讲究原则的丘吉尔不肯告诉他，但是这个人有些不甘心，软磨硬泡地向丘吉尔一再打听。最后，丘吉尔盯着他的眼睛说："这是很机密的消息，你能保证我告诉你后你不告诉别人吗？"

那个人一听有戏，立刻信誓旦旦地说："绝对不会的，您放心吧，阁下！"

丘吉尔于是一副就要告诉他的样子，但在说之前，他又谨慎地向四周望了一圈，似乎是害怕有别人会偷听到，然后他才回过头又对这个人问道："你真的能保证你能保守这个秘密？"

那个人于是又诚恳地保证道："放心吧，我能！"

没想到这时丘吉尔却微笑着看着对方的眼睛，然后说了一句话，那个人再也不再提这件事了。

猜一下，丘吉尔说了句什么话？

39. 刘伯温的巧妙比喻

朱元璋登基不久，需要处理很多国事，其中一件就是对自己的部下和亲戚朋友封官行赏。这件事令朱元璋十分为难：对于那些跟随朱元璋打天下，立下了汗马功劳的文臣武将进行封赏，理所应当，很容易决断。但是，对自己沾亲带故的亲戚朋友，朱元璋却不知怎么办了。这些七亲六戚的，人数众多，如果都封个一官半职，岂不成了见者有份，无功受禄了吗？而如果将这些亲戚置之不理，势必背后有人说三道四，搞不好自己会落个六亲不认的骂名。为此，朱元璋拿不定主意，心中闷闷不乐。

这时，军师刘伯温体察到了朱元璋的矛盾心理，他想帮助朱元璋分忧，却不便直言进谏，且心惹怒朱元璋。左思右想之后，刘伯温便画了一幅画进献给朱元璋。

朱元璋接到刘伯温的画后，只见画面上画着一个身材魁梧的男子，他的头发乱蓬蓬的，而他那一束束的头发上顶着一顶顶小帽子，除此之外，并无其他。朱元璋并不理解刘伯温为可送他这样一幅画，但是他知道，刘伯温足智多谋，做事稳重，送他此画定然大有深意。夜深了，朱元璋仍在灯下仔细琢磨着，可想了一夜仍是百思不解，于是决定第二天当面向刘伯温请教。

可是第二天，刘伯温并没有上朝，于是，朱元璋命令手下把那幅画展开给众大臣看。

众大臣看完这幅画之后，都在小声议论。

朱元璋问众大臣："这是刘伯温老先生送给朕的一幅画。这画中有个谜，众爱卿谁能解开呢？"

众大臣面面相觑，都表示不知道画谜的意思。其实，其中的聪明人已经明白了画中之意，且都怀着和刘伯温同样的心理，不愿直接点破。

这时，在一旁的皇后马秀英因为和朱元璋是患难夫妻，并不避讳，她已经看出了画中之意。于是，她主动对朱元璋说："皇上，臣妾倒有一解。"

朱元璋一听马秀英的解释，觉得很有道理，就当机立断，只封有功之臣，不再封亲戚朋友为官了。

你知道刘伯温这幅画谜的意思吗？

40. 智者点醒青年

从前，有一个很有抱负的青年，他曾经确立了很多目标，但是结果却是一事无成。对此，他很困惑，但又找不出问题所在。于是，他就去找一位智者给他解惑。

智者居住在深山老林之中，断绝了与外界的联系。这位年轻人用了很长时间才在一个小河边找到了智者。年轻人把自己的经历与困惑对智者说了。智者听后，并未正面回答青年的问题，而是望着墙角放着的水壶对年轻人说："你去给我烧壶水来。"

于是年轻人就去烧水，不过当他想要生火时，却发现智者的家里已经没有柴火了。于是他就去山上砍了柴。终于，年轻人把柴火弄回来了。开始烧水了，可是烧了很长时间，水依然未开。柴火这时已经烧光了，年轻人只好再去山上打柴。

这一切智者都看在眼里，等待年轻人砍柴回来，智者问道："如果你这次砍的柴，还是不能把水烧开，你怎么办呢？"年轻人摇了摇头。

智者接着便对年轻人进行了点拨，结果，年轻人一下子就知道了自己问题所在了。你知道智者是怎么点拨年轻人的吗？

41. 小太监讽谏

明宪宗时，太监汪直擅权专横。他仗着宪宗对他的宠爱，肆意妄为，百姓生活在水深火热之中。

汪直有两个心腹分别是左都御史王越和辽东巡抚陈钺，两人狐假虎威，作恶多端。朝中大臣也都受够了汪直等一干人的罪恶行径，每每向宪宗进谏。可是，宪宗偏听偏信，对那些进谏的人一概拒绝或怒斥，时间长了，也没有人愿意进谏了。

当时，宫中有一个会唱戏的小太监，名叫阿丑。虽身份低贱，但是看不惯汪直的专横跋扈，于是阿丑也想要向宪宗进谏。

一天，宪宗要听阿丑的戏。这一次阿丑的装扮倒有点像是汪直，原来，他要扮演的就是汪直。在戏台上，只见他双手各拿着一把锋利的斧头。问旁边的人说："这是什么？"大家说是斧头，阿丑却说不是斧头，而是钺。大家都无奈地问："你拿着钺干什么啊？"阿丑说："我能走到今天，全仗着这两钺呢，这可不是一般的钺啊！"大家都笑了，都说这有什么不同的啊。阿丑就回答了"路人"的疑问。

听完戏后，宪宗就下诏革去汪直及其两个同党的职位，并将其发配到边远地方去了。

你知道阿丑在戏中是怎么回答的吗？

42. 碰到熟人

罗西尼是意大利 19 世纪著名的歌剧作曲家，他特别注重作品的独创性，厌恶抄袭。

一次，一个年轻的作曲家邀请罗西尼去听自己新创作的曲子。一开始，罗西尼觉得这个曲子不错，可是听着听着，他觉得曲子似乎在哪里听过，有种似曾相识的感觉。他知道这首曲子一定不是年轻的作曲家的原创，而是他抄袭了好几个著名作曲家的作品。

罗西尼本来就很厌恶抄袭，加之年轻人又欺骗了他，这下原本的喜悦之情，顿时消失了，他越听越不高兴，没等到演出结束就开始坐不下去了。但是，他又不能上台去制止别人的演出，他忽然想到了一个好办法。

作曲家每每演奏一小会儿，他就站起来，摘下帽子，点下头，再把帽子戴上，再坐下，就这样他重复了好几次，终于那个年轻的作曲家也注意到了这点，就自己停了下来，不解地问罗西尼这么做是什么意思。

你知道罗西尼是怎么回答他的吗？

186

43. 农民的理由

有一个班主任老师在一所乡村小学任教。一天，铃声响了很久，孩子们都已经就坐了，只有一个学生没来上学。接下来的几天，这个学生依旧没有来学校。班主任觉得很奇怪，于是，他决定下班后去家访。

到了学生的家里，在了解了情况之后，班主任才知道，并非孩子自己不想读书，而是学生的父母不让孩子上学了，理由就是学费太贵。班主任极力劝说家长："您得让他去上学啊，否则他以后可能会是一个愚蠢的人，您这样做是断送了孩子的前程啊！"可是无论班主任怎么苦口婆心地劝说，家长还是说："您说的道理我们都知道，可是一个月要交100块钱的学费，实在太贵了。100块钱可以够我买头驴呢！"听了这话，班主任一气之下，便说出了句气话，将这个家长巧妙地骂了。没想到憨厚的家长一听这话，忍不住笑了，同时也觉得这句气话说得有道理，最终同意让孩子继续读书了。

你知道这个班主任包含着道理的气话是什么吗？

44. 父亲巧妙教子

从前，有一位著名的画家，他举办过数十次个人画展，参加过数百次的绘画评奖比赛。然而，无论画展举办得是否成功，无论他是否能在大赛中获奖，人们总会看到他脸上露着开心而从容的微笑。

有一次众多同行一起聚会，大伙聊着聊着，就聊到了这位画家。有人就问这位画家："你为什么每天都能够那么开心呢？难道每天真有那么多值得高兴的事发生？还是你有什么开心的'秘诀'呀？说来大家学习学习呀！"

画家说："这样吧，我给大家讲一个我自己的故事。在小的时候，我的兴趣非常广泛，篮球、游泳、画画、吉他我样样喜欢。可是，我有一个毛病，那就是非常争强好胜，只要是我喜欢的爱好，哪一样我都非争一个第一不可。然而一个人的时间和精力是有限的，你不可能样样都优秀，何况是第一呢？所以我就每天闷闷不乐。

"我的父亲非常了解我的这种性格。有一天晚上，他来到我的房间，告诉我说，今天我们来做一个小游戏，只见他一手拿着一个小漏斗，一手拿了一玻璃杯玉米籽。父亲让我把手放在漏斗下面，过了一会儿，他将往小漏斗里放了一些玉米籽，并让我用手在下面接着。刚开始，父亲放了一粒下去，玉米籽一下子就滑到了我的手里。接下来，他放了几粒在里面，麦粒也很快滑到了我手里。最后，他抓了一大把玉米籽放了进去，结有玉米籽都在漏斗的尖端堵在了一起，再也下不来了。

"游戏结束之后，父亲意味深长地对我说了几句话。听完父亲的话，我的心情就释然了，再也不为那些事而耿耿于怀了。直到今天，我还一直铭记着父亲那天的教诲。"

那么现在你猜猜看，这位父亲对画家说了些什么呢？

45. 墨子教徒

我们知道，春秋时期的孔子是个大教育家，但他并非是当时唯一的教育家。其实当时的许多思想家都有自己的关门弟子，墨子便是其中著名的一位。而且，墨子教授弟子也相当有一套，请看下面这个故事。

墨子的众弟子中，数耕柱子的学问最大，可是墨子偏偏对他要求最严。有一次，耕柱子来到墨子房间，满腹委屈地说："如果论才智和聪明，论学习的态度和悟性，不是弟子夸口，其他的师兄弟都比不上我。可是您为什么对我那么严格，而对他们却那么宽容呢？"

墨子听耕柱子这么说，就放下手中的书，对他说道："如果我现在要去昆仑山，坐的是一辆由快马和黄牛共同拉的车，你说我应该拿鞭子抽快马呢，还是黄牛呢？"

耕牛子听完，就说："当然你应该抽快马了，而不应该抽黄牛，因为马是越打跑得越快，而黄牛你打它几下，可能就会站着不动了。"

墨子接着说："好了，既然你这样想，就可以去用功读书了，以后就不要来找我抱怨了。"

到这时候，耕柱子才恍然大悟，明白了老师所讲故事的寓意。他向墨子深深鞠了一躬，高高兴兴地出去了。

现在你来说说看，墨子所讲故事是什么寓意呢？

46. 老子释疑

传说老子骑青牛越过函谷关后，曾在函谷府衙为府尹大人作洋洋五千言的《道德经》，正当他奋笔疾书之时，一位年逾百岁却鹤发童颜的老翁前来府衙找他。

老翁对老子略略施礼后道："老朽向闻先生博学多才，故特来向您请教一个问题。"

这位老翁得意地扬了扬眉毛道："老朽我今年已经106岁了，与我同龄的人都纷纷作古去了。你看他们，耗尽心血修筑起万里长城却不能享受辚辚华盖，殚精竭虑建设好舍屋宇却落身荒野孤坟，而辛劳毕生开垦出百亩沃田死后也只得一席之地。而我呢？从少年到现在一直都是游手好闲地轻松度日。可虽然不稼不穑，我依然能吃上五谷杂粮；虽然不置片砖只瓦，我仍然可居于金碧房舍。所以我想问先生：现在我是不是可以嘲笑他们徒劳一生，却只换来一个早逝呢？"

听了这番话，老子微微一笑，然后吩咐侍童道："去找一块砖头和一块石头来。"然后老子借用砖头和石块打了个比方，老翁一听，惭愧地离去了。你猜，老子是如何打这个比方的？

47. 装杯子的顺序

学生时代马上要结束了，同学们个个眉开眼笑。看看大家的浮燥劲儿，教授决定给学生们上最后一堂课，一堂比较特殊的课。

看教授手里拿着这么多东西，同学们意识到这将是一堂与众不同的课，所以都安安静静地坐下来，等着聆听这位著名教授的最后教诲。

教授把手里的东西一一放在讲桌上，一只大敞口杯、一瓶水、一袋石子、一袋沙子。然后便开始往敞口杯里放石子，等到石子都堆出杯口时，他问大家："杯子满了吗？"

"满了。"大家异口同声地答道。

这时，教授抓起细沙，小心翼翼地往装着石子的杯子里填着，几分钟之后，那一小捧沙子都被装进了杯子。

"杯子满了吗？"教授又问。

"满了。"回答的人还剩下一半。

于是教授又拿起水往杯子里倒，渐渐地，水开始往外溢。

"杯子满了吗？"教授再次问道。

下面一片沉寂，谁都不敢再说话了。

"这回杯子才确实是满了。"教授接着问了一个问题，"之前你们多次都认为杯子满了，但是后来却又装进了其他的东西，你们知道之所以能如此的关键吗？"

你能回答出教授的这个问题吗？教授问这个问题是想向学生阐述一个什么样的道理？

48. 命运在哪里

从小到大，我一直被一个问题缠绕着：世界上到底有没有命运之说？

一天，我偶然遇到了一位事业上颇有成就的朋友，便跟他闲侃了起来，不知不觉中，我们谈到了"命运"，于是我趁机问他：你认为这个世界上有命运之说吗？

"有！"他不假思索地说道。

他的肯定把我吓了一跳，我条件反射般地问道："大学的时候咱们宿舍可数你最唯物了，怎么？工作了几年，难道就全变了？"

"开玩笑，我还是老样子，不过我现在相信一定有命运存在。"他很认真地说。

我糊涂了："如果真有命运存在的话，也就相当于一切都已经是注定的了。既然如此，那你还奋斗什么？看你现在兢兢业业、努力奋斗的样子，可一点也不像信命的。"

朋友笑了，拉过我的手说："我来给你看看手相。"

接着，他就生命线、事业线、感情线地给我讲了一大通。讲完后，他突然将我的手握成了一个拳头，并对我说了一番话，我瞬间明白了命运的意思。

你猜朋友是怎么说的？

49. 绝无错误的书

随着社会的发展，人们越来越发现旧的生物学著述中错误百出，在人们络绎不绝的指责声中，生物学权威拉塞特教授决定出版一本内容绝无错误的生物学巨著。

几个月后，人们引颈期待的拉塞特著作终于问世了，书名是《夏威夷的毒蛇》。当人们看到那部上千页的巨著时，都惊讶地感叹着教授的速度与丰富学识，然后，他们就迫不及待地翻开了墨香犹存的书，打算一睹这本"绝无错误"的作品。

但是让所有人大吃一惊的是：除了封面上的书名外，上千页巨著居然页页空白，从头到尾没有一个字！

惊愕不已的人们纷纷大惑不解地把目光投向了拉塞特，不想教授却像毫不知情似的继续他的研究。

"教授，你总该给我们一个解释吧。"有人实在忍不住了，于是上前打断了拉塞特的实验。

"怎么了？难道有什么问题吗？"拉塞特故作惊讶地反问道，然后又以一种极为轻松的语调说道，"对生物学稍有研究的人都会知道，夏威夷根本没有毒蛇，所以这本书当然应该是空白的。"

"可是，可是这也太……"问的人张口结舌，不知道应该如何表达自己的心情。

"正因为整本书是空白了，所以我才敢说，它是有史以来，唯一一本没有任何错误的生物学巨著！"拉塞特教授两眼闪烁着古怪的光芒说道。

众人一愣，顿时领会了教授的幽默。

你知道教授的意思吗？

答 案

1

带着这些疑问,伽利略回到了他在学校的住所,开始在家中做实验。他找来了许多丝线、细绳和大大小小的铁球、石块等。他分别将这些不同的球块用丝绳吊起来,丝绳有长有短,球块有重有轻,然后他分别让这些球块摆动起来,再用他唯一的测时器——自己的脉搏跳动来测量摆动的时间。虽然这样的方法并不精确,但可以肯定的是,他的这个思路是正确的。经过反复的实验,伽利略发现,球块摆动的快慢与它们自身的重量无关,当摆长比较长时摆动得慢些,当摆长比较短时摆动得快些。而只要摆长不变,所有的球块,无论它是轻是重、是大是小,也不管它摆动的幅度如何,完成一次摆动的时间都是相同的。这就是摆的等时性原理。

伽利略是一位擅长形象思考的科学家,可以说他就是凭借着形象思考使科学实现了革命性的突破。他在用数学方法分析科学问题的同时,还用图像和图表使自己的思想形象化。和所有取得大成就的科学家一样,他也擅长类似白日梦的幻想和想象,并通过这种方式取得了很大的成就。

2

这个问题不可能凭借实验来证明,只能靠想象了。伽利略发挥自己的想象力,他想到一个无限光滑的小球在无限光滑的斜面上滚动的情景,这时小球和斜面之间肯定没有一点阻力,那么当小球从第一个斜面滚上第二个斜面上的时候,水平位置是不变的,如果把第二个斜面换成平面,而且无限延长,那么小球就会沿着直线以恒定的速度一直滚下去。在这个想象基础之上,经过一些完善和补充,伽利略提出了"动者恒动"这个物理学上的第一定律。

3

她把手靠近小牛犊的嘴,她刚才在厨房做饭,手上沾有盐味。小牛犊闻了闻,然后兴高采烈地舔她的手。女佣后退到牛栏里,小牛也甩着尾巴跟着她走去了。

女佣之所以能想到这个简单的方法,是因为她更懂得牛的习性,通过满足牛的需要来达到自己的目的。

4

一位女士得了一种怪病,遍访名医也没有治愈。一位非常有名的医生来到女士所在的城市,她慕名前去看病。名医查明病情之后,给她开了药,并告诉她:"这药是从美国带回来的,专门治你这种病。"女士高兴地买了药,经过几个疗程之后,真的康复了。其实,医生给她的药只是普通的维生素C,她的病需要的只是良性的暗示和积极的想象。

医学试验表明安慰剂能够达到真正药剂的60%~70%的作用,当医生和病人都相信安慰剂有效时,效果更加明显。这其实是形象思维的一种——引导想象。引导想象是指通过在头脑中具体细致地想象出自己想要实现的目标,实现目标的过程,以及实现之后的喜悦心情。这种想象可以在你的头脑中留下深刻的印象,并调动全身的潜能,促使你向着目标努力。引导想象也可以说是一种心理暗示法,当那位患有怪病的女士拿到"从美国带回来的药"的时候,她就在自己的大脑中描绘了这样一个图景:把这些药吃完之后,我就能恢复健康了。这种暗示可以促使人们在精神和肉体上做出调整,达成我们的愿望。

5

安东尼·罗宾23岁的时候,向女友求婚许诺美好的未来,但是遭到了拒绝。随后他跑到俄罗斯学习潜能开发。到了俄罗斯，他开始在一张俄罗斯地图的背面设立目标：第一个，在 24 岁，也就是一年之后，他的年收入要超过 25 万美金——当时他连两万美金都赚不到；第二个，他要住在城堡里，城堡上面是圆柱形的，站在上面可以遥望整个太平洋；第三个，他一年之后要结婚，他甚至把未来太太的发型、眼睛、个性都画出来了，结婚之后他打算拥有 4 个孩子。然后他把自己的目标贴在床头，每天早上起床之后第一件事就是重温一下他的目标，晚上睡觉之前，最后一件事也是看看他的目标。

结果，一年之后，安东尼·罗宾远不是赚到了 25 万美金，而是赚了 100 万美金。那一年，他也结婚了，他结婚当天晚上把他太太和想象中的太太对比，这个图片几乎跟他太太长得一模一样。几年之后，他真的有了 4 个孩子。

6

欧雷里把选手们的球棒借走，并叮嘱他们在他回来之前不要离开宿舍。过了一个小时，欧雷里满面春风地回来了，告诉选手们牧师已经对球棒赐福了，每个球棒都有了无敌的威力。选手们受到了极大的鼓舞，对获胜充满了信心。第二天，比赛果然打败了对方，在以后的比赛中也是所向披靡。

当我们不自信的时候，可以通过想象模拟成功，或者具体细致地回想自己有过的成功经历，还可以想象自己在性格、作风、能力等方面具有的优势。这种想象可以激发潜能，让我们在实现目标的过程中充满激情和信心。

7

最初的自行车轮胎是实心的，在卵石路上骑车颠簸得非常厉害。有一天，外科医生邓禄普在院子里浇花的时候，感到手里的橡胶水管很有弹性，由此联想到如果发明一种充气的自行车轮胎，应该能够减轻震动。于是，他用橡胶水管制出了第一个充气轮胎。

8

为了证明这个设想，利伯进行了一系列调查研究，发现月球确实对人的生理和精神有一定的影响。人的身体也像大海一样有"潮汐"，每当月圆的时候心脏病的发病率会增加，肺病患者的咳血现象会增多，胃肠出血的病人病情也会加重，病人的死亡率会比平时上涨。

利伯发现了大海潮汐与人体病变的相似之处——都在月圆之夜有激烈的变化，进而推断精神病人的病情也受月球引力的影响。

9

当然不是。下一个镜头，只见那个男人缓缓地撑起身子，用薯条沾着番茄酱吃。真相大白了，原来他胸前的那片殷红不是血，而是不小心滴落的番茄酱。

创意人员正是运用了相似联想，借助番茄酱和血之间的相似点——红色黏稠的液体，耍了一个噱头，给观众留下深刻的印象。

10

费米由此联想到铀的裂变有可能形成一种链式反应而自行维持下去，并可能形成巨大的能量。1941 年 3 月费米用加速器加速中子照射硫酸铀酰，第一次制得了 0.005 克的钚-239——另一种易裂变材料。1941 年 7 月，费米在中子源的帮助下，测定了各种材料的核物理性能，研究了实现裂变链式反应并控制这种反应规模的条件。为了逃避法西斯政权的统治，费米流亡到美国。随后，他在美国芝加哥大学建造的世界上第一座石墨块反应堆，于 1942 年 12 月 2 日下午 3 点 25 分，使反应堆里的中子引起核裂变，首次实现了人类自己制造并加以控制的裂变链式反应，也表明了人类已经掌握了一种崭新的能源——核能。

费米由铀原子核裂变现象联想到如果能恰当地控制核裂变就能带来巨大的能量。核能研发过程体现了由已知到未知，由局部到整体的相关联想。

11

画着画着，毕达哥拉斯突然发现：如果一个等腰直角三角边的直角边长分别为 a、

b，那么，以 a 为边的正方形，它的面积就等于这一等腰直角三角形面积的 2 倍；以 b 为边的正方形面积也等于这一等腰直角三角形面积的 2 倍；而以斜边为边长（c）构成一个正方形，它的面积等于这一等腰直角三角形面积的 4 倍。

"那么，进一步就可以推出 $a^2+b^2=c^2$，也就是两直角边的平方和等于斜边的平方。"毕达哥拉斯穷追不放，进一步想到："古人曾提出边长为 3、4、5 和 5、12、13 的三角形为直角三角形，那么，它们是否也合乎这个规律呢？"

于是，他赶紧在地上画了起来。不错，确实是这样的。

毕达哥拉斯并没有满足，他又产生了新的疑问："这个法则是不是永远正确呢？各边都合乎这个规律的三角形是不是一定是直角三角形呢？"

想到这，他猛地抬起头来看看客厅，发现客人不知什么时候都走光了，只有主人站在那儿不解地看着他。他感到非常不好意思，也赶紧跟主人告别，一溜烟跑回了家。回到家里，毕达哥拉斯又搜集了许许多多的例子，结果都证明了他的那两个猜测是正确的。但是，他仍然不满足，决心用更大的精力和更有说服力的证明，来说明这一结论是永远正确的。功夫不负有心人，他终于证明成功了。

后来，西方为了纪念毕达哥拉斯这一伟大的发现，把这一定理称为毕达哥拉斯定理。

12

瓦特发现水被烧开后变成了水蒸气，是水蒸气在推动壶盖跳动！这个发现在瓦特心中留下了深刻的印象。瓦特由此想到：这蒸气的力量好大啊！如果能制造一个更大的炉子，再用大锅炉烧开水，那产生的水蒸气肯定会比这个大几十倍、几百倍。用它来做各种机械的动力，不是可以代替许多人力吗？后来，瓦特按照这个思路，经过反复研究，对前人的蒸汽机进行了合理改造。他把水蒸气的力量很好地利用起来，终于发明了改良

蒸汽机，使人类社会开始进入了工业时代。

13

哈格里夫斯说："如果把几个纱锭都竖着排列，用一个纺轮带动，不就可以一下子纺出更多的纱了吗？"说干就干，哈格里夫斯马上开始试制新型纺纱机。经过反复研制，他终于在 1765 年设计并制造出一架用 1 个纺轮同时带动 8 个竖直纱锭的新纺纱机，工作效率一下子提高了 8 倍。为了纪念自己的妻子，他把这台新型纺纱机取名为"珍妮纺纱机"。

14

一开始法布尔认为蜘蛛是用眼睛看到网上的猎物的。为了证明这一点，他把一只死蝗虫轻轻地放到有好几只蜘蛛的网上，并且放在它们看得见的地方。可是，不管是在网中待着的蜘蛛，还是躲在隐蔽处的蜘蛛，它们好像都不知道网上有了猎物。后来，法布尔又把蝗虫放到了蜘蛛的面前，它们还是好像什么也没看见似的，一动不动。看来，蜘蛛不是靠眼睛来发现猎物的。

接着，法布尔用一根长草轻轻地拨动那只死蝗虫，蛛网振动起来。这时，只见停在网中的蜘蛛和隐藏在树叶里的蜘蛛都飞快地赶了过来。

通过这个实验，法布尔断定，蜘蛛什么时候出来攻击猎物，完全要看蛛网什么时候振动。它们是靠一种振动来接受外界信息的。如果真是这样的话，那蜘蛛一定有一种接受振动的装置。这种装置是什么呢？

法布尔对蛛网进行了仔细观察，最后终于发现：在蛛网中心有一根蛛丝一直通到蜘蛛躲藏的地方，被蜘蛛的一只脚紧紧地握住。因为这根蛛丝是从网的中心引出来的，因此不论蛛网的哪个部分产生了振动，都能把振动直接传导到中心这根蛛丝上，然后再把振动立即传给躲在远处角落里的蜘蛛。可以说，这根蛛丝是一种信号工具，是一根电报线。同时它还是一座空中桥梁，沿着这根蛛丝，蜘蛛才能以最快的速度从躲藏的地方奔向猎物。等到网中的工作结束后，又沿着它返回

原处。

还有使法布尔感到不解的一点：当有风吹过来时，蛛网也会产生振动。那么，蜘蛛是如何分辨哪些是风吹过时产生的振动，哪些是猎物挣扎时产生的振动的呢？

法布尔认为，蜘蛛握住的那根电报线不是简单地传递各种振动，它还能够传递各种不同的声波。蜘蛛握着电报线的脚有很灵敏的听觉分辨力，能分辨出猎物挣扎的信号和风吹动所发出的假信号。

现在，科学家的进一步研究发现，蜘蛛的脚上有一条小裂缝，能够感知到每秒钟20～25次的振动。人们正在设法揭开这种构造的秘密，并模拟这种构造制造出可以供人类使用的音响探测器。

15

他先与古比雪夫飞机制造厂进行协商，最后签订了易货贸易合同，用食品和服装等轻工业产品换购4架飞机。随后，他把飞机卖给四川航空公司，允许航空公司以运营收入支付飞机款，然后以飞机作抵押向银行申请了一笔不小的贷款。他用这笔钱分别与万县食品厂等300多家轻工业厂家进行交易，然后把货物运往莫斯科。经过这样一番策划，这位企业家大赚了一笔，同时还搞活了食品厂、飞机制造厂、航空公司三家的市场，可谓皆大欢喜。

可见，相关联想可以让思考者从宏观上把握事物之间的相互关系，从而作出对自己有利的决策。

16

这些"陪衬人"实际上都是廉价招募来的相貌丑陋的女佣人，杜朗多根据各人的特点对她们进行分类，然后定价出租。她们的服务内容主要是陪伴主顾以便衬托其美貌。不难想象，女士们为了满足虚荣心和炫耀的欲望纷纷前来租用"陪衬人"，一时间"代办所"门庭若市，生意兴隆，杜朗多很快就成了百万富翁。

虽然杜朗多不懂美学，但是他清楚美丑是相对的概念，一个长得丑的小姐，在比她更丑的人衬托下也会显得漂亮，"陪衬人"自然会大为抢手。利用相对联想，杜朗多在金融交易场中发了大财。相对联想就是让我们把正反两方面的事物放在一起进行考虑，一正一反，对比鲜明，可以是属性相反、结构相反或功能相反。通过对比，可以使事物的特征更加明显，往往能引起人们的注意。比如日本一家玩具厂生产的黑色"抱娃"不受欢迎，厂长运用相对联想，想到了一个主意：把黑色"抱娃"放在模特雪白的手腕上。这样一来果然非常醒目，很快就打开了市场。

17

首先，他想到可以把长方体的冰块做成管子。在南极找到适合做管子的冰块并不难，但是如何才能穿透一个很长的冰块又不至于使它破裂呢？西崛荣三郎继续发挥联想，把医疗用的绷带缠在铁管子上，然后在绷带上浇水，等水结成冰之后，再把铁管抽出来，这样就可以做成一个冰管子了。

西崛荣三郎发挥了丰富的想象力，借助南极的冰，把绷带和输油管联系了起来，解决了一大难题。

18

他联想到画中的气氛可能与某种矿物质有关，但是沉思良久也想不出所以然来。他想找那幅画的作者帮他解开谜团，不幸的是那位画家在不久前去世了。几经周折，他找到了画家的遗孀，从她那里借到了画家的创作日记。根据日记中的描述，他找到了那幅画反映的实际地点，那是西伯利亚的一个人迹罕至的地方。在寸草不生的山边，他发现了一个奇特的小湖，湖水发出银色的光芒。走近一看，那根本不是湖，而是一个天然水银矿，静止的"湖水"全都是水银。他恍然大悟，原来画面中的荒凉神秘气氛是由水银造成的，有这么多的水银，草木根本无法生长。

普法利竟然从一幅画中发现了一个水银矿。为什么他能够看到那幅画的与众不同之处呢？因为他有地质工程方面的专业知识。这个案例告诉我们，要想具有出色的联想能力，必须丰富自己的知识。只有具备足够多的知识，我们的思维才能四通八达地展开自由联想。

19

原来，地图的背面是一张人脸画，只要把人脸拼起来就行了。

20

第二天，阿基米德兴冲冲地来到皇宫，他还带来了做试验用的工具。阿基米德首先把两个容器装满水，分别放在两个盆子里。然后找来和王冠一样重的一块纯金，他分别把王冠和纯金放在两个容器里，于是两个容器都溢出了一部分水到各自的盆子里。然后，阿基米德分别量了一下两个盆子里的水，结果两个盆子里的水不一样多！

国王和围观的大臣们，还是一头雾水，不明白这个结果说明了什么问题。阿基米德大声向他们宣布："王冠不是纯金的，如果王冠是纯金的，那么它和这个金块体积是一样的，也就是说两个盘子里的水应该一样多。但是现在的结果是，盘子里的水不一样多，这就充分说明，王冠里掺了别的金属。"国王和大臣们听了，恍然大悟，纷纷称赞阿基米德："不愧是最有才华的科学家啊！"

国王找来了狡猾的金匠，在事实面前，金匠只好承认了自己在王冠里掺杂其他金属的罪行。

王冠的重量和作为原料的黄金的重量是一样的，要检查王冠里是否掺杂了其他的金属，还不能损坏了王冠，怎么检查呢？这真是一个棘手的问题。聪明的阿基米德在洗澡时注意到了一个现象，当把物体放进装满水的容器里时，容器会溢出和物体的体积一样多的水。通过这个现象，阿基米德联想到纯金的王冠和非纯金的王冠，二者的体积一定是不同的，因为它们所用材料不同。就像相同重量的木头和铁块，体积相差很远一样。这样，通过一个简单的实验，就轻松解决这个问题了。

21

那位师长的"笨"办法便是在进攻的坦克上安上两把坚硬的钢刀，这刀就像是两把镰刀一样，其刀刃向外，水平张开，借助坦克的强大推动力，切断灌木树篱，铲平地埂。这位"农民"师长也是受到收割庄稼的镰刀的启发，才想到了这个办法。这办法看上去很笨，却的确非常有效，不仅使得机械部队顺利前行，也为后面的步兵扫清了道路。

这位师长所体现出来的便是一种形象思维和联想思维，他由镰刀的形象，进而想到将镰刀变大，从而解决了这个难题。

22

鲁班心想，能不能将这种草的齿变大变坚硬一些，用来划木头呢？于是，鲁班就请铁匠师傅打造了几十根边缘上带有锋利的小齿的铁条。鲁班和徒弟试着各拉这种铁条的一端，在木头上来来回回地锯了起来，结果，树木很快就被锯断了。鲁班将这种工具称作"锯"。后来，鲁班还为这种工具的两端各装上了一个木柄，用起来就更方便了。他也因此按时建成了宫殿。

在这个故事中，鲁班之所以能够发明锯，是因为他能够具有一种形象思维，能够根据物体的造型，联想到其更大的用途。实际上，人类的许多发明都是凭借的这种形象思维，比如飞机的发明来自于人们受鸟的启发，潜艇的发明则得益于鱼的启发。

23

摩根的手又粗又大，蛋在他手里自然看起来小些。可是他妻子的手却又细又小，鸡蛋在她手里就显得大了。这里，摩根没有从常规思路去想，而是运用了一种求异思维。

24

地球上最大的影子是黑夜。

提到影子，按照常规思路，我们肯定去想象地球上尽可能大的物体。这其实便受到了惯性思维的限制，要知道，黑夜，其实便是地球本身的影子，自然比我们所看到的地球上的任何物体的影子都要大。而要想到这一点，是需要一种打破惯性思维的求异思维的。

25

这个问题如果不能摆脱平面思维，便无法解决，而如果能够采用一种立体思维，将三根棒子相交于一点，并相互垂直，其中的每两根之间都会形成四个直角，总共便会有 12 个直角。从平面转向立体思维，这是需要想象思维的。

26

这幅画的作者独具匠心，他没有生硬地将诗句中的字词——展现，而是在全面体会诗句含义的基础上，着重表现诗句末尾的"香"字。他的画面是：在一个夏天的落日近黄昏时刻，一个游玩了一天的器宇轩昂的年轻人骑着马回归乡里。马儿疾驰，马蹄高举，几只蝴蝶追逐着马蹄蹁跹飞舞。这就真正表现了"踏花归来马蹄香"的含义。在这句诗题里，"踏花"、"归来"、"马蹄"都是比较具体的事物，容易体现出来；而"香"字则是一个抽象的事物，用鼻子闻得到可用眼睛却看不见，而绘画是用眼睛看的，所以难于表现。没有选中的那些画，恰恰都没有体现出这个"香"字来；而被选中的这一幅，蝴蝶追逐马蹄，使人一下子就想到那是因为马蹄踏花泛起一股香味的缘故，所以这幅画是非常成功的。

其实，还有一则和此故事非常相似的故事，说的也是一次有关画家画功的考试，主考官也是出了一句诗为画题，这句诗是"竹锁桥边卖酒家"。结果最终胜出的是一位没有画出酒馆的画家。他画上的内容是：小桥流水潺潺、竹林繁茂青青，在绿叶掩映的林梢远处，露出古时候的一个常用酒帘子，上面写着一个大大的"酒"字。在这幅画中，画面上不见酒店，却使你似乎看到了竹林后面却有酒店，形象地体现出一个"锁"字来，同样达到了"无形胜有形"的效果。

27

有一天，鲁班看到一群孩子在水边玩耍，每人头上戴一片荷叶。他想到荷叶既能遮阳又能挡雨，不就是一个移动的亭子吗？回家之后，他先用竹子做出一个支架，然后在顶上蒙上了一块羊皮，模仿荷叶的结构制作了第一把伞。后来，为了方便携带，他又发明了能开能合的伞。

伞被雨淋湿之后让人很厌烦。近年来，英国研究人员发明了一种纳米无水雨伞。这个创意同样来源于荷叶。下雨的时候，雨水会随着荷叶的摆动滚下去，不会把荷叶弄湿。研究人员用一种纳米材料制成的雨伞，水汽无法穿透伞面，因此只要轻轻一甩，就可以让伞面保持干燥。

28

布鲁内尔发现至木虫先用嘴挖出树屑，然后立即将自身的硬壳挺进去再继续深挖前进。他突然想到，这和挖隧道不是一样的道理吗？如果先将一个空心钢柱体打入松软岩层中，然后在这个"构盾"的保护下进行施工，不就安全多了吗？他把这个设想付诸实践，于是就有了世界上著名的"构盾施工法"。

29

他想到前些天在街上看到的一件事：几个孩子在木料堆上玩，一个孩子用铁片敲打木料的一端，让另一个孩子在另一端听有趣的声音，雷内克一时兴起，也听了听。想到这里他灵机一动，马上找来一张厚纸，将纸紧紧地卷成一个圆筒，一头按在小姐心脏的部位，另一头贴在自己的耳朵上。果然，小姐心脏跳动的声音连其中轻微的杂音都被他听得一清二楚。他高兴极了，告诉小姐的病情已经确诊，并且一会儿可以开好药方。

随后，他请人制作了一个中空的木管，长 30 厘米，口径 0.5 厘米，这就是世界上第一个听诊器。

30

鸡蛋以最少的材料营造出最大的空间，而且能承受强大的外界冲击力。建筑学上把这种具有曲线的外形，厚度很小，又能承受很大的外界压力的结构叫薄壳结构。建筑师把这种结构应用在建筑上，现在像鸡蛋那样的建筑已经很普遍了。

在文艺复兴末期，意大利罗马建成了圣彼得大教堂，圆圆的顶部很像竖放的鸡蛋，圆顶直径为41.9米，内部高123.4米，但厚度竟达1～3米，厚度与跨度之比为1∶40。那时人们并不敢把屋顶建得太薄。直到1924年，德国的半圆球形的蔡斯工厂天文馆才真正采用了薄壳结构。1925年德国耶拿斯切夫玻璃厂厂房采用了球形薄壳，直径为40米，壳厚只有60毫米，采用钢筋混凝土为建筑材料，厚度与跨度之比为1∶667。

31

他想："把电线按照虎皮花纹那样排列成一个线圈，而电流通过线圈要产生磁场，磁场又能转化成电能，那么对于强如闪电般的瞬间电流，岂不可产生强大的电阻吗？"在这个想法的引导下，经过不断研究，他终于发明了变压器。这位物理学家正是运用了联想思维找到了解决问题的突破口。

32

19世纪末的天文学家猜测，在海王星的轨道范围之外，还应该有一个比海王星还远的行星，它的引力干扰着天王星的运动，于是人们开始寻找这个未知行星，到1930年，这颗新行星终于被劳威尔天文台的唐包夫（C. Tomaugh）所发现，命名为冥王星。

天文学家之所以预测到还有一颗未知行星在影响天王星的运行轨道，是因为他们掌握了已知的行星运行规律，按理说应该能够准确地预测行星轨道，既然实际轨道出现了偏差，可能的原因就是受到未知天体的影响。他们把这种因果关系套用在天王星身上，推测出它可能受到另外一颗行星引力的作用，所以运行轨道会出现偏差。

33

如果把"插片法"应用在牛身上，是不是也能产生牛黄呢？该公司马上进行立项研究，选择失去医用价值的残莱牛做试验，在牛胆囊中埋入异物。经过一段时间之后，果然培育出了胆结石。这种人工牛黄跟天然牛黄的医疗效果一模一样。

在这个案例中，医疗专家就是运用联想思维，把胆结石的形成过程与珍珠的形成过程联系起来的——既然用插片法可以培植珍珠，那么也应该能够培植牛黄。

34

制成了由上千块小透镜组成的"蝇眼透镜"。蝇眼透镜作为一种新型的光学元件，在很多领域都有价值。比如用蝇眼透镜作镜头可以制成"蝇眼照相机"，一次就能照出千百张相同的相片。这种照相机已经用于印刷制版和大量复制电子计算机的微小电路，大大提高了工作效率和质量。

35

门客对田婴解释道："您有没有听说过海中大鱼的故事？它在大海中自由自在地遨游，渔民的网捕不住它，渔民的钩勾不住它。但是，如果它脱离了海水，那么就连蝼蛄和蚂蚁都能够欺侮它。现今的齐国，就是您的海水，只要齐国在，您便是安全的；而如果齐国不在了，您就算将城墙筑得同天一般高，也是没有用的。"

在这个故事中，田婴对于众多门客的劝阻感到厌烦，而对于这个门客的讽谏却轻易地接受了，就是因为他采用比喻的手段，使得道理听上去生动易懂，这就是形象思维的奇妙作用。

36

邹忌对于发火的齐威王，从容地回答道："大王看我拿着琴却一直不肯弹奏有些不高兴吧！可是，齐国人眼看着大王拿着齐国这把大琴，9年来没有弹奏过一次，又该怎么想呢？"

齐威王一听，感到十分震动，忙站起来对邹忌说："原来先生是在用琴来劝寡人，寡人明白了。"之后，齐威王便和邹忌促膝长谈，相见恨晚。3个月后，齐威王又拜邹忌为相，加紧整顿朝政，改革政治，很快使得齐国摆脱了困境，诸侯震恐，纷纷归还抢走的齐国土地。

在这个故事中，邹忌之所以能够讽谏齐威王成功，与其高明的讽谏艺术是分不开的。其先是用自己拿着琴却不肯弹奏的事情比喻齐威王身居要位却无所作为的事情，激怒齐威王，然后再突然点破，使得齐威王对自己的过失认识得更加清晰。这里，邹忌便是利用了一种形象思维的艺术。

37

荀息听晋灵公说"危险"，便一边仍旧摆放鸡蛋，一边慢条斯理地说："这并没有什么了不起的，还有比这更危险的呢！"晋灵公一听，更感兴趣了，说道："好，寡人非常想看一下，你快表演！"此时荀息却并没有做什么更危险的表演，而是突然立定身子，无限沉痛地说："启禀大王，请容我说几句话，臣死而无悔。您下令建造九层高台，劳民伤财，长达三年还未成功。现在，国内已经没有男人耕地、女人织布了；国家的仓库也已经空虚，如此一来，一旦邻国来侵犯，我们没有足够的物资来打赢战争。这样下去，国家迟早要灭亡。现在我们的国家，就正如眼前的累卵一样危险啊，请大王三思而行！"说完泪洒衣襟。

经荀息这么一比喻，晋灵公也马上意识到了自己的错误，再看荀息如此恳切的态度，便叹口气说："原来我的过失竟然严重到这步田地啊！"于是，便停止了高台的建造。

在这个故事里，荀息之所以能够让晋灵公从执迷中清醒过来，便是因为他借用了一种形象思维，借累卵来比喻晋国形势，使得晋灵公对建造高台的危害理解得更加透彻，而这也正是形象思维的妙处所在。

38

丘吉尔说："我也能！"

在这个故事里，丘吉尔便是使用了迂回思维方式。他用这样一种方式告诉对方，如果自己因为他的保证而告诉了他这个秘密，那么遇到同样的情况，即别人同样向他做出严肃的保证时，他不是会同样将秘密告诉下一个人吗？在这里，丘吉尔正是使用形象化的手段，先是站在了对方的立场上进行思考，并使对方也站在了自己的立场上进行思考，其高明之处便在于通过将枯燥的说教给情景化的方式，巧妙地将自己的逻辑展示给了对方，由此让对方对事情的本质一目了然。这正是形象思维的妙处。

39

此画的意思是："冠（官）杂发（法）乱"。马秀英解释道："一眼看去，这是个头发很乱，头上戴许多小帽子的人。请看这帽子，大小不一，哪朝哪代的都有，杂得很。帽子又称"冠"，"官"、"冠"谐音，"发"、"法"谐音，因此此画的含义，可解为"官多法乱"。

正因为刘伯温的画可谓形象生动，说服力强，朱元璋才当机立断，放下私情，以从国家的角度考虑问题。这正是形象思维的妙用。

40

智者对青年人说："如果你烧不开，就把壶里的水倒掉一些！要想把水烧开，你只能或者多加些柴，或者少放些水。砍柴又慢，只有少放些水才能让你更快地把水烧开。从最近的目标出发，才会一步步走向成功。"

水迟迟未开，不仅是因为柴少，更是因为水太多。青年人只从一方面考虑问题，忽视了另一个方面。智者用烧水这一形象的比喻，告诉了年轻人失败的原因。

41

阿丑答道："你真是孤陋寡闻，连王越、陈钺都不知道吗？"

聪明的小太监巧妙地运用戏曲来向宪宗进谏，形象生动，明宪宗很容易便接受了。众大臣多次劝谏，明宪宗听不进去；而一个卑微的小太监，轻巧的几句话，便使得明宪宗接受了谏言。

42

罗西尼说："我遇到熟人就会行脱帽礼，

197

在听您的曲子的时候,我遇到了很多熟人,所以才频频起来行脱帽礼。"

青年一听,顿时满脸通红。

罗西尼的举动可谓形象而幽默地将自己的不满表达了出来。

43

班主任生气地说道:"如果你不让他读书,你家里就有两头蠢驴了!"

农民的思维方式显然是过于狭隘了,可笑的是,他居然认为一头驴比孩子的将来更重要。班主任则在情急之下,顺势说出了一句气话,这气话将家长比作蠢驴的同时,也警告了家长,如果孩子不读书,将来也会像驴那样蠢。

44

父亲对画家说:"其实,你就和这个漏斗一样,如果你一次不要求那么多,那么你就会很顺利,一旦你贪得太多,你就会受到阻碍。记住,永远不要过于贪婪,只有这样,你才会生活得开心快乐。"

45

墨子把耕柱子比作快马,说明非常器重他,正因为如此,才时时鞭策他,才对他如此严格。而他的那些师兄弟相比之下就如同黄牛一般,没有什么前途希望,如果对他们要求太严格,也许他们会索性不学了。因此,别人对你严厉甚至苛刻,往往是因为别人对你期望高,认为你值得鞭策,其实是件好事。

46

当砖头和石头摆在老翁面前时,老子问道:"如果这两者只能择其一,仙翁您是选择砖头还是石头呢?"

"当然是砖头。"老翁得意地拿起砖头说道。

"为什么呢?"老子抚须笑问。

"这石头没楞没角的,我取它何用?而砖头好歹还能有点用处。"老翁指着石头回答道。

"那么大家是取石头还是取砖头呢?"老子这时向围观的众人询问道。

众人皆答取砖而不取石,理由同于老翁。

"是石头寿命长还是砖头寿命长呢?"听清众人的回答后,老子回过头来问老翁。

"自然是石头。"老翁犹豫了一下说。

于是老子释然而笑道:"石头寿命长而人们却不择它,砖头寿命短而人们却择它,不过是因为它们一个有用、一个没用罢了。"

47

其实,杯子之所以能够一次次地装进新的东西,其关键便在于教授装东西的顺序,试想,教授所装东西的顺序颠倒过来,恐怕就不会装进那么多种东西了。教授的用意便是向我们阐明这样一个道理——在人生当中,我们也要去做那些最为关键的事情,分清主次,这样我们的生命才能更加饱满。这就是教授此举想要教给学生们的道理。

48

"你看,无论是哪条线,现在都在你自己的手心里了。"朋友把我的手握成拳头后,微笑着对我说。我瞬间领悟:可不是,命运线全在我自己的手里,而且,一直都在。

"你再看,"他微微转了转我的拳头说,"有一小部分线你还没有攥住,它们就是我们生命当中那些不由自己把握的东西。而'奋斗'的意义就是:把能把握的尽可能都把握住,把不能把握的尽可能减少一些。"

49

实际上,教授正是通过这一"古怪"的举动形象地告诉大家一个道理:没有书是十全十美、毫无错误的,创造总是伴随着错误的。

第七章
迂回思维名题

1. 毁衣救吏

一天，一个库吏发现曹操最钟爱的一个马鞍被老鼠咬了个大窟窿，他大惊失色，心想：坏了，丞相知道了这件事，肯定会大发雷霆，说不定就把我关进大牢了，这可怎么办呢？库吏一整天都愁眉不展，不知道该怎么和曹操说这件事。

曹冲路过内库，看到库吏愁眉苦脸的样子，就过来问他："怎么了？发生了什么事情？"

"是我工作失职，丞相的马鞍被老鼠咬破了，我不知道怎么向丞相交代呀。"

曹冲听了，觉得这也不能怪库吏，就劝告他："你别着急，我想个办法让父亲不重罚你，刚好，我也要到父亲那儿去，你就跟我一起来吧。"

曹冲的办法是什么？

2. 诸葛亮出师

据说诸葛亮小时候就聪明过人，家乡的私塾先生们都被他的聪慧所折服，纷纷表示自己的学问不足以做诸葛亮的老师。所以，诸葛亮的父亲，还为给他找老师发过愁呢！

后来，听说水镜先生是个博学之士，学问无人能比，父亲就带着诸葛亮到水镜庄拜师。水镜先生早就听说过诸葛亮的名声，这次见了，果然是一副聪明伶俐的样子，就收下了他。没过多久，诸葛亮就在众多学生中脱颖而出，成为水镜先生的得意弟子。

寒来暑往，转眼三年就过去了，在水镜先生的悉心调教下，诸葛亮更加博学多才了。一天，先生对学生们说："你们都已经学习三年了，现在我出一道题，谁能在中午之前想出办法，经我同意，走出水镜庄，谁就算出师了。"

想骗过水镜先生，可不是一件容易的事情。学生们都抓耳挠腮地思考起来。

不一会儿，一个学生大喊起来："不好了，先生，邻居家着火了，我要出去救火了。"先生微笑着摇摇头。

又有一个学生说："先生，家里给我捎来一封书信，说我老母亲已经病入膏肓，临死之前，只想再见我一面，恳请先生放我出庄！"说着，他真的放声大哭。先生皱皱眉头，仍然没有点头。

另外一个学生说："先生的题目太难了，我要到外面的树林里去呼吸一下新鲜空气，清醒一下大脑，再好好思考先生的题目。"这次，先生连眼皮也没抬。

……

眼看就要到中午了，大家想出的借口都被先生否决了。这时候，诸葛亮灵机一动，怒气冲冲地跑到屋里……

你知道诸葛亮想出什么办法了吗？

3. 别具匠心

宋湘是清朝著名的诗人和书法家，据说嘉庆皇帝曾封他为"广州第一才子"。有一个他写"心"字故意少写一个点，却挽救了一个小店的故事，被当时的人们传为佳话。

那是一个穷苦的夫妇开的一个小饭店。小饭店开在人来人往的路边，夫妻俩待客热情周到，饭菜也做得香甜可口，按理说小店应该生意兴隆才对呀，但是因为无力置办像样的店面，小店显得过于简陋,所以很难引人注意,客人寥寥无几,生意冷冷清清。夫妻俩也只能愁眉相对,没有好的办法。

一天,宋湘路过此地,感觉饥饿难耐,看到路边的小店,虽然店面简陋,倒也干净朴素,就进店来吃饭。没想到,小饭店饭菜居然非常可口,宋湘不知不觉就吃得杯盘狼藉,吃完后还满口余香。但是,从进店到吃饱饭,正是午餐的好时候,小店居然没进来一个客人,这与店里可口的饭菜是不相称的呀。

宋湘很奇怪,就问夫妻俩:"你们如此好的手艺,怎么招不来客人呢?"

夫妻俩回答道:"实在是小店太过简陋,客人见了,根本不进小店,所以我们夫妇的手艺还只是'养在深闺人不知'啊。"话语中透出些许的无奈。

宋湘听了点点头,他沉吟了片刻,说道:"这样吧,我给你们写副对子,或许能对你们有所帮助。"夫妻俩虽然不知眼前的客人是何方神圣,但是他是出于一片好意倒是真的,于是赶紧端上了文房四宝。

宋湘提笔,一挥而就,只见上联是:一条大路通南北,下联是:两窗小店卖东西,横批是:上等点心。

对联上的字写得是铁画银钩,龙飞凤舞。小店的夫妻见客人的字写得如此漂亮,赶忙请教尊姓大名。听说眼前的客人就是鼎鼎大名的才子宋湘后,夫妻俩手足无措简直不知说什么好了,宋湘笑了笑,就告辞走了。

……宋湘的对联真的有帮助吗?

4. 毛姆的广告

毛姆是英国著名的小说家和戏剧家,他的作品深受人们的欢迎,不仅小说一再脱销,他的戏剧作品也为人们所称道。曾经有一段时间,他的四部戏剧作品同时在伦敦上演,一时传为佳话。但是,像许多伟大的作家一样,毛姆在成名前也过着穷困潦倒的生活,他的作品也无人问津。

有一次,毛姆饿着肚子写完一部很有价值的小说,但是出版以后却根本没人买。毛姆连买面包的钱都没有了,他不得不厚着脸皮来到一家报纸的广告部,找到主任后,结结巴巴地说:"先生,我想推销我的小说,想来想去只能在报纸上登广告了,你可不可以帮我在各大报纸上登个广告。"

"什么?各大报纸!"广告部主任吃惊地瞪大了眼睛,"亲爱的毛姆先生,你现在真是财大气粗啊,你知道要多少钱吗?"

"其实,我现在还正在挨饿呢,我连一英镑的钱都没有。"毛姆惭愧地说,"但是主任先生,广告刊登后,我的小说一定会销售一空,到时候我给你双倍的广告费。"

面对广告部主任哭笑不得的表情,毛姆递上了自己的广告词。广告部主任飞快地看了看,猛地一拍桌子,兴奋地说:"真是一个绝妙的广告!可以试一试。"

到底是什么绝妙的广告呢?

5. 巧妙的劝阻

第二次世界大战期间,英美盟军决定在1944年6月渡过英吉利海峡,在法国的诺曼底登陆,展开对法西斯德国的全面反攻。经过商定后,进攻的日子定在6月6号。而就在这前一天,英国首相丘吉尔突发奇想,认为诺曼底登陆这一天必将具有重要的历史意义,因此如果能够要求英国国王和自己一起乘坐舰艇,随同部队一起渡过英吉利海峡,亲眼目睹这一历史瞬间，将是难得的人生经历。

显然，这是一个浪漫却不理智的决定。尽管丘吉尔是一个成熟而冷静的政治家和军事家，但是，在这样一个激动人心的历史时刻，他也有些把持不住自己的浪漫遐想，忘掉了自己肩上的责任。他竟然真的向国王发出了邀请信。当时英王乔治六世更是一个浪漫主义者，一直都很羡慕那些率领军队战斗的古代国王，一接到丘吉尔的邀请信便立刻欣然答应了。如此一来，英国的两位最高领导人就要共同参加一场出于浪漫目的的冒险了。

当时，英王有一个秘书，名叫阿南·拉西勒斯，他是个十分冷静的人。他得知这一消息后，感到万分震惊。他清楚地知道，这次登陆战，虽然之前已经做出了周密的安排，又是大规模的军事行动，相对比较安全。但是要知道，这说到底是真正的战争，而不是军事演习。万一出现什么意外，在这么紧要的历史关头，英国的两位最高领导者都出现不测，那是英国所承受不起的代价。于是，阿南·拉西勒斯一刻也不敢耽搁，火速前去面见乔治六世。在路上，他心里盘算着，乔治六世是一个天生的浪漫主义者，此时又正处在兴头上。自己直言劝阻，恐怕他未必听得进去。因此，最好能够想到一个巧妙的劝阻办法。

如果你是阿南·拉西勒斯，你会如何劝阻英国国王？

6. 郑板桥巧断悔婚案

郑板桥是我国清代著名画家、书法家，因画风怪异被称作"扬州八怪"之一。不过其怪异的不仅是画风，而且其做事也经常是不拘泥于常规，而且这种做事风格也体现在了其做案判案的过程中。郑板桥在乾隆年间曾中进士，因后来弃官卖画，他只做了一段时间潍县县令。下面这个故事便是他在做潍县县令时巧妙地判断一桩悔婚案的事情。

一天，郑板桥接到了一桩案子。事情是这样的：当地的一个财主原本将自己的女儿许配给了一个县令的公子。后来这个县令因得罪上级，被革职归家，并抑郁而终，不久妻子也故去，只剩下县令公子孤苦拮据度日。这个财主见女婿变穷，便想要赖婚。而这个公子则不同意，双方于是对簿公堂。郑板桥先是审问了一堂，大致了解了一下情况，然后声称需要再核实一下双方所言，宣布退堂，择日再审。

没想到到了第二天，这个财主因为自知理亏，又想赢得官司，悄悄地给郑板桥妻子送了1000两银子，让她劝说郑板桥判他赢。郑板桥做官一向清白自律，知道这件事后，对财主十分愤怒。并且，他一向痛恨财主这种嫌贫爱富的行径，况且，郑板桥还发现这个县令公子虽然家道中落，但他本人知书达理，颇有才学，前途无可限量。于是，他便决心做成这一门婚姻。直接将财主叫来训斥一顿，将银子退给他，然后判公子赢得官司？这样做似乎并非最完美的办法，因为公子也实在是太穷，可能即使赢了官司，还没有钱迎娶财主女儿过门。如何才能想到个两全其美的办法呢？郑板桥在屋里来回踱步，突然，他的眼光落在桌子上财主送来的1000两银子上。眼睛一亮，计上心来。

郑板桥当即将财主找来，假意对他说："你的银子我收到了，俗话说，无功不受禄，既然收了你的银子，我一定要为你效劳的。因此呢，这事我要管到底，想认你的女儿做干女儿，这样一来，就可以提高她的身价，我亲自为她找个乘龙快婿。"财主虽然有钱，但毕竟无势，现在县太爷既然要收自己的女儿做干女儿，自然是巴不得的事情，于是满口答应了。

你猜郑板桥接下来是如何做的？

7. 记者装愚引总统开口

美国第三十一届总统胡佛，不喜欢在公共场合发表自己的政见，对于记者的采访，也一向采取一种沉默是金的策略。不过，曾经有一次，有一位记者却通过自己的巧妙策略撬开了这位沉默总统的嘴。

就在胡佛就任总统前夕，有一次坐火车外出考察，随行记者和他坐在同一节车厢里。这位记者想趁机对胡佛进行采访，从而了解一下这位即将就任的未来总统的政见。但是，无论这个记者怎么询问，胡佛始终一言不发地看着窗外。这位专以探听政界要人言论的记者感到十分沮丧。

这时，火车经过一片农场的时候，车窗外出现了一片新开垦的土地。这位记者灵机一动，想到一个办法，使得胡佛开口发表了长篇大论。他也得以写成了一篇很详尽的报道。

你猜这位记者想了个什么办法？

8. 甘茂暗箭伤政敌

甘茂，是战国时期秦惠王时期的一名将领。后来秦武王即位后，甘茂因为平定了蜀地的战功，被秦武王任命为左丞相。甘茂因早年跟随史举学习诸子百家的学说，颇具智谋，因此将秦国治理得很好，被后世称作名相。

但是，后来纵横家公孙衍来到秦国后，秦武王开始器重起公孙衍来，而将甘茂冷落在一旁。并且，甘茂还通过自己宫里的线人得到消息，秦武王准备正式任命公孙衍为相。甘茂得知这一消息后，采取了一个巧妙的举动，使得秦武王不仅没有任命公孙衍为相，反而将其流放了。

你猜甘茂是怎么做到的？

9. 启疆索弓

春秋时期，一次鲁昭公受邀到楚国访问。在一次宴席上，鲁昭公谈到自己喜欢弓，楚王一听，为了夸示自己，便让人抬出自己的宝弓"大屈弓"送给了鲁昭公。鲁昭公十分高兴地接受了这件礼物。

可是到了第二天，楚王又心疼起来，后悔一时冲动将心爱的东西送了人。这时，楚王身边的一个名叫启疆的臣子看出了楚王的心思，自告奋勇地声称自己能将弓讨要回来。

启疆于是到鲁昭公下榻的宾馆去拜见鲁昭公。他假装不知道楚王送弓给鲁昭公的事，问道："我们楚王和您昨天喝酒喝得那么高兴，他就没有送您点什么东西吗？"

鲁昭公对于宝弓也很是得意，立即叫人抬出来给启疆看。没想到启疆一看到这张弓，便立即很正式地给鲁昭公跪拜，表示祝贺。鲁昭公感到很奇怪，问启疆为何要如此。于是启疆回答道："大王您有所不知，这张弓的名声很大，齐国、晋国、越国三个大国都曾经派人前来索要过……"鲁昭公听完启疆的这番话后，立刻将弓又还给了楚王。

根据上面的提示，你猜启疆是如何对鲁昭公说的？

10. 张大爷求和解

一次，张大爷和张奶奶为一件小事吵架了，张奶奶一气之下，一连三天不和张大爷说话。张大爷感到很失落，但他又是个好面子的人，不肯服软。第四天早上，张大爷实在忍不住了，就当着张奶奶的面在抽屉里、衣柜里翻来覆去地翻，好像在找什么东西。张奶奶忍无可忍，不耐烦地问："你到底在找什么东西？"

于是，张大爷说了一句话，一下子使得张奶奶觉得又好气又好笑，忍不住笑了出来，两人于是和好如初了。

你猜张大爷说了句什么话？

11. 老宰相撒谎

古时候，有个年老的宰相正在和一帮属下聊天，他突然喊道："你们看，刚刚有匹白马从那边田野上跑过去了。"其实，根本没有马跑过去。

左右的人听宰相这么说，都感到莫名其妙，因为他们谁也没有看到刚才有马跑过去，都在心里以为是老宰相年龄大了，出现了幻觉。但是，就在这时，却有一些心术不正，喜欢逢迎拍马的人附和道："是的，刚才确实有匹白马跑过去了，看上去像是附近农家的马！"

宰相于是狡黠地笑了。

你猜宰相为何要撒谎？

12. 新知府"絮叨"问盗

清朝时，山东莱州地区有个强盗，其犯案累累，又狡诈异常，说话反复无常。官府将其捉拿归案后，其常常翻供，使得审讯的官员很是犯难，不知该如何对其定罪。

这个强盗的案子还没有定下来，老知府因事调走，新到任了一个知府。新知府到任后，翻阅卷宗，看到这件案子拖了这么久，便感到很奇怪。询问师爷，才知道是因为盗贼屡屡翻供所致。于是，他笑了一下说道："这种案子，本府三天即可审问清楚！"

于是，第二天一早，新知府在衙门的客厅里放了一壶茶，自己在上面一坐，然后命人将强盗带来，竟和他闲谈起来。不过，知府命书吏在一旁记录下闲谈的内容。新知府边品茶边漫不经心地问道："你是哪里人氏？"

"小人是郯城人。"

"你多大年龄了？"

"今年38岁。"

"你父母可还健在？"

"小人不幸，父母双亡了。"

"你家是住在乡下还是城里？"

"小人家住城里。"

……

半天下来，新知府所问的都是这些家长里短的事情，对于案件本身却并未询问一句。盗贼看这个新知府态度和气，也就十分放松，很配合地回答。不过，由于他经常被抓起来审问，这些问题的答案也就随每次的情况而变，并不一定。而旁边负责记录的书吏则心里想：问这些与案情无关的琐事有什么用，看来这个新知府不过是个草包罢了。

到了第二天，新知府仍旧是摆出昨天的架势，和强盗聊其琐事。强盗心想，你这么问案，恐怕永远也别想定我的罪，只是暗自得意地回答这些"没什么用"的问题。书吏今天则更是觉得困惑，今天所问的依旧是类似昨天的那些无聊的问题，而且，一些问题昨天都已经问过了，但他也不敢多言，只是一五一十地记录下内容。

没想到到了第三天，新知府又是前两天那一套。只是到了最后快要结束时，新知府让书吏将这三天来所记录的内容拿给自己，然后，突然宣布正式升堂。

在大堂上，新知府对强盗说道："从案宗上看，你犯罪事实确凿，为何屡屡翻供？"强盗回答："小人实在是冤枉的，有时不得已招供，是遭到刑讯逼供所致，请大人明察！"

这时，新知府一反前几天的温和，将惊堂木一拍，呵斥道："大胆刁徒，还敢狡辩，从我与你接触的三天，便可看出你是个出尔反尔，满嘴谎话的刁徒。"接着，新知府便翻着书吏记录的案宗说了一番话，将强盗驳斥得哑口无言，当场服罪，并保证不再翻供。这时，书吏和衙役才明白了新知府三天来如此"絮叨"地问案的目的所在，并对其十分佩服。

你猜，新知府是如何驳斥强盗的？

13. 魏徵巧劝唐太宗

唐太宗的皇后长孙皇后死后，被安葬在昭陵。唐太宗因为和她感情甚笃，十分思念她，于是便令人在宫中搭建了一座很高的楼台，经常登台眺望昭陵。这件事如果搁在普通人身上，可能并非坏事，但是搁在皇帝身上，便有些不合适了。因为一个皇帝将自己过多的心思寄托在一个死去的皇后身上，便必然对国事有所荒疏。即使实际上没有荒疏国事，这种事传出去，人们也会以为皇帝重视私情，而不重视国事，影响不好。魏徵知道这件事情后，便决定找个合适的机会劝谏唐太宗。但是，这次他并没有直言进谏，而是采取了迂回的策略。

一次，唐太宗带领魏徵一起登台观看陵墓，他问魏徵看到陵墓没有。魏徵假装看了很久后，说道："臣年纪大了，眼睛昏花，没有看见。"唐太宗于是用手指给他看，魏徵故意问："这个是昭陵吧？"太宗回答说是。魏徵于是说了一句话，唐太宗一听，便感到十分惭愧，立即下令拆除了楼台。

你猜，魏徵说了句什么话？

14. 长孙皇后劝唐太宗

唐太宗算得上是中国历史上难得的虚心纳谏的好皇帝了。但是，到晚年时期，因为国家已经在他的治理下进入了著名的"贞观之治"，国家强盛，政治清明，百姓富足，因此唐太宗也不免有些志得意满，虽然还能够听进别人的意见，但已经不像以前那样虚心了。

一次，著名的谏臣魏徵在向唐太宗进谏时，唐太宗便有些不买账，但是一向耿直的魏徵也同样不买唐太宗的账，只是一味地争辩。结果双方言辞都十分激烈，最后不欢而散。回到后宫后，唐太宗感到十分恼怒，恨恨地说："岂有此理，朕怎么说也是皇帝，岂容你如此态度。等我将来有了机会，非杀了你这个乡下人不可！"长孙皇后这时正好进来，见状大吃一惊，慌忙问唐太宗："陛下，究竟是谁惹您生这么大的气，您要杀了谁？"唐太宗回道："还不是魏徵这个老儿！"长孙皇后一听赶紧问道："老臣魏徵忠直敢言，您经常在我面前夸赞他，怎么今天反而要杀他呢？"唐太宗带着火气说道："这个老东西，每次进谏，我都洗耳恭听，并认真考虑他的意见。但是，他就以为朕好欺负，得寸进尺，竟然当着众多大臣的面顶撞我，一点面子都不给我留，使我完全下不来台。不杀他，我这个皇帝没法当了！"

长孙皇后一向深明大义，她往往能够在唐太宗使性子的时候以自己的温柔和智慧对唐太宗进行规劝。最近以来，她也发现唐太宗因为自己的功绩有些飘飘然了，不再像以前那样能够听得进别人的意见。于是，她也早有心对唐太宗进行一番规劝。但是，此时的唐太宗正在气头上，如果再给他来一番虚心纳谏的大道理，恐怕不仅他不会接受，反而会火上浇油，使自己从此不好再开口规劝。于是，经过一番思考之后，长孙皇后想到了一个好办法。

只见长孙皇后一言不发地回到自己的寝宫，整整齐齐地穿好自己的朝服，这是在平时有盛典时她才会穿的衣服。然后，她重新来到太宗的寝宫中，用很正规的礼节向唐太宗请安。太宗见长孙皇后刚才不见了，现在又以这样一副打扮来拜见自己，感到十分纳闷，于是问道："你这是干什么，无缘无故为何以这身打扮来见我？"长孙皇后满脸堆笑地说道："我给陛下贺喜来了！"唐太宗一听更加迷惑了："喜从何来？"于是，长孙皇后一本正经地说了一番话，实际上是变着法地拍了一通唐太宗的马屁。唐太宗一听，马上转怒为喜，同时还感到有些惭愧，不再怪罪魏徵了，并且从此又像以前那样虚心纳谏了。

试想，长孙皇后对唐太宗说了一番怎样的话呢？

15. 赵普一语点醒宋太祖

宋太祖赵匡胤以后周大将的身份，发动"陈桥兵变"夺取后周的天下，建立了大宋王朝。符彦卿是宋太祖的得力手下，为其立下许多战功，因此，宋太祖想让符彦卿执掌军事大权。但是，对此，宰相赵普却不同意，多次劝阻。他认为符彦卿的地位已经很高，又一直享有威名，不宜将兵权再交给他。宋太祖却不听劝阻，执意下达了诏书。按规定，皇帝的诏书是要通过宰相这里下传的。但是，赵普却以诏书中的一些言辞不够恰当为由，扣留了诏书。宋太祖知道后，便找来赵普询问，赵普便趁机再次劝阻宋太祖。宋太祖于是说道："你为何会一直怀疑彦卿？我心里是有数的，我待彦卿这么好，难道他还会背叛我吗？"

赵普等的就是这句话，他立刻接着宋太祖的话反问了宋太祖一句话。宋太祖一听，便默然无言，并立刻打消了让符彦卿执掌军事大权的念头。

你猜，赵普反问宋太祖的是一句什么话？

16. 劝章炳麟进食

1914年，窃取了辛亥革命果实的袁世凯在北京实行了独裁统治。时任共和党副理事长的著名学者章炳麟对袁世凯的倒行逆施十分愤慨，经常在报纸上撰文讥讽他。袁世凯对其是又恨又怕，总想将他软禁起来。无奈章炳麟在上海，势力范围在北京的袁世凯鞭长莫及。

一次，袁世凯买通了一些共和党人，借口请章炳麟到北京主持党务会议，将章炳麟骗来了北京。章炳麟一到北京，袁世凯便派人将其下榻的公寓控制起来，章炳麟的文章、信件都无法发出，完全与外界失去了联系。后来，为了能长期控制章炳麟，袁世凯派陆建章将章炳麟诱骗到龙泉寺，摆下了长期幽禁的架势。并且，袁世凯密令，对章炳麟的策略就是：特殊优待，不得非礼，但不许越雷池一步。失去了自由的章炳麟感到十分愤怒，无奈之下，他宣布绝食，以此抗议。

章炳麟绝食几天之后，袁世凯有些慌了，他害怕自己担当逼死名士的骂名，遭到舆论界的讨伐。为此，他专门召集自己的左右询问："你们有谁能够劝章炳麟进食？"

就在大家都默不作声之际，王揖唐回答道："我能！"

这个王揖唐原是章炳麟的门生，两人后来又一起在上海组建统一党，交情甚好。但是，他来到龙泉寺见到章炳麟后，章炳麟劈头第一句话便是："你是来给袁世凯当说客的吧！"

王揖唐一听，立刻回答道："老师，我知道您的脾气，哪里敢呢？"接下来，两人便一起聊起了一些往事。等聊了一会儿，气氛缓和下来后，王揖唐试探着说道："听说老师您要绝食而死，这又何必呢？"

章炳麟于是愤怒地说道："与其被袁贼杀死，不如我自己饿死！"

王揖唐却接道："老师您如果这样做，正中了袁世凯的圈套了！"

章炳麟一听，十分不解。

王揖唐于是说了一番话，章炳麟马上表示要进食了。

如果你是王揖唐，根据当时情势，你会如何说？

17. 孙宝充称馓子

汉朝时，民间流行一种叫作油炸馓子的面食，其由许多环形细条组成，香酥可口，但比较脆，很容易碰碎。很多货郎担着这种食品走街串巷叫卖。

一天，一个名叫王二的货郎，挑着油炸馓子叫卖。走至一个拐角处，突然拐出来一个走路慌慌张张的青年，一下子和王二撞在了一起。王二猝不及防，担子一下子掉在了地上，所挑的油炸馓子一下子碎掉了，显然无法再卖。王二一看，便一把揪住撞他的青年道："你赔我的油炸馓子！"

青年一开始坚持说是王二自己走路不小心，撞上了自己，不肯赔。后来，围观的人越来越多，大部分人认为青年应该对王二有所赔偿，青年自知理亏，便答应赔偿。他看了看货担里碎掉的油炸馓子，问王二共有多少枚。

王二看对方服了软，便起了贪念，想敲诈一下对方，一咬牙说道："出门前我专门数了下，不多不少，正好 300 枚。"

青年一听，坚决不信，表示自己最多只肯赔 50 枚的钱。

现在，馓子已经碎掉，除了王二心里有数外，谁也说不清到底有多少枚馓子。因此，两人再次吵了起来。这下，众人也都不知道该帮谁说话了。

就在两人吵得不可开交之际，新任京兆尹的孙宝充路过此地。他见这里聚拢了一群人，便派人过来询问是怎么回事，得知情况后，他走过来表示自己给两人做个评判，两人自然不敢不同意。孙宝充先是朗声说道："王二乃是小本经营，青年人撞碎了馓子，赔偿是应该的。不过，究竟赔多少，王二也不能趁机讹诈。"

孙宝充问王二究竟被撞碎了多少馓子，王二见大官在此，心知刚才所喊数目过大，于是改口说是 200 枚。

孙宝充于是笑着说道："你刚开说是 300 枚，现在又说是 200 枚，让人如何信你的话。这样吧，我来帮你弄明白到底有多少枚馓子吧！"说罢，孙宝充果然很快便算清楚了王二的馓子数目，与实际的数目分毫不差，王二心服口服。青年于是也心服口服地如数进行了赔偿。

想一下，孙宝充是用什么办法得出碎馓子的数目的？

18. 神甫的答案

在意大利的萨丁岛上，有两个傻瓜，整个岛的人都叫他们是傻瓜。一天，两个傻瓜碰到了一起，互报委屈，都认为自己不是傻瓜。最后，两人商定，要向岛上的人澄清一下他们并非傻瓜。可是，如何做呢？两人想了很久，其中一个傻瓜说道："我有一个办法，人们都很相信法官的权威，我们去让法官告诉大家我们不是傻瓜，你看这主意咋样？"

"这主意不好，"另一个傻瓜一边将头摇得像拨浪鼓一样一边说，"我是绝对不会去的！"

"为什么？"

"两个月前，一个坏蛋将水泼在我的头上，我去法官那里控告他，法官却将我赶了出来。"

"那是为什么？"

"我告诉法官，我做了一个梦，梦见一个坏蛋将水泼在我的脑袋上，要法官去惩罚他。可是法官竟然将我赶了出来，所以我对我们找他不抱希望。"停顿了一下之后，这个傻瓜说道，"我想我们还是找店老板吧，他天天在那里算账，看上去是这个岛上最精明的人了。"

"不不，我不去！"这次第一个傻瓜不同意了，"有一次我去他的店里买鞋子，他递给我一双鞋子，竟然不是同一个方向。你想，两只脚长得一模一样，鞋子不是也应该一模一样吗？所以，我问他要两只朝着同一个方向的鞋子。他竟然告诉我说：'那样的话，你只能买两双鞋子。'瞧他这话说的，难道我是傻瓜不成？他显然是想多卖出一双鞋子。气得我一句话也懒得再说，扭头便走了。"

另一个傻瓜对于第一个傻瓜的做法也表示赞同。不过，究竟该找谁呢？两人想啊想啊最后，决定去找神甫，因为他们早就听说，神甫代表了神，是最公正的。

于是，两个傻瓜便来到了教堂。他们对神甫说道："尊敬的神甫，岛上的居民都说我们两个是傻瓜，可是我们两个并不这么认为，现在我们想请您来帮我们裁决一下。如果我们真是傻瓜，您就直接告诉我们好了，我们从此也就承认了；如果不是，就请您告诉其他人我们是和他们一样的聪明人。"

神甫听了这话之后，便问两个傻瓜："你们还记得人们第一次叫你们傻瓜时的情景吗？"

"是这样的，"一个傻瓜边回忆边说道，"我记得15岁那年，我妈妈让我去打水，我于是带上我妈妈经常用来装东西的竹篮便出发了。但是，我用竹篮打水一直打到了天黑，也没打到水。到了晚上，我妈妈来找我了，她一见我，就骂我说：'哎呀，你这个傻瓜！'从此人们便都叫我傻瓜了。"

神甫听后，强忍着笑问另一个傻瓜同样的问题。

第二个傻瓜于是说道："有一次，我家附近的枣子熟了，我很想吃，爸爸便让我回家将一根长竹竿拿来，好将枣子给敲下来。但是，当我扛着竹竿要出大门时，那竹竿太高了，我无论怎么弄它，它都过不了那个大门。最后，我爸爸看我老半天不去，便回家来看是怎么回事，他看到我当时的情形后，便骂我是傻瓜。从此，大家便都这么叫我了。"

神甫听完两个傻瓜的述说后，想了一下，然后交给两个傻瓜一个小盒子，并说道："好了，关于你们的问题，我已经有答案了。我的回答就放在这个盒子里了，你们回家后打开盒子就知道了。不过，你们可一定要小心翼翼地打开，别让我的答案跑掉了。如果它跑掉了，你们就是真的傻瓜了。"

最后，两个傻瓜便小心翼翼地带着神甫的盒子回去了。两个人一起来到了其中一个傻瓜家里，决定看看神甫的答案到底是什么。最终，他们两个不得不承认自己真的是傻瓜。

原来神甫是用一种迂回的方式告诉两人他们就是傻瓜。你猜，神甫在盒子里放了什么？

19. 拥挤问题

古时候，在印度北部，住着一个智者，附近的人遇到生活上的难题，都喜欢来找他出主意。

一次，附近村庄中的一个妇女遇到了麻烦，于是便忧心忡忡地来到智者家里诉苦。原来她和丈夫以及自己的两个孩子住在一个狭小的小茅屋里，原本就十分拥挤。但是，最近，她的公婆因为原来的房屋倒塌，搬来和他们一起居住。这下，整个茅屋就显得更加狭小了，她觉得简直就像生活在地狱中。她问智者道："哎，我该怎么活呀！"

智者一听，沉思了一会儿，便问她道："我记得你以前曾经告诉我你有一头母牛，对吗？"妇女点点头，但问道："那又怎么样呢，对于我的难题的解决又会有什么帮助？"智者于是对她说："把这头母牛牵到你的茅屋里住一个星期，然后再来找我。"妇女一听，感到十分不解，但因为知道他是个聪明人，便听从了他的安排。

一星期后，这个妇人又来找智者，一见面她便哭诉道："哎呀，我按照你说的方法做了之后，现在情况更糟糕了。母牛稍微转动一下，屋里的6个人都得跟着挪动位置，简直都无法睡觉。"

智者一听，又沉思了一下，便说道："你好像还养了一些鸭子，是吗？"妇女这次比较机灵了："啊，难道又让鸭子也住进来？"没想到智者回答说："是的，如果你要我帮你解决问题，就按我说的做。现在你将这让这些鸭子也都住进茅屋里，一个星期后再来找我。"妇女一感到十分怀疑,但是她还是勉强同意了。

结果,一个星期后,这个妇女来到智者这里后,简直是歇斯底里地哭诉:"你的建议真是太糟糕了,现在好了,我的茅屋现在完全成了一个动物世界了,我们一家人根本无法待在里面。为这个,我和我家那口子已经打了两次架了,我再也不听你的了!"

这时,智者又对她说了一个办法,妇女照她说的做了之后,果然一家6口人和平安乐地生活在了一起。

猜一下,这次智者的主意是什么呢?

20. 富翁教子

从前,有个富翁,他年轻时很穷,完全是凭借着自己的努力发了财,攒下了偌大的家业。这个富翁有个儿子,从小娇生惯养,在蜜罐里长大。长到16岁时,富翁的儿子还完全是个公子哥,自己没挣过一分钱,花起钱来却大手大脚,而且懒得出奇,不肯吃一点苦。

父亲看到儿子完全不像自己,成了这样一个懒蛋,心里十分失望。同时,他也怪自己没有教育好儿子,太放纵他了。于是,他便想教育一下这个儿子,让他知道挣钱的艰辛,好珍惜财富。

这天,富翁将儿子叫到跟前说:"儿子呀,你长这么大了,还没有挣过一分钱呢。我像你这么大时,已经能够养家了。"富翁的儿子听了很不服气地说:"爹,你这是在小看我吗?现在是家里有钱,不需要我出去挣钱,如果现在咱们家的情况像你当时那样,我也能挣钱养家!"富翁一听,便说道:"年轻人,钱不像你想象的那么好挣的!这样吧,你今天从家里出去,一个月内只要你能挣到一块钱回来,我就信你的话。""这有什么难的!"说完,儿子便出门。

富翁的儿子出门后,富翁的妻子才得知此事,她到富翁跟前说:"你这又是何必呢!"富翁说道:"不让他现在吃点苦头,将来就要吃苦头,这是为他好。"妻子听了点点头。不过,她想了一下又充满疑虑地说道:"道理是这么个道理,不过这办法未必行。这孩子从来没有吃过苦,又懒,恐怕他不会乖乖地去挣那一块钱,可能用我们以前给过他的钱或者是借来一块钱来糊弄我们呢!"

对此,富翁却只是微笑着看着妻子说道:"这个你放心,我自有办法!"

你猜,富翁解决这个问题的办法是什么吗?

21. 县令学狗叫

隋朝时,有个读书人去拜访新到任的县令。没想到这个县令看读书人还没有考取什么功名,便对他很傲慢。读书人回来后,感到很生气,于是便和几个朋友打赌说:"咱们打个赌怎么样?我有办法让这个新县令学狗叫,我要是输了就请你们吃一桌酒席,如果我赢了,你们一起请我吃桌酒席,如何?"

众人一听,都不服气,表示接受这个赌局。

于是,这天,这个读书人和几个朋友一起来到县衙门口。读书人一个人进了县衙,几个朋友则躲在外面。没想到的是,这个书生上前跟县令交流了一会儿后,县令果然"汪汪——汪——"地叫起来。这几个朋友一听,便掩口偷笑起来,同时,也心服口服地请读书人吃一桌酒席。

你猜,读书人是如何使县令学狗叫的?

22. 花农的疑惑

荷兰是一个花卉王国，在那里培育着世界上最多的花卉。一年四季，鲜花盛开，很多美丽的鲜花不断地被运往世界各地，为人们的生活增添了许多色彩。

一位名叫布兰科的荷兰花农，为了能够卖上高价，独辟蹊径地从遥远的非洲引进了一种世界上罕见的名贵花卉，在自己的花园里面精心培育。

第一年，布兰科培育出来的罕见花卉轰动了整个花卉市场，人们争相恐后地购买这种漂亮罕见的鲜花，布兰科取得了巨大的成功，也因此大赚了一笔钱。

如此好的势头让布兰科非常高兴，第二年信心满满地扩大了种植面积，他希望第二年会有更好的收获。

但是让他没有想到的是：这一年培育出来的花卉却没有第一年那么漂亮，花朵上面不知道为什么会有很多杂色。这些花卉上市之后根本没有上一年那么热销。

布兰科百思不得其解，难道这种花只能保持一年，第二年便会退化？但是，在非洲一直是长得挺好，是因为水土还是因为气候？布兰科怎么都想不出来原因。

于是，他去请教了一位植物学专家。这位植物学家特意来到了他种花的地方仔细观察一番，然后他问了布兰科一个非常奇怪的问题："你周围的邻居都种些什么花卉呢？"

"邻居们？他们都种的是本地的一些花卉。"布兰科疑惑地回答。

"那就对了。"植物学家非常肯定地对他说，"你在花园里面种的是从非洲引进的罕见花卉，但是你的邻居还是种的本地的品种，所以你的花已经被邻居们的本地花卉传染了，它们才会出现杂色之类的现象。"

布兰科听后非常奇怪地说："这怎么可能呢？邻居们的花怎么能传染我的呢？"

植物学家对他解释说："是风把邻居那里的花粉传了过来。"

布兰科想了想觉得有点道理，但是却很疑惑怎么才能解决这个问题，他继续问植物学家："但是，谁都没有办法阻止风的传播啊？我要怎么办才好呢？"

植物学家笑了笑对他说："我们是没有办法阻止风的传播，但是人可以改变方法，只要我们动下脑筋就好了。"接着就悄悄地对布兰科说了一个办法。

布兰科听后非常高兴地按照植物家的办法做了。第三年，他培育出来的鲜花依旧那么漂亮，他又再次获得了很多利润。

请问，植物学家到底想到了一个什么好主意呢？

23. 吃美金的"芭比"娃娃

美国市场出现过一种价格低廉的"芭比"洋娃娃。每只漂亮的洋娃娃售价仅10美元9美分。但是就是这么一个小小的洋娃娃，竟然弄得好多父母哭笑不得，因为那是一个会吃钱的玩具。到底是怎么回事呢？请看下面的故事。

有一天，一位父亲在商场为亲爱的女儿买下了一个非常漂亮的洋娃娃，然后把它作为生日礼物送给了女儿。父亲之后就很快把这件事情忘记了。

一天晚上，女儿突然对父母说芭比娃娃需要换新衣服了。原来是女儿在洋娃娃的包装盒里面发现了一张商品供应单，上面提醒小主人说芭比娃娃应该有几套属于自己的漂亮的衣服。

父亲想，女儿在给洋娃娃换衣服的过程中能得到某种程度上的锻炼，花点钱是值得的。于是，父亲就又去了那家商店花了45美元买回了"芭比系列装"送给了女儿。

过了一个星期，女儿再次收到了商店的友情提示说应该让洋娃娃当"空姐"，他们还说个女孩在她的同伴中的地位取决于她的芭比娃娃有多少种身份。女儿回到家之后哭着对父亲说自己的芭比在同伴当中是最没有地位的,父亲不忍心自己的女儿哭泣,于是就赶紧去商场花了35美元买了一套空姐制服来满足女儿小小的虚荣心。接着过几天又连续买了护士、舞蹈、老师等几套行头。

然而这样的事情并没有完全结束。有一天,女儿得到"信息",她的芭比喜欢上了英俊的"小伙子"娃娃凯恩,不想让自己的芭比失恋的女儿央求父亲把凯恩娃娃买回来。父亲有什么办法拒绝女儿带泪的请求呢?凯恩洋娃娃的到来同样要给添置一大批的衣服玩具,父亲没有办法,只得一次次满足女儿的要求。

当父亲以为这次一定是该结束的时候,女儿却眉飞色舞地向爸爸宣布她的芭比娃娃和凯恩准备"结婚",父亲更无奈了。当初买来凯恩的时候就是为了让他与女儿的芭比娃娃成双结对的,所以更没有理由拒绝女儿的要求了。父亲忍痛再次破费了一大把给女儿的芭比和凯恩把"婚礼"大张旗鼓地完成了,这下子,父亲以为事情总该结束了。

谁知道,过了一段时间,女儿告诉父亲,她的芭比和凯恩有了爱情的结晶,它叫米琪娃娃,父亲很无奈地崩溃了,会吃钱的"第二代"又出来了。

……

你知道"芭比策略"的实质是什么吗?

24. 空手套白狼

阿根廷有位叫图德拉的人,他是一位自学成才的工程师,开始的时候从事工程方面的工作,但是后来却突发奇想地想去做石油生意。

按理说,一个人从事一份自己完全不熟悉的工作是一件非常困难的事情,再加上当时他既没有石油界的关系可以利用,也没有雄厚的资金作为基础,想要做好石油生意更是难上加难。但是图德拉却采用了迂回的连环计最终让自己的石油生意取得了很大的成功。

他先从一个朋友那里得到消息说阿根廷需要购买2亿美元的丁烷;之后又从报纸上看到阿根廷现在的牛肉过剩的这个消息,几乎不用多少钱就可以买下很多牛肉。

这看似是两件风牛马不相及的消息,可是图德拉却用自己的智慧将这两件事情联系到了一起。最后,他自己没花一分钱,只利用了他人提供的资金就成功完成了这两件生意的运作,最后一跃成为石油界出名的大亨之一。

你能设想出他是怎样将上面两件完全联系不到一起去的事情联系起来进行生意操作的吗?

25. 薛礼借麻雀攻城

薛礼是唐朝时候的一个将领,一次,他奉命带兵东征岩州城(今辽宁辽阳)。

岩州城内守军粮草充足,所以他们进行了十分顽强的抵抗,一边固守阵地,一边等待援兵的到来。薛礼带领着自己的军队不断进攻,但是都没有成功。

当时正值寒冷的冬季,假如再不赶紧结束战争,那么会对唐朝军队非常不利。薛礼选择了速战速决的战略,不断对守军进行进攻,因为守军实力不弱,所以薛礼损失了不少兵力。

一天,薛礼正在营帐中为此事发愁,这个时候,一位谋士来到了薛礼所在的营帐,只听他对薛礼说:"将军如此强攻,绝非良策,守军实力不薄,如此耗下去,必定无法攻下。"

薛礼问:"阁下有何良策?"

"麻雀送火种之计可以一试。"谋士接着仔细地对薛礼说明了一下此计谋的操作办法。

薛礼听后,大喜,赶紧按照谋士的计谋开始行动。他命令士兵去捉大量的麻雀,然后将

211

这些麻雀都关在笼子里面不让吃任何东西。薛礼接着又让士兵们去弄来了很多硫磺和火药。

几天后的一个夜里，天空突降白雪。第二天清晨刮起了大风。薛礼立即命令士兵们做了很多的小纸袋，然后把弄来的硫磺和火药分别装到那些小纸袋里面。接着他们用纸条捻成小绳子将小纸袋系在了麻雀的爪子上，最后将已经饿了好几天的成千上万只麻雀放了出去。

薛礼很早之前就下令把自己的草垛全部烧光。此时，城外四处大雪茫茫，也看不到草垛之类的堆积物，麻雀们找不到可以觅食的地方，就开始向城里飞了过去。由于很多天没吃东西，饥饿难忍的麻雀看到草垛就使劲地刨，它们很想能赶紧找到可以充饥的东西。这样拴在麻雀爪子上的小纸袋就掉到了草垛上面了。

那么你来猜一下，下一步该怎么办？如何才能以麻雀为中介，将守军的草垛点燃呢？

26. 服务员的难题

上海一家著名的大酒店里面曾经发生过这么一件事情：一位外宾在饭店吃完饭离开餐厅之后，将餐厅里一双制作特别精美的景泰蓝筷子放进了自己随身携带的包里。

服务员将这一切都看在了眼里，并马上将此事报告给了当天的值班经理。值班经理了解到情况之后对她说："你得想出一个办法，既不让我们受损失，也不让客人难堪。"

这位服务员听后，就一直想要如何才能处理好这件事，但是很可惜想了好久都没有结果，最后没有办法，为了不让顾客难堪，服务员没有和客人要赔偿，而是决定用自己的钱给饭店作为补偿。

这个时候值班经理看出了服务员的为难，于是就从柜子里拿出了一个做工非常精美的小匣子对她说："这个小匣子是专门用来装那种筷子的。"说完接着又对服务员说了一个可以让对方不难堪的下台阶的办法。

服务员听后顿时喜上眉梢，连声称赞说："这个办法太棒了！"

值班经理想到的是什么办法呢？

27. 帅克打赌

在东欧一直流传着这么一个笑话：

有个叫帅克的人非常聪明，他有个爱好是喜欢和别人打赌，奇怪的是他的运气一直很好，因而他打赌每次都会赢。

这天，一位警察找到了帅克，想对他敲诈一把。警察说他偷了别人的东西，帅克一口咬定自己从来没有偷过别人的东西，家里的东西都是他和别人打赌赢来的。

警察却怎么都不相信，他说："除非你和我赌一次，我们来赌一件看起来完全不可能的事情，假如你赢了的话，那么我才能相信你说的话。"

帅克很爽快地答应了警察的挑战："好，那我现在就和你打赌，我赌明天你会长出尾巴，假如你赢了的话，我就心甘情愿地输给你100元，但是假如你输了，你就要输给我100元。"

这样的一个看似很不合理的打赌，警察心想这肯定不可能，于是就满怀信心地答应了帅克。

第二天，警察非常高兴地来到了帅克家里面，得意地对他说自己没有长尾巴，让帅克赶紧把输的100元钱给他。

帅克说："我都没有检查，怎么知道你到底长没长尾巴？你得让我先检查一遍再说。赶紧脱下裤子让我检查。"

警察一想也对，反正现在也没有其他人在，于是就让帅克开始检查。但是他想不到的是比时帅克却高兴地跑到了内屋，大声地叫着"我赢了！"然后数了一张100元的钞票给了警察。

这个时候，从警察内屋里面走出来了警察的父亲、舅舅、叔叔，每个人都狠狠地给了警察一个耳光说："你真是太丢人了，竟然露出屁股来让别人摸！"

你知道这是怎么回事吗？警察的亲人为什么都会出现在了帅克的家里呢？

28. 纪晓岚吃鸭

御林兵统领和珅多次被聪明的纪晓岚捉弄，因此心里非常不舒服，总想找个办法报复一下纪晓岚。

有一天，和珅特意把纪晓岚找来，非要和他赌一把。和珅想到的一个赌局是这样的：假如纪晓岚在10天之内能吃掉100只鸭子，那么这些鸭子不但不用纪晓岚付钱，而且和珅还会再送100只给他；假如纪晓岚完不成这个任务，在10天之内吃不下100只鸭子，那么不但要付鸭子的钱，而且还要向和珅负荆请罪。

10天吃100只鸭子也就是说一天要吃10只鸭子，这样的吃法一般人是无论如何都做不到的，纪晓岚知道这是和珅故意在报复他，假如不同意的话就是认输了。这个时候，他突然灵机一动，最后还是和和珅打了这个完全不可能赢的赌。

打赌开始，和珅叫手下的人把日常用品、柴米油盐，和特意买的100只鸭子都一起关在了一个屋子里面，然后又让纪晓岚一个人搬进去住。和珅命令手下把屋子里面所有的门窗都关好锁死，并且派了御林兵在门口严加看守，以防止纪晓岚耍花招。

10天很快就过去了，和珅让御林军赶紧把门打开，结果发现屋子里面100只鸭子全都不见了，只剩下了一堆鸭毛还有一堆骨头，和珅惊呆了，只好认输。

那么，纪晓岚在10天之内是如何吃完这100只鸭子的呢？

29. "傻"老板

在美国，有一家公司专门生产煤油炉和煤油。公司老总以为，这样的产品上市之后肯定会得到广大市民的喜爱，原因是它既方便，又环保。但是，产品上市之后，并没有达到预期的效果，市场反应平平，销售量十分低，甚至有时很长时间都无人问津。这些都是公司之前没有预料到的。

公司老总着急了，这下可怎么办？一件产品都卖不出去，仓库里还有好多存货呢。为了改变这个局面，公司做了大量的宣传工作，把产品的性能、优点都描述得非常详细，非常到位，但是产品的销量还是不尽如人意，连预期数额的一半都没达到。

公司老总怎么都想不明白，这么好的产品为什么就没有人用呢？于是，他决定亲自去考察当时居民的生火方式，想探个究竟。经过一段时间的观察，他发现，原来当时的人们已经习惯了使用木炭和煤，对于新产品，虽然他们都知道，但是却都不太认可。

知道事情的原因之后，他想出了一个办法。他让员工免费为每家送去煤油炉和一定量的煤油，先让当地居民试用。对于老板的行为，大家都觉得不可思议，觉得这个老板太傻了，怎么会白白把自己的产品送给别人呢？

但是，没有人会拒绝送上门来的东西，人们都纷纷接受了，并开始尝试使用新的生火工具。过了不长时间，有趣的事情发生了——居民都纷纷打电话来购买煤油。这时候，不仅煤油的销量翻了好几倍，就连煤炉也连带着卖出去了好多，大大改变了原先的窘迫局面。几天时间，仓库里的存货就全部卖光了。公司的盈利大大地增加了。

这个"傻"老板的行为反而取得了良好的效果,不仅使公司的销售额大大增加,还扩大了自己的知名度,有了良好的信誉。你知道这是为什么吗?

30. 纪晓岚不死的理由

我们都知道,乾隆皇帝出于对翰林院大学士纪晓岚的喜爱,经常会故意为难他,以从中取乐。但是,乾隆每次的为难,都能被饱读诗书又机智多谋的纪晓岚给巧妙地化解掉。

一次,乾隆皇帝又想要为难纪晓岚了。当时,他们正在湖边散步,乾隆突发奇想,说道"爱卿,你平日总说自己对朕忠心耿耿,那么,是不是我让你做什么,你都会按照我的意思去做,并且没有异议?"纪晓岚回答道:"只要是臣能做到的事情,定当万死不辞。"乾隆大笑道:"这可是你说的,不许反悔。我要你现在就跳进湖里去。如果你不跳,就是不忠,那么你依旧要死。"

纪晓岚这时候才看出了乾隆皇帝的用意,原来是皇帝老儿又想作弄自己了。这次乾隆皇帝的问题确实有点难了,纪晓岚肯定不能因为这个问题就这么白白地送掉自己的性命,但是还不能惹乾隆皇帝不高兴。于是,纪晓岚只好慢慢地向湖边走去。他一边走,还一边在思考着该如何化解难题,而且还能让乾隆皇帝高兴。

乾隆满以为这一次一定可以难倒这位饱读诗书的大学士,可是没想到,没过多久,纪晓岚居然慢慢悠悠地回来了。乾隆皇帝很奇怪,于是就很生气地斥责纪晓岚,说他对自己不忠,要把纪晓岚处死。等到乾隆皇帝斥责完,纪晓岚才不紧不慢地对乾隆皇帝说了自己不跳湖的原因。结果,乾隆皇帝听完后不但平息了愤怒,反而大笑了起来。这件事情也就算是过去了。

你知道纪晓岚是怎么解释不去跳湖的原因的吗?

31. 诗没有被偷走

我们知道,牛津大学是世界最著名的学府之一,有来自世界上各个国家的优秀学子在此求学。但是,即使是在这样的高等学府里,也有有名无实的学生,艾尔弗雷特就是其中之一。

这个名叫艾尔弗雷特的学生,为了表现与其他的学生与众不同,显示他自己特别有才华,平时特别喜欢在同学们面前炫耀自己,尤其喜欢通过作几首小诗来显示自己的文采。有一次他又想在同学面前炫耀一下自己的才华,想了半天,他还是选择作一首小诗。于是他就在同学们面前抑扬顿挫地读了一首自己精心准备的小诗。他原本以为大家肯定都不知道这首诗。其实啊,这首诗根本就不是他自己写的,是他为了在同学面前显示自己的才华,从书上抄来的。

听了他的诗之后,许多同学一下子便知道这首诗不是他写的,只是碍于面子,并不想使他难堪,也就没有当面戳穿他。大家本来以为艾尔弗雷特读读诗、炫耀一下也就算了。没想到的是,艾尔弗雷特可没有这么想,他看大家都不说话,就以为大家还都沉浸在他美妙的诗作中呢。于是,他就更加努力地炫耀起自己,谈起自己"创作"这首诗时的"灵感"来。

这时候,终于有人沉不住气了,人群中一个叫查尔斯的学生愤怒了,他站了起来,说道"艾尔弗雷特的诗是从一本书上偷来的,我看过这本书!"听完这话,艾尔弗雷特非常震惊,可是他还不肯承认,他大声对查尔斯说:"这首诗是我自己写的,你在撒谎!"说着说着,艾尔弗雷特便恼羞成怒,大喊大叫,怎么都不肯善罢甘休,非要查尔斯给他道歉。

大家都知道查尔斯的话是对的,但是令人意外的是,对于艾尔弗雷特的无理要求,查尔斯居然答应了。但是,当听了查尔斯的"道歉"后,大家才明白了查尔斯的意图,纷纷笑成一团。

你猜查尔斯是怎么"道歉"的？

32. 学者劝国王

古时候，在欧洲南部的一个半岛上，A、B两个小国相邻而居。两国的关系非常好，不仅互通贸易，而且彼此的货币也是通用的，也就是说两国的货币价值是相同的。

但是有一次，这两个国家却因为一件不大不小的事情闹翻了，两国的国王都认为是对方对不起自己，相互指责，差一点就动用了武力。一气之下，A国的国王宣布：B国的100元货币只能兑换A国的90元货币。B国国王得知这一消息后，不甘示弱，也随即宣布了相同的命令：A国的100元货币只能兑换B国的90元货币。

一天，一个学者从自己的国家到这个半岛上旅行，当他知道了这个消息以后，就分别对两个国王说："你们的这个命令太荒唐了，如此一来，只会导致大批投机取巧之徒的产生，因为他通过一种很简单的手段，便可以从中牟利，其实我要是乐意的话，就可以借此很快发财。"

两个国王听了却不肯信，他们每人给了学者100元，看看他是不是真的像说的一样可以发财。

学者为了令两个国王心服口服，就接过200元钱开始行动。没过多久，他果真发了财，并把赚到的钱分别拿到两个国王面前。两个国王都相信了学者所说的，取消了前面的货币政策，并受到启发，认识到彼此敌对的坏处，主动向对方示好。很快，两国又重归于好了。

你知道学者是用什么手段发财的吗？

33. 聪明的妻子

从前，有一个农民，整天在田地里干活，感到非常辛苦。每天他从家到田地的时候，会经过一座寺庙，每次他都会看到一个和尚，悠闲地坐在寺庙门口的大树底下，一边摇着芭蕉扇，一边喝着凉茶，这位农民于是非常羡慕和尚的这种舒适的生活。他在心里想："做个和尚多自在呀！"

有一天，天气非常热，农民在田里干了一天的活，觉得这样的日子太辛苦了。回到家里，他就鼓足勇气，向妻子说了他想做和尚的想法。

妻子听完，就对他说："你做了和尚，以后就没法回来干活了。从明天起，我和你一块去田里干活，等田里的活忙得差不多了，我就送你去。"

于是第二天，农民和妻子就一起下田了。中午的时候，妻子提前回来给农民做好饭，然后带到田地去和丈夫一起吃。太阳落山的时候，他们就一块回家休息。就这样一直持续了十多天，田里的活差不多也忙完了。一天，妻子对农民说："田里的活忙完了，我送你去庙里吧！"就这样，他们俩就一块来到了那座寺庙。到了庙门口的时候，他们遇到了那个和尚。听了和尚的一番话，农民不愿意出家了，你能猜到和尚对他说了些什么吗？

34. 转达一下

随着商业社会的发展，公司员工的个人形象已经是一个公司形象的重要体现。如果公司员工在工作中具有端庄的仪表、文明的语言、得体的举止、素雅的服饰等礼仪，那么公司也会给人留下良好的形象。相反，如果员工在谈吐举止方面粗俗，那么该公司的形象就会大打折扣。因此，现在的企业没有几个不重视自己员工的礼仪培养的。

虽然许多公司重视礼仪的培养，在职工入职前也对其进行了培训，可是有些员工却还会出现形象不得体的问题。在一家企业中，有几个女职员经常在上班期间言谈不雅。公司的主管对于这一点很是烦恼，但是又不知道该如何处理。如果当面说出来吧，主管和职员之间的关系就会受到影响；如果不说吧，这个问题任其发展下去，会对公司造成很不好的负面影响。

主管想了很久，终于他想出了一个好办法。一天，他找来了其中一位言语不讲究的女职员谈话。结果这场谈话的作用是显著的，后来再也没有女职员谈吐不雅了。

你知道这位主管对这位女职工说了什么吗？

35. 催款妙招

从前有位商人，由于他善于经营，所以赚到了很多钱。同时，他也很慷慨，每当他的朋友在经济上有困难的时候，他都会毫不犹豫地借钱给朋友们。因此，他在朋友之中的印象一直不错。

一次，由于资金周转不畅，商人急需要用钱。但是这个时候，他才发现自己手里已经没多少钱了，他的钱都借给朋友们了。这让商人很着急，难道要上门催债？显然不礼貌，而且会伤害到朋友们的自尊，况且自己也不好意思开这个口啊！可是，不去催债的话呢，自己这边又确实需要钱，否则没法经营下去了。这可难为了商人，怎么办好呢？

商人想了很久，都没有想到合适的办法。面对这样的难题，他只好求助于当地的一个聪明人，希望聪明人能帮助他解决问题。聪明人在商人耳边耳语了一翻，商人点了点头。回去后，商人就按照聪明人的指示去做了。果然，短短的几天之内，朋友们就把所借的钱都如数偿还了。朋友们非但没有生气，还非常感激商人。这是怎么回事呢？

36. 创意营销

1964年，台湾纺织生产商看到一个有趣的现象：一些去香港等地旅游的台湾人喜欢购买很多的尼龙、特多龙、达克龙的衬衫及女裙，然后带回台湾。于是，这个生产商判断，在台湾市场中很需要这样的一类产品。于是他就和日本的生产厂家合作，进口了很多种原料，加工成各种的衬衫和女裙等来销售，颇受人们的喜爱。

根据当时的市场及消费动态，生产商判断，这种人造纤维产品日后一定会为人们普遍接受，棉织品的市场便会随之缩小。于是厂商们就开始不断扩大其使用范围。

台湾当时学生人数很多，于是一些厂商就想：假如学生制服可以用尼龙作为原料的话，那么销售市场便会随之打开，营销也会随之得到更大的拓展。所以，学生制服的生产就成了众多的厂商积极争取的一个待开发的潜在市场之一。

但是，在当时的台湾，学校将尼龙织品作为一项奢侈品看待，学校领导认为，用尼龙做制服会助长学生讲究穿戴的心理，这样一来就与学校一直推崇的朴素作风背道而驰。所以当时很多学校都规定学生不许穿戴尼龙料的衣物，很多学生因为穿尼龙袜子就受到了相关处分。

在这种情况下，如何才能打开学生市场就成了一个非常令人头痛的问题。相关的生产商与销售商经过多方的协商，最后决定根据台湾广告公司拟定的计划，准备先从女子学校方面入手。

他们计划所针对的第一个目标是台湾各级女子学校。他们给每个班成绩最好的女同学免费赠送尼龙百褶裙一件。这种专门给优秀学生的百褶裙也就被定义为了"荣誉学生裙"，这样一来，学校就相信了厂商此举的目的是为了鼓励学生好好学习，这样的办法也会激发学生的学习热情。因此，当广告商向各个学校发出一封要求学校参加此计划的公函时，立即得到了各个学校的同意。每个学校很快就将每个班级第一名的女孩子的名单及相关信息给他们回复了过去。

广告商收到名单以后立即就和这些优秀的学生开始联系,他们先给这些学生一人一张兑换券,学生凭此兑换券可以到附近的经销店兑换"荣誉学生裙"一件,衣服的颜色、尺寸、大小均由学生自行挑选。与此同时,他们还向这些优秀的学生附加上了一封信,信中首先向得到优惠券的学生表示道贺,然后很清楚地说明了这种物料的裙子如何保养以及裙子的优点:这种物料的裙子容易清洗,无需熨烫,穿戴非常方便。这在当时也算是一种生活上的改进。

两周后,几乎所有的第一名女学生都将兑换券兑换成功之后,广告商再次向这些第一名的女学生发出了第二封信,每封信中送出 10 张优惠券。信中说明,鉴于最近很多女学生羡慕与喜欢这种荣誉学生裙,于是特意再次寄来一些优惠券,请学校分发给各个班级中同样优秀的学生,学生可以凭优惠券去购买这种裙子,同时可以免费获得精美衣架一个。

这样一来,学生穿这种裙子的概率就大大地增大了。事实证明这一举动收到了很好的效果:首先是学校不许学生穿尼龙物料衣服的规定自然也就被打破了;再次是很多学校慢慢地将学生制服的原料改为了尼龙一类;再次是男子学校的制服慢慢地也随之改为了使用尼龙这类物料。几年以后,尼龙物料这类衣服已经是非常普遍的了,这个时候,假如谁不穿这种原料的制服,反而会被认为是异类了。

就这样,本来对厂商很不利的环境发生了逆转,一扇原本紧闭的大门被打开了,一个非常广阔的市场出现在了厂商面前。

现在,请你来分析一下厂商们在这件事中所运用的思维。

37. 巧取王冠

读过小说《水浒传》的人,肯定都记得书中有一个名叫时迁的神偷,他凭借自己高超的偷技给读者留下了非常深刻的印象。而在泰国北部的清迈府,也有一名和时迁一样厉害的盗贼,不过,与时迁不同的是,这是个女贼,她的名字叫泰丝蕾·娜尔德媞。泰丝蕾·娜尔德媞是名非常有正义感的侠盗,她扶危济困,救济了不少百姓,后来因为自己在民间的良好名声,她还应邀出席某国王的招待会了呢。

在这次国王的招待会上,国王在 15 米见方的豪华地毯正中放了一顶金光闪闪的王冠,然后给出席这次招待会的人们出了一个难题:"尊敬的女士们,先生们,这是用钻石制作的一顶上等的皇冠,你们谁能不上地毯就可以拿到这顶王冠?而且只能用手,不准用其他任何工具。谁能拿到,我就把它作为礼物送给谁。"

国王话音刚落,人们全都聚在地毯周围争先恐后地伸出手,但谁也够不到。

正在大家议论纷纷、出谋划策的时候,泰丝蕾·娜尔德媞微笑着站了起来,她向大家说道:"如果大家不介意的话,请让我试试吧!"

说着,泰丝蕾·娜尔德媞便轻而易举地拿到了王冠。

聪明的你能猜出泰丝蕾·娜尔德媞是如何做到的吗?注意,泰丝蕾·娜尔德媞是现实中的人物,可没有小说中的时迁那样的飞檐走壁的本领。

38. 你需要割草工吗

静静的午后,劳伦太太接到一个电话,对方自称是一位以替人割草为生的男孩。

"请问您需要割草吗?"表明自己的身份后,男孩问劳伦太太。

"哦,谢谢,我不需要了,我已经有了割草工。"劳伦太太回答道。

"我可以帮您拔除花丛里面的杂草。"男孩说。

"我的割草工已经做到了这一点。"劳伦太太回答。

"我会帮您把草与走道的四周割齐。"男孩又说。

"这一点我请的割草工也做到了,谢谢你。"劳伦太太似乎是微笑着说这句话的。

"那,请问您还有什么割草工没有做到的活儿要干吗?"固执的男孩依然不死心。

"没有了,所有该割草工干的活儿,他都干了,并且干得很好。"劳伦太太说完,就挂断了电话。

男孩放下电话时,恰逢一个伙伴来找他出去玩。

"给谁打的电话?"伙伴问他。

"给劳伦太太,问他需不需要割草工。"男孩回答。

"你不正在给劳伦太太做割草工吗?怎么还会打这个电话呢?"伙伴大惑不解地问。

你猜男孩怎么回答的?

39. 林肯的回绝

在林肯任职美国总统期间,一天,他的办公室来了一位老妇人。林肯并不认识这位妇人,但他还是很有礼貌地接待了她。

林肯把她请到接待室,给她倒了杯开水,然后和气地对她说:"恕我直言,我真的想不起来在哪里见过您,或者说我有幸是您的什么亲戚,请问您来找我有什么事吗?"

老妇人说:"总统先生,我这次来不为别的,是为我的儿子而来的,我想请您给他一个上校的职位!"

林肯听了老妇人的话,感到很突然。他怎么也想不到一位老太太跑到他这来,要为自己的儿子要一个上校的头衔,这听起来似乎有点无理取闹。

于是林肯对她说:"谢谢您还想着让儿子出来为国家效力,不过,我们暂时还没有上校的空缺,一旦有了,我一定通知您好吗?"

林肯本想快点把这位老妇人打发走,因为他还有许多公事要忙。没想到这位老妇人并没有那么容易就妥协。她听到林肯推托此事,就理直气壮地对他说:

"总统先生,我今天来到这里,并不是来求你给我儿子一个上校头衔,也不是闲着无聊到您这里无理取闹,因为我知道您公务繁忙,一分一秒的时间都是宝贵的。我有充足的理由为我儿子争得一个上校头衔。我的祖父曾经参加过著名的雷斯顿战役,并在战场上受了重伤,他的一条左腿被炸掉了。在布拉敦斯堡战场上,我的伯父是唯一一个没有逃跑的军人,直到敌人用机枪把他的身体扫射得血肉模糊,他才英勇地倒下去。我的父亲曾经参加过有名的纳奥林斯之战,因功绩显著而得到了一枚勋章。而我的丈夫,是在曼特莱战死的。因此,我有权利为我儿子争取一个上校头衔,让他也因作为一名军人而感到光荣!"

林肯听完老妇人的那么多条理由,也深受感动。他想:"我不能够直言拒绝一个几代军人的家属,得给她一个能接受的理由。"林肯思索了一会儿,对老妇人说了一句话,老妇人听了,就不再要求什么了。

猜一下,林肯会怎么对老妇人说?

40. 一则广告

一次,一位教授对一个商人说:"上个星期,我的伞在伦敦一所教堂里被人拿走了。因为伞是朋友作为礼物送给我的,我十分珍惜,所以,我花了几把伞的价钱登报寻找,可还是没有找回来。"

"您的广告是怎样写的?"商人问。

"广告在这儿。"教授一边说,一边从口袋里掏出一张从报上剪下来的纸片。商人接过来念道:"上星期日傍晚于教堂遗失黑色绸伞一把,如有仁人君子拾得,烦请送到布罗德街10号,当以5英镑酬谢。"商人说:"广告我是常登的。登广告大有学问。您登的广告不行,找不到伞的。我给您再写一个广告。如果再找不到伞,我给您买一把新的赔您!"

商人写的广告见报了。次日一早,教授打开屋门便大吃一惊。原来园子里已横七竖八地躺着六七把伞。这些伞五颜六色,布的绸的,新的旧的,大的小的都有,都是从外面扔进来的。教授自己的那把黑色绸伞也夹在里头。好几把伞还拴着字条,说是没留心拿错了,恳请失主勿将此事声张出去。

教授把这个情况告诉了商人,商人说:"这些人还是老实的。"你知道商人的广告是怎么写的?为什么说这些还伞的人还是老实的?

41. 吴道子除雀

唐代时,在长安城南的乐游原上,有一座古刹,名叫青龙寺。因为在这一带全是光秃秃的山野,麻雀无处落脚,大部分都飞往古寺栖息。而寺里的僧人因为是出家人,不忍赶走这些麻雀,于是年深日久之后,这里的麻雀越来越多。这些麻雀整天成群结队地到处飞,时而在大殿内做窝,时而在佛像的供桌上觅食,搅得寺里不得清净。不仅如此,麻雀吃饱了,还在寺庙里乱屙屎,搞得寺里到处都是斑斑点点的雀粪。佛门古寺的感觉荡然无存。

一次,画圣吴道子受皇帝旨意,前来这里做壁画。这些麻雀却没有给画圣面子,经常是将窝里的草屑弄到吴道子头上身上,又多次将粪便拉在吴道子所作的画上。吴道子感到非常生气,找来寺里的方丈商量如何除雀。寺里的方丈一听吴道子要除雀,立刻双手合十说道:"阿弥陀佛,出家人以慈悲为怀,连蚊虫性命尚且不伤,怎敢伤这些鸟雀的性命?"最后,吴道子看实在说不动方丈,便只能依靠一己之力除雀了。左思右想之下,他还是发挥了自己的专长,想到了一个绝妙的除雀办法。他画了一张翠竹图在大殿外的山墙上。这翠竹画得十分逼真,麻雀一见,都以为是真的,纷纷争相飞过去找食。结果许多麻雀都一头撞死在了山墙上。

不过,这种办法虽然能够除雀,但是仔细想想的话,有些不妥。因为,这毕竟是在佛门争地,就这样大规模地杀生,显然是不好的。那么,你能够替吴道子想个更好的办法吗?

42. 城里教师的妙招

有个从城里来到乡村教书的女教师,发现这个村子十分脏,这里的人也都十分不爱干净,大人小孩看上去都脏兮兮的。她很想改变这种状况,于是她与村里的人聊天时,试着问他们为何不将村子里弄得干净一些,大家为何不把自己弄得干干净净的。没想到村子里的人告诉她:"我们这里几百年来就是这个样子,不照样过日子!"城里老师没办法,摇摇头走了。不过,她并不甘心,几天后,她看到村子里一个漂亮的小姑娘被父亲带着玩耍。父亲显然很疼爱自己的女儿。于是,城里老师灵机一动,想到了一个主意。她专门买了一个东西送给了小姑娘。接下来,慢慢地,人们也都更讲究卫生了,村民们都穿着洁净的衣服,村里的街道打扫得干干净净!

你猜,城里老师送给了小姑娘什么东西?

43. 客人是谁

任伯年是我国清末著名画家,工于山水、花鸟,其肖像画看上去尤其真实自然,栩栩如生。任伯年11岁那年,一天,其父亲出门了,恰巧有位朋友来访。小伯年便请其到屋里,来者得知任伯年父亲不在家时,喝了杯茶就告辞了。任伯年父亲从外面回来后,听说有人前来造访,于是问任伯年来者是何人。但任伯年却想不起对方的名字了。但是,他灵机一动,想了一个办法,使父亲得知了来访的客人是谁。

猜想一下,任伯年的办法是什么呢?

44. 张良用蚂蚁计赚楚霸王

秦朝末年,天下大乱,楚霸王项羽与汉王刘邦两个实力最强的起义军领袖为了争夺江山,整整打了四年仗,演绎出了"楚汉争霸"的一则则生动鲜活的故事。

公元前204年11月,项羽在击败彭越后,寻汉军主力决战不成,屯兵广武(今荥阳北)与刘邦形成对峙。不久,韩信在潍水之战中歼灭齐楚联军,完成对楚侧翼的战略迂回,又派灌婴率军一部直奔彭城。项羽腹背受敌,兵疲粮尽,遂与汉订盟,以鸿沟为界,中分天下,东归楚,西归汉。楚、汉订盟后,项羽引兵东归。这时,刘邦在张良、陈平等人的提醒下,却突然违背盟约,回过头来全力追击楚军。结果刘邦、韩信、刘贾、彭越、英布等各路汉军约计七十万人与十万久战疲劳的楚军于垓下(今安徽灵璧县南)展开决战。最终,楚军寡不敌众,仅剩不到两万伤兵随项羽退回阵中,坚守壁垒。楚军兵疲食尽,又被汉军重重包围。这时,汉军士卒齐声唱起楚歌,歌云:"人心都向楚,天下已属刘;韩信屯垓下,要斩霸王头!"致使楚军士卒思乡厌战,军心瓦解,项羽只好率八百人突围。最终,项羽好不容易才冲杀出来,并在一名渔夫的带领下,到了乌江边上。我们要讲的故事便是此时在乌江边上所发生的事。

到了乌江边上后,疲惫的项羽从马上下来,准备休息片刻后渡江。可是就在项羽想着渡江后重整旗鼓卷土重来的计划时,他突然看到江边有一座石碑,这座石碑上竟然写着"楚霸王乌江自刎"这几个字。项羽看到这座石碑之后,十分生气,但当他走近再看时,一下子惊呆了——原来这几个字竟然是由许多蚂蚁组成的!

看到此景,项羽逃出来后的侥幸心理一下子没有了,他非常震惊。项羽沮丧地想,难道真有冥冥之神在主宰着生灵万物,预示着自己必然会失败吗?想到这里,迷信的项羽感到万念俱灰,他长叹一声:"此乃天意,非战之过也。"说完就拔剑自刎了。

本来,正如后来的唐代诗人杜牧所说的"江东弟子多才俊,卷土重来未可知",如果项羽能够渡过乌江,"楚汉之争"的结局或许还有另一种可能性,但是,正是因为这些蚂蚁,项羽放弃了这种可能性。那么,真的是上天在通过这些蚂蚁暗示项羽的灭亡吗?你能猜出这其中的奥秘吗?

45. 雪地救女

这个故事发生在奥地利,看完这个故事后,也许你会深深地被那份伟大的母爱所打动。

有一个14岁的小女孩,她的名字叫卡莎林。在她很小的时候,他的父亲就在一次车祸中去世了。从此以后,她便和母亲两个人相依为命。她的母亲玛丽尼用自己的辛勤劳动,把卡莎林抚养长大。

由于从小生活在单亲家庭中,卡莎林性格非常孤僻,她只喜欢一个人静静地待着,不想与其他同学一块玩。家境的贫寒也让这个弱小的女孩子感到极其自卑,在学校里,她经常受到一些坏孩子的欺负和歧视,这一切,都在她弱小的心灵中投下了不可磨灭的阴影。

然而,卡莎林把这一切都归罪于她的母亲。因为她的母亲是一家公司的清洁工,做的是别人最瞧不起的工作。最让她难堪的是,那家公司老板的儿子与她同班。有一次,那位小少爷当着全班同学的面说："你们知道卡莎林的妈妈是做什么工作的吗？她是我爸爸工司的一个清洁工！"说完，他和全班同学一起对着她哈哈大笑。从此，卡莎林就在班里抬不起头来，性格越来越孤僻。由于她对自己的母亲有一种隐忍的怨恨之情，所以她们母女之间的关系一直不是很好。

2004年2月下旬的一天，卡莎林的母亲由于在公司里表现出色，公司决定给她一周的假期，让她好好休息几天。玛丽尼觉得这七天她终于可以好好陪陪女儿，缓和一下她们两个之间的关系了，因为她在公司一直很忙，和女儿在一起的时间很少。

休假的第二天，玛丽尼决定带女儿去阿尔卑斯山滑雪。卡莎林听了也很高兴，因为她早就听班里的同学说，在阿尔卑斯山滑雪很好玩。

然而，在滑雪过程中，不幸的事情发生了，由于对雪地环境缺少了解，玛丽尼母女俩一时玩得高兴，竟然在雪地里迷了路。看看白茫茫一片望不到尽头的连绵雪山，她们感到非常害怕。这时母亲说："我们只有拼命向前滑，也许能找到路口。"于是她们母女两个就一边滑雪，一边大声呼救。

两个人的呼喊没有叫来救援人员，反而引起了一连串的雪崩，大雪把母女两个深深地埋了起来。出于求生的本能，母女两个凭借顽强的意志，不停地刨雪，她们刨呀刨呀，经过了好长时间，终于爬出了厚厚的雪堆。

这时候，天已经快要黑了，母女两个站在荒凉冰冷的雪地上漫无目的地寻找着回去的路。正在母女两个无比担心害怕的时候，玛丽尼突然看到了天空中有一架救援的直升机。然而由于她们两个都穿着白色的羽绒服，救援人员根本没有发现她们。

眼看天就要黑了，玛丽尼感到非常着急，而卡莎林又冷又怕，已经昏了过去。

第二天，当卡莎林醒来时，发现自己正躺在医院的病床上，而她的母亲玛丽尼，已经不在人世了。医生告诉她，她的母亲是为了救她而甘愿牺牲自己的生命的。听医生说完母亲救自己的经过，卡莎林泪如泉涌。

现在你来猜一下，这位伟大的母亲是怎样把女儿从冰天地雪救出来的呢？

46. 兔子的论文

腹中饥饿的狐狸正在觅食，忽见一只兔子正斜躺在青青的草地上晒太阳。大喜过望之下，狐狸迅速扑了过去，不想兔子却连躲都不躲地继续享受温暖的阳光。

"你为什么不逃跑？难道你就不怕我吃了你吗？"狐狸挑衅一般地问道。

"你不会吃我的。"兔子眯了眯眼睛说道。

"为什么？"狐狸疑惑地问道。

"因为我们兔子实际上比你们狐狸更强大。"兔子回答道。

顿时，狐狸像听到了一个天大的笑话一般放声大笑了起来，笑过之后，它又向兔子扑了过去："做梦吧你，我今天一定要吃掉你！"

"你不相信？"兔子坐了起来，"关于这一点，我已经用一篇论文详细透彻地论述完毕了。如果你不相信的话，我可以证明给你看。"

好奇不已的狐狸于是跟着兔子走进了山洞，去看它那篇论文。

进去之后，狐狸才相信了兔子真的比自己强大，只不过，它再也没机会亲口承认这一点了。

证明完毕的兔子走出山洞，继续沐浴着阳光。

不一会儿，一只觅食的狼也走过来想吃兔子，兔子故伎重演，把狼也领进了山洞里看它那篇自己为什么比狼强大的论文。狼进洞之后也相信了这一点，只不过和狐狸一样，它也没机会亲口承认了。

你猜这是怎么回事？

47. 女孩的惊人选择

香港小姐是香港一项大型的选美活动，每年都有成千上万的佳丽参加这项活动，那个时候的香港是美的海洋。尤其在1984年之后，这项活动受到了香港人民的热切关注，港姐的评选活动深入人心。

有一年，香港小姐评选活动又开始了，这次的佳丽如云，而且难能可贵的是很多佳丽不仅外表出众，才华以及学识也很出类拔萃。

按照香港小姐选拔的程序，在决赛的过程中，要为选手们准备一道问题，这道问题是为考察选手的逻辑思维能力和临场应对能力而设的。今年所设置的题目是：如果要你在肖邦和希特勒之间进行选择，你会选择哪一位做你的丈夫呢？并说出理由。

听到了这个问题，全场的观众都惊呆了。谁也没料到这次的问题居然这么刁钻。台下的观众都不作声了，纷纷等着佳丽们的回答。很自然地，几乎所有的佳丽都选择了肖邦。这也难怪，肖邦是伟大的音乐家、作曲家，而希特勒是人人得而诛之的法西斯分子。一个才华横溢，一个臭名昭著，任是谁都会选择肖邦的。但是，最后一位佳丽的回答却出乎所有观众的意料，一下子震惊了全场——她选择了希特勒。但是，当震惊的观众听完这位佳丽回答后，全都为她鼓起了热烈的掌声。你知道这位参赛小姐是怎么回答的吗？

48. 绝妙的广告

提起瑞士，大家肯定会想到瑞士的手表，确实，瑞士的手表在全世界都是很有名的，在澳大利亚也不例外。然而，日本的西铁城手表公司想要打破瑞士手表在澳大利亚的垄断地位，进而打开在澳大利亚的市场。不过，日本人没想到，这件事情有如此之难。最初的时候，西铁城手表在澳大利亚受到了空前的冷遇，几乎没有人愿意买，甚至都没有多少人知道这种手表。

面对这样的销售困境，日本西铁城公司并没有因此就放弃澳大利亚的市场，而是决定一定要想办法打开局面。但是要用怎样的办法呢？确实是个难题。

一次，西铁城手表公司在媒体上宣布这样一条消息："某日某时，本公司将要派一架直升飞机在某地的上空抛下一批手表，抛下的手表谁抢到就归谁所有。数量众多，欢迎大家前去参与。"消息传出去后，澳大利亚人都不明白这家日本公司这样做的目的，但是，对于这样一个天上掉馅饼的好事，倒是很感兴趣的。

到了那天，许多人都聚集在广告上说的地方。果然，直升飞机按时来了，盘旋在高空中，扔下了大量的西铁城手表。前来参与的人们都纷纷捡起这些免费手表，高兴地回家了。奇怪的是，这次活动后，西铁城手表果然在澳大利亚打开了市场，人们越来越了解西铁城手表，也越来越喜欢这个公司的手表了。你知道是为什么吗？

49. 声东击西

在法国东南部的一个小镇上，本来安静的小镇今天却显得格外的热闹，人们都聚集在一面墙下。这面墙之所以有这么大的吸引力，是因为墙上贴着一枚价值5000法郎的金币。然而更让人心潮澎湃的是：谁能把金币从墙上揭下来，金币就归他所有了。

金钱的诱惑果然是不同凡响的，不仅镇上很多人都来了，就连听到风声的邻近镇的人也来了很多。大家都想要把金币揭下来据为己有，毕竟这样的好事不是经常有的。可是，十个人试过了，一百个人试过了，一千个人试过了，还是没人能把金币揭下来。最后，人们纷纷放弃了金币。

就在人们在那里争先恐后地试着揭下金币的时候，站在一旁的一个中年男人却露出了狡黠的微笑，正是他用一种强力胶水将金币粘在墙上的。看到所有尝试者都无法将金币揭下来，并宣布放弃，他站出来说了一番话，众人一听，才明白了这件事背后的目的。而这件事之后，这个中年男子很快发了财。你猜这是为什么？

50. 韩雍大事化小

明朝万历年间，太监受宠，皇帝经常会派一些太监到地方去做镇守，以此来监视地方官员的行为。当时任江西都御使的官员杨燎就深为此事头疼。

当时杨燎接到了一封被误投的诏书，不知实情的他便很快拆开了。拆开后才知道是皇帝下达给当时江西镇守太监的。皇帝给宦官的诏书被误拆，虽然从动机上没有什么不良，从结果上也没造成太大的影响。但是，当事人却会因此而陷入困境，并且极有可能会惹来杀身之祸。因此，杨燎非常害怕，于是赶紧找到了好朋友韩雍请求帮助。

韩雍当时是一名刺史，正好在江西巡查。听完杨燎的叙述之后，想了一会儿，便计上心头。他派人先假造了一封诏书，按照原信的样子填充好之后，交给了下面的邮卒，然后把真的诏书藏在了自己的怀里。

那么你能想到，接下来，韩雍会如何做才能转危为安呢？

51. 佛祖的条件

古时候，印度有个年轻母亲，因为失去了娇贵的儿子而悲痛欲绝，听说释迦牟尼法力无边，于是便苦苦哀求他让自己的儿子复活。释迦牟尼于是对她说："我可以救活你的儿子，但是我有个条件，就是你必须到未举行过葬礼的人家取来香火。"这个母亲一听，立刻转悲为喜，欢天喜地去寻找这种香火……

你能够明白释迦牟尼的意思吗？

52. 破瓮嫌妨路

在唐代李肇的《国史补》中曾记录了这么一则故事：

通往渑池的一条重要商道很狭窄。一天，有一辆载满瓦瓮的车在此道上陷进了泥坑里，因为当时正值天寒，冰封路滑，进退不得。后面的人也都无法前行，整条道路于是都被堵塞起来了。到黄昏时分，后面已经积聚起了数千车辆人众，眼看要赶不到前面的旅店。这样寒冷的天气撂在这荒天野地可不是好受的，因此不少人抱怨连天。

这时，一个名叫刘颇的商人从后面的商人队伍中扬鞭而至，看一下究竟是什么情况。当他看到陷入泥坑里的瓮车已经越陷越深，在那里推车的主人几乎是在做着完全无谓的努力时，便上前询问主人："你车上所载的瓮总共值多少钱？"

主人回答说："大概七八千钱吧。"

刘颇本人是做粗帛的大生意的，在后面，他的车上所载的粗帛的价值要远远大于这个瓮车，他可不愿在这里耽搁下去。于是，略一思考，他便想到了一个主意，很快解决了问题。

你猜刘颇是怎么做的？

53. 特别的求情法

明代作家冯梦龙在《智囊》中曾经记录了这样一个故事：唐代宗时期的大将军辛京杲英勇善战，战功赫赫。一次，他因私愤而用木杖打死了部曲（私家仆人），有人将此事上报了朝廷，认为辛京杲按律当斩，唐代宗也批准了这奏折。对于这样一个功臣，许多大臣都觉得刑罚过重了，但是都不愿承担个徇私枉法的名声，于是都不敢出声。就在这时，大将李忠臣想要站出来为辛京杲说句话，但是他却没有直接求情，而是对唐代宗说："辛京杲早就该死了！"唐代宗一听便问他为何这样说，李忠臣于是便说出了自己的理由，唐代宗一听，便立刻取消了辛京杲的死罪，你猜李忠臣是怎么说的？

54. 优伶巧谏

后唐庄宗李存勖爱好打猎，经常率大队人马到野外围猎。一天，他带领大队人马又到京城附近的某县围猎，所到之处，大队人马乱踩民田。当地县令闻讯便前来拦马劝谏，李存勖一看一个小小县令竟然如此不给自己面子，于是火冒三丈，把县令大骂一顿，县令吓得抱头逃走。这时一个跟随李存勖出来的叫敬新磨的优伶又率同伴追上了县令，并把县令抓了回来。然后，这个优伶当着庄宗的面将县官大骂一顿。但是，在场的人谁都听得出来，他表面上是骂县官，实际上却是指责李存勖的不对，在巧妙地讽谏。而李存勖一听，也是哑然失笑，下令不得再践踏农田。

想象一下，这个优伶是怎么骂县令的？

55. 优孟妙谏楚庄王

春秋时期，楚庄王得到一匹千里马，对其十分钟爱，用华丽的丝织品为其装饰，给其建造宽敞漂亮的房子供其居住，并且还为其制造了很舒适的床铺供其起卧，喂养则是用昂贵的枣脯。但是，这匹马却因为生活过于优裕，生了肥胖病，不久便死了。于是，伤心至极的楚庄王竟然命令群臣为此马服丧，并下令按照大夫之礼为其进行葬礼。大臣们一听，议论纷纷，都认为这不符合礼仪，向楚庄王劝谏。没想到楚庄王不仅不听劝谏，反而大动肝火，放出话来："有谁再敢劝阻，杀无赦！"

宫中有个叫优孟的伶人听说此事后，也前来劝谏。但是，他劝谏的方式却并非如其他大臣那样直接表示反对，而是认为对此马以大夫之礼举行葬礼，规格太低了，并接着说出了自己的办法。楚庄王一听，不仅取消了葬礼，而且还将马杀了给大家吃。

猜一下，优孟是如何讽谏楚庄王的？

56. 机智的奴隶

从前，大食国有个奴隶趁外出做工的机会逃跑了。但是，很快他就被抓了回来。主人为了警示其他的奴隶，将这个奴隶抓到国王面前，请求国王对其处以死刑。本来，奴隶逃跑虽然要接受惩罚，但罪不致死。但国王在奴隶主的挑拨下，最终同意将这个奴隶处死。这个奴隶一听，采用了说反话的方式对自己进行了申辩，巧妙地指出了自己的罪不至死和国王的审判不公。国王一听哈哈大笑，便放了这个可怜而机智的奴隶。

你猜，这个奴隶是如何为自己申辩的？

57. 女中学生智擒小偷

滨海某城市的夜晚，一家剧院正要上演非常精彩的演出。

这场演出是特意从北京请来的嘉宾送上的。这次演出的阵容非常庞大，其中很多是当今比较出名的歌星、笑星等。这样精彩的演出自然会吸引观众的注意，一时间，剧场的门口已经被围得水泄不通。

演出马上要开始了，大家都在使劲地朝里面挤，就在这个时候，有一个长头发的青年人也混在人群中一起向前挤。他一边装着被挤得东倒西歪的样子，一边从旁边一个女孩子的口袋里面掏出一个白色小钱包。那个女孩子带着一副近视镜，正在忙着朝剧场里面挤，根本没有感觉到自己的钱包被偷了。

小偷悄悄把偷来的钱包向自己的兜里一放，然后四下看了看，感觉没有被发现就想趁机从人群中溜走。他还故意吼了一声："真他妈的太挤了，老子不受这份罪了！"说完就挤出了拥挤的人群。

但是小偷不知道，他所做的一切都碰巧被一个刚买到票正朝里面挤的女学生看在了眼里。女学生叫小梅，是附近一所中学的学生。小梅看到小偷的举动后一直在思考如何才能抓住小偷。这里现在人很多，此时又是非常拥挤，假如大喊的话，小偷在混乱的人群中很容易逃走；要是直接去报案吧，时间不够，小偷很可能早就不见人影了。

她想，这个时候最好的办法就是能用调虎离山之计稳住小偷，将小偷从一个有利于逃走的地方引到一个不利于逃跑的地方，先稳住他，然后再去附近派出所报案。

那么，这个时候，假如你是小梅，你想到的办法会是什么呢？

58. 简雍妙谏刘备

三国时期，蜀国因天气连续干旱，庄稼歉收，国内异常缺粮。因为酿酒要以粮食为原料，于是刘备下令禁止民间酿酒，如发现私自酿酒者，就要判处重罪。但是，正因为禁止酿酒，酒反而成为了稀有品，于是一些人偏偏顶着风险酿酒。对于这种情况，刘备十分恼火，于是干脆下令百姓将酿酒工具全部交公，今后谁家私藏酿酒工具便要受到处罚。显然这个法律过于苛刻，许多大臣都劝刘备废除这个法令，但固执的刘备不听。于是一时之间，许多百姓因为私藏酿酒器具被抓。当时，一向同情百姓的昭德将军简雍看到这种情况，感到十分焦急。

一天，简雍陪刘备一起到野外游玩，远远看到一男一女两个陌生人在路上行走。简雍沉思了一下，想到了一个主意，他忽然指着路上的那对男女说："这两个人要通奸，应该立即将他们抓起来！"刘备一听，十分惊奇，他狐疑地问简雍道："你怎么知道呢？"简雍于是说了一句话，刘备一听便哈哈大笑，然后又恍然大悟，立刻释放了那些因为私藏酿酒器具而被囚禁的百姓。

你能猜出简雍说了一句什么话吗？

59. 智者比尔巴

比尔巴是16世纪时印度的一个智者，他因富有智慧而被国王任命为宰相。

一群奸猾之臣一直嫉妒比尔巴受到国王的器重，一次，他们撺掇国王的小舅子侯赛因去王后那里请求赶走比尔巴，而让自己担任宰相。王后于是去向国王请求这件事。国王知道自己的小舅子根本没有这个才能，为了让王后死心，他便对比尔巴说明了情况，然后宣布侯赛因为新宰相。但是，他对这位新宰相提了一个要求，要他在一周之内分别找来一个忠实的朋友和一个不忠实的朋友，以及生命的汁水和味道的根子。新宰相于是派人到全国各处去寻找，最后也没有找到任何一种。无奈之下，侯赛因还是去找比尔巴帮忙。

比尔巴于是跟随侯赛因一起来到国王面前，对国王说："生命的汁水是水，味道的根子是盐，世界上最忠实的朋友是狗，最不忠实的朋友是女婿。"国王一听，满意地点了点头，然后意味深长地看了一眼侯赛因。侯赛因感到无地自容，将宰相的位子又还给了比尔巴。

但是，这件事并没有这样过去，国王因为觉得最不忠实的朋友是女婿，便下令要绞死全国所有的女婿。人们听说这件事情后，十分惊恐，纷纷将希望寄托在比尔巴身上。比尔巴于是做了一副金绞架和一副银绞架，带着进宫了。

你猜比尔巴会如何化解这场危机？

60. 陶渊明教诲少年

东晋时期，大诗人陶渊明因为不肯为五斗米向上司折腰，弃官挂印而去，到乡下过起了田园生活。在离陶渊明隐居处不远有个村庄，村中有个少年很想在诗文上有所成就，他知道陶渊明是个大诗人，于是便在一天前来拜见他，想请教他学习的方法。

少年见到陶渊明后，恭恭敬敬地请教道："这附近的人都说，老先生您学识渊博，想必您必定有一些学习的妙法，不知您肯否教我一下。"陶渊明一听便哈哈大笑，对少年说道："天下哪有什么学习的妙法，勤学则进，辍学则退，学习之道，无非如此。"少年听后，眨了眨眼睛，看上去似懂非懂。陶渊明知道他并没有听懂，看他还是一个比较上进的少年，便有心开导他一番。于是，他指着门前稻田里一尺来高的禾苗对少年说："这样吧，你现在蹲在禾苗前，聚精会神地看，看它是不是在长高？"少年于是便蹲下来瞧了很久，最后说道："没见他们在长！"然后，陶渊明又将少年带到一块磨刀石旁边，对少年说："你看这块磨刀石，为何会出现一个马鞍一样的凹面呢？"少年回答说："自然是磨损的呀！""你说得对，不过你能说出它是哪天被磨成这个样子的吗？"少年摸着头想了想回答说："好像不是哪一天忽然被磨成这样的！""是的，它不是哪一天突然磨成这样的，而是因为农夫们天天在那里磨刀，年复一年磨损而成的。"

接下来，陶渊明便借上面的两个话题各总结出一个有关学习的道理，少年一听便明白了该如何学习。并且，这两个道理对于后世影响也很大。

你能猜出陶渊明是如何借题发挥，讲出了两个什么道理吗？

61. 陈轸巧说昭阳

战国时期，楚王派大将昭阳率领军队攻打魏国。昭阳打仗勇猛，将魏军打得大败，并杀死了魏军主将，并夺取了魏国的八座城池。昭阳于是便想要一鼓作气，继续带兵攻打齐国。齐王非常害怕，询问大臣们有什么应对之策，陈轸自告奋勇，声称愿意去说服昭阳退兵。

陈轸来到楚国后，拜见了昭阳。一见面，陈轸先是祝贺昭阳取得了与魏国战争中的巨大胜利，昭阳听了十分受用，洋洋自得。接下来，陈轸问道："按照你们楚国的法令，战斗中杀死敌国将领、消灭敌人的人，应该封什么官爵？"昭阳回答说："封官为上柱国，赐爵为上执圭。"陈轸又问："那么有没有比这个官爵更显贵的官爵呢？"昭阳回答说："唯有令尹了。"陈轸于是便说："这么说就是令尹最显贵了！看来楚国一定要设置两个令尹了！"昭阳一听有些不明白陈轸的意思，问此话怎讲。陈轸于是说道："这样吧，我来给您打个比方：说楚国有个人一天举行祖庙的祭祀，事情办成之后，觉得很满意，于是便赐给他的舍人们一坛子酒。舍人们一看纷纷议论道：'这坛子酒，一个人喝不完，大家都喝又肯定不够。这样吧，我们每个人都在地上画条蛇，谁先画完谁先喝。'于是大家纷纷埋头开始画，其中有个人画蛇很在行，一会儿就最先画完了。但是他抬头一看，大家都还没有画好，便说：'时间还充裕，我给蛇再画双足。'说完便将蛇足添了上去。画完他便抱起酒坛准备喝。这时另一个人也画好了。看了第一个人画的蛇后,一把将酒坛夺了过去,并对这个人说:'蛇哪有足的?'说完便将酒给喝了。这个第一个画完蛇的人感到很沮丧,但也无可奈何。"

陈轸打完这个比方之后,昭阳还是有些不明白,问陈轸这个比方到底是什么意思。于是,陈轸便将这个比方联系到昭阳身上。昭阳一听,恍然大悟,便撤军不再攻打齐国了。

想一下,陈轸的比方究竟蕴含了什么意思呢?

62. 三人成虎

战国时期,魏国大夫庞葱要陪魏太子到赵国邯郸去做人质。因担心自己不在身边,魏王听信他的政敌诬蔑他的流言蜚语,于是庞葱在临出发时,前来拜见魏王,并给魏王讲了一个故事。

庞葱问魏王道:"大王,假如现在有人来报在闹市中出现了老虎,您相信吗?"

魏王回到:"自然不相信。"

庞葱接着说:"那么假如,过了一会儿又有人来报街上出现了老虎,您相信吗?"

魏王说:"我开始有点怀疑了。"

庞葱又接着道:"如果又有第三个人来报告这件事呢?"

魏王说:"那我就相信了。"

庞葱听了之后,深有感触地说道:"事情往往都是这样的,实际上,人虎相怕,各占几分。两者都会相互躲避而走。因此一只老虎是决不敢闯入闹市之中的,这可以说是明摆着的事情。但是如今君王不考虑情理、不深入调查,只凭三人说虎即肯定有虎,那么邯郸距离大梁比上街要远得多,而议论我的又会不止三人,到时希望您能够明察秋毫啊!这是我临行前所要向您说的!"

魏王听庞葱的一番话后,也感触颇深,认真地点了点头,说道:"我自己会鉴别的。"

我们知道,君王接受大臣的纳谏并非是一件容易的事,而这个故事中,庞葱仅仅凭一个假设,便使魏王接受了自己的讽谏。思考一下,这是为什么?

63. 晏子讽谏齐景公

春秋时期,齐景公带人到国都外去打猎游玩,一连十八天都没有回国都。

宰相晏子感到这样不好,便前去拜见齐景公,讽谏道:"您一连十八天在外打猎游玩,国人会以为他们的国君专心于在野外射猎而不安心于国家政事,喜欢鸟兽而不喜欢民众,这样下去可不好啊!"

齐景公却说:"这有什么不好?国家现在不是运转很正常吗?关于司法方面的事情有子牛负责,关于祭祀方面的事情有子游负责,关于迎接诸侯宾客的事情有子羽负责,关于农耕方面的事情有申田负责,关于国家调剂有余、补充不足的事情有你在负责。有了你们五个管事的大臣,就像心脏有了四肢一样,四肢各司其职,心脏自然就可以休息了。现在你们五个人各司其职,我休息一下都不可以吗?"

如果你是晏子,接下来你该如何劝齐景公?

64. 黄庭坚讨鱼吃

苏轼非常爱吃鱼。他被贬到杭州做知府时,一天,他搞到一条很难得到的上好鲫鱼,于是便让下人做了来下酒。可是,才刚尝了一口,好友黄庭坚来串门,苏轼舍不得与人分享味道这么美的鱼,便赶紧将鱼藏在了书橱顶端,另外安排了几个小菜,在书斋里与黄吃酒。不过，苏轼藏鱼的举动刚刚已经被黄庭坚透过窗户缝看到了。黄庭坚心知苏轼肯定是得到了上好的鱼，也想分享一下，于是开始琢磨着如何巧妙地讨鱼来吃。

酒过三巡之后，黄庭坚灵机一动，来了主意。他对苏轼说道："我有个问题想请教你，你这姓苏（蘇）的蘇字，有人将鱼放在'禾'字左边，有人则放在'禾'字右边，你说究竟应该放在哪边呢？"

苏轼一听，便回答道："左右都可。"

黄庭坚又问："那要是放在上边呢？"

"那怎么行，不行不行！"苏轼笑着回答。

一听这话，黄庭坚便开怀大笑，接着他顺着苏轼的这句话说了一句话，巧妙而充满雅趣地使苏轼将藏起来的鱼拿出来供两人分享了。

你猜黄庭坚说了一句什么话？

65. 汗明讽谏春申君

战国时期，谋士汗明求见战国四公子之一的楚国的春申君，一直等了三个月才被接见。经过交谈，春申君也发现汗明是个有才能的人，十分高兴地接纳他为自己的食客。但是，春申君却并只是和汗明粗浅地交谈了一会儿之后便说道："我已经了解先生了，先生休息去吧。"汗明一听心里便有些失落，他可不像是有的食客那样仅仅是来蹭饭吃的，而是怀有一定的政治抱负，因此很想能够和春申君深入地谈一下自己的见解。听到春申君的这句话后，汗明便以尧舜为例打了个比方，春申君一听，便对汗明刮目相看，经常对其进行召见。

猜想一下，汗明是如何拿尧舜为例进行比方的？

66. 禅师和学者

一个满腹经纶的学者，为了了解禅学的奥妙，不远千里去拜访一位著名禅师。禅师在桌上为彼此斟了一杯茶后，便和其对面而坐，开始讲解。这位学者一开始很恭敬，但是听着听着，便觉得禅师所讲的东西都是自己以前所了解的，也好像并没有什么特别玄妙的地方。而他曾听人说这位禅师道行高深，从他的话语中能够得到很多启发，于是他便认为这位禅师不过是浪得虚名，被俗世之人吹出了名声而已。想到这里，学者便更觉得心浮气躁，坐立不安，于是在禅师的讲道中不停地插话，甚至一次忍不住轻蔑地说了一句："哦，这个我早就知道了。"禅师听到他这句话，并没有出言指责学者的不逊，他只是停了下来，拿起茶壶再次替这位学者斟茶。不过，尽管学者的茶杯里的茶还几乎是满的，禅师却仍旧继续往里倒水，直到茶水从杯中溢出，他也没停手。这位学者见状，连忙提醒禅师说："别倒了，杯子已经满了，根本装不下了。"禅师这才放下茶壶，不愠不火地说了句话，学者一听顿时很羞愧。你猜禅师说了句什么话？

67. 黑煤块与白窗帘

托马斯先生正在院子里收拾煤块，忽然看到10岁的儿子科迪气呼呼地进了门。

"你怎么了，亲爱的？在学校里遇到什么不愉快的事情了吗？"托马斯关切地问道。

"是的，爸爸，我现在非常生气。华科今天惹到我了，以后他再也甭想得意了，否则我会要他好看！"科迪怒气冲冲地说道，小脸都涨得通红了。

托马斯一边微笑着听儿子诉说，一边把地上的煤块收进了那只大簸箕里。

"来，科迪，跟我来。"托马斯端起簸箕叫儿子道，"现在，这条挂在绳子上的白窗帘就是华科，爸爸手里这一簸箕煤块就是天底下的倒霉事。你不是生他的气吗？那你就用这些'倒霉事'砸它好了，每砸中一下，就代表他倒了一次霉。你可以使劲儿地砸、尽量地砸，看看砸完以后情况会怎么样。"

"这可真是个好玩的游戏！"科迪欢快地喊着，便捡起煤块往窗帘上砸去。可是由于窗帘挂在比较远的绳子上，直到他把整簸箕煤块投完，也没有几块能砸中窗帘。

这时，托马斯走过来问儿子道："你现在感觉怎么样？"

"累死我了。"科迪有气无力地说道。

"除此之外呢？"托马斯又问。

"除此之外？除此之外就是我还是不开心！你看，窗帘上才这么几个黑点，华科遇到的倒霉事还不够多！我还要砸！"科迪满腹怨气地嚷嚷道。

"没问题，但是在继续砸之前，爸爸请你先看看你自己的样子。"托马斯说着，便从身后拿出了一面镜子。

科迪上前一照，发现自己竟然满身都是黑煤渣了，尤其是脸上，只能看到白眼球和牙齿了。

这时托马斯借机对儿子说了一番意味深长的话，对儿子进行了教育。想一下，假如你是这个父亲，会怎么说？

68. 狄青占卜

北宋皇祐年间，名将狄青奉命到广西征讨"大南国""惠仁皇帝"侬智高。由于此前已经有将领前去征讨，但均告失败，北宋士兵士气十分低落。在我国古代，军队出征时很迷信，往往会搞一些占卜活动，一旦占卜的结果比较吉利，军队士气便很高。于是，狄青便想通过神灵的帮助来鼓舞下士气。军队出征刚走到永林南边，他突然拜神祈佑，并拿出100个铜钱，口中念念有词："此次出征胜负难料，如果能够取胜，请神灵使钱面全都朝上！"左右的官员一听他这话，心里便感到十分紧张，心想100个铜钱都正面朝上根本是不可能的，这样做弄不好会伤害军队的士气。但是，没想到狄青在众目睽睽之下将铜钱洒出来后，100个铜钱竟然真的全都正面朝上。于是，大家自信有神灵保佑，纷纷欢呼雀跃，士气大振。狄青则说道："看来，此次出征，有神灵保佑我们，必然大胜。"然后，他当即命人拿来100根铁钉，将这些铜钱原地不动地钉在地上，盖上青布，并加了封，声称待胜利归来后，再收起这些铜钱。

接下来，狄青率军南下，越过昆仑山，设计在归人铺与侬智高决战。结果大败侬军，并"追赶五十里，斩首数千级"，俘虏侬智高主将57人。侬智高逃往云南大理后，绝望地死在了那里。狄青大胜而还。

狄青的胜利似乎也印证了当初的占卜是正确的。那么，狄青真的是受到了神灵的保佑吗？

69. 智破假借据案

明正德年间，蜀中某县有一个难得的好知县，此人思维敏捷，断案公正，因为姓李，人称"李判官"。

一天，李判官正在书房看书，听到外面有人击鼓鸣冤，于是便宣布升堂。原来前来告状的是一个中年男子，此人自称张虎，在城南经营首饰店，前些天借给了在同一条街上开木匠铺的崔二100两银子，昨天到期，前去讨要，不成想对方竟然耍赖，不仅不认账，还对他破口大骂。

李判官于是上下打量了一番来人，见此人衣着整洁，白面黑须，于是问道："你可有证据？"

来人于是从怀中掏出一份借据呈上。李判官看那借据，倒是写得很清楚，借贷双方的落款也都十分明白，并且还有见证人的落款。"那么，这上面所写的刘老大和孙财旺两位见证人何在？"李判官又问道。

"有，两位见证人已经在外面等候。"张虎说道。

"唤他们进来。"

刘老大看上去50岁出头，瘦削高大，看上去有些贼眉鼠眼。孙财旺则是个胖胖的中年人。两人的说法都和张虎说得一致，并声称愿意为张虎作证。李判官用犀利的眼睛盯着两人问道："你们两个以什么为生呢？"

"小人略识些字，靠给人抄抄写写为生。"刘老大尖着嗓子回道。

"小人是个开饭馆的。"孙财旺大大咧咧地回答。

李判官点了点头，他见现在人证物证都在，符合了立案的条件，便吩咐差人："立刻前去传唤崔二到庭来对质。"

不一会儿，崔二便来到了县衙大堂上。

李判官问道："崔二，你可认识这堂上三人？"

"回禀大人，认识，这些人都和我在一条街上做买卖！"崔二回道。

"那么，张虎告你借他了100两银子，现在又抵赖不还，可有此事？"李判官询问道。

"大人，绝无此事，是张虎故意伪造了一张借据，想讹我银子！求大人明鉴！"崔二一副十分气愤的样子。

"那么，这人证是怎么回事呢？"李判官又问。

"大人，这是他们串通好了讹诈我，我和刘老大、孙财旺的关系向来不怎么好，所以他们才会如此陷害我！"崔二解释。

"那么，这借据上为何会有你的签名？"李判官继续追问。

"大人，我哪里有过什么签名，一定是张虎伪造的！"崔二着急地辩解。

"那好，现在你拿笔写下你的名字来。"李判官说罢命人给崔二拿来纸笔。

崔二于是毫不犹豫地在纸上写下了自己的名字。差人拿给李判官后，李判官仔细对照了和借据上的笔迹，发现两者完全一致。如此看来，这借据是真的了，李判官心想。但是，他明明知道我要对照笔迹，还这样痛快地写下自己的名字，不是故意证实自己在赖账吗？李判官转念又想。并且，他看崔二此人看上去憨厚老实，说话直爽，不像是奸诈之徒。于是，他便假装大喝一声说道："大胆崔二，你的笔迹和这借据上笔迹明明一样，你还想抵赖！是想要我用刑招呼你吗？"

崔二吓得一下子蹲在地上，这时，李判官偷眼去看堂下的原告方和两个证人。只见三人彼此偷偷互视，并面露不易察觉的微笑。于是，李判官心里明白了。但是，如何戳穿三人的把戏，好让他们心服口服呢？李判官心下开始琢磨起来。不消一会儿，李判官便计上心来，采用了一个十分简单的办法，使得三个人的鬼把戏瞬间被拆穿了。三人老实供认，他们与崔二的关系一向不好，又见他木匠铺里生意兴隆，便心生了讹诈他的念头，由刘老大模仿崔二的笔迹伪造了他的签字，然后到县衙来告他。

你猜李判官使用什么方法拆穿了三人的鬼把戏？

70. 名医讽刺员外

明朝时期，苏州地区有个名医。其医术高明，品德高尚，不喜欢与势利的富人打交道。

一次，苏州城里有个员外的妻子生了一种怪病，员外请了当地许多医生，都不见效。听说了名医的大名后，员外备了厚礼和自己的帖子，派人前去请名医前来。名医早就听说这个员外嫌贫爱富，行为势利，便不大乐意前来，只是说道："苏州城里，有的是高明的医生，我这野老村夫恐怕不行。"

员外看名医不肯前来，便请了一个名医的朋友前来游说，名医看在朋友的面子上，勉强答应了。到了员外家后，员外远远看去，见名医其貌不扬，衣衫陈旧，与乡间老头无异，与自己想象中的名医相去甚远，心里便有些轻视他，连正门也没有开，而且自己也没有出门迎接。名医也看出了员外轻视自己的意思，只是并不多说什么，径直来到屋里为员外妻子诊脉，之后对员外说："我现在给你开个药方，你可先让病人服用三剂，如果有效果，复诊时不用再叫我来了。你可以去找南门外衣庄店的掌柜，他才是你该找的名医！"说完名医便起身告辞了。

员外妻子服用了名医的药后，病情果然出现了好转，员外心里很高兴。于是，他遵照名医的嘱咐，这次亲自前去南门外的衣庄店请掌柜的前来看病。衣庄店掌柜对此感到莫名其妙，声称自己根本不懂得医术。员外很是纳闷，于是又到其他衣庄店打听，也没有一个懂得医术的掌柜。他左思右想，不得其解。

聪明的读者，你知道这是怎么回事吗？

71. 汪伦"骗"李白

我们知道，李白曾经写过一首诗叫《赠汪伦》，曰：李白乘舟将欲行，忽闻岸上踏歌声。桃花潭水深千尺，不及汪伦送我情。该诗的背景是这样的，当年李白到江南旅行，在泾（jīng）县（今属安徽）有一位叫汪伦的士绅极爱李白的诗歌，他盼望能见到这位诗人，好一睹这位名士的风采。于是，他给李白写了一封信邀请李白到自己家里来。不过，因担心李白不肯前来，汪伦还要了一点花招，"骗"了李白一下。不过，显然李白并没有介意，而是在汪伦家中愉快地住了几天，临行时则赠送了汪伦上面的诗。

我们要说的便是汪伦当初骗李白的方式，据说他给李白写的邀请信是这样的：先生好游乎？此地有十里桃花。先生好饮乎？此地有万家酒店。喜欢美景和美酒的李白自然十分向往，于是兴冲冲地来到了汪伦家中。但是，到了之后，却全然不见信上所说的情景，于是李白感到十分困惑。询问之下，汪伦却"狡辩"了一番。李白一听，哈哈大笑。

你猜汪伦是如何"狡辩"的？

72. 巧惩恶霸

清朝时，在浙江湖州府秀水县有一个远近闻名的恶霸，此人仗着自己腰圆体壮，有几分力气，再加上练过一点武术，便经常在当地欺负乡邻，许多受他欺负的人敢怒不敢言，因为他姓张，便送他外号赖皮张。

这个赖皮张到外面经常溜达，看到别人的东西便想占便宜。由于当地人多有用池塘养鱼者，因此赖皮张经常去别人家养鱼的池塘用网捕鱼，没网时便用手摸鱼，摸走的都是顶大顶大的上好肥鱼，然后留下一句"先记着账，下次给你钱"就算了事。当地养鱼的人家受欺负多了，便想出这口恶气。这天，他们找到当地一个一向以聪明著称的渔民王三商量对策。王三于是便给大家说出了一个计策，大家都称妙计。

这天，赖皮张又吊儿郎当地到湖边来溜达，奇怪的是他看到今天各家渔民的池塘里都没有鱼，只有王三的塘子里有鱼，而竹栏上则贴着一张纸条，上写：严禁下塘摸鱼，违者断指。

赖皮张一看大骂道:"王三小子,也敢出此狂言,爷爷今天就摸了,看你能把爷爷怎么着!"说罢便下塘去摸鱼。

但是,没想到赖皮张这次就真的被断了手指,并且他不仅没法怪罪王三,而且还得感激王三,你猜是怎么回事?

73. 奴隶讨债

从前,有个奴隶通过自己辛苦劳动和省吃俭用,攒了一点钱。没想到被奴隶主知道了,便强行将他的钱借去了,然后一直赖着不还。这个奴隶主仗着自己有钱有势,经常向他的奴隶们借钱或者是生活用品、牲畜等。名义上是"借",其实根本不还,大家都害怕他的权势,拿他没办法。这个奴隶的钱被借走后,心想自己如此辛苦,才攒下这点钱,奴隶主这么富有,还要占自己的便宜,于是越想越气愤,下决心一定要将自己的钱讨回来。但是,他左思右想,也想不到好办法。不久,各地都盛传流行瘟疫,这个奴隶灵机一动,有了主意,最终收回了奴隶主借自己的钱。不仅如此,其他的奴隶也都凭借这个奴隶的主意收回了自己的钱。

你猜,这个奴隶的主意是什么?

74. 海瑞审石头

明朝嘉靖年间,海瑞新到浙江嘉兴淳安县任县令。因为他为人刚直不阿,为民做主,因此当地的许多恶少都想将他赶走,经常故意寻衅滋事。一天,海瑞乘轿从外面回来,衙门前的一帮恶少便起哄起来,他们挤挤抗抗,将街上的秩序搞得很乱。正在街上担着一担瓷碗的老汉被他们这么一挤,没有站稳,便一下子将担子碰在了衙门前的青石板上,一担瓷碗摔了个粉碎。这下这些人起哄得更厉害了。

海瑞于是便落轿看是怎么回事。那老汉跪下后便哭诉道:"我老汉就全靠贩卖这些瓷碗来养活家里的妻子老小,这下子全摔碎了,下个月家里人便要饿肚子了。"这时,其中的一个恶少为了戏弄海瑞,便故意指着那块青石板说:"大人,全都怪它,我们都可以作证,请老爷秉公审理!"其他人一听,便轰然大笑起来。

但是海瑞似乎并不在意,而是真的吩咐左右将这块青石板抬到堂上,声称要审问这个罪魁祸首。同时,他也要这些恶少都到堂上充当证人。这些恶少自然十分好奇,纷纷来到堂上,看海瑞玩什么把戏。并且,街上的许多人也都十分好奇,纷纷前来看热闹。

审问石头自然是假,借审问石头惩治那些恶少才是海瑞真正要做的,试想一下,海瑞如何通过审问石头来惩治那帮恶少?

75. 杰克卖保险

杰克是美国一家保险公司的推销员,他的工作是负责对美国新兵培训中心的新兵推销军人保险。他的这个工作干得很出色,被他推销的新兵百分之百都会购买他的保险。这次,他又来到了一个新兵培训中心,培训中心的负责人对他的高成功率早有耳闻,他很好奇杰克究竟对这些桀骜不驯的新兵们说了什么,能让他们乖乖地掏钱。这天,在杰克对新兵们进行推销的时候,他悄悄混在其间。

"小伙子们,现在我来给你们解释一下军人保险将会带给你们的好处。"只见杰克对新兵们说,"假如你在战争中不幸阵亡了,政府会支付你的家属8000美元的抚恤金。而假如你生前买了军人保险的话,那么政府将支付你的家属40万美金。"

士兵们一听,并不怎么感兴趣,而是起哄道:"这又有什么用,即使是1亿美金能换回我的命吗？"

接下来，杰克说了一句话，新兵马上都买了他的保险。而这个培训中心的负责人也一下子明白了杰克推销的诀窍。

猜一下，杰克接下来说了一句什么话，使得士兵立刻购买了保险？

76．蒋恒智找真凶

贞观年间，曾经发生了一件案子，案子本身倒也没什么奇特，只是破案的手段相当的高明，破了此案的乃是当时的御史蒋恒。

案情是这样的：一天晚上，衡州（今湖南衡阳）一家客店的女主人看当晚客人少，只有三个一块前来的外地客商，自己便回同一镇上的娘家去了，只留下男店主招呼他们。没想到这天夜里，有人偷了三个客商防身的刀，用来杀死了店主，然后又将刀悄悄放回了原处。三个客商并不知情，一直睡到第二天清晨才起来，因为店钱已经提前交过了，看不见店主，他们便径自离开赶路了。

第二天上午，女店主回来后发现丈夫被杀死，而昨天晚上投宿的三个客商则不见了，便以为是这三个客商杀死了自己丈夫。于是，她呼喊左邻右舍一起边打听边看脚印，追赶三个客商。追上三个客商后，发现他们的一把刀上果然有血迹，更确定无疑了，于是众人将三人捆了押回来，交给官府。官府认为人赃并获，定是三人杀死了店主，见三人不招供，便动用大刑。三人本是商人，吃不住刑罚，便含冤招认了。按照当时法律，死刑案要上报朝廷中央核准。

朝廷接到此案的报告材料后，觉得疑点众多，便派御史蒋恒到衡州重新审理此案。蒋恒推断此案定有隐情，首先，三个客商与店主无冤无仇，为何要杀死店主？其次，三人既然杀了人，为何还敢大模大样地睡到第二天凌晨才离开客店？第三，一般而言，杀人后犯人都会赶紧销毁或扔掉杀人凶器，三人为何竟敢带着沾了血迹的杀人凶器上路？但是，如果三人未曾杀人，为何刀上会有死者血迹？莫非是有人借刀杀人，栽赃陷害？那么，这杀人者又是谁呢？如何将他找出来呢？蒋恒考虑了大半夜，终于想到一条妙计。

到了第二天，蒋恒发布一条命令，凡是当时参加追捕凶手的15岁以上者，以及附近的街坊邻居，全部都到衙门中来，向官府说明自己对本案的所见。等所有人都到齐后，蒋恒便又借口说人手不够，让这些人都暂且回去，却单单留下其中的一个80多岁的老婆婆。蒋恒其实也并没有问老婆婆什么，只是把她留住，随便问了一些问题，只是直到晚上才放她回去。

接下来的两天，蒋恒都单独将老婆婆传来衙门中，同样是直到晚上才放她回去。

就这样，蒋恒很快便找出了真凶。你猜他是如何找到真凶的？

□世界思维名题

答 案

1

曹冲先用剪刀在自己漂亮的衣服上剪了几个窟窿，装成被老鼠咬破的样子。然后带着库吏来到曹操门前，他让库吏在门外等着，听到他的信号再进屋。"父亲，你看看都怪我不好，这么漂亮的衣服，被老鼠咬了几个大洞。以后，再也不能穿了，我真是犯了大错了呀。"曹冲带着哭腔对曹操说。曹操听了，哈哈大笑，摸着儿子的脑袋说："是老鼠咬破了衣服，该怪老鼠呀，怎么能怪你呢？好了，别难过了，过一会儿我叫人再给你做一件衣服。"曹冲笑着说："对，都怪老鼠不好。我一定要抓住老鼠，好好教训教训它。"说着，曹冲使劲咳嗽了几声。库吏听到曹冲的暗号，赶紧把自己绑了，来见曹操，他哭丧着脸说："对不起，丞相，是我工作失职，您心爱的马鞍被老鼠咬破了，所以我来请求您惩罚我。"曹操听了，顿时心疼起来，他沉下脸刚要发火。曹冲赶紧说："父亲，最近老鼠真是太猖獗了，得想办法捕灭老鼠才行呀。"曹操醒悟过来，明白这事不能怪库吏，就摆摆手说："好了，我知道了，去想办法捕灭老鼠吧。"库吏跪谢了曹操，又过来找曹冲，千恩万谢了一番。

曹操出于对儿子的疼爱，才安慰曹冲，让曹冲不要在意被老鼠咬坏了东西。没想到，这个正是曹冲的一个小圈套，曹操无意说出的话，其实成为了一个标准，处理同一类的事情，当然都要按照这样的标准来执行了，所以，当库吏过来请罪的时候，曹操也只好免去了他的罪过。

2

先生的题目是够刁钻的，怎样才能得到先生的允许出了庄门呢？学生们各显神通，但是都是先生预料之中的答案，这些当然不能让先生满意了，要想顺利毕业，只能突破常规的思维，给先生来个出其不意——

诸葛亮跑进屋里大声质问先生："你这个刻薄的先生，想出这样的刁钻题目来故意难为我们，三年以来，我们光阴虚度，现在你还不让我们出师，还想再浪费我们的时间呀！我不认你这个师父了，还我三年学费！"先生听到诸葛亮说出这样绝情的话，再看他一脸愤怒的样子，没有作假的痕迹，顿时气得浑身发抖，立即叫学生把他赶出水镜庄。诸葛亮依然不依不饶，连声讨要学费，好歹被学生们拉出了水镜庄。来到庄外，诸葛亮立即从路边捡起一根荆棘，背在身上，又跑回庄内，跪倒在先生面前，赔罪说："先生，弟子为了考试，无奈冒犯恩师，实在是大逆不道，弟子甘愿受罚！"说着，从后背下荆棘送给水镜先生。先生立刻明白了，他非但没有生诸葛亮的气，还高兴地拉起诸葛亮，对他说："你的能力已经胜过了为师，可以出师了。"

诸葛亮没有编造理由出庄，而是怒斥题目的刁钻，继而冤枉先生浪费了自己三年的光阴，把一场假戏演得像真的一样。满腹委屈的先生，顾不得自己的题目了，愤怒地把诸葛亮赶出了庄园。

3

当然了。

夫妻俩把宋湘的对联贴到了小店的门上，顿时蓬荜生辉，非常引人注目。附近的秀才见了，就过来鉴赏，可是，却发现"心"字少了一点，就问是谁写的。夫妻俩据实相告。"想不到著名才子宋湘，居然连'心'都不会写，实在是奇闻啊！"秀才大笑出门去，把这件事四处宣扬。一传十，十传百，听到这消息的各式各样的人，都过来观赏，顿时小店门前热闹起来，小店的生意也红火起来了，本来大家是来看宋湘笑话的，却忍不住赞美起小店的点心来，都说："果然是上等点心！"如此一来，"上等点心"的名声越来越大，小店的生意也越来越红火，没过多久就重新翻盖了一栋气派的酒店。过了很久，夫妻俩才明白宋湘的一片苦心，宋湘少了一个点的"心"字，正是他独具匠心之处啊。宋湘其实是利用自己的名声，给小店做了一个广告。

4

费尽心血完成的著作，却没有人理会，其实只要人们能稍微留意，就会发现这确实是一部意义深刻的好书。但是，令人沮丧的是，忙忙碌碌的人们，根本不会注意到那本默默无闻的好书，所以，当前最重要的任务就是让人们注意到它——

第二天，伦敦各大报纸都在醒目的位置刊登了一条征婚广告："本人喜欢音乐和运动，是个年轻又有教养的百万富翁。希望能和毛姆小说中主角完全一样的女性结婚。"未婚的女士读者们，甚至来不及看第二遍广告，就冲进书店，四处搜索毛姆的小说。她们想立即知道，自己是不是年轻富豪所要找的目标。而男士朋友们也不甘落后，想了解一下令富豪痴迷的完美女士，到底是什么样的。三天以后，毛姆的小说销售殆尽，而购书的读者依然数量不减，书店的工作人员只好抱歉地说："书已经脱销三次了！现在正在向出版社增订呢。"

毛姆利用少女们渴望美满爱情的心理，和男士们好奇的心理，成功地实现了自己的目的。

5

阿南·拉西勒斯见到乔治六世后，没有直接对其陈述利害，而是从另一个角度说道：'国王陛下，我听说您明天要和首相一起前去观看诺曼底登陆，这的确是件令人兴奋的事情。不过，作为您的秘书，我有必要提醒您，在您临走之前，您是不是应该对伊丽莎白公主交代一些事情。因为万一您和首相同时遭遇不测，王位由谁来继承？首相的人选是谁？"

听到阿南·拉西勒斯的话，正在兴头上的乔治六世像是被兜头泼了一盆凉水。他立刻清醒地意识到自己和首相的想法都实在是过于不负责任了，只考虑了个人的浪漫和荣誉，而完全忘记了自己对于国家所负的责任。于是，他立刻给首相丘吉尔写信，他解释说自己虽然很想像古代国王那样，亲自率领英军作战。但是从目前的情况来看，这样做不仅对国家无益，反而是极不负责任的做法。因此宣称自己收回成命。并且，他也劝首相不要这样做。丘吉尔最终也接受了他的劝告。

6

郑板桥将财主打发走后，便将穷公子找来，问他道："你愿意解除婚约吗？"穷公子流着泪说道："学生自然不愿，这是家父当初为学生定下的婚姻。俗话说，父母之命，媒妁之言。我也并非贪图他家钱财，只是觉得这是父母当初定下的婚姻，想要给九泉之下的父母一个交代罢了！"郑板桥听这年轻人说得有礼有节，条理清晰，便更加欣赏他了，于是对他说道："现在你的岳父之所以赖账，是因为你无钱无势。现在呢，我将他送给我的1000两银子转送给你，你就不穷了；我认了他的女儿为干女儿，你们成亲后，从今以后你就是我的干女婿了，你也就有势了。他也就没有理由解除婚约了。不过，我之所以这么帮你，也是因为看你人品不错，又有才学，将来肯定不会久居人下。你可不要辜负我和我的干女儿啊！"穷公子一听，又喜又感激，立刻给郑板桥口头谢恩，并保证一定努力上进，不辜负郑板桥和他的干女儿。

接下来，郑板桥又将财主以及他的女儿找来，对财主女儿说："好了，你现在是我的干女儿，可要听从我的安排啊！"

财主女儿点点头。财主更是在一旁奉承："那是当然，那是当然！"

然后，郑板桥便叫来了穷公子，对财主说："现在，你这个女婿有了1000两银子，也不算很穷了。与小姐成婚后，就是我的干女婿，也算是有势了。这下你没有理由解除婚约了吧。况且，几个月后就是秋闱了，到时他一旦考中，更少不了高官厚禄，你这个岳父还有什么不满意的呢！"

财主这才知道，自己完全上了郑板桥的当了，这等于是自己搭了1000两银子嫁女儿。不过想想郑板桥的话也不无道理，这个女婿眼下虽然穷，倒也的确有些才学，是个上进之人。于是，财主便答应了这门亲事。

最后，郑板桥因怕财主反悔，便说道："俗话说，择日不如撞日，我看就在今天我亲自为你们主持婚礼！"

财主也答应了。巧的是，这年秋闱，这个穷公子还真考中了，于是财主以及小夫妻三人对郑板桥都十分感激。

7

这个记者故意自言自语地说："想不到这里如今还在用锄头开垦土地呢！"

"胡说！"坐在一旁的胡佛一听，对于这位对美国农业"毫不了解"的记者感到十分愤怒，"这里早就用现代化的方法来进行垦伐了！"接着他便大谈特谈起美国的垦殖问题来了。就这样，这位记者达到了自己的目的。不久，一篇内容详尽的《胡佛谈美国农业垦殖问题》的新闻报道就见了报。

8

原来，甘茂听说了这一消息后，立刻前去拜见秦武王，祝贺秦武王得到了新的宰相。

秦武王一听，吃了一惊，这件事自己只和公孙衍提过，于是问甘茂是从何处得知这一消息的。甘茂便称是公孙衍说的。秦武王一听，感到十分恼火，觉得公孙衍这人沉不住气，不可靠，便将他流放了，并重新倚重于甘茂。

9

启疆接着上面的话说道："……只是我们大王觉得给了这个，那个不高兴，容易引起大国之间的仇怨，所以才谁也没给。没想到这张弓最终让您得到了，所以我才对您表示恭贺。现在您既然得到了这张宝弓，可一定

要保护好啊，千万别让那三个大国知道了，否则他们可能会以索要大屈弓为名，讨伐鲁国。"鲁昭公一听，害怕因此弓招致三个大国的嫉恨，遭到进攻，便将弓还给了楚王。

在故事中，启疆是用了一种迂回思维要回了大屈弓。不过，启疆的迂回思维用得并不高明，因为后来，鲁昭公也明白了楚王只是因为小家子气才讨回了弓，十分生气，临走时将楚王送给他的东西都丢进了水里，这是后话了。

10

张大爷说道："哎呀，我终于找到你的声音啦！"

11

原来，老宰相正是想借此试探属下的忠奸。从此以后，老宰相便有意地疏远起那些附和他的人了。

12

新知府呵斥盗贼道："别人都说你狡诈果然是不错。这三天来，我故意重复问你同一个问题，可是每天你的回答都不一样。对于这些家常小事，你尚且撒谎，在你犯罪这样重大问题上，你如何让人信你的话！现在你撒谎的记录已经明确记录在案，对于你这样的狠毒狡诈之徒，我现在就是将你当堂打死，到时也可用这个记录交代上级，得到理解，而不会受到责怪。现在你如不老实招供，我立刻就用大刑伺候你！"说罢，便喝令衙役用刑。强盗一看，顿时服软，表示愿意交代，并在书面上保证永不再翻供。

新知府之所以能够令强盗服软，便是他先迂回地证明了强盗狡诈、没有信用的本性，使得强盗心服口服，心理防线崩溃，进而老实交代了罪行。

13

魏徵说："臣以为陛下是在观献陵（唐高祖李渊的陵墓）呢！原来是昭陵，那臣早就看见它了！"

14

长孙皇后对唐太宗说："陛下，我之所以

合您道喜,是因为我听说'主明臣直'。只有皇帝英明了,大臣才敢直言诤谏;如果皇帝昏聩,周围的人便会是一些阿谀奉承之徒。如今我看到魏徵敢于当面指出您的缺点,甚至惹得您发怒,这正说明我们大唐有英明的皇帝,同时又有魏徵这样的刚直之臣,实乃我大唐之福,我如何能不祝贺呢!"

实际上,长孙皇后的这番话便是在拐弯抹角地为魏徵求情,同时也是在拐弯抹角地奉劝唐太宗要像以前那样虚心纳谏。通过这样一种方式迂回地说出来,显然令唐太宗更容易接受。

15

赵普反问宋太祖道:"周世宗待陛下如何?您为何会背负他呢?"

通过历史我们知道,赵匡胤当年就为周世宗所器重,但他还是借周世宗之子柴宗训幼之机,夺了后周天下。赵普以此提醒赵匡胤,虽说绕了弯子,却自然更令他信服。

16

"老师您想一下,"王揖唐解释道,"袁世凯如果真要杀您,他早就动手了,何必将您幽禁这么长时间?其实,他也不是不想杀您,但是,他是不敢啊!袁世凯这个人我是十分了解,其狡诈正像曹操一样,他是不想留下杀士的千秋万代骂名啊!而如果您自己绝食而死,则他既解决了心头之患,又不用落下骂名。因此老师您是用自己的性命成全了袁世凯啊!"

章炳麟一听,便立刻开始进餐了。

17

孙宝充命人到街上其他货郎那里买来一枚油炸馓子,当众称出重量,然后再叫人将王二的碎掉的馓子捧起来称出重量。然后,再将两者进行相除,即得出了王二的馓子数量。原来,总共只有 120 枚而已,王二脸红着接过青年赔的钱,向孙宝充道谢后离去。

这里,从正面看,馓子碎了,要想数出其个数,似乎是根本不可能的事情。但是,如果能绕着弯子想一下,办法是如此简单。

孙宝充之所以能解决这个问题,便是因为他利用了一种迂回思维。

18

神甫在盒子里放了一只老鼠。两人打开盒子,看到老鼠后,认为这就是神甫的答案,于是都迫不及待地扑上去想捉住神甫的"答案"。但老鼠一下子钻进洞里不见了。两个傻瓜一看自己让神甫的"答案"跑掉了,便不得不承认自己是真的傻瓜。

19

智者这次对妇女说:"好了,现在你回家去,不要让母牛再住在里面了,一个星期后来找我。"妇女于是回去了。一个星期后,她来到智者家里告诉智者:"我按照你的办法做了之后,现在情况好多了!"然后,智者又告诉她:"嗯,很好,现在你回去,也不要再让那些鸭子住在屋里了,一个星期后再来找我。"于是妇女回去了。一个星期后,她很高兴地告诉智者:"现在,我和丈夫、孩子以及公婆都十分安乐地生活起来了。"

20

过了一星期,富翁的儿子回来了。其实,他自己攒了一些私房钱,他出去的这一星期,不过是到城镇里租了个旅馆住下来,然后白天在城镇里游玩,晚上回旅馆睡觉而已。一星期后,他玩腻了,便带着一块钱的硬币回到了家里。他将这一块钱递给了父亲,谎称这是他在伐木场伐木挣来的。但是,没想到父亲只是看了他一眼,便将这一块钱扔进了壁炉里,然后说:"这钱不是你挣的。"儿子也不明白父亲为什么只看了一眼自己的钱就识破了自己的诡计。也不敢多问,他又出门了。

这次富翁的儿子同样是老办法,又是到城镇里玩了一星期,将自己的钱都玩没了,最后他只留下了一块钱的硬币,又带着回家了。路上,他心想,父亲之所以一眼看出来钱不是自己挣的,可能是因为自己身上太干净了,又没有一点疲惫的样子。所以,这次他回家没有像上次那样坐车,而是徒步回家,并且还故意绕了远路，又故意将自己饿了一顿，使得自己看上去又累又疲惫。回到家后，他又将自己这最后的一块钱交给了父亲，谎称这是自己在农场给人干活挣来的。但是，没想到的是，父亲仍是看了一眼自己，然后便又将钱扔进了壁炉，并同样说道："这钱不是你挣的。"儿子一听，感到奇怪的同时又感到很沮丧。看来，是骗不了父亲了，他又出门了。

不过，这次他决定自己真的去挣一块钱交给父亲，况且，他的私房钱已经花光了，要想吃饭，他也不得不去自己挣钱。最后，他来到了一户农家，帮人家干家务，劈柴、挑水、割草，整整干了两天，累得身体快散了架，才赚到了一点零钱。第二天，他又来到了一个铁匠铺，帮铁匠拉了两天风箱，两只胳膊痛得快掉下来似的，又赚了一点零钱。因为他只是个少年，挣的钱本来就不多，再加上自己的吃饭用度，几天下来，他剩下的钱还是不够一块。于是，他牙一咬，还真的到一个伐木场，伐了两天木材。这样，他才最终凑够了一块钱的零钱，并将它们换成了一个硬币，带着它高兴地回家了。

这次，他是充满骄傲地将一块钱递给了父亲。没想到父亲又是同样的举动，看了一眼自己后再次将钱扔进了壁炉，并说这钱不是儿子挣的。这下，儿子急了，立刻打开壁炉，用铲子将里面的灰烬都挖出来，然后从中艰难地找到那个硬币，小心翼翼地将它吹干净。他这次几乎急得快要掉泪了，看着父亲说道："爸爸，这次这一块钱真的是我挣的！"

这时，富翁笑了，对儿子说道："这次我信了！"接下来父亲又解释道，"只有你自己用汗水挣来的钱你才会珍惜啊！上两次我其实并不知道那钱不是你挣的，只是我将钱扔进壁炉后，你没反应，我才知道那钱不是你挣的。而这次，从你对这一块钱的爱惜中，我相信了这一块钱是你挣的了。现在，你该知道挣钱的艰辛了吧！"儿子信服地点了

点头。

21

原来，读书人进了县衙后对县令说："大人，您新到任，对这里的情况恐怕不熟悉。这里的盗贼很多，因此我想请您下令，让家家户户都养狗。这样，盗贼一来，狗就会叫唤，久而久之，盗贼也就不敢来了！"

县令一听，点了点头说道："如果真是这样，你说的有道理。这么说我的府里也得养几条狗了，可是，一时之间这狗还不好找呢！"

读书人便回道："这个简单，我家里便养了一群狗，如果大人需要，我改天送几条到您府上便是！我家的狗还比较特别呢，它们的叫声和其他的狗还不太一样！"

县令好奇地问："怎么个叫法呢？"

读书人回道："是恸恸、恸恸地叫！"

县令便说："这样看来，你家的狗并非是什么好狗，恸恸叫的狗不好，好狗的叫声是汪汪、汪汪的！"边说县令边学起狗叫来。

22

植物学家让布兰科把自己罕见的花卉种子无偿地送给了邻居们，大家一起来种这种名贵的花卉，从而就避免了被本地花粉所"传染"。其实这也就是所谓的"资源共享"。

许多时候，自己想得到好处，首先要让别人得到好处，然后好处才会"回过头来"眷顾自己，这是一种迂回思维。

23

"芭比策略"的实质其实是"诱敌术"，也就是变着法子掏消费者的钱。在现代的经销概念里面，经营者为消费者设置了环环相扣的营销计划。经营者先用很低廉的价格与漂亮的娃娃抓住了父母的眼睛。当他们把这个礼物送给孩子的时候其实正在一步步走进他们设置的圈套。从思维上来讲，"芭比策略"所体现的乃是一种迂回思维。

24

图德拉首先来到西班牙，那里的造船厂因为没有订货任务而在发愁。在这个时候，

图德拉告诉他们："假如你们能够向我订购2亿美元的牛肉，我就可以向你们订购建造一艘2亿美元超级游艇的任务。"

这样的一个条件，西班牙人当然乐意接受了。就这样，他成功地将阿根廷过剩的牛肉卖给了西班牙人，并且从西班牙订购了一艘2亿美元的超级游艇。

回到自己的国家之后，图德拉立即找到了一家石油公司，用购买2亿美元丁烷作为交换条件，让石油公司租用他从西班牙购买的那艘超级游艇。

通过以上一系列的活动，图德拉精心设计了一个连环计，通过这一计，他成功地将两条风牛马不相及的事情联系到了一起，并且自己还从中获得了丰厚的利润。这里，图德拉体现出了一种巧妙的迂回思维。

25

薛礼先放出了第一批麻雀，它们爪子上面带的是硫磺和火药；紧接着，他又命令把第二批爪子上拴着点燃的香头的麻雀也放了出来。这些麻雀一样飞到了城里的草垛上面觅食，不一会儿，它们带来的香头就把装着硫磺和火药的小袋子点燃了。

很快城里的草垛就这样燃起了熊熊大火，而敌军此时根本就不知道什么原因让草垛着了起来。薛礼抓住了这个好的时机，带领士兵一举攻进了城里，结果大获全胜。

26

这位服务员非常亲切地拿着那个精致的小匣子走到了外宾身边，很有礼貌地用英文对外宾说："先生，你好！非常感谢您选择了我们饭店用餐。我们发现你在用餐的时候对我们的景泰蓝筷子非常感兴趣。景泰蓝筷子是我国精美工艺品之一，非常感谢您对它的赏识。为了表达我们的感激之情，经我们值班经理的批准，我代表我们酒店将一双制作精美、做工精细，并且经过严格消毒的景泰蓝筷子赠送与您，这是特意盛放筷子的小匣子，请您收下！"

服务员边说边递上那个精美的小匣子，然后接着对外宾说："按照我们酒店的规定，我们将以最'优惠价格'记在您的账上，您看这样可以吗？"

外宾听了服务员这么有礼貌的话之后，立即明白话外之音，于是首先和服务员表达了自己的感激之情，然后很不好意思地对服务员说："真是不好意思，刚才多喝了几杯酒，有点晕了，居然将筷子放到了包里。"这样外宾就找到了一个台阶下。接着就赶紧从包里把那双筷子放到餐桌上面，然后大家同时笑了起来，事情就这样在一种和谐的氛围下被解决。

27

帅克知道与警察打的那个赌，无论是谁都不会赢，因为人不会在一夜之间长出一只尾巴。所以当他和警察打完赌之后，就跑到了警察的父亲、舅舅、叔叔面前和他们打赌说警察会愿意让帅克摸屁股，他们当然不会相信，于是每个人都赌了100元钱。

当警察让帅克摸了屁股之后，帅克就一下子赢了300元钱，虽然最后输给了警察100元，但是最后自己依旧是赢家，而且他还让警察在亲人面前丢了脸。由此，我们也明白了，帅克之所以打赌老是赢，并不是因为他运气好，而是因为他善于动脑筋。

28

假如按照常规思维纪晓岚无论怎么吃都不能在10天之内吃下100只鸭子。纪晓岚采用的是一种很特别的办法。

第一天，他杀了30只鸭子，然后把鸭子剁成了肉丁，撒给其余的70只鸭子吃；第二天，又杀了20只鸭子，采用同样的办法喂给了其余的50只鸭子；第三天，第四天……纪晓岚采取同样的办法，等到第十天的时候，就只剩下了1只鸭子，纪晓岚自己美美地吃了一顿。

29

大部分人对于接受新事物总是需要时间的。对于当时的人们来说，煤油炉和煤油是新事物。人们对新事物的接受还需要一个过程。正是因为这个公司的老板认识到了这一点，他才会想出聪明的办法——先让居民免费使用产品。这就是让居民接受新事物的第一步。等到家庭用完了免费送出的煤油之后，他们已经认识到了新产品的好处，如果他们又想继续使用该产品，自然就会向公司购买。这样，公司的销路就打开了。所以说，这个老板一点也不傻。这个老板正是使用了一种迂回思维，达到了自己的目的。

30

纪晓岚是这样说的："刚才臣正要去投湖，正巧遇见了屈原。屈原向我说道，他当年投河的原因，是因为楚王昏庸，听信小人谗言，然后问我为什么要投湖，问是不是当朝的皇帝也昏庸了。我就和他说，我们的皇帝是一代明君，明智到无人能及，生在这样的环境里，我们的臣子是不能有跳湖的想法的。所以，我就回来了。"

纪晓岚在这个很危急的时刻里，不仅没有乱了阵脚，还能机智地想起屈原投江的典故，并且巧妙地利用这个典故破解了皇帝的难题，保全了自己的性命。

31

查尔斯是这样说的："一般情况下，我是不会轻易向别人道歉的。但这一次，确实是我错了。我原以为艾尔弗雷特的诗是从书上偷来的，但是，当我找到那本书的时候，我发现，那首诗依然在那里，他并没有被偷走，所以，我就决定向你道歉了！"

很明显，查尔斯的道歉不是真的道歉，而是在讽刺艾尔弗雷特。对于这种厚颜无耻的人，讽刺才是最好、最有利的反击。

32

学者拿着A国货币的100元在A国购买了10元的东西，在找钱的时候，他说自己要去B国，要求商家找给他B国的货币。因为A国的90元等于B国的100元，所以找给他的应该是B国的100元，这样他就有了200元B国的货币。在B国用同样的办法去买东西，如此往复，他自然就会发大财了。

33

和尚对农民说："看到你们早上同出，晚上同归，一块吃饭，一起干活，有说有笑，恩恩爱爱，我羡慕得都准备还俗了，你怎么反过来想做和尚呀？"

原来，这一切都是农民妻子预料好的，她看自己的丈夫想要出家，心想如果直接阻拦，丈夫可能态度更加坚决。同时他知道，丈夫要拜在和尚庙里出家，首先要经过和尚的同意。于是，她便故意表现得和丈夫很恩爱，以让和尚看到。果然如她所料，和尚羡慕起了他们，劝阻了他的丈夫。另外，她知道，即使和尚不羡慕他们，在看到他们的恩爱情形后，出于出家人的慈悲，也一定会尽力劝阻丈夫出家的。

34

主管说："最近，我发现年轻的女职工中有人说话有点随便，有损公司的形象，请你代我转告一下好吗？"

主管充分尊重了职工的自尊心，只是让女职员转告其他女职员，但是，女职员肯定也知道主管也是在委婉地说自己。这样一来，既保留了和气，也收到了效果，一举两得。

35

原来商人在店前登了一个告示，上面写了一些欠款人的名字以及所欠的数额。其实，这些人名都是虚构的，那些真正欠钱的人一个都没有登上。这样一来，每一个欠商人钱的人都觉得商人因为跟自己的关系铁，故意给自己留了面子，于是都很感谢商人，并把借的钱还了。

催债确实是个麻烦事，如果硬催，很有可能会伤了感情，断了情谊；但有时又不能不催。那么，就迂回一下，看似麻烦的问题便瞬间解决了。

36

厂商们面对一扇紧闭的"大门"，没有直接去推销自己的产品，而是顺应学校方面希望学生积极学习的心理，采用奖励成绩好的学生的方法，得到了学校的同意，打开突破口。然后，又一步步地扩大战果，自然而然地将这学校的禁令给化解掉了。

37

泰丝蕾·娜尔德媞把地毯从一端卷起来，这样，她稍一伸手就可拿到王冠了。

38

"哦，我只是想知道劳伦太太对我做的活儿是否满意。"男孩说道。

39

林肯对老妇人说："尊敬的夫人，听完您的话我很感动。您一家三代为国家服务，我代表政府深表敬意。您的家族为国家所做的贡献已经够多了，我又怎么忍心让您的儿子再去从军冒险呢？另外，您也应该给别人一个为国家效力的机会，您说呢？"

老妇人来为儿子要上校头衔的理由很充分，林肯无法正面回她。然而，林肯知道怎样从对方的心理出发去考虑问题。他站在老妇人的立场，给出了体面而又恰当的拒绝理由。

40

商人的广告是这样写的："上星期日傍晚，有人曾见某君从教堂取走雨伞一把，取伞者如不愿招惹麻烦，还是将伞迅速送回布罗德街10号为好。此君为谁，尽人皆知。"

取伞者因为怕惹麻烦，所以把伞送来了。其实，这则广告还是有漏洞：既然知道是谁取伞了，那何必再登报呢？所以，商人说还是取伞人还是老实的。

41

既然吴道子画的画栩栩如生，那么他可以画一些麻雀的天敌——比如鹰的画放在大殿内，将这些麻雀赶走。这样，既解决了难题，又没有杀生，可谓两全其美。

42

原来，城里老师送给了这个漂亮的小姑娘一件美丽的裙子。小姑娘穿上裙子后，变得更加招人喜爱了。疼爱她的父亲看女儿脏兮兮的手和乱蓬蓬的头发跟漂亮的裙子不搭配，于是便给她好好洗了个澡，并将她头发给梳了起来，扎了个辫子。如此一来，小姑娘就彻底焕然一新，十分漂亮了。但是，这位父亲发现干净的女儿在脏兮兮的家里呆上半天后，便又变脏了。于是，他便带着家里人将家里上上下下地好好打扫了一番，家里就变得洁净亮堂了。接着，这位父亲在享受了家里的干净环境后，一出门看到门口脏兮兮的，便感到十分不顺眼，于是又带领家人将自己门口给整理打扫了一番，并开始注意保持，不再乱倒垃圾了。同时，生活在这样干净的环境中，再加上小姑娘的感染，整个一家人都变得讲究个人卫生了。而村子里的人见这家人的家里家外如此干净，他们一家人也都看上去那么干净，令人愿意亲近，便都学习这家人将家里家外都打扫了一遍，同时也开始注意个人卫生了。

43

原来，任伯年拿出一张纸，根据来访客人的主要特征迅速给勾画出了一张简笔肖像画。父亲一看，立刻认出了来访者是谁。由此也可见任伯年小时候便具有了画画的天赋。

44

其实，石碑上由蚂蚁组成的"楚霸王乌江自刎"这几个字并不是上天的意思，而是刘邦的谋士张良事先预测到项羽可能会逃到乌江边上，因此提前给他设置下了陷阱——他知道项羽有些迷信，因此利用了蚂蚁喜欢吃糖的习性，叫人把糖熬成了糖浆，然后用糖浆在乌江边的那座石碑上写了"楚霸王乌江自刎"这几个大字。蚂蚁闻到糖浆的气味，就沿着被涂了糖浆的这几个字吸食起来。生性鲁莽的楚霸王当时在紧急的情况下，便不辨真伪，没有仔细琢磨其中的奥妙，草率地作出了错误的判断，可怜他一世英雄就此殒命。

45

玛丽尼在雪地里机中生智，她用一块岩石片割裂了自己的动脉血管，然后在雪地里爬行了十几米的距离。正是雪地上那道用血染成的红线，引起了救援人员的注意，他们立即赶到，救回了卡莎林，而玛丽尼由于失血过多，已经没有了气息。

46

看看太阳快落山了，吃饱喝足的狮子从洞里走了出来，它抚摸着兔子的脑袋说："合作愉快，别忘了，明天接着在这里证明你的论文。"

47

这位佳丽是这样说的："我之所以选择希特勒，是因为我想感化他，如果可以的话，那么第二次世界大战就不会爆发了，也不会有那么多的人丧命了。"

既然是选拔性的比赛，必然要拉开差距，选择"肖邦"这个答案，自然比较稳妥，但是，其却很难使选手与他人拉开差距，脱颖而出。因此，这个佳丽一反常规思维，先是给出了令人惊讶的答案，然后又自圆其说，自然能够获得大家的赞叹。

48

当手表从飞机上抛到地面后，依旧完好无损，丝毫没有破裂的痕迹。这就让人们相信了西铁城手表的质量。对于这种稀奇的事情，媒体自然不会袖手旁观，因此，西铁城手表很快就以高质量的形象在澳大利亚广为人知了。

49

原来，这个商人是个新式胶水的生产商，他正是通过这个办法来推销自己的胶水。在看到众人都无法揭下金币之后，他就借机站出来解释道，金币之所以被粘得如此牢固，就是因为使用了他所生产的胶水。自然，有事实佐证，他的胶水自然得到了大家的认可。并且，更为重要的是，因为这件事十分有趣，远近的人们都很快得知了这一事情，商人的胶水便迅速成为知名的产品，商人发财自然是顺理成章的了。

有时候，在报纸上登广告未必能够取得好的宣传效果，而一个好的点子则能够使得产品瞬间为大家所知并接受。

50

韩雍是这么做的：他先找了一个很好的借口盛情宴请这位太监。正当他们吃饭的时候，他事先安排好的邮卒将那封假的诏书送到了韩雍手里。韩雍二话没说，把诏书当众拆开了，假装只读了两句之后，就吃惊地说："这不是我的，你送错了吧？"然后命令邮卒赶紧把诏书送给太监。在这个过程中，韩雍已经快速地将假的诏书换成了他怀里的真诏书。然后，他一边不停地向太监谢罪，一边责怪邮卒粗心送错了诏书，生气地要杖打这个邮卒。太监亲眼看到了这一切，没有丝毫怀疑这件事，反而为邮卒说情，于是一场风波就这么被韩雍的办法化解了，杨燎自然也不用担心杀身之祸了。

51

后来那个母亲便一户一户地打听没有举办过葬礼的人家，但是每一家都回答说他家曾经举办过葬礼。最后，这个母亲只好空手来见释迦牟尼。释迦牟尼于是对她说："现在你明白了吧，任何一个家，都有失去亲人的遭遇，但是人不能永远沉湎于悲伤中。"这个母亲本来在寻找香火的过程中看到别人家都曾经失去过亲人，对比之下，已经觉得自己的悲伤不再那么强烈了。现在，她听了释迦牟尼的开导，更加明白了，此后，她便逐渐摆脱了悲伤。

52

原来，刘颇吩咐仆人取来自己车上所载的粗帛，按照这个价钱付给了车的主人，然后，他命人解开瓮车上捆货的缆绳，将车上的瓮全部推落到路边的悬崖里。瓮车卸去货物之后很容易便出了泥坑，道路也就立刻通畅了。

刘颇在这件事上当机立断，以七八千钱而解了众人的困厄，显示出了一种令人佩服的眼界和气魄。诗人元稹便在《刘颇诗》中言："一言感激士，三世义忠臣。破瓮嫌妨路，烧庄耻属大。迥分辽海气，闲踏洛阳尘。倪使权由我，还君白马津。"其中的"破瓮嫌妨路"一句，说的就是这个典故。

53

李忠臣说道："辛京杲的父亲和众兄弟

已经在沙场上战死了,唯独辛京臬一人至今还活着,所以臣以为他早就应该死了。"皇上一听,立刻想到了辛京臬一家在战场上的功劳,并动了恻隐之心,于是只对辛京臬改判降职。

54

这个优伶故意捋袖摩拳,十分夸张地痛骂县令道:"你也太不懂事了,身为县令,你难道不知道皇上喜欢打猎吗?你为何还要唆使老百姓种田向皇上交租税呢?你难道不会让老百姓都饿死,使这里的田地都空出来好供给我们皇上驰骋打猎吗?你真是罪该万死!"说完之后,这个优伶还故意严肃地跪在庄宗面前,建议将这个不懂事的县令处死。这里,这个优伶显然一反正常的思路,没有向庄宗直接讽谏,而是采用了一种逆向思维的方式使得庄宗行为的荒谬袒露无余,使得他不得不认识到自己的错误。

55

优孟一来到楚王面前便放声大哭,楚庄王忙问其何故,优孟于是说道:"这匹马是大王最心爱的东西。以楚国之大,什么东西弄不到?现在以大夫之礼埋葬这匹马,太寒酸了!我建议用君王的礼仪来埋葬它。"楚庄王于是问:"那么具体该怎么个葬法呢?"优孟说:"我建议以雕玉作棺,梓刻为椁;请各国诸侯前来为其送葬,齐、越王走在送殡队伍前面,韩、魏王押后。如此,方能让各诸候知道大王您是如何地尊崇一匹马,轻视贤人的了!"楚庄王听到这里,方恍然大悟,立刻说道:"看来这件事情,我的确是错得太厉害了,现在依您之见,如何葬这匹马呢?"优孟说:"我建议大王您改用六畜之礼葬之。具体而言便是:以灶为椁,以锅为棺,以火光为衣裳,用枣、姜、术兰为祭品,同时祭以米饭,埋葬到人的肚子里去就可以了!"楚庄王一听,点了点头,下令将这匹马煮了分给大家吃。

56

奴隶听到判决后,从容地对国王说:"尊敬的国王,如果您一定要处死我的话,为了您和我的利益着想,请允许我首先做一件事——杀死我的主人。因为按照情理和法律,血债才需要血来偿还。这样一来,您再处死我,我也就死而瞑目了;同时,这样一来,您宣布处死我,也就是公正的了,您就不必再承担杀害无辜的罪名了。"

试想,面对国王对自己的过于严厉的判罚,这个奴隶如果直接向国王申辩自己罪不至死的话,虽然有道理,但国王未必有耐心听,可能只会不耐烦地令侍卫将其拖下去。奴隶采用这样一种反着说话的方式,便首先引起了国王的好奇心,愿意听下去。其次,奴隶的听上去荒谬的要求也便巧妙地让国王自己领悟到奴隶罪不至死,这自然比由奴隶自己说出来更具有说服力。

57

小梅想了一下,拿起自己刚买的那张门票,走到那个人面前问:"先生,我刚买到这场演出的门票,现在有事去不了了,你要吗?"那个小偷得手后正好没事可干,听到有人主动让票就高兴地答应了。然后小偷安然无事地去看演出了。

小梅此时一口气跑到了附近的警察局,将事情一五一十地向警察说明白了,然后又把那张票的具体所在位置告诉了警察。警察赶到剧院正好抓了个正着。

58

原来简雍说的话是:"这两个人有进行通奸的作案工具,自然便应该被抓。"显然,简雍是在借用比喻来讽谏刘备。这里,简雍显然是以这件事来和抓捕私藏酿酒器具的百姓的事进行了类比,因为这对男女具有通奸的"工具"便将他们抓起来,自然是荒谬的。但是,因百姓拥有酿酒工具便将百姓抓起来显然也是同样的道理。显然,一个国家的法律必然只能是以事实为依据,而不能以人有某些犯罪的条件就认定其有罪。简雍用逻辑上的类比方法把这一道理说得极其透彻,又极其浅显,因而使刘备不能不采纳。

59

比尔巴带着一副金绞架和一副银绞架进宫后，对国王说："陛下，这副金绞架是给您做的，这副银绞架是给我做的，因为您和我也同样是丈母娘的女婿呀！"国王一听，哈哈大笑，立即取消了这个荒唐的命令。

60

陶渊明对少年说道："你刚才说你看不到禾苗在成长，但它却正是从一个小苗子长成一人多高的禾秧的。其实它每时每刻都在成长，只是你看不到罢了。知识的增长也靠一点一滴的积累，有时连自己都不能察觉。哪里会有什么捷径！读书学习只要持之以恒，勤学不止，就会由知之甚少变为知之甚多。记住，勤学如春起之苗，不见其增，却每天有所长啊！"顿了一下之后，陶渊明继续说道："而如果你荒废学习，那么你的知识也便如同那磨刀石一样，虽然你每天看不出亏损，实际上却是一点点地亏损。因此，辍学如磨刀石，不见其损，却每天有所亏。"

其实，陶渊明所讲的这两个有关学习的道理，许多人都讲过，但之所以都没有陶渊明的说法流传广远，便是因为陶渊明采用了生动的比喻，使其听起来形象易懂。

61

原来，陈轸所打比方中的"画蛇添足者"正比喻的是昭阳。他对昭阳说道："如今将军您已经为楚国打败魏国，并得到八座城池，这已经能够令将军您功成名就了。现在您又要进攻齐国，试想，如果您又攻下了齐国，楚王该给您什么样的封赏呢？到时，楚王对您赏无可赏，您可就危险了。最终您只能是费力不讨好，落得个身败名裂的下场，就跟那个画蛇添足的人一样。"

62

显然，庞葱所讲的道理无非是流言蜚语多了，足以可以毁掉一个人，所谓"众口铄金，积毁销骨"。不过，这样的道理，显然每个人都或深或浅地懂得，如果庞葱只是毫无新意地在魏王面前将这个众所周知的道理再重复一遍，大概魏王只会觉得厌烦。正因为此，庞葱没有这样做，而是巧妙地利用了迂回思维，使得本来复杂的道理一下子生动而深刻，不由得人不点头表示同意。

63

晏子说："陛下，我的看法则正好与您相反。固然四肢各司其职，心脏可以得到休息，但是四肢一旦离开了心脏，不是完全没法做事吗？您在外面已经十八天了，不是太久了吗？"齐景公一听，便只好回国都了。

64

黄庭坚笑过之后说道："既然放在上边不行，那你就把上边的鱼拿下来让我饱饱口福吧！"

65

汗明对春申君说："在告别您之前，我想问您两个问题，但又担心问得鄙陋无知。"春申君回道："先生但问无妨！"于是汗明问道："我一直听人说您很贤明，我的问题就是——不知道您的贤明与尧相比如何？"春申君一听，赶紧回答说："先生错了，我哪有资格与尧相比！"汗明又问："那我再问您，您觉得我与舜相比又怎么样呢？"春申君一听便客气地说："先生就是舜。"汗明回道："您这样说不对，下面请允许我把我的话说完。坦白说，您的才能确比不上尧，而我的才能绝对不敢和舜相提并论。但是，当年贤能的舜侍奉英明的尧，尚且经过了三年时间，舜才被尧了解；如今我们只交谈了片刻，您却声称已经了解我了，岂不是表明您比尧还英明，我比舜还贤能吗？"春申君于是回答："先生说得有理。"说完便召来门吏把汗明登记在上等门客的名册上，注明每隔五天便接见汗明一次。

66

禅师说："是啊！如果你不先把原来的茶杯倒干净，又怎么能品尝我现在倒给你的茶呢？"

67

托马斯这时意味深长地对儿子说道："你看，为了报复别人，你把自己弄了个疲力尽，而他却还好好地站在那里。"说着，他便用手指了指身后还好好挂在绳子上的窗帘，"而且，他几乎没有变脏，而你自己却已经成了一个'黑人'。看来，虽然我们的坏念头会在别人身上兑现一些，但最倒霉的却总是自己。最重要的是，虽然按照计划报复了别人，你自己却还是没能获得应有的开心和快乐。"

68

实际上，狄青用于占卜的 100 枚铜钱，是狄青为了鼓励士气而特做的，它们两面一样，都是正面。

69

原来，李判官命令衙役拿来三份纸笔，分别交给原告张虎、证人刘老大和孙财旺，然后让他们分别站开，各自写下崔二借钱的时间是在上午、下午抑或是晚上。结果，崔二根本没有借钱，三人自然无法统一说法，最终露了陷。

70

其实，是名医在讽刺这个员外只重衣衫不重人。

71

原来，汪伦信中所说的"十里桃花"指的是十里之外的桃花潭。酒店嘛，也只有一家而已，主人姓万。

72

原来，王三的鱼塘里仅有很少量的鱼，剩下的都是饿了几天的鳖。这些鳖饿得要命，看到赖皮张的手指，以为是美食来了，便一齐咬住。赖皮张刚一下手，便感到一阵钻心的疼痛，急忙缩手，没想到 5 个手指头上分别挂了 5 只大鳖。鳖咬住东西一般是不肯轻易松嘴的，况且现在它们饿得厉害，咬得更是紧。结果，赖皮张痛得就地打滚，鬼哭狼嚎。躲在一旁暗中观察的王三看这家伙被惩罚得差不多了，便过来想办法将鳖取下，此时，王三的 5 个手指头已经有 4 个被咬烂了。王三事先已经作了提醒，赖皮张也不好发作，反而感激王三救下了他。

73

这个奴隶装作一副虚弱的样子，拄着拐杖来到奴隶主的家门口说："主家，请你们将借我的钱还给我吧，我得了瘟疫，想用这笔钱来办我的丧事。如果你不还我，我就只好死在你的家里，你们来料理我好了。反正我不能料理自己的丧事，这钱总要给别人来为我花费才行。"奴隶主一听，害怕他的瘟疫传染给自己和家人，赶紧将他的钱还给他了。其他的奴隶听说后，也都用同样的办法前来讨债，奴隶主便只好乖乖地将以前借大家的钱和东西都还了。

74

海瑞升堂之后，严肃地用手指着青石训斥起来："你这可恶的石头，无事生事，你是如何用心歹毒，欺负老汉，从实招来。"恶少们本来是来看笑话的，看到海瑞如此严肃认真，并且那些指控明明是在指桑骂槐地影射自己，于是都大气也不敢出。

接下来，海瑞越审越认真，并且将惊堂木一拍，喝到："来呀，给我重重地打这石头四十大板。"左右的衙役也不敢违命，一五一十地打起来。打完之后，海瑞又指着石头喝斥到："你这厮还不肯招供，那好，我就一定要审问出个端倪来不可！"说完又打了一通。这时，这些恶少看海瑞真的大动干戈地审问起石头来，并且总似乎是在影射自己，觉得也不是事，于是便奏请海瑞道："大人，证我们也做了，现在我们可以离开了吧。"没想到海瑞却说道："这怎么行，案情还没有大白，这厮还没有招供一个字，你们身为重要证人怎么可以离开呢，恐怕以后还得经常劳烦你们前来作证呢！"

这几个恶少一听，便说道："大人，这石头是个死东西，您怎么打他，他也不会招供啊！"

"住口！"海瑞这时突然一拍惊堂木，厉声呵斥道，"既然这是个死东西，既不会说话，也不会走路，如何能够欺负老汉。分明是你们嫁祸于人，还欺骗本官，本官决不能轻饶你们！"说罢便要打这帮恶少的板子。这帮人一听，立刻跪在地上，表示愿意三倍赔偿老汉的损失，只求免打。

75

原来，杰克微笑着看着那个冲他嚷嚷的士兵说道："想一下，一旦发生战争，政府会先派哪种士兵上战场？买了保险的还是没买保险的？"

76

蒋恒专门交代狱卒说："当老婆婆出去后，会有一个人和她说话，你要记住他的相貌。"

果然，老婆婆每天离开衙门后，都有个人前来向她打听："长官是怎么审问的？"一连三天，此人都前来询问。于是，蒋恒便将此人抓了起来，一审，果然正是真凶。原来，蒋恒考虑到凶犯很可能就在店主的左邻右舍中，因此他将老婆婆当作诱饵，引凶犯自己露面。因为他这样连续三天单独留下老婆婆问案，对案件很关注的凶犯必然会感到很好奇，向老婆婆打听审问情况。而这个真凶原来和店主妻子通奸，当天晚上妻子之所以声称回家，其实是故意躲避嫌疑，好栽赃嫁祸于三个客商。

案子查清后，唐太宗赐给蒋恒丝绸二百段，晋升他为侍御史，而人们也都纷纷惊叹蒋恒断案如神。其实，对于此案，蒋恒也并无线索，只是他明白，真凶必然是最关心案子审问情况的人。因此他便利用了真凶的这个心理，使真凶自我暴露了出来，这可以说是对迂回思维的精妙运用。

第八章
急智思维名题

1. 弦高救国

春秋战国时期，郑国是一个小国，受到很多强国的欺负。有一回秦国联合另外一个国家一同来讨伐郑国。郑国打不过他们，就来和秦国讲和："只要你们退兵，我们什么条件都答应你们。"于是秦国就提出了一个条件："让我们退兵也行，但是你们郑国的北门，得让我们秦国的人替你们防守。"郑国人心想：让你们替我们防守北门，那你们以后来偷袭的时候，里应外合一下子不就把我们郑国给消灭了吗？但是没有办法啊，郑国为了生存，只得答应了秦国的无理要求。

从此以后，郑国的北门就一直让秦国的三个将军和两千名士兵防守。郑国人日夜监视着这伙秦国人，防止他们和秦国沟通，里应外合来袭击郑国。这样过了一年，因为郑国人防得紧，秦国人一直没有得到机会进攻郑国。又过了一年，郑国人的警惕心慢慢就放松了，他们渐渐撤销了对秦国人的监视。这时候在秦国的三个将军赶紧向秦国报告："郑国现在已经放松了警惕，快派兵来攻打吧，我们里应外和，打郑国一个措手不及。"秦国接到报告，就派大将孟明视率军来偷袭郑国。

秦国离郑国很远，秦国的军队走了很长时间才到滑国地界，这里已经离郑国不远了。但是走了这么长的路，秦军也都累了，于是他们决定在滑国休息一下。

郑国的一个商人弦高赶着牛到别的地方去做生意，路过滑国，正好碰到了秦国的军队。他一眼就看出了秦军的企图，知道秦军一定是去攻打自己的祖国郑国的。于是，弦高一面派人快速去郑国报信，一面想办法来对付秦军。

对于智者来说，从来都没有什么世界末日。看起来是一个无可挽回的灾难，智者的一个计谋，往往能够轻而易举地扭转局势——你知道弦高想出什么办法了吗？

2. 绝缨救将

公元前606年，楚庄王凭借手下将士们地奋勇杀敌，一举消灭了叛军。回到都城后，楚庄王立即开了一个庆功宴，这个宴会的名称叫作"太平宴"，以此来祈求以后天下太平。宴会上楚庄王和将士们都非常高兴，从白天一直喝到晚上，还没尽兴。

这时候，忽然从外面进来一位白衣美女，只见她脸颊就像是三月的桃花，白里透红；一头乌黑的长发整齐地梳在脑后，削瘦的身材好像一阵风就能吹走一样。她款款来到大厅中间向楚庄王行了个礼，就随着音乐跳起舞来。她一面转动着漂亮的裙子，一面唱出美妙的歌曲，简直就像天上的嫦娥一样，将士们都被她的舞蹈和歌声陶醉了。

她就是楚庄王最为宠爱的妃子，许姬。跳完舞后，楚庄王又叫许姬为在座的每位将军斟酒，她轻盈地像个燕子一样，一会儿飞到西，一会儿飞到东，将军们看到她来斟酒都乐开了花。

忽然，外面刮来一阵大风，吹灭了所有蜡烛，大厅顿时一片漆黑。许姬这时候正在为一位将军斟酒，这位将军居然趁着黑暗来拉她的袖子，捏她的手。许姬也很厉害，她顺手把这位将军帽子上的缨子摘了下来，快步走到楚庄王身边来，小声向他告状。要知道，调戏大王的爱妃，那可是要杀头的呀，现在只要点上蜡烛，一眼就能看出谁的帽子上没有缨子。

楚庄王会怎么做呢？

3. 拿破仑救人

一天天气不错，风和日丽的。拿破仑突然心血来潮，带上一个侍卫就到野外去打猎了。

他们正在专心致志地寻找猎物，忽然远处传来"救命啊……救命啊"的呼救声。"不好，有人遇到危险了！"拿破仑立即策马向呼救的方向赶去。

赶到一个小溪边，看到一个士兵正在溪水里扑腾，眼看就要支持不住了，岸边还站着一个士兵，他着急地喊着："救命……救命！"拿破仑看到溪水其实并不深，水流也不湍急，根本不能要了士兵的命。

拿破仑指着落水的士兵高声问岸上的士兵："他会不会游泳？"

岸上的士兵见了拿破仑，赶紧行礼，回答说："他平时总是吹嘘自己多么善于游泳，看来也没有几下子，你看他都快淹死了，怎么办呢，陛下？"

"没关系，我想他自己能游到岸上来。"

拿破仑真的有办法让他自己游上来吗？

4. 老太太点房报警

从前，欧洲北海附近的胡苏姆镇有一个风俗，每到冬天的时候，他们都要举行一个庆典。镇上无论男女老少都要参加，他们在海岸与海岛之间的冰面上，搭起帐篷，在冰面上自由地滑冰，随着音乐疯狂地跳舞，也会拿出烈酒，开怀畅饮，这个庆典实际上就是胡苏姆镇的一个盛大的狂欢节，人们对它怀有极大的热情，往往夏天才刚刚结束，人们就开始盼望庆典了。

这一年，庆典的时间又在人们的热切期望中到来了，全镇的人们都迫不及待赶到了庆典现场，在那里尽情地释放出积蓄了一年的热情，庆典要从早上一直持续到半夜，月亮升到半空为止。

只有一个腿脚不灵便的老太太没有去参加庆典，她独自一个人趴在窗口，眺望远处载歌载舞的人们。

到了傍晚，老太太发现海平面上升起了一团乌云。

"不好了，要出大事了！"老太太惊呼起来，她的丈夫曾经是一个经验丰富的船长，从丈夫那里她学到了很多气象知识。

"大家快回来呀，台风来了，马上要涨潮了，再不回来大家就没命了！"老太太一瘸一拐地走出家门，声嘶力竭地喊着，一边挥舞着双手。

但是，庆典上的音乐震耳欲聋，狂欢的人们，根本就不可能听到老太太焦急的喊声。

这时候，乌云更加逼近了，它张牙舞爪，西北风嗖嗖地刮起来了，好像是狞笑："嘿嘿，愚蠢的人们，这回你们可跑不了啦！"

老太太打了一个寒噤，她已经预感到了可怕的后果……老太太有办法拯救胡苏姆镇人吗？

5. 与贼巧周旋

像往常一样，幼儿园的舞蹈教师周巧英，放学以后，顺便在菜市场上买了些菜带回家。这个时候，周老师的丈夫陆伟通常还没有下班。

周老师来到家门口，惊愕地发现房门虚掩着。"怎么，难道今天陆伟提前下班了吗？"周老师暗想着，她蹑手蹑脚地推开房门，想给陆伟来个突然"袭击"。

当屋内的景象映入眼帘，周老师不禁惊呆了，屋内的一些杂物乱七八糟地扔得满地都是，一个满脸凶相的彪形大汉手提着一把明晃晃的菜刀，正在翻箱倒柜地找东西。"强盗行窃！"

249

一个可怕的念头顿时从周老师的脑海里跳出来。怎么办？电光火石间，周老师的脑子快速地旋转：

马上高呼"抓贼"？凶恶的强盗近在眼前，把他逼急了，他什么事都能做的出来，这个办法对于瘦弱的周老师来说显然是很不利的。

转身就跑？就算再迟钝的强盗，也会马上警觉，他可能会选择立即夺门逃窜，也有可能会拿起菜刀追杀周老师，无论是强盗选择哪种做法，结果都是周老师所不愿意看到的。

第三种办法就是：运用智谋，巧妙地和强盗周旋，先稳住强盗，然后再想一个万无一失的办法，抓住强盗，这当然是最完美的结局了。

拿定了主意，周老师"怦怦"直跳的心脏也慢慢平缓下来。

周老师用什么办法摆脱危险境地并成功捉贼呢？

6. 曹操机智脱险

话说东汉末年，西凉刺史董卓乘朝野之乱，以平叛为名，统帅20万大军入城洛阳。这厮入京之后，废了少帝，立了献帝，自封为相国，其参拜不名，入朝不趋，剑履上殿，飞扬跋扈，篡位之心毕露无遗。尤其是在收了三国第一猛将吕布之后，其更是残暴凶狠，恣意妄为。大臣们对于董卓的行径十分愤怒，于是，渤海太守袁绍与司徒王允秘密联络，要他设法除掉董卓。但王允乃一个文官，面对骄横的董卓无计可施，于是便以庆祝生日为名，邀请群臣到自己家中赴宴，商讨计策。

席间，王允突然掩面而泣，众人皆问其故。王允便将想要除去逆臣董卓却又无计可施的想法给说了，众人一听，也都掩面而泣。这时，唯骁骑校尉曹操于座中一边抚掌大笑，一边高声说："满朝公卿，夜哭到明，明哭到夜，还能哭死董卓吗？"王允见曹操口出妄言，便质问他为何如此，曹操于是说道："我之所以笑，乃是笑满朝公卿无一计杀董卓！我虽不才，愿即断董卓之头悬于国门，以谢天下。"王允正色道："愿闻孟德高见！"曹操说："我近来一直在讨好董卓，目的就是想找机会除掉他。现在老贼对我已很信任，听说司徒您有七星宝刀一口，愿借给我前去相府刺杀董卓，虽死无憾！"王允闻言即亲自斟酒敬曹操，并将宝刀交付曹操。曹操洒洒宣誓，然后辞别众官而去。

第二天，曹操佩带着宝刀来到相府，见董卓躺在小床上，吕布侍立一旁。董卓见到曹操后，便问他今天为何来迟了。曹操回答说："乘马羸弱，因故来迟。"董卓一听，便让吕布去从新到的西凉好马中选一匹送给曹操。吕布于是出去了。曹操见吕布离去，心中暗想，这贼看来合该今日死于我手中。他想要当即动手，但担心董卓力气大，难以在仓促间将其杀死。正在犹豫，却见董卓因身体肥大，不耐久坐，倒身卧在床上并将脸转向内侧。曹操见状，心想这贼看来合该命绝，急忙抽出宝刀，就要行刺。不料董卓却从衣镜中看到曹操在其身后拔刀，于是喝问道："孟德你要干什么？"而此时吕布也已经牵着马从外面回来了。曹操心中一阵发慌，有些不知所措。

假如你是曹操，面对如此险情，你会如何使自己脱险呢？

7. 布鲁塞尔第一公民

500多年前的一个晚上，比利时首都布鲁塞尔的中心广场上五光十色，人声鼎沸，人们在这里载歌载舞，欢庆自己刚刚打败了外国侵略者。

但是，就在人们处于欢腾状态的时候，一个邪恶的阴谋却在悄悄实施着。不甘心就此认输的侵略者派出了几个敌人悄悄地潜入布鲁塞尔搞破坏。这几个敌人将目标锁定在了市政府地下室。在那里，堆放着许多火药。一旦有一点火花落在火药上，整个市政厅和附近的建筑物都肯定会被炸得稀巴烂，欢庆的人们也会瞬间被炸死成百上千。这天夜里，这几个敌人乘人们失去了戒备，将一根长长的导火索接到了地下室的炸药堆上，为了方便自己逃跑，另一头则被拉到了院子里。敌人将导火索点燃之后，便赶紧逃跑了。导火索则顺着墙根"咝咝"地飞快燃烧着，火苗快速地向地下室跑去，眼看一场灾难即将发生。

就在这个万分危急的时刻，一个名叫于连的光屁股小孩到院子里来玩耍，他看到了正在燃烧的导火索。这段时间的战争使得这个小男孩提前长大了，他知道地下室里有火药，也知道这不断变短的导火索意味着什么。他立即意识到，现在去喊大人，肯定来不及了，自己必须立刻将导火索弄灭。但是，他身边没有水，而如果这时再去打水，也来不及。该怎么办呢？情急之下，小于连突然灵机一动，想到了一个绝妙的主意，挽救了成千上万的人们。

你猜，小于连想到了什么好主意呢？

8. 聪明的丽莎

一次，一家时尚杂志社的编辑丽莎在杂志社加班到晚上12点才下班。走出办公楼之后，她不禁感到一阵轻松，因为终于将工作上的事情理顺了，接下来几天她的工作将会是轻轻松松的。但是，仅仅是一瞬间的轻松感之后，她便感到了一阵的紧张。因为平时下班时人来人往的办公楼前的马路上此刻冷冷清清，连一个人影都看不到。

丽莎不禁心里一阵发紧。她平时喜欢在业余时间看一些侦探类故事，此刻，一个个描述抢劫、凶杀的故事中的情景都纷纷在脑海中出现，同时，她也努力回忆起那些聪明的侦探们是如何巧妙地对付那些凶犯的。想到这些，她心情稍微平静了一些。毕竟，只要往前走300米，便会走到大街上，到时就会有出租车了。

但是，侦探故事中的情景最终还是与丽莎的现实交汇了，就在她走过一幢大楼的时候，突然从拐角处出现了一个黑影。这个黑影手持一把寒气逼人的尖刀向丽莎扑了过来。看来跑是跑不掉了，而如果尖叫可能反而被气急败坏的对方捅上一刀。于是，丽莎干脆站在原地一动不动，并询问对方："你想要什么？"丽莎看上去十分害怕。

"小姐，别害怕，把你的耳环摘下来给我就行了。"强盗看这个女人不喊不跑这么听话，到也和气起来。

听到这个之后，丽莎的脸上似乎露出了一丝释然的表情。只见她努力用大衣的领子护住自己的脖子，然后用另一只手麻利地摘下自己的耳环，并将它扔到地上说："好，这个给你，现在我可以走了吧！"

强盗看她如此爽利地交出了耳环，却拼命护住脖子。心想她一定戴着一条值钱的项链。于是，便又说道："现在我改主意了，我要你的项链！"

丽莎一听，慌忙乞求道："先生，这条项链很不值钱，只是因为朋友送我的，我才十分珍惜，请你把它留给我吧！"

强盗于是说道："鬼才信你的话，少啰嗦，赶紧交给我！"

丽莎于是只好用颤抖的手，极不情愿地摘下来自己的项链。强盗一把夺过项链，便跑了。这时，丽莎脸上却露出了一丝诡异的微笑，然后弯腰捡起地上的耳环。她心里想，自己的侦探故事还是没有白读，这次智斗歹徒的故事也够自己跟朋友吹嘘一番了。

你能猜测一下这是怎么回事吗？

9. 伊丽莎白的暗示

伊丽莎白是一家电视台的女主播。这天，她下班有些晚，疲惫的她打开门进屋之后，正想把门关上，没想到突然从门外插进来一只胳膊卡住了门，紧接着一个中年男子的身子插了进来。伊丽莎白吓得赶紧往身后退。这位不速之客进来后，从口袋里掏出一把匕首，凶神恶煞地要伊丽莎白将自己的钱和首饰都拿给他。

伊丽莎白明白，自己经常在新闻里播报的入室抢劫案今天落在了自己头上了，她吓得脸色煞白，有些不知所措，机械地从手提袋里掏出钱来递给对方。但是，歹徒并不满足，开始在屋里寻找起来，他先是将伊丽莎白放在桌子上的几件首饰放进了口袋，然后又逼迫伊丽莎白摘下戴在手臂上的名贵手表。

就在这时，门铃响了起来，歹徒一听十分着慌，他用匕首抵在伊丽莎白背上，要她告诉外面的人自己已经睡了，让外面的人离开。

"谁呀？"伊丽莎白问道。

"是我，罗伯特警官，伊丽莎白小姐，我巡逻至此，最近这条街上不是很太平，我来看看你是否安好。"听到这熟悉的声音，伊丽莎白感到镇定了许多。

"十分感谢您，我很好。"伊丽莎白回答道，停顿了一下之后她又轻松地说道，"对了，我丈夫对您上次对他的帮助十分感谢，让我向您道声谢。"

"那没什么，只是顺便而已，那么，现在，您早点休息，晚安！"

透过窗户，歹徒看到楼下的罗伯特驾车离开了。"表现得不错，哈哈！"看到这种情况，歹徒完全放松了下来，他毫不客气地到酒柜里拿了瓶酒坐在沙发上啜了一口。休息了一下之后，这家伙开始用色迷迷的眼神打量起伊丽莎白起来，他心里琢磨，自己或许今晚可以在这里过夜。

不料，就在歹徒正在做自己的美梦的时候，突然从阳台上的门口冲进来几名持枪警察，还没等歹徒反应过来，就将手铐拷在了他手上。

"你真聪明，伊丽莎白小姐，你没事吧？"罗伯特警官看着伊丽莎白夸赞道。

你猜这是怎么回事？

10. 智取手稿

第二次世界大战的末期，德国法西斯特务组织企图绑架丹麦著名核理论研究者玻尔博士，妄想强迫他帮助法西斯制造原子弹，以进行垂死挣扎。当时丹麦的地下反抗组织得到这一消息后，就立刻想办法把其营救了出来，让他逃往国外。临走时玻尔博士告诉反抗法西斯组织的人，他有四张记着有关核武器的关键公式和重要数据的手稿，藏在他的住所牛奶箱后面的砖缝里。玻尔博士请求反抗法西斯组织赶快想办法把他的手稿取出来。玻尔博士很清楚法西斯分子肯定把守严密，他就给地下反抗法西斯组织出了一个主意。

就在第二天清晨，13岁的丹尼装扮成送报纸的孩子来到玻尔博士的住所，没费什么周折就取到了手稿。但是，当她抱着报纸走出门的时候，她发现了十字路口有几个德国兵在把守，并对来往的行人进行着严密的搜查。并且，有几个盖世太保已经向玻尔博士的住所走来。丹尼就按玻尔博士说的办法顺势闪进了身旁的邮局。

丹尼在邮局待了几分钟以后，抱着报纸又走了出来。当她走到十字路口后，盖世太保对她搜查得特别仔细，却什么也没搜到。

三天后，反抗法西斯地下组织，成功地拿到了那四张重要的手稿。

请读者朋友们想一想：玻尔博士给丹尼说出了一个什么妙招呢？

11. 处变不惊的曹玮

北宋时期，大将曹玮英勇善战，又深有谋略，处变不惊，在北宋和西夏的战争中屡立奇功。

一次，曹玮正在与宾客下棋，突然一名士兵上气不接下气地跑来，禀报道："将军，大事不好，有一部分士兵叛逃到西夏去了！"

曹玮一听，心中也吃惊不小，要知道，这种事情对于军心的动摇非常大。但是他却没有表现出一丝惊慌，而是神态自若地说了一句话，不仅稳定了军心，而且巧妙地除掉了叛逃者。

你猜，曹玮说了句什么话？

12. 林肯的反击

1843年，亚伯拉罕·林肯作为伊利诺斯州的共和党候选人参与选举该州在国会的众议员席位，其竞争对手便是民主党候选人的彼德·卡特赖特。

卡特赖特是当地有名的牧师，在当地有许多信徒，比当时的林肯有名望得多。而卡特赖特也是靠山吃山，从不忘利用自己在宗教方面的优势，对林肯进行攻击。他大肆宣扬林肯不承认耶稣，甚至污蔑耶稣是"私生子"等。搞得满城风雨，林肯的威信也的确因此受到很大影响。

林肯觉得再这样下去也不是办法，决定反击。一个星期天，林肯获悉卡特赖特又要在某教堂布道演讲了，就随着人群一起走进了教堂，并找了个显眼的位置坐了下来，以故意让卡特赖特看到自己。果然，卡特赖特很快就看到林肯，他很快便想到了一个让林肯出洋相的主意。

于是，正当演讲到高潮的时候，卡特赖特突然对下面的信徒说："愿意把心献给上帝、想进天堂的人站起来！"信徒们都站了起来。显然，如果林肯此时乖乖听话地站了起来，他便在这场博弈中落入下风了。而如果林肯不站起来，便是不想去天堂，正好反映了他对于主的不敬，就更给了卡特赖特以攻击林肯的宗教信仰的口实。如此，林肯便处于一种两难境地，显然，卡特赖特的这招是很阴险的。最终，卡特赖特发现林肯没有站起来。

"请坐！"卡特赖特看林肯已经进入了自己的圈套，心想再加强一下效果，于是他继续祈祷一阵之后又说道："所有不愿下地狱的人站起来吧！"这次，信徒们又都站了起来。但是林肯仍然没有站起来。

卡特赖特看火候已经差不多了，于是用一种神秘而严肃的声调说道："我看到大家都愿意将灵魂推向上帝，从而进入天堂。但是，我看到这里的唯一的例外就是鼎鼎大名的林肯先生，请问你到底要到哪里去？"

林肯这时才从座位上从容地站了起来，他面向牧师，其实是面向选民，先是平静地说道："我是以一个虔诚教徒的身份来到这里的，没想到卡特赖特教友竟单独点了我的名，让我感到不胜荣幸。我认为，卡特赖特教友刚才向我提出的问题很重要，但是我觉得倒也不必和其他人的回答一样，因为我有自己的答案。他刚才直截了当地问我要到哪里去，那么现在我就同样坦率地回答……"结果，林肯的话音刚落，教堂里的人随即忍不住笑了出来，但是这却并不是笑林肯，而是卡特赖特。和这笑声一起响起的，是人们热烈的掌声，人们不禁为林肯的机智和雄辩所折服。而卡特赖特则显得狼狈不堪。

猜一下，林肯的回答是什么吗？

13. 越狱犯和化妆师

在中国南方某市曾发生过这样一件富有戏剧性的事情。

一天，该市一名著名的化妆师下班回家，打开门进屋后，还没有来得及将门给关上，突然从外面一下子挤进来一个中年汉子。这汉子进门后，一边一把将身后的门给关上，一边从身后亮出一把明晃晃的匕首。化妆师一看，吓得身子急忙往后面退去。他以为对方是入室抢劫的，战战兢兢地对对方说："钱都存在银行里，家里只有2000多块钱，在抽屉里，你全拿走！"

没想到对方却狞笑一声道："放心，张老师，钱我不缺，我不会拿走你那2000多块钱的。明人不说暗话，我就是昨晚新闻节目里播送的越狱潜逃犯范××。我冒这么大风险来找你可不是想要你的钱，而是有其他事想让你帮我！"

昨晚化妆师因为在电视台加班，没有看新闻节目，于是说道："昨晚的新闻我并没有看，不过，我想你是找错人了吧，我又能帮你什么忙呢？"

"实话告诉你吧，我昨天夜里已经打死了一名警卫，撬了一家银行，搞到了足够我下半辈子花销的钱，只要我能逃出这个城市，就可以舒舒服服地过下半辈子了。不过，现在外面的警察到处在找我，我的照片也已经挂在了各个公共场合的显眼地方。现在我需要你帮我化装一下，好躲过警察的追捕。"

"这个，恐怕你太高看我了，我想我对你帮助不大。"化妆师一边搪塞，一边看着来人放在脚边的帆布包，猜想这歹人抢来的昧良心的钱肯定就在这里面了。

"嘿嘿，张老师你就别谦虚了！谁不知道经过你的手一化装，丑人能变美，美人也能变丑。年轻的可以变成年老的，年老的可以变年轻！帮我这点忙你肯定是做得到的。只要你帮了我这个忙，我不仅不伤害你，而且还高价给你报酬。"这个亡命之徒狞笑着说道，"可是，如果你不肯配合，那么可就不要怪我心狠手辣了。反正杀一个人是死，杀两个也不过是个死！"

化妆师心想看来是躲不过去了，于是脑子在飞快地转动。突然，他眼睛一亮，想到了一个主意。于是，他冷静下来说道："照我看来，你最好还是去自首，因为即使我帮你化了装，也只能起到暂时的作用。"

"废话少说，我只需要暂时逃出这个城市就行，你是化还是不化？"歹徒凶神恶煞打断了化妆师的话。

"好，我帮你化，会使你满意的。"化妆师假装屈服了逃犯的淫威。然后，他开始拿出各种化装工具，认真地为逃犯化起装来。半个小时候，化妆师对逃犯说道："好了，你照下镜子看是否满意？"

歹徒趴到镜子前一照，只见自己的脸已经完全是另外一个人了，就连自己也认不出自己了。于是，逃犯十分高兴，赞叹道："哈哈，果然名不虚传！张老师，你既然对我够意思，我也不亏待你，这些钱你拿去！"说着，逃犯便从帆布包里掏出了一沓钱放在化妆师的桌子上。

"这个——就不用了！"化妆师虚意推让了一下，见逃犯并不理睬他，也就不吭声了。他想，既然歹徒有心行贿，不收钱反而引起他的怀疑。

最后，逃犯正要提着包出门，突然又转回来，放下包，皮笑肉不笑地对化妆师说道："张老师，为防止你报案，还得委屈你一下！"说完就用临时找来的鞋带将化妆师的手脚给捆了起来，又用一块毛巾将其嘴堵上。"张老师，你帮了我的忙，我不会伤害你，你在这里等家人回来就行了！"说完，逃犯提起包，开门走了出去，又随手将门关上，飞快地下楼离去了。

逃犯离开化妆师的家后，刚开始心里还有些打鼓，但逐渐地，他开始放下心来。因为他知道，自己现在已经完全是另外一副面孔了，没必要担心。于是，他大摇大摆地先是去火车站买了一张晚上7点开往广州的火车票。看时间还早，他又在火车站附近找了家饭馆吃了饭。

然后，他又买了张报纸，放心地坐在候车室里看起来。等开始检票进站时，逃犯也大大咧咧地拿着票排在队伍里等候检票。但是，令他没想到的是，突然跳出两个便衣警察从背后将他摁住了。

直到被抓回警察局后，逃犯才明白他上了化妆师的当了。你猜，化妆师采用什么办法使得逃犯落了网？

14. 丘吉尔一语解尴尬

二战期间，为了抵抗法西斯的恶行，很多国家联合起来，形成反法西斯同盟，简称同盟国。其中像英国和美国是同盟国的两个重要成员。为了协商对抗法西斯的政策，当时的英国首相丘吉尔不远万里，跨越大西洋亲自去了美国。

到了美国后，丘吉尔受到了美国总统罗斯福的热情款待。丘吉尔首相住的、吃的都是总统亲自关照过的。丘吉尔有早晨洗澡的习惯。一天早上，丘吉尔起床洗完澡后，还未穿好衣服，突然想到了一个问题，于是，就赤身裸体地在浴室里踱步。就在这个时候，有人敲门。

丘吉尔还没来得及披上浴巾，敲门的人就进来了。丘吉尔一看，来的不是别人，正是美国总统罗斯福。罗斯福是来和丘吉尔谈论事情来了，没想到却看到丘吉尔一丝不挂。罗斯福总统自知自己开门太快了，脸上表情很是尴尬，正想转身回去，却被丘吉尔叫住了。丘吉尔张开双臂，表示欢迎罗斯福进来。并且，丘吉尔还说了一句话，一下子逗得两人都哈哈大笑。本来的尴尬顿时无影无踪了。

你知道丘吉尔说了句什么吗？

15. 约翰逊公寓中的惊魂之夜

珍妮是一家新闻周刊的记者，她今天很高兴，因为大名鼎鼎的约翰逊侦探前两天终于接受了自己的采访，今天夜里，她就要前往约翰逊所住的公寓中采访这位她一直崇拜着的侦探了。

珍妮兴冲冲地来到了约翰逊侦探的公寓，约翰逊侦探在大门口迎接了珍妮。珍妮看到约翰逊之后，首先便感到一种失望，在她的想象中，约翰逊侦探应该是一位长发飘飘，脸色冷峻而深沉的40岁的魅力男性。但是，她失望地发现，站在她面前的大侦探只是个面目和蔼、还略微有些秃顶的胖老头。只是，其眼睛倒多少透出一丝犀利。寒暄之后，侦探带着珍妮前往自己的公寓，他住在一栋普通公寓楼的5楼。在被带着走在灰暗、不整洁的走廊里时，珍妮更是感到失望了，她原本以为，这里应该是同伦敦贝克街22号A座福尔摩斯旧宅一样，充满了惊险、神秘与浪漫色彩的。

约翰逊显然也看出了珍妮的失望，他乐呵呵地对珍妮说："看来我令你失望了，你之前大概以为我的房间里应该有神秘的来客、美丽的女郎和放了毒药的香槟酒吧？呵呵，至少今晚可能你要失望了。不过，作为弥补，我待会儿会让你看一份很重要的文件，已经有好几个人为它送了命，也许若干年后，这份文件会影响历史的。"说罢，侦探便打开了门，并请珍妮进屋。

可是，就在侦探关上门，并将灯拉亮之后，珍妮吃惊地愣在了当地。只见屋里的沙发上有个人正拿枪对准着他们。

"罗伯特，"约翰逊侦探吃惊地说，"你不是已经死在东京了吗？"

"哈哈，我这人很敬业，在完成任务之前是不会轻易死掉的，我想你还是将把那份有关新式导弹的文件交给我，好成全我吧。"来人冷笑着回答。

255

"看来我必须得找隔壁的邻居算账了！"约翰逊侦探突然十分恼火地说，"这是第二次别人通过他的阳台跳到我房间里来了！"

"阳台？"罗伯特奇怪地问，"是吗，如果我早知道有阳台的话，我就省了不少麻烦了。"

"不，不是我的阳台，是隔壁房间阳台，一直延伸到我的窗下。"约翰逊看上去仍旧十分恼火，"我早就要他拆除掉了，但他却一直没有动静，他不知道给我带来了多大的麻烦——不过也许我没法找他算总账了，因为也许今晚我就得去见上帝啦！"

"好了，不妨告诉你，你如果今晚死了，不是你邻居的责任，事实上我是用万能钥匙进来的。"罗伯特说完，又言归正传地说道，"好了，不要再啰嗦了，赶紧把文件交给我吧，只要你交出了文件，我想我没兴趣杀你。"

罗伯特的话刚说完，忽然门外传来了"嘭嘭"的敲门声。

"是谁？"罗伯特惊恐地盯着约翰逊问。

"呵呵，你以为这么重要的文件如此容易得到吗？"约翰逊笑着对罗伯特说道，"事实上，政府已经派了警察前来保护这份文件，他们想必是来巡视的，如果我不开门，他们会闯进来毫不犹豫地开枪的。你最好还是想想你自己的退路吧！"

罗伯特一听，又惊又慌，迅速地退向窗口，打开窗户，将一只脚伸向外面漆黑一团的夜色中，想试着找到下面的阳台。同时，他回头警告约翰逊道："你去叫他们离开，我在阳台上等着，只要你敢暴露我，我立刻就将你脑袋打开花！"说着，他向约翰逊扬起自己手中的枪。

"约翰逊先生！"门外叫喊声更加急促了，同时，外面的人显然已经决定要"破门而入"了，门把手已经开始转动。看到这种情况，来不及够到阳台的罗伯特一着急，慌乱中直接松开双手，往下跳去，试图落在阳台上。

"先生，这是您要的两杯咖啡。"打开门进来的原来是个公寓的侍者，说罢，将托盘放在桌子上，转身离开了房间。

珍妮这时浑身冰冷，本以为有救了，原来却是侍者，她心想，自己今晚可能也要死在这里了。

"珍妮小姐，你的采访可以开始了。"没想到约翰逊侦探突然微笑着对珍妮说道。

"可是，阳台上的那个人……"珍妮紧张地说。

"哦，他不会再来打扰我们了。"约翰逊意味深长地笑了起来。

你猜，这是怎么回事呢？

16. "顺藤摸瓜"

一个周末，中学生李茜和王小毛一起到另一个同学家去玩。因为是周末，在回来的公交车上，人特别挤。车刚行驶了一小段之后，李茜想起自己今天可能不回家吃晚饭了，于是想给家里的母亲打个电话。就在她想要从口袋里掏出手机时，才发现装在上衣口袋里的手机不见了。李茜心里咯噔一下，心想糟了，在同学中频发的公交车上丢手机的倒霉事今天落在自己头上了。不过身为班长的李茜毕竟还是能够遇事不慌，她沉着地想，现在如果大喊捉贼，只能是打草惊蛇，那贼没准趁乱跑了；况且这贼还不一定是一个人，万一是团伙作案，到时反倒吃亏。于是她悄悄地对同学王小毛说明了情况，并告诉他如何如何做。于是，王小毛便假装很随意地挤到另一边，然后拨通了110，低声报了案。

公交车又往前行驶了一段距离后，突然一辆110警车拦在了前面，几个巡警上了车。这时李茜才站出来说明情况。但是，接下来的难题就是，车上有几十个人，不可能为了一个手机而挨个搜身。并且，那样的话，偷手机的人也可能利用搜身的时间将手机偷偷藏在车上某个地方。

你能帮李茜想出一个办法吗？

17．妻子智退小偷

这天，李小璐因为身体不舒服，便给公司打了一个电话请了一天假。不过，因为只是头稍微有点晕，李小璐也没有去医院，而只是打电话对丈夫说了一声，让他下班后早点回家，就躺在床上继续睡觉了。

迷迷糊糊中，李小璐听到门上的锁转动的声音，她以为是丈夫因为担心她，也请假回家来照看她了，就没有在意。过了一会儿，李小璐听到锁"啪"地一声开了，接着便是人进来的脚步声，还有就是有人翻弄东西的声音。李小璐都以为是自己的丈夫，也没多想。过了一会儿，脚步声开始朝卧室走来，并打开了卧室的门。李小璐这才睁开眼睛，准备跟丈夫说话。没想到她抬头一看，来人却是一个陌生男子，显然是小偷。这小偷本以为家里没人，这时突然看到屋里有人，也吃了一惊，愣在那里。

如果你是李小璐，你会如何做？

18．机智的相士

唐朝时，有个云游四方的江湖相士，此人颇通三教九流，巧舌如簧，善于察颜观色，见风使舵，因此倒博得了不小的虚名。一天，他来到江西地界。当时镇守江西的乃是千岁王李德诚。这个相士于是便前去拜见。

李德诚见这个相士倒也能说会道，便留他在府上款待。正在酒酣耳热之际，相士又拿出了自己的看家本领，对李德诚吹捧起来："千岁大人，您现在的富贵虽然已经不小，但是据我看来，您的富贵还不止于此，将来定有更大的事业！"

李德诚问道："何以见得呢？"

相士于是吹起牛来："富贵贫贱，与生俱来，小人不才，对于这个一眼就能分得清清楚楚！"

李德诚对于这种江湖人士见得也多了，自然不会轻易便相信。第二天，李德诚想起相士的话来，便有心试他一试。于是他将相士找来，然后指着庭前5个穿戴一模一样也都十分漂亮的女子说："既然你一眼便能辨别出人的富贵贫贱，那么你能够从这5个人中识别出哪一个是我的夫人吗？"

相士一看傻眼了，他昨天不过是习惯性地酒后吹牛，他哪里有这等本事。但是，如果他现在兜了底，面子上不好看还是其次，可能还被当作骗子赶出府去。好歹自己也是在江湖上小有名声的人，栽下这个跟斗，以后还怎么混？于是他心一横，便决定硬着头皮过这一关。并且，他知道，李德诚的夫人是出了名的漂亮，到时指那个最漂亮的大致不会错。于是，他便煞有介事地来到5个女子面前，上上下下地开始反复打量。但是，看起来，这5个女子无论是漂亮程度，还是气质风度，看上去都十分出众，并没有哪一个能截然高出其他人。这下他可犯难了，头上不由得生出了些微冷汗。他偷眼朝旁边瞥去，发现李德诚和身边的随从都在那儿微笑着，看上去可不是善意啊，可能随时准备奚落他一番。

就在无计可施之际，相士心下一横，心想走这么多年江湖，多少大风浪都闯过来了，就不信今天会栽在这里。于是脑筋一转，一个计策便上了心头。他当即对李德诚说道："千岁大人，头上有黄云的那个就是您夫人。"

正是通过这一句话，相士巧妙地过了这一关。你能猜出他是如何过这一关的吗？

257

19. 村妇智退流窜犯

在云南边境地区的一个山脚下，住着一对朴实的农户。一天，男主人离家到 20 里外的县城去办事，第二天才能回家，只剩下村妇一个人在家。

到下午时，村妇透过大门远远地看到一个青年男子一边东张西望，一边朝自己家的方向走来。走近之后，村妇发现来人二十几岁年纪，留着长发，长得贼眉鼠眼，看起来绝非善类，因为知道经常有逃犯逃到这里的山里躲起来，伺机穿越边境，因此村妇心里咚咚直跳。村妇于是便想将大门关上，没想到来人却抢先一步跨进了院子，然后先是将村妇上下打量了一番之后，又机警地在院子里四下打量，村妇心里感到一阵战栗。当发现家里只有村妇一个人时，这个人更是胆大了，他嬉皮笑脸地对村妇说道："大嫂给行个方便吧，这四下里就你们一户人家，今天天色晚了，能不能留我住一晚，我会给住宿费。"说完他便大模大样地在一个椅子上坐了下来，一副无赖相。

村妇一看来者不善，想赶走他，可她知道那样反而可能将对方惹急了，丈夫又不在家，吃亏的是自己，最好还是想个巧妙的办法为好。她看对方正在往屋里瞧，便也随着他的目光看去，无意中她看到床下放着丈夫的几双鞋子。于是她灵机一动，想到了办法。她马上装出一副热情的样子对来人说道："谁出门也不能背着房子啊，我们当家的本来就是个热情好客的人，经常留宿客人。你就放心地在这儿住吧，也不用给什么住宿费。"听她这么一说，来人十分得意。

接着，村妇先是给他沏了一杯茶说道："你先喝杯茶歇一下，我忙点自己的事情。"说完，她便进屋去了，过了一会儿，只见她从屋里拿出来四五双鞋子，往地上一放，然后又拿一个大脚盆过来，放在鞋子旁，并开始往盆里舀水。来人一看，便好奇地问："大嫂，你拿这么多鞋子干吗？"村妇于是说了一番话，这个人一听，便不敢在这里借宿，悄悄地溜走了。第二天，几个警察追踪到这里，村姑才知道原来这个人是个流窜犯。

猜一下，村妇对这个流窜犯说了什么，将他吓跑了？

20. 狡猾的小偷

从前有个小偷胆大包天，偷东西偷到了王宫里，国王十分生气，动用全国力量捉拿他，很快便将他捉住了，并判处了他死刑。

执行死刑的日子快要来临时，这个小偷每天痛哭流涕地跪地忏悔，请求国王宽恕他。

国王对他说："你犯下如此大罪，我如果宽恕了你，以后还怎么服众，这样吧，看你如此虔诚地忏悔，我可以让你自己选择死的方式。"

小偷一听，说了一句话。国王一听，感到束手无策。猜一下，小偷说了一句什么话？

21. 心理学家智退强盗

上世纪 60 年代，美国费城的治安十分混乱，每天晚上都会发生数十起抢劫案。以至于人们晚上轻易不敢外出，外出时则不敢带多了钱，同时又要备上几美元，好在被抢劫时交给强盗，以保全自己的性命。

一次，心理学家福·汤姆逊从外面回来，身上带了刚领来的 2000 美元出书的稿费。眼看天色已经黑了，小街上连个人影也没有，他摸一摸放在内衣口袋里的稿费，不禁感到十分担心，于是加快了脚步。正是怕啥来啥，汤姆逊正在疾速往前走，突然听到背后有脚步声，他回头一看，只见一个戴着鸭舌帽的壮汉紧紧地跟着他。汤姆逊一连走了几条巷子，都无法摆脱这条"尾巴"。

正在着急之际，汤姆逊急中生智，想到了一个主意。他突然扭转头朝跟踪他的壮汉走去，并对他说了一句话，使得那壮汉顿时对他失去了兴趣，不再跟踪他。

你猜，汤姆逊对壮汉说了什么？

22. 反应迅速的国王

11世纪时，英格兰国王威廉二世曾率军进攻英格兰东南的佩文西。正在指挥军队进攻时，威廉二世不小心被一块石头绊倒了，在众目睽睽之下狼狈地摔在了地上。国王的手下一看都吃了一惊，认为这是一个不祥之兆，瞬间对这次战争的结果产生了怀疑。

威廉二世当然也知道这件看起来不起眼的事情对士气的影响，于是，他果断地做了一件事情，恢复了士气。你猜，他是如何做的？

23. 聪明小孩贾嘉隐

唐朝初年，有个小孩叫贾嘉隐，从小便机智过人，即使是有学问的大人也往往辩驳不过他。一次，唐朝大臣长孙无忌和徐世勣看到贾嘉隐后，便上前考他。徐世勣将身体靠在一棵槐树上后问他道："你知道我所依靠的是一棵什么树吗？"

没想到贾嘉隐却回答说："松树。"

"这明明是槐树，你怎么说是松树呢？"

"您年纪这么大，我应该称您公公，'公'的旁边是一棵树，不正是'松'吗？"

这时，长孙无忌同样将身体靠在槐树上，问他道："那我靠的是一棵什么树呢？"

贾嘉隐因为不喜欢长孙无忌，于是便说道："槐树。"

"怎么又变了呢？"长孙无忌问道。

接下来贾嘉隐说了一句话令长孙无忌哭笑不得，你猜他是怎么说的？

24. 忘了台词

在拍摄电影或者是在舞台上表演的时候，为了预防演员忘记台词的情况，往往会有个人被专门安排在观众看不到的地方为演员提醒台词。一次，德国电影明星克洛普弗在电影拍摄时忘了台词，于是停下来往负责为他提醒台词的弗劳那里张望。但是，弗劳显然也不知道他的台词说到哪儿了，只是茫然地望着他。这时，无奈的克洛普弗为了不出现冷场的情况，便对和他同台演戏的人说："弗劳近来怎么样，还好吗？"他希望通过这样的对话来给弗劳一点时间想起或从别人那里听到他的台词说到哪里了。这位演员当然明白克洛普弗的意思，但是他也没有办法，只是默然无语地耸了耸肩膀。这时，弗劳仍然没有任何举动，感到绝望的克洛普弗便继续接着刚才的话往下说了一句话，并用这句话向弗劳表示自己正在等待她的帮助，同时，这句话听起来还让人忍俊不禁。你能猜出这句话是什么吗？

25. 尴尬时刻

一次，一个电视节目的主持人在节目里向观众介绍一种摔不破的玻璃杯。为了让大家相信，他当场拿起一个这样的杯子朝地上摔了下去。没想到的是，杯子当场被摔得粉碎，现场立刻显得十分尴尬。

如果是你，你该如何化解这一尴尬？

26. 陶行知改诗

抗日战争时期，我国著名教育家陶行知到一所小学去参观，看到校长、老师们都跑了，孩子们却自行组织起来管理学校。他深受感动，专门写了一首孩子们能看懂的浅白易懂的诗来赞扬他们：

> 有个学校真奇怪，
> 大孩自动教小孩；
> 七十二行皆先生，
> 先生不在学生在。

陶行知写好后，将这首诗念给孩子们听，大家一听都很高兴。就在这时，一个八九岁的小孩却提出了批评意见："这首诗写得不好，因为不符合实际，大孩自动教小孩，小孩就没有做事吗？况且，如果真的只是大孩教小孩，也没有什么好奇怪的呀！"

陶行知一听先是一愣，仔细一想，觉得这小孩的话又有道理，便笑着说："对！这个小朋友说得很对，应该改正！"但是，陶行知的改动却也是相当的简单，只是改动了全诗中的一个字，便解决了小孩所说的问题，孩子们一看，也都十分高兴。

你知道陶行知改的是哪个字吗？

27. 爱因斯坦的司机

爱因斯坦的"相对论"发表之后，在科学界引起了巨大的震动，世界各地的机构和大学纷纷邀请他前去演讲，爱因斯坦感到不胜疲惫。

这天，爱因斯坦又坐在了前去某个大学演讲的小汽车上。在路上，爱因斯坦的司机开玩笑地对爱因斯坦说："教授，我帮您算了一下，您的这个演讲已经整整进行了 40 次了，您肯定感到厌烦了吧！"爱因斯坦无奈地耸耸肩说："哎，就像是让你一连一个月顿顿吃意大利面的感觉！"司机笑着说："我可以想象，哈哈，不仅您讲得厌烦，老实说，就连我听得都有些厌烦了，我敢说，这个演讲我也能做了！"爱因斯坦一听，顿时想出了一个主意，他朝司机眨眨眼睛说："那太好了，那么我有个好主意，这次前去的这个大学没有人认识我，你就替我给他们做次演讲怎么样？到时我自称是你的司机。"司机一听觉得有趣，就答应了。

司机因为十分熟悉爱因斯坦的演讲，因此将"相对论"讲得很好，坐在台下的爱因斯坦也感到十分满意，正在打着主意以后多让他替自己分担些演讲的无聊工作呢。没想到就在这时，有位教授突然站起来提出了一个问题。这个问题相当复杂，不是司机所能应付的。司机先是愣了一下，但随即他便想到了一个解围的好主意，避免了此次演戏的穿帮。

假如你是那个司机，你会如何应付？

28. 卓别林和强盗

卓别林在荧幕上是一个戏剧大师，这不仅给他带来了荣誉和财富，而且，他的戏剧天才还在生活中帮助他解决了实际的困难，下面这件事正是一个例子。

一天，卓别林骑着自行车带着一笔数目巨大的款子到某地去，但倒霉的他在半路上遇到了一个强盗。强盗手持手枪威胁卓别林交出所有的钱。就在此时，卓别林发挥了自己的戏剧天赋，巧妙地使得强盗上了他的当，最后，他不仅全身而退，而且钱财也没有损失。

你能猜出卓别林是如何做到的吗？

29. 吟鹤

乾隆皇帝每次下江南巡游时，都要带上一帮文人学士并接见当地的文人才子。巡游期间，乾隆经常要这些文人写诗对对联，以增添游兴。

一天黄昏，乾隆正带着一干人在船上游玩，这时从天际飞来一只鹤。乾隆一看，便要借此考验一下随从的才华，令他们各写一首《吟鹤》诗。这突然之举令随从多少有些着忙，纷纷赶紧低头凝思。不过这些人既然能够伴驾皇帝，自然是有一些水平的，仅仅片刻之后，江南诗人，也是当时的进士冯诚修便不慌不忙脱口而出：

眺望天空一鹤飞，
朱砂为颈雪为衣。

乾隆本来的目的是要难一难这些文人，没想到冯诚修才思如此敏捷，便不甘心，于是故意打岔道："朕要你们吟的乃是黑鹤，你的这首诗不对题，不算才子！"明明这是一只白鹤，乾隆却要人吟黑鹤，明显是故意刁难。

不过，冯诚修却并没有另起一首，而是仍旧不慌不忙地说出了下面的两句，一下子便将前两句咏诵的白鹤变成了黑鹤。

想象一下，他接下来的两句诗该如何写？

30. 消防车警笛寻人

在美国田纳西州，有一个独居的老太婆在一天晚上不慎在家中摔倒，撞在了一个桌子的棱角上，爬不起来了。在绝望中，她勉强够着了放在桌子上的电话听筒，并按了报警号码"06"。

"喂，这里是纳什维尔市警察局，有什么可以帮您？"警察局当班的约翰警长拿起了听筒。

"喂，我摔倒了，疼得厉害，救救我！"从听筒里听到微弱的声音。

"喂，你在哪里，告诉我们你的位置！"约翰警长急促地催促对方。

"我在家中，只有我一个人住……"老太太忍着疼痛艰难地说。

"告诉我们你的住址，我们立刻就去！"

"我，我记不清了……"老太太显然已经有些昏迷。

"是在市区吗？"

"是的，靠马路，快来呀，我快要不行了……"

"哪个区，你能想起来吗？"约翰警长焦急地催问，但是对方已经没有回应，只从未挂断的电话里传来对方显然很痛苦的喘息声。约翰警长于是又对着听筒问了很久，对方都一直未有回应。

显然，情况十分危急，如果去晚了，很可能老太太就没命了。但是，不知道老太太的住址，再着急也没有用啊。约翰警长一边看着警察局院子里十几辆严阵以待的警车，一边思考办法。想着老太太所留下的信息——市区、马路边，突然，一个主意出现在约翰警长的脑子里。

通过这个主意，约翰警长很快找到了老太太的住址，并救下了老太太。

想象一下，约翰警长是如何找到老太太的住址的？

31. 陈平渡河

陈平，是秦汉时期的著名谋略家，在后来的楚汉之争为刘邦击败项羽夺得天下起到了很大的作用。陈平在年轻时候就表现得非常机智，在一次战役失败后，他独自带着宝剑逃亡。过黄河时，摆渡的船夫看他器宇不凡，又身带宝剑，猜他是个逃亡的将士，认为他身上一定带着不少金银财宝，于是便想在河中心杀掉他。见多识广的陈平也看出了船夫的企图，于是心里感到很紧张，其实他并没有带什么财宝，因此他便采取了一个措施，使得船夫放弃了这个杀他的念头。

如果你是陈平，你会如何做？

32. 聪明的农夫

从前，有个农夫带了一只公鸡来到王宫，把它献给国王。国王被农夫的举动逗乐了，于是对农夫说："可怜的农夫，从来没有人献给我这样微不足道的礼物。不过既然你来了，这样吧，我一家有6口人，我，王后，我的两个儿子和两个女儿，如果你能够将你的礼物公平地分给我们，我就接受你的礼物，并重重地赏赐你。"

农夫很从容地回答说："陛下，这个问题很好办，只要您给我一把刀，我就让你们一家6口都得到自己应得的那部分。"

国王于是让人拿给农夫一把刀。

农夫先是割下了公鸡的脑袋献给国王，说道："陛下是一国之首，所以这个鸡头非您莫属。"然后他又割下公鸡背上的肉，说道："这份我献给王后，因为王后背负着陛下一家的重负。"接着他又割下公鸡的两只脚，说道："这两只脚，我分别将其献给两个王子，因为他们将踏着陛下您的足迹治理国家，造福天下。"最后，他又割下公鸡的两个翅膀说："两个翅膀分别属于两位美丽的公主，因为她们早晚要出嫁，并随自己的丈夫远走高飞。而这剩下的部分，"农夫顿了一下说，"是属于我的，因为我是陛下您的客人。"

国王听了农夫机智的回答后，感到非常满意，便赏赐了农夫许多金币。这个聪明的农夫从此成了一个富翁。

农夫的事情很快在村子里传开了。在同一个村子里有一个十分贪婪的人，他听说农夫仅仅献给国王了一只公鸡便得到了许多赏赐，于是便带着5只公鸡来到了王宫，战战兢兢地对国王说："陛下，我想要献给您5只公鸡。"国王一看这个人的神色，便知道了这是个东施效颦者，心里不免有些厌恶，但也不想为难他，于是对他说："好吧，我很乐意接受你的礼物，但我一家有6口人，如果你能公平合理地把你的鸡分给我们，我就重重赏赐你。"

这个人一听，心里便没有了主意，他后悔自己不该带5只鸡来，而应该带6只鸡。国王看这个人没有注意，便派人将上次的农夫请来，让他再次分鸡。

农夫这时略加思索，便解决了难题。国王这次仍旧十分满意，又赏赐给农夫许多金币。而那个贪财的人，则只是白白损失了5只鸡，却没有得到任何赏赐。

你能猜出农夫这次是如何分鸡的吗？

33. 丘吉尔的雅量

在丘吉尔还未当上英国首相的时候，一次，他去参加一个重要的会议。会议上因为双方存在激烈的争执，到后来，一位女士竟然对丘吉尔毫不留情地破口大骂道："如果我是你太太，我一定会在你的咖啡里下毒。"在场的人都被这句话惊呆了，会场一下子静了下来，气氛十分紧张，所有人都目瞪口呆地盯着丘吉尔，看他如何收场。

没想到，丘吉尔只是微笑着说了一句话，顿时大家哄堂大笑，他们不禁佩服丘吉尔的机智和宽容，那位女士也因为感动和羞涩而脸红了。

你猜丘吉尔是如何回应的？

34. 英国间谍绝路逢生

二战期间，瑞士因为是中立国，其首都苏黎士成了躲避战争的各国人士聚集的地方，同时，各国间谍也纷纷出没于此，调查各种情报。杰克是一名活跃在苏黎士的英国间谍，其与两名德国间谍都知道彼此的存在，并多次过招。很不幸，在一天深夜，杰克为了保护一名法国知名的反法西斯人士免遭德国间谍的暗杀，自己被德国间谍活捉了。

杰克被两名德国间谍带到了一个酒店里，两个德国间谍先是将杰克狠狠地揍了一顿，直到将其打昏，看从他嘴里问不出什么之后，便将杰克剥光衣服关在了一个浴间里，并将门从外面反锁了。这两个德国间谍可能也累了，将杰克关起来之后，便各自回房间睡觉了。半夜时杰克从昏迷中苏醒了过来，在感到浑身酸痛的情况下，他干脆到浴缸中洗了个澡。躺在舒适的浴缸中的杰克知道，自己如果不能在今晚逃脱，明天等待自己的就是无尽的折磨；而事实上，杰克最害怕的还不在于此，他最害怕的是自己到时会忍受不住折磨而供出了组织，他害怕自己成为那样的懦夫。于是，他开始查看浴室里的环境。他发现，浴室的门很结实，并且已经从外面牢牢地锁死，从里面不可能打开。再看浴室里面，四面的墙壁大约有三米高，并且没有窗户，只在天花板上有一个换气窗。杰克看了一下，换气窗看上去似乎是可以想办法弄掉，并从中逃脱的。但是，由于墙壁十分光滑，杰克试了许多次，都无法上去。

绝望之下的杰克觉得自己今天大概是过不了这关了，想到第二天自己将要面对的遭遇，他想到一死了之。其实，自从干这一职业的第一天，杰克就知道，这一天早晚得到来。想到此，杰克的心反倒逐渐平静下来。不过，如何才能自杀呢？在浴室里，没有任何工具可以使用。他开始用头去撞墙，可是，他发现墙是硬橡胶做的，就连浴缸都是橡胶做的。撞在上面只会使脑袋生疼，却不至于丧命。接下来，杰克又想到上吊自杀。他现在身上一丝不挂，根本没有东西可用来上吊。显然，这两个德国间谍之所以敢于放心地去睡觉，是因为他们事先已经将各种情况考虑在内了。无奈之下的杰克忽然想到一种超常规的自杀方法，那就是躲在浴缸里，扭开自来水，让水慢慢地没过他的身子，淹死自己。但是，直到半小时后，水早已漫出浴缸，杰克并没有死去。原来每当他在水里憋得受不了时，其身体便会出于生存本能，浮上来吸口气。然后他又躺下去，试图再次尝试着淹死自己。如此反复。

就在杰克想死死不了的时候，他突然发现，浴室里的水越来越多了。杰克仔细一看，才发现原来浴室的门因为是橡胶做的，一旦关上，便会严丝合缝，水丝毫也流不到外面去。

杰克本身水性很好，他看到浴室里越来越多的水，顿时眼睛一亮，想到了一个逃脱的办法。正是凭借这个办法，杰克成功地逃走了。

你能猜出杰克逃走的办法吗？

35. 经理的考题

一家酒店的老领班因故辞职了，经理想要在三个比较有头脑的服务员中挑选出一个作为新的领班。经理为了考验三个人，将三人叫到一起，问了他们同一个题目："假如有一天，你们打开一个房间门后，不小心看到一个女客正在浴室里洗澡，你该怎么做？"

第一个侍者想也不想地回道："我会说，对不起，小姐，我不是故意的。"经理听后摇了摇头。

第二个侍者想了一下，回答道："小姐，您放心，我什么也没有看见。"经理还是摇了摇头。

第三个侍者不慌不忙地说出了自己的答案。经理一听，满意地笑了，然后提拔这个侍者为新的领班。

你猜，第三个侍者是如何回答的？

36. 计算器上的算式

二战时期，汤姆森作为一名英国间谍在德国刺探情报。最近一段时期，他的任务是保护一名德国科学家爱德华教授从德国逃往英国。这天，汤姆森和爱德华教授约好，在晚上8点前去他的公寓看望他，并商定出逃的具体事宜。

8点钟，汤姆森准时到达了爱德华教授的公寓。但是，他发现教授的门却是虚掩着，屋里也没有一个人。汤姆森心里感到有些不妙，但是，他心里并没有底，因为据他推测，纳粹的动作并不会这么快。他猜想，也许爱德华教授只是因为遇到了什么事情，临时出去了。于是，他在屋子里边溜达边想，或许教授待会儿就回来了。这时，他突然看到桌子上放了一个计算器，上面显示着一道算式：101×5。看到这个算式之后，汤姆森当即抛弃了刚才的侥幸心理，意识到爱德华教授已经出事了，自己必须立即采取行动，设法营救。

你知道汤姆森是如何得出爱德华教授已经出事了的判断的吗？

37. 巧妙报案

一天晚上，探员杰克习惯性地来到金星大酒店巡视，他来到酒吧间，看到一群可疑的年轻人在那里喝酒。杰克仔细打量了他们一番，发现他们正是美国刑警一直在通缉的走私分子。因为当时杰克穿着便装，所以并没有引起他们的疑心。

杰克想："如果凭我一人的力量，肯定制服不了这伙人，可是离开这里去通知其他警员，万一他们离开，这条线索又要断了。"这时，杰克看到酒吧间有一部电话，于是，他就上前拨了警局的号码，然后故意地大声说：

"亲爱的小宝贝，你还在生我的气吗？我是杰克，昨天晚上因为突然有笔生意要谈，所以没来得及陪你去看电影。不过，马上就可以搞定了，我现在正在金星大酒店里等客户，他已经答应今天晚上和我签合约了。亲爱的，不要生气了，你忘了我们共同规划出来的生活规划和目标了吗？我们分开只是暂时的，我们会永远在一起，请你原谅我昨晚的失约，待会儿我会尽快赶到你身边，当面向您陪罪。再见。"

那伙走私分子听到杰克说的这些话，一个个大笑不止，他们嘲笑杰克是一个软弱的男人。可是在五分钟之后，一群全副武装的警察突然出现在他们面前，将他们全部带走了。

你能够想明白杰克是怎样通过电话报案的吗？

38. 阿尔德林的回答

第一次登上月球的太空人一共有两位，大家最为熟悉的是阿姆斯特朗，除了他之外，还有另外一个人，他的名字叫阿尔德林。

阿姆斯特朗在登上月球之后说的那句家喻户晓的话"我个人的一小步，是全人类的一大步"，这让全世界所有的人都记住了他的名字。

登月成功之后，大家为他们举行了隆重的庆祝仪式，现场的记者招待会上吸引了无数的记者，大家都在庆祝这个伟大的胜利。忽然一个记者问了阿尔德林一个很特别的问题："请问，由阿姆斯特朗先走下月球，成为登陆月球的第一个人，你会不会觉得有点遗憾呢？"

全场的气氛顿时变得异常尴尬，大家都在想要如何回答这个问题比较好，阿尔德林此时却风度翩翩地回答了一句话，在场的人都报以了这个回答最热烈的掌声。

那么，你知道阿尔德林到底是怎么回答记者的吗？

39. 聪明的诸葛恪

三国时期，诸葛家族人才辈出：诸葛亮当时在蜀汉，他的哥哥诸葛瑾在东吴，堂弟诸葛诞在曹魏，他们每一个人都是位高权重，颇负盛名。当时流传着这么一句话："蜀得一龙，吴得一虎，魏得一狗。"

诸葛恪是当时在东吴的诸葛瑾的儿子，自幼就聪明绝顶，处事机灵，不管在什么场合他都能够随机应变。

一次，孙权请客大宴群臣，很多比较出名的大臣们都应邀参加了此次宴会。因为诸葛瑾长着一张长脸，孙权一时之间兴趣大增，就打算和他开个玩笑。

孙权让下人牵来了一头驴，然后他在上面写了"诸葛瑾"三个大字，很明显他是想讥笑诸葛瑾的长相像驴，诸葛瑾看到后非常生气，但是一时间想不出什么好办法进行回击。

诸葛恪当时年龄很小，在旁陪同的他看到孙权故意取笑自己的父亲非常生气，于是，他在那三个字的下面很快加上了两个字。孙权看后，大笑一声，他欣赏诸葛恪小小年纪就如此聪明，后来就重用了诸葛恪。

那么，你知道诸葛恪在上面加上了哪两个字吗？

40. 机智的女演员

在我们的日常生活中，难免会出现尴尬的场面，即便是再小心再谨慎的人，他也有出丑的时候。即使是世界名人，也可能一时大意，在自己最辉煌的时刻遇到令自己尴尬的事情。

我们都知道，世界上最隆重的电影颁奖典礼是美国的奥斯卡金像奖，那也是全球最盛大的奖项，每年都要在美国的洛杉矶举办一次盛大的颁奖晚会。那时候，典礼会场云集了来自世界上各个国家最著名的电影明星，他们都想登上那个舞台，站在世界的顶端。当然，每个登上舞台的人也都是激动万分的，谁都想让自己在全世界人民的注目下大大方方地走向领奖台，那是多么荣耀的事呀！

有一次，在奥斯卡金像奖颁奖晚会上，当主持人宣布获奖的女演员名字时，台下爆发了雷鸣般的掌声，这时，就看到一位漂亮的女演员面带微笑地向颁奖台走来。就在这时候，意外发生了，在走向领奖台上时，女演员不小心被自己长长的礼服绊住了，结果就是，她重重地摔在了舞台上。当时，全场变得鸦雀无声，这个晚会可是全球直播的，现在世界上不知道有多少观众在观看呢，女演员的尴尬也就可想而知了！

就在大家都为女演员担心的时候，女演员却轻松地站了起来，并且像什么都没发生过一样，还是面带微笑地走到舞台中间去领奖，并发表了获奖感言。

女演员利用这个机会说了一句话，非常成功地化解了刚才摔倒的尴尬。当她说完这句话时，台下观众顿时会心地笑了出来，为女演员的机智和幽默所折服，会场里顿时又一次爆发了雷鸣般的掌声。从此以后，这个女演员的名气也越来越大。

你猜这个聪明机智的女演员说了什么话，化解了自己的尴尬？

41. 张作霖妙解错字

我们都知道，民国时期的东北军阀张作霖没有读过多少书，没有多少学问。但是，在胆识和谋略方面，这个人却并不缺少，尤其是在对付日本人上，他更是有办法。这一点，常常令中国人拍手叫好，而日本人对他却恨之入骨。也正是因为他对待日本人的这种态度，才导致了他后来被日本人杀害。

有一次，日本人举行一个酒会，并邀请了张作霖去做客。日本人本想要让张作霖当众出丑，于是就出题为难他。他们说，一个日本名流想请张作霖题字，因为他们知道张作霖出身草莽，识字不多。一向有魄力有胆量的张作霖听到这样的要求后并没有推托，而是很潇洒地拿起笔来，在纸上写了一个"虎"字。按照当时的写字规矩，最后是要有落款的。于是，张作霖写完后，日本人就把写好的字接了过去。日本人看题的"虎"字，虽然不怎么好看，但也工整，不好说什么。可是，就在落款处他们却找到了毛病，原来是出现了一个错别字，张作霖把"张作霖手墨"写成"张作霖手黑"了。日本人看到这个"黑"字就乐开了花，以为终于抓到了可以嘲笑张作霖的把柄。

此时，张作霖并不知道发生了什么事情，只是看到那些日本人在不停地哈哈大笑。后来身边的一位侍从告诉了他这件事。知道这件事情之后，巧于应对的张作霖并没有生气，只是说了一番话，就令在场的日本人目瞪口呆，不敢再发出笑声。而这一句话，令在场的中国人则拍手叫好。也正因为这件事，张作霖的名声更大了。

你想知道张作霖说了什么话吗？

42. 史都华机智自保

史都华是英国某镇有名的探长。他沉着冷静，机智多谋。不但成功破获了不少案件，保护了受害人的权益，而且曾在一次对自己刺杀事件中巧妙地保护了自己。

一个星期天的晚上，史都华正在事务所办公室里边喝威士忌边翻着资料，突然，一名蒙面刺客闯了进来。"史都华先生，你不需要再忙了，因为你将从这个世界上滚蛋了！"说着刺客将黑洞洞的枪口对准了史都华。史都华不愧是个著名探长，只见他面不改色，端着酒杯，回头注视着刺客，神情镇定自若地问道："哥们儿，何必说得那么难听，能否告诉我，谁派你来的？"

"一个你正在追踪的人。"刺客冷漠地回答。

"那么，说说看，他出多少佣金呢？我出三倍的价钱，如何？"史都华笑着说。

刺客一听，迟疑了一下，看起来有点动心。史都华看他不说话，就倒了一杯威士忌，慢慢地递到刺客面前，又故意用激将法说道："怎么样，不喝一杯？是不是怕喝下去以后手就拿不稳枪了？"

那刺客显然也受到了刺激，于是右手仍然举着枪对准史都华，左手则慢慢伸过来接过史都华递过来的酒杯，一扬脖子喝了下去，然后随手把酒杯放在了身边的桌子上，接着就急切地问道："你真愿意出三倍的价钱吗？"

史都华微笑了一下，转脸看着办公桌旁边墙角的那保险柜，然后回答刺客说："呵呵，不就是钱吗，墙角那个保险柜里有的是！"

为了使对手放心，只见史都华一手端着酒杯，另一只手去开保险柜。史都华打开保险柜以后，慢慢从里面取出一个鼓鼓囊囊的信封，放在了保险柜旁边的桌子上。

看刺客的注意力被信封所吸引，并伸手准备拿起信封，史都华抓住这个机会，迅速把刺客用过的酒杯和保险柜的钥匙都放进了保险柜，然后麻利地关上了保险柜的柜门，并随手把数字键盘拨乱了，整个过程大概只有两秒钟的时间。这样，保险柜就暂时打不开了。

看到这种情况，刺客立刻警觉地又将枪口重新对准史都华，问道："啊！你想干什么？"

史都华依旧微笑着说："其实，那个信封里不过是些完全没有用的旧收据罢了。"

"你说什么？"刺客还没有反应过来，有些疑惑地问。

"好吧，老实说吧，我没有钱，现在你可以开枪了。不过，我要提醒你的是，如果你杀我，即使你今晚逃脱了，也迟早是要被捕的，因为你已经留下了决定性的证据。"

"什么？我留下了什么证据？"刺客问道。突然，他好像又想起了什么，拍了一下自己的脑袋后，懊恼地摇了摇头，举枪的手也耷拉下去，然后他把枪收起来，迅速离开了。

史都华则微笑着目送刺客离去。

史都华的机智表现在什么地方？是什么原因使得刺客悻悻而去呢？

43. 将军与二等兵

一天晚上，一个叫罗伯特的二等兵偷偷走出了营帐，跑到一个小酒馆，在那里舒舒服服地喝了点小酒，然后又悄悄地溜了回来。

在他回到了营地，快要走进自己的帐篷的时候，由于一时匆忙，他在迷迷糊糊的状态下把一个人撞倒了。倒下去的那个人从地上爬了起来，掸了掸裤子上的泥土，然后一言不发地看着罗伯特。

罗伯特定下神来一看，发现这个人的衣襟上有五颗星。他顿时吓得脸色惨白，因为他知道，他撞倒的这位不是别人，正是他们的最高首长艾森豪威尔将军！

这位五颗星的将军愤怒地对二等兵说："你知道我是谁吗？"

"我知道，您是艾森豪威尔将军。"罗伯特战战兢兢地回答。

"那你知道我将会怎么处置你吗？不是因为你撞倒了我，而是因为你违反军纪，竟敢私自出去喝酒，瞧你满身的酒气，太不像话了！"

这时候，这位二等兵灵机一动，轻声地反问了将军一句："那么，您知道我是谁吗？"

艾森豪威尔将军听到一个小兵竟然这样对自己说话，气呼呼地说："像你这种无名小卒，谁会认识你呢！"

听完这话，你猜一下这位二等兵接下来会怎么做？

44. 萧伯纳的回应

《巴巴拉上校》出版之后，某剧院为之安排了一场甚为隆重的公演。公演当天，各界知名人士都被应邀前去观赏，当然，作为作者，大作家萧伯纳是必在其中的。

演出相当成功，谢幕时，萧伯纳应观众们的要求上台接受众人的掌声。可是他刚刚走到台上，观众席中便有一人对着他大骂道："萧伯纳，你的剧本真是糟透了，你简直就是在耽误我的时间。快停演吧，没有谁要看的！"

顿时，全场一片哗然，所有人都为这突如其来的举动吃惊不已，继而纷纷把目光投向了萧伯纳，等待着他的恼怒。不想萧伯纳非但没有生气，还笑着向那个人鞠了个躬，然后彬彬有礼地对他说了一番话。说完，萧伯纳面带微笑地向所有观众挥手致意。现场立刻响起了如雷的掌声，并伴随着接连不断的叫好声。而那个人则脸上讪讪的，一声不吭了。

你猜，萧伯纳对那个人说了什么？

45. 开门事件

这家电影院地处繁华地带，每天都会有很多人来这里看电影。

一天下午，不知什么原因，电影院里突然起火了，顿时，所有的人都慌了起来。可是由于大家都是当地人，对这里非常熟悉，都知道此电影院只有一个大门，因此他们一股脑地朝着那扇唯一的大门跑了去。

因为工作人员也没有料到会突然起火，所以大门还是像往常那样锁着，只有一侧的小门是开着的。可能是由于太恐惧了吧，人们你推我搡，跑出去的人居然没有几个。

其实当时，电影院管钥匙的值班人员离大门并不远，但他就是挤不到门前去。不过应该说明的是，即使他开了锁，门也会照样打不开，因为门是朝里开的，而里面的人根本不想后退半步。

眼看着火势越来越大了，人们却还在拥挤着，出去的人尚不足一百个。绝望之下，落在后面的好多人已经开始大哭了起来，情况十分危险。

假设这时你在场，你能想个办法将门打开，好让大家跑出去吗？

答 案

1

第二天,弦高装扮成郑国使臣的模样赶着12头肥牛来到秦军驻地,要求见秦国的大将孟明视。孟明视接见了他,弦高对孟明视说:"我是郑国的使臣,我们大王早就听说了将军要到郑国去,特地派我来这里迎接,并奉上12头肥牛来慰劳将军和诸位将士,略表我们的心意。"孟明视听了,大吃一惊,赶紧对弦高说:"让你们费心了,我们不是到贵国去的,你们礼物我们领了,以后再登门拜谢吧。"于是收下了12头肥牛,送走了弦高。

送走了弦高以后,孟明视对他的手下们说:"看来这郑国早就得到消息了啊,现在一定做好了迎战的准备了,他们以逸待劳,我们恐怕不是他们的对手,还是先回国,再做打算吧。"于是秦军没有去郑国,就打道回府了。

这时候郑国的大王也接到了弦高的信,知道秦国的三个将军出卖了郑国,就毫不客气地把他们赶走了,秦国的算盘彻底落空了。

2

楚庄王想了想,高声喊道:"先别点蜡,今天我和大家畅饮,非常痛快,大家就不要拘于礼节、正襟危坐了,统统把帽子摘下来吧,咱们继续喝酒!"大家莫名其妙地摘掉帽子以后,楚庄王才命人点上蜡烛。这样,帽子都放在了桌子下面,连楚庄王和许姬也不知道刚才那位大胆的将军是谁。

散席后,许姬问楚庄王为什么不当场抓住那个人。楚庄王笑着说:"今天这是庆功宴,大家都很高兴,喝多了之后,一时忘形也可以原谅。如果我真的追究起来,是能说明你的贞节,但是,弄得不欢而散,将士们会认为我太小气了,以后就不会为我出生入死了。所以,这次就委屈你了。"许姬听了,非常佩服。

后来,楚国和郑国打仗的时候,唐狡将军自告奋勇率领百余人充当先锋,为大军开路。他打起仗来非常勇敢,就像拼命一样,战无不胜,攻无不克,立下了赫赫战功。楚庄王见了,就要重重地奖赏他。唐狡却惭愧地说:"大王不必重赏我,只要不治我的罪,我已经心满意足了。"楚庄王很奇怪,就问为什么。唐狡说:"上次我喝醉了酒,一时冲动拉了许姬袖子,大王非但没有惩罚我,还替我隐瞒了过去,我感激不尽,所以,现在才舍命杀敌,来报答大王的恩德呀。"楚庄王听了,非常高兴,还是重重赏了他。

3

拿破仑举起手中的猎枪,瞄准落水的士兵,"你抓紧向岸边游过来,不要再瞎扑腾了,听到了没有,否则,我一枪杀了你!"拿破仑向士兵身边"叭!叭!"打了两枪,落水的士兵顿时惊出一身冷汗,拼命向岸边游过来,他的姿势不是很优美,但是看得出来,他会游泳。

落水的士兵爬到岸上,还没看清拿破仑的脸,就大声咆哮着:"你这人是怎么回事,不想救我就算了,难道你还想杀了我吗?"拿破仑笑着说:"傻瓜,这条文静的小溪,根本不会为难你的,是你自己太慌张,以至于忘了自己还会游泳。我知道你能行,所以鸣枪提示你。"

士兵看清了,站在自己面前的是皇帝!赶紧拜谢:"我不小心掉进水里,吓得失魂落魄,根本就不知道该怎么划水了,要不是陛下出手相救,说不定现在就淹死了,而我刚才却对陛下无礼,请陛下原谅!"

拿破仑说:"没关系,现在你要知道,你自己是能行的。"说着,拿破仑又兴高采烈地

269

去打猎了。

4

老太太坚决地走进屋子，用力地推翻了火炉，炉火瞬间燃着了木制的家具，燃着了床单被褥，燃着了小屋里所有的东西。老太太吃力地爬出房子，看着自己住了几十年的心爱的小屋，燃起了熊熊大火，滚滚浓烟冲上天空，像狼烟一样向人们发出警告。

"不好了，着火了，着火了，大家快去救火呀！"庆典上响起了喊叫声，疯狂的人们，从狂欢中挣脱出来，来不及收拾东西，都快速地涌向老太太的房屋。

西北风呼呼地刮起来，滚滚浪涛立即把庆典现场变成了一片汪洋。

扑灭了火，人们站在镇子里，远望着海面上肆虐的台风，仍然心有余悸："幸亏老太太点燃了房子，否则现在我们都去喂鲨鱼了！"老太太没有了房子，镇子里的人们纷纷邀请她到自己家里去住。老太太成为了小镇子里的大英雄。

5

面对凶恶强大的强盗，而自己无力与他争斗，如果激起他的恶性，后果将是不堪设想的。瘦弱的周老师没有选择和强盗对抗，也没有选择转身逃跑，而是用另外一种思路来考虑问题，选择了第三种办法，利用强盗不认识自己这个条件，改变自己的身份，把自己变成了一个"问路人"，从而在表面上和强盗没有了矛盾，使强盗放松下来，为自己赢得了去找救兵的时间。

接下来的故事是这样的：

周老师微笑着问那个强盗："对不起，我不知道您在搬家，打搅了，我想问一下幼儿园的周老师是不是住这里？"听到"搬家"，强盗紧握着刀柄的手慢慢放松下来，顺水推舟地说道："是……是在搬家，不知道你是？""噢，我是幼儿园学生的家长，来找周老师有点事。"周老师镇定地回答。"她不住在这里，你找错地方了，再去找找吧。"强盗没好气地说道，他只知道抢劫，根本不知道这家主人是谁。

"原来是这样，看来是我走错门了，好吧，那我再去找找。"周老师找了一个借口转身就出了屋子。强盗长舒了一口气，以为不过是虚惊一场，突然他想起了一个细节："那个女人手里拿着菜，哪有人去拜访老师的时候，手里会提着菜呢？"强盗觉得有点不对劲，他赶紧窜出房门，想去抓回周老师。

这个时候，周老师已经喊出了四周的邻居，把强盗团团围住了。强盗看到这种阵势，顿时吓倒在地上，当场被大家擒住了。

6

曹操灵机一动，表情镇定地双手举刀跪下说："近日得到宝刀一口，特意带来献给恩相。"董卓于是接过刀来，一看，此刀七宝协饰，锋利无比，果然是把宝刀，便将宝刀收下递给吕布。而曹操也慌忙解下刀鞘交给吕布。然后，董卓带着曹操到屋外看马，曹操假意对马十分喜欢，并请求骑上试一圈。董卓便命属下备好鞍辔，令曹操试骑。曹操牵马走出相府，直接骑上朝东南城门奔去了。

曹操离开后，吕布对董卓说："刚才看曹操似乎想要行刺您，只因被发现了，才假托献刀。"董卓一听，也觉得曹操刚才的举动很可疑。正说着，董卓的女婿李儒来了，他了解刚才的情况后，便说："曹操家人都不在京城，只一个人住在寓所。现在就去差人请他来，如果他来了，便是献刀；如不肯来，便是行刺，应该立刻抓起来。"董卓于是差兵士前去传唤曹操。过了一会儿，兵士回报："曹操没有回寓所，而是对守城士兵说丞相差遣他去办紧急公事，纵马从东门出去了。"这时，董卓才恍然大悟，立刻下令遍行文告，画影绘形，悬赏通缉曹操。当然，我们知道，曹操也并没有被捉到，这是后话了。

7

他朝导火线上撒了一泡尿，将导火线给浇灭了。

后来人们为了纪念这个小英雄，便请全国最杰出的雕塑家为他塑了一尊铜像，放在首都的一条街上。现在你在布鲁塞尔还能看到一尊铜像，一个光屁股小男孩正在撒尿，这就是小英雄于连。并且，这尊铜像还被命名为"布鲁塞尔第一公民"像。

8

原来，丽莎保护项链是假，保护耳环是真。她刚才的表演正是为了将强盗的注意力从耳环上转移开而已。因为她的钻石耳环价值530英镑，而那个项链，则仅是花不到十英镑在地摊上买的而已。她在一则侦探故事中看过一个类似的故事，没想到今天真的用在了自己身上。

9

原来，罗伯特警官和伊丽莎白平时很熟悉，他知道伊丽莎白还根本没有结婚，哪来的丈夫？因此，他推断，肯定是伊丽莎白在以此向自己做暗示。于是，他假装离开，实际上则悄悄地叫了同伴，悄悄折回。

10

丹尼躲进邮局，把四张机密手稿装进信封里，寄往一个反抗法西斯地下组织者的家里。

11

曹玮说："不要大惊小怪，是我派他们去的。"这样一来，西夏人以为这些叛逃的宋营士兵是奸细，气愤地将他们全部杀死了，而且还将他们的头颅抛回宋朝边境这边。

12

林肯回答说："我要到国会去。"

13

原来，化妆师前几天在电视上曾经看到过另一个被通缉的杀人犯的面孔，他于是凭记忆将这个逃犯的面孔化装成了另一个通缉犯的样子。这样，在检票时，实际上两个便衣警察是将逃犯当成了另外一个通缉犯给抓捕的。

14

丘吉尔说："我们大不列颠的首相对美国总统是没有什么需要隐瞒的！"

这个场面的确是有些尴尬，而机智幽默的丘吉尔却巧妙地利用形象思维，由赤身裸体联想到坦诚相待，不仅成功化解了尴尬，而且增进了英美两国的友谊。

15

窗外根本没有阳台，一开始，约翰逊便是在误导罗伯特。罗伯特已经摔死了。

16

李茜灵机一动，迅速想到了一个办法，她用他同学王小毛的手机拨打了自己的手机号码。只听到一名身穿红色T恤的男青年口袋里响起了一阵和弦音乐声。李茜一听，正是自己的手机铃声，于是，她马上指出来："就是他偷了我的手机！"警察当即按住了那个青年，果然从他身上搜出了李茜的手机。

17

李小璐赶紧拍了身旁的另一个空被筒，大声说道："老公，老公，你看这是谁来了？"那个小偷本来就心虚，一听这话，来不及多想，赶紧转身便逃走了。

18

相士这么说的目的只是虚晃一枪而已。大家听他这么一说，都很惊奇，条件反射性地朝其中的一个女子头上望去，那正是李德诚夫人。而李德诚的夫人本人也一下有些羞涩起来，脸上还泛起了红晕。相士于是走上前去指着这个女子说："这就是千岁夫人。"

19

村妇的计策正是借用鞋子虚张声势，在心理上战胜对方，对于流窜犯的问题，她故意装作很随便地回答道："这几双鞋子是给在山南面的坡上干活的几个亲戚用的，现在种庄稼不挣钱，因此我当家的准备种植一些果树，因为人手不够，这几天我两个哥哥和两个妹夫一起过来帮忙。现在太阳已经快落山了，他们也马上要回来了，所以给他们准备好鞋子和洗脚水。今天晚上嘛，就只能委屈你跟他们一起打个通铺凑合一宿了，你不介意吧？"村妇故意礼貌地问道。"哦，不介意，不介意！"流窜犯机械地回答道。同时，他心里盘算着，如果真有这么多人，到时我一旦被识破,那可就麻烦了。他看村妇又回身去拿了足够五六个人吃的蔬菜到厨房去做饭,心里更是感到这里不可久留,于是趁村妇在厨房里,悄悄地溜走了。

20

小偷说:"那么就请您让我老死吧!"

21

原来,汤姆逊用可怜兮兮的声音对壮汉说:"先生发发慈悲,给我几个钱吧!我饿得快发昏了。"

壮汉一听,骂了一句脏话,便离开了。

22

威廉二世趁坐在地上的一瞬间,双手捧起了一捧泥土站了起来,然后非常激动地对着天空喊道:"感谢上帝赐予我王国,英格兰的国土我已经抓在手中了。"

23

小孩辩解说:"不是我改口,是因为鬼靠在树木上,正好是一个'槐'字。"

24

克洛普弗说道:"我可是很久没有听到她的消息了。"

25

只见这个主持人耸耸肩膀,然后看着电视镜头说:"看来发明这种玻璃杯的人没有考虑到我的力气和摔的技巧。"

26

陶行知将"大孩自动教小孩"改成了"小孩自动教小孩"。

27

聪明的司机故作轻松地一笑,然后一边指着坐在台下的爱因斯坦一边说道:"这个问题我回答得次数太多了,连我的司机都知道答案了,您不介意的话,就让他替我回答吧!"

28

面对强盗,卓别林装出了一副可怜相,对强盗说:"我只是一个帮主人取钱的仆人,我可以将钱给您,不过您能不能帮我一个忙,在我的帽子上打两枪,我好向主人交代,不

然,主人会以为是我私吞了钱。"强盗看他一副可怜的样子,便摘下卓别林的帽子在上面打了两枪。然后,卓别林感激地说:"谢谢,不过,为了看上去更逼真一些,您能不能在我的衣襟上再打两个洞?"强盗又照办了。最后,卓别林又说道:"太感谢您了,不过,如果能在我的裤脚再打几枪,就由不得主人不信啦!"强盗于是有些不耐烦地又连续在卓别林的裤脚上连扣了几下,却不见枪响,原来子弹打完了。卓别林要的正是这个效果,赶紧拿上钱跳上车子跑了。

29

冯诚修接下来的两句是:"只因觅食归来晚,误落羲之洗砚池。"这两句诗不仅照应了前面的两句,又巧妙地借用典故将白鹤变成了黑鹤。乾隆见他巧借典故,将诗意补得天衣无缝,妙趣横生,便拍掌称赞说:"冯才子真是诗中的状元啊!妙!妙!"

30

原来,约翰警长根据老太太电话未挂断这个条件和留下的自己住在市区的一条马路边的信息,果断决定,将十几辆警车全部派出,拉响警报在全市各区沿街奔驰。一旦有等某辆警车正好经过老太太邻近的那条马路时,便会从警察局的听筒里听到警车的声音,然后再确认出经过老太太住宅的那辆警车。然后让警车上的警察在附近询问查找单独居住的老太太。就这样,半个小时后,警察找到了老太太家中,并迅速将其送往医院,将老太太从死神手里夺了回来。

31

陈平假装不经意地脱下了上衣,然后光着膀子帮船夫撑船,船夫见他身上并无财宝,自然也就打消了杀他的念头。

32

农夫对国王说:"陛下,一只公鸡献给您和王后,另一只献给两位王子,第三只献给两位公主。剩下的两只属于我——我从这么大老远赶来帮您分鸡,想必您不会介意赏赐我两只公鸡吧。好了,现在就很公平合理

因为陛下、王后和一只公鸡加起来等于三；两位王子和一只公鸡加起来也等于三；两位公主和一只公鸡加起来又是三；而我和分到的两只公鸡加起来同样是三。"

33

原来，丘吉尔微笑着回答："如果你是我太太，我一定将此咖啡一饮而尽。"

显然，丘吉尔的这句话，不仅给自己解了围，还照顾到了女士的面子，并且还体现出了自己宽阔的胸怀，可谓一石三鸟，这的确是一种了不起的机智和胸怀。

34

浴室的水既然流不到外面去，杰克便将水一直放，等水升高至天花板的高度，他便从换气窗逃出去了。

35

第三个侍者回答："对不起，先生，我不是故意的。"明知对方是女士，却称其为先生，这样才会使对方真的相信侍者什么也没看到。这显然是一种十分机智的办法。而一个领班显然是需要有非常强的应变能力的，所以经理选择了第三个侍者。

36

101×5＝505，而505在计算器的显示屏上看起来和国际通用的呼救信号"SOS"十分相似。这道算式显然是爱德华教授在巧妙地给汤姆森留下求救信号。

37

原来杰克在打电话时，一讲到无关的话时，他就用手掌握紧话筒，警局那边就听不到了；而讲到关键之处时，他再把手松开，所以，警方从电话中听到的是这样的间歇性的信息：我是杰克……现在……金星大酒店……和目标……在一起……请你……尽快赶到……杰克正是通过自己的机智，巧妙地将信息传达到了警局。

38

阿尔德林笑着对那位记者说："各位，请别忘记了，我们回到地球的时候，是我先出太空舱的，所以也可以说我是由外星来到地球的第一个人呢！"

阿尔德林这么得体自然的回答，既没有伤到同伴又没有贬低自己，这是阿尔德林幽默中的智慧。

39

诸葛恪在那三个字上面加上了"之驴"两个字，这样一来，那几个字就变成了"诸葛瑾之驴"。诸葛恪用自己的聪明机敏让诸葛瑾摆脱了尴尬。

40

女演员是这样说的："今天我能走到这个位置，实现我的梦想，确实不容易。这一路上，我跌倒了又爬起来，很是艰辛坎坷。"

将自己刚才的跌倒巧妙地嫁接到自己追求梦想的过程中，这样一来，自己刚刚的跌倒似乎正形象地为自己演艺生涯的坎坷作了注解。显得机智而幽默，自然能够赢得观众的微笑和赞许，尴尬也就烟消云散了。在那样一个隆重的场合，能够有如此急智，是非常不易的。

41

张作霖是这样对日本人说的："你们还真是狗眼看人低啊，我还不知道'墨'字怎么写吗？我是故意这么写的，对付你们日本人就必须要黑，要'寸土不让'"。

张作霖的这个解释可谓机智之极了。虽然没有读过几年书，但是张作霖的圆滑、机智的确是令人刮目相看。事实上，在那个多方势力角力的乱世，张作霖能够左右周旋，既不逢迎日本人，也不得罪中国人，这种应对的能力不是一般人所具备的。

42

史都华把刺客使用过的酒杯连同保险柜的钥匙一同锁进了保险柜，这样便谁都无法拿出来。而那酒杯上留有刺客喝威士忌的指纹和唾液。史都华所说的"决定性的证据"，就是指刺客的指纹和唾液。

43

二等兵听将军说完，二话不说，飞一般地跑掉了。

44

萧伯纳微笑着对那个人说道:"亲爱的朋友,您说的我都同意,但遗憾的是,全场这么多人,只有我们两个人反对,俗话说寡不敌众,我们的反对有什么用呢?"

面对别人无情的攻击和指责,唇枪舌剑、气急败坏地反击是下策,被动地解释是中策,巧妙地举重若轻、一带而过才是上策。萧伯纳可谓机智过人。

45

"大家注意,大家注意,幕布后面还有一扇更大的门,快向那边跑啊。"突然,不知是谁喊了这么一声。立刻,人们掉头向幕布后面跑去,可是等跑到那里一看,哪里有什么门,根本就只有一堵坚如铁壁的墙嘛。于是,人们一边焦急地咒骂,一边又掉头跑了回来。

上述整个过程大概有两分钟左右,可就是这不长的两分钟,为值班人员赢得了宝贵的开门机会。等到大家又涌到这边时,大铁门已经被打开了。结果不到十分钟,人们全都跑了出去。四五百人,无一伤亡。

第九章
博弈思维名题

1. 买房子送家具

一家房产商打出广告："买房子送家具。"有人觉得很合算，欢天喜地买了他的房子，然后向房产商索要家具。没想到对方却说……你知道他那句话是怎样说的吗？

2. 失窃大案

一家非常著名的博物馆在一个晚上被盗了，有几件非常珍贵的宝贝都不翼而飞。

警察接到报案后火速赶往现场，经过对现场的检查最后得出结论：这是一起群体盗窃案件。博物馆保安系统非常完善，要完成躲避安保系统、开保险锁、望风、接应等一系列的工作，至少要四五个人才行。

政府对此特别重视，一再督促警察局破案。但是，警察一连查了好几天都没有线索，感到十分头疼。

这个时候博物馆馆长想到了一个破案的主意。他在当地电视台就此案做了一个访谈。他在访谈中说道：博物馆丢失的全部是国宝级的精品，特别是那个玛瑙手镯，举世无双，价值连城。最后，他还严肃地警告电视观众，不要收藏那个手镯，因为它十分与众不同，引人一眼就会认出来，一旦收藏，迟早会被发现，到时要坐牢的。而事实上，这个手镯并不存在。

没想到过了两星期，盗窃案子果然破了，你知道这是为什么吗？

3. 一条线的价值

美国福特汽车公司的一台大型发电机发生了故障，不能正常运转。公司的工程师们花了3个多月的时间来寻找问题的原因，还是没有找到。最后，他们求助于德国著名电机专家斯坦因门茨。斯坦因门茨经过一番观察和测算之后，用粉笔在电机外壳某处划了一道线，说："请打开电机，把作记号处的线圈减少16匝。"工程师们按照他说的做了，电机果然恢复了正常运行。

福特公司问斯坦因门茨要多少报酬，他要1万美元。有人说他勒索："难道画一条线就值1万美元？"

斯坦因门茨会怎样回答呢？

4. 华盛顿找马

华盛顿的一匹马被人偷走了，于是华盛顿就找到警察，请求警察和他一起到偷马人那里去索讨。

"你凭什么说这匹马是你的呢？亲爱的华盛顿先生，这可是我一手养大的马呀。"狡猾的偷马人开始抵赖。

"什么，这是你一手养大的马吗？"华盛顿冷笑着说，"昨天晚上它还待在我的马圈里，今天就变成你一手养大的了，亲爱的小偷先生，你养这匹马恐怕没有超过十二小时吧！"

偷马人生气了，他叫起来："我可不能允许有人在我的家里，这样肆意地诽谤我的名誉，请你赶紧离开我的家，否则我就不客气了！"说着，偷马人挽了挽衣袖，一副随时准备动手打架的样子。

警察看情况不妙，对华盛顿说："这到底是不是你的马？如果没有足够证据的话，我们还是先回去吧。"

华盛顿冲警察点点头，示意他再稍等一会儿。

华盛顿想出办法了吗？

5. 晏子使楚

齐王派晏子出使楚国。楚国的国王想找机会捉弄一下晏子，显显楚国的威风。

晏子来到楚国都城的城门前，看到城门的正门没有开，只是在正门旁边开了一个小洞。原来，晏子身材矮小，楚王故意叫人开了一个小洞来讥笑他。晏子不慌不忙地来到小洞旁说："这是狗洞，不是城门，只有出使狗国的时候，才从狗洞进。楚国如果自认为是狗国的话，那我就从狗洞进去好了。"楚王听了，无言以对，只好打开了正门，迎接晏子进城。

晏子到宫廷上来见楚王，楚王轻蔑地打量着他，问道："怎么，难道齐国没人了吗？"

晏子知道楚王是在嘲笑他，就不动声色地回答说："大王您这是什么话！光我们齐国首都临淄就有七千多户人家，大街上的行人挤得肩膀挨着肩膀，脚尖碰着脚跟，如果大家一起展开衣袖就能遮天蔽日；如果大家一起挥洒汗水，就像下雨一样。大王，您怎么能说齐国没人呢！"

楚王听了，嬉笑着对晏子说："既然齐国有那么多人，怎么派了你这样的人来当使者呢？"

晏子说："大王，您不知道，我们齐国有个规矩，就是把使者分为三六九等，如果出访上等礼仪之邦的话，就派最优秀的人去，如果出访下等无赖国家的话就派最没出息的人去。我是使者里面最没用的一个，所以这次出访楚国，就派我来了。"

楚王听了脸红起来，心想：照他这么说，楚国倒成了最差的国家啦。这个晏子实在太厉害了，以后和他说话，还是得小心一点。

一天，楚王请晏子喝酒，正喝到高兴处，有两个士兵押着一个犯人从酒桌前经过。楚王就问身边的仆人："这个人，犯的是什么罪？"仆人回答说："盗窃罪。"楚王又问："他是哪里人？"仆人回答："是齐国人。"

楚王听了，得意地问晏子："难道齐国人都是小偷吗？"

晏子该如何回答这么难为人的问题呢？

6. 郑板桥智惩盐商

郑板桥是清朝著名的画家和书法家，他曾经在潍县做过县令。

潍县地处渤海边，盛产海盐，当地很多人都做盐的生意。当时官府规定，卖盐的生意只能让大盐商来做，老百姓贩卖私盐是犯法的。但是一些百姓生活非常穷苦，不得不靠贩卖私盐来养家糊口。这些私盐贩子们盐卖得很便宜，每次只能挣到很少的钱。但是，大盐商们为了自己的利益，还是经常欺压私盐贩子。郑板桥很看不惯大盐商仗势欺人的丑恶嘴脸，他非常同情私盐贩子们的遭遇。

一天，大盐商王冉干扭着一个私盐贩子来找郑板桥。他对郑板桥说："郑大人，我抓到了一个私盐贩子，他不顾国家的规定，贩卖私盐，请大人从严办理吧。"郑板桥看到这个私盐贩子，面黄肌瘦，身上的衣服也破破烂烂的，跪在地上一言不发，一看就是一个穷困的老实人。再看王冉干，衣着华丽，满脸横肉，是潍县最大的盐商。他经常囤积食盐，提高盐价，是个人人讨厌的大坏蛋。郑板桥早就想教训他了，一直没找到机会，这次他自己倒送上门来了。

于是，郑板桥对王冉干说："好，既然如此，那本官就按王员外的意思，让这个私盐贩子带着柳在街上站一天，以示惩罚。"

王冉干听了非常高兴,他跪下对郑板桥说:"衷心感谢郑大人为小民主持公道,预祝大人早日高升。但是只罚他一天,实在是太轻了。"

"那你要几天?"郑板桥问道。

"至少三天。"王冉干恶狠狠地说。

"好,那就三天吧。"郑板桥痛快地答应了。王冉干没想到事情办得这么顺利,谢过郑板桥,就高兴地走了。

这时候,私盐贩子战战兢兢地对郑板桥说:"大人,我实在是迫不得已啊,家里有年老的母亲,有不懂事的孩子,而今青黄不接,家里都揭不开锅了,我无可奈何才……"

郑板桥打断私盐贩子的话:"我知道了,你放心,我不会让你受苦的。"

郑板桥会采取什么样的行动呢?

7. 县令巧计除贼窝

从前,有一伙强盗,自称"死不怕",他们坑蒙拐骗、打家劫舍,做下无数坏事,搞得百姓人人谈虎色变。县令早想为百姓除掉这个大害了,可是总是找不到他们的黑窝。

一天,捕快抓住了两个强盗,把他们扭送到县衙门,本想县令会重重发落,大快人心,但是县令非但没有治盗贼的罪,还置办了酒席招待两个盗贼,并亲自为他们敬酒。

县令假装兴奋地说:"二位大侠,劫富济贫,都是绿林好汉。本官非常仰慕,但是一直无缘相见,今天我一定要和两位大侠喝个痛快!"

两个强盗听了,更是得意忘形,和县令推杯换盏,天黑时都喝得醉醺醺的了,走起路来都东倒西歪的。

县令见了就说:"两位大侠喝多了,不如我派两个下人送你们回去吧。"

盗贼虽然喝多了,但是还保存着警惕性,连忙摆手说:"不用麻烦大人了,我俩没事,还能自己回去。"

县令见盗贼狡猾,又生一计,他笑着说:"既然如此,我就不派人相送了,我为两位准备了竹竿,拿上它走夜路也好有个扶持。"

于是,两个盗贼接过竹竿就告辞而去了。

两个狡猾的家伙,边走还边回头张望,生怕县令派人盯梢,走到岔道口的时候,两人分道扬镳,从两条路回到了贼窝,他们自以为小心谨慎,一定不会出什么差错,就放心地睡起了大觉。

但是,天亮时分,县令带着一群官兵,如神兵天降包围了贼窝,把这群祸害百姓的盗贼一网打尽了,看着两个盗贼一脸茫然的样子,县令笑着说:"就是两根竹竿给我们带了路呀。"

这是怎么回事呢?

8. 墨子退兵

战国初期,楚国的国王楚惠王想成为天下的霸主。于是他扩大军队,要去攻打宋国。

楚惠王手下有一个大夫名叫公输般,是当时最好的木匠。公输般是鲁国人,后来被人们称为鲁班。说到鲁班,大家一定都听说过,一直到现在,他还被木匠尊奉为祖师爷。

公输般到了楚国不久,就为楚惠王设计了一个攻城的工具——云梯。这种梯子非常高,好像顺着它就能爬到云彩上去似的,所以叫作云梯。有了云梯,楚国的士兵攻城掠地就容易多了。楚惠王见了非常高兴,一边叫公输般加紧赶造云梯,一面训练军队,随时准备攻打宋国。其他国家看到楚国的云梯,都很害怕,特别是宋国更是提心吊胆。

当时有一个叫墨子的人，他非常痛恨国家之间互相争战，使百姓遭受灾难。听说楚惠王要攻打宋国，就急急忙忙地跑到楚国来，劝说楚惠王不要挑起战端。

墨子先找到公输般，请求他不要帮助楚惠王攻打宋国。公输般没有答应，他推脱说："不行啊，我早已答应楚惠王了，不能言而无信呀。"墨子听了就请求公输般带他去见楚惠王，他要亲自去劝说楚惠王。公输般没有办法只好把墨子带到了楚惠王的宫殿里。

在楚惠王面前，墨子非常诚恳地说："大王，楚国有方圆五千里的土地，幅员辽阔，物产丰富，然而，宋国只有小小的方圆五百里的土地，而且非常贫瘠。楚国去攻打宋国，就好比大王您有华丽的马车，却还去偷宋国的破车；有漂亮的新衣服，还要去偷宋国的一条旧短褂。所以大王去攻打宋国没有多少好处，只能给两国的人民带来灾难啊。"

楚惠王听了根本不以为然，他想：我有这么好的云梯，能轻而易举地攻下宋国。虽然宋国不是很富裕，但是也能大大增强楚国的实力呀，那么我离霸主的地位就又近了一步。想着，楚惠王得意地笑了笑，他对墨子说："我的主意已经定了，你不要再劝我了。"

墨子见楚惠王这么坚决，就对他说："大王有进攻的办法，我就有防守的计策，到时候你也占不到便宜。"说着，墨子找来一条布带，在地下围成一座城市的模样，又找来几块木头当作攻城的工具，叫公输般过来比试一下本领。

你知道墨子是如何说服楚惠王的吗？

9. 聪明的一休

一休是日本著名的佛学大师。在他 5 岁的时候，妈妈就把他送到离家不远的安国寺去学习了，那时候，安国寺里还有几个和一休一样大的小和尚，他们都很淘气，经常会做出一些恶作剧，弄得大人们也哭笑不得，拿他们没有办法。

一次，有人送给寺庙一罐糖，长老想：这罐糖千万不能让一休他们知道了，否则，那群小馋猫一下子就把糖抢光了，这样，我就没份了。于是长老偷偷地把糖藏了起来。这事不知怎么就被小和尚们知道了，他们纷纷跑过来向长老要糖吃。

长老看掩藏不住了，就骗他们说："哪有什么糖呀，那是因为我有哮喘病，别人给我送来的药。"说着，长老还"咻咻"地喘了两下，来说明他真的是病了。但是小和尚们听了还是将信将疑的样子，长老见了，又吓唬他们说："这药只能大人吃，如果小孩吃了，会中毒的，然后七窍流血而死。所以你们千万别偷吃呀。"说着，长老就把他们赶了出去。

明明是一罐子糖，怎么到了长老那里就变成药了呢？一定是长老要留着自己吃。一休想：长老太抠门了，我得想个办法教训他一下。晚上，一休偷偷地溜到长老的房间里，把那罐糖偷了出来，他叫来小和尚们，说："长老骗我们的，这是糖，不是药，大家快吃，有什么事我当着。"小和尚们不一会儿就把糖吃完了。

一休会不会受到老和尚的惩罚啊？

10. 阿凡提戏财主

阿凡提是一个穷人，他能说会道，聪明能干，深受人们的喜爱。阿凡提很看不起那些不劳而获的财主，那些财主仗着财势，欺压穷苦百姓，他们吃喝玩乐，从来不掏钱，穷人们也敢怒不敢言。阿凡提就经常捉弄财主，替穷人们出气。

一天，财主来到阿凡提的理发店，他大摇大摆地坐到椅子上，对阿凡提说："来，给本老爷理个发。"

阿凡提见了，心想：正想找你呢，你倒送上门来了。

279

这回，阿凡提会怎样捉弄财主呢？

11. 晏子论罪

齐景公嗜好打猎，将能捕获野兔的老鹰视为掌上明珠，命令邹烛好好饲养，不得有丝毫差错。一天，邹烛一不小心让老鹰飞跑了，齐景公勃然大怒，立即命人把邹烛推出去斩首。

晏子想救邹烛一命，就过来对齐景公说："大王，邹烛有三大罪状，可能他自己都不知道，让我先把这三条罪状向他申明，然后再杀他，这样他就不会觉得冤枉了。"齐景公点头称是，让他抓紧申明罪状。

晏子救下邹烛了吗？

12. 射蒿识敌首

唐明皇时期，安禄山反叛朝廷，带领军队四处攻城掠地，闹得民不聊生。

一次，安禄山派手下的大将尹子奇率领 13 万大军来攻打睢阳城。兵临城下，睢阳太守徐招远赶紧召集大将军张巡和神射手南霁云等来商量对策。

徐招远忧心忡忡地说："各位将军，睢阳城里粮草和弓箭都所剩无几了，只有迅速打退敌军，才能解除现在的困难局面。但是城外有 13 万大军，是我军数量的几十倍呀，实力悬殊太大，实在是没有取胜的把握。如果再相持下去，恐怕大家都要饿死了。"

张巡听了，紧皱眉头，他郑重地说："俗话说'擒贼先擒王'，照现在的情况看，只要先杀了尹子奇，至少也要让他重伤不能指挥军队，这样叛军才会撤退。"

南霁云说："射杀尹子奇，并不难办到，只要我能靠近他，瞅准机会就能成功。但是，问题是我们都没见过尹子奇，谁也认不出他呀。"

张巡低头想了想，说："我有了一个办法。"

这天夜里，张巡叫人在城头上不停地敲战鼓，城外的敌军以为张巡要出城作战，都聚精会神地盯着城门，随时准备迎战。一直等到天都亮了，战鼓也停了，张巡还是没有出来。他们才知道上了张巡的当了。尹子奇叫人打探了一下，丝毫没有发现张巡有战斗的迹象，就放心地叫士兵们解衣睡觉了。

正当叛军睡熟了的时候，张巡和南霁云带领城内的精锐部队杀了过来，叛军营中顿时乱成了一锅粥，死伤无数士兵。张巡和南霁云趁机冲到尹子奇的主帅营前……

你知道张巡是如何设计识别谁是尹子奇的吗？

13. 练箭突围

深秋的一天夜里，月亮发出清冷的光芒，把整个都昌城笼罩在一片肃杀的氛围中。城外是层层管亥率领的黄巾军，城内已被围困两个月之久的官兵疲惫不堪。都昌城已经弹尽粮绝了，如果三天之内还没有援军赶到的话，恐怕就坚持不住了。

北海相孔融站在窗户边，遥望着天上的明月，满怀愁绪。这时候，大将太史慈来求见孔融，孔融赶紧叫人请进来。

太史慈问孔融："大人，城里的粮草已支持不了几天了，您打算怎么办？"

孔融说："现在这种情况，敌强我弱，如果强行突围的话，正中敌人的下怀。只有让人出城求救，才是最好办法。"

太史慈说："我也这样想，大人，赶紧派人出城求救呀。"

孔融说："不是不想派，敌人非常警惕，前几次派出的人，都被他们抓住了。"

太史慈说："大人就让我出城去搬救兵吧，我有一个计策……"

孔融听了太史慈的计策，不住地点头说："好，那就按将军的计策办吧。"

太史慈想出了什么计策？

14. 把鸡蛋立起来

意大利著名的航海家哥伦布，率领船队绕地球转了一周后，又回到了原出发地。这个壮举不仅证明了地球是圆的，而且在航行途中发现了美洲大陆，这对后世产生了深远影响。当时意大利的王公贵族们，有的非常钦佩和赞赏哥伦布的伟大成就，有的很忌妒哥伦布的成就，千方百计地抹煞他的功劳。

一次，在西班牙的一个宴会上，一些只会夸夸其谈的达官贵人围着哥伦布，用轻蔑的口气挑衅着说："哥伦布先生，你发现了新大陆好像是个伟大的创举，但是在我们看来实在是一件很平常的事，因为无论是谁去环游世界，都会发现这个事实的，美洲，那么大一块土地，只有瞎子才看不见它。"说着，这群人一起哄笑起来。

哥伦布冷静地反问道："诸位真的认为这是件很平常的事吗？"

"不错，因为它非常简单，只要你睁开眼睛就能办到。"

"好的，为了证实'简单的事情，就人人都能办到'这个观点，"哥伦布拿起一只熟鸡蛋，继续说道，"我们来做一个试验，先生们，你们谁来试试把鸡蛋立在桌子上？"

有几个贵族过去试了试，都没有把鸡蛋竖起来，他们叫嚷起来："鸡蛋是椭圆的，不可能把它竖起来，没有人能够办到，这真是一个愚蠢的试验。"

哥伦布能把鸡蛋立起来吗？

15. 鱼骨刻的老鼠

很久以前，一个遥远的国家里面有两位技艺高超的木匠。他们做的东西都很精美，难分高下。

一天，国王心血来潮："到底谁是最优秀的木匠呢？不如，我来给他们举办一个比赛，到时候根据他们的作品，评出最优秀的木匠，并封他为'全国第一木匠'。"

于是，国王找来两位木匠，给他们出了比赛题目：三天之内雕刻出一只老鼠，谁雕刻得最为逼真，就是谁赢了。胜利者不仅能获得"全国第一木匠"的光荣称号，还将受到国王的重金赏赐。

在接下来的三天里，两个木匠都把自己关在家里，没日没夜地雕刻老鼠。三天时间过去了，他们都给国王献上了自己的作品。

第一位木匠雕刻的老鼠，不仅纤毫毕现、栩栩如生，而且憨态可掬，形神兼备，远远看去根本看不出，它是一只木鼠。国王和大臣们见了，纷纷点头称赞。

第二位木匠雕刻的老鼠，只是有一点老鼠的样子，并不逼真，更不用说形神兼备了。国王和大臣们见了，都连连摇头。谁胜谁负，已经很明显了。国王正要宣布比赛结果，忽然，第二个木匠高声抗议："大王，我认为，比赛的评审并不公正。其实，老鼠刻得像不像应该由猫来判断，在这方面，它的眼光要比人锐利得多。"

国王觉得他说得也有道理，就命人抱来了几只猫。这些猫扑向哪只老鼠，无疑就说明哪只老鼠更像真的。仆人们放下手里的猫，没想到这些猫不约而同地扑向那个并不逼真的老鼠，它们疯狂地争夺、撕咬，好像比吃一只真的老鼠都津津有味。而那只公认的栩栩如生的木老鼠，根本没有猫去碰它。事实摆在面前，国王只好把奖励都颁给了第二位木匠。

281

事后，国王百思不得其解，他问第二位木匠："难道你已经收买了那些猫吗？你雕刻的作品，根本就不像老鼠呀。"

第二个木匠于是说出了自己的秘密，国王一听，十分佩服其智慧。你猜，第二个木匠是如何赢得比赛的？

16. 海瑞智惩胡公子

明朝中期著名的清官海瑞，是在明朝腐败的官场中出淤泥而不染的正人君子，是敢于冒死骂皇帝荒淫无道的刚烈之臣，是深受人民爱戴的"海青天"。许多有关他的小故事，至今仍被人们津津乐道。

海瑞在淳安县任县令的时候，他的顶头上司是闽浙总督胡宗宪。此人是奸相严嵩的学生，他仗着严嵩的势力，在闽浙一带不可一世。而胡宗宪的儿子也不学好，嚣张跋扈，四处鱼肉百姓。因为害怕胡宗宪的势力，大家都敢怒不敢言。

一天，这位混蛋胡公子带着一帮爪牙，来到淳安闲逛，并派人叫县令海瑞安排食宿。专管接待的驿站公差过来请示海瑞，海瑞早就想找个机会教训胡公子了，他想了想，就对公差说："胡公子他们不是来办公事的，按规定是不应该接待的，但是既然他提出来了，就暂让他们住下，一日三餐提供便饭就行，如果他们敢闹事，及时来向我报告。"

胡公子他们白天在大街上四处抢掠，调戏妇女，闹得满城鸡犬不宁。晚上回到驿站，发现饭桌上只有三个素菜，没有酒肉。顿时破口大骂，还掀翻了饭桌，公差过来辩解几句，就被他抓住，吊在柱子上，打了个半死。

海瑞接到消息，火冒三丈，立即叫人把胡公子一帮人绑到县衙。胡公子见了海瑞，不仅不下跪，还扬言："海大人，你还是赶紧把我放了，给我赔礼道歉，否则我定要我父亲撤了你的官。"

海瑞装糊涂说："不知公子令尊是哪位大人？"

胡公子高傲地说："当朝严太师的得意门生，闽浙总督胡宗宪就是我父亲。"

……

海瑞是如何惩治胡公子的呢？

17. 最好的和最坏的

一个厨师在一个富人家里工作，富人听说厨师很聪明，很不服气，就想找个机会为难他让他当众出丑。

一天，富人要宴请一些朋友，他就吩咐厨师准备菜。厨师就问他："主人，都要准备哪些菜呀？"

富人想：就趁这个机会，来考考你。他灵机一动，计上心来，就说道："这次宴会，我什么都不要，只要最好的东西。你把天下最好的东西给我找来就行了。"

萝卜白菜各有所爱，哪有什么东西是公认的天下最好的东西呀！厨师知道富人是故意在为难他，但是他已经有了一个应对的办法。

第二天，客人们都到齐了，主人就命令厨师上菜。第一道菜上的是舌头，第二道菜还是舌头，第三道菜还是舌头，上了满满一桌子的舌头，客人都感到莫名其妙，吃得很不愉快。主人很没面子，送客的时候，就解嘲地说："这些舌头，是我家厨师的拿手菜，下次再来做客，一定不给你们吃这个了。"

送走了客人，富人立即把厨师臭骂了一顿："我叫你做天下最好的东西，你怎么全做的是舌头呀，把我的客人都得罪了，我要扣你工资！"

厨师不慌不忙地说："我正是按照主人的要求做的呀，舌头是人们沟通的工具，人们靠它交流思想、传播智慧，如果没有它，我们的世界将是一片死气沉沉，难道世界上还有比它更好的东西吗？"

富人听了，无言以对，就又想了一个办法为难厨师，他说："好，这次就算你说的有理，但是你做的菜得罪了我的朋友，明天我要重新宴请他们，这次我要你做天下最坏的东西。你抓紧去准备吧。"

厨师听了，答应了一声，转身就走了。

这一次厨师做的是什么菜呢？

18. 和什么样的人做邻居

从前，有一个牧场主，养了很多只羊。他爱自己的羊，非常细心地照顾它们，特别是可爱的小羊羔，更是呵护备至，生怕伤了或丢了一只，因为这些羊能给他带来幸福的生活。但是令牧场主头疼的是，他的邻居是个猎人，家里养了成群的猎狗，这些凶猛的猎狗经常跳过牧场的栅栏，进来咬伤小羊。牧场主几次请猎人把狗关起来，猎人总是表面上爽快地答应，但是根本不采取实际行动。猎狗咬伤羊羔的事情，还是时有发生。

一天，几只猎犬又跳过了栅栏，在牧场里横冲直闯，咬伤了几只小羊羔。这次，牧场主被彻底激怒了，他已经对自己的猎人邻居失望透顶了，决定给他一个教训。于是，他来到镇里，找公正的法官来给他评理。

法官沉吟一会儿，对牧场主说："这件事是猎人做得不对，我可以帮你索赔，并勒令他把猎狗关起来。"

牧场主听了，就高兴地说："那么，就请您立即执行吧！"

法官摸了摸下巴，说道："这样的话，你就失去了一个潜在的朋友，而多了一个现实中的敌人。和自己的朋友做邻居，那将是一件快乐的事情，相反，和敌人做邻居，你将会很痛苦。"

牧场主点点头，说道："是您说的那样，我也曾试图和猎人成为朋友，但是似乎他没有兴趣和我交朋友。"

法官笑着说："既然你希望和邻居做朋友，只要你按照我的办法做，猎人会成为你的朋友的。"法官悄悄告诉了牧场主一个办法。

法官教给牧场主一个什么办法？

19. 真假稻草人

从前有一个养鱼人，他拥有一片很大的鱼塘。鱼塘就是他家的聚宝盆，家里的衣食住行全靠卖鱼的钱来维持，所以他像爱护自己的性命一样来爱护鱼塘。

可是，令他非常烦恼的是：鱼塘的附近有很多鱼鹰，总是趁他不在的时候，成群结队地来偷吃鱼。当他回到鱼塘的时候，鱼鹰一下子就飞跑了，气得他连连跺脚。

养鱼人想：如果我整天站在鱼塘边，鱼鹰就不敢来偷吃鱼了，不如，照着我的样子做一个假人，插在鱼塘里，鱼鹰分不出真假，就不敢再来偷鱼了。于是，养鱼人立即找来一堆稻草，扎成一个稻草人，插在了鱼塘里。

这个稻草人，头戴斗笠，身披蓑衣，手里还拿着一根长长的竹竿，简直就和养鱼人一模一样，远远望去，连人都分出真假，更别说鱼鹰了。

稻草人不分白天黑夜，风雨无阻地站在鱼塘里，起初还真的骗了鱼鹰，它们远远地看到稻草人，就慌忙飞跑了。但是，过了不久，鱼鹰似乎看出了蹊跷，发现这个养鱼人总是纹丝不动，就壮着胆子，试着飞到水面上，养鱼人还是纹丝不动；接着，鱼鹰抓了一只鱼，可是养鱼人还是纹丝不动。鱼鹰终于确定这是个假人了，它们又肆无忌惮地开始偷吃鱼了。

更可气的是，鱼鹰吃饱后，也不马上飞走了，而是站在稻草人的斗笠上，或者肩膀上，一边惬意地晒着太阳，一边"嘎嘎"地叫着，好像是在洋洋得意地说："假的，还想用假人来骗我，没门！"这样可怜的稻草人不但吓唬不了鱼鹰，自己还变成了鱼鹰歇脚的地方了。

看到鱼鹰识破了稻草人，鱼塘里的鱼又一天天减少，养鱼人愁得吃不下饭，睡不着觉。

忽然，他又有了一个办法。

他有了什么办法？

20. 所罗门判子

"你是个小偷，你想偷走我的儿子，还我儿子！"

"你是个骗子，你想骗走我的儿子，这是我的儿子！"

两个年轻的母亲，各自抱着一个孩子，其中一个活着，另一个昨晚已经死去了。她们拉拉扯扯，吵吵嚷嚷地来到所罗门王的宫殿，请求大王来给她们主持公道。

原来，这两个女人同住在一间房子里，都生了一个儿子。她们搂着自己的儿子甜蜜地睡了一觉，清晨醒来，一个母亲发现自己的儿子死了。她悲痛欲绝，看到另一个女人的儿子还好好地活着。她诅咒老天爷的不公平，为什么要夺走自己儿子的性命，而不是旁边的那个女人的儿子。于是，她心中起了恶念，偷偷地把死去的孩子放在另一个女人身边，而把活着的孩子偷到了自己身边。

母亲永远不会认错自己的孩子，早上醒来，母亲发现死孩子不是自己的，而自己的孩子正在另一个女人手里，她立即撕扯着那个女人来找所罗门王。

听了这个悲哀的故事，所罗门王沉思了一会儿，问孩子的母亲："你说那活着的孩子是你的，有没有什么证据？"

孩子的母亲哭着说："大王请你相信一个母亲，自己的孩子她永远不会认错，孩子是我的心头肉，他的每一声哭喊都牵动着我的心。"

另一个母亲也叫着："说不出证据，你就别想抢走我的儿子。"

无凭无据，两个爱子心切以至于疯狂的母亲，这真是一个难断的案子。所罗门王看了看两个年轻的母亲，说道："我分不清孩子是谁的，为了公平起见，我决定把孩子分成两半，你们一人一半。"说着，所罗门王叫人拿过刀来。

所罗门王真的要杀那个孩子吗？

21. 赶走淘气的小孩

从前，有一对退休了的老年夫妻，在湖滨买了一套房子，想清静地度过晚年。可是，住下了没多久，就发现了这里一点都不清静。原来，附近的一群淘气的小孩，每天都不请自来在他们门前的草地上追逐打闹，吵得人心烦意乱。

一天，老爷爷实在是受不了了，就走过来，生气地对那群淘气的孩子说："你们这群调皮鬼，整天都在这里吵吵闹闹的，让人不得安宁，从今以后，要注意一点了，否则我把你们赶出去，再也不让你们在这里玩了！"

谁知这群孩子不但没有因为老爷爷的批评而感到愧疚，还故意顶撞老爷爷："我们爱怎么吵，就怎么吵，你清不清静，我们管不着！"

还有的说："老头，你愿意赶，就来赶吧，咱们看谁跑得快！"

老爷爷听了，气得说不出话来。

淘气的孩子们根本没有把老爷爷的话放在心里，还是每天过来吵闹，仿佛是故意和老爷爷做对似的，他们闹得比以前更凶了。老爷爷见了，也只能摇头叹气，拿他们没有办法。

老奶奶看到老爷爷闷闷不乐的样子，就对他说："小孩子天性就爱闹，还很叛逆，听不进别人的批评，我们不能和他们蛮干，要先顺着他们，我有了一个办法，保证能把这群调皮鬼赶出去。"

老太太真的能把调皮的孩子赶走吗？

22. 聪明的姑娘

有一个漂亮又好学的姑娘，她温柔善良，待人和气，深受人们的喜爱。有一个年轻的小伙子，非常倾慕她，总是有事没事地来找她搭讪。姑娘很厌烦，又不好当面表现出来，只是礼貌性地敷衍他。

一天，姑娘坐在草地上看书。小伙子又厚着脸皮凑过来，嘴里唠叨着一些无聊的事情。姑娘好像没看见他似的，仍然目不转睛地看着书，根本不理睬他。

小伙子感到很无趣，又不甘心悄悄地走掉，就涎着脸说："我们来做个游戏吧。这样的：我问你一个问题，你答不上来就给我 5 元钱；你问我一个问题，如果我答不上来，我也给你 5 元钱。当然，如果一方没有问题问，也可以选择一直回答另一方的问题。怎么样？你知识渊博，一定会赢的。"

"这有什么好玩的？赢来赢去的，不过是区区 5 元钱，有什么意思！"姑娘不为所动。

小伙子听了姑娘的话，觉得这次有机会，赶紧讨好地说："好，这样吧，你答不上来我的问题，给我 5 元钱。我答不出你的问题，给你 100 元钱，怎么样？"

姑娘放下杂志，饶有兴趣地说："好，那你先问吧！"

小伙子高兴地说："光在空气中的传播速度是多少？"

姑娘想了想，没有说话，就掏出 5 元钱递给小伙子。

小伙子很得意地说："这次该你问了。"

姑娘随口问到："4 只眼睛、8 个鼻子，还有 9 个尾巴的是什么动物？"

……

小伙子达到目的了吗？

23. 死里逃生的囚徒

一次，希腊的国王决定处决一批囚犯。那时候，处决囚犯的方法有两种，一种是砍头，一种是绞刑，囚犯用什么刑罚，都由法官来决定。这次，国王心血来潮，想出一个奇怪的主意：不如我和囚犯开个玩笑，让他们自己来选择刑罚，看他们能说些什么，这一定非常有趣。

于是，开始行刑的时候，国王就对囚犯们说到："这次我大开隆恩，让你们自己来选择刑罚，你们可以随意说一句话，如果这句话是真话，我就用绞刑；如果是假话，那就砍头；如果你们所说的话一时难以检测真假，就按假话论处；如果一言不发，就当作是真话，用砍头的刑罚！好了，现在你们可以开始选择自己的刑罚了。"

这样的规则太奇怪了，但是自己的性命都掌握在国王手里，怎么着都难逃一死，囚犯们也没有多想，都随口就说出了一句话。有的说得慷慨激昂；有的则充满了懊悔；有的警告后人；有的索性唱一首歌，一个一个地都受了刑罚。

国王听到囚徒们的话，各有各的特色，其中也不乏真心改过的，但是法律就是法律，不能轻易开恩。只能长叹一声："早知如此何必当初呢！"

难道囚徒中就没有一个逃生的？

24. 伍子胥过关卡

我们知道，伍子胥是春秋时期吴越争霸过程中的关键人物，其表现出了非凡的智慧和谋略，只是可惜吴王夫差并没有听他的，才导致后来为越国所灭。据说夫差死前以发盖面，自称无颜见伍子胥。实际上，伍子胥早在青年时期便有勇有谋，表现出了非凡的智慧，下面的故事便是他青年时的故事。

伍子胥的家族本为楚国贵族，其父伍奢乃是太子的老师。周景王二十三年（前522年），因楚平王抢了本来是许配给太子的媳妇，于是担心掌管军队的太子心里有怨恨而造反，加上小人挑拨，便决定处死太子。楚平王先是将伍奢召回京城，并将其囚禁了起来，而太子已经得到消息提前逃到宋国去了。于是楚平王便要处死伍奢，但是楚平王听说伍奢有两个儿子，都很贤能，于是便对伍奢说："能把你两个儿子叫来，就能活命；叫不来，就处死。"伍奢回答说："伍尚为人宽厚仁慈，叫他，一定能来；伍员（即伍子胥）桀骜不训，忍辱负重，能成就大事，他知道来了一块被擒，势必不来。"楚平王不听，坚持派人召伍奢两个儿子，说："来，我使你父亲活命；不来，现在就杀死伍奢。"哥哥伍尚打算前往，伍员却说："我们即使去了，楚王也不会让父亲活命，只会把我们一起处死，这不但对父亲没什么好处，连仇也无法报了。因此，我们不如逃到别的国家去，借助别国的力量洗雪父亲的耻辱。"伍尚说："我明白，即使去了最后也不能保全父亲的性命。可要是不去，以后又不能洗雪耻辱，终会被天下人耻笑。你有能力报杀父之仇，干脆你逃走，我将要就身去死。"于是伍尚接受了逮捕，而当使臣又要逮捕伍子胥时，伍子胥拉满了弓箭对准使者，使者不敢上前，伍子胥就逃跑了。后来其父兄果然被楚王杀死了。

而在逃亡之后，伍子胥听说太子在宋国，便准备逃到宋国追随太子。但是，在过边关的时候，伍子胥却被守关的斥候给抓住了。当时全国都在通缉伍子胥，斥候自然想藉此邀功，他得意而明白地告诉伍子胥："你是通缉犯，我必须将你抓去见楚王。"但是，素有谋略的伍子胥却临时编造出了一派谎话，愣是威胁得那个斥候不敢将他送交楚王。

你猜伍子胥是如何威胁那个斥候的？

25. 报复

有个人新搬家到一间公寓里，一天半夜两点钟，正在熟睡之际，电话铃声突然响了起来。他迷迷糊糊地爬起来接电话，以为是有什么急事，但是没想到却从里面传来隔壁女邻居的声音："麻烦以后管一下你们家狗，别让它在楼里到处乱跑，不是所有人都喜欢那种满身异味的东西的！"说完对方便"啪"的一声将电话挂了。这个人一听，感到莫名其妙，因为他根本就没有养狗，于是只好自认倒霉，继续躺下来睡觉。但是更倒霉的是，接下来他再也睡不着了。

这个人第二天还要上班，于是越想越气，到了凌晨4点钟后，他拿起电话拨回了这位女邻居家。这位女邻居同样睡眼惺忪地接起电话后，恼怒地问："谁啊？"

这个人便彬彬有礼地回答了对方的话，巧妙地以其人之道还治其人之身，令那个不礼貌的女邻居哑口无言。

你能猜出这个人是如何跟女邻居说的吗？

26. 你在哪里

我们知道，在斯大林时期，苏联全国陷入了个人崇拜的狂热之中，使整个国家走向了严重畸形。斯大林的继任者赫鲁晓夫接任苏共总书记后，决心打破这种个人崇拜。1956年2月24日，召开于莫斯科的苏共第二十次代表大会闭幕时，赫鲁晓夫突然向大会代表们作了《关于个人崇拜及其后果》的报告（即所谓《秘密报告》），系统批评了斯大林执政时期所犯下的重大错误，并要求肃清对于斯大林个人崇拜的流毒。此报告一出，顿时令国内外人感到哗然。因为赫鲁晓夫一直与斯大林保持高度一致，是斯大林非常信任的人，在斯大林的葬礼上其甚至亲自为斯大林抬棺，也正是因为此他才得以成为其继任者。现在听赫鲁晓夫做了这么个大转弯，许多苏联人心里便嘀咕了：你既然知道他的错误，为什么在斯大林时期，你不提出你的意见，而要在今天才放"马后炮"呢？

后来，在又一次党员代表大会上，赫鲁晓夫又继续说起这个话题。因为现在人们已经普遍开始认识到个人崇拜的害处，所以现在他谈这个话题时已经比较轻松了，就在他侃侃而谈的时候，从下面听众席里传来一张纸条，上面写着：当时你在哪里？

显然，这就像是当面掴了赫鲁晓夫一个耳光，他感到尴尬和难堪的同时，又感到很为难。如果如实回答，必然暴露自己不光彩的经历；而如果把纸条丢到一边，装作什么也没发生，那只会表明自己怯阵了，必然会被在场的人们看不起，有损自己的威信。从台下听众聚精会神地盯着他的眼神中，显然他们都已经猜到纸条上写的什么，因为他们也有同样的疑问。

情急之下，赫鲁晓夫突然急中生智，巧妙地渡过了这个难关，既没有丧失自己的威信，又为自己之所以放"马后炮"找了个理由。你猜他是如何做的？

27. 孙叔敖的遗命

春秋时期，楚国布衣孙叔敖才能出众，被楚国前宰相虞丘子推荐给楚庄王，担任楚国宰相。孙叔敖担任宰相期间，兢兢业业，身体力行，忠心辅佐楚庄王，在内政上采取了一系列措施，使得楚国迅速在经济上达到一个国富民强的全盛时期；而在军事和外交上，孙叔敖通过一系列的变革，最终击败中原霸主晋国，成为新的霸主，乃是春秋五霸之一。

但是，孙叔敖虽然功勋卓著，受到楚庄王的器重和百姓的爱戴，但是，其却始终保持谦逊谨慎，没有一点骄傲，同时廉洁奉公，不为自己谋一点私利。据说其妻子身穿粗布衣服，其临死时连棺材都买不起。孙叔敖临死前，曾叮咛儿子孙安道："楚王为表彰我的功劳，曾多次要我选一处地方作为我的封邑，我都谢绝了。我死后，他肯定要给你封官职，你一定要推辞。我了解你，你才能有限，在官场上做不出什么大的成就，反而可能被人陷害，引来杀身之祸。你不肯做官，楚王便可能会要给你封邑，这个也要坚决推辞。但是如果实在推辞不掉，你就请求将'寝丘'封给你。这个地方土地贫瘠，地名又叫'死者停处'的不吉利地名。记住，只能接受这个封地，其他的一定不可接受！"说完，孙叔敖便死去了。

楚王为孙叔敖举行了隆重的葬礼之后，果然要给孙安封官并封地，孙安则依照父亲的遗嘱都一并拒绝了。

几年之后，楚庄王也便将孙安给忘了。但是忽然有一天，宫中的优伶作戏唱道："廉吏高且洁，子孙衣单而食缺。君不见，楚之令尹孙叔敖，升迁私产无分毫，子孙丐食栖蓬蒿……"楚庄王立即问道："孙安真的已经贫困到这个地步了吗？"优伶回到道："不至此，不见前令尹之贤。"

楚庄王于是派人将孙安召进宫，要封给他万户之邑。孙安于是说："大王如果真的非要因为我父亲的一点小功劳封我的话,我只愿得寝丘。这是先父遗命,非此地不敢接受。"楚庄王一听是这个贫瘠之地,十分纳闷,但也没有办法,只好答应了他。

聪明的读者,你能猜出孙叔敖教令儿子只可接受"寝丘"这个封地的原因吗?

28. 曹操计除袁氏兄弟

三国时期,曹操在官渡之战中,以少胜多,击败了袁绍。袁绍又羞又怒,逃回后方后大病一场,于建安八年(203年)春二月死去。

曹操知道,袁绍在河北经营多年,树大根深,官渡之战并没有伤到其元气,于是,乘胜出兵攻打袁绍的三个儿子袁谭、袁熙、袁尚。三兄弟大败,弃黎阳而走。

曹操率军追至冀州,袁谭与袁尚在城中坚守,袁熙在离城30里处下寨。谋士郭嘉对曹操说:"袁绍当初废长立幼,袁谭、袁尚兄弟争权,各自树党,急之则相救,缓之则相争。不如举兵南向荆州,征讨刘表,以候袁氏兄弟之变;变成而后击之,可一举而定也。"

曹操于是听从了郭嘉的计策,引兵向荆州进发,讨伐刘表。袁谭本为袁绍长子,却没继承父业,心中十分不满,因此,见曹操一走,果然发兵进攻袁尚。不过,袁谭两次进攻袁尚,都遭到了失败,被其追至平原城,走投无路之下,投奔了曹操。曹操也乘机和袁谭联合起来,击败了袁熙和袁尚。

袁尚、袁熙兄弟被击败后,投奔乌桓。曹操又穷追不舍,击败了乌桓。袁氏兄弟便又逃至辽东,投奔辽东太守公孙康。对于这种情况,曹操手下将士都纷纷建议曹操乘胜进军,一鼓作气平服辽东,捉拿二袁。但是,曹操却捋着胡子说道:"你等勿动,公孙康自会将二袁的头送上门来。"随后,他便下令从柳城班师回许昌。

没想到,果然不出曹操所料,曹军自柳城班师南还不久,公孙康就杀了袁氏兄弟及苏仆延、楼班、乌延等人,并特地派人送来了这几个人的首级。部下将领对此很是不解,忍不住问曹操:"您刚从柳城撤兵,公孙康就把二袁的头斩了送来,这是什么原因呢?"

曹操于是便道出了各种原因,众将一听,恍然大悟。你能根据当时的背景分析出这其中的原因吗?

29. 两家报纸的博弈

1994年初,美国的著名报纸《纽约邮报》考虑到物价上涨等因素,觉得每份报纸的零售价应该提高一些才对,于是将其零售价从原来的40美分提高到50美分。在当时,《纽约邮报》的主要竞争对手《每日新闻》的零售价也是40美分。因为是竞争对手的缘故,《纽约邮报》并没有找《每日新闻》协商一起提高零售价。但是,《纽约邮报》心想,自己提高价格后,《每日新闻》应该默契地同样将价格提高至50美分,因为这样对双方都有利。而相反,如果《每日新闻》如果不那么做,他们也明白《纽约邮报》完全可以再将价格回调至原来的价格,甚至调得更低,那样只能是两败俱伤。

但是,令《纽约邮报》感到气愤的是,《每日新闻》竟没有将价格调高,而是仍旧将价格停留在40美分上,结果《纽约邮报》失去了一些订户以及由此带来的广告收入。《纽约邮报》心想,这样的局面必定不会持续太久,因为《每日新闻》应该是明智的。但是,没想到,《每日新闻》一直迟迟不肯提高零售价。《纽约邮报》便有些坐不住了,它开始认为自己应该作出警示的行动,好让《每日新闻》知道自己有能力发动一场报复性的价格战。

当然,如果真的发动价格战,最终肯定是双方都遭受损失,因此《纽约邮报》并不想看到那样的结局。于是,《纽约邮报》采取了一个警示性的举动,它将Staten岛上的零售价格降到了 25 美分，想通过这种小地区向《每日新闻》展示一下自己的力量。而《每日新闻》也马上领会到了《纽约邮报》的意图。

那么，你猜，在这种情况下，《每日新闻》会采取怎样的应对措施？

30. 卢循兵败

东晋时期，桓玄篡位立国之后，任命卢循为永嘉太守。卢循表面恭敬受令，暗中则扩充势力，准备造反。后来宋武帝刘裕平复桓玄之乱，控制大局，他任命卢循为广州刺史，卢循的姐夫徐道覆为始兴相。

义熙六年（410年）春，卢循和徐道覆趁刘裕北伐南燕，后方空虚之机，率军造反，北征刘裕。两人先是率军在始兴会合，然后分东西二路北上，进入湘州（治今长沙）与江州（治寻阳，今江西九江西南）诸郡，势不可挡，沿路震恐。后来，徐道覆主张东进，一举攻下建康。卢循则比较犹豫，最后勉强同意，遂自桑落洲（今江西九江东北）进抵淮口（今江苏南京西北秦淮河口），逼近兵力不过数千的建康。

前方的刘裕闻讯后院起火，赶紧自北伐前线撤回京师。他来到长江边上，对各位将领说："叛军来势凶猛，如果从新亭直接挺进，我们只能暂且回避其锋芒了，这样一来，胜负就很难说了。而如果他们回到西岸去休整，那我们就可以一战而胜了。"

在叛军这边，徐道覆主张从新亭进军白石，然后烧掉战船登陆，分路进攻刘裕。而卢循则觉得这样做太冒险，他对徐道覆说："根据敌军慌乱的程度来看，我们只要驻守在西岸，施以心理压力，他们自己就会在几天内不攻自乱。"于是，叛军便在长江西岸驻扎了下来。

起初，刘裕登上石头城，观察叛军动向。一开始，他见叛军向新亭方向进发，刘裕脸色立刻变了，他很害怕卢循趁借其一路胜利的威势，发动突然袭击，尚未部署妥当的自己将措手不及。但是后来他又看到叛军船只回到蔡州停泊下来，便放心了。刘裕命令各路军队立即转移，集中砍伐树木，在石头城和秦淮河口等地树起栅栏。同时，他还命人以最快的速度整修越城，修筑堡垒，并派兵把守。如此一来，刘裕便将自己的防守阵型布置妥当了。而卢循兵临建康近两月，士兵锐气尽失，粮草断绝，不得不于七月初退还寻阳，最后兵败投水自杀。

你能否分析一下，本来似乎占有优势的卢循为何会失败？

31. 陆逊回兵的原因

在小说《三国演义》中，有这样一段故事。说刘备为给关羽、张飞两位兄弟报仇，率领70万大军举国讨伐东吴。但是，东吴新任大都督陆逊先是采用坚守不出的战略，然后又抓住了刘备驻扎军队的弊端，用计火烧蜀军绵延七百里的大营，一举击败了蜀军。刘备也在仓皇中带着一小部分残兵败将往回逃窜。陆逊于是率军趁胜追击，试图一举攻破蜀国。吴军一直追到了一个叫作鱼腹浦的地方，见前方有一堆乱石挡住了去路，充满着一股杀气，却不见一兵一卒。吴军怕有埋伏，未敢轻易进入。陆逊找来一个当地人询问，一位老者告诉他："当年诸葛亮入川时，用石头排列成阵势布于沙滩之上，名曰'八卦阵'。"陆逊心中好奇，带领了几个人到阵中观看，忽然狂风大作，飞沙走石，遮天蔽日。陆逊顿时大惊，赶忙出阵。回寨后，陆逊叹道："这个量真乃'卧龙'也！我比不上他啊！"然后便下令班师。

于是，许多人都认为，当初陆逊之所以没能趁胜长驱直入，灭亡蜀国，乃是因为诸葛亮的神奇本领。但是，这不过是种文学上的说法罢了。在当时蜀国元气大伤的情形下，吴军如果执意要趁势一举攻破蜀国，绝非是一个诸葛亮可以阻挡得了的。实际上，当时吴国之所以放弃这个机会，乃是当时的三足鼎立的形势使然。

你能不能从当时的形势来分析一下，找出陆逊回兵的真正原因？

32. 李宗仁灭敌顺序之安排

粤桂战争结束后，广西形成了以陆荣廷、沈鸿英、李宗仁和黄绍陶各为一方的三足鼎立局面。其中，黄绍陶和李宗仁合在一处有两万多人，沈鸿英有两万多人，陆荣廷有三万多人。他们分别以南宁、桂林、玉林为中心展开了一场明争暗斗的历史剧。

陆荣廷与沈鸿英两人乃是世仇，这年，双方在桂林展开了一场鏖战，相持三个多月不分胜负。最终，这两个军阀为避免两败俱伤的结局，开始谈判媾和。这时，坐山观虎斗的李宗仁得知这个消息后，盘算道，如果陆、沈媾和成功，则广西仍是三分之局；并且，陆、沈可能要合而谋他。于是，李宗仁找到白崇禧及黄旭初商讨对策。白崇禧十分同意李宗仁的看法，说道："陆、沈相急，已经三个多月，我们隔岸观火，现在火势将熄，我们若不趁火打劫，就会失去大好时机。"黄旭初沉吟道："肯定要出手了，不过，李总司令，健生兄，你们认为陆、沈二人，我们先打哪个好呢？"

李宗仁说道："如果从道义上来讲，沈某人反复无常，且久为两粤百姓所痛恨，讨伐他必定大快人心。"

白崇禧则说道："我倒认为应该先打陆，理由有三。其一，陆的大本营在南宁，如今他将兵力都抽调到桂林去和沈打仗，南宁防务空虚，易于进攻；其二，陆与湖南相通，湖南又得到吴佩孚的援助，如果延误时机，等其援助到达，则再谋取他就不容易了；其三，陆、沈之中，陆强沈弱，如若先打沈，即使胜了，陆之力量仍在，广西仍不能统一。而如果先打陆，一旦打胜，则沈就很容易收拾了。因此，目今我们应该联弱攻强。"

黄旭初也进一步附和道："我同意健生的意见，现在陆廷荣已经在桂林被围困三个月，气息奄奄，如果我们攻沈，就等于是救了他的命。"

三人经过一番协商后，做出了"先陆后沈"的决策。

于是，李宗仁当即领衔发出通电，要求陆荣廷下野。紧接着，李宗仁率领左翼军兵不血刃地占领了南宁。白崇禧则指挥右翼军扫荡宾阳、迁江、上林之敌后，即向左回旋进击武鸣，也未遭激烈抵抗，两军会师南宁。被围困于桂林的陆荣廷见南宁老巢丢掉，只得率残部逃入湖南。之后，李宗仁趁热打铁，花两年多的时间将沈鸿英、谭浩明等旧军阀一一剪除，于1925年秋统一广西。

李宗仁消灭陆、沈军阀的过程，包含了很微妙的博弈论，你能分析一下吗？

33. 果敢的隋何

公元前204年，项羽和刘邦在彭城展开了拉锯战。刘邦因在军事上不是项羽的对手，屡次战败。谋士张良分析认为，九江王英布是楚国的猛将，据有九江（郡治寿春，今安徽寿县）、庐江（郡治舒县，今安徽庐江西南）二郡，具有相当实力。但是楚汉之争中，项羽多次要英布出兵相助，他都按兵不动，或者只派几千人虚与应付，项羽对他颇为怨恨，多次派使者责问他。如此一来，英布就更不敢前去见项羽了，因此张良认为可以利用他和项羽的这个间隙拉拢他。于是，谋士隋何主动请缨，前去策反英布。

隋何带着二十个人来到九江王地盘后，等了三天也没能见到英布，于是他便对接待他的太宰说："这样僵持着也不是办法，我请求见到九江王，如果我说的话要是对呢，大王听我的；如果我说的话不对，则请你们将我们二十几人一起放在砧板上，在淮南广场当中用斧头剁死，以表明大王誓死效忠楚国的决心。"太宰一听，便将此话传给了九江王。九江王于是接见了隋何。

隋何见到九江王后说道:"汉王派我恭敬地来到您面前,我只是感到奇怪,为何您和楚国的关系那么亲近?"九江王说:"我现在是以臣子的身份侍奉项王。"隋何说:"可是,您既然是以臣子的身份侍奉项王,在项王亲自率军攻打齐国时,曾要求您出兵,您本来应该出动淮南全部人马前去效力,却只是派来四千人前去应付。作为别人的臣子,是这个样子的吗?项王与汉王在彭城作战,曾要求您出兵助战。但是您却没有出动一兵一卒,而是垂衣拱手地观看他们谁胜谁败。作为人家的臣子,是应该这个样子的吗?如此一来,项王现在是没有工夫和您算账,一旦等将来各方稳定,您以为项王会不和您算这笔账吗?"此后,隋何又对九江王分析了一下战争形势,最终,九江王暗中同意叛楚归汉,但是却不敢将这件事公开。

就在这时,项羽的使者也来到九江,催促九江王发兵援救楚军。九江王于是在传舍中接见项羽的使者。这个消息马上传到了隋何的耳朵里,于是隋何心想,先前九江王只是口头上答应叛楚归汉,并不坚决,现在项羽的使者到来之后,他肯定又要产生动摇了。他知道,这次能否成功策反九江王,就决定在这一刻了,情况十分紧急。于是,情急之下的隋何突然想到了一个快刀斩乱麻的主意。最终,隋何正是凭借这个主意使得九江王最终明确地背叛了项羽,投靠了刘邦,为刘邦的最后胜利奠定了战略性的基础。

假如你是隋何,面对这种情况,你会怎么做?

34. 张巡退敌

天宝年间,"安史之乱"爆发,叛将令狐潮率军四万包围了雍丘(今河南杞县)。雍丘虽小,但地理位置十分关键,乃是江淮地区的屏障,一旦失守,叛军将可长驱南下,骚扰江淮地区。因此,雍丘守将张巡手头仅有两千兵士,仍决定誓死守卫雍丘。对于来势汹汹的叛军,张巡出其不意,留下一千人守城,自率一千精兵,打开城门冲出杀敌。叛军做梦也没想到张巡敢于冲出城来,措手不及,被杀了个人仰马翻。第二天,令狐潮又指挥士兵架起木制云梯攻城。张巡又使用油浸过的草捆点燃后抛到城下,烧死叛军无数,挫败了叛军的进攻。叛军于是束手无策,双方僵持下来。

在接下来双方对峙的两个多月里,张巡死守城墙,并且一有机会便率军出城偷袭叛军,夺取了敌军的许多粮食和盐。但是,虽然粮盐有了保障,城中的箭矢却已经消耗殆尽。鉴于此,张巡命令士兵扎了许多草人,给它们穿上黑衣,在月光下用绳子将它们坠下城去。城外的叛军以为叛军又要来偷袭,纷纷射箭。射了半天,叛军觉得不对劲,因为他们始终没听到一声喊叫声,而且发现这一批刚被拉上城去,另一批又坠下来,似乎故意让士兵来送死。于是,叛军派人前来探查,方知对方坠下来的全是草人。而这一夜,张巡得箭十万支。

到了第二天深夜,张巡又故伎重演,叛军乱射一阵后,发觉又是草人后,便停止了射箭。以后每天夜里,张巡都是如此,城外的叛军便不再上当了。就在一天夜里,张巡突然发起总攻。他趁夜色将五百勇士坠下城去,叛军依旧以为是草人,并不理睬。五百勇士下城后,喊杀冲天,奋勇冲进敌营。叛军没有一点准备,顿时大乱。接着,叛军营房又四处起火,混乱中也不知来了多少官军,一个个抱头鼠窜。最后,张巡又率军冲出城,追杀叛军十多里,大获全胜。

在这个故事里,叛军之所以失败,是因其策略出现了明显的失误,你能找出其失误的地方吗?

35. 空城计

三国时期,诸葛亮首次率师北伐时,由于马谡刚愎自用,失守街亭这块咽喉要地,导致

291

蜀军大势已去，诸葛亮不得不迅速做出战略撤退的部署。他令张翼率兵前去修理归途剑阁；派关兴、张苞布设疑兵，防止魏军追袭；派姜维、马岱断后，作为大军撤退的掩护；同时还安排人把姜维的母亲送到汉中。各方部署完毕后，诸葛亮自己则率领五千军马去西城搬运粮草。

而魏国主帅司马懿也是老谋深算，他对部将张郃说道："如今蜀军丢失了街亭，粮道被切断，诸葛亮必然会退回汉中。否则的话，蜀军便成了没有后方支援的孤军，会被我困死在这里。他们撤军时，必定会以主力断后，以防止我追击。所谓穷寇勿追，我们就不追他的大军了。不过，我们可以将他的粮草辎重截下，也算是不小的胜利了。你率军从箕谷小路去截蜀军的粮草、辎重；我率军去占领西城，那里是通过南安、天水、安定三郡的要津，占领了这里，三郡便可以收复。同时，西城还是蜀军屯粮之地，可以在那里得到许多粮草。"

诸葛亮到了西城，才刚刚将粮食装运好，并命两千五百军兵押送着粮草离开，就接到线报司马懿已经率领十五万大军朝西城杀来了。众人一看，现在城内只有一帮文官和两千五百名军士，如何守得住城？如果弃城而逃，前方所运的粮草必然被追上。因此都感到十分焦急。就在这时，诸葛亮却十分镇定，他走上城头，观察正在奔来的魏军，只见几里之外的魏军兵分两路，正杀气腾腾地朝这边奔来。

诸葛亮果断下令：将城头上的旌旗全都隐藏起来，每个军兵各自藏在原来的位置上，不准露面，不准高声说话，如有违反，立刻斩首；同时，打开四面城门，每个城门口派二十几个军兵扮作普通百姓，在那里洒水扫街，魏兵到时，也不准乱动和表现出惊慌。之后，诸葛亮自己则披上鹤氅，戴上高高的纶巾，领着两个小书童，带上一张琴，到城上望敌楼前凭栏坐下，燃起香，然后慢慢弹起琴来。

魏军先头部队奔驰到西城下，见这般情景，都感到很诧异，没敢贸然进城，赶紧将情况禀报给司马懿。司马懿听到报告后，不相信这是真的，立即亲自来到城下，只见自己的老对手诸葛亮果然坐在城楼上满面笑容、怡然自得地弹琴，左右两个童子各占一边，一个手持宝剑，一个手持拂尘。而城门内则有二十来个百姓在那里旁若无人地打扫街道。司马懿再仔细听那琴声，发现琴声悠扬，毫不纷乱。司马懿于是当即下令，后军改为前军，马上撤退。

在回去的途中，司马昭问司马懿道："父亲您为何要退兵呢？诸葛亮如此，必然是身边没有军将，才故弄玄虚，哄我们离开的！"司马懿则说："这个你就不懂了，事情没有这么简单。你所说的我自然也想到了，但是根据我的判断，城中必然有重兵埋伏！"司马昭问道："父亲您为何如此肯定呢？"司马懿解释道："我对诸葛亮是十分了解的，此人一生行事谨慎，从不肯冒险。我当时听他的琴声，曲调丝毫不乱，想必他是成竹在胸的，并且曲调中也隐隐含有伏兵千万的韵味。另外，你有没有注意城门内的扫地的百姓，这些人见到我大军就在城门外，却丝毫不惊慌，因此必然是蜀军装扮的。从这几点来看，这一定是诸葛亮的'实则虚之'之计。"司马昭听了，内心十分敬服。

那么，你能分析出诸葛亮的空城计之所以能够成功的关键吗？

36. 惊心动魄的决斗

普特南是美国独立战争期间的重要将领之一，其以智慧过人著称，这里说的是有关他的一件逸事。

普特南早年曾参加过法国与印度之间的战争。在印法战争期间，一天，有位英国少将因为和普特南产生了过节，提出要和他决斗。普特南知道，无论是枪法还是格斗，对方都十分了得，自己取胜的把握很小。于是，他灵机一动，提出要和对方采用一种更加能检验一个人的勇气的决斗方式——双方都各自坐在一个小炸药桶上，同时点燃导火线，谁先移动谁就输。

在导火线燃烧时，英国少将显得烦躁不安，而普特南则悠然地抽起了烟斗。

眼看导火线越烧越短了，也有越来越多的旁观者从帐篷中走出来，远远地观看这场惊心动魄的决斗。少将再也忍受不住了，一下子从小桶上跳了起来，甘拜下风。

这时，普特南说了一句话，使得英国少将十分佩服普特南。

你猜普特南说了句什么话？

37. "贪婪"的王翦

秦王政二十一年（前 226 年），秦王嬴政准备灭楚。秦王先是询问在灭燕的过程中立下大功的年轻将领李信："下一步我准备灭楚，你觉得这需要多少士兵？"

李信回答道："大王，20 万士兵足够了！"

于是秦王又问老将王翦同样的问题，王翦回答道："没有 60 万，恐怕不行。"

于是秦王便觉得王翦因为年纪大了，所以胆怯，便委任李信为主将，蒙恬为副将，率军 20 万伐楚。王翦也明白了秦王故意冷落他的意思，于是顺水推舟，称自己年老多病，乞请告老还乡了。

结果，第二年，秦军却被楚军打得惨败，多名高级军官被杀，只有李信勉强逃了回来。秦王听到消息，大怒，同时后悔当初没有听王翦的话，于是亲自带人到频阳（今陕西富平县）王翦的住宅上，向王翦道歉："寡人没有采用将军的计谋，使得李信玷辱了秦军的声威。将军即使有病，难道忍心丢下寡人不管吗？"

王翦却推托说："大王，我实在是有病，无能为力啊！"

秦王说："从前的事都已经过去了，您难道非要抓着不放吗？"

王翦于是说："如果大王您非要用我，那我还是那句话，没有 60 万人是不行的。"

秦王说："但听将军的考虑和安排就是了。"

于是经过一段休整后，秦王又征集了 60 万军队，交给王翦伐楚，并亲自送行至霸上（位于今陕西西安市东）。王翦在霸上与秦王话别时，却要求秦王将咸阳四周的许多上好的田宅赏赐给他。

秦王对此很不以为然，只是说："将军还是出发吧，难道还忧虑贫穷吗？"

王翦却说："按秦国法律，担任大夫的将领，即使立了功，终究也不能封侯，所以趁着大王还信任我的时候，向您讨要些田宅，以为子孙打算。"

秦王听后大笑，以为王翦在开玩笑。没想到王翦出发行至达武关（今陕西商洛西南）时，又先后派遣了五批使者回来讨要田宅。副将蒙恬于是规劝王翦道："将军您如此讨要封赏，不是太过分了吗？"

显然，正如秦王所说，王翦的行为有些没有必要了。但是，要知道，王翦是何等的聪明，怎么会不懂得这个道理。因此他这样做，必然是有他的理由的，你能猜出他为何要这样做吗？

38. 克格勃的"模糊"策略

20 世纪 70 年代的一天，土耳其参议员哈伊达尔·顿吉卡纳特得到了两封秘密政治信件。其中一封是潜伏在土耳其政府内部的美国间谍写给"E·M"的信，另一封则是这个"E·M"写给美国驻安卡拉武官唐纳德·迪克森上校的信。联系两封信件的内容，可以推测出，美国大使馆正在干涉土耳其的内部事务。顿吉卡纳特看后十分生气，他在土耳其政府召开的议会上，慷慨陈词道："美国不仅在我国建有军事基地，而且试图插手我国政治，挑起土耳其内战，好从中渔利，实在是太可恶了！"他说完，便将他所获得的两份秘密信件拿出来作为证据。

这两份信公开后在土耳其引起了轩然大波，人们纷纷猜测这两封信件中神秘的主角"E·M"到底是谁。土耳其的报纸也对于此人做了种种推测，有人认为，"E·M"是美国大使馆参赞埃德坦·马丁；也有人认为此人是中央条约组织的代表摩根上校，这两个人都有特务嫌疑，并且两人名字的开头字母都是"E·M"。当然，也有一些其他的猜测，随着媒体的放大，土耳其民众越来越坚信，不管此人是谁，他是存在的，越是猜测不出此人的身份，他们越坚信此人的存在。如此一来，土耳其的反美情绪瞬间高涨，甚至人们对于那些对美国友好的人士也表现出愤慨。

美国政府面对这种情况，也十分着急，他们专门找到土耳其的外交部进行交涉，声称这两封信肯定与美国无关，因为其行文风格与美国的风格完全不同。但是，既然信上的姓名都可以隐写，行文风格为何不能做一下伪装呢？结果，美国越解释，土耳其方面反而越觉得其做贼心虚。最终，这个事件导致美国和土耳其这两个原本友好的国家关系僵持了很长时间。当然，如此情况，对于两国共同的敌人——苏联最为有利。

如你所想，事实上，这封信正是苏联的特务组织克格勃的两名特工伪造的。

你能分析一下，苏联克格勃故意使用"E·M"这样一个模糊的署名的目的所在吗？

39. 夏完淳骂叛国贼

夏完淳是明朝末年的神童，其在清军入关，崇祯帝上吊殉国之后，以十五六岁的年纪投身到反抗清廷的斗争中去。顺治四年（1647），16岁的夏完淳不幸被捕。当时投降清军的明朝大臣洪承畴亲自审问了夏完淳。

洪承畴本是明朝能臣，位高权重，口碑也极好，既为皇帝倚重，也受同僚和部下的推崇爱戴。当初他领兵与清军决战于松山，兵败被俘。明廷知道情况后，十分震动，都以为他必然会宁死不屈，慷慨就义。崇祯皇帝辍朝三日，以王侯规格祭拜洪承畴的"英灵"。但是没想到还没有祭拜完，传来了洪承畴降清的消息。洪承畴自知将遗臭万年，也十分想多拉拢些降臣过来，为清廷立功的同时，也为自己贴些"保全"明臣的道德金粉。于是，在见到夏完淳后，他第一句话便说："你小小年纪，怎么会起兵叛乱。想必定是受了奸人蒙蔽，只要你归顺大清，定然有你的官做！"

夏完淳早已抱定了慷慨就义的打算，见到这个叛臣之后，更是怒火中烧。同时，对于这个叛臣的情况也十分清楚，于是，心生一计，想要奚落一下这个无耻的叛国贼。

你猜夏完淳会如何奚落洪承畴？

40. 海涅的还击

在很长的时间里，在德国，犹太人一直受到人们的敌视。身为犹太人的德国诗人海涅尽管声名卓越，但也常常遭到无端攻击。一次，一个旅行家在对海涅讲述他的旅行经历，并借此对海涅进行了攻击。他声称他有一次登陆了一个奇怪的小岛，然后问道："这个小岛上有个奇怪的现象，令我感到不可思议，你猜猜看，是什么现象——那就是这个小岛上竟然没有犹太人和驴子！"说完他便不怀好意地哈哈大笑起来。

如果你是海涅，你会如何来回应这句充满恶意的话？

41. 杨修与张松

三国时期，曹操的谋士杨修，自恃出身名门，祖辈多有任三公之职的大官，他本人也学识渊博，能言善辩，因此颇为自傲，一直小看天下之士。但是，曾经有一次，杨修在与人的较量中落了下风，这个人就是从四川来的张松。小说《三国演义》中记录了这件事情。

张松是当时四川之主刘璋的谋士，此次前来是因为刘璋看到曹操打了一系列胜仗，势头正盛，因此派张松前来与曹操称善，为自己留条后路的。张松素闻杨修为人自负傲慢，因此便想与其过过招。

杨修见到张松后，说道："蜀道崎岖不平，您远道而来，真是辛苦了。"意思是你不远万里前来投降，真是不容易啊！

张松接道："奉主公之命，即使赴汤蹈火，也不敢推辞。"张松却将自己的行为说成了一种为主效命，听起来大义凛然。

杨修看对方将球打了回来，于是又问："蜀中人才怎么样？"

张松回答："文有司马相如那样的禀赋，武有严君平那样的精英。三教九流，出类拔萃的，记也记不清，不能数尽！"

杨修接着问："当今刘季玉手下，像您这样的人还有几个？"张松说："能文能武，智双全忠义慷慨之士，数以百计。像我这样无才之辈，车载斗量，不可胜数。"

杨修问："您现在任何职？"

张松说："目前任伴驾之职，滥竽充数，很不称职。敢问您任何官职？"

杨修一听对方官职并不高，而自己则是堂堂丞相府的总秘书，于是有些得意地说："现任丞相府主簿。"

没想到张松一听，接着说了一句话，令杨修满脸羞红。

你猜张松是怎么说的呢？

42. 抵赖的小偷

古时候，有个农民夜间丢了一头一百来斤重的肥猪，第二天早上便在到外面沿街叫骂。叫骂到一户门前时，农民看到同村的马小四远远地看到自己过来，便躲进了自己家中，关上了大门。于是农民起疑，怀疑是马小四偷了自己的猪，将其告到了县衙。县令听取了农民的申述后，问马小四："是你偷了他的猪吗？"

马小四一听，连喊冤枉，并留着眼泪可怜兮兮地对县令说："大人，小民一向循规蹈矩，安分守己，虽然日子过得叮当作响，但也不会去做这种伤天害理的勾当啊！再说了，猪走得很慢，偷猪的人怕被逮到，因此偷猪时都不是赶着猪走，而是将猪抗在肩上。您看我这副瘦骨嶙峋的样子，我背得动他家的肥猪吗？"

县令一听，便认真打量了一下马小四，然后说道："你说得有理，就你这身板，显然是扛不动那头猪的。我听说你为人一向本分，又可怜你家贫如洗，这样吧，本官现在赏你一万钱，你回家去好生做个生意吧，切莫辜负我的一片苦心。"

两个差役于是搬来了一万贯钱，放在了堂上，马小四一看，喜得磕头如捣蒜，并对县令说："青天大老爷，如此，您就是小人的再生父母了！"

县令只是笑着说："好了，你带着这些钱下堂去吧，不要辜负我就是了。"

马小四于是再次磕头称谢后，麻利地将钱套在肩上，转身就要离去。没想到这时，县令却又喝住了他，并指出他就是偷猪的贼。你猜这是为什么？

43. 赖账案

从前，印度有个无赖，以做买卖为由，找自己的邻居借了10个金币，并承诺到二月时，归还对方 20 个金币。但是，这个无赖并没有去做买卖，而是将这金币吃喝嫖赌花完了。到了二月份，邻居在一天晚上上门前来要债。无赖却奸笑着回答："现在还没有到二月嘛，你怎么就来催账了！"

"你会不会算日子？现在不就是二月嘛！"邻居有些生气地说。

"怎么，天上明明只有一个月亮嘛，你看！"说着，无赖指了指天上。

这时，邻居才知道上了对方的当，气得浑身直哆嗦，但也没有办法，只好回家了。

邻居回家后心想，对方可能是一时还不上钱，才使用这招搪塞一下，那就宽限他些日子。于是，过了一段时间后，邻居又上门讨要，没想到无赖仍旧是这个说法。如此多次，都是如此，邻居心里这才明白这家伙一开始借钱时便打定了这个主意，给自己设了个陷阱。但就这么吃了这个哑巴亏，自己又心有不甘，于是他便去找比尔巴告状。

比尔巴是 16 世纪时印度的一个智者，因富有智慧而被国王任命为宰相。比尔巴听了原告陈述的情况后，传无赖前来对质。听完双方的对质后，比尔巴心下大致有了底。于是，他假装疲惫地说，这件案子看来比较复杂，有一些关键的地方我还没有梳理清楚。我看这样，现在天也快黑了，咱们大家先吃点晚饭。晚上这里比较热，晚饭后咱们一起到外面的湖边继续审问这个案子，那里凉快。原告和无赖都答应了。

后来在湖边，比尔巴成功地让无赖还了邻居的钱，你猜他是如何做的？

44. 不孝子

美国一个名叫卢西奥的出租车司机将自己的母亲告上了法庭，他声称："被告近几年来，经常乘坐我的出租车，但从未付钱。我算了一下，总计欠我 1580 美元，请求法庭判令被告如数还清。"

如果你是被告的辩护律师，你会如何为被告辩护？

45. 难缠的少妇

20 世纪 70 年代，美国一家照相馆为了吸引顾客，在橱窗里打出广告：如果您对我店拍摄的照片不满意，本店将免费为您重拍。

一天下午，一位妆化的很浓的少妇前来拍照。在看了洗出来的相片后，她感到不满意。于是，摄影师二话没说，又为她重拍了一张。没想到她看了之后，仍旧不满意。摄影师于是问道："小姐，这张照片从角度、光线、抓拍技巧来说，应该说都相当不错了，您到底有什么意见呢？"

"这张照片拍得不美。"少妇说道。

"太太，美了就不像您了。"摄影师小心翼翼地解释道。

"不管怎么说，你们的广告上说了，对照片不满意就可以重拍的呀！"少妇理直气壮地说。

假如你是摄影师，你该如何回应？

46. 骗当

清光绪年间，在苏州城里曾发生过一起著名的骗当事件。

当时苏州城里曾有一家著名的当铺，名叫"聚宝当"。这天，当铺刚一开门，就从外面走进来一个衣着华贵，气宇轩昂的中年人，看上去像一个成功商人。此人径直走到当铺的王掌柜站立的柜台前，然后从口袋里掏出一个白布包，打开之后，见是一颗圆润亮泽的珍珠。王掌柜凭借自己多年的经验，一看就知道这颗珍珠至少价值在 150 两银子以上。但是老谋深算的他却故意装出一副不大看上的样子，有条有理地说了这颗珍珠的几个缺点，最后表示自己只肯出价80两。中年男子则坚持要价120两。最终，经过一番讨价还价，双方各让一步，以100两成交，并讲定月利二成（月利二成就是若一个月内来赎，就得付120两银子）。中年人最后满意地怀揣着100两银子离开了当铺。

在"聚宝当"里，有个姓苏的小伙计，一向聪明伶俐，善于观察。在中年人走后，他告诉王掌柜的："刚才这个中年人似乎有些古怪，在你看珍珠时，他看上去似乎有些紧张；在你开出价后，他才面露喜色；拿到银子后，他似乎也是急匆匆地离去的。"王掌柜一听，似乎的确是如此，于是便心里咯噔一下，赶紧将珍珠重新拿出来看。这么仔细一看，王掌柜才发现这颗珍珠只是一颗模仿得很像的珍珠而已。这下，王掌柜慌了神，因为他本身也只是给当铺主人打工的而已，并没有多少钱，这100两银子不是他能赔得起的。一急之下，王掌柜差点晕过去。这时，这个姓苏的小伙计看王掌柜急成这样，便对他说："掌柜的您别急，这事也未必就没有办法了，我们可以让那个人再回来将假珍珠赎回去！"小伙计边思考边说。王掌柜一听，脸便拉下来了说道："你这孩子说胡话呢，这怎么可能！"小伙计却说道："掌柜的您听我说。"说完，他便趴在王掌柜耳朵边耳语了一番，王掌柜一听，表现得有些犹疑，但还是点了点头。

第二天，王掌柜按照小伙计的办法进行了一番安排，果然，几天后，那个中年人又一次来到了当铺，声称要来赎回自己的珍珠。而王掌柜也早就准备好了，接过他的120两银子后，很从容地拿来他的白布包，打开，里面正是中年人的那颗"珍珠"。中年人一看，脸上表情有些惊讶的同时，又有些沮丧，他接过布包便灰溜溜地出了店铺。

猜想一下，小伙计给王掌柜出了个什么主意，竟然能够让那个骗子大着胆子回来赎当？

47. 郑大济

清朝乾隆年间，在福建地区有个"神童"郑大济，其自小聪明伶俐，能够解决许多大人解决不了的难题，因此在乡里很出名。而郑大济第一次以聪明闻名乡里，便是其帮助祖父摆脱县令的报复。郑大济的祖父郑贡生为人刚直，喜欢打抱不平，在一次诉讼案件中他因为帮助穷人打官司得罪了当地县令。县令出于报复，便找了个借口将全乡的皇粮都摊派给郑贡生，并限令他3天内交齐，否则就要以"抗缴皇粮"罪论处。郑家只是个清寒的书香之家，并不富裕，当时哪有钱交全乡的皇粮。因此郑贡生感到自己这次是要犯在县令手里了，想自己一生刚直，得罪人无数，有今天的结局也是预料之中的，倒也不后悔。但是总归还是有些不甘心就这样被小人摆弄，因此面容愁苦地在家里踱步。

当时的郑大济才刚刚过了12岁生日，他见祖父近来长吁短叹，坐卧不安，于是便问："公公，什么事情让你这么不高兴？"郑贡生听了，看了他一眼，却并不理睬他。但是郑大济却并不甘心，仍旧催问。郑贡生于是说："你年纪还小，说了你也帮不上忙，你还是好好读你的书吧！"郑大济一听来劲了，眼睛忽闪忽闪地说："公公，我之所以读书，就是为了更好地做事，如果不能将读的书应用起来，读书又有何用？再说了，我在书中也早知道古代有个叫缇萦的女孩子，小小年纪便救了他的父亲。我是一个男孩子，如果连一个女孩子都不如，这书我也没必要再读了！"郑贡生惊奇地瞪眼瞧着自己的小孙子，没想到这个年纪不大的小孙子竟然能够有条有理地讲出这些犀利的道理出来，心想说不定他还真有办法，于是郑贡生便将事情给郑大济说了一下。没想到郑大济听后便哈哈大笑起来。郑贡生一看心里便产生一股火气，要不是看他年纪小简直想揍他一顿，他呵斥郑大济道："你这孩子，怎么这么不懂事，我马上就要去蹲班房了，你怎么还乐！"郑大济却说："公公，我不是乐，我是笑这么没道理的事情你们竟然都接受了，明天让我去见县太爷，我自有办法对付他。"郑贡生听了，半信半疑，但是现在已经没有其他办法了，就死马当作活马医吧！

到了第二天，郑大济穿上了祖父的长衫，又戴上了祖父的帽子，便摇摇摆摆地去见县令。沿路的人见一个小毛孩子大摇大摆地穿着大人衣服往县衙去，都很好奇，因此许多人都跟在其后面到县衙看热闹。来到县衙门口之后，衙役一看一个打扮怪异的毛孩子要进县衙，于是呵斥道："哪里的毛孩子，县衙也是你随便进的吗？"只见郑大济从容应道："县太爷有事相商，你们竟敢阻拦吗？"说着便大摇大摆走了进去。衙役一看来者不是一般的小孩，便任其过去了。

接着，郑大济径直来到大堂之上。县令本来在等郑贡生前来交差，一看是郑贡生的孙子来了，便呵斥道："乳臭未干的小子，你公公呢？你为何自己的衣服不穿，要穿公公的衣衫？"郑大济一听，便说了几句话，驳得县令哑口无言，脸色红涨。跟来的人和两边的衙役也都忍不住笑了起来。县太爷无奈，最后只得不再让郑贡生交全乡的皇粮。

猜一下，郑大济是如何驳斥县令的？

48. 老实的山里人

从前，在缅甸有一个船主，专门在缅甸第一大河伊洛瓦底江上跑生意。每次跑生意时，这个船主都要雇佣十几个船夫在船上帮忙。一路上，由船主供应船夫伙食，最后等航程结束时付给他们工钱。不过，这个船主狡诈而贪心，每次航程结束时将要付工钱时，他都要看船夫中谁老实，然后找他打赌，骗取他们的工钱。而熟悉这个船主的船夫也都十分提防他，并私下提醒新来的不要上船主的当。

在一次航程中，船主雇佣了一个山里人来当船夫，这个人身体结实，但看起来有些呆头呆脑，船主就喜欢这样的船夫。这个山里人来到船上后，干活很在行，只是不爱说话，很少与其他船夫交往。因此，其他船夫也就没有提醒他提防船主的事。这天，船只航行到下游之后，船主看这个山里人老实，便想骗取他的工钱，于是他避开其他船夫对山里人说："你看这里的鸡多便宜，而上游的鸡很贵，你买只鸡带回去不是不错的主意吗？"山里人一听，觉得有道理，于是便在当地买了只鸡。

在返程的船上，船夫每天都抓一把米来喂鸡，船主看到了也一直没说什么。到了航程最后一天，船主突然找到山里人说："我说伙计啊，你一路上每天都用我的粮食来喂你的鸡。可是，咱们当初规定的是我要提供你一路上的伙食，可没说要提供你的鸡的伙食啊，现在我可要开账单了。"

"好吧，当家的。"山里人回答说，"我愿意为我的鸡付账。"

于是船主假装低头核算了一会儿，然后抬起头对山里人说："你喂鸡所花费的钱，正好和你的工钱一样多，这样我们就两下抵消啦。"

"那好吧。"山里人表示同意，空着手回家去了。其他的船夫于是都嘲笑山里人傻。

过了一段时间后，山里人又到了船主这儿，声称自己还想跟着船主再跑一趟活。船主一听十分高兴，心想这下可又省了一个船夫的工钱了。

山里人上船后，上次和他一块跑船的船夫纷纷取笑他："喂，你还想再买一只鸡吗？"山里人却笑着回答说："买不买鸡我不知道，不过我知道，这次我一定会交上好运的，因为这次我带上了父亲的魔刀！"说罢他拿出一把刀给大家看。

船夫们一看，也不过是把普通的刀而已，没什么稀奇，就更加以为山里人傻了。一路上，他们烦闷时便拿山里人开玩笑，要么问他买不买鸡了，要么拿他的魔刀逗趣。但是山里人却始终都脾气很好，并不生气，并且看上去真的将那把平凡无奇的刀当作宝贝似的。

一次，船夫们惊讶地看到山里人严肃地拿着自己的魔刀站在船边上，闭着双眼并念念有词。他们感到很奇怪，不知道这个傻子又在搞什么傻把戏了，于是便想捉弄他一下。他们悄悄地从后面走到山里人背后，然后，突然大喊一声，山里人显然是被吓了一跳，手里的魔刀也一下子掉进了水里。船夫们多少有些惊慌，心想他这么重视的东西被我们吓得掉进了水里，可能要发飙了吧，毕竟兔子急了还咬人哪！但没想到这个山里人一点也不生气，只是赶紧拿起船上的另一把刀，在魔刀落水的船舷部位上做了个记号。大家看他如此荒唐的举动，都提醒他说："你这样是没用的，船是在动的呀，难道你刀会在水底跟着船移动吗！"

但是，山里人却说："这个我不管，反正我只知道，刀就在这个记号下面，我什么时候只要从这个记号处下水去，就能找到我的魔刀。"

船夫们看山里人说的道理狗屁不通，又听不进大家的意见，便不再理他了。而船主也听说了这件事情，于是他便又想到了一个骗取山里人工钱的主意。他找到山里人说："伙计，我们这样在河上行驶，也怪没意思的，你愿意和我打个赌逗逗趣吗？"

"好的，当家的。"山里人回答说，"我也老觉得没意思呢！"

于是，船主便说："你不是说你的刀是把魔刀吗，我听说你说过，你随时跳下水去都能找到你的刀。明天我们就到目的地了，到时停船后，你就跳下水去找你的魔刀，如果你能找到，我就把我的船输给你；如果你找不到，你的工钱就输给我了，怎么样？"

"好，当家的。"山里人不顾周围的船夫们使劲给他使眼色，接受了船主的打赌。

于是，到了第二天，船到达目的地后，船主便对山里人说："好了，现在船停了，你可以去找你的刀了。"这时其他的船夫也都出来看热闹。

山里人于是摸到船舷上做标记的位置，便跳了下去。过了一会儿，他便露出水面喊道："找到了！"说着便举起了手里刀。

船夫们都感到不可思议，纷纷拿过那把刀来看，还真是原来的那把刀。于是，他们纷纷说道："山里人，看来我们不该取笑你，你的刀还真是把魔刀呢！"

船主不服气地接过刀，仔细看了许久，也没有找出破绽，于是气急败坏地喊到："不对，这里面肯定有花招！"

"那我不知道。"山里人说，"我早就告诉过你，这是把魔刀，我一定会找到的。"

船主还想抵赖，其他的船夫也都早就看不惯他的为人，纷纷力挺山里人，声称愿意为山里人作证。船主无奈之下，只好将船给了山里人。

想象一下，山里人是如何找到他落水的那把刀的？

49. 女秘书的回应

某个企业的老总因为偶然的机会和另外一个企业女秘书接触了一次，对其才干和风度都十分欣赏，便想用重金将其挖到自己身边。

这天，这个老总自以为财大气粗，竟然趁对方老总不在的机会，径直来到该公司。女秘书接待了他。落座后，这个老总先是对女秘书夸赞了一番，然后便为其抱屈，声称以她这样的才干，现在的薪酬太不合理了。女秘书也大致知道了他的来意，但对于这位显然修养欠缺的老总的邀请并不感兴趣，只想借机礼貌地拒绝。

这个老总却并没有看出来，以为以自己开出的优惠条件，肯定一招手，对方便来了。于是，他现在就把女秘书当成了自己的秘书，在趾高气扬地大发一通议论后，便要女秘书给他倒杯水。女秘书心里不是很舒服，但还是耐着性子给他倒了。

在接水后，这个老总又问："你们经理是北方人吧？"

"是的，山东人。"

"哦，怪道看他的样子和街上卖大饼的有点像呢！哈哈！"这个老总无礼地边说边笑，"我想不明白，像你这么漂亮又有才干的小姐，怎么肯去服侍那个愚蠢的草包呢？"

秘书小姐一听，感到十分生气，但也不想撕破脸，于是说了句话，既不显得无礼，又使得这位老总感到脸红。

你猜，这位秘书小姐说了什么？

50. 聪明的小孔融

孔融10岁时，跟随父亲来到洛阳。当时的名士李元礼时任司隶校尉，也居住在洛阳。前来拜访他的人很多，但是一般人都见不到他。因为只有来人是名士或者是李元礼的亲戚朋友，守门人才肯通报。小孔融人小心大，也想拜见一下这位名士。这天他来到李府门口，自称与李家是世交。守门人一听，便前去通报。李元礼听了之后感到很奇怪，因为自己和孔家并无来往，于是令其进入府中。

见到孔融后，李元礼问道："我们两家怎么是世交呢？"

没想到小孔融从容地说道："古时候我的祖先孔子，曾经问礼于您的祖先李耳，所以我们孔家和您李家是世交。"

李元礼一听，感到这小孩不一般，便经常邀他来府中玩耍。

一次，李元礼府中有许多朋友在，小孔融也在其列。李元礼的朋友陈韪以前没有听说过孔融，有人便向他介绍孔融的事情。陈韪听了后不以为然，说："小时了了，大未必佳。"这时，在一旁的小孔融听见了，当即回应了一句，令陈韪十分尴尬。在场的人一听，哈哈大笑，更觉得这小孩将来必定成器了。

你猜孔融是如何回应陈韪的？

51. 萧伯纳的反击

英国戏剧家、评论家萧伯纳，因为在他的戏剧中讽刺了一些贪婪傲慢的贵族，所以遭到他们的憎恨。

在一次社交宴席上，一个痛恨萧伯纳的贵族看到萧伯纳后，灵机一动，想到了一个羞辱萧伯纳的点子。他得意洋洋地走到萧伯纳面前，用夸张的姿势和表情前后打量了萧伯纳一圈，然后说："萧伯纳先生，我之所以这么观察您，是因为我听说，伟大的戏剧家都是白痴，所以想在您身上验证一下。"

萧伯纳只是淡淡地一笑，马上回应了一句，让这个自以为聪明的家伙立刻灰头土脸，窘迫地离去了。

你知道萧伯纳说了一句什么话吗？

52. 巧捉小偷

海因里希·罗斯是19世纪德国著名化学家，一生研究出了众多化学产品，他也因此而成为了一个百万富翁。晚年的时候，罗斯爱上了对于艺术品的收藏，先后买回了许多件珍贵的文物和几幅精美绝伦的世界名画。买回来之后，罗斯将这些价格昂贵的东西布置在客厅里，供自己和前来拜访的客人欣赏。

晚年的罗斯因此而颇得其乐，但不幸的是，这件事不久便被一个消息灵通的小偷给知道了。这家伙知道这个消息后兴奋得不得了，因为他知道，一个老化学家的家里不会有什么特殊的警备措施，自己很容易得手。而一旦偷到哪怕一件艺术品，自己便发了。于是，经过一番精密的计划之后，在一天深夜，小偷便"造访"了化学家的家。

小偷悄悄从窗户潜进化学家的家之后，发现其主人已经全部睡下，大厅里空无一人，于是他便大摇大摆地来到了客厅。看到大厅上所悬挂的几幅名画和桌子上所摆放的几件艺术品后，小偷眼睛直放光，以娴熟的动作将两幅名画和两三件艺术品收入自己的包裹中，便想离去。这时，他看到桌子上放了一瓶绿色的酒，其看上去晶莹剔透，还散发着扑鼻的香味。小偷也是因偷盗得手，一时高兴，便拿起酒来咕嘟咕嘟灌进了喉咙。喝完，他竟然大摇大摆地离开了化学家的家。

到了第二天，化学家一觉醒来，才发现自己的宝贝一下子丢了好几件，不禁大惊失色，赶紧报了警。麦克警探接到报案后，立刻驱车赶来化学家的家里，并立即对犯案现场进行了仔细搜查，但是，没有发现罪犯留下的任何有价值的线索，看来罪犯是个偷盗高手，必定是带了胶质手套并穿了特制的鞋子。

就在麦克警探感到一筹莫展之际，仆人告诉警探，昨天夜里放在客厅里的酒少了半瓶，一定是那个贼因为一时嘴馋喝的。麦克警探一听，顿时心生一计，他对罗斯如此这般地说了自己的计策。罗斯于是按照麦克警探的办法去做，果然，到了第二天，那个小偷便自己主动找到了罗斯的家里，被藏在暗处的警察当场擒获了。

你猜麦克警探的计策是什么？

53. 王羲之主持正义

东晋书法家王羲之在某地做官时，一天，有个年轻人前来告状。年轻人称，前段时间自己的父亲过世，无地安葬，便向一个员外要了一块地来安葬父亲。当初，员外声称只要"一壶酒"作为酬谢。没想到，办完父亲的丧事后，年轻人买了一壶酒到员外家表示感谢时，员外却说当初说的"一湖酒"。年轻人感到十分气愤，却也无可奈何。

王羲之听了年轻人的述说后，沉吟了一下说道："若是如此，此事倒也简单得很，不必传那员外前来和你对质，我自有办法让他不再难为你。"

第二天，王羲之假装闲来无事，到员外家串门。员外对王羲之的书法是仰慕已久，见王羲之到来，十分恭敬，并请求其留下墨宝。王羲之也不推辞，提笔便写了一副书法送给员外。员外十分高兴，准备向王羲之赠送银子作为酬谢。不想王羲之却拒绝了，而是对其说道："我只要一活鹅。"员外一听说道："这个没问题，只是现在我家中没有，明天我一定专门送到您府上。"

可是，当第二天员外带着一只活鹅来到王羲之之家的时候，却被王羲之给刁难住了。你猜，是怎么回事呢？

54. 李璐智惩奸诈老板

一天，在北京读大学的晓梦和李璐一起到北京一家餐馆吃饭，接过菜谱后，两人被"熊掌"一栏的价格给吸引住了。原来，熊掌是十分名贵的菜，况且现在国家为了保护野生动物，已经明令禁止饭馆出售这种菜，但是，一些不法餐馆仍旧偷偷地卖这道菜，因此其价格一般都是几千元。而这个餐厅的这道菜标价才仅仅是 25.00 元。晓梦和李璐一时出于贪小便宜的心理，便点了这道菜，同时也点了一些其他的东西。

但是，没想到等结账时，两人接过账单一看，见总共竟然是 2610 元，两人一看懵了。提出异议后,餐馆老板又拿出菜谱给两人看,两人才发现账单上的熊掌标价竟然是 2500 元,两个零前面的小数点竟然不见了。两人大吃一惊,指责老板耍诈。老板却奸笑着说:"我说二位大学生啊,你们肯定是看错了,你们想,熊掌这么名贵的东西怎么会只卖 25 块呢?"其实,这是餐馆老板惯用的宰客手段,他事先在价格上放了一个可以擦掉的小数点,让顾客起贪便宜的心理,然后再趁机讹诈。而事实上,他的所谓"熊掌"也只是用牛筋代替的。

来自南方的晓梦生性文弱,听老板如此说感到十分无奈,只怪自己不该起贪便宜的心理,便和李璐商量着认了这个栽,每人用自己的生活费各出一半了事。但是,李璐生性倔强,不肯吃这个哑巴亏。她歪着脑袋想了一会儿,便想出了一个对付奸诈老板的好办法。使得老板不仅没有讹诈成她们钱,还免去了这顿饭钱。

你猜,李璐是如何做的?

55. 阿凡提"种金子"

这年,新疆地区由于长时间干旱,很多穷苦人家都没有饭吃。阿凡提看到这种情况后,十分着急,他看到财主仍旧是过着奢侈无度的生活,便准备来个"劫"富济贫。

一天,财主从外面游玩回来,看到路旁的阿凡提正撅着屁股在田里挖坑,坑边则放着一些金子。财主感到很奇怪,便问阿凡提:"阿凡提,你这是在干什么呢?"

"哦,尊敬的老爷,我在挖坑种金子呢!"阿凡提抬起头来回答。

听了阿凡提的回答,财主一下子来了劲,他好奇地问:"这样种,会有收成吗?"

"当然了,您一向知道,我可是个聪明人,怎么会做白忙活的事情!"停顿了一下后,阿凡提又补充道,"这样种下去,一个月后,就会有几倍的金子长出来,到时我就会像您一样是个财主咯!"

一向贪婪的财主一听,眼睛里立刻放射出光芒,他陪着笑脸对阿凡提说道:"你就这么点金子,即使丰收了恐怕也没多少收成!我看这样,我给你提供一些金子种子,金子长出来后,我七你三分成,你看怎么样?"

"您说得很对,老爷,我正愁金子种子不够呢!就照您说的办法!"阿凡提高兴地接受了财主的提议,并跟着财主回家去取了两斤金子回来。

一个月后,阿凡提提了十斤金子去财主家,说道:"老爷,这次的收成不是很好,只有十二斤的金子,我留下了两斤,给您送来了十斤,您看行吗?"

"行行行!就这么分!就这么分!"财主高兴得合不拢嘴,看着这些金子眼睛都笑得眯成了一条缝。最后,阿凡提离开时,财主让他带走了一大箱子金子,并亲自把他送到门口。阿凡提回去后,便将这些金子分给了穷人们。

阿凡提走后,财主焦急地期盼着阿凡提的到来。终于过了一个月,阿凡提又来到了财主的家里。财主在屋里远远地看到阿凡提进院后,眼睛先是突然一亮,接着又笑成了一条缝,他笑眯眯地迎出屋外,大老远便对阿凡提说:"哎呀,亲爱的阿凡提啊,你终于来了!运那十箱金子的大车和牲口都停在大门外了吧?"

"老爷,真是太倒霉了!"阿凡提边说边用手去抹眼泪,"老爷您也知道,这一个月来天一直都没有下雨,咱们辛辛苦苦种下的金子都被太阳给晒死了!不仅没有收成,连种子也都搭进去了,现在是一两金子也没有了!"

财主一听,顿时明白阿凡提一开始就在骗他,他指着阿凡提说道:"你这是在胡说八道,傻瓜也知道金子是不会干死的!"

这时,阿凡提反驳了财主一句话,财主一听,哑口无言,心知即使告到法官那里,自己也未必能赢，便只好忍下了这口气。

你猜，阿凡提是如何反驳财主的？

56. 毕加索的反击

毕加索是举世闻名的大画家，他的画一向以着笔简练而闻名于世，他平时的话语不是很多，却是常常一语中的。毕加索一生都在追求和平，反对战争，他一生向往的就是美好、幸福、和平的生活。

第二次世界大战让整个世界硝烟弥漫，德国法西斯无情地占领了法国巴黎。毕加索对德国法西斯深恶痛绝，从此决定关门闭户，不肯与德国人有任何牵连。

不过，德国人早就听说过毕加索这位伟大的画家，能得到他的画，是一件非常令人自豪的事情。因此，一些假装风雅的德国人经常在巴黎的毕加索艺术馆出没，他们的目的是得到一幅毕加索的亲笔画，并且一睹毕加索这位伟大画家的风采。

毕加索知道这件事情以后，就给德国的军官们都发送了一封请帖，邀请所有的德国军官来艺术馆里面参观他的一幅名画。德国军官得到邀请后特别兴奋，于是欣然前毕加索往艺术馆。

那天，毕加索面容严峻地站在艺术馆的门口，等待着前来参观的德国军官。他给每位前来参观的德国军官都发了一副他的名画——《格尔尼卡》的复制品。这幅画描绘了德国飞机残酷地轰炸西班牙城市格尔尼卡的时候，城中的老百姓惨烈被害的情景。

德国一位盖世太保头目看到这幅有点奇怪的画，就很生气地问毕加索："这就是你所谓的杰作吗？"

"不！"毕加索立即严肃地回答了一句话，顿时，盖世太保脸色大变，再也没有话可以回击。

那么，毕加索到底说了一句什么话呢？

57. 将计就计

1945 年，苏联的一个官员在一次宴会上结识了美国大使哈里曼，并送给他了一份看上去十分精致的礼物。那是一个雕刻得十分精致的美国国徽，国徽的形状是一只木雕的老鹰，它的做工非常精美，哈里曼特别喜欢它，所以一直把它挂在自己的书房里面。

这只木雕老鹰在哈里曼的书房里面一挂就是 7 年，一直没被摘下过。直到 1952 年的一天，美国情报局人员忽然发现了一种特别奇怪的电信号，经过工作人员的跟踪追寻，才发现那个信号竟然是从那只展翅欲飞的"老鹰"里面发出来的，经过研究发现，在这只"老鹰"里面竟然安装着一个不太复杂的窃听器，它可以窃听到哈里曼办公室周围所有的谈话声音。

7 年以来，哈里曼大使书房只要有谈话的声音，苏联的间谍都能清清楚楚地听见。苏联间谍就在与哈里曼大使馆相隔一条街的房子里面，他们竟然一直窃听了长达 7 年之久，这对于美国情报局而言是多么严重的一件事情。

假如你是这位大使馆的官员，接下来你会对这件事情采取怎样的对策呢？

58. 声东击西

安德烈耶维奇·法奥尔夫斯基是苏联著名的艺术家、画家，曾经获得过列宁奖金。他经常会为编辑部绘制一些插图，奇怪的是，每次在向编辑交付画完的插图的时候，他总是喜欢在画稿上面画上一只不伦不类的小狗。

303

每次美术编辑看到他的作品时总是要求他把那个小狗去掉，但是法奥尔夫斯基却总是会与美术编辑争论不休，非要保留他的小狗。等到了双方争论的比较激烈的时候，法奥尔夫斯基就会让步，同意把小狗去掉。

到了这个时候，美术编辑的愤怒也就慢慢消散了，法奥尔夫斯基的让步让他的自尊心得到了满足，所以这个时候，美术编辑便再也不会提出其他的修改要求了。最后，法奥尔夫斯基的画稿就按照原先他所拟定的那样出版了。

那么你知道法奥尔夫斯基每次在画稿上面画那些不伦不类的小狗到底是为什么吗？

59. 阿凡提打抱不平

好多人都喜欢读《阿凡提的故事》这本书，里面的阿凡提既聪明又有着一颗善良的心，经常替穷人打抱不平，其中"饭钱"的故事就是其中一个非常具有代表性的故事。

有一天，一个非常贫穷的农民特意找到了阿凡提请求帮助。他首先向阿凡提讲了一下事情的来龙去脉。

农民难过地说："穷人实在是太可怜了！昨天我路过巴依老爷开的一家饭店门口，在那里只是停留了一小会儿，谁知道巴依老爷就出来对我说我闻了他家饭菜的香味，所以要我付钱。我没有给他钱，他就把我告到了法官那里。法官今天就要判决了，亲爱的阿凡提，你能帮帮我吗？我真的不应该给他钱。"

"行，没问题，你放心吧！"阿凡提听后非常爽快地答应了。然后陪着农民一起来到了法官那里。

巴依老爷很早就到了法官那里，此时正和法官谈得高兴。法官见到农民进来，张口就大骂道："你真是不要脸，明明闻了巴依老爷饭菜的香味，还不给老爷付钱。现在赶紧把钱交上来。"

没等农民说话，阿凡提就走上前去说："慢着，法官大人！这个人是我的兄长，他现在身上没有钱，所以饭菜的钱就由我来替他付好了。"

法官听后很高兴地说："好，好，那你赶紧付吧！"

阿凡提从腰里掏出一个钱袋，举到巴依老爷面前使劲地摇了摇，接着问道："巴依老爷，请问你听到钱袋里面响亮的声音了吗？"

"当然听到了，你赶紧把钱拿出来吧！"巴依老爷急着催促道。

但是聪明的阿凡提却并没有将钱拿出来，而是说了一番话，使得巴依老爷听后哑口无言，你猜他是如何说的？

60. 旅馆经理耍赖

一天，一个旅行团来到了一处事先预定好的旅馆。经过一路的奔波，游客大多浑身是汗，这个时候急需要舒舒服服地洗个澡。可是，当他们来到房间的浴室时，却发现没有热水。游客们感觉很生气，找到旅馆的工作人员，问他是怎么一回事。工作人员解释说，由于锅炉工人回家时，忘记了放水，导致事先预定好的房间没有热水，他们对此事感到很抱歉，不过他们也没有办法，并建议客人去公共浴室洗。了解到这种情况后，旅行团的领队就去找旅馆的经理去了。

领队对旅馆经理说明了旅客一路的艰辛，表示需要洗个热水澡解乏，而之前预定房间时说好的，每个房间都可以洗热水澡。但是，经理对他的态度并不好，只是依旧坚持让旅客去公共浴室洗。领队非常生气，他愤怒地对经理说："当然，如果没有别的办法，我们也只好去公共浴室洗，可是我们定的是套房，价钱是 80 元一晚，现在我们去公共浴室洗澡，就相当于定的是普通的房间，只需要 50 元。我现在要求你们退回我们剩余的房钱。"

狡猾的经理看到领队要求退钱，态度就有所好转了。不过他依然并不肯采取措施，只是态度更好地表示自己实在没有什么办法，要客人委屈一下，去公共浴室洗澡。

领队当然不肯罢休，他坚持要提供热水，不然就退钱，而旅馆经理还在一直推诿。这个时候，领队说了一句话，经理就马上派人叫来了锅炉工。半个小时后，房间里就有了热水。你知道领队说了什么吗？

61. 老人智惩坏小子

一天，一位老人骑着毛驴进城。在路上，他遇到了一个小伙子。这位小伙子很热情地对老人打招呼说："你好啊，老人家！"老人和这个小伙子虽然不认识，但是觉得这个小伙子很有礼貌，于是，老人也回答他道："你也好啊，小伙子！"

小伙子听了老人的回应后，突然大笑了起来。老人觉得很奇怪，就问小伙子为什么笑。小伙子说："我刚才是在向毛驴问好，并没有问你，怎么你却回答了！"说完后，他又是一顿哈哈大笑。老人这才知道，这个小伙子并不是什么有教养的好孩子，而是一个没大没小的坏家伙。然而自己就这样被小伙子给奚落了？他心里很是不甘。老人想："我非要教训这家伙一顿不可！"于是，老人反手给了驴两个重重的耳光。小伙子见老人扇驴的耳光，以为老人气急败坏，无处发泄，只好拿驴来出气，他笑得更得意了。

没想到，打完驴后，老人对驴说了一句话，小伙子听了，立即笑不出来了。你知道老人对毛驴说了什么吗？

62. 范西屏智赚骗子

乾隆年间，一个叫范东屏的商人开了一家字画店，生意非常红火。

有一天，一个顾客拿来了一幅名画，说是急用银子，要借 5000 两，半年后就用 9000 两银子赎回这幅画。范东屏为人厚道老实，大致看了下画，看没什么问题，就收下了画。

然而，没想到的是，这竟然是一幅假画。当有人这样说时，范东屏还不大肯信。于是他让自己的哥哥范西屏把画拿给字画行家鉴定一下，结果果然是一幅赝品。这时，范东屏才确信自己是上了小人的当了。然而，他对此又没有丝毫的办法，准备自认倒霉。但是，他的哥哥范西屏却是一个聪明机智的人，看到自己的弟弟白白受了别人的坑害，他感到非常生气，想将自己弟弟的钱给追回来，并惩治一下那个骗子。但是范东屏虽然感激哥哥的好意，却认为追回钱来是不可能的事了，因为他认为，骗子既然骗走了钱，哪还会再露面？

但是，没想到，范西屏想了一个办法，还真的不仅将弟弟的钱追了回来，而且还赚了一笔钱。你猜范西屏是怎么做到的？

63. 作家职业的妙用

狄更斯是英国 19 世纪伟大的批判现实主义的作家。他不仅文笔好，口才也好，是位能言善辩的作家。

有一次，狄更斯在湖边钓鱼，没想到钓了半天，却一条鱼也没钓上来，正在他无奈之时，走过来了一个年轻人。

狄更斯并不认识这个人，但是年轻人却来到狄更斯的面前，对他说道："请问您是在钓鱼吗？钓了几条了？"狄更斯不假思索地答道："我今天运气不好，钓了半天，一条鱼也没钓到。

305

哎，今天远不如昨天，我昨天钓了15条呢！"

年轻人说："您昨天的运气确实很好啊。您知道我是谁吗？"狄更斯说："老实说，朋友，我还真不知道您是哪位。"

没想到年轻人说道："我是这个地方的管理员，此处是禁止钓鱼的。您昨天钓了那么多的鱼，是要罚款的。"于是，年轻人毫不犹豫地就拿出了罚款单。

狄更斯这才明白自己上当了，知道事情十分不妙，然而，他却并不着急，而是微笑着对管理员说："那么请问，您知道我是谁吗？我是有名的小说家狄更斯呀！"

管理员却不买账，不客气地回答说："无论您是谁，只要在这钓了鱼，就要罚款！"

接着，狄更斯又说了一句话，这位管理员就无话可说了。就这样，这位聪明的作家巧妙地逃掉了这次罚款。你猜狄更斯接下来说了什么话呢？

64. 刘邦的妙答

秦末，天下大乱，义帝楚怀王与项羽、刘邦约定，先入函谷关者为关中王。当时，虽然刘邦先入了关，占领了咸阳，但是因为自己实力比项羽要弱小得多，所以将关中王让给了项羽。项羽于是自封为西楚霸王，封刘邦为汉王。

项羽有一个谋士叫范增，此人聪明过人。一次，项羽想要让刘邦镇守南郑。范增听说后就劝说项羽："南郑如此重要的战略要地，怎么能让刘邦去镇守呢？此处内有重山之固，外有峻岭之险，如让刘邦去，那么就是放虎归山啊！如今天下间，能与大王争夺九五之尊的只有刘邦一人，大王不如以南郑为诱饵，用计把他除掉，以绝后患！"

项羽听了范增的话，就决定要杀害刘邦。于是他问范增说："亚父有何妙计，可以助我除掉此人？"

范增回答说："明天你把刘邦召来，假意任命他去镇守南郑，问他愿不愿意去。如果他愿意去，那么你就借机说他要借着南郑的地理位置，寻求机会谋反；如果他不愿意去，那么你就说他不服从你的命令，想要谋反篡位。这样，他无论去与不去都是死路一条。"

于是第二天，项羽就把刘邦召到殿前，按照范增的吩咐，把让刘邦镇守南郑的事，向他说了一遍。刘邦也是一个非常机智聪明的人。他知道项羽是有意借机杀害他。于是，他对项羽说了一番话，巧妙地避过了这次杀身之险。那么请想一下，刘邦该如何回答项羽才能幸免于难呢？

65. 机智的商人

一天，有一个商人去银行取钱。然而，他没有想到的是，有一个女人从他出了家门就已经悄悄跟上了他。他提取了一大笔现金回到车上，然后关上车门，正要发动引擎的时候，意想不到的事情发生了。因为他看到后座上坐着一个女人，也就是一直尾随着他的那个，只见她披散着头发，上衣的扣子也解开了，袒胸露乳地坐在他的汽车后座上。

正当这个商人对此情景感到诧异时，只见那个女人从后座上移过来，一把抱住了他，对他耳语说："听着，快把刚才你取的钱全部交给我，不然我就大声喊叫，说你强暴我！这里只有我们两个人，我想别人一定不会听你辩解的，你最好还是放聪明点！"

商人听女人这么说，才明白原来他并不是有了一场出其不意的艳遇，而是被无赖女人盯上了。

但是，机智的商人并没有就范，而是很快想出了一个办法。他转过身对女人咿咿呀呀用手比划着，表示自己什么也听不到，装作一个聋哑人。正是凭借这个方法，商人救了自己。

最后，警察把那个女的抓走了。

你知道这是为什么吗？

66. "糊涂"的老人

有一年，一个地方闹了灾荒，田里的庄稼收成大减。然而，官府派下来的又有苛刻的赋税，这个地方的农民都为此事发愁。一天，农民们聚集在一块，商量应付这次赋税的办法。经过一段时间的商讨，他们最后达成一致意见：派城里面一位德高望众的老人去找县官，告诉他今年的灾情，求他能够减免当年的税收。

这位老人经过了一路的颠簸，终于来到了县衙。见到县官后，老人开口说："县大老爷，今年年景不好，庄稼先是遭了水灾，然后又是虫灾，所以收成比往年差了许多。小麦只收了五成，棉花更差，只收了三成，这还是好的，玉米更差，仅收了两成。我们百姓都知道您一向爱民如子，大街小巷都说您是到这来赴任的最好的一位父母官。所以求您体恤民情，给我们减免点赋税吧，全城百姓都将感激您的恩德。"

县官听到老人恭维自己的话，顿时喜上眉梢，他心头一喜，还真想做真正的父母官，为百姓减免赋税。然而，他掐指一算，却说："好呀你个小老儿，竟敢到公堂上来愚弄本官，你以为本老爷不会算账吗？小麦五成，棉花三成，玉米二成，加一块不是正好十成吗？要不是看在你年迈体衰的分上，少不了要打你一顿板子！"

老人看到这个县官如此糊涂，无奈地摇了摇头。他想了想，对县官解释说："大老爷在上，小老儿怎么敢愚弄您呢？难道吃了熊心豹子胆了不成？只不过是今年灾情的确十分严重。小老儿今年活了整整180岁，从来没见过今年这样大的灾荒啊！"

县官听老人说完，顿时怒发冲冠，他指着那位老人说："好呀，你个刁民，你是把本老爷当作三岁小孩哄是吧？180岁你早就入土了，还能在这儿愚弄本官吗？看来非赏你几板子让你长长记性才行！"说完，县太爷就要打老人板子。老人见状，立即向县官说："大老爷息怒，容我把话说完。"

老人说了一番话之后，这个县官才明白，原来是自己错了。你知道老人是怎么解释的吗？

67. 农民与地主

从前，有一个地主，刁钻刻毒，对佃户十分苛刻，如果哪家到了他规定的时间交不上地租，他绝不会轻饶了那家可怜的人。同时，这个地主还十分的自以为是，喜欢刁难别人，因此佃户们提起这个地主，便痛恨得咬牙切齿。

一天，这个无所事事的地主来到了一块田地，一个农民正在田里犁地。农民看见地主来了，感到非常生气，他真想高声痛骂他一顿，或者狠狠地揍他一顿。然而，他又不能表现得太明显了，不然地主就会有把柄治他了。这个农民想了想，有了一个好主意。只听他恶狠狠地骂着耕地的牛说："你这个畜牲，整天东游西逛的无所事事，一点农活也不做，还要让我们跟你吃好的，早晚老天爷把你活劈了，你这个畜牲！"

地主也听出来了，农民这是在借着骂牛来骂自己呀！他越听越生气，但又无可奈何，人家又没有指名道姓地骂你，你能说什么呢？况且如果回骂农民，那么岂不是承认自己是畜牲了吗？地主想了想，忽然也有了主意，他想："好啊，你借骂牛来骂我，我就不能以眼还眼，以牙还牙吗？我也通过骂牛来骂你！"

可是，正当这个恶地主要开口骂的时候，他忽然看到那个农民从地上抓了一些泥巴，往牛的屁股里塞了进去。

地主觉得很奇怪，就问农民："你这是在干什么呀，想害死我家的耕牛吗？害死了它你赔得起吗你！十个你也抵不上我家的一头牛！"

农民听地主说完，对他笑了笑，然后说了几句话。地主听完，气得眼珠子都快炸了，但也无可奈何。你能猜到农民是怎么回答地主的吗？

68. 王之涣审狗

唐代著名诗人王之涣，在文安县做官时，受理过这样一个案子。

前来告状的人名叫马秀枝，她是文安县一个30多岁的妇人，只见她哭哭啼啼地对王之涣诉说："大人，小女子命苦，请大人为小女子伸冤呀！小女子公婆都已经过世，丈夫去了外地做生意，家中只有我和小姑相伴生活。昨晚，我回了趟娘家，留小姑一人在家看门。没想到等我晚上从娘家回来后，正好听到小姑喊救命，我急忙向屋里跑，在屋门口撞上个男人，我试图拉住他，却被他挣脱了，只是在他脊背上狠狠地抓了几下，最后让他跑掉了。等我进屋掌灯一看，可怜小姑已经被凶手用剪刀捅死了。"

王之涣问："那么，你可看清那个男子长得什么样子？"

马秀枝说："禀告大人，因为当时天色很黑，小女子没看清那凶手模样，只知他是个身材结实的青年男子，上身没穿衣服。"

"那当时你家院里除了你和你小姑子外，还有别人吗？"

"大人，我家里没有其他人了，家中只是还有一条黄狗。"

"那条狗是你家养的吗？"

"是的，已经养多年了。"

"那天晚上你回家时，可曾听到狗在叫？"

"不知为何，狗没有叫，我也感到很奇怪，因为平时来了生人，它都是要叫的。"妇人疑惑地回答。

又问了一些其他的情况后，王之涣便下令："这条狗和这桩命案有重大关联，贴出告示，我明天一大早要在城隍庙审狗，尤其马秀枝的家附近，要多贴几张！"衙役们对于这位县令的奇怪命令，很是疑惑，但也不便多问，只是听从命令在各乡贴出告示，告知百姓县官第二天早晨要在城隍庙审黄狗。

一听县官竟然要"审黄狗"，百姓们都很好奇，第二天，大量的百姓纷纷涌进城隍庙看热闹。王之涣见来观看他"审狗"的人都差不多进到了庙里，便令人将妇女、小孩、老头都赶出庙去，只留下两三百个青年男子在内。然后，王之涣命令这些年轻男子全都脱掉上衣，面对着墙站好。然后王之涣对这些人进行了逐一查看，最后，他发现一个人的脊背上有两道红印子，便将其抓了起来。经讯问，这个人是马秀枝的街坊刘小三，正是他垂涎于马秀枝小姑的美色，那天见其一人在家，便试图对其奸污，见对方大声喊叫，怕事情败露，情急之下将其杀死。

那么，你来推理一下，王之涣为何能够找出凶手呢？

69. 小偷耍弄小聪明

清朝嘉庆年间，浙江吉安州有一姓甲的大户人家要娶媳妇，而甲家从乔家娶的媳妇也是名门闺秀，因此，结婚那天，人来人往，十分热闹。

人一多，局面就乱，有个小偷便趁人多杂乱溜进了洞房。他潜伏在新人的床底下，打算天黑人静后出来偷点东西。可令小偷没料到的是，这大户人家一连三日通宵燃烛，新房也是人来人往,一直不断人,小偷不但找不到行窃的机会,连趁机溜走的机会都找不到。小偷一连在床下待到第三天,肚子饿得实在忍受不住了,便管不了那么多,瞅了个机会,从床底下钻出来,想趁机溜出去。不幸的是,他刚出来,就被主家守夜巡逻的家丁抓住,第二天便被送到官府。

在送去官府的路上,小偷惊慌未定,一直求饶。可是等到快被带到官府的时候,小偷反而镇定了下来。等县令问案时,小偷竟然不慌不忙作了回答,他不承认自己是小偷,反而一口咬定自己是刚娶进门的甲家的新娘的医生。他声称,新娘身患隐疾,他在新娘出嫁前就一直替她治疗,现在新娘出嫁了,他必须得跟随着新娘,这样才能经常上药。因为新娘身患的是隐疾,不便让新郎一家知道,所以被新郎这一家子误会了。这个小偷还假惺惺地给县令提议:"县官大人,您不必怀疑我,这里面的误会很容易澄清,您要是也传新娘到官府来,事情就一清二白了。您想呀,她一来相认,不就证明我不是贼了吗?"

县令看到小偷这么从容,不明就里,便对小偷的话信以为真,一定要把新娘传到官府对证。这就正中了小偷的诡计。这个贼之所以敢这么嚣张地要求见新娘,就是因为他料定新娘肯定不会出庭。可能他在床下潜伏的三天三夜里,听了新人夫妇的私房话或者仆人们的闲言碎语,知道新娘有隐疾。而这种事情最好不让别人知道,因此如果他要求新娘出庭,新娘新郎一家顾及面子,肯定不愿意出庭作证,自己不就可以无罪释放了吗?

县令开始传唤新娘,可这户大户人家一听小偷这个要求,就明白了小偷的把戏了。但他们担心新娘到县衙门会引起什么流言蜚语,坏了家里的名声,就请求县太爷撤了这桩案子,宁肯不再追究。

县令不知道该怎么办才好,就和师爷商量起对策来。

师爷是个明白人,他对县令说:"大人,这个妇人刚出嫁,不论官司是输是赢,对她都是很大的耻辱。她肯定不愿意出庭呀!我倒有个主意……"

县令一听,当即照师爷的办法去做。结果,小偷一下子便露了馅,这家伙在在县衙上一说话,一下子惹得在堂的人哄堂大笑,你能猜出师爷的办法吗?

70. 巧辩"皮箱"案

20世纪30年代中期,法国巴黎香榭里舍大街一家名为"莉儿"的皮箱专卖店开始兴隆起来。"莉儿"的皮箱专卖店货真价实,童叟无欺,越来越得到大家的认可。到1927年的时候,"莉儿"的皮箱专卖店生意兴隆,附近的不少皮箱专卖店都因敌不过"莉儿"而渐渐倒闭了。倒闭的店铺中就有一家名为"伊尔丝"的。

"伊尔丝"皮箱专卖店的老板多尔达尔是个不善交际的人,他的性格有点儿内向,在自己的店铺倒了之后,多尔达尔内心十分苦闷。看着"莉儿"的皮箱专卖店的生意越来越好,不甘心的多尔达尔十分嫉妒,于是,他雇了一个人,让他刁难"莉儿"的皮箱专卖店。

他雇的这个人就是弗朗西斯。弗朗西斯遵照多尔达尔的指示,到"莉儿"的皮箱专卖店里一次性订购2000只皮箱。在两方签订的合同中规定,若"莉儿"的皮箱专卖店不按期按质交货,除退货外,还要赔偿弗朗西斯货款50%的经济损失。

"莉儿"皮箱店在签订合同后,积极地准备这这批货,这2000只皮箱顺利地按期完工了。可是,在交货的时候,弗朗西斯却说,这2000只皮箱中有木料,根本就不是皮箱。弗朗西斯对于"莉儿"的解释,根本不肯听,而是忙不迭地向法院起诉,要求赔偿损失。

"莉儿"皮箱店的店主司洛尔接到法庭传票后,慌了手脚。不过更让司洛尔心慌的是,他听说弗朗西斯已经向法院行贿,法院很有可能偏袒弗朗西斯,要以诈骗罪的名义给司洛尔定罪。

无奈之下,司洛尔请当地有名的律师肖恩耶为自己辩护。肖恩耶律师一听司洛尔的诉说就当即答应司洛尔,接受了这个案子,而且还胸有成竹地保证能赢。

法院如期开庭了。法庭上,弗朗西斯信口雌黄,气焰嚣张,以为最后赢的一定是自己,而肖恩耶在那儿是神态自如,不惊不慌,一副气定神闲的样子。

等到弗朗西斯讲完,肖恩耶从律师席上从容站起,并从口袋里掏出一块大号金怀表,向听众展示后高声向法官申辩起来。

法官听了肖恩耶的辩词后,也觉得在众目睽睽之下,实在无法判弗朗西斯赢,最后只得以弗朗西斯诬告、罚款5000法郎了结此案,而多尔达尔则只好不甘心地付了罚款。你知道肖恩耶是怎么凭借一只金表为司洛尔辩护的吗?

71. 有无信念

罗亭是19世纪俄国作家屠格涅夫小说里的一个人物,在他身上,集中体现了19世纪40年代俄国进步贵族知识分子的优点和缺点。罗亭受过很好的教育,他信仰科学,关心政治,才思敏捷,口才出众,但却是"语言的巨人和行动的侏儒"。

屠格涅夫在《罗亭》中描写了这样的一场争论:

什么东西都不相信的毕加索夫说:"每一个人都在谈论自己的信念,还要别人尊重它……呸!"

罗亭说:"好极了,那么照您这么说,就没有信念这种东西了?"

"没有,根本不存在。"毕加索夫说。

"您这样肯定吗?"

"对!"

最后罗亭说了一句话让毕加索夫哑口无言,猜猜看,罗亭说了一句什么?

72. 苏格拉底与柏拉图

柏拉图是古希腊伟大的哲学家,也是全部西方哲学乃至整个西方文化最伟大的哲学家和思想家之一,他和他的老师苏格拉底及其学生亚里士多德并称为古希腊三大哲学家。柏拉图和苏格拉底都喜欢辩论,他们经常就某个问题进行激烈的辩论。

有一次,柏拉图和老师苏格拉底就当时人们非常关心的一个问题进行了公开辩论,二人的意见完全不同,两人争得面红耳赤,各不相让。眼看就要输给苏格拉底,情急之下,柏拉图对听众说:"苏格拉底老师说的话全是假的,你们千万不要相信!"

苏格拉底当然也不甘示弱,你知道他是怎么反驳柏拉图的吗?

73. 狡猾的死囚

16世纪时,英国有个名叫阿奇·阿姆斯特朗的大盗,在当时的英国可谓是家喻户晓。但是,因为这个大盗非常狡猾,多次从官兵的围堵中逃脱。一次,他终于因为盗窃王室珍宝而被当时他的老对头著名的英国侦探詹姆斯抓获,法庭宣布因他犯有频繁的偷盗罪行,将对其处以极刑。

当时的英国国王是詹姆士六世,这个国王对上帝十分虔诚,他在位时就因钦定《圣经》而名留史册。并且,这个国王还十分注重民意,希望自己在臣民中有一个仁慈的名声。阿姆斯特朗被捕之前对于钦定《圣经》即将完成的消息以及詹姆士六世的脾性也有所耳闻。于是狡猾的他开始在这上面打起了主意，认为这是自己用来救命的最后稻草。经过一番思虑，他想到了一个主意，并且，他还真的利用这个主意逃脱了死刑，而只是终身无法离开监狱而已。

聪明的读者，你能猜出阿姆斯特朗的主意吗？

74. 唐朝大将薛仁贵

唐贞观十九年（645 年），因为唐朝属国高丽发生宫廷政变，新掌权的泉盖苏文无视唐王朝的存在，与百济结盟，出兵进攻新罗国，在新罗国王的求助下，唐太宗率 10 万大军由洛阳出发，讨伐高丽。泉盖苏文派遣高丽大将高延寿和高惠真率军 15 万前来迎战，唐太宗设计将他们诱至安市城东南 8 里，双方展开决战。

在决战过程中，唐太宗选择了一处高坡作为帅营，在上面观战。决战刚一开始，唐太宗突然发现有一员身穿白袍的小将，穿着一件白袍，手握长戟，腰挎弯弓，一路狂吼着杀入敌阵，因为其衣服颜色与其他将士不同，因此显得格外扎眼。而敌将看对方来势凶猛，顿时惊慌失色，还未来得及组织士兵应战，阵型便已经被那员小将冲散，士卒纷纷逃窜。唐军于是顺着那员小将的气势一路掩杀过去，毙敌无数，取得了征战高丽的首场胜利。

战斗结束后，唐太宗专门派人到军中询问："刚刚那个冲在最前面的穿白衣的将军是谁？"最后得知此人名叫薛仁贵。

唐太宗于是便专门召见了薛仁贵，对于他战场上的勇武很是赞赏了一番，并给了他不少赏赐，同时还封他为右领军郎将，专职负责守卫长安太极宫北面正门玄武门。并且，自此以后，唐太宗一直惦记着薛仁贵，每次有战事总是要点名让薛仁贵出征。而薛仁贵也不负唐太宗的期望，立下了"三箭定天山"的大功，最终官至右威卫大将军，封平阳郡公，兼任安东都护。

从薛仁贵成功的故事中我们可以看到一个非常小又似乎特别重要的细节，你能指出来吗？你能谈谈这个细节的具体作用吗？

75. 巧妙的走私

在一条通往边防检查站的宽阔公路上，人来车往，川流不息。但人们要经过国境线之前都必须先接受检查，国境线两边的老百姓你来我往都是很频繁的，因为他们都要买卖日常生活用品，有一些走私贩瞅准了这一点，就冒充买卖东西的老百姓把贵重的物品走私到另外的国家再倒卖出去，这样可以赚到更多的钱。

已经在边防检查站工作了大半辈子的金蒂斯尔森探长，人们都说他有一双火眼金睛，走私物品无论隐藏得多么隐蔽，都会被他给查出来。这一天，金蒂斯尔森探长检查得特别认真，因为第二天他就要退休了，这可是他站的最后一天岗啊，他喜欢自己的工作，他怎么不认真仔细呢？

正在这个时候，国境线的对面有一个青年农民模样男子一本正经地推着一辆自行车向这力走来，自行车的后座上捆着一大捆稻草。金蒂斯尔森探长记得，最近一段时间，这个人经常来来往往，每次都是用自行车推着一捆稻草，说是国境线那边有人要用稻草，几个小时之后又空手而归。探长每次都仔细地检查，却都没有发现走私物品。但是金蒂斯尔森探长凭着直觉，总感觉这个农民肯定有问题。但是无论检查得多么认真，就是找不到问题出在什么地方。

这一次，金蒂斯尔森探长再也忍不住了，他要弄个明白。他首先向这个带着稻草的人敬礼，和往常一样认真检查他的证件，依然没发现什么问题。金蒂斯尔森探长说："请您把稻草捆打开。"这个人把自行车停稳,一边解开扎稻草的绳子一边嘟嘟囔囔地说:"每次都要这么麻烦地检查,每次都检查不出什么走私品!"金蒂斯尔森探长在稻草捆里不死心地连续翻了好几遍,确实什么都没有,他又从头到脚仔细地搜查了这个人全身,可还是一无所获。金蒂斯尔森探长无奈挥了挥手放这个人入境了。这个人刚过了边境线突然就回头狡猾地笑了笑。就在这一刻,金蒂斯尔森探长脑袋中灵感一闪,意识到了这个人确实是走私犯。

金蒂斯尔森探长发现了什么走私物品呢?

76. "抄袭"的牧师

马克·吐温是19世纪后期美国著名的文学家,他的作品以幽默著称。正如他的作品一样,他为人也比较幽默。

有一次,他去教堂听牧师说教。牧师千篇一律的话语让马克·吐温感觉很无趣,他听得有些厌烦了。于是,他想捉弄一下牧师。

牧师并没有看出台下听众的反应,依旧滔滔不绝地讲着。他不知道一场酝酿在马克·吐温心中的"阴谋"即将上演了。正当牧师讲得兴高采烈的时候,马克·吐温忽然站了起来,打断了牧师:"牧师先生,我似乎在哪里听过您的演讲词,我确定您说的每一个字我都在那本书上看到过,您的演讲词是您自己写的吗?"牧师被这么一说,很是恼怒,声音都有些颤抖了,马上反驳道:"我以上帝的名义发誓,我的演讲词都是我自己写的,绝不是抄袭来的。这一点我很确定。"但是马克·吐温却坚持认为这些话语他曾经在一本书上看到过,一个字都不差。面对双方的各执己见,在场的观众都惊呆了。

最后证实,马克·吐温所说的"那本书上"确实有牧师所说的每一个字。但是,牧师所说的也确实是他自己写的,真不是从那本书上抄袭来的。你知道这是为什么吗?

77. 曹彬的怪异请求

君子,有着自己的做事风格;小人,有着自己的做事弊端。自古以来,君子如何与小人相处就是不变的话题,这里就有一个小故事为大家呈现。

北宋开国名将曹彬有着君子的做事风范,他为人诚实,性格宽厚,深得手下兵将的尊敬与爱戴。曹彬尤以御将有恩而被世人称道,史称其"气质淳淳"。而曹彬对付小人也是自有一套。

有一次,宋太祖赵匡胤任命曹彬为主将,率领宋军讨伐南唐。宋太祖一直很看重曹彬,所以在关键时候愿意委以重任,并且在曹彬临行前,宋太祖特意交给他一把尚方宝剑,对他说:"今日将尚方宝剑赠与你,副将以下,不用命者即可斩之。"

曹彬对于宋太祖的重用很是感激,表示自己会竭尽全力。宋太祖接着又问曹彬最后还有什么要求。

出乎宋太祖和所有人的意料,曹彬最后的要求竟然是要求宋太祖调用另外一个将军——田钦担任另一路的指挥官。大家都知道那个姓田的是一个既狡猾又贪婪的人,平时不仅爱争功名,而且还喜欢在背后打小报告。所以平时大家都是能躲的时候尽量躲着他,没想到这一次曹彬竟然主动提出来带上他。

大家对此都百思不得其解,但是曹彬自然有自己这么做的理由,你能猜出这其中的奥秘吗?

78. 李靖的怪异命令

隋朝末年,天下大乱,群雄并起,硝烟弥漫。隋朝地方大员李渊在晋阳起兵,势力逐渐壮大。后来，李渊为了剪灭对手，统一天下，派大将李孝功打萧铣的都城江陵，并特派名将李靖作为辅佐。

在当时，萧铣是群雄中势力较强的一位，其势力范围东至九江，西至三峡，南至交趾（越南河内），北至汉水，拥有精兵40万，雄霸一方。李渊父子的兵力当时正集中在河南、河北一带与王世充、窦建德两军交战，因此当时派给李孝功和李靖的人马很少，根本不是萧铣40万精兵的对手。假如苦战，必输无疑。

不过，正是因为此支队伍力量比较弱小，萧铣根本没有放在眼里，他把自己大部分势力都放在了其他地方，而在江陵只留下了两三万人驻守。萧铣的轻视对于李孝功和李靖来说却是一个很好的机遇，他们抓住了这么一个极好的作战时机，先由夷陵出发，一连突破了萧铣的两个镇，初战告捷。

这次胜利对李孝功和李靖来说实在是来之不易，大家都在欢庆胜利并准备收缴战利品的时候，李靖却下达了一个令所有人都感到迷惑的命令：所有缉获萧铣军队的战舰都不要拿回来用，而是任凭战舰在江中漂流，然后直扑江陵。部下们忍不住问道："得到敌人的战舰，应该收缴起来为我所用，将军您这是什么意图呢？"

你能分析一下李靖为何要这么做吗？

79. 吝啬的县官

从前有一个特别吝啬的知县，不管做什么事情，总是想着能从他人那里得到好处，想尽各种刁钻的办法从老百姓那里榨取利益。

这天，这个知县去一家金店定制了两个金锭。店家做好之后特意去把金锭送到知县府上去。知县拿到那两个金锭之后问店家："这两个金锭要多少钱呢？"

店家为了巴结知县，回答说："既然是老爷定做的，那么本店就只收老爷一半的价钱好了。"

知县听后，留下了一只金锭，将另外的一只还给了店家，然后什么没说就让店家离开了。过了很长时间，店家依旧没有收到知县送来的定制金锭的钱，很是纳闷，于是亲自去了知县的府上拜访，店家很有礼貌地问知县说："请大人赏赐上次制作金锭的钱。"

没想到的是知县竟然露出一副很惊讶的表情说："我不是早就给你了吗？怎么还要来向我要呢？"

店家很是疑惑地说："小人没有收到啊，大人您是不是记错了呢？"

接着知县对店家说了一句话，店家听后目瞪口呆，自认倒霉，你猜知县是如何说的？

80. 商人与水手

某珠宝商带着儿子和一箱子珠宝去南洋做生意，为了安全，他们租了一条大船。

某天晚上，儿子起夜时经过水手的房间，忽听里面的人正在低声交谈着。他凑到窗下一听，水手们居然在谋划着杀掉他们父子俩，然后夺取那一箱价值连城的珠宝！儿子大吃一惊，赶紧溜回房间叫醒父亲，问应该怎么办。

"你说应该怎么办？"商人反问儿子。

"随时做好准备，跟他们拼了。"年轻气盛的儿子咬牙切齿地说道。

"不，"商人果断地道，"如此一来，他们不但会抢了珠宝，还一定会杀了我们！"

"难道父亲要把珠宝交给他们不成？"儿子急切地问道。

"也不行，他们还是会杀人灭口，以防后患。"商人沉思着道。

"这可怎么办？看来我们是必死无疑了。"儿子绝望地说道。

"不一定，我们可以这样……"商人凑近了儿子的耳边，"这样虽然不一定能成功，但至少能够保住我们的性命。"

儿子点了点头。

如果你是那个商人，面对这种危机情况，你会怎么办？

81. 一口喝干海水

在古希腊寓言故事集《伊索寓言》中记载了这样一个故事。古希腊著名寓言家伊索还是别人的奴隶时，他主人一次酒后与人打赌，声称自己可以一口将海水喝干，并压上了自己所有的财产。但是，在回家酒醒后，主人才意识到自己打了个根本赢不了的赌，感到非常后悔。他因为担心自己所有的财产都输给别人，所以十分着急。于是，他找到聪明的奴隶伊索帮忙，看有没有办法挽救自己的财产。

伊索听了主人的请求之后，便对主人说："没事的，这个赌你赢不了，但是对方也同样赢不了，到时我陪你去就是了。"最终，伊索帮主人保住了财产。

你猜伊索是如何保住主人财产的呢？

82. 美女推销员

有一个长相漂亮的女推销员，专门负责推销精装的百科全书。因为这种精装本价格十分昂贵，开始时她的业绩做得很差。后来，她仔细分析了自己的特点，然后想到了一个很好的办法。从此以后，她的业绩便节节攀升，同事纷纷感到惊讶。于是，有同事请教她到底是如何做到的，她于是便说道："我推销时，都会趁夫妻都在家时上门，然后重点对丈夫进行讲解和推销。而在结束时，我都会故意当着妻子的面对丈夫说一句话，妻子一听这话，一般都会马上表示这本百科全书非常不错，并买下百科全书。"

猜一下，美女推销员对丈夫说了一句什么话？

83. 爸爸支招

一天放学后，读小学二年级的小明告诉爸爸，第二天他们班要举行一个讲故事比赛，主题是"我吃了庞然大物"。看谁在故事中所吃的东西最大，便算是胜利者，老师会颁发奖品。爸爸听了之后，便给小明支了一招，告诉他只要用这招，他保准能赢得明天的比赛。

于是，在第二天的故事比赛上，先是爱吹牛的李可讲了一个故事："有一天，我饿了，于是便将地球当作饺子，在锅里煮了一下便吃了，哎呀，我吃得好饱啊！"同学们和老师都忍不住笑了。

然后另一个吹牛大王牛小豆接过来道："吃地球算什么。就在上星期，我半夜里醒来，到冰箱里找东西吃，我发现里面空空的，什么吃的也没有。我一抬头，看到满天的星星，于是我便用扫把将星星一扫，统统放在锅上给炒着吃了。"说完得意地笑了。

接下来，果然没人敢再接着讲了。这时小明想起了爸爸给他支的招，于是站起来讲了一个故事，他的故事很简单，就只有一句话，但一说，便使得牛小豆哑口无言，自甘认输了。

沉默了一会儿后，又有人出来吹牛了，这次这家伙干脆说自己把宇宙给吃了。这下更没人敢吭声了，就在他自以为自己稳操胜券的时候，小明又站起来说了一个一句话的故事，就又将他给打败了。

总之，不管别人讲什么故事，小明就是那一个故事。

最终，老师宣布小明是胜利者，并将奖品给了他。猜一下，小明的爸爸到底给他支了个什么招呢？

84. 创意营销

法林是美国一个著名的商人，他在波斯顿市区的繁华地段开了一家百货商店。有一次，店里的商品积压太多，一时之间卖不出去。

法林冥思苦想了好久，终于想到了一个办法。他在电视上做了一个很特别的广告，广告上说自己的商店里新推出一套非常与众不同的经营方法，所有的物品在展出后的前12天按原价出售；第13天到18天，降价25%；第19天到24天，商品降价50%；第25到30天，商品降价75%；第31天到36天，假如商品依旧没有人买，商品就会无偿捐献给慈善机构。

这个广告一经播出，立即引起了人们的广泛关注，很多人都认为这家商店的老板疯了，他们断定这家商店很快就会倒闭，因为假如大家都等到商品降到最低价格的时候再买，那样商店岂不是亏大了？

但是，事实却出乎人们的意料，法林的百货商店不仅没有倒闭，而且经营状况十分好，积压的所有商品也很快就全部卖出去了，你能猜出这是为什么吗？

85. "伏击圈"

1961~1975年是越南历史上的内战时期，即越南南部和北部的战争。当时美国也参与了这场战争，其支持越南南部，也就是南越。

1966年7月初，在美国和北越之间发生了一场战役。那个时候，越军的第二七二团在越南南方的公路线上活跃着。他们的情报员得到的消息称，美军的一支运输队即将从这条公路线上经过，而且护送的兵力很少。越方认为这是一个好的偷袭美军的机会。

7月9日这天，美军的运输队缓慢地经过公路时，越方的军队早已埋伏在路的两旁，只等着袭击美军了。美运输队的士兵散漫无序，有的还吹着口哨，说着各种各样的色情笑话，士兵们时不时就笑得前仰后合。越方看到美军这样散漫，认为肯定不堪一击，于是，就打响了埋伏战。

但是，结果却很奇怪。胜利的是美国军队。越军损失惨重，只剩下少数兵力惨败而归了。你知道这是为什么吗？

86. 李若谷的高招

我国的春秋时期，为了方便农民灌溉，楚国的令尹孙叔敖修建了一条水渠。这条水渠可以灌溉万顷的农田，有了这条水渠，当地的农民再也不用担心灌溉的问题了。这本来是件好事，但是却出现了始料不及的状况，修建水渠以来，这个地方发生水灾的次数增加了。

事情是这样的：为了多收些庄稼，沿岸的农民都把农作物种到水渠的堤坝上去了，有的甚至在水渠里的水退却时，把作物种到了水渠的中央。这样，每遇到雨水多的天气，渠水就会上升。那些在水渠中种植作物的农民为了保护自己的庄稼，有的甚至在渠坝上挖口子放水。就这样，一条好好的水渠就被破坏了。水渠被挖得体无完肤，遇到雨水天气，自然就会发水了。

对于这个问题，历代地方官都感到头疼，他们曾经严厉禁令，但都无济于事。就这样，每次水灾后，政府就派人去修建水渠，但一段时间后便会又被农民挖开。直到宋代的李若谷出任县令时，这个问题才解决。而李若谷解决这个问题的办法异常简单，他只命人写了一张告示就解决了问题。

你知道李若谷在告示上写了什么内容吗？

87. 如何证明杰米有罪

在美国墨西哥州的州立法院里正在审理一起杀人案。

在该案件中，公务员杰米被控在三周前谋杀了其朋友布拉德。警察和检察院方面对于此案的调查结果对杰米十分不利，无论是从作案动机、作案时间、作案条件，还是从人证、物证等几个方面来说，都基本可以认定杰米已经有预谋地杀死了布拉德。但是，此案还缺一个关键的地方，那便是布拉德的尸体一直没有找到，因此法院虽然已经两次开庭，但仍然无法做出判决。

今天是第三次开庭，先是公诉方再次向法官展示一系列十分有说服力的证据，并最后认为，虽然被害人尸体暂时还没有找到，但是就目前的证据而言，已经足以证明犯罪嫌疑人的杀人罪了。而杰米这次则请来了墨西哥州著名的法律专家为其辩护。这位法律专家虽然一向精于辞辩，法律娴熟，但是在公诉方种种十分有说服力的证据面前，他也显得有些捉襟见肘，难以招架。就在气势上已经被对方压倒之际，这位法律专家不愧是专家，他灵机一动，想到了一个击打对方软肋的办法。

只见法律专家定了定自己的精神之后，从容不迫地说道："不错，从目前的种种证据看来，我的当事人的确似乎已经是犯下了谋杀罪。但是我要提醒诸位的是，迄今为止，那位所谓的被害者布拉德先生的尸体都没有出现。当然，我们也可以这样猜测，凶手杀完布拉德后使用巧妙的办法将布拉德先生的尸体藏匿在了永远找不到的地方或者干脆焚烧掉了。但是，猜测毕竟是猜测，万一布拉德先生还活着呢？比如说吧，他突然就出现在了这个法庭上，你们还会认为我的当事人是个杀人凶手吗？"

显然，这是个白痴问题，听众席上有人禁不住窃笑起来。而法官显然也觉得这个问题很无聊，于是对法律专家说："你直接说吧，你到底想表达一个什么意思？"

法律专家于是便清了清嗓子，继续道："我要表达的意思是这样的。"说着，他便走出了法庭和旁听席之间的栅栏，快步走到陪审团旁边的那扇侧门前面，然后用这个大厅里的人都能听到的声音说，"现在，大家请看！"说着，他拉开了那扇侧门。

陪审员和旁听者的目光都不由自主地转向了那扇门，但是，里面并没有如他们想象的那样，看到布拉德先生，而是空空如也。

法律专家然后又轻轻地关上了侧门，走回到律师席中，然后他慢条斯理地说："首先我要解释一点，我刚才并非是在戏弄大家，我刚才所做的只是一个小小的心理测验。这个测验所证明的一个事实便是，虽然公诉方已经提出了种种所谓我的当事人杀人的证据，但是迄今为止，这个法庭上的所有人，包括尊敬的陪审团和检察官先生，谁都无法肯定所谓的被害人已经真的不在人间了。刚才我拉开那扇门的那一瞬间，你们难道不都以为在那扇门内会出现布拉德先生吗？"说到这里，法律专家将目光扫视法庭一圈，下面开始有些嘈杂，显然许多人已经被他说动了，原来一边倒的局面已经得到了扭转。看时机差不多了，法律专家又总结性地说道："好了，我请问在座的各位陪审团先生，对于被害人到底是否被害还存有疑问，就判处我的当事人有罪，这不是很荒唐吗？所以请求你们给出公正的判决，我的陈述完了！"

法庭上开始更加嘈杂起来，现在案件的整个走向已经出现了突然的转变，人们已经被法律专家带进了自己的逻辑。这时的一位坐在旁听席上的新闻记者赶紧跑向公话亭，向自己报社的主编报告案件已经出现了转折，他预言杰米很可能最后会因为律师的巧妙辩护而得到开释。

但是，当这个新闻记者重新回到法庭上时，他听到了陪审团对于案件的令他大感意外的裁决：陪审团认为杰米有罪！

对于这个使大家感到意外的判决，陪审团告诉大家，其实也正是刚才律师的那个心理测验，使得陪审团确认了杰米的罪行。

猜想一下，刚才的心理测验本来是对杰米有利的，却为何使得陪审团对杰米的罪行得到了确认？

88. 聪明的老农

古时候，有个老农民骑驴进城赶集，因为牵着驴在集市上逛不方便，他便决定将驴拴在路旁的一棵树上，等买好东西后再回来骑驴走。就在他拴驴时，又来了一个牵着驴的城里人。这个城里人也要将自己的驴拴在这棵树上。于是老农民便好言劝他道："年轻人，俗话说一棵树上不能拴两头叫驴。我这驴脾气古怪又好斗，我怕你的驴要吃亏的，你能不能将你的驴拴在其他的树上？你看那边不是还有树吗？"

没想到的是，这个城里人却自恃是城里人，一向瞧不起乡下农民，于是非但不领情，反而蛮横无理地说："你个土老帽也敢来教训我，我偏要拴在这里，我看你能咋样！"说完便拴好驴，然后得意地走了。老农民一听，也气鼓鼓地走了。

结果，两人一离开，两头驴果然开始相互撕咬踢打起来。而正如老农民所说，他的驴要厉害一些，城里人的驴被老农民的驴给搞得遍体鳞伤。那个城里人办完事回来一看，自己的驴像是刚从一个高坡上摔下来一样，又是心疼又是气愤，于是气鼓鼓地等老农民回来，然后一把上前抓住他，要他赔驴。老农民便说自己早就提醒过他，他却不听。这个人却一句也听不进去，只一味地要老农民赔驴。老农民看他不讲理，便闭口不再说话。

这个人看老头不赔驴也不开口，便拉着他一起到县衙里，状告老农民。

没想到的是，在县衙大堂上，不管县官如何询问，城里人如何冲他吼，老农民就是不开口说一句话，完全像个哑巴，弄得县官也没有一点办法，最后无奈地对城里人说道："你们的案子本官实在没法判，他完全是个哑巴嘛！"

显然，老农民是在装哑巴，你能猜出老农为何要装哑巴吗？

89. 我的麻子如何

明末清初时候，有一个人叫庞振坤，他才华横溢，足智多谋，有"中州才子"的美誉。一次，他得罪了当地的一个财主，财主便想设计陷害他。

一天，一个差役找到庞振坤，说："你家的一个仆人偷了财主的东西，现在正在审理之中。我奉命带你到县衙去。"庞振坤已经猜到了几分事情的真相，于是就跟着衙役去了。在路上，他向熟人要了一个纸盒，戴在头上，把整个脸都遮住了。

到了衙门后，县令问为何要带纸盒。庞振坤说自己家里出了小偷，自己觉得很羞愧，没脸见人，所以就把脸遮住了。县令开始审问那个小偷，问是否是庞振坤的仆人。那个小偷说："是的，我已经为他工作很久了。"这时庞振坤开始说话了："好吧，你既然说为我工作了很久，现在我来问你，我这个人没什么特点，唯一的特点就是我满脸的麻子，你说我脸上的麻子是大的还是小的？"小偷回答："不大不小。"

庞振坤把纸盒摘了下来，结果就很清楚了。你知道这是怎么回事吗？

90. 无赖经理

一天，天下大雨，一个人经过艰难的跋涉之后，住进了一家旅店。可是当他走进卫生间想舒舒服服地洗个热水澡的时候，却发现卫生间的天花板竟然严重漏水。这个人心想：如果不及时修理，不但热水澡洗不成，而且这一晚都不能上厕所了。于是，他就给旅店的经理打电话，让他派修理工来修理房顶。

可是，对于这个完全正当的要求，经理竟然不理不睬，还摆出了貌似合理的理由，他对这位旅客说："对不起，先生，现在雨下得这么大，我们没法修理；而如果雨停了，也就没必要修理了。天气无非天晴或下雨两种，所以，我们不会给你修理房顶。"

这位客人听完这位经理的诡辩，知道他是在耍赖。于是，他也对经理说了一番话，经理听完，立即没话可说了，只好派人去修理房顶了。

你知道旅客是如何反驳的吗？

91. 刘徽戏财主

刘徽是中国东汉时期著名的数学家，其不仅做出了《九章算术注》和《海岛算经》两部在中国数学史上占有重要地位的巨著，而且人格高尚，嫉恶如仇。下面这个故事便是关于他的。

在刘徽的家乡，有一个财主，此人贪婪吝啬，远近闻名。这个财主有一口池塘，一天，一位佃农找到财主，想要租他的池塘种荷花。这位财主一琢磨，池塘闲着也是闲着，租给佃农后，不仅可以有一笔租金收入，而且夏天可以赏荷花，秋天还可以摘莲蓬，于是便答应了佃农。不过，财主不知道池塘的大小，于是便来到刘徽家中，请这位数学家为自己计算一下池塘的面积。

刘徽素来知道这个财主贪婪吝啬，十分厌恶，因此便想借机捉弄一下，于是对他说："好吧，我可以帮你计算，不过你是想你的池塘大一些还是小一些呢？"

"当然是大一些好了！越大越好！这样我就可以多收一些租金了！"财主忙不迭地回答。

"那好吧，你把池塘的形状画给我。记住，要将池塘画成多边形，边数越多，池塘就越大。"

财主高兴地回去了。第二天一早，他就兴冲冲地跑来告诉刘徽，他画了了个十二边形。刘徽于是帮他算出了池塘的面积。然后告诉财主，池塘还可以更大。财主听了，又回去画图去了。第三天，财主又画了个二十四边形带给刘徽，刘徽又帮他算出了面积。财主一看，果然比昨天的要大，于是又回去重新画图去了。这次，一连几天，他都没有出门，一直在家里兴冲冲地画图。几天后，他又带着他的图来到了刘徽家里，这次，他画了个九十六边形。刘徽算了一下，池塘的面积自然又大了不少。

财主一看，更相信刘徽的话了，他还不满足，又回家画图去了。他画呀画呀，在家里尽量将边长画短，好使得边长尽可能得多，家里人都以为他疯了。这天，财主又在家里苦思冥想地画图时，一个客人前来拜访。看到财主的举动后，便问他是怎么回事，听完财主乐滋滋的述说后，客人马上对财主指出，刘徽是在戏弄他，财主一听也恍然大悟。

你知道刘徽是怎么戏弄财主的吗？

92. 编辑的回答

一位女士突发奇想，写了一篇长篇小说，然后寄给一个有名的编辑。一个月后，稿子被退了回来。这位女士感到很生气,她立即给那位编辑打电话:"尊敬的编辑先生,恕我冒昧地指出,您并没有看完我的小说,便将它否决了,这是不负责任的——我之所以会知道,是因为为了预防出现这种情况,我将小说的第 31、32 页粘在了一起,当我打开退稿时,发现这两页还是粘在一起的。"

编辑于是说了一句话,那位女士顿时哑口无言。

假如你是编辑,你会如何回答呢?

93. 聪明的哥哥

在古印度有个财主,这个财主十分富有,但唯一遗憾的是,他一直没有自己的孩子。于是,他和妻子商量一番后,便从一个穷人家那里抱回了一个孩子抚养。刚开始,财主和妻子对孩子很疼爱,但不成想一年后,财主的妻子竟然怀孕了,后来生下了一个男孩。财主和妻子感到高兴的同时,也开始讨厌起那个抱来的孩子,觉得他是一个累赘,对两个孩子总是区别对待。不过,这个抱来的孩子因为年纪小,也对此没有知觉。后来,两个孩子逐渐长大了,抱来的孩子便明显感觉出自己受到不公正的待遇,并且从邻居那里,他也得知了自己并非财主亲生儿子。

而这个财主看两个儿子逐渐长大,便为他们请来了老师,教他们读书识字。财主发现,这个抱来的儿子明显比自己的亲生儿子聪明能干,学习起来比亲生儿子领悟力高得多。于是,财主便担心将来自己的亲生儿子会受到他的欺负,和妻子商量一番后,决定将这个抱来的儿子给除掉。但是,不巧他们的话被这个抱来的孩子给无意听到了。

在离城外不远的地方有个心狠手辣的独眼人,一向欠财主不少钱。财主便给其写了一封信,上面写道:"送信的这个孩子是个不祥之人,自从他来到我家,我家就灾难不断,牛羊遭受瘟疫,庄稼也连年歉收。我请婆罗门占卜过了,原因就全在这个孩子身上。你如果能够帮我把他杀死,你欠我的钱就一笔勾销了!"然后,财主将抱来的孩子叫到跟前骗他说:"城外不远的那个地方住着一个独眼人,你知道吧,你去把这封信送给他。他欠我不少钱,他看了信就会把钱还给我,这笔钱要回来后你自己就留着花吧!"

这个孩子一看财主一反平常对自己的凶相,突然对自己这么好,心里便很怀疑,再说自己从来也没听说过独眼人欠他的钱啊,联想到前几天他无意中听到的财主和妻子的密谋,他觉得这次前去肯定凶多吉少。但是他也不能无缘无故地拒绝财主的要求,便迟疑地接了信,出了家门。这时,他看到弟弟正在家门口和邻居家的几个孩子玩游戏,已经输得一塌糊涂了。于是,他灵机一动,想到了一个主意。不仅使自己逃过了这场劫难,而且也使得财主夫妇从此不再敌视他了。

试想,如果你是他,你会想到什么好办法呢?

94. 四个傻瓜

从前,有一个任性的国王,一天,他突发奇想,命令自己的一个大臣到全国各地去找 4 个傻瓜,并带回王宫。大臣很无奈,也只好领命而去。

一天,大臣走到一个地方时,看到一个人骑着小马,却将包袱顶在自己头上。问他为何要如此,他说因为马还小,不忍心让它太辛苦,因此帮它驮一些。大臣一听,这个人正是自己要找的傻瓜,于是便让他跟自己走。

大臣接着继续往前走。走到一个市镇上后,他看到一个人在向街上的人发糖果。大臣问他原因,他回答道:"先生,我和老婆离婚了,然后她又和别人结婚了。现在他生了一个儿子，我很高兴，所以向大家发喜糖。"大臣一听很高兴，自己又找到了一个傻瓜，也让他跟自己走。

接着，大臣便带着两个傻瓜回王宫了，他把两个傻瓜带到了国王面前。国王问大臣为何断定这两个人是傻瓜，大臣说明了理由。国王一听，十分满意，但是他接着又问大臣："不过，我让你找 4 个傻瓜，你怎么只找了两个便回来了？"

大臣回答说："陛下，另外两个傻瓜我也已经找到了。"

国王问是谁，大臣便告诉了国王。国王又问原因，大臣便做出了解释。国王一听，便点点头，并释放了前面的两个傻瓜。

猜一下，大臣所指的另两个傻瓜是谁，他的理由是什么？

95. 班克黑德抢戏

塔卢拉赫·班克黑德是美国一名富有传奇色彩的著名女演员。一次，另外一名女演员对于班克黑德大出风头很不服气，对人说道："班克黑德没什么了不起，只要我愿意，我任何时候都可以抢她的戏！"这话很快传到了班克黑德的耳朵里，班克黑德不屑地说道："这并没有什么了不起，我甚至在台外都可以抢她的戏！"

听到这话的人都以为这只是一句赌气的话，并没有当真。但是他们没想到的是，班克黑德还真的在一次演出时证实了自己所说的话。

你知道她是怎么做的吗？

96. 猴子难以模仿的动作

峨眉山上以前住着很多的猴子，这些猴子的体形很大，而且很不老实，经常捉弄人，强抢过往行人的物品，惹得附近山民怨声不已。可是一直找不到好的办法去教训一下这里的猴子。

一个菜农在被抢了几回之后，始终咽不下这口气，心想一定要想办法治治这群淘气的猴子！于是，他去请教当地的一位老者，该如何惩治。那位老者微笑着告诉菜农："知己知彼才能百战不殆，如果你想治猴子，那很简单，你先去观察几天猴子的生活习性吧！"

菜农遵照老者的嘱咐，就到山上去了。经过观察，他发现猴子很喜欢模仿人的动作，而且还很不服输。假如你走到猴子跟前，不经意间用右手抚摸自己的下巴的话，那只调皮的猴子准会用左手抚摸下巴；假如你闭上左眼，猴子准会闭上右眼；你再睁开左眼，猴子也立刻照办。

观察到这些，菜农赶忙回去把这些告诉老者，老者微笑着告诉菜农说："猴子再有本事，有时一个很简单的动作它却永远不会模仿。这不仅是猴子办不到的，人恐怕也办不到。我告诉你这个动作是什么，你去山上做这个动作让猴子模仿就可以了。猴子到时候模仿不来，一定会恼羞成怒的。"

菜农听了老者的话连连夸"妙"，他跑到山上，就依据老者教他做的让猴子模仿。猴子果真模仿不来，急得抓耳挠腮，最后气得下山去，再也不上山欺负山民了。

请问，农夫到底让猴子学什么动作那么难呢？

97. 火牛制胜

公元前 284 年，燕昭王联络秦、魏、赵、韩四国，任命乐毅为大将军率领五国军队来攻打齐国。乐毅英勇善战又善于运用计谋，在他的指挥下，不到半年时间，五国联军就攻下齐国 70 多座城池，并包围了剩下的莒和即墨两座城市。

即墨的守将田单和守城的将士同甘共苦，把自己的家人和亲戚都收编在军队里抵抗燕军，守城的将士们都很佩服他。田单不轻易出战，他一面组织人力加固城墙，防止敌人进攻；一面派探子探听敌情和外面的政治形势，从而寻找机会打击敌人。所以，乐毅围攻了即墨三年，也没有攻打下来。

一天，探子回来报告，燕昭王去世了，继位的燕惠王和乐毅不合，对乐毅心存疑惧。田单听了，立即派大量的间谍到燕国放风："乐毅率领大军不到半年时间就攻下 70 多座城池，但是一座小城即墨却几年攻不下来，这不是因为乐毅没有能耐，而是他想借讨伐齐国的名声，拥兵自重，自己称王啊。"

燕惠王听信了这些谣言，就派骑劫去替换乐毅。乐毅是赵国人，只好又回到了赵国。燕国的士兵跟随乐毅多年，都很敬重乐毅，骑劫来替换乐毅，大家都很不服气。

骑劫接收了乐毅的兵权后，求胜心切，每天都来挑战。田单坚守不出，他叫城里的百姓每次吃饭的时候，都要把贡品摆放在院子里，结果引来了很多鸟。当时人们把飞鸟集群看成是吉祥的事情。田单就散布谣言说："老天给我派来了一位神仙，教我如何作战。"燕军看到飞鸟，又听到谣言，都很疑惑。

田单又派间谍到燕军军营散布谣言，一个说："以前乐将军太好了，他抓住了俘虏都好好对待，所以齐国人都不害怕。如果他把俘虏的鼻子都割掉的话，齐国人就都不敢打仗了。"

一个人说："是啊，以前乐将军就是太仁慈了，即墨人的祖坟都在城外，如果把即墨人的祖坟都刨开，那么即墨人都没有心思打仗了。"

骑劫听了这些话，就叫人把俘虏的鼻子都割掉，把即墨人的祖坟都掘开，把里面的干尸都挖出来，烧掉了。即墨守城的将士看到这种情况，都痛心疾首，下定决心要奋勇杀敌，报仇雪恨。

田单又派遣使者带着金银财宝来找骑劫，使者说："我们田大人见将军如此英勇，知道不是您的对手，就派我来送投降书和一些礼物，如果将军同意的话，三天以后我们打开城门正式投降。"骑劫听了，非常高兴，就收下投降书和金银财宝让使者回去了。从此，燕军就放松了警惕，整天饮酒作乐，等着齐军投降。

齐军真的投降了吗？

98. 包拯断牛

一天，天长县西村的村民刘全急急忙忙地跑来找包拯报案。他上气不接下气的对包拯说："包，包，包大人，这次你可要给我做主啊，一定要给我找到那个贼人，真是气死我了。"

原来，那天早晨刘全早早起来正要牵牛下地干活的时候，忽然发现，平常最能干活的大黄牛，嘴里鲜血淋漓。他走近一看，原来牛舌头不知被谁割下来了，一头好端端的大黄牛，一夜之间就变成了一头残牛。刘全又心疼又气愤，只希望早点抓到那个偷割牛舌头的坏蛋，狠狠地教训他一顿。

包拯听了刘全的话，心想：这件事一定是刘全的仇人干的，不过不知道具体是谁，我得想个办法把这个坏蛋给引出来。包拯不动声色地对刘全说："放心，我一定把割牛舌的坏蛋给你找出来。现在，你那头残牛恐怕也活不了多久了，我看你还是把它宰了吧。把牛肉卖了，然后添点钱，再去买一头牛回来好干活。"刘全听了，也只能这样了，他回家以后就把大黄牛给宰杀了。

包拯让刘全宰牛是什么用意呢？

99. 无情的妻子

夏倍伯爵是拿破仑的近卫军上校，他在随拿破仑远征的一次战斗中受了重伤。夏倍在家中的妻子以为他已经死亡，便带着丈夫留下的几十万法郎的财产改嫁了另一个伯爵。后来夏倍伤愈回来，家已经不存在，加上拿破仑政权这时也倒台了，他无法为自己恢复地位和财富，于是沦为乞丐。后来夏倍曾多次给自己的妻子写信，却又没有回音，显然这个无情的女人已经抛弃了夏倍。不仅如此，夏倍甚至还被这个恶毒的女人控告为诈骗罪，因此遭遇了几年牢狱之灾。

后来，富于正义感的年轻律师但尔维知道了夏倍的遭遇后，决定帮助他。但尔维的计划便是在夏倍和其妻子之间进行调解，让夏倍的妻子能够退还给夏倍一部分财产。但尔维找到夏倍的妻子，然后告诉她夏倍还活着，并且曾经给她写过信。但是夏倍的妻子却表示这不可能，并否认自己曾经收到过夏倍的信。但尔维见眼前的这个女人有意赖账，便想出了一个办法，他说了一句话，夏倍的妻子条件反射性争辩了一下，便立即露出了马脚，不得不承认她曾经收到过夏倍的信，并最终不得不与夏倍进行和解。

猜一下但尔维说了一句什么话让夏倍的妻子入了他的圈套？

100. 泰勒巧审德国俘虏

1943年，二战打到了关键阶段，此时的德军研制出了一种精准度非常高的音感鱼雷，盟军对此感到非常忌惮，极欲找到破解其的技术。在一次战斗之后，美军抓到了一名德国鱼雷专家。美军通过调查兴奋地了解到，此鱼雷专家名叫克普鲁，是毕业于高等军事大学鱼雷专业的高材生，正是研制这种鱼雷的关键人物。但同时，此人也是一名狂热的纳粹党徒、凶顽的冲锋队员，自从被俘以来，即抱定了决不开口、从容赴死的想法。所以，要想从他口中得到有关德军鱼雷的技术，几乎不可能。于是，盟军经过一番仔细考虑之后，决定派美军海军情报局军官泰勒与之交锋。泰勒长期在美军海军情报局工作，他善于掌握俘虏心理，对于审讯俘虏、获取情报有着非常丰富的经验。泰勒接到这个任务后，先是仔细了解了之前盟军对于克普鲁的审讯情况，然后又了解到克普鲁一向自负傲慢，自尊心极强。于是，泰勒采取了欲擒故纵的手段，巧妙地从克普鲁口中得到了有关德军音感鱼雷的重要情报。

猜想一下，泰勒是通过什么方法撬开克普鲁的嘴的呢？

101. 高湝断案

高湝（今河北景县）人，北齐政权奠基者高欢之第十子，其于天保年间被封为任城王。下面是高湝在做并州刺史时的一桩逸事。

话说当时并州境内有一个妇人在汾水边上洗衣服。这时，有一名无赖乘马来到妇人跟前，脱下自己的旧靴，换上妇人的新靴便骑马离去了。妇人觉得委屈，便带着骑马人留下的旧靴来到衙门告状。高湝接到状子后，马上召集城外的妇人来，并很快找到了那个换靴的无赖的下落。

你猜，高湝是如何找到那个无赖的？

102. 智断认亲案

明洪武年间，在安徽桐城附近的一个村子名叫李湾，村子里有李大、李二兄弟二人。李大娶妻杨氏，只有一个女儿。李二娶妻王氏，有一子名根锁。在同村有个崔社长，与刘家交情不错，于是将自己的两岁的女儿与3岁的根锁定了娃娃亲。

第九章 博弈思维名题

洪武十七年（1384年），安徽地区发生旱灾，官府纷纷鼓励百姓到外面逃荒。李二念及哥哥李大年纪已大，便让其留在家中，并将口粮留给哥哥一家，自己带着妻子和儿子到外面逃荒去了。因为兄弟二人不曾分家，而李二将来回家的日子也不能确定，于是兄弟二人便请来崔社长，在其见证下签订了一个合同文书，说明李大家中的财产有李二一半。三人签字画押后，兄弟二人各存了一份。

李二一家三口后来到了苏北地区的一个村子里，给当地一个张姓财主家做工。张财主很喜欢老实本分的李二夫妇，并且也很喜欢聪明的根锁。因为张财主膝下无子，便认根锁当了过继儿子。几年后，李二夫妇不幸先后染病死去，根锁也被张财主当作亲生子来养了。根锁长到18岁时，张财主告诉根锁李二夫妇临死前曾遗言，等根锁长大后，要他将他们的骨灰带回安徽老家，并埋入祖坟，同时，张财主又拿出李二夫妇临死前留给自己保管的合同文书交给根锁。

于是，根锁便收拾行装，带着合同文书和父母的骨灰前往安徽老家。回到老家后，根锁打听到了自己大伯的家门口。当时李大妻子杨氏正在家中，询问根锁上门的目的后，知道叔婶已死，便声称要看合同文书。于是根锁拿出合同文书给她看，没想到她因为想赖掉侄子的那份财产，要走文书后便将其藏了起来，回身又抵赖说自己没见过文书，并且还骂根锁招摇撞骗，拿起棍子把根锁打得鲜血直流。李大回家后，对于长大后的侄儿也不认识，也无可奈何。

崔社长听说这件事情后，询问之下，确认此人正是根锁。崔社长对于李大妻子的做法也十分厌恶，于是便帮助根锁写了一纸诉状将李大夫妇告到了县衙。负责审理该案的县令姓马，此人是一个十分精明的人，他接到申诉的状子后，先是分别询问了崔社长和根锁事情的情由，还验了根锁的伤。最后，他觉得此案有理，便批准立案了。

接下来，马县令先是将李大夫妇传唤来进行了审问。他先问李大，李大回答："我侄儿当年离家时只有3岁，我如何认得他现在的模样？我和弟弟当年是曾立过一个合同文书，我也只能是认合同不认人了。现在，这个小伙说自己有文书，而我妻子一口咬定没有，我也实在无法判断，请大老爷明察。"马县令于是再问杨氏，杨氏只是抵赖。于是马县令便悄悄对根锁说道："我实在没见过如此无情的伯父、伯母，小伙子，不管他是不是你伯父伯母，打人都是不对的，现在我先将他们打一顿，将你挨的打讨要回来再说。"根锁一听，马上泪便掉了下来，他对马县令说："这千万使不得，想我父母当年离家千里去逃荒，临死还留下遗言要我将骨灰带回来。如今我回来，本为完成父母遗愿，并认祖归宗，并不希图财产。现在亲还没认，倒先害长辈被打一顿，作为小辈，我心怎么能安啊！"马县令一听这青年如此说，心下也便基本明白了是非曲直。他转念一想，虽然自己心里明白了，但只要杨氏一口气咬定没见过合同文书，自己也是没办法！于是，他灵机一动，想到了一个主意，他转脸对李大夫妇说："本案我心里已经明白，看来这厮的确是拐骗的，你们夫妻先回家去，我先将这厮关在牢里，择日再严刑拷问这厮。"杨氏听了这番话后，高兴地回去了。崔社长和根锁心下也直犯嘀咕，但也不敢明言。

根锁被下在牢里之后，马县令暗中吩咐狱吏好生照顾根锁。同时，他又让衙门中的人到外面去张扬，说根锁因为牢中潮湿，伤口感染坏死，已经快死了。如此部署一番之后，马县令在几天后又传唤来了李大夫妇，当庭审理此案。在马县令事先安排之下，杨氏逐渐进入了自己的圈套，最后，她主动承认根锁正是她的侄子。为了证明这一点，她还主动掏出合同文书给马县令看。

323

猜一下，马县令是如何使杨氏主动承认并掏出文书的？

103. 审狗

明朝时期，南昌宁王朱宸濠自恃是皇族后裔，在江西牛气哄哄，霸气十足，经常仗势欺人，百姓敢怒不敢言。

有一天，朱宸濠的一只脖颈上挂着"御赐"金牌的白色丹顶鹤因为仆人没看好，独自跑到街上，结果被一条狗给咬死了。朱宸濠为此大发雷霆，他呵斥道："我这只白鹤是皇上赐给我的，脖子里挂着'御赐'金牌，谁家的狗竟敢如此欺君犯上？给我重办此人！"于是，朱宸濠的仆人便将狗的主人捆了起来，并送交南昌知府衙门治罪。

当时的南昌知府名叫祝瀚，此人是一个清正刚直的好官，他对于宁王府的胡作非为一直都非常不满。听宁王府管家讲了事情的经过后，祝瀚心里略一琢磨，便想到了对付管家的办法。于是，他故意一本正经地说："既然此案交给我处理，我自然会秉公办事，你先写个诉状吧。"于是管家只好耐着性子写了一张诉状。

祝瀚接过诉状后，立即令衙役前去捉拿凶手。

管家忙说："凶手我们王爷已经抓到了，就在堂下！"

祝瀚于是装作吃惊的样子说道："状纸上明明写的是一条狗，你抓个人来干什么，来呀，去将'罪狗'给我拘来！"

管家一看祝瀚要审狗，便又好气又好笑地说："狗又不通人言，如何审问？"

祝瀚却笑道："管家不必生气，我想审人和审狗并没有多大的区别，只要将诉状放在狗的面前，它看后低头认罪，就可以定案啦！"

管家一听，气得跳了起来："你这个糊涂官，天底下哪有狗识字的呢？"

祝瀚绕了一圈其实等的就是管家的这句话，只见他抓住管家的这句话说了一番话，便使得管家哑口无言了。你猜祝瀚是如何说的？

104. 猜心思

古时候，泰国有个名叫西特鲁赛的大臣，他机智敏捷，善于出主意，得到了泰国皇帝的宠幸。如此一来，便有许多官员嫉妒他，总想让他当着皇帝的面出丑，好杀一杀他的威风。

一天上朝时，有个曾经被西特鲁赛嘲弄过的大臣便挑衅地对西特鲁赛说："我听说你很聪明，能够猜透别人的心思，是这样吗？"

西特鲁赛一看就知道来者不善，但仍是不慌不忙地说道："是啊，无论你在想什么，我一清二楚。"

这个大臣心想，我在想什么，难道你真能猜出？即使你猜出了，我不承认，你还不得认输？于是他便要和西特鲁赛打赌，让他猜自己的心思。这时，在场的其他大臣也都觉得西特鲁赛未免太狂妄了，简直是在胡说八道，于是决定共同惩罚他一下，纷纷和他打赌。最后，西特鲁赛便和在场的其他所有大臣打赌，如果他猜出了每个人的心思，每个人都给他十锭银子，如果他输了，便要给其他人每人十锭银子，并决定由皇帝作为见证人。其实大家并不在乎那点银子，主要是想让西特鲁赛当着皇帝面出丑，以让皇帝不再信任和器重他。

皇帝知道这事后，也很乐意做这个裁判，他想看看西特鲁赛如何赢得这个明显自己吃亏的赌。结果，西特鲁赛却真的赢得了这个赌，所有人都不得不心甘情愿地给他十锭银子，同时也的确佩服他的智慧。

你猜西特鲁赛是如何赢得这个赌的？

105. 商人对付刁寡妇

清朝时，有个商人到离家很远的外地做生意，因为头脑灵敏，加上勤俭，几年下来，积攒了一大笔钱。商人在外多年，十分思念家乡，加上厌烦了在外面的奔波，看攒的钱足够自己回家过下半生了，便准备带着钱回家，盖个大房子，娶个漂亮妻子过安稳的日子。

在返家的路上，一天晚上，因为找不到旅店，商人寄宿在了一个行人很多的大道旁的寡妇的家里。这天夜里，商人想到自己就快到家了，又想着自己的美好未来，便感到十分兴奋，开始坐在床上数起钱来。商人没想到的是，这一切都被寡妇无意看在了眼里。并且，寡妇贪心顿起，想要将商人的钱据为己有。

第二天一早，商人给寡妇道别，并留下一点钱表示感谢后，走出大门，准备离开。没想到这时，寡妇突然从家里追了出来，并扯住商人的衣服哭喊道："孩子他爹，你这样将家里的钱全部带走，让我和孩子可怎么过呀！"

商人一看寡妇的举动，感到莫名其妙，又气又急地说道："谁是你的丈夫，你放开手！"但寡妇对他的话根本不理睬，只是一味地哭喊。路上的行人看到这种情况，纷纷围拢过来瞧热闹。寡妇便让路人评理，说自己的丈夫想要抛下她们母子，带着家里的钱离家出走。而商人则辩解称自己只是在这里借宿了一晚，不是这个女人的丈夫。路人看他们两人各执一词，看上去都像是真的，便建议他们去衙门，请求县令来决断。

来到衙门后，寡妇抹着眼泪哭诉，状告自己的"丈夫"没有良心，想要抛下她们母子，带着钱离家出走。县令看寡妇可怜，便信誓旦旦地说："你放心，只要你说的是真的，本官一定为你做主！"商人一看县令已经在感情上站在寡妇一边，十分着急，强烈要求让孤寡的儿子前来作证。令商人感到意外的是，寡妇的七八岁的孩子因为事先被寡妇交代过了，见到商人一个劲地叫父亲，并请求"父亲"不要将家里的钱都拿走，抛下他们母子。县令一看，便觉得寡妇说的属实了，因为即使女人撒谎，这么小的孩子怎么会撒谎？最后县令对商人说道："你要么老老实实和'妻子'过日子，如果非要走的话，把钱留给'妻子'。"说完，县令便让寡妇带着钱离开了。商人感到哭笑不得，却也无可奈何，沮丧地走出衙门。商人遭此意外，走也不是，去那寡妇家住下也不是，只好在一个旅店暂时住了下来。

旅店老板见商人整天愁眉苦脸，便问他为何如此，旅店老板于是将自己的遭遇告诉了他。旅店老板一听，给商人出了个主意，使得寡妇甘愿将商人的钱还给了他。

你猜，旅店老板给商人出了个什么主意？

106. 彦一智判人犯

在古代日本的熊本县八代镇附近，有个叫彦一的孩子，他是个智慧出众的孩子，经常帮助人们解决难题，惩罚恶人。日本民间至今流传有许多关于他的故事，下面这个便是其中之一。

在彦一的村庄里，有个叫宫城的小伙伴和他关系很好。宫城的父亲是城里政府银库的管理员。一天，宫城的父亲突然发现银库里的银子少了几千两。这下可不得了，宫城的父亲赶紧将此事上报了官府。官府于是立案侦查此事，最后认定，因为银库完全是封闭起来的，而大门上的锁也没有被破坏，所以只能是看管银库的人监守自盗。最后，宫城的父亲和另外四个轮流看管银库的管理员都被抓起来了。

经过一番审问，五个人都不承认是自己偷了银子，对他们的住所搜索了之后，也没有发现。最后长官认定，反正这偷银子的人就在这五个人中，找不到真正的贼，就要将五个人都投进监狱。

宫城眼看父亲要被投入监狱了，心里十分着急，于是便来找自己聪明的伙伴彦一求助。彦一听了情况之后，想了一下之后，便说："我有办法了！"

这天，长官又一次对五个银库管理员进行审问，声称这是最后一番审问了，如果那个偷盗的人还不肯招认，便要将五人都投入监狱了。显然，对于盗贼来说，承认与不承认都要遭到惩罚，自然不会主动承认。负责审问的长官也感到很头疼，就在这时，有个手下前来报告道："大人，外面来了个人，声称能够找出真正的盗贼！"

长官一听，十分高兴，赶紧请外面的断案高手进来。但是，没想到的是，进来之后站在他们面前的是一个小孩，他的身边则站着一位抱着一个古色古香的箱子的和尚。见长官有些看轻自己，彦一主动介绍说："我虽然小，并没有破案的能力，但是我这里有个宝贝，可以一下将盗贼识别出来。喏，就是这个箱子。"他说着从和尚手中接过了箱子，继续介绍道："这个箱子不是普通的箱子，而是村里的八幡神社留下的宝物。只要让每个人都将自己的名字写在纸条上，然后将纸条放入箱子，然后由和尚念出咒语，就会出现奇异的现象：不是犯人的人的名字就会从纸条上消失掉，而只有犯人的名字会在纸条上留下来。"日本人对于神佛之事一向是非常笃信不疑的，所以对于彦一的话都非常相信。

于是，长官便让彦一利用箱子找出偷盗者。彦一就对五个仓库管理员说："好了，你们中没有偷银子的人是不用怕的，只要老老实实将你的名字写上纸条，神自然会还你清白的。但是记住，写名字时，不要让别人看到，写完后揉成小纸团投进箱子。"

于是，五个仓库管理员写好后便一起将纸团投进了箱子。然后，和尚便煞有介事地念起咒语来。念完之后，彦一打开了箱子，一一剥开纸团进行检查。但奇怪的是，只有一个纸团上的名字消失了，另外四个纸团的名字都没有消失。大家一看都十分不解，但是彦一却说："好了，我已经找到偷银子的贼了！"说着便指出了罪犯，对方也一下子便瘫软在地上了。

你能够想明白这是怎么回事吗？

107. 法官智斗贪污犯

法官正在审问一个贪官。在审问过程中，被告王某只肯承认自己曾收过一笔1万元和另一笔3万元的汇款，却拒不承认一笔12万元的汇款。他声称在自己的印象中，没有这笔款项。

他强调，自己的记忆不会如此差，如果曾有过这样一笔钱，他不会没有一点印象。显然，他完全是在耍赖，以自己想不起来为由否认自己的贪污行径。经验丰富的法官早就见惯了这种招数，立刻给他设置了一个逻辑上的陷阱，使得他不得不主动积极地"回忆"这笔钱的下落。

你猜，法官是如何审问的？

108. 于成龙巧计捉贼

于成龙，字北溟，是清代一代名臣。其历任要职，以政绩卓著和廉洁刻苦而深得百姓爱戴和康熙帝赞誉，以"天下廉吏第一"蜚声朝野。于成龙尤其善于断案捉贼，每每能够用奇妙的计谋迅速破获令其他官员头疼的案子。下面所讲便是于成龙用计巧妙捉贼的故事。

康熙年间，于成龙以中央巡查官员的身份到江苏高邮县巡查，正好碰上这里刚发生了一件令当地官员头疼的案子。原来，高邮县城里一个豪绅过几天要嫁独生女儿，因此准备了丰厚的嫁妆，不料在一天夜里，盗贼偷偷光顾了豪绅家，将嫁妆全部偷走了。豪绅将案子报告了官府，官府一时之间也查不到什么线索。眼看豪绅女儿出嫁的日子就要到了，屡屡前来催促官府破案，高邮县令也是十分着急。

于成龙知道了这件案子后，便给县令出了个主意。于是，听从于成龙的安排，高邮县令下令将县城的三个城门关闭，只留一个城门供人出入，并派狱吏在此门严格检查行人。同时，县令又晓谕全城，要求所有居民第二天都必须待在自己家中，官府要挨门挨户搜查豪绅家失窃的赃物。然后，于成龙又暗暗叮嘱两个靠得住的手下，让他们到城门口去暗中观察，一旦发现有谁来回出入城门，就将其抓住带回来。

你猜，于成龙这样做是什么道理？

109. 巧妙除奸

英国女王伊丽莎白一世在位期间，政治上有众多的敌人，因此其王位和生命安全不断受到来自各方面的威胁。

有一次，伊丽莎白的敌人苏格兰的玛丽女王制定了一套专门的巴宾顿暗杀计划，计划内容是由英国王宫里面的官员安东尼·巴宾顿联络宫中其他6人，在适当的时机把伊丽莎白女王暗杀掉。

女王身边专门负责安全的人叫奥尔辛厄姆，他是英国情报机关的首脑。奥尔辛厄姆依靠广泛而准确的情报，及时发现并且阻止了这场暗杀阴谋。

然而，当时他们只找到了巴宾顿一位嫌疑犯，其余一起准备谋杀计划的6人却都没有被找出来。英国王室里面隐藏着6位身份不明的阴谋分子时刻威胁着女王的安全，这是一件急需解决的大事件，危险分子必须立即铲除。

奥尔辛厄姆想了一个"打草惊蛇"的办法，决定尽快把那6个人给引出来，假如你是奥尔辛厄姆，你会从哪里入手呢？

110. 揭谎言

从前，在日本有一位老人，他非常富有，也非常精明。老人对自己的精明也十分自豪，一天，他突然来了兴致，对村里的人宣布说："从我出生到现在，这么些年来，还从来没有被任何人骗过。你们谁要是能把我骗住，我就会满足他的一切愿望。"消息一传出去，每天都有大量的人前来"欺骗"老人，结果发现这老头的确是很精明，无论怎么骗他，都被他识破了，大家纷纷失望而归。时间一长，大家觉得都没有希望了，所以，去老人家里的人也就越来越少了。

隔壁的村子有一个人叫彦一的，他是一个非常聪明的小伙子。一天，他和哥哥正在地里种菜，哥哥把这个消息告诉了他。彦一听了就放下地里的菜，跑到了老人家里来了。

当时，老人正是无聊之际，见到有人来了，他便非常高兴，说："小伙子，你想了什么办法来欺骗我啊？"

彦一说："我们家的甘薯长得有装五斗米的桶那么大呢。"一边说，他手里还一边比划着。老人笑着说道："你居然用这么简单的办法来骗我，我是不会相信的，你还是回去吧！"

彦一又说："刚才是我说错了，不是装五斗米的桶，而是装五升米的桶。"老人还是摇了摇头，不相信彦一的话。

于是，彦一又把两手拢成一个小圈，说："现在甘薯有酒瓶那么大呢。"老人这次一听，觉得甘薯的确和酒瓶是一般大小的，于是，他就对彦一说："这个还差不多！我还相信你说的话。"

327

但是，没想到彦一却对老人说："老人家，您已经被我骗到了！"

老人一开始还不肯承认，可是经过彦一的解释，老人却不得不承认自己确实被彦一骗到了。你知道彦一是怎么解释的吗？

111. 机智的无赖

有这样一个笑话。

"卖脑袋了，卖脑袋了！"一个无赖在街头大声叫卖。

有个外地商人一听，感到很好奇，便上前问道："你的脑袋怎么卖呀？"

"只要五两银子！"无赖笑着回答。

"那倒是很便宜嘛，我买了！"说着他便掏出了五两银子递给对方，然后解下腰刀，作势要砍对方脑袋。

没想到这时无赖从怀里掏出一个面做的脑袋，丢给外地商人。

商人生气地说："我买的是你的脑袋，可不是这个面疙瘩！"

没想到这个无赖反驳了一句话，商人顿时也无话可说了。

你猜，无赖是如何反驳的？

112. 机智的女乘务员

在一辆公交车上，有个小孩捡到了一个公文包，于是将它交给了女乘务员。女乘务员于是检查了一下公文包，发现里面有几千块的现金和一些文件，于是便对大家喊道："乘客朋友们，有人在车里捡到了一个公文包，现在在我这里，里面有一些钱和文件，是哪位乘客的请前来领取！"这时，车上的人都左顾右视了一番，最后也没有人站起来。过了一会儿，一个坐在后排的男青年站了起来，走到女乘务员面前礼貌地说道："小姐，谢谢您，这包是我的，我刚刚从邮局取出了朋友打给我的钱。"

女乘务员打量了一下小伙子，心里有些怀疑，因为如果真是他的包，他应该在自己刚才告知大家时第一时间便来领取了，而不会等了一会儿才来领取。于是，她便问道："你确定这是您的包吗？"说着将包举到男青年眼前。男青年看上去似乎是很认真地辨认了一下，然后肯定地点点头说道："是的，这正是我的包！"

这时，女乘务员看男青年刚才辨认包的时候，明显有些假模假样的，心里更是感到怀疑了。这时，她急中生智，想到了一个办法，她先是将包口朝向自己打开包看了一下，然后她突然问了小伙子一个猝不及防的问题，小伙子条件反射性地回答了之后，便证明他并非是包的主人。

你猜，女乘务员问了小伙子一个什么问题？

113. 特殊要求的房子

一次一个著名建筑师参加一次社交晚会时，听到一个富有的商人在那里大发牢骚，抱怨现在的建筑师不行。富商满脸气愤地对身边的人说道："现在的建筑师全是骗子，根本没有水平。我只是想建造个正方形的房子，找了许多建筑师，都无法满足我的要求！"

这名建筑师听了一会儿，感觉富商的话说得实在太难听了，也是出于好奇心，他上前礼貌地问富商："你好，我就是一名建筑师，你的要求到底是什么呢？能否说来我听听。"

富商于是说道："我的要求很简单，就是一座正方形的房子，房子的四面墙都要朝南！"

建筑师一听，便说道："没问题，你的要求可以满足，我可以帮你建造。"停顿了一下之后，建筑师又说道，"不过，这所房子恐怕你未必敢住。"

富商不服气地说："只要你有本事建出来，我肯定去住！"

建筑师于是说出了自己的建筑方案，富商一听，顿时傻眼了。

你猜建筑师的建筑方案是什么？

114. 机智的林肯（1）

美国总统林肯在人际交往中以机智和幽默著称。这天，一位朋友前来拜访林肯时，发现林肯正在弯着腰擦皮鞋。这位朋友很感诧异地问："总统先生，你自己给自己擦皮鞋？"

总统抬头一看是客人，便说了句很机智而幽默的话，你能猜出是什么吗？

115. 机智的林肯（2）

林肯是美国历任总统中最具幽默感的一个。而我们知道，林肯的长相十分丑陋，而林肯自己对此也心知肚明，因此林肯的幽默很多时候都是拿自己的长相自嘲。

在一次竞选总统的辩论中，林肯与竞选对手道格拉斯进行了唇枪舌剑的激辩。在激辩的高潮时刻，道格拉斯抛开了对于林肯的施政计划的指责，直接指责林肯本人说一套做一套，有两张脸，是一个地地道道的两面派。这种攻击是非常致命的，因为一旦一个政治家的道德和人格出现了问题，就会瞬间失去大家的信任，如果林肯不能就此指责做出解释，他也就不可能在竞选中取胜了。

而此时听众也都眼睁睁地盯着林肯，期望他就此给出回应。就在这关键的时刻，林肯却说了一句十分幽默的话，不仅巧妙地化解了道格拉斯的指责，而且使得听众不由得笑了起来，甚至连道格拉斯也忍不住笑了出来。听众因此也更佩服林肯的机智与幽默，支持他的人更多了。

你猜林肯是如何回应道格拉斯的指责的？

116. 机智的林肯（3）

林肯在当总统前曾经当过律师。一次，一名士兵在战斗中因为胆怯而临阵脱逃了，军人的长官决定将其告上军事法庭。这位士兵于是找到林肯为自己辩护。

林肯前去拜访了士兵的长官。显然，面对这种情况，即使再高明的律师也恐怕很难为士兵开脱。因为不管怎么说，作为一个士兵，临阵脱逃，是难以给其找到一个像样的理由的。但是，林肯竟然还是为其想出了一个理由，并且还真打动了那个军官，使得他决定对士兵从轻处罚。

你猜，林肯为士兵找了个什么理由？

117. 歌德的反击

一天，德国大诗人歌德在公园里散步时，不巧在一条狭窄的小径上遇到一个经常与他针锋相对的批评家迎面走来。批评家看到歌德后，仰着头傲慢地说道："不好意思，我从来不给蠢货让路！"

歌德于是微笑着说了一句话，并做出了一个举动，显示了自己的智慧和气度。

你猜，歌德是如何做的？

118. 机智的米开朗琪罗

文艺复兴时期，意大利中部城市佛罗伦萨成为了当时欧洲的艺术中心，其市政长官想要在艺术宫前的广场上放一座古罗马战士的雕塑，作为佛罗伦萨市的象征。米开朗基罗是意大利文艺复兴时期伟大的绘画家、雕塑家、建筑师和诗人，文艺复兴时期雕塑艺术最高峰的代表，因此他被指定来完成这个作品。米开朗琪罗很高兴地接受了这项任务。他先是挑选了一块又大质地又好的大理石，然后认真地设计、粗雕、细琢，每一步工序都做得十分认真。事实上，他完全将这个雕塑当成了自己的孩子。最后，他足足花了两年的时间才将这个雕塑完成。

完成后的雕塑十分完美！古罗马武士身披盔甲，头戴插有羽毛的头盔，双手分别持盾牌和长矛，形体矫健，肌肉匀称，尤其一张脸棱角分明，看上去威武勇敢，充满坚毅，一双眼睛虽然不能转动，却透露着沉着与自信，男性的美完全体现在了这尊雕像身上。米开朗琪罗的学生们对于老师的作品赞不绝口，认为这就是世界上最完美的战士形象。罗马市政长官听说雕像完成后，也很兴奋，宣布要在三天后带领大小官员专门前去审查并欣赏雕像。

三天后，行政长官带着一干人等一起来到了米开朗琪罗的工作间。这些官员对于这个雕像赞不绝口，认为此雕像绝对是可以传世的经典，是佛罗伦萨的完美象征。同时，这帮马屁精也不忘拍一拍行政长官的马屁，声称行政长官所组织实施的这件事情绝对可以载入佛罗伦萨市的史册，甚至是意大利的史册。但是，行政长官对于这些他早已听腻了的马屁却似乎并不感兴趣，而是一声不吭地围着雕像转来转去，并且，还突然说了句惊人之语："照我看来，这尊雕像似乎有一个不够完美的地方，他的鼻子似乎高了一点，应该削平一些才对，你们觉得呢？"此话一出，那帮马屁精立刻也附和起来："哎呀，还真是这个问题，还是长官您有艺术眼光，要不然，这个缺陷就永远被掩盖过去了！"接下来，他们竟然齐声要求米开朗琪罗将雕像的鼻子削平一些。

看到这种场景，米开朗琪罗的学生们感到十分紧张。因为他们知道，这帮不学无术的官僚根本就不懂得什么是艺术，行政长官不过只是在故作高深，以显得自己具有艺术修养罢了。而他的手下则是为了拍他的马屁随声附和。学生们知道，自己的老师绝对不会因为艺术之外的原因而去动手修改自己的作品。在他们的印象中，老师只接受过一次别人的意见。那一次，他听从了一个老农夫的意见，把自己的雕塑的老人雕像口中的牙齿敲掉了一个，因为那样更体现出老人的衰老。而眼前的这尊雕像，如果将鼻子削平一点点，罗马武士便会立刻变成摩尔人！自己的老师即使将雕像完全毁掉，也肯定不会按照行政长官的命令去使之成为一个不完美的作品。学生们简直急出了一身冷汗，如果这么完美的雕像被毁掉了，是多么令人遗憾的一件事啊！

但是，没想到的是，米开朗琪罗却似乎并不惊慌。因为这样愚蠢而自以为是的长官，他并不是第一次遇到，他立刻便想到了一个应对的办法。只见他立刻便答应了行政长官的要求："好的，先生，您说得对，感谢您帮我指出了这个缺憾，我马上就去将鼻子动一下。"

但是，米开朗琪罗当然不会去修改一件已经完美的作品，你能猜出他打的什么注意吗？

119. 应聘者的纸条

佛兰克是一个只有15岁的少年，在他即将进入高中的暑假里，他想到社会上找一份兼职，好使自己不再仅仅是个"书呆子"，而是具有了一定的社会阅历的人。于是，他将自己的想法告诉了自己的父亲。

父亲对于佛兰克的想法表示支持，同时他提醒佛兰克，由于最近的经济不景气，恐怕想要找一份兼职并不容易。不过父亲认为佛兰克可以去试一试，并给了他一些必要的建议。然后，佛兰克就在报纸上寻找招聘启事。最后，他选择了一个适合他做的公司，对方的招聘对象便是他这种暑假兼职的中学生,该公司要求应聘者在下周一的早上 9 点钟到公司应聘。

下周一时,佛兰克在 8 点 40 分便赶到了该公司。但是,令他感到惊讶的是在公司的门口已经排起了长长的队伍,基本上都是他这种中学生,佛兰克只好排在了队尾。看着前面一个一个应聘者进入面试间然后又出来,佛兰克心里十分着急,因为他知道对方仅招聘一名兼职而已。他数了一下,目前为止,在他的前面还有 19 个面试者。照这样下去,恐怕轮不到自己进去面试,公司已经确定下了人选。

怎么办呢?是在这里坐以待毙,还是采取一些积极主动的策略?一向爱动脑筋的佛兰克脑子开始活跃起来。最后,佛兰克眼睛一亮,想到了一个办法,他快速地从背包里掏出纸和笔,在纸上匆匆地写下了一句话。然后,他走过去,将这张纸交给了在外面负责接待应聘者的秘书小姐,告诉她:"小姐,麻烦您将这张纸交给里面的面试官,这很重要!"

本来,这样的举动是不符合规定的,但是秘书小姐看今天前来面试的都是一些中学生,也就没有严格按照公司规定拒绝这个真诚地看着自己的中学生。她笑了一下,将纸条收下了,然后将纸条送了进去面试间。里面的面试官诧异地收下了纸条,打开一看,不禁笑了起来,对于这个递纸条的中学生十分感兴趣。

当然,佛兰克最终之所以得到了这份工作,并不仅仅是因为这张纸条,但是他的纸条确实为他争取到了时间。如果没有这张纸条,对于这份显然并不需要很出色的能力的工作,面试官很可能在佛兰克进去面试之前就已经定下了录取人选。

那么,你来猜一下,佛兰克的纸条上写的是什么呢?

120. 律师的问题

美国墨西哥州某法庭正在开庭审理一起工伤赔偿事故案。原告是一个工人,他声称其在车间操作机器期间,被一个脱落的机器把手击中了左臂,现在他的左臂已经举不过头顶了,而工厂对其的赔偿金太少。因此他将工厂主告上了法庭,要求一笔巨额的赔偿金。

工厂主无法接受如此数额的赔偿金,于是聘请了当地知名律师阿贝·赫梅尔为自己辩护。赫梅尔在仔细分析了案情之后,又详细地观察了原告的医学鉴定,他发现原告事实上是一个一向品行不好的无赖,这次显然是买通了医生,想趁机敲诈自己的老板。但是,赫梅尔并没有直接指出这一点,而是在轮到他发言抗辩时,关切地走到原告身边问道:"事故是谁都不愿看到的,问题是赔偿你多少钱才是合适的,为了搞清楚这一点,现在你能不能给陪审团的先生们和法官看一下,你现在的手臂能抬多高?"

原告一看律师说得在理,便小心翼翼地将手臂举到耳朵的位置。看上去他举到这个位置已经很吃力了,似乎真是伤得不轻。赫梅尔待他刚将手臂放下,紧接着又问了一个问题,原告接下来的举动令在场的人顿时哄堂大笑,这个案子立刻就真相大白了。

猜想一下,赫梅尔又问的问题是什么?

121. 比赛吃馒头

提起王诩,世人可能都不知道,如果告诉你他别号鬼谷子,大家肯定就都知道了。王诩是战国时期著名的人物,是"诸子百家"之一纵横家的鼻祖,由于他隐居在周阳城清溪之鬼谷,故自称为鬼谷子。他有两个徒弟,也就是历史上著名的孙膑和庞涓。

有一次,鬼谷子想考考两个徒弟的聪明才智。于是,就把两个徒弟招到自己跟前来,让徒弟们比赛吃馒头。比赛的规则是:每人一次最多只能拿两个馒头,吃完了才能再拿,看谁最后吃的馒头多,谁就是赢家。

那天，鬼谷子一共蒸了五个馒头，他刚揭开热腾腾的盖子，庞涓就迫不及待地抢到了两个馒头吃了起来。孙膑看到锅里剩下的 3 个馒头，却只拿了一个吃了起来。

你知道这场比赛中，谁是赢家吗？

122. 老妈子智斗刁财主

清末民初，河南有个贪婪狡诈的财主，整天琢磨的事情就是找各种借口克扣下人的工钱，大家都很恨他，但也无可奈何。

年底前的几天，眼看发工钱的日子又要到了，这个财主又在那里打坏主意了，琢磨着如何赖掉下人的工钱。正在发愁之际，突然传来消息，袁世凯倒行逆施，要称皇帝。财主一听，顿时眼睛一亮，想到了歪主意。第二天，他摆了几桌酒席，将长工奴仆都叫来入座，然后对大家说："今天之所以请大家吃席，是为了庆祝袁大总统当皇上，哈哈……"大家一看这个吝啬的家伙今天竟然会用这么一个不伦不类的理由请大家吃席，心里都觉得直打鼓，心想这家伙不知道又打的什么坏主意。

果然，酒席刚过了一会儿，财主突然站起来说道："为了庆贺皇帝登基，我想赏大家每人 300 两银子，不过我有个条件——你们必须说一件我从来没有听说过的事情；而如果你说不出来，那我可要罚掉你今年的工钱！"财主的狐狸尾巴终于露出来了。大家一听，这哪是请大家吃席啊，这分明是要宰大家啊！但是，他身为东家，又好歹找到了这么个借口，大家也不敢当面拒绝，只好硬着头皮想对策。

一个小丫头先开口了："老爷，我家曾经有一只老母鸡，有一天它不知怎么了，下了四个蛋，早上我收了一个，中午一个，没想到下午……"

小丫头还没有说完，财主便打断了小丫头的话："哎呀，这样的母鸡我见得多了，不要说啦，哈哈……账房，把她今年的工钱抹去！"

"老爷，我们村子在一年冬天来了一只老虎，竟然有两头牛那么大，真是太可怕了，它的眼睛就有鸡蛋那么大……"

财主又打断了这个长工的话，说道："好了别说了，这有什么呀，我小时候见过小房子那么大的老虎呢，这算不得稀奇，哈哈……账房，把他今年的工钱也抹去！"

就这样，不管大家编造出多么离奇的事情，财主都一口咬定自己听说过，谁也拿他没办法，结果，下人们的工钱被一个一个地抹去了。

最后，一个常年在财主家做工的老妈子十分了解财主的无赖和奸诈，也已经积累了对付财主的丰富经验。只见她不慌不忙地说了一件事，使得财主立刻否认自己听说过，结果，老妈子不仅拿到了工钱，而且还拿到了财主承诺的 300 两银子的赏钱。

你猜，这个老妈子给财主讲了一件什么事情？

123. 师爷诱供

明崇祯年间，在河南洛阳地区曾发生过这样一桩案子。

洛阳城边上的一个村子里有李飞、刘小四两个朋友，相约一起到外地去经商。两人约好在第二天五更天各自带上两百两银子在村外的一个路口碰头，然后一起出发。

到了第二天一早，李飞早早便起了床，然后吃了早起的妻子为自己做的饭，收拾好行装，带好银子，便出门了。李飞的妻子看外面的天还是黑的，就重新上床睡觉了。没想到到了天亮后，李飞妻子听到一阵急促的敲门声，中间还夹杂着刘小四的喊声："嫂子，开门！开门啊，嫂子！"

李飞的妻子诧异地打开门，看到刘小四满脸焦急，气喘吁吁地站在门外对她说："嫂子，我和李大哥约好五更在村外的路口碰头的，怎么我等到天亮他也没去啊？"

李飞妻子一听这话大吃一惊，诧异地说："他不是早就去了吗？"

刘小四更是惊讶地说："啊，我一直等在路口啊，没看见他啊！不会出什么事了吧？"

于是李飞妻子和刘小四便开始到处寻找李飞，结果在村旁的一处树林里找到了李飞的尸体，而其身上的银子则不翼而飞。李飞妻子完全被这个意外给打懵了，愣了一下之后大哭一场。不过她很快转过弯来，一把抓住刘小四说道："一定是你杀了我丈夫！走，我们去见官！"不由分说，便拉着刘小四来到了洛阳城中的衙门。

洛阳府尹于是升堂问案。李飞妻子于是便将自己的丈夫如何出门，自己如何在天亮时听到刘小四的叫门声，两人又如何寻找丈夫等事情的经过一五一十地说了一遍，并一口咬定肯定是刘小四贪图自己丈夫的两百两银子，图财害命。洛阳府尹听了觉得似乎像是这么回事，再看那刘小四长得贼眉鼠眼，确实也不像是良善之辈。但是刘小四一口咬定没见到李飞，现在没有真凭实据，也不能凭借推论和人的长相便定案啊！府尹感到这个案子十分难办。

就在府尹感到不知所措的时候，站在一旁的师爷却已经从前面的原告和被告的陈述中听出了眉目，他心里已经知道正是这个刘小四杀死了李飞，拿走了银子。而事实上也的确是如此，这个刘小四本因为近来赌博输了银子，欠别人一屁股债，说和李飞外出一起经商是假，想外出躲债是真。但因为身上没有一分钱，于是便谎称一起经商，骗李飞和自己一起外出，好找个一路为自己开销的冤大头。他没想到李飞会带那么多银子，于是见财起了歹心，杀死了李飞，偷走了银子。他心里盘算，只要自己一口咬定没有见过李飞，这样即使有人怀疑他，也死无对证。但是，不成想他的言辞其实已经露出了马脚，并被冷眼旁观的师爷听了出来。

你能看出刘小四的马脚露在什么地方吗？

124. 聪明的农民

从前，有一个国王，自以为是这个国家最聪明的人，于是向全国发了一个文告："如果有谁能够说一件不可思议的事情，使我说他是在撒谎，我就将我的王位让给他。但是如果所说的不能使我说他在撒谎，便要挨一百鞭子。"

这天，一个贪心的财主来到王宫中，对国王说："陛下，我本来上个月就进宫的，但是，因为上个月雷打得太响了，将天空给震破了，我不得不补了天之后才来。"

国王一听，笑着回答说："哦，原来是这样，这件事的确很重要，你应该把它做好，不过看来你补得并不好啊，昨天还下了小雨的，我不得不惩罚一下你。"说完，便命令侍卫将财主拉出打鞭子了。

过了几天，又有一个喜欢投机取巧的商人准备赌一次命，前来对国王说："陛下，我上个月去一个遥远的国都经商，发现一个奇怪的现象，那里的人都有两个脑袋，三只眼睛，真是太奇怪了！"

国王一听，说道："哦，你说的那个国家呀，我知道的，半年前他们还派使臣前来朝见我，我看着他们也是感到十分稀奇。不过，天下之大，无奇不有嘛，也没什么大惊小怪的！"于是，商人也挨了一百鞭子。

如此一来，过了很长时间，都没有人再敢来找国王吹牛。国王于是感到洋洋得意，更加坚定地相信自己是这个国家最聪明的人了。

正在国王得意之际，有个农民来到王宫。国王一开始很轻视他，但是听了农民的一番话之后，国王立刻脸色发白，呆若木鸡，最后为保住自己的王位，只好将自己的女儿嫁给了农民。

你猜这个农民对国王说了一件什么事？

125. 卖马

有个商贩在集市上卖马，每匹马的价格是 500 块。看到过往的行人逐渐增多，但却没有人要买他的马，卖马人开始吹嘘自己，说他是个养马能手，他驯养的马，跑起来四蹄腾空，快如闪电，不管跟什么马比赛，他的马总能获胜。如果他的马输了，他愿意倒贴 500 块。

这时过来一个看马的年轻人。年轻人说："这马真是太好了，我要买下来，不过我要先试试它们的脚力。"

"当然可以！"卖马人喜出望外。年轻人把马牵走了。

过了一会儿，年轻人又经过这里，听到这人又在为他的另一匹马吹嘘，说的话跟刚才一模一样。年轻人二话没说，又牵走了第二匹马。

又过了一会儿，卖马人找到年轻人，要他付钱。年轻人却说钱已经结清。卖马的人一听，急得跳了起来。年轻人又详细地给卖马人解释一番，卖马人目瞪口呆，一句话也说不出来。

你猜年轻人是怎么解释的呢？

答 案

1

"你的家具在哪里？我们帮你送。"

原来"送"不是"赠送"，却是"运送"，房产商抓住了人们贪便宜的心理，跟消费者玩了一个文字游戏。

2

原来窃贼得知这个消息后，便认为是有人私吞了那个价值连城的手镯，结果发生内讧，很快被警察抓到了。

3

斯坦因门茨提笔在付款单上作了说明："用粉笔画一条线，值1美元；判断在什么地方画，值9999美元。"

4

华盛顿蒙上马的两只眼睛，然后问偷马人："既然你口口声声说，这匹马是你从小养大的，那么，对于它的情况你一定非常熟悉吧。"偷马人不知道华盛顿葫芦里卖的是什么药，犹豫地说："这个当然。"

"好，那么你能告诉我，这匹不幸的马，哪只眼睛失明了吗？"华盛顿问道。"嗯，这个，应该是右眼。"偷马人抱着侥幸心理猜道。

华盛顿松开自己的右手，马的右眼不是很明亮，但是显然那是一只好眼，并没瞎。"哦，对了，你瞧我这脑子，是它的左眼瞎了，怎么我刚才说是右眼了吗？哦，那可能是我的口误，对，只是口误而已，华盛顿先生。"偷马人打算抵赖到底。

华盛顿又松开了左手，马的左眼很明亮，看起来视力应该不错。偷马人冷汗直冒，他继续抵赖："是的，这是匹好马，它没有残疾，眼是好的，华盛顿先生你怎么说它的眼睛是瞎的呢？是的，我错了，刚才是我……"可是，警察已经没有耐性听他解释了，他对偷马人说："没错，小偷先生，是你错了，我看我们还是上警察局里去说吧！"

运用你的聪明和智慧，把狡猾的对手，引到错误的地方去，因为他的错误，就是你的胜利！

5

当无端受到他人不怀好意的侮辱的时候，特别是侮辱还涉及到国家尊严的时候，就要抓住对方语言中的漏洞，予以坚决反击——晏子站起来，离开酒席，郑重地对楚王说："我听说把橘树种植在淮河以南，就能长出又大又甜的橘子来，如果把橘树移植到淮河以北，那么结出的只是又小又苦的枳。这就是淮河以南和淮河以北水土不同的原因呀。而刚才过去的那个犯人，在齐国的时候，不会盗窃，是一个诚实善良的人。但是一到楚国就变成了一个盗窃犯，这恐怕也是受到楚国水土的影响了吧。"楚王听了，哭笑不得，只好尴尬地笑笑。

面对楚王的挑衅，晏子选择了不卑不亢的针锋相对，利用自己过人的聪明才智，反唇相讥，使楚王不仅没有达到目的，自己反受其辱。反唇相讥就是指受到别人无理侮辱的时候，接过对方的话柄，反过来责问对方。楚王三次处心积虑的侮辱，都被晏子抓住话柄，巧妙地予以反击，是典型的反唇相讥的例子。

6

郑板桥叫人拿来一块草席，在席上挖了几个洞，做成了一个枷子的样子。他又拿来几张纸，刷刷刷，在纸上画了青翠的竹子，写上了苍劲有力的字。写完后，把纸贴到"枷子"上，把枷子戴在私盐贩子的头上。这个"枷子"轻飘飘的，戴在身上一点也不感到难受。最后，郑板桥叫人把盐贩子带到王冉干的店铺门口示众。

郑板桥画的竹子临风摇曳，多采多姿，件件都是上乘之作。大家见了，纷纷过来围观，一下子就把王冉干的店铺围了个水泄不通，大家一边欣赏一边议论，整整一天都闹闹哄哄的，根本没有办法做生意。王冉干终于明白了郑板桥的意图，他怀恨在心，但是没有办法，如果再过两天不做生意的话，那就赔大了。于是，他只好硬着头皮来找郑板桥。"郑大人，我看那个私盐贩子实在是太可怜了，就让他提前回家去吧，省得家里人担心。"王冉干假仁假义地说。郑板桥听了，笑着讽刺他说："怎么，王员外你也有于心不忍的时候呀，你难得大发慈悲，本官就答应你的请求。"王冉干苦笑着说："那就谢谢郑大人了。"说完，就灰溜溜地回去了。

郑板桥释放了私盐贩子，还把那几幅字画卖了几十两银子送给他。私盐贩子用这笔钱做起了小生意，再也不用贩卖私盐了。潍县的百姓听说这件事，纷纷称赞郑板桥是一个爱民如子的好官。

7

原来，县令给两个盗贼的竹竿中间是通的，里面装满了石灰，两个强盗扛着它，在地上留下了一长串白斑点。县令就顺着白点找到了贼窝——聪明的县令通过一个不起眼的竹竿，就让盗贼自己留下了线索，从而一举端掉了"死不怕"的老窝。

我们来看看县令的思路，首先，县令没有满足于暂时的小收获——两个盗贼，而是把目光放得更远，想要端掉贼窝。然后县令通过一桌酒席，麻痹盗贼，等到时机成熟的时候，理所当然地送上"追踪器"——装满石灰的空心竹竿。最后，在第二日清晨，顺藤摸瓜，通过石灰点，找到了盗贼的老窝，从而达到了目的。

这样一个简单的小故事里面，还蕴藏着这么多的智慧点。其中最关键的一点就在于，县令巧妙地给两个盗贼安装上了"追踪器"，有了这个追踪器，他想逃也逃不了了。

8

在博弈过程中，如果能使对方知难而退，从而避免一场不必要的争斗，那么对于这件事情来说，无疑是最圆满的结局了。墨子就是这样做的——

公输般用云梯攻城，墨子就用火箭烧云梯；公输般用撞车撞城门，墨子就用滚木擂石砸撞车；公输般挖地道攻城，墨子就往地道里放烟熏……公输般一共用了九种方法攻城，把他知道的攻城方法都用完了，墨子都有应对的办法，而且他还有别的高招没有使用出来。公输般惊呆了，他恶狠狠地对墨子说："我还有一个办法来对付你，但是我不说出来。"墨子笑道："我知道你用什么方法来对付我，我已经有破解的办法了。"

楚惠王被他俩人的话给弄糊涂了，他不解地问道："你们俩人在说什么呀，我怎么听不懂呢？"墨子说："公输般是要把我杀了，他以为只要我死了，就没有人为宋国守城了。但是他不知道，我早就把我的三百个徒弟送到了宋国，他们每个人都会我守城的方法，所以就算我被公输般杀了，楚国也别想轻易地攻下宋国。"楚惠王听了墨子的话，看到墨子的本领，觉得攻打宋国确实非常困难，于是他就对墨子说："先生说得很有道理，我决定不攻打宋国了。"

墨子凭借他的聪明才智，阻止了一场战争的发生。

9

长老说罐子里面的是药，不是糖，小孩子吃了会中毒的。这显然是个谎言，怎样揭穿这个谎言呢？小一休来了个将计就计，好吧，既然是药，那么我犯了大错误，就吃这药来惩罚自己吧！长老被一休弄得哭笑不得，只好承认自己所说的是谎言。

接下来的故事是这样的：

第二天清晨，一休一个人在走廊里抱着空罐子哭泣，长老见了就问到："发生什么事了，一休？"一休止住哭声，抽噎着说："我本来想给长老洗洗砚台，一不小心，砚台从桌子上掉了下来，摔碎了。"砚台是长老的心爱之物，平时自己都是小心翼翼地用，听到砚台被一休打碎了，长老顿时脸色铁青，气得说不出话来。一休见了赶紧说："我知道自己犯了大错，长老一定不会放过我，还不如自杀了呢。"说着一休又伤心地哭起来："所以，我把长老的药都吃了，这会儿药性还没上来，可能我一会儿就七窍流血死了，只希望长老能原谅我的过错。"

长老见一休这么可怜，忍不住心疼起来，他惭愧地说："师父是骗你的，那罐子里装的是糖，没事了，你回去吧，我原谅你了。"一休见长老承认了，自己也立即承认："我也是骗你的，砚台没摔碎，我给洗好了，现在正放在你的桌子上呢。不过……不过……糖都被我吃了。"长老听了笑着说："真是个淘气的孩子。"

小一休的这一招，利用对方谎言中的观点，来反击对方，从而使对方无话可说，这是一个巧妙的揭穿对方谎言的智慧。

10

阿凡提给财主剃了一个锃亮的光头，剃完头发后，阿凡提笑着问财主："请问尊敬的大老爷，您的眉毛要吗？"

财主不假思索地回答："当然要了。"

"好，您要我就给您。"说着，阿凡提"刷刷刷"手起刀落，把财主的两条眉毛剃了下来，递到财主的手里。

财主看到镜子里自己的模样，顿时大怒起来，他大声嚷着："你……你……"

阿凡提不等财主说完，就一把把他按住，问道："尊敬的老爷，您的胡子要不要？"

财主有一把漂亮的大胡子，每天他都把大胡子梳理得整整齐齐的，经常在人们面前炫耀。听到阿凡提问他，就赶紧说："不要……不要……"

"好，您不要，我就把它扔了。"说着，阿凡提"刷刷刷"又把财主的胡子统统刮了下来，甩在地上。"好了，尊敬的老爷，我给您理完了。"

财主站起来，欲哭无泪地看着镜子里的怪模样：哎呀，自己的脸蛋和下巴都光秃秃的，这哪里还像一个人脸，简直就是一个青皮大鸭蛋呀。财主恶狠狠地对着阿凡提喊道："好呀，你这个阿凡提，你竟然敢这样侮辱我！"

阿凡提装出一副无辜的样子说："啊？我都是按照您吩咐的去做的呀，您要眉毛我就给您眉毛；你不要胡子，我就把它扔了。其实，要不是您这样要求，我才不愿这么麻烦地给您剃头呢！"

利用模糊的语言，戏弄坏蛋，常能使坏蛋有苦说不出，有火也没地方发。

阿凡提问财主要不要眉毛，这句话其实有两种理解，一种是财主要不要留住眉毛；一种是财主要不要刮下眉毛。一般人都会按照第一种意思理解，财主也是这样理解的。但是，聪明的阿凡提偏偏用第二种意思去理解，这也没有错呀，要怪也只能怪财主自己没有说清楚。同样的道理，阿凡提又刮掉了财主心爱的胡子，使财主欲哭无泪。

聪明的阿凡提使用的就是模糊语言的计策，这种语言有两种甚至更多种意思，怎么理解都没错，使财主顾此失彼，绕来绕去，还是绕不出阿凡提的圈套。

11

晏子并没有直接指出齐景公的不对，那样恐怕是火上浇油，后果更不好收拾。所以，晏子借口向邹烛申明罪状，实际上是把齐景公这种"因鸟杀士"的做法将会引起的后果说了出来，使齐景公意识到问题的严重性，从而悬崖勒马——

晏子走到邹烛面前，指着他的鼻子说到："邹烛你犯了三条重罪，罪不可恕。第一条，大王让你养鸟，你却把鸟养飞了，让大王少了一个娱乐的东西，论罪该杀；第二条，大王为了一只鸟而杀人，落个暴虐的名声，也是由你引起的，论罪更该杀；第三条罪状，天下诸侯得知你因一只鸟被大王杀掉，就会嘲笑大王重鸟不重人才，使大王抬不起头来，简直罪大恶极，死不足惜。这就是你的三条罪状，它不仅使你丢了性命，还给大王带来了重大损失。你明白了吗？"说完，晏子对齐景公说："大王，三条罪状已申明完毕，请您处死他吧。"

齐景公听完大笑着说："不杀了，我已经明白了你的意思，我可不想做个被人耻笑的国君，就把邹烛放了吧。"

从事情的结果出发，进行合乎逻辑的推理，揭示出它将引起的不良后果，使当事人意识到自己的错误，从而达到避免错误发生的目的。

12

"擒贼先擒王"，只有射杀敌军的首领尹子奇，才能解了睢阳城的重重围困。但是，根本没有人认识尹子奇，更别提射杀他了，这个神秘的家伙，就是一个躲在阴影里的魔头。张巡想到了一个计谋：

张巡指挥士兵向敌人射箭，但是那箭射出去都轻飘飘的，根本不能伤人。原来，那些根本不是铁箭，是用木蒿削成的木箭。叛军们捡到木箭纷纷来向尹子奇报告，尹子奇拿着木箭正高兴着说："原来睢阳城里已经没有箭了，用这个木箭来吓唬人呀。"这时候，南霁云已经根据叛军们的举动认出了尹子奇，只见他弯弓搭上真正的箭，"嗖"地一声向尹子奇射去，箭正射在尹子奇的胸口，他应声倒下。叛军见主将被射到，都乱作一团，张巡率兵又杀了一阵，退回城里。尹子奇受了重伤，没法再指挥战斗，只好下令撤退了。

13

都昌城弹尽粮绝，急需救援。但是面对城外铁桶一样的层层敌军，贸然出城求援，就好像是羊入虎群，拿鸡蛋撞击石头一样，后果一定不堪设想！怎么办呢？唯一的办法只能是先麻痹对人，然后趁其不备，突出重围——

天刚放亮，太史慈就带着两个人出了城门。黄巾军的将士见了，立即警惕起来，一面派人报告主帅管亥，一面密切观察太史慈

的举动。太史慈叫那两个人把箭靶插到远处自己弯弓搭箭向箭靶射去。原来他们在练箭呀，黄巾军松了一口气，但仍然不敢放松警惕。太史慈练了很长时间，才回到城里。

第二天一早，太史慈又带着两个人出来练箭。黄巾军官兵见了，有人稍稍起身议论太史慈的箭法，大多数人懒得动，根本就不看太史慈。太史慈一直练到太阳落山才回城。

第三天早晨，太史慈又带着两个人出城，黄巾军官兵见了，都各忙各的，不再理会太史慈。太史慈趁机冲出了包围圈，等黄巾军官兵醒悟过来的时候，太史慈已经跑远了。太史慈突出重围，来到平原相刘备处，借3000救兵，解了都昌城之围。

太史慈连续两天出城练箭，每天都练到太阳落山，就是想麻痹敌人。果然，敌人中计了，刚刚两天就对太史慈练箭习以为常了。等到太史慈第三天出来的时候，根本没有人提防他了，愚蠢的敌人为自己的麻痹大意付出了代价。

14

哥伦布当即拿起鸡蛋，他把鸡蛋往桌子上轻轻一磕，磕破鸡蛋的尖头，鸡蛋就竖在了桌面上。

贵族们像上当受骗了似的，纷纷说道："你没说可以磕破鸡蛋，如果这样的话，谁都能办到，它非常简单。"哥伦布笑着说："是的，这是一件非常简单的事，但是如果我不说，你们谁也想不到。所以，即便是最简单的事，也需要你去证实，去发现。在后面夸夸其谈，那是没用的。关键的是你第一个发现了它。"说完，哥伦布昂首走出了宴会大厅。

把鸡蛋立在桌子上，鸡蛋是椭圆的，这根本不可能做到嘛！大臣们在考虑这个问题的时候都给自己设定了一个条件，就是"必须保证鸡蛋完好无损"，他们认为这是毫无疑问的。但是，事实上题目中并没有这个条件。哥伦布只是磕破了鸡蛋的尖头就解决了这个问题，这确实是很简单的问题，但是自以为

是的贵族们却办不到。

15

第二个木匠笑着说:"大王,其实很简单,我只是用鱼骨雕刻老鼠罢了,猫在乎的是腥味,它才不管像不像老鼠呢。"

由猫来当评委,第一个工匠注定是要落选的,因为无论把作品外表雕刻的多么惟妙惟肖,也改变不了它的本质——一块木头,就算是上好的檀香木,它散发出的幽香也不足以抵挡鱼骨的腥臭。这是猫的本性,是谁也改变不了的自然定律,人要按照自然规律办事,否则只能是一败涂地。

16

遇到难以对付的强大对手,不妨先给他送上一顶高帽子,让他顾及身份,放弃对自己不利的做法,从而达到正义的目的。海瑞就是这么做的:

海瑞听了胡公子的话,笑着摇摇头说:"胡总督我是知道的,人人都夸奖他是个廉洁奉公的清官。他是我们学习的榜样呀!"

胡公子以为海瑞是在溜须拍马,就轻蔑地说:"知道就好,还不赶紧把我放了。"

海瑞突然沉下脸,厉声说道:"大胆毛贼,竟然敢冒充胡公子,虎父无犬子,胡大人那样的清官,怎么会有你这样的混账儿子。你在这里招摇撞骗,败坏胡大人的名声,实在是罪不可恕。来人,把这个冒牌货给我重打40大板。"

胡公子的一个爪牙听了,大惊失色,赶紧跪在地上说:"大人,我们不是冒充的,这里有胡大人的亲笔信,请您过目。"

海瑞一拍惊堂木说道:"好啊,还伪造了胡大人的亲笔信,罪加一等,再打60大板。"

胡公子吓得魂不附体,赶紧趴在地上连连求饶。

重打40大板后,海瑞又命衙役把胡公子一帮人关押到牢房里。

海瑞叫人给胡宗宪写了一封信,说抓到了一帮冒充胡公子的小毛贼,到处败坏胡大人的名声,现在把这帮混账小子交给胡大人,请他重重发落。接着就派人把胡公子送到了总督府。

胡宗宪接到海瑞的信,气得七窍生烟。但是,总不能承认那个混小子就是自己调教出来的儿子吧!真是哑巴吃黄连,有苦说不出,丝毫奈何不了海瑞。

17

客人们又一次来到富人家里,富人赶紧叫厨师上菜。这回厨师上的第一道菜还是舌头,客人们见了都皱起了眉头,第二道菜还是舌头,这次富人愤怒起来,他不顾体面和身份,大声斥责厨师:"怎么又是舌头?你太过分了,我要把你解雇,一分钱的工资都不付给你!"

厨师无辜地说:"舌头就是最坏的东西呀,人们用它搬弄是非,招摇撞骗,它造就了多少人间悲剧,害死了多少善良的人们,如果遇到糊涂的领袖,它甚至能挑起一场战争。它罪大恶极,难道世界上还有比它更坏的东西吗?"富人哑口无言,欲哭无泪。

最好的东西是舌头,最坏的东西还是舌头,聪明的厨师一连做了两天的舌头菜,而且道理说得头头是道,让狡猾的富人哑巴吃黄连——有苦说不出。

18

是和邻居做朋友,还是和邻居做敌人?牧场主遇到了艰难的抉择,而法官的一个主意使牧场主摆脱了困境——使对手和自己拥有共同的利益,就好像两人同在一条船上,谁也不会故意使船沉掉一样。

从镇上回来以后,牧场主立即挑了3只雪白可爱的小羊羔,分别送给猎人的3个儿子。看到可爱的小羊羔,3个调皮的小家伙如获至宝,一有空就带着羊羔在院子里玩耍。猎人怕猎狗伤害了小羊羔,就造了一个大铁笼子,把猎狗全关了起来。

为了感谢牧场主的好意,猎人经常给他送来一些野味,牧场主也经常把羊肉、奶酪之类的东西回赠给猎人,久而久之,原来的一对冤家对头就变成了推心置腹的好朋友了。

19

虚虚实实、真真假假，对方怎会识破其中的玄机呢！也许当对方最自以为是的时候，就是他倒大霉的时候——

第二天，养鱼人趁池塘里没有鱼鹰的时候，偷偷地把稻草人撤了下来。而自己戴上斗笠，穿上蓑衣，拿起长竹竿，装成稻草人的样子，一动不动地站在池塘里。

鱼鹰们吃饱了后，又像往常一样站在稻草人的斗笠和肩膀上休息，养鱼人趁鱼鹰不注意，一伸手抓住了两只鱼鹰，其他鱼鹰惊恐地"嘎嘎"叫着，好像在说："不好了，假人变成了真人。"养鱼人拿着两只鱼鹰，笑开了怀："哈哈，开始是假的，现在是真的了，真真假假看你们还敢来吗？"从此以后，鱼鹰见到稻草人，就不敢再轻易去偷鱼了。

20

没有什么爱，比母亲对自己的孩子的爱更为刻骨铭心的。真正的母亲，绝不能容忍自己的孩子受到一点点伤害，为了挽回孩子的生命，母亲愿意付出任何代价。这是人的天性。所罗门王就是利用母亲的这一天性断的案：

一听所罗门王说要把孩子分成两半，两个年轻妈妈中的一位顿时哭倒在地。她嘶哑着说道："不要大王！我承认孩子不是我的，你判给她吧，请您一定保全孩子的性命。"

而另一个母亲则无动于衷，她甚至有点幸灾乐祸：我的孩子死了，你的孩子也死了，谁都别想要孩子，这样我们才是公平的。她镇定地对所罗门王说："大王判得非常公平。"

看到两个母亲截然不同的反应，所罗门王已经知道了谁是孩子的母亲，他指着替孩子求情的母亲说："把孩子给她，她才是这孩子的母亲。"然后对另一个母亲说："你胆大包天，想偷走别人的孩子，还拿谎话来骗我，如果不是考虑到你刚刚失去儿子，我定要狠狠地惩罚你，现在姑且饶了你，快回去吧。"

真正的母亲抱着自己的孩子，高兴地回家了。

21

老太太一脸慈祥地走过来，和蔼地对孩子们说："我住在这里，原来还害怕冷清呢，幸亏有你们这群可爱的孩子，每天在这里玩耍，把这个地方弄得热热闹闹的，一点也不冷清。为了感谢你们，以后只要你们过来玩耍，我每天给你们每人一元钱。"

孩子们听了，高兴极了，没想到玩耍还能赚到钱，于是每天更加起劲地吵闹了。

过了几天，老奶奶愁眉苦脸地对孩子们说："不知道怎么回事，我这个月的养老金还没有发，身上钱不多了，以后每天我只能给你们五角钱了，真是对不起了。"

孩子们听了，虽然心里不高兴，但是觉得五角钱还可以接受，仍然每天过来玩耍，只不过没有以前那么起劲了。

又过了几天，老奶奶显得非常愧疚地对他们说："孩子们，现在物价上涨，我不得不重新制定开支计划，实在是抱歉，以后我只能给你们一毛钱了。"

孩子们听了，觉得一毛钱根本不能接受，他们吵吵嚷嚷地说："一毛钱太少了，我们才不会为了一毛钱在这里浪费时间呢，除非你把钱提高到一元钱，否则我们再也不来了。"说完，孩子们都跑走了。

老奶奶当然不会给他们涨"工资"的，所以，从此以后，那群孩子再也没有来过。这对老夫妻终于过上了清静的生活。

老太太成功地转变了孩子们玩耍的动机，然后削弱了动机，从而达到阻止孩子吵闹的目的。

22

为了讨好姑娘，可怜的小伙子使出了看家本领，甚至主动制定了对自己明显不公平的游戏规则，聪明的姑娘利用这个不公平的规则，很快为自己赢得了有利地位。姑娘问了一个根本没有答案的问题，小伙子当然回答不出来，当他反问的时候，姑娘也不过是笑着摇摇头，一个回合下来，姑娘赢了95块——

姑娘问:"4只眼睛、8个鼻子,还有9个尾巴的是什么动物?"

小伙子想了半天也没想到答案,就从兜里掏出100块钱递给姑娘,然后疑惑不解地问:"你说的是什么动物呀?"

姑娘笑着掏出5元钱给小伙子,然后继续看她的杂志。

小伙子又问:"太阳距离地球有多远?"

姑娘连想都没想,立即掏出5块钱递给小伙子。

小伙子呆呆地望着姑娘,彻底明白了姑娘的态度,只好悻悻地离开了。

得了95块钱,根据游戏规则,姑娘至少可以19次不理睬小伙子的提问。试想,游戏继续下去,小伙子只能是越来越无趣。

23

国王的规则看起来滴水不漏,似乎无论囚犯说什么话,都难逃一死。而一个聪明的囚犯却从中找到了漏洞,一句"你们要砍我的头!"顿时让国王陷入了两难的境地,用绞刑也不是,砍头也不是,最后不得已,只好把他释放了。

接下来的故事是这样:

忽然有一个囚犯大声说道:"你们要砍我的头!"

国王听了,不觉一怔,这算什么话呢?如果真砍他的头吧,那么这句话就是真话,按照规则,说真话是要用绞刑的;如果给他用绞刑,那么他说的那句话就成了假话,按照规则,说假话是要砍头的。这句话既不是真话,又不是假话,无论是用绞刑还是砍头,都不符合规则。怎么办呢?国王想了半天,也没有头绪。大臣们也都连连摇头。

无奈,国王只好挥挥手,说:"算了,放了他吧。"

国王立即宣告废除自己别出心裁的规则,一切程序还按照以前的规矩进行。这样,只有这个聪明的囚犯逃脱了惩罚。

24

原来,伍子胥对那个斥候说:"的确,我是在被楚王全国通缉,不过,你知道楚王为什么要抓我吗?是因为有人告诉楚王,说我有一颗稀世罕见的宝珠。楚王想得到我的宝珠,但我的宝珠已经丢失了。楚王却不肯相信,以为我在欺骗他,要杀死我。我别无他法,才只好逃跑。现在既然你抓住了我,还要把我交给楚王,那我就会在楚王面前说是你夺去了我的宝珠,并吞到肚子里去了。到时,你猜楚王是先杀你还是先杀我?不仅你会先被杀,而且还会被剖开肚子,被人扯出肠子,并一寸一寸地剪断以寻找宝珠。这样一来,虽然我活不成,你也会死得更惨。"斥候一听,信以为真,感到十分恐惧,赶紧把伍子胥放了。伍子胥于是逃出了楚国。

这里,伍子胥便是将一种博弈思维用得炉火纯青了,硬是在子虚乌有的情况下使自己摆脱了劣势,占据了主动。其实那个斥候也未必就完全相信伍子胥的话,但是伍子胥的谎言的厉害之处就在于,如果你不相信他说的前提(即他出逃的原因是因为宝珠的事)也就算了,一旦你相信,其后面的逻辑便布置得严丝合缝,十分具有说服力,因此威慑性就很强。之所以能够如此,是得力于伍子胥准确揣摩透了双方的心理和态势。那个斥候即使是不太相信伍子胥的话,也不愿拿自己的命去冒险,抱着宁可信其有不可信其无的态度,最后白白放走了伍子胥。

25

这个人在电话里所说的是:"夫人,我刚才忘了告诉您了,我家里没有养狗。另外,顺便说一句,我也不喜欢那种满身异味的东西,我们在这一点是一致的。"

在这个故事里,那个女邻居的错误并不在于找错了狗的主人,而是在于她不该在半夜打别人电话跟别人谈这个并不紧急的事情。而这个被骚扰的人自然也不该在凌晨时间给别人打电话去说一件无关紧要的事情,尽管他表现得彬彬有礼,其实都是无礼的。当然,这是他的有意报复。而他的这种报复手段便是博弈论中常见的以其人之道还治其人之身。

那个女邻居之所以哑口无言，就是因为是她首先对别人采取了这样的无礼之举。

26

赫鲁晓夫打定主意之后，便很从容地拿起纸条，并大声念出了上面的内容。然后，他抬起头向台下喊到："写这张纸条的人，请你马上从座位上站起来，并走到台上。"台下顿时鸦雀无声。赫鲁晓夫于是又喊了一遍同样的话，但台下仍然是一片死寂，没有人敢动弹一下。赫鲁晓夫这时才淡淡地说："好了，那么就让我告诉你，当时，我就坐在你现在所坐的那个位置上。"

赫鲁晓夫的举动妙就妙在，他使自己本来用语言解释的理由情景化了，将对方致于与自己当时相同的处境中，使其切身体会，身同感受，自然无须多言，别人也都理解了赫鲁晓夫。实际上，在与人博弈的过程中，这种思路也是常见的，其要点便在于用事实说话，自己不作解释，最后却是达到"此时无声胜有声"的效果。

27

如果仅从眼前来看的话，孙叔敖的遗命看起来有些不可理解，但是从长远来看，你就看出孙叔敖的遗命的高明之处了。按楚国规定，封地延续两代，如有其他功臣想要，就改封其他功臣。并且，后来楚国连续几代政治动乱，许多好的封邑都被抢来抢去，主人遭到杀戮，只有寝丘因为土地贫瘠且地名不祥，无人理会，孙叔敖的子孙因此得以安然无恙，守此封邑一直到汉代，长达十代之久。

其实，孙叔敖在此所体现出来的便是一种高明的博弈思维。博弈思维的关键就在于能够通过预测别人的举动，进而决定自己的举动，以使自己最大限度地趋利避害。这里，孙叔敖的博弈思维体现在了更长的时间里，也就更显得高明。

28

曹操分析道："公孙康一向对袁尚等人心存疑惧，一旦我们攻打辽东，他们就会联合起来对付我们；如果我们暂时不去进攻，他们就会自相残杀起来，二袁被杀也就势在必然了。"事实确如曹操所分析的那样，当袁氏兄弟刚逃到辽东时，公孙康担心曹操来攻，想借助二人力量抵御曹操，就暂时接纳了二人。后见曹操并不来攻，而是班师回去了，便感到袁氏兄弟成了自己最大的威胁了。他担心袁氏兄弟夺走自己的地盘，便为袁氏兄弟设下了"鸿门宴"，将其捉起来杀死了。而回过头来，曹操将袁谭也给杀死了。

在除掉袁氏兄弟的过程中，曹操利用了一种典型的多方博弈的思维。在面对不止一个敌人的时候，进攻便不可操之过急。否则便会造成他们联合起来对付你。而如果能够以静制动，等待敌人之间矛盾激化后再出手，便可坐收渔翁之利。在博弈论中，有一个专门的模型来描述这种情况，叫作枪三博弈模型。

29

事实上，《每日新闻》马上便将自己的零售价也提升至了 50 美分。

实际上，这件事的结果，基本上没有更多的可能性，《每日新闻》只能老老实实地提高零售价。因为它能够预期，如果自己坚持原来的价格，那么《纽约邮报》必定将价格回调，甚至调得更低，到时双方谁也没好处。事实上，就在 1993 年 9 月，就发生过一起这样事件，当时，《时代》从 45 美分降到了 30 美分，迫使《每日电讯》也降价，结果两者的利润都大幅下降。而《每日新闻》如果将零售价提至 50 美分，自己和《纽约邮报》的利润都会有所提高。

这便是一种典型的博弈思维，双方都能准确地预测出对方的行动，同时也知道对方能够准确地预测自己的行动，并以此决定自己的行动，最终两者通过一种妥协达到一种使双方利益最大化的优势策略。

30

卢循之所以会失败，便是因为他没有选择自己的最优策略。从当时的局势来看，他的部队一路势如破竹，士气正盛，因此他最好的策略便是充分利用自己的这一优势一鼓作气渡过长江，攻下建康。实际上，作为进攻一方的叛军来说，刚开始的气势正是其关键所在，一旦不能一鼓作气，失去了这股气势，便很容易被官军所击溃。因此，卢循不应该根据敌方的状态来决定自己的策略，而是无论对方状态如何，他都应该渡过长江，以保证自己的锐气不被挫伤。

实际上，通过这个故事，我们还可以总结出一个重要的博弈法则，即：假如你有一个优势策略，就不要管对方如何决策，果断地选择它；假如你没有一个优势策略，而你的对手有，那么就假定他会采用这个优势策略，相应选择你自己最好的策略。

31

事实上，迫使当时陆逊放弃了灭蜀机会，班师回兵的真正原因乃是魏文帝曹丕。我们知道，当时的大形势是魏、蜀、吴三国鼎立。而三国之间的局面，在常态下，乃是吴国和蜀国两个相对弱小的国家共同对抗当时强大的魏国，从而保持一种平衡。但这绝非是唯一的局面，一旦形势有变，三国之间实际上还存在着一些其他的可能性。比如在当时的情况下，蜀国因为在夷陵之战中惨遭失败，面临着被吴国灭国的危险。这时，一直被视作敌人的魏国在客观上便成为了蜀国的朋友。吴国之所以不敢一举灭亡蜀国，非其不想，更非因诸葛亮，而是因为吴国一旦大举进入蜀国腹地灭蜀，便必然要从北部与曹魏接壤的边境抽调兵力。如此一来，魏文帝曹丕必然不会坐视吴国吞并蜀国，变成一个更强有力的对手。其次吴国一旦兵力空虚，他绝对不会放过偷袭这样一个曾经在赤壁之战中大败其父亲的敌人的机会。深有谋略的陆逊正是考虑到魏国的后顾之忧，才不得不忍痛放弃了灭掉蜀国的机会。而事实上，也正如陆逊所预料的那样，在其回兵的途中，他便接到线报，称魏文帝曹丕已经派遣了三路大军南下攻吴。而这也是为什么吴国在夷陵之战中大获全胜的情况下却遣使向刘备求和的原因。

32

实际上，在面对多个敌人的时候，确定对付敌人的先后顺序是十分有讲究的。而故事中，李宗仁所确定的"先陆后沈"的决策其实也是一种最常见的策略，在面对多个敌人的时候，一般而言，弱小者都会选择这种"联弱抗强"的策略。比如三国时期的蜀国和东吴联合抗击强大的魏国；另外，元末农民起义中，朱元璋面对长江上游的张士诚、东南邻方国珍和南邻陈友谅，也同样是选择了先进攻实力最强的陈友谅，然后再对付其他相对弱小的势力。当然，也有例外，比如宋太祖赵匡胤在统一全国的过程中，出于稳妥起见，首先歼灭了相对实力弱小的南唐、吴越两国，然后才谋取北边相对强大的北汉。总之，在对付多个敌人的时候，在对于进攻敌人的先后顺序方面，在具体问题要具体分析的前提下，是充满了博弈论的安排的。

33

原来，隋何趁九江王正在接待项羽的使者时，突然闯入现场，并直接坐到项羽使者的上首，并对使者说："九江王已经归附汉王，楚王凭什么让他发兵？"在坐的九江王十分愕然，而楚国使者也是大吃一惊，起身准备离开。隋何这时拔剑上前，刺死了他，然后回头对九江王说："现在项王使者死在了您这里，您已经没有退路，请尽快与汉王联手！"这下，本来犹豫不决的九江王看到木已成舟，便只好宣布叛楚联汉。

在这个故事里，隋何便是很好地利用了一种博弈思维。他明白，如果仅凭口舌之辩，最多只能暂时稳住英布，与楚使者打一个平手。而如果冒着触怒英布的危险，杀掉楚国使者，到时九江王在项羽那儿便再也说不清楚，没有了退路可走，那时他便只好放弃摇摆的态度，明确地叛楚联汉。可以说，这正是一次摸透了对方心理之后然后出牌的博弈思维的运用。

34

叛军因为张巡每天夜里用草人假扮士兵，便产生了麻痹心理，对其不再理睬，这显然是不智的。因为虽然张巡每天夜里都坠下草人，但一旦其在某一天夜里突然坠下真的士兵，便会对叛军构成致命威胁。因此，尽管就某一次而言，张巡坠下的很可能又是草人，但也应该射上一些箭，以确认这是些草人，从而避免遭到其偷袭。这样的话，只是损失一些箭，却可以保证营垒的安全，显然是值得的。而为了省一些箭，拿营垒冒险，是得不偿失的。

这个故事便体现出了一种典型的博弈思维。博弈的特点就是相互猜测，你对对手的策略进行猜测，对手也在对你的策略进行猜测，取胜的基本思路是要考虑对手的思路。张巡之所以能取胜，便是因为他故意在叛军面前暴露出自己的行动规律，然后突然打破规律，使得对方措手不及。

35

司马懿退兵后，众官对诸葛亮很是佩服的同时，也感到迷惑不解，问诸葛亮道："司马懿是魏国名将，如今带领十五万大军来到城下，为何就这么退去了呢？"诸葛亮解释说："司马懿知道我一生谨慎，不肯冒险；他听我琴声悠扬，丝毫不乱，便以为我必然是胸有成竹；再加上我故意设立的一些令其生疑之处，最后，他便以为我城中必然埋伏有重兵，所以才退兵离去。其实，这次我也是逼不得已才冒了一次险，因为我军这点人数，如果弃城而去，又没有断后，肯定很快就会被魏军追上。"

实际上，诸葛亮之所以能够成功，便是他对于博弈思维进行了一次成功的运用。通过司马懿和诸葛亮各自的解释，可以看出，诸葛亮是紧紧地扣住了司马懿的心理，进而采取了相应的对策，从而取得了这场心理战的胜利。所谓博弈思维，实质上就是一种心理战。

36

普特南站起来说："桶里装的是洋葱，不是炸药。"而英国少将佩服的正是普特南的智慧。

在这个故事里，普特南之所以能够赢得胜利，便是因为他心里有底，他拿准了对方必定不会拿性命来换取决斗的胜利，所以自己只需要悠闲地坐在那里等对方跑开就是。这正体现了博弈思维中制胜的关键，即准确把握住对方的心理。

37

在蒙恬规劝之后，王翦屏蔽别人后悄悄对蒙恬说："你不知道我的用意啊，秦王生性强硬而且多疑，现在将60万军队交给我指挥，这是将整个秦国托付给我了啊！如果我不多多讨要封赏为子孙打算，以表示我并无野心，大王肯定会在家里坐卧不安而怀疑我。"

结果，秦王不但不厌烦王翦的请赏，反而感到高兴，并对王翦不再怀疑，放心地放手让他全权指挥，最终灭掉了楚国。

可以看出，王翦此举，乃是考虑到秦王多疑，他故意自污，显得自己贪婪而目光短浅。而实际上，他是一个非常忠诚廉洁的将领。

38

苏联克格勃这样署名，乃是一种有意为之的"模糊"策略。因为按照人们的一般心理，"神秘"与"真实"往往是一对孪生兄弟，越是神秘，人们才越容易相信。另外，如果直接指名道姓，对方便很容易通过查证，进而否定掉。而这种模糊的做法，则可以将水搅浑，使其越查越模糊，既然查不清，当然就排除不了。显然，克格勃的"模糊"策略达到了他们想要的效果。

39

夏完淳装作不知道审问他的就是洪承畴，对于他刚才的诱降，故意高声回道："你才是个叛乱的贼人！我是堂堂大明忠臣，如何说我是叛乱？我常听人说起我大明朝的'忠臣'洪承畴先生的故事，他率军在关外与清军血战，被俘后宁死不屈，慷慨就义，先皇帝

（崇祯帝）闻之震悼，亲自作诗褒念，并亲自为他设立祭坛，百姓也都纷纷宣扬他的事迹，名载史册！我虽然年幼无知，说到杀身报国，也愿意以他老人家为楷模！"

洪承畴听后，登时哑口无言，脸色变红，手足无措。下面的衙役还以为夏完淳真的不认识洪承畴，赶忙悄悄地告诉他："上面坐的就是洪大人！"

没想到夏完淳立刻大声反驳："胡说，洪大人在嵩山、杏山与北房（清政府）勇战，血溅章渠，天下谁人不知？我正是仰慕洪先生的忠烈，才欲杀身报国，你们休要骗我！"洪承畴听后，更是面如土灰，就连他的幕僚们也都感到十分窘迫。

"上面坐的正是洪承畴大人！"一个衙役厉声呵斥道。

夏完淳依旧装傻卖乖，不予理睬，继续说道："你们不要再骗我了！洪先生已经死于大明国事已久，你们是什么逆贼丑类，竟敢假托忠烈先生大名，玷污他的'忠魂'，真是一帮狗贼！"洪承畴此时汗如雨下，嘴唇哆嗦，夏完淳的话可以说字字戳到他的痛处。一个食禄数代之大明重臣，反而不如江南一身份卑微的 16 岁少年，真让人惭愧得无地自容。最后，他沉默了许久，挥挥手，令人将夏完淳押回了牢房。

40

"那太简单了，只要我们两个改天一起到小岛上去一趟，就可以弥补这个缺陷了。"海涅说道。

41

张松是这样回答的："我早就听说您祖上世代都是在朝廷任重要官职的，乃是朝廷的股肱之臣，您却为何不在朝廷任职，辅佐天子，而甘愿在丞相府做一名吏员呢？"

42

只听知县说道："大胆刁徒，你是如何偷了别人的猪还不从实招来！"对于马小四的抵赖，县官说道："这一万贯钱，恐怕不止有一百斤重吧，你这么轻松地扛起来就走，如何要说自己扛不动那头猪？说了谎言，必是做贼心虚，还不从实招来！"马小四一听，哑口无言，只好招认了自己偷猪的罪行。

原来，县令打量马小四时，发现这个人虽然外表看上去很瘦，却是一种精瘦，不一定没有气力，于是便故意设计引他上钩。这在博弈思维中可算一种将计就计。

43

晚饭后，大家一起来到湖边后，比尔巴重新开始审问。他指着月亮问无赖道："你抬头看看，天上是什么？"

无赖从容地看了看月亮，回道："回禀老爷，那是月亮。"

"那你再看看湖里，看到了什么？"比尔巴又指着湖里月亮的投影问道。

"……月亮。"无赖沉默了一阵之后回答。

"那好，现在不是有两个月亮吗，你不是该还邻居的钱了吗？"

无赖一听，顿时哑口无言，只好答应马上还钱。

44

被告律师辩护道："我的当事人之所以不肯支付原告的出租车费，是因为原告多年来欠下了我的当事人一笔巨款——我的当事人在原告出生至今的 30 年来，作为母亲、保姆、厨师、洗衣工、家庭教师、护士等为原告提供了多项服务，而原告的服务费从来没有支付。这些服务费算下来总共有 87600 美元。现在我代表我的当事人反诉原告，扣除应当支付给对方的出租车费，原告应该支付我的当事人总共 86020 美元，请求法官判令原告立即付清。"

45

"可问题是，您不是对照片不满意，而是对自己不满意呀！"摄影师低声说道。

46

原来，按照小伙计的主意，第二天，王掌柜便在苏州最大的饭馆定了几桌酒席，并在饭店门口贴上大红告示，上写："'聚宝当'王掌柜明日宴请全城典当业"。宴席开始后，全苏州城典当行的有身份的人都来到宴席上，热闹非凡，就连门外也挤了许多看热闹的人。酒过三巡之后，王掌柜身边的小伙计站了起来，对大家说道："各位师叔、师伯、师兄，今天请大家来，是请大家做个见证。我师父昨天接当时栽了跟头，被人用玻璃冒充珍珠骗走了100两银子。我师傅丢银子事小，丢面子事大，因此今天当着大家的面将这个假珍珠砸了，好给自己一个提醒。同时，也算是给行业内的人一个提醒。"说完，小伙计拿出那颗假珍珠放在桌子上，然后掏出锤子猛地砸上去，那颗假珍珠顿时变成了粉末。这件事在王掌柜这儿似乎就到此为止了，但在苏州城里却没有过去，事实上其一下子便传开了，许多人都纷纷在议论这件事。

然后，一直过了三天，"聚宝当"照常营业。到了第四天早上，没想到那个骗当的中年人又出现了。这次，只见他依旧如上次那样很从容地走到王掌柜面前，然后声称要赎回自己的珍珠。王掌柜于是要他拿出120两银子来，他马上从口袋里掏出银子，如数交给王掌柜。不过，令他没想到的是，王掌柜也回身给他拿来了他的"珍珠"，仍旧是那块白布包着。仔细辨认之下，中年人认出的确是自己原来那颗。于是惊讶之余，他也明白自己中了王掌柜的招了，于是狼狈地带着假珍珠离去了。

原来，那天所谓的砸假珍珠是小伙计演的一场戏。他和王掌柜故意大张旗鼓放出风声，让这个骗子知道他的"珍珠"被砸了，以引起他进一步的贪欲，再次前来向王掌柜赎回"珍珠"，以骗取更多的钱。而这个骗子果然是贪婪而又胆大，竟然真的来了，他做梦也没想到他的那颗"珍珠"还好好地待在"聚宝当"里，最后也只好吃个哑巴亏，倒贴20两银子将假珍珠赎了回来。

47

郑大济顺着县太爷的话往下说道："请问县太爷，我是公公的孙子，公公的衣衫尚且不准我穿，全乡的人又不是我公公的孙子，为何要我公公来替他们徼皇粮？"

在这个故事中，郑大济用的是以谬制谬诡辩术。他先不急于反驳县官的荒谬论断，反而设一个更加荒谬的"圈套"，待将对方诱入自己设好的圈套后，便一语击穿其中荒谬之处，从而使对方的前一个论点也不攻自破。

48

其实，山里人根本没有找回落水的那把刀，而是事先带了两把一模一样的刀到船上。下水捞刀时，他已经将这个刀事先藏在了身上。实际上，山里人并不傻，他在被骗了第一次工钱后，将计就计装傻，以引诱船主上钩。这也是博弈思维中常见的计策。

49

秘书小姐说："倒杯开水，谈不上服侍。"

50

孔融回敬道："想君小时，必当了了。"

51

萧伯纳回答说："阁下，无须找我验证，我看您自己就是最伟大的戏剧家。"

52

原来，麦克警探让化学家罗斯在当天的报纸上刊登了一则声明，内容如下：我是化学家罗斯。今天回家后，我发现我家大厅中桌子上的绿色酒瓶里的液体给人喝了半瓶。在这里我要严肃说明，那不是酒，而是我用来做实验的一种有毒化学溶液。请喝了这种液体的人在三天之内到我这里来取解药，否则有生命危险。请读到此则声明的人也多多转告身边的人，性命悠关，十分感激！

结果那个小偷读到这则声明后，果然感到十分紧张，在经过一番激烈的内心斗争之后，他还是主动来到了化学家的家中，毕竟，命比钱要重要。

53

第二天，当员外提着一只活鹅到王羲之家中的时候，王羲之却把脸一沉说道："你怎么如此来搪塞我，我说的是一河鹅！"乡绅着急地辩解道："鹅怎么能用河来计数呢！"王羲之反问："既然如此，难道酒是用湖来计算的吗？"员外此时才明白了王羲之的用意，再也不敢向青年讨酒了。

54

李璐知道，熊属于国家保护动物，卖熊掌是犯法的，因此，她对老板说道："老板，钱我们可以付你，不过，你要在发票上给我们说明了我们吃了'熊掌'一盘！"说罢，故意露出得意的表情。老板一听，脸色便变了，他知道，如此一来，如果两个女大学生到有关部门去举报他，他便要吃不了兜着走。轻则罚款，重则追究刑事责任。当然，到时他可以解释熊掌是假的。但那样一来，他又犯了坑骗顾客罪，同样免不了罚款。并且，万一到时两个大学生不依不饶，要他赔偿精神损失费，那可就更是偷鸡不成蚀把米了。想到这里，老板立即陪着一副笑脸对李璐说："哎呀，算了嘛，发票就不开了，熊掌就算你们25块一盘好了，算是咱们交个朋友。""我们不需要和你交朋友，我们会按价付账，不过，发票是一定要开的！"李璐态度坚决地说，同时对晓梦说，你在这里等我一下，我去门口的工商银行取钱。老板一看急了，赶紧上前拦住李璐说："哎呀，我说这位女大学生，好了，今天就算我认栽了，这顿饭算我请了。"就这样，晓梦和李璐两个人白白吃了顿饭，回学校去了。

在这个故事中，李璐之所以能够斗赢奸诈的餐馆老板的关键，便在于她敢于通过使自己遭受损失（同意付高价账）来抓住对方的软肋——他经营的买卖是违法的，见不得光。只要紧紧地抓住对方的软肋，即使自己遭受损失，对方则会因为遭受更大的损失而主动妥协。这是博弈思维中常用的思路。

55

阿凡提说："既然您知道金子不会被太阳晒死，为何会相信金子种在地里会生金子呢？"

这里，阿凡提是利用了一种"以子之矛攻子之盾"的策略，这在博弈的过程中是常见的。

56

毕加索义正言辞地对他说："这是你们的杰作！"

毕加索巧妙借用对方"杰作"一词，并偷换"杰作"一词的概念，对德国法西斯的暴行进行了讽刺和斥责，显得简洁有力。

57

美国大使的官员采取的做法是"礼尚往来，将计就计"。

知道那个"老鹰"里面安装了窃听器之后，美国大使认为那是与苏联情报人员斗智的绝妙机会。他佯装不知道这件事情，之后利用那只"老鹰"向对方提供了大量的假情报长达8年之久，而苏联情报人员还一无所知的继续利用那些假情报。

这种状态一直持续到了1960年，到那年美国大使才将此事公布于众。苏联特务窃听了7年，而美国大使欺骗了他们8年，这样双方似乎谁都没有亏本。

58

法奥尔夫斯基画那些不伦不类的小狗其实只是为了转移美术编辑的注意力，避免他再次要求修改画稿里面的其他内容。这是一种巧妙的博弈策略。

59

阿凡提笑着说："很好，他闻到了你饭菜的香味，而你听到了我钱袋里钱的声音，这样，咱们的账应该算清了吧？"说完，拉着农民高高兴兴地离开了，巴依老爷和法官没办法只有认输了。

既然闻到饭的香味要付钱，那么听到钱的响声也就算是付过钱了吧，阿凡提所用的是一种典型的以毒攻毒的策略。

60

领队是这样说的："好吧，你既然想不到办法，那么我替你出出主意。其实，你现在有两个办法可以选择，一是叫来你的锅炉工，二是你为每个房间各提两桶热水，不然就请立即退钱，你自己选择吧。"

很明显，旅馆既想赚钱，又不想让旅客

洗澡。对付这样的商人就该软硬兼施，道理讲不清的时候，可以强硬点。当提到要求退钱时，旅馆经理就着急了。领队抓住了他的这一心理弱点，为游客们争取来了应有的热水。

61

老人对毛驴说："你这个骗子，早上出来的时候，你还说不会遇到你的朋友，怎么现在就遇到了一个你的同类！"老人巧妙地通过打驴骂驴，回敬了那个坏小子的无礼，使得他"获取"了驴的骂名。这样一来，老人便没有吃亏了。

62

依照范西屏的主意，兄弟俩在字画店门前贴出通告：店里由于受骗上当，收藏了一些假画，现在要烧掉店里假画，以免流落世间，再有人上当受骗。

没过多久，兄弟俩烧画的事情就传遍了杭州城。那个骗子得知这个消息后，想着兄弟俩把画烧了，他再去赎画，他们就拿不出来了，那么自己还可以再讹诈一笔钱呢！于是，这个贪心的家伙竟然在赎画日期到了后，大摇大摆地厚着脸皮来到范东屏的字画店里取画了。但是，令他感到意外的是，范东屏竟然将他的那幅画给拿出来了。原来，哥俩并没有真的烧了骗子的画，而是故意设下一个陷阱等他来跳。这个骗子看到这种情形，哑巴吃黄连，有苦不得说，只好忍着心痛按照当初的规定付了范东屏 9000 两银子，灰溜溜地离去了。如此一来，范西屏不仅帮弟弟讨回了银子，还赚了骗子 4000 两。

范西屏之所以能够帮助弟弟讨回看上去不可能讨回的银子，便是因为他揣摩准了对方无赖而贪婪的心理，然后针对性地"出牌"。这是一种高明的博弈思维。

63

狄更斯是这样说的："我是作家，虚构故事是我的工作，我刚才就是在虚构故事，昨天钓到鱼的事，纯属虚构罢了。"

狄更斯在不知情的情况下，被管理员套出了实话。但是，螳螂捕蝉，黄雀在后，笑到最后才是真正的赢家。狄更斯巧妙地运用他的职业特征，聪明地逃掉了一次处罚。

64

刘邦是这样回答的："我的大王啊，我是您的臣仆，吃着您的俸禄。您让我做什么，我就做什么。我就像您的坐骑，您鞭打我就走，您收缰我就停啊，我只听候您的发落。"

对于项羽的计谋，刘邦是心知肚明的。这样的关头，自己只能装作没有野心的样子，才能蒙混过去。留得青山在，不怕没柴烧，暂且保住性命，以后慢慢计议。

65

这个聪明的商人装聋作哑，女人一看他听不到自己说的话，就把自己的要求和意图写在了纸上，商人把那片纸抢到了手里，然后下车关上车门，并报了警。警察到来后，商人用纸条证明了自己的无辜和女人的敲诈过程。

在这个故事中，女匪的计划是有预谋的。她身在商人的汽车中，还事先将自己的纽扣和衣领都开了。如此一来，在没有旁观者的情况下，她一旦声称商人强奸自己，由于人们天生同情弱者，商人还真的难以说清。在这种不利的情况下，商人巧妙地欺骗对方，获得了对方敲诈的证据，这下便一下子扭转了局面。应该说，商人的确是善于应对危机的博弈高手。

66

老人说：就如同刚才你计算收成一样，我也计算了一下我的年纪。我大儿子今年 50 岁，二儿子 30 岁，小儿子 20 岁，我今年 80 岁，加在一起，不正好 180 岁吗？"这位聪明的老人以其人之道还治其人之身，在生活中，我们也要学会这种思维方法，学会用彼之矛，攻彼之盾，这样显得更有说服力。

67

农民看出来地主也要借骂牛来骂自己，就想提前堵住他的嘴。他知道，如果他往牛屁股里塞泥巴的话，地主一定会问他为什么这样做。于是他就回答说："我感觉到这个畜牲要放屁了，我把这畜牲的屁股堵上，免得他放屁呀！"

68

王之涣推理的过程是这样的，既然有人来到马秀枝家里，狗却没有叫，说明狗认识这个人，这个人很可能是马秀枝的邻居，所以才让衙役在她家附近多贴告示。之所以声称要"审问黄狗"，其实是为了吸引罪犯的到来。而辨认盗贼的办法则是通过马秀枝提供的线索，通过其脊背上留下的抓痕，最后果然找到了罪犯。

其实，纵观王之涣的破案策略，可以看出，其中最关键的一环便是能够将凶犯吸引到审案现场，使其自投罗网。而之所以能够做到这一点，是因为王之涣摸清了凶犯的心理，凶犯做贼心虚，必然十分关注案情的发展，听到县官"审狗"的消息，必然会挤在人群中前来查看消息。这可以说是一个心理博弈的过程，而王之涣取得了这场博弈的胜利。

69

师爷根据当时的情景，认为小偷潜入洞房，又突然跑出来，未必有机会认识新娘。就建议县令找来另一名女子出庭作证，小偷要以为她是新娘的话，就可以断定小偷是在说谎了。于是，县令找来别的地方的一位年轻妇人，他们让这位妇女身穿礼服，打扮成新娘模样，和小偷相见。随着一声"新娘秀莲到堂"，就当着这贼的面把这位假新娘带上堂。小偷果然中计，他连忙大喊："秀莲，你约我到你新房中治病，怎么你公公家里的人抓住我当贼你就不说一声呢？"县令忍住笑，忙问："我问你，你确定你认得秀莲吗？"小偷忙不迭地说："自小相处，怎么可能不认得呢？从小就认得。这就是秀莲呀！"县令忍不住大笑，将实情给小偷说了，小偷一听，顿时脸红，低头认罪。

在博弈的过程中，准确地分析对方的漏洞和心理，然后对症下药，是十分关键的。师爷之所以能够想出这个好办法，就是因为做到了这点。

70

肖恩耶是这样辩护的："法官先生，请问这是什么表？"法官鉴证后回答道："这是法国巴黎出产的金表。可是，这与本案有什么关系呢？""有关系，"肖恩耶高举金表，面对法庭上所有人问道，"这是金表，已无人怀疑。但请问，这块金表除表壳是镀金之外，内部机件都是金制的吗？"旁听者齐声答道："当然不是。"肖恩耶断续说道："那么，人们为什么又叫它金表呢？"稍作停顿后，他又高声道："由此可见，'莉儿'皮箱店的皮箱案，不过是原告无理取闹，存心敲诈而已。"

弗朗西斯将"皮箱"的概念故意曲解为全部是用皮来做的箱子，这是一种胡搅蛮缠。律师肖恩耶面对这种情况，则用"金表"并非由纯金做成的例子与其进行了类比，一下子将对方的无理逻辑驳倒了，轻松地赢得了官司。

在博弈思维中，巧用类比也是一个重要的手段，其往往比直接说理更能驳倒对方。

71

罗亭说："您怎么能说没有信念这种东西呢？您自己首先就是一个有信念的人啊！"毕加索夫的话前后互相矛盾，罗亭正是抓住了这一点，"以子之矛，陷子之盾"，让其无话可说。

72

苏格拉底说："柏拉图上面的话是真的。"这样，不论假设苏格拉底的话是真还是假，都会引起矛盾。

73

打定主意后，阿姆斯特朗对看守他的狱卒说："听说我们尊敬的国王钦定的英译《圣经》已经完成了，但是我作为一个长期背叛上帝的罪人，一直都没能读过《圣经》。我想向我们尊敬的上帝提出我最后的一个要求，就是能够将《圣经》读完之后再死。请求您将我的这个要求转达我们尊敬的国王。"

作为一个知名的大盗，狱卒对于他的要求也没有怠慢，很快他的要求便被汇报到了詹姆士六世那里。"满足他的愿望吧，在他读完《圣经》之前，暂停执行死刑。"于是，一本崭新的《圣经》被送到了阿姆斯特朗手上。接到圣经后，阿姆斯特朗对他的老对头詹姆斯侦探讲了自己的阅读计划，詹姆斯一听便顿时醒悟——国王上了阿姆斯特朗的当。原来，阿姆斯特朗告诉詹姆斯说："我得慢慢地品味着读，每天大约一行左右。"詹姆斯问："那不是需要几百年吗？"阿姆斯特朗说："国王陛下许可我读完《圣经》再被处死，并没有讲读完的期限啊！"

74

这个细节便是薛仁贵的与众不同的白颜色的战袍。如果他没有这件战袍，当然不能说他便不可能飞黄腾达了。但是，就已经发生的事实而言，正是因为他的这件与众不同的战袍，使他在众人之中显得极为显眼，并凭借自己的勇武吸引到唐太宗的关注。至于薛仁贵之所以穿了白色战袍，是无意的还是有意的（因唐太宗御驾亲征，他刻意想吸引唐太宗的注意也是合逻辑的），但起到效果也是有一定的必然性。因为，从博弈论上来讲，这种与众不同的策略叫作"少数派策略"，即通过与众人区别开来以使自己赢得利益。

75

原来这个人走私的物品就是自行车，每次他推着自行车入境，卖掉之后再步行空手回来，他以稻草为幌子，利用了人们的思维定势，谁能想到走私的东西就是这个狡猾的农民光明正大地推着的自行车呢？

76

事实上，马克·吐温只是不想再听牧师布道了而已，他是故意捣乱的。牧师的讲话并没有抄袭的嫌疑，这些人都犯了一个毛病——思维定势。认为一样就是抄袭，怎么不想想或许那本书是照着牧师的演讲稿抄的呢？又或许牧师所讲的话和那本书的文稿在内容的顺序上不同呢？马克·吐温回答的"那本书"是字典，的确，每一个字都在字典里，只是顺序不同。

故事中，马克·吐温不按照常理的思维模式，而包括牧师在内的其他人却都遵循常规思维，这样才引起了一个"争执"。

77

曹彬给大家解释说："此次远征，意义重大，时间又会很长，所以需要朝中群臣的鼎力支持。我一个人领兵在外，朝中若有人进谗言，很可能会坏了大事。以现在朝中局势来看，最有可能扮演这个角色的就是田某了。所以我要求带上他，就是为了防止这样的事情发生，把这样的一个人放在身边，还能派上点用场，再给他点功名，也就自然会堵上嘴了，再说我手里还有皇上御赐的尚方宝剑，所以不怕他会闹事。"

78

在大家百思不得其解的时候，李靖给大家解释说道："萧铣目前的地势险要，国境广大，兵多将广，不过现在他们是分散的，不会对我们造成威胁。一旦朝江陵聚拢过来，我们便必定失败。现在他们看到的各种船只顺江而下，那么必定会认为江陵已经攻破了，那样的话，就不会立刻进兵江陵，而只会打探一下消息。这样一来，我们就有了攻打江陵的时间。等到他们得到消息的时候，江陵应该早就被我们攻下了。即使他们后来进军了，见到那些被弃置的船只，也会感到疑惑而踌躇不前。"

后来情况果然如李靖所说，萧铣手下的将领们因为疑惑而没有救援江陵。最后，萧铣被攻打得疲于应付，又不见援军，只好投降了。

79

知县很生气地对店家怒吼道："大胆刁民，本官当初向你定制了两个金锭，但你自己亲口说只收一半的价钱，当初本官将另一个金锭还给你了，那不就折合了一半的价钱？你竟然还敢说本官没有给你钱？"

80

不一会儿，怒气冲冲的商人揪着儿子的耳朵便冲上了甲板，大声命令他跪下，还扯着嗓子骂儿子道："你个笨蛋！你个傻瓜！你怎么可以不听我的忠告！"

儿子不但不跪，还推搡了一把父亲，满脸鄙视地回骂："老不死的，你说的有几句是忠告？我看全是废话！"

这时候，水手们已经全都被吵醒了，他们一个个跑出房间，聚集在商人父子的旁边。

只见商人冲进屋里把那箱珠宝抱了出来："既然你不认我这个父亲，那我也没必要为你辛苦地跑来跑去了，我的财富你也休想得到！"说完，他便打开箱子，一把一把地往海里扔起了珠宝。待水手们看清自己手中就是他们所谋求的那箱珠宝时，商人突然抱起箱子，把它整个扔进了海里。顿时，几十位水手发出了一声惋惜的惊叫。

接着，商人便怒不可遏地冲水手嚷道："快开船，往回走！我用不着去南洋了！"吓得水手们赶紧连夜往回赶。

刚到码头，商人和儿子便匆匆去了当地法院，指控水手们的海盗行为和企图谋杀罪。当那些被捕的水手大喊冤枉时，法官问他们："你们看到商人把他的珠宝投入了大海吗？"

"看到了。"水手们异口同声地回答道。

"有什么会让一个人置他一生的积蓄而不顾呢？只有面临生命危险的时候吧？"英明的法官问道。

哑口无言的水手们只好坦白罪行并主动赔偿了商人的损失，而法官则因此对他们从轻处罚，饶了他们的性命。

81

原来，到了打赌双方约定的时间，伊索便陪主人一起来到海边。在那人要求主人一口将海水喝干时，伊索对对方说："没错，我的主人是说的要将海水一口喝干，但是，他要喝的是海水而不是河水。而现在，河水与海水混在一起了，烦劳你先将河水和海水分开。你一旦分好后，我主人立刻就会一口将海水喝干！"那人一听便傻眼了，因为他怎么可能将海水和河水分开呢？结果，这个赌便不了了之。

在这个故事中，伊索将喝海水的难题往前推移，变成了如何将海水与河水分开的难题。如此，便将这个难题抛给了对方，对方无法做到，便自然不能说是主人无法一口气喝干海水了。

82

原来，美女推销员对丈夫说的话是："不用着急作决定，我下次再来拜访时你再作决定吧。"妻子一听，便不想让丈夫和美女推销员再来往，于是便会立刻买下百科全书。

83

原来，小明的爸爸告诉他，不管别人讲什么故事，他只要声称吃掉了对方，便赢了。

84

这个商店老板之所以敢行此"险招"，是因为他拿准了人们的心理，他知道，顾客看到这个广告后，不会真等到价格降到最低时才来买，而是会认为："今天我要不去买，明天商品就会被别人买走了，所以还是趁早去买比较好。"所以，最终，大部分顾客都是在商品降价到 50% 之后便前来购买了，以这个价格出售积压的产品，商店老板其实是满意的。

85

兵家有一句话，"兵不厌诈"。越军要打的伏击战，其实从一开始就是美军设下的陷阱。越军一味地以为自己干练却忘记了美国官兵也都不是饭桶，结果，上了对方的当。

86

告示上写的是："今后如若水渠再坏，官府不再修理，改由当地百姓修水渠。"

发生水灾难道当地百姓不怕吗？当然怕了！但他们之所以仍旧肆无忌惮地为贪一点农作物而破坏水渠，是因为他们认为只要水渠坏了，政府就会派人来修，百姓们白白得到收成，自然屡禁不止。现在，水渠一旦破坏，要由他们自己来修了，他们权衡利弊，便不再破坏水渠了。

87

因为在律师说完那句话后，几乎所有的人都因为以为那扇门里会出现布拉德，所以将都往那扇门看去。但是，杰米却因为明知道布拉德已被自己杀死，不会在那里出现，所以没有去看那扇门。而陪审团的人发现了这一点，并由此判定杰米有罪。

88

原来，老农民通过前面的接触已经明白，跟这样一个人讲理是讲不清的，与其如此，不如装哑巴。而他这样做，也有自己的算盘。

果然，那城里人一听县官的口气是想要不管他的案子了，便又急又气地说道："大人，您不能上他的当，他是在装哑巴，他刚才还说话了呢！"

于是县官问道："那他说什么了？"

城里人于是便将老农民所说的话又说了一遍。县官一听，便说道："原来这位老汉早就告诫过你了，只是你不听，看来，这件事的责任完全在于你了。"直到这时，老农民才开口说话了："大人哪，我刚才之所以不开口，就是想让他主动将事情的经过告诉您。由他来说总比由我来说更令您相信吧！"

在这个故事里，按照正常的思路，老农民要想给自己辩解，显然是应该大声主动地为自己辩白，但是他恰恰装作哑巴，一句话也不说，反而赢得了官司。

89

其实庞振坤脸上根本没有麻子。

庞振坤心知财主既然有意设计陷害他，因此不管自己如何辩驳，"自己的仆人"必然会胡搅蛮缠地一口咬定自己是幕后主使，很难说清楚。因此，他干脆先假装承认自己是幕后主使，然后进行反推——既然我是幕后主使，那么你必定认识我的面孔了。但是，"仆人"却并不认识庞振坤，这便推翻了前提结论，因此"仆人"根本不认识庞振坤，自然是在诬告了。

90

旅客是这样说的："现在天下雨，有修理的必要；等到天气放晴，有修理的条件。而天气不是下雨就是放晴，所以，修理房顶是你们必须做的工作。"

这个经理的理由虽然听起来很无赖，但是，聪明的旅客将经理的话进行了一种逆向调换，一下子便驳倒了旅馆经理。

91

池塘的形状是固定的，面积是恒定的，它有多少亩就是多少亩，怎么会越画越大呢？

92

编辑说："亲爱的女士，假如您在吃早餐时，发现了一个坏鸡蛋，难道您非得将它全部吃掉才知道这鸡蛋是坏的吗？"

93

抱来的孩子走上前去对弟弟说："你今天怎么又输得这么惨，这样吧，我今天还替你把输的赢回来。不过，你得帮我将这封信送给城外的独眼人。"弟弟知道哥哥擅长这种游戏，便高兴地接过信走了。

弟弟来到独眼人家中，把信交给了他。独眼人一直都没有钱还给财主，一看信上的内容，感到十分高兴，立刻就要用绳子将财主的亲生儿子勒死。财主的亲生儿子吓得大哭，就在这时，哥哥气喘吁吁地赶了来，对独眼人说："住手，你竟敢杀害我的弟弟！"独眼人于是便指着信告诉他这是财主的意思。哥哥看了下信后对独眼人说："肯定是搞错了，你放了我弟弟，我保证你欠我父亲的钱同样不用还了。"独眼人一听，才放了财主的亲生儿子。

回家后，财主的亲生儿子将事情一五一十地告诉了财主夫妇。财主夫妇一听，都十分感激抱来的儿子，并且也都很佩服他做事的果敢，从此不再敌视他了。

94

大臣对国王说："陛下，我是第三个傻瓜，因为我身为大臣，不去干正事，却干着在全国各地转悠着找傻瓜的蠢事。"

接下来，国王又问："那第四个傻瓜呢？"

大臣回答说："陛下，您是第四个傻瓜

因为您作为国王，本来应该让我找四个聪明人来帮助您治理国家。可您却让我找四个傻瓜，傻瓜对于国家没有一点用处，所以说您是第四个傻瓜。"

国王一听，感到十分惭愧，并承认自己是个傻瓜，并立刻下令释放了前面两个傻瓜。

95

在一次演出中，那位挑衅班克黑德的女演员担任主角，扮演一个全神贯注打电话的角色。而班克黑德则只是在其中扮演了一个一闪而过的角色，在舞台上短暂出现之后，班克黑德搁下了一杯未喝完的香槟酒悄然退场。但是，这个香槟杯子却被搁在了桌子的边缘，其一半在桌面上，一半悬在桌子外。于是，观众的注意力全都被这个杯子所吸引了，人们都担心这杯子随时会掉下来，紧张得连气都不敢喘。如此一来，也就没有多少人关注那位女主角的戏了。

事后，那位女演员才发现酒杯底粘了块胶布，所以才能那样长时间地放在桌子边缘。

96

老者让农夫闭上眼睛再睁开。因为如果菜农紧闭双眼的话，猴子也会学着双眼紧闭。可是，菜农什么时候会睁开眼睛，那些急于模仿的猴子却是永远不知道的。所以，菜农再睁开眼睛的动作就无法模仿。

97

当然没有。两天以后，田单见时机成熟了，就集中了1000头牛，又挑选了5000名身强体壮的士兵，叫画师在牛身上涂上五颜六色的图案，在牛的角上绑上尖刀，又在牛的尾巴上系上易燃的麻绳。黄昏时分，田单命人打开城门，点燃牛尾巴上的麻绳，牛又惊又痛就冲着燕军的阵营狂奔过去，5000名精壮士兵紧跟在牛后。燕军被火牛冲得七零八落，又被齐兵杀了一阵，死伤无数，骑劫也在慌乱中被齐兵杀死。其余的燕军丢盔弃甲，落荒而逃了。田单乘胜追击，收复了被燕军占领的70多座城池。

面对人多势众的燕军，小小的即墨城想要取胜，首先要有同敌军决一死战的决心。田单用计引来成群的鸟，不仅迷惑了对手，更重要的是稳定了己方的人心。散布谣言使燕军虐待战俘、焚烧即墨人祖先的尸体，激起守城将士的仇恨，鼓舞了士气。这样，田单做足了自己这方面的准备。至于对手，田单先用离间计换走了足智多谋的乐毅，削弱了对手的实力。又向燕军示弱，假装投降，麻痹了对手，使对手完全放松了警惕。在条件成熟后，田单出其不意地摆出了火牛阵，给对手来了个措手不及，最终取得胜利当然是意料之中的事情了。

98

罪犯都有他们的心理特征，聪明的审判者会利用罪犯的心理，布下一个圈套，让罪犯自投罗网。这就是包拯的用意。请看故事的结局：

刘全走后，包拯立即起草了一个通告，通告上写道：因为春耕繁忙，县里的耕牛已经不够用了。所以，村民们必须爱护好耕牛，不准随意宰杀，如果发现谁不顾本县的规定，私自宰杀耕牛，将受到严厉的惩罚。请大家互相监督，发现谁违反了规定，及时向官府报告，如果情况是真的，官府将奖励举报人300贯铜钱。通告写完后，立即发了下去。

第二天，刘全的邻居李安就过来向包拯报告："包大人，刘全他违反了您的规定，昨天宰杀了一头大黄牛，那可是我们村最能干的牛啊，大人，刘全太过分了，您一定要惩罚他。"

包拯心想：刘全的牛早已奄奄一息了，还能干什么活啊，你是他的邻居一定知道这个情况，却还来诬告他，可见你很恨刘全啊。于是，包拯打发走了李安，派人暗中调查他，果然找到了他偷割牛舌头的证据，把他绳之以法了。

包拯用了一招"引蛇出洞"，轻而易举地使坏蛋李安自投罗网了。

99

原来但尔维突然高声说："你收到夏倍伯

爵的信的证据，便是在第一封信中所放的那些债券。"其实信中根本就没有债券，这只是但尔维所设的一个圈套。夏倍的妻子一听，来不及细想，便脱口反驳道："你胡说，信里根本就没有什么证券！"但尔维要的就是这句话，这句话便清楚地表明了夏倍的妻子曾经收到夏倍的信。夏倍的妻子也自知失言，不得不与夏倍进行和解。

100

泰勒首次审讯克普鲁时，只是例行性地对其姓名、职务等进行了简单的问话。之后，便对其不再理睬，看上去克普鲁似乎只是一个毫无价值的俘虏。这对于自视甚高的克普鲁来说，心理上是极不平衡的。在后来，泰勒也对于克普鲁没有进行过任何正式的审讯。即便在平时的接触中，泰勒也只是和他谈一些生活琐事、音乐等，或者偶尔开个玩笑，并不提及鱼雷之事。在这种情况下，克普鲁的内心那种舍我其谁的傲慢心理受到了极大的挫折，有一天，他自己竟然忍不住对泰勒说："难道你就不想从我口中得知一些有关音感鱼雷的情报？"

没想到，泰勒听后，摆出一副满不在乎的表情，对德军鱼雷再三贬抑，并声称最先进的鱼雷技术在美国这里，得到一些德军鱼雷的情报对美军并无多大价值。这下，克普鲁完全被刺激了，他噼里啪啦地便将德军鱼雷的性能特点进行了一番评说，以显示出优越于美军鱼雷的地方，自然，同时也显示出了自己的价值。如此，泰勒如愿以偿地完成了任务。

101

原来，高湝召集来城外的妇人后，先是对她们展示那双旧靴子，然后说："有一位乘马的人在道上被强人所害，遗下此靴，你们中有没有认识这双靴子的？"于是一妇人哭诉道："我的儿子昨天穿着这双靴子去他岳父家，怎么就这么死了呢！"于是，高湝很快捉到了那个换靴的无赖之人。通过这件案子，人们都称赞高湝明察秋毫。

102

原来，在审问那天，马县令一反上次的问案逻辑，开始追究起杨氏打人的事情来。他告诉杨氏，根锁因为伤口感染，已经于昨天死在了牢里。现在，即使他是个诈骗犯，也罪不当死，因此要追求杨氏杀人之罪，杨氏吓得浑身哆嗦，瘫软在地。马县令最后对杨氏说："不过你的罪行的大小，也有两说。一说便是，若他是你的亲友，你是长辈，纵然将其打伤致死，也只是个误杀子孙之罪，不致偿命；另一说则是，若不是亲友关系，则杀人偿命，没有什么话可说。"说完他并喝令衙役将杨氏下入死牢中，秋后处决。两边的衙役于是如暴雷般应声，拿过一面枷来，就要给杨氏夹上。杨氏此时更是面如土色，立刻喊道："大老爷，他正是小妇人的侄儿。"马知县问道："你现在分明是为了保命，才假认他做侄子，本大人岂能被你蒙骗！"说完又要衙役上枷。杨氏赶紧说道："大老爷，我绝没有撒谎，有合同文书为证！"同时忙不迭地掏出文书，递给马知县。这时，马知县在堂上微微一笑，传令带根锁上堂。杨氏方知上当，但也无可奈何，只感到满脸羞愧。

103

祝瀚说道："正如您所说，狗是不识字的，那就自然不认识鹤脖子上的金牌；既然不认识鹤脖上的金牌，所谓不知者不罪。自然不能说是欺君犯上。那么自然便不该恶治狗的主人了。"

104

原来，打赌宣布开始后，众大臣都立刻安静了下来，并开始想自己心里的事情。这时，西特鲁赛故意紧锁眉头，并走到每个大臣身边，故作深思状地在每个人脸上仔细观察。最后，西特鲁赛走到皇帝身边，大声说道："好了，通过仔细观察和思考，我已经知道诸位的心思了。现在诸位既然都和皇上在一起，想必每个人想的都是：我要一直忠于皇上，终生不渝，永远不生背叛之心。"说完，他开始环视所有的大臣，并问道：'请问，你们是不是这样的想法，如果有谁不是，请站出来，我立刻认输交银。"边说，他边从口袋里掏出几锭银子出来。大臣们一听，你看看我，我看看你，一个个张口结舌，无言以对。最终，所有大臣只好认输。皇帝也被西特鲁赛的聪明给逗乐了，更加宠信他。

105

旅店老板的主意是，让商人去寡妇家，声称要将孩子带回另一个省的老家一趟。寡妇自然不答应，于是商人将寡妇告到了县衙。在大堂上，商人告诉县令，自己祖籍在另一个地方，孩子从来没有回去过，因此想要带着孩子回老家祠堂去认祖归宗，然后再将孩子带回来。县令听商人口音也非本地，想想这事的确是正事，因此判定商人可以带走孩子。寡妇做贼心虚，死不答应，但也不能在大堂上说破，只好吃哑巴亏。有县令的判决垫底，商人理直气壮地来到寡妇家中，不管小孩的拼命挣扎，拉着孩子就要带走。

寡妇见这商人不好对付，便避开人悄悄对商人说："你看这样行不行，我将你的钱还你一半，你留下我的孩子。再说，你带着他也只是个累赘啊！"

商人却不答应，笑着说道："我是孩子的父亲，怎么会嫌他累赘呢？再说，实在不行，我将他送人就是，没有孩子的人家多得是，没准我还能得到不少钱呢！"商人说完，不由分说，便要带孩子走，那孩子也哇哇大哭起来。

寡妇一看这阵势，又是心急又是羞愧，只好将商人的钱全部还给了他。

106

这个箱子根本没有神奇的功能，而是彦一设计出来的一个圈套。因为那个偷银子的人做贼心虚，怕自己的名字会被留在纸条上，所以不敢在纸条上写上自己的名字。而另外四个人本身没有偷银子，自然不怕，都写上了自己名字。这样一来，将四张纸条上的名字排除掉，剩下的那个人便是偷银子的人。

107

法官问道："你平时的开支大吗？"

"我不抽烟，也不喝酒，因此开支很小。"王某工资并不高，显然不敢说自己开支很大。

"那你那笔1万元和3万元的款是怎么用了？"法官紧逼着问。

"我记不清了。"王某只好搪塞。

"这样的话，有可能是你用掉了那12万，但记不起来了，对吧？"

"不能排除这种可能。"王某只好承认。

"12万，不能说是个小数目了，你怎么会记不起来了？除非你还有更大数目的贪污款！"法官推测道。

"没！绝对没有！绝对没有！"王某赶紧否认。

"这么说来，这12万是你贪污最大的一笔款项，你开支又不大，为何会想不起它的去向？那么原因只能是你在故意隐瞒这笔钱的去向！"

"不不不，绝对不是，我再想想，我再想想！"王某赶紧表示，接下来老实地交代了这笔12万的贪污款的存在。

108

于成龙这一系列部署的目的便是故意在城里造成紧张气氛，逼迫盗贼转移赃物，好将其当场抓获。果然，下午时，于成龙私下叮嘱的两个手下便抓来了两个人。手下报告称，发现这两个人连续两次出入城门，按照于成龙的叮嘱将其抓来了。但是，这两个人两手空空，也没有从其身上搜出赃物。不料于成龙却当场断定："这两个人正是盗贼。"并命令衙役脱掉他们的外衣。果然，这两个人里面穿的衣服是女人的衣服，叫豪绅前来一认，正是他女儿的嫁妆。两个盗贼也当堂认了罪。原来，正如于成龙所设想的，盗贼听到第二天要全城搜查的消息后，担心赃物被搜出，急于将赃物转移至城外。但因为城门口有人搜查，不能一下全带出去，因此便将这些衣服穿在里面，分批转移。而这正中于成龙圈套。

109

奥尔辛厄姆想到的办法是从巴宾顿入手，

他首先发出了很多对巴宾顿不利的信号,让巴宾顿感到了很大的压力,巴宾顿感到情况不妙之后就准备逃跑了。

这天,巴宾顿特意来到了奥尔辛厄姆的住处要求办理出国的签证。在他等待办理签证等有关手续的时候,有人递给助手一张奥尔辛厄姆的亲手便条,便条上面要求他派个人盯住巴宾顿。那张奥尔辛厄姆的亲笔便条正巧也被狡猾的巴宾顿看到了,所以在那个助手走后,巴宾顿就赶紧偷溜大吉了。

这样隐藏在伊丽莎白一世身边的 6 个人转眼间也消失了。直接无法将这 6 人找出来,便故意打草惊蛇,将其引出来。

110

彦一说:"老人家,现在是初夏,我刚刚才在园子里种甘薯,现在它只有小指头那么大,根本没有酒瓶那么大。我说跟酒瓶一样大的时候,您却相信了,您说,您这不是被我骗了吗?"

老人一听,顿时哑口无言。

人在注意事物一方面的同时,常常会忘记事物的另一方面。聪明的彦一只是稍稍地转移了老人的注意力,把它全部放到了甘薯的大小上面,忽略了甘薯生长的季节。而老人在彦一的带领下也只顾着事物的本身,而忘记了事物的外在环境,所以被骗到了。

111

无赖皮笑肉不笑地解释道:"唉,实在对不起,我的脑袋只是样品。"

112

女乘务员假装看了一下包之后,突然问男青年:"那么,这个包里的手枪也是您的吗?"

小伙子一听,慌忙回答说:"不!不是我的!"说完便低着头回到了自己的座位。

这时,满车的人都盯着男青年看,他恨不得从车窗跳下去。

显然,提包里并没有手枪,这只是女乘务员设下的一个圈套。因为是在猝不及防的情况下被询问,男青年一听说有枪这种犯罪的东西,必然是条件反射性地赶紧和这种东西撇清关系,于是便将实话说了出来。而如果他是包的主人的话,他肯定会这样回答:"不,这包里肯定没有枪。"现在他这样回答,只能说明他对包里有什么并没有数,因此包并不是他的。这个女乘务员可谓十分机智了!

113

建筑师说:"那好,根据你的要求,地球上只有一个地方适合建造的你的房子,那就是北极点上。因为只有在那里,房子四面的墙才能全部朝南。"

114

林肯说:"是的,怎么,你自己又给谁擦皮鞋呢?"

115

林肯答道:"现在,请听众来评评看,要是我有另一副面孔的话,你认为我还会戴这副面孔吗?!"

116

林肯对这个士兵的长官说:"这件事的决定权在您,我没有多少话可说。不过我请您考虑一下这一点,如果全能的上帝赐给这个人一双胆怯的脚,那么,他又怎么能使他不跟着这双脚跑呢?"

117

歌德回答说:"而我却恰恰相反。"说完便闪身让开了路。

118

只见米开朗琪罗拿起工具,爬上雕像,双手便忙碌起来。下面的人看到大理石粉从他的手里纷纷落下。学生们一个个绝望地闭上了眼睛,因为他们不忍心看到这么一件举世无双的艺术品就这么被毁了。他们心里也知道,老师的心里肯定是更难受的,他肯定是因为太爱这尊雕像了,不忍心将其完全毁掉,所以这次才会选择了委曲求全。

不一会儿,米开朗琪罗宣布鼻子已经削平一些了,学生们承受着巨大的心理压力睁开了眼睛。但是,让们惊奇地发现,"罗马武士"的鼻子其实并没有任何变化,依旧是那么修长挺拔，只是上面沾了一些石灰粉而已。他们对此十分不解。再看行政长官，这个自以为是的家伙故作姿态地点着头说道："你们看，这下便好多了，这鼻子是多么的美啊！"他的那帮属下更是忙不迭地表示同意，并赞美行政长官犀利的眼光和高超的艺术修养。然后，这帮人便满意地离开了。

这时，依旧还拿着工具站在雕像前的米开朗琪罗露出了狡黠的笑容，只见他走到雕像前，用手轻轻地拂去了雕像鼻子上的石灰粉，雕像这下又和原来一模一样了。这时，充满疑问的学生们都纷纷向老师投来询问的目光。米开朗琪罗于是对他们说出了自己刚才的小计策——原来，他并没有真的去削平鼻子，而是在演戏。他事先在手里抓了一把石灰粉，然后，一边挥动工具，一边让手里的石灰粉悄悄落下。而在外人看来，石灰粉似乎是从雕像鼻子上刮下来的。那帮官员本来就对艺术狗屁不通，自然根本就看不出来鼻子根本就未曾动过。

119

纸条上写着："先生，我排在队伍的第19号，在看到我之前，请您不要匆忙作出决定！"毫无疑问，佛兰克用这种办法赢得了面试官的注意，为自己争取到了机会。

120

赫梅尔问道："那么，你在受伤前能举多高呢？"

原告没来得及反应过来，下意识地一下子把手臂高高举过了头顶，自然人们要哄堂大笑。就这样，假象轻而易举地被揭穿了，原告不得不狼狈地低下了头。

121

孙膑是最后的赢家。因为庞涓第一回拿了两个馒头吃，肯定不如孙膑的一个馒头吃得快，等到孙膑先吃完一个馒头后，就能抢到那剩下的两个馒头，然后慢慢吃了。

表面上看，既然以吃得多为赢，似乎是先抓起两个馒头在手里占便宜。实际上，仔细想一下，则是先吃一个容易赢得比赛。不过，要在仓促之间便看出这一点，也是需要智慧的。所以，孙膑显然是比庞涓要聪明的，也难怪庞涓后来会被孙膑打败了并自杀了。

122

老妈子说道："老爷，在府里做工这么多年了，其实有件事一直没跟您说过。奴家姓王，听我爷爷讲，他曾与你祖爷爷有过八拜之交，所以呢，论起来，你还得叫我姑奶奶呢。这事咱们府里很多人都知道！"

"乱说！"财主看老妈子竟然当着众人的面占自己便宜，十分恼怒将拍着桌子吼道，"我怎么从来没听说过这事！"

老妈子一听哈哈大笑着说道："老爷，既然你不没听说过这事，你就赏我 300 两银子吧！"

财主这才明白过来，自己被老妈子给耍弄了，有心赖账，但当着这么多人的面也抹不开面，只好取来 300 两银子给老妈子。

而好心的老妈子则将银子分给大家，每个人得到的比原来的工钱要多得多！

在这个故事中，前面的长工、丫头之所以会吃哑巴亏，是因为他们和财主玩的是一个不公平的游戏。不管他们说的事情多么离奇，财主只要一口咬定自己听说过，又不需要验证，他们自然无可奈何。而聪明的老妈子之所以能斗赢地主，是因为她给财主设定了一个两难陷阱，如果财主承认听过她所说的事情，那么便会遭受损失（叫老妈子姑奶奶，被老妈子讨了便宜），所以他才会条件反射性地否定自己听说过这件事，如此一来，他便掉进了老妈子设定的更大的陷阱。总之，遇到此类不公平的游戏，其关键便是要在逻辑上使对方陷入两难境地。

123

师爷上前问刘小四道："你和李飞约好在村外路口见面，你没见到他。你于是到李飞家去叫他，是这样吗？"

"是这样，老爷。"刘小四从容地回道。

"那么你到李飞的家时是怎么叫门的呢？"

师爷似乎是不经意地问。

"我是这样叫的。"李飞边回忆边回道，"嫂子，我和李大哥五更在村外的路口碰头，怎么到现在他还没去呢？"

"你再想想，有没有说错的地方？"

"回老爷，我发誓事情就是这样，没有说错的地方！你可以问李大嫂，是不是这样！"

师爷于是又回头问李飞妻子，是不是这样，李飞妻子点了点头。

师爷于是便问刘小四："那么，我来问你，你等李飞不见他来，按照常理，你到了他家后，肯定应该叫李飞才对。你为何直接就喊起了嫂子，难不成你已经提前知道李飞不在家？"

"这……这……"刘小四此时慌了神，张嘴结舌，说不出话来。

这时堂上的府尹也已经听出了眉目，将惊堂木一拍，大喝一声："大胆刁民，你既然如此叫门，分明已经知道李飞不在家中，不是你害了李飞又是谁！还想怎么狡辩！再不招供，就大刑来伺候你！"

此时的刘小四见对方逻辑严密，牢牢地抓住了自己的破绽，自己再抵赖下去，恐怕只是白白多些皮肉之苦，便只好老实招供了。

124

农民对国王说："陛下，您上个月曾经当着文武百官的面答应我要将您的女儿许配给我，并且还要用一箩筐金币作为陪嫁，我这次来就是来要求您兑现诺言的！"

这个聪明的农民之所以能够斗赢国王，便是因为他在逻辑上给国王设置了一个两难陷阱。国王无论说不说他撒谎，都要落入他的陷阱中。而前面的财主和商人之所以失败，便是因为他们所讲的不可思议之事本身与国王无关，国王即使承认了也只是陪他一起撒谎而已，而不会对自身构成麻烦，因此也就不会陷入两难境地中。

125

年轻人说："我让你的两匹马比试一下，结果是一匹在前，一匹在后。在前面的，我应该付给你 500 块，在后面的，你应该倒贴我 500 块钱，这样一来一去，我们不是互不相欠了吗？"卖马人的吹嘘本身就有自相矛盾的地方，如果像他所说"不管跟什么马比赛，他的马总能获胜"，那么，用他自己的两匹马相比的话，总得有胜负吧？年轻人正是抓住了这个破绽，用一个巧妙的办法，彰显其自相矛盾之处，使他难以自圆其说，陷入困境。

第十章
逻辑思维名题

1. 拷打羊皮

一天中午，天气很炎热，一个樵夫背着一大捆柴回家。走着走着，樵夫就感到又渴又累，看到前面有一颗大树，枝繁叶茂，就想到树底下去休息一下。

樵夫来到大树下，看到树下已经有一个人坐地上休息了。这个人坐在一张羊皮上，身边放着一大袋盐，身上也沾着不少盐粒，一看就知道是个贩盐的。于是樵夫就走上前去对他说："大哥，能不能借借光，把你身下的羊皮让出一块地方来，让我也坐上去歇一歇啊？"

贩盐人很爽快地就答应了："来吧，反正羊皮大着呢，就当咱们交个朋友。"说着贩盐人往旁边挪了挪，给樵夫让出了一块地方。樵夫放下肩上的柴，坐到贩盐人的羊皮上。羊皮很柔软，坐上去感觉很舒服，樵夫就想：如果我有一块这样的羊皮就好了，每当我打柴累了的时候，能坐在这么柔软的羊皮上休息休息，那样就太幸福啦，这个贩盐人老实巴交的，不如我从他手上把这个羊皮给夺过来吧。樵夫一边和贩盐人有一句没一句地聊着天，一边想着夺羊皮的法子。

慢慢地太阳开始落山了，天色不早了。贩盐人和樵夫都站起来，准备继续赶路。当贩盐人拿起羊皮的时候，突然，樵夫也抓住了羊皮，并大声说："这张羊皮是我的，不准拿我的羊皮。"

贩盐人知道樵夫想夺他的羊皮，生气地说："你想夺我的羊皮，没门！"两个人就在大树底下争执起来，过路的行人听到他们的争吵，就过来说："别吵了，这样吵下去也没有个结果，还是赶紧去官府，请刺史大人给你们评判吧。"

这个地方的刺史大人叫李会，是一个非常聪明的好官。他接到这个案子，就对樵夫和贩盐人说："你们俩人有什么冤屈快快说来。"

樵夫抢先说："大人，你要替我做主啊，这张羊皮明明是我的，是我每天打柴累了的时候，坐在上面休息的。今天中午，这个不知从哪来的贩盐的看上了我的羊皮，非说羊皮是他的，大人，你可要替我做主啊，我讲的每一句都是实话。"

贩盐人看樵夫这么赖皮，气得结巴起来："你、你、你、你，太赖皮了，这、这、这明明是我的羊皮，是我背盐的时候用来垫背的。"

"是我的羊皮。"樵夫恶狠狠地说。

"是我的羊皮。"贩盐人委屈地说。

两个人又开始闹起来，把刺史李会的脑子都要闹炸了。他一拍惊堂木，大声说："好了，别吵了，你们俩人都说羊皮是自己的，而只有一张羊皮，一定有一个人在说谎。好，既然你们不肯承认，那我就拷打羊皮，让它来说，谁是它的主人。"

樵夫一听，顿时一乐，心想：拷打羊皮，羊皮又不会说话，拷打它有什么用啊，看来这个刺史也是个傻子啊，看来，今天有希望夺得羊皮啦。

只见李会叫人把羊皮拿过来，大声问羊皮："快说，谁是你的主人？"羊皮当然不能说话啦，于是李会使劲一拍惊堂木，大声说："好你个羊皮，竟然敢不理本官，看我怎么收拾你！来人哪，把这个羊皮重打 30 大板。"

刺史大人是不是疯了？

2. 孙亮辨奸

孙亮是三国时期吴王孙权的小儿子。孙权死后，孙亮就继承了王位，那时候他才刚刚10岁。

一天，园丁向孙亮献上了一筐新鲜青梅，孙亮想：青梅如果沾着蜂蜜吃，那味道就更美了。就派身边的太监到内库去取蜂蜜。那个太监和掌管内库的官员有仇，他想利用这次机会报复一下内库的官员。于是，他从内库里取出蜂蜜后，悄悄地往蜂蜜里放了几颗老鼠屎。

太监把蜂蜜送了过来，孙亮把青梅在蜂蜜里浸了浸，刚想把青梅放在嘴里，忽然发现青梅上沾着一颗老鼠屎。孙亮生气极了，他叫卫士去把掌管内库的官员抓过来。

孙亮质问内库官员："好啊，你掌管内库，不尽职尽责，竟然敢把有老鼠屎的蜂蜜拿来给我吃，我要判你个渎职罪，你服不服？"

那个小官员听了，吓出一身冷汗，暗想：如果给我判了渎职罪，轻则丢了乌纱帽，重了就要蹲大牢的。但是，每次采了蜂蜜，我都亲自察看，确保里面没有杂物我才叫人仔细地密封起来，里面根本不可能有老鼠屎，再说了，刚才太监来取蜂蜜的时候，我又仔细检查了一遍，蜂蜜是干净的呀。一定是这个太监想害我。想到这里，小官员委屈地说："下官掌管内库，兢兢业业，不敢有丝毫马虎，内库里取出的蜂蜜根本不可能有老鼠屎，一定是那个太监在蜂蜜里做了手脚，想来害我。"

太监听了，大声嚷着："我跟你无怨无仇，怎么会害你，你不要诬赖好人。"

小官员回应道："你曾经向我要过几回蜂蜜，我没有给你，一定是你怀恨在心，所以用这个办法来害我。"

旁边大臣们听了两人的话，分不出来谁对谁错，就对孙亮说："这两个人互相抵赖，一时也审不出什么名堂来，还是把他们都关到牢里，慢慢审吧。"

孙亮想了想，说道："不用了，这件事只要弄清楚老鼠屎是什么时候放进去的，就马上可以解决了。"说着，他叫人用刀把老鼠屎切开。

孙亮这招管用吗？结果如何呢？

3. 孔子借东西

孔子周游列国，四处讲学。一天，他乘车来到楚国境内的一条小河边，马车突然坏了，没有工具和木材维修，很是焦急。当时，有一位大嫂正在河边洗衣服，孔子赶忙走过去说："这位大嫂有礼了，我想向你借点东西，不知是否方便？"

"好的，你稍等一下，我马上去把东西拿来。"大嫂爽快地答应了。

不一会儿，大嫂就拿着斧子和几块木料走了过来，她把东西交给孔子，就自顾自地又去洗衣服了。孔子望着大嫂的背影，一头雾水：我还没说，她怎么就知道我要这些东西呢？于是，孔子走过去问大嫂。

大嫂是怎么知道孔子要借什么的呢？

4. 路边的李树

历史上著名的"竹林七贤"，就生活在魏晋时期。王戎就是"竹林七贤"中最小的一个，他从小就是一个聪明的孩子。

有一次，王戎和同村的小伙伴们出去玩，他们打打闹闹的，一直跑到了离家很远的地方。大家闹了一阵，都感觉口干舌燥的，就想找点水喝，但是河沟里的水太脏了，附近又没有人家。没有办法，大家耷拉着脑袋，慢慢往家走。

忽然一个眼尖的小伙伴兴奋地叫起来："大家快看呐，前面有颗李树，树上有好多李子啊！"

大家顺着他手指的方向，果然看到一颗又高又大的李树，李树上结满了熟透的李子。满树的李子沉甸甸的，把树枝都压弯了，一颗颗李子，红彤彤的，就像要滴出汁水似的。大家忍不住都流下了口水，一个小伙伴小心翼翼地说："我们吃了李子，如果被主人发现的话，不会打我们吧？"另一个说："这颗李树长在路边，肯定是野生的，你想啊，谁会把李树种在路边呀，那不是便宜了行人了吗？"大家听了，觉得有道理，就欢呼着去摘李子吃了。

大家争先恐后地爬到李树上，拣最大的最红的李子摘，不一会儿就把口袋装满了。

只有王戎站在树下，没有动。他转动着大眼睛好像在思考什么问题。

大家见了，感到很奇怪，想：平时王戎干什么事都是抢在前面的呀，今天是怎么了？就大声喊他："王戎还呆在树下干啥，赶紧上来摘李子呀，李子这么多，反正我们也摘不完。"

"我才不摘呢，这李子一定是苦的，一点也不好吃。"

"你又没吃，你怎么知道李子是苦的呀？"

王戎是怎么知道李子是苦的呢？

5. 分粥的故事

从前有七个人住在一起，他们每天分一大桶粥吃。但是，每次分完粥，都有人抱怨分得不公平，于是七个人决定想个办法来解决这问题。

一开始，他们使用七人轮流主持分粥的办法，这样每个人都有机会来分粥，看起来是公平的。

但是一个星期下来，每人只有一天吃饱了，因为无论轮到谁分粥，都给自己分最多最好的粥，这样剩给别人的粥就少了。

接着，七个人推选出了一个公认的道德高尚的人，每天都由这个人来主持分粥，成为专业的分粥人。但是过了不久，其余六个人为了能分到更多的粥，都挖空心思来讨好这个分粥人。慢慢地分粥人就开始凭借自己的喜好来分粥了，谁更会讨好他，他就给谁分更多的粥，形成了很不好的风气。这个办法显然不符合大家的要求。

于是，大家又指定了一个主持分粥的人和一个监督分粥的人，每天由分粥人来主持分粥，监督人来检查分得是否公平。起初这个办法还比较公平，但是时间长了，分粥人和监督人发现，两人联合起来对彼此都有好处。

由此，两人形成了默契，每次两人都能分到最多最好的粥。出现了这种情况，大家只好宣布了这个方法又失败了。

这次，把七人分为两个委员会，其中三个属于分粥委员会，四个属于监督委员会。这样每个人都有权力，谁也作不了弊。但是，两个委员会之间谁也不服谁，互相攻击、互相扯皮，总是不能达成共识。等到大家分到粥的时候，粥都已经凉透了。

最后，大家终于想到了一个好办法。是什么好办法呢？

6. 战俘的帽子

第二次世界大战中，一个战俘营里有 100 名战俘。战俘营的看守准备将他们全部枪毙，司令官同意了，但是他又增加了一个条件：他将向这些战俘提一个问题，答不出来的将被枪毙，答出来的则可以幸免。

他把所有的战俘集合起来，说：

"我本来想把你们全部枪毙，不过为了公平起见，我准备给你们最后一次机会。一会儿你们会被带到食堂。我在一个箱子里为你们准备了相同数量的红色帽子和黑色帽子。你们一个接一个地走出去，出去的时候会有人随机给你们每人戴上一顶帽子，但是你们谁都看不到自己帽子的颜色，只能看到其他人的，你们要站成一列，然后每一个人都要说出自己戴的帽子是什么颜色。答对的人将会被释放，答错了，就要被枪毙。"

过一会儿，每一个战俘都戴上了帽子，现在请问，战俘们怎样做才能逃脱这场灾难呢？

7. 谁偷了小刀

北极探险家朱利安先生突然病逝了。朱利安先生生前是城里最负盛名的探险家，有关他的故事家喻户晓。

参加完葬礼后，一些朋友又跟着老管家回到了朱利安的家中，朱利安的夫人出来招呼大家喝饮料。客人们坐在客厅里，有一搭没一搭地聊着朱利安生前的故事。

朱利安生前的好朋友查尔先生从客厅踱进了书房，这里也是朱利安的陈列室。墙上挂满了朱利安在北极拍的照片，桌子上整齐地摆放着几只爱斯基摩人的石雕像，真是栩栩如生。地上横着一架雪橇，一件爱斯基摩人特有的服装随意地丢在沙发上，旁边茶几上的玻璃罩里是一只企鹅的标本。

客人们聊了不久，就纷纷起身向主人告别，正准备出门的时候，只见老管家匆忙地跑过来在夫人的耳边悄悄地说了几句话。

夫人听了脸色大变，她不好意思地对大家说："很抱歉，大家请留步，刚才老管家告诉我，一把精致的小刀不见了，可是，在他为大家端饮料的时候，小刀还在书房里。小刀是我丈夫从爱斯基摩人那里买的，是他生前最为心爱的东西，为此他还特地在刀鞘上镶了一块宝石。那也是他留给我们的最重要的纪念品。"

很显然，女主人肯定客人中有人拿走了小刀。查尔说道："那就赶紧请警察来吧，现在只有警察能证明我们的清白。"

很快警察就来到了，按照惯例，他们对客人们进行了仔细的搜身检查。搜查过后，警察摊开两只手，无奈地说："夫人，没有搜到，也许小刀是不翼而飞的吧，没有办法，我们只好放人了。"

小刀到底是怎么失踪的？查尔又环顾了一下书房，忽然他似乎恍然大悟，小声对警长说："窃贼就在这些客人中，而小刀也还在房间里，过不了多久你就能抓住小偷。"接着，他把自己的发现告诉了警长，警长听了半信半疑。

没过几天，警长果然抓住了小偷，他找到查尔，告诉他说："果然有个客人说企鹅标本是他送给朱利安的，现在朱利安已经去世了，想要回标本，我们逮捕了他，小刀果然藏在标本里。"

查尔是怎么确定小偷就是送标本的人呢？

8. 大卫牧羊

大卫从小就帮助父亲牧羊，他经常看到羊在草原上为了争草而打架，就想："我怎样才能够让每头羊都吃好草，不打架呢？"

通过观察大卫发现，总是力气大的羊挤走力气小的羊，去抢吃最嫩的草，而最需要嫩草的小羊却只能吃到又尖又硬的草。

"真是太不公平了，好吧，既然这些身强力壮的大羊，不知道'尊老爱幼'，那我就想个办法让它们礼貌一点。"大卫自言自语地说着。

大卫会想出什么好办法呢？

9. 目击者的谎言

科恩警官接到报警电话后，丢下正和他一起在餐馆用餐的妻子，驱车赶到了犯罪现场，他的几名属下已经在那里了。

死者名叫巴特尔，是一名公司高管。其尸体躺在自己落地玻璃门旁边的硬质地板上，其身高看上去有 177 厘米左右，体重约 80 千克，身体四周全都是碎玻璃，显然是他的身体将玻璃门给撞破了。今天是星期天，所以他才会待在家中，先是站着观察了一下尸体的科恩警官在心中自忖道。接下来，科恩警官又按照自己的习惯，弯下腰去，对尸体进行了更仔细的检查。他发现，死者下巴左侧有一块青紫色的瘀伤，脑后显然是受到了猛烈的撞击。科恩警官进一步推测，死者脑袋上的伤应该是撞击玻璃门导致的。

"看来是有人在死者下巴上狠狠地击打了一拳，死者受到击打后身体失去平衡，撞到了身后的玻璃门上，最后其脑袋重重地磕在坚硬的地板上，导致了其死亡。"

"您分析得非常对，和目击了死者死亡的一个邻居所描述的一模一样。"哈里警官敬佩地对科恩说道。

"有目击者？你怎么不早说？"科恩警官有些责怪地说道，"立刻让目击者前来见我。"

这位目击者是一名中年人，名叫斯诺，住在死者的隔壁。他自称因为两家之间的围墙只是一排矮小的栅栏，因此他看到了死者死亡的全过程。

"大约一个小时前，我在院子里修剪草坪，我见到巴特尔先生先是到门口看了一下，似乎是在等什么人。期间我还和他打了个招呼。之后，他便回屋了，十分钟后，来了一个陌生男子。巴特尔先生打开屋门，将其迎了进去。来人看上去十分健壮，并且长得有些凶神恶煞，我从来没见过巴特尔先生有过这样的朋友，所以有些好奇，便偷眼瞧了一下他的屋内。只见两人站在屋内的玻璃门前，争论着什么。因为门是关着的，我没听清两人在说什么。突然，巴特尔先生抓起对方的衣领，而对方则挣脱开，然后用一记右勾拳击打在巴特尔先生的下巴上，巴特尔先生则踉跄着撞在身后的玻璃门上，然后脑袋又重重地摔在了地上。陌生人然后打开门飞快地拦截了一辆出租车跑掉了。是我向警察局报了案。"

"好了，斯诺先生，你的戏已经穿帮了！"科恩警官冷冷地看着这个正在讲述的目击者说道，"我想听听事情的真实情况！"

斯诺一听，顿时有些惊慌起来。

你猜，科恩警官为何开始怀疑起这个目击者？

10. 猜帽子游戏

在一个暑期思维训练班里，小明、王志、崔闪三个学员在老师的带领下做一个益智游戏。老师告诉他们，总共有三顶黄帽子和两顶蓝帽子。将五顶中的三顶帽子分别戴在他们三人的头上。他们三个人都只能看到其他两个人帽子的颜色，但看不到自己的，同时也不知道剩余的两顶帽子的颜色。让他们通过已有的信息猜出自己所戴帽子的颜色。

老师先问小明："你戴的帽子是什么颜色？"

小明说："不知道。"

老师又问王志："你戴的是什么颜色的帽子？"

王志想了想之后，也说："不知道。"

老师正要问崔闪，只见崔闪已经忍不住抢先回答说："我知道我戴的帽子是什么颜色了！"

当然，这并不能说明崔闪就比小明和王志聪明，因为先作回答的小明和王志的回答本身给崔闪又多提供了两个推理条件。

现在，假设你是崔闪，你能推断出自己戴的是什么颜色的帽子吗？

11. 《木偶奇遇记》续

我们知道，19世纪法国作家科洛迪曾著有一篇著名的童话《木偶奇遇记》。童话中的小木偶具有生命后，被制造了他并将他当作儿子的老木匠当作儿子送去读书。但他却十分贪玩，卖掉书本去看戏，结果遇到了种种奇遇，其中有骗他金币的狐狸和猫，有强盗，有仙女，后来他还被稀里糊涂的笨蛋法官投进监狱，被捕兽器夹住，被迫当了看家狗……后来，这个小木偶在仙女的帮助下变成了一个诚实、听话、爱动脑筋的好孩子，下面这则故事便是这个变成好孩子后的小木偶的一番遭遇。

这天，小木偶无意中走进了一个森林中，他感觉这个森林里怪怪的，但他不知道怪在什么地方。他不知道，他已经走进了一座"健忘森林"，这座森林因为被一个巫师施了魔法，走进这里的人会忘记了日期。同时，这里的动物除了一只年老的山羊之外，也都爱撒谎。

小木偶不知不觉间便忘记了当天是星期几，却怎么也想不起来。走了一段时间后，他遇到了迎面走来的老山羊。小木偶于是礼貌地上前打听道："山羊公公，您能告诉我今天是星期几吗？"

"不好意思，小木偶，我也忘记了，你可以去问问长颈鹿和斑马。不过我提醒你，长颈鹿在星期一、星期二、星期三这三天爱撒谎，斑马则喜欢在星期四、星期五、星期六这三天撒谎，剩下的日子，他们都说真话。"老山羊告诉小木偶。

于是，小木偶前去找到长颈鹿和斑马。结果，长颈鹿的回答是一样的，都是："昨天是我说谎的日子。"

"健忘森林"虽然会使人忘记日期，但是并不会使人的智慧消失，因此，小木偶根据自己的智慧很快推算出今天是星期几。

那么，今天是星期几，小木偶又是如何算出来的呢？

12. 三个嫌疑犯

英国某市发生了一起盗窃案，因为被偷的东西是该市博物馆中的一件著名艺术品，所以该案件很受注目。很快，警察便抓到了甲、乙、丙三个嫌疑犯，其中甲和乙是英国人，丙则是法国人。警官根据经验判断，没有犯罪的人没必要撒谎，而一旦撒谎，便必然是真正的罪犯。

在审讯室里，警官对三个人一起进行了审问。他先是问丙道："前几天去博物馆盗窃是不是你？"丙于是用他的法语进行了回答。但是，警官却听不懂。这时，懂法语的甲回道："警官，他刚才的意思是他不是盗窃犯，他只是个游客。"但是，同样自称懂法语的乙却说道："不，警官，我在法国待过许多年，我听得懂法语，他刚才的意思是他就是罪犯。"听到这里，警官立刻知道了谁是真正的盗窃犯，事实也证明他的推测是正确的。

你猜，谁是盗窃犯？依据是什么？

13. 谁说了真话

一天，警察局抓来了5名嫌疑犯，他们对于一个犯罪过程中的一个细节的说法有很大出人，该细节又对案情的审理很关键。因此，警察局必须找出到底谁说的是真话。下面是他们的口供：

甲说：5个人中有1人撒了谎。
乙说：5个人中有2人撒了谎。
丙说：5个人中的3人撒了谎。
丁说：5个人中有4人撒了谎。
戊说：5个人全都撒了谎。

你能根据他们的口供推测出谁说的是真话吗？

14. 庸芮说服秦宣太后

战国时期，秦惠文王死后，秦宣太后（惠文王之后，昭襄王之母）掌权。秦宣太后掌权期间曾找了许多个情夫，其中最出名的是魏丑夫。秦宣太后对魏丑夫非常宠爱，以至于后来秦宣太后生病快要死的时候，她拟了一条遗命，要求在她死后，要魏丑夫为其殉葬。魏丑夫也万万没想到和自己缠绵恩爱的秦宣太后会有如此举动，于是感到十分忧愁，找与自己关系不错的大臣庸芮商量。庸芮于是出面劝说秦宣太后，他问太后道："您认为人死后还会有知觉吗？"太后想了一下说："应该不会有知觉了。"

庸芮一听，接下来对人死后有无知觉的情况分别进行了一番假设，秦宣太后一听，便打消了要魏丑夫殉葬的念头。

假如你是庸芮，你会如何去说服秦宣太后？

15. 皮埃尔智抱美人归

19世纪末，波兰女孩玛莉来到巴黎大学，主攻物理，导师波罗教授让她和皮埃尔·居里一同从事研究。

对于这样一位才貌双全的学者，巴黎大学的许多青年都十分爱慕，痴迷于科学的皮埃尔也不例外。但是，玛莉似乎对于众多的追求者并不感兴趣，而是一心将热情扑到了科学研究上。后来，一方面是实在受不了这些爱慕者的"骚扰"，另一方面，玛莉已经28岁，也的确需要找一个伴侣了，于是，她便在自己的实验室门口贴上了一张纸条，上面写道：若有哪位男士能够向我提出我回答不上来的问题，难住我，我就心甘情愿地嫁给他。而鲜花、情书我并不感兴趣。

这张具有"挑衅性"的纸条对于巴黎大学那些智商很高又知识广博的先生们颇具刺激性，许多人跃跃欲试。但是，谁也不敢轻举妄动，因为他们知道，要想用问题难住这个女学者，不是件容易的事。一旦失败，自己便会瞬间成为巴黎大学乃至整个巴黎的笑柄。不过，这天，36岁的皮埃尔实在按捺不住自己的热情了，于是挖空心思想出了一个高深的科学问题，前去敲响了玛莉实验室的门。没想到，仅仅一分钟后，皮埃尔便带着沮丧的表情从玛莉的实验室中出来了。同事们刚才看到皮埃尔大着胆子去敲玛莉的门，都对自己没有勇气而感到懊丧，但是，当他们看到皮埃尔的失败后，又都庆幸自己没有前去"冒险"。不然，遭到嘲笑的就是自己了，皮埃尔本人可是著名的物理学家啊！自此以后的好几个月，巴黎大学的先生们都没有人敢再去玛莉的实验室"冒险"。

痴迷于物理的皮埃尔将其在科学上不服输的劲头完全用在了对玛莉的追求上，遭遇上次的失败后，他天天都在琢磨着难住玛莉的深奥难题。终于有一天，他灵机一动，想到了一个绝好的主意。于是，就在一天他和同事们一起走路，看到玛莉从旁边经过的时候，皮埃尔对同事们说："我将赢得这个女人的爱，瞧我的！"说完，他便走到玛莉面前，先是很有礼貌地鞠了一躬，然后向玛莉提出了两个连续性的问题。玛莉一听，当场便愣住了，完全不知所措。而皮埃尔则又将问题重复了一遍，玛莉还是没有作出回答。就这样，玛莉便只好答应了皮埃尔的求婚，成为了居里夫人。

两人后来的事我们都知道了，他们一起经过艰辛的努力，发现并提炼出了人类科学史上伟大的发现——镭元素。而我们所不知道的是，巴黎大学的那些才高八斗的先生们，肠子都悔青了，因为皮埃尔给玛莉提出的难题，其实他们也不难想出，或者说是十分简单的。

你猜，皮埃尔向玛莉提出的问题是什么？

16. 杰克的怪诞做法

杰克是一家大公司的业务经理，经常要坐飞机去外地。杰克很关心新闻，他通过新闻发现，现在的劫机、恐怖事件越来越多，因此他心里便十分担心自己"常在河边走，不小心便要湿鞋"。思前想后，杰克突然灵机一动，想到了一个使自己遇到这种危险事件的几率大大减小的好主意。

于是，杰克以后每次乘坐飞机，他都会在他的包里偷偷地放一个东西——一枚卸了火药的炸弹。有了这个东西，杰克每次乘坐飞机时，心里便踏实多了。不仅如此，他内心还有一种自豪感，因为他觉得自己使得和他一起乘坐飞机的旅客也都因为他的办法而变得更安全了。

不过，终于有一天，杰克的秘密被一个机场的安检人员给发现了。安检人员十分紧张，立即将其控制了起来，并送往警察局。

但是，警察局的警察在仔细检查了杰克的炸弹后，感到十分不解，因为这是一枚卸了炸药的炸弹，不会对人有任何伤害。于是，他们对杰克进行了审讯。

"警察先生，请相信我，我不是恐怖分子，我是××公司的业务经理，要到××市去谈判一桩生意，我给你们说个号码，你们打个电话过去，事情便立刻清楚了。"杰克信誓旦旦地对警察解释道，并说出了公司的电话号码。

而警察们也拨通了杰克所在公司的电话，结果发现杰克的确是这家公司的业务经理。这家公司是国际知名的企业，很容易联系上，他们也从中了解到，杰克也的确是受公司委派去××市谈判一桩生意。于是，警察们就对杰克的行为更感到不解了。

"那么，杰克先生，你能解释一下你到底为何要在公文包中放上这么一个东西吗？"

"这是个空心炸弹，你们看到了！"

"是的，我们检查过了，这正是我们感到迷惑的地方，你不会告诉我们你是把它当作玩具的吧？"

"好吧，既然你们非要知道，那么我也不妨告诉你们。实话告诉你们吧，不仅是这次，我每次乘坐飞机时都要带上这个东西。之所以如此，乃是为了大家的安全，当然，更是为了我自己的安全——你们知道，现在的劫机、恐怖事件很多。"杰克有条不紊地解释道。

"你的意思是一旦发生劫机事件时，你会用这个炸弹来吓唬那些劫机犯，令他们屈服？"警察顺着他的话推理道。

"不不，我带这枚炸弹倒不是出于这个目的，而是从根本上减少类似的危险事件发生的可能性。"杰克略微有些得意地解释。

警察们一听，更是感到一头雾水，瞪着好奇的眼睛等着杰克做进一步的解释。

杰克见警察先生们都在等他继续解释，他便清了清嗓子继续说道："这是我根据数学知识推测出来的。我们知道，一架飞机上有一个旅客带一枚炸弹的几率是很小的；接下来，让我们设想一下，一架飞机上有两个旅客都带了炸弹的几率会是多大——显然，这个概率就更小了。我们假定一架飞机上有一个旅客带炸弹的几率是 1%，那么有两名旅客带炸弹的几率可能就只有 0.5% 了。因此，如果我带一枚炸弹在飞机上，那么这架飞机发生劫机或恐怖事件的几率就大大降低了，不是吗？好了，先生们，这就是我带炸弹上飞机的原因！"杰克说完，微笑着看着警察们。

警察们一听，面面相觑。最终，并没有多少逻辑学知识的警察们也无法说服杰克，他们在经过进一步调查后，觉得杰克的确不存在犯罪动机，就将他放了。

显然，杰克先生的理由是站不住脚的，那么，你能利用逻辑学的知识指出他的谬误之处吗？

17. 母亲与鳄鱼

古希腊的某位哲学家为了向人们展示悖论的存在，曾经编造出了这样一个故事。

说有一天，一个年轻的母亲带着自己的孩子在河边洗衣服，她幼小的孩子一个人在河边嬉戏。没想到，一只鳄鱼悄悄地游到岸边，一下子将这个玩耍的孩子给叼在了嘴里。这位母亲一看，先是一下子惊呆了，然后是苦苦哀求鳄鱼放回自己的孩子："求求你，鳄鱼先生，这是我唯一的孩子，如果您能放了他，我会愿意为您做任何事！"

鳄鱼是种冷酷的动物，它不但没有被母亲的苦苦哀求打动，反而觉得这个母亲的哀求让它觉得很好玩。它心里想，反正现在还不饿，不妨捉弄一下这个可怜的女人。于是，它对这个母亲说："你一个女人家，又能为我做什么事呢？不过，看你这么可怜，我倒是可以给你一次机会。下面我给你出个题目，如果你能答对了，我就放了你的孩子。我的问题就是——"说着，鳄鱼的眼睛狡猾地转了一下后，说道，"你猜，我会不会把你的孩子吃掉呢？"

鳄鱼心里得意地想："哼哼，你肯定会说我会把你的孩子吃掉的，到时我就一口将你的孩子吃掉！到时，也正好证明了你的猜测是错误的，你也就无话可说了。而我，既博得了有同情心的美名，又没有浪费一次饱餐！"这位可怜的母亲也一下子被鳄鱼的问题难住了，她站在那儿，思量着该如何救自己的孩子。

结果，令鳄鱼没想到的是，这位母亲给出了一个令它始料不及的答案，并最终救下了自己的孩子。你猜，这位母亲是如何回答鳄鱼的问题的？

18. 失窃案

某个周末的下午，美国底特律市北部的一幢公寓内发生了一件盗窃案，失主里克松报案后，警察在半个小时后赶了过来。据里克松称，自己住在公寓的 318 房间，40 分钟前他下楼到超市买东西，因为很快就回来，所以没有锁门。但是当他返回来之后，发现自己房间里的 3000 美元不见了。

警察于是问里克松公寓里有谁知道他去超市买东西。里克松告诉警察："隔壁房间的卢西奥知道，因为他还要我为他带一些零食回来。"

于是警察来到隔壁的卢西奥的房间，进去之后，发现卢西奥在一边吃零食，一边看当天的报纸。"对不起，刚才隔壁房间出现了盗窃案，我们不得不询问你一下。"警察解释道，"里克松刚才去超市买东西时，你在房间里做什么？"

"我一直在看报纸。"卢西奥回道。

"那么你没听到隔壁有什么动静吗？"警察问道。

"没有，因为刚才有一架直升机一直在楼顶盘旋，噪音很大，我没有听到隔壁的动静。"

接下来，警察又叫来了公寓管理人员询问情况。公寓管理人员称，他一直守在门卫室里，没有看到有外人进公寓，因此肯定是公寓内的人干的。警察经过询问，了解到除了里克松和卢西奥，在三楼只有三个人分别待在自己的房间里。于是警察准备对这些人进行逐一盘问。

于是，他们一行人先是来到了314房间里，发现房间里的卡斯特正懒洋洋地躺在沙发上看电视。

警察说明了情况之后，询问卡斯特刚才在干什么。

"我一直都待在房间里看电视，天哪，怎么会出现这种事，真是不可思议。"卡斯特对里克松的遭遇表示同情。

"你一直没有出去过吗？"警察又问。

"是的，因为刚才是我喜欢的歌手在唱歌，所以我一直都看得很起劲。"

"那你有没有听到楼道里有什么动静？"

"我能听到的唯一动静就是那架讨厌的直升机的螺旋桨声。"

"好吧，就暂时问这些吧。"警察说着就要走。但是他似乎是不经意地走到电视机前，看着那台还挺新的电视说道："这台电视不错，和我家里的一样，不过我的那台老出现紊乱或者'雪花'，你的电视有这种现象吗？"

"从来不，这电视机相当棒！"卡斯特笑着轻松地回答。

这时，几个人都已经走到了门口，准备去下一个待在房间里的人那里询问。这时警察却说道："不用了，小偷就是这位卡斯特先生。先生，你也不必演戏了，交代一下你的偷盗经过吧。"

卡斯特试图进行抵赖，但警察说了一句话，使他哑口无言，不得不承认自己的罪行，并从柜子里拿出了偷盗的3000美元。

你猜警察是如何识破卡斯特的呢？

19. 约翰的诡辩

约翰是一个高中毕业生，因为不想继续读大学而来到一艘船上当了水手。一次出海期间，他不小心将船长的一套茶具打破了，情急之下，他便将这套茶具扔进了海里。

第二天，他来到船长的办公室，问船长道："先生，我想请教您几个问题，不知道您有没有空？"

"可以呀！"船长回答他。

"我想问您的是，如果您知道一个东西在什么地方，那能说这件东西丢了吗？"

船长说："那当然就没有丢了。"

"哦，这样的话，我要告诉您，昨天您找不到的那套茶具没有丢。"

"那么它在哪里？"

"在大海里。"

船长一听感到瞠目结舌，虽然他明知道约翰的说法肯定是不对的，但是一时也找不到言辞来反驳约翰。

你能帮这位船长指出约翰的说辞的荒谬之处吗？

20. 助手的错误判断

科恩是一名著名的大侦探，一天，他接到警察局的电话，请他一同前往一个死亡现场协助勘查现场。但是，科恩因为当时抽不开身，便让自己新来的有些轻浮的助手卡斯特先赶到现场查看下情况,自己一个小时后到。

卡斯特赶到死亡现场后,几名警察和一个妇女等在那里。卡斯特从警察口中得知,他们在上午时接到一个报警电话,是死者的妻子打来的。她声称自己的丈夫是一名大学物理学教授,昨天晚上他到实验室做实验,一晚上没有回家。于是,妻子在今天上午自己前来实验室找丈夫,结果却发现丈夫将自己反锁在了实验室内,怎么叫也没有回应,她担心出了什么事,所以报了警。

警察知道卡斯特是大侦探科恩的助手,很是尊重他,询问他该如何办。卡斯特看了一下现场后,当机立断,让警察敲碎实验室窗户上的玻璃,打开窗户,从窗户进入实验室。并且,他不忘强调,进屋之后不要轻易用手去摸现场的物品,以保留指纹。进入实验室后,卡斯特和警察们才发现物理学家已经死在了房间内,看上去是服毒自杀。卡斯特还发现,在门内的钥匙孔上还插着一把钥匙。于是,他立刻在插进的钥匙上撒下了一些白粉,用放大镜来观察。

透过放大镜,钥匙手把的表面和背面都可以清晰地看到旋涡型的指纹。于是,卡斯特在警察的协助下开始将钥匙上的指纹和死者的指纹进行了对比。结果发现,钥匙上的拇指指纹和食指指纹都和死者的相吻合。于是,卡斯特当即下定了结论,作者是自杀无疑——显然,是他自己将窗户关上,然后又将门反锁上,然后服毒身亡。

得出这个结论后,卡斯特显得有些得意,心想科恩侦探的那两下子也无非如此,自己完全可以自己去开一家侦探所了。最后,按捺不住自己的得意的卡斯特差点给科恩侦探打电话,告诉他不用来了,一切都已经很清楚了。

科恩侦探果然在一个小时后来到了现场,助手卡斯特刚将自己的判断以及依据对他说了一遍,他便立刻摇摇头,他坚定地说:"不,钥匙上的指纹恰恰说明,这个人是他杀而非自杀!"接着他便说出了自己的理由,在场的人一听,无不点头,而卡斯特的脸也一下子红了。

你能看出助手卡斯特先前的判断错在什么地方吗?

21. 马克·吐温的道歉声明

19世纪70年代,美国著名讽刺小说家马克·吐温和邻居、作家查尔斯·沃纳合写了一部长篇小说《镀金时代》。该小说虽然艺术成就一般,但社会影响深远,以至于从南北战争结束到20世纪初叶的美国历史时期也就被定名为"镀金时代"。在内容上,小说深刻揭露了投机商、企业家和政客们串通一气掠夺国家和人民的财富的黑幕。因此,小说在1874年一经面世,便在社会上引起了强烈反响,许多媒体争相采访马克·吐温。在一个宴会上,有记者问马克·吐温:"马克·吐温先生,大家都很想知道《镀金时代》究竟有多大的真实性,国会议员们真的如同您书中所描写的那样卑鄙无耻吗?"马克·吐温回答道:"这么说吧——美国国会中的有些议员就是婊子养的!"这句话立刻在第二天被刊登在各大报纸的头版上。如此一来,美国国会的许多议员十分愤怒,他们纷纷公开指责马克·吐温说话不负责任且粗鲁无礼,要求他公开在报纸上道歉。

马克·吐温开始时并不予以理会,后来迫于各方的压力,不得不决定在《纽约时报》上刊登道歉声明。不过,这位幽默讽刺大家的道歉声明可谓与众不同,他是这样写的:"前几日,在一次宴会上,面对记者的提问,我曾经说过这样一句话:'美国国会中的有些议员是婊子养的',这句话惹怒了许多人,这些人一直在要求我道歉,我经过考虑后,觉得这句话的确有不妥之处,因此今天特意刊登道歉声明,下面,我将我原先所说的那句话修改如下:美国国会中的有些议员不是婊子养的,幸祈见谅!"

这个道歉声明登出后,令那些国会议员们感到啼笑皆非,广大读者看后也忍俊不禁。事实上，这位讽刺大家的道歉声明不仅没让那些国会议员们讨到便宜，而且等于是又用同样的话公开骂了他们一次。你知道这是为什么吗？

22. 被害者的提示

一个周末的上午，怀特警探正在床上和妻子缠绵，警察局的一个电话打了过来，原来是该市某酒店发生了凶杀案，要他立即赶过去。怀特骂了句脏话，便满心不高兴地匆匆穿上了衣服，驾车赶往事发现场。

怀特警官达到后，发现另外两名技侦人员已经在现场了。据他们介绍，发现死者的是酒店的服务员，其在今天早上8点半到死者客房敲门送早餐时，发现无人应答，感到奇怪，于是进了房间结果发现死者已经被杀，鲜血流了一地，屋子里的桌子上、地上则到处是散落的麻将。死者名叫杰瑞，是本市一家高级中学的数学老师，昨天下午他和另外三个朋友一起住进了该酒店。死者住在了312房间，另外的三个人都是死者的大学同学，分别是住在314房间的贝克汉姆，315房间的哈里逊，和317房间的阿曼德。昨天晚上，他们四个人一起在杰瑞的房间里打麻将，一直玩到半夜12点，哈里逊说道："明天还要到外面去玩，今天就到此为止吧。"于是几个人都各自回了自己的房间。根据检查，死者的死亡时间大概是在夜里12点半左右。显然，死者是在麻将散场之后，被人杀死的。而根据死者脑袋上的伤痕可以肯定，死者是被人用钝器击打脑部致死的。

另外，还有一条线索，法医检查时，从死者紧闭的手中发现了一个副麻将牌。说完，侦查员克里斯将一个装在袋里的麻将牌递给了怀特警官。怀特警官一看，发现那张牌是一个"小鸟"。怀特警官拿着那个"小鸟"端详了一会儿，想不出一丝头绪。这时，另一名侦察员巴特说道："这很奇怪，根据现场来看，死者房间的枕头上留下的血迹最多，他应该是在床上遇害的，他为什么要到桌子上拿到一副麻将牌呢？我看这里面肯定有文章。会不会是死者在临死前，拼命爬到桌子旁拿了一副麻将牌在手里，想给我们留下破案的线索呢？不过，这小鸟究竟代表了什么？"这时怀特警探眼睛一亮，想到了什么，他问道："你刚才说死者是一名高中数学老师？""是的。"巴特点点头，"不过，这和'小鸟'也没什么联系啊！"巴特不解地补充了一句。"不，和'小鸟'无关，一个快要断气的人想必也来不及从100多张牌中找到他想要的那张，可能他只是想通过麻将牌本身给我们暗示！"接着，怀特警探便说出了自己的推测，大家一听，都点点头，于是，将嫌疑锁定在了死者的三个大学同学中的其中一位身上。最后，经过进一步的侦查和审问，果然此人正是凶手。

那么，你猜，怀特警探的推测是什么？凶手又是谁呢？

23. 劫持犯逃窜的方向

一天上午11点钟，侦探斯诺接到警局电话，请求其协助破获一起劫持案，被劫持者是国内一名著名的女画家。斯诺于是匆忙赶到了劫持现场，女画家是在其公寓附近的小花园里被劫持的。在劫持现场，斯诺看到一排牵牛花旁边散落着画家的画夹和其他写生用具，其未画完的草稿上画的是几束盛开的牵牛花，有的枝叶还没有来得及画上去。另外，在草丛中斯诺还找到显然是从女画家身上掉下来的一粒上衣纽扣。

接着，斯诺又在离现场20米远的地方，看到了汽车留下的痕迹，根据汽车轮胎留下的痕迹，斯诺判断出这是一辆奥迪越野车。然后据公寓守门员的陈述，当天上午共有两辆奥迪越野车通过大门。一辆是在上午8点半出门向南驶去，一辆是在上午10点出门，然后向北驶去。斯诺断定，劫持犯肯定就在这两辆车的其中一辆里。但是因为据邻居说他们最后看到女画家的时间是早上 7 点钟,因此这两辆车都有可能是劫持犯所乘坐的车。斯诺无法断定究竟是哪一辆,好让警察集中警力往一个方向追寻。而要知道到底是哪辆车,就必须弄清楚劫持犯的作案时间。

正在无计可施之际,斯诺的眼睛落在了女画家留下的草稿上。看着那几束画稿上未画完的盛开的牵牛花,斯诺眼睛一亮,马上判断劫持女画家的那辆车是上午 8 点的那趟车,因此应该往南追捕劫持犯。

你能猜出斯诺凭什么断定劫持犯乘坐的车是上午 8 点出门的那辆吗?

24. 凶手惯用哪只手

昨天夜里,在市区一个偏僻的旧住宅楼的 5 楼,发生了一起凶杀案。警探昆德拉和自己年轻的搭档瑞恩警官一起赶到现场后,发现被害人是该房间的男主人,其被人捆在一张靠背椅子上,和椅子一起被置于屋子中央的电灯下方,头部遭到酒瓶子的重击而死。在其头顶上方,悬挂的是一个旧式钨丝灯泡(如左图)。另外,玻璃窗里面的旧窗帘也被是拉起来的。

除了上面的现场情况外,此案还凑巧有一个目击证人。此人是居住于这栋楼对面旅馆 4 楼的旅行画家。这个画家自称,昨晚深夜,他因为失眠,站在旅馆房间的窗户前眺望夜景。突然,他看到对面居民楼的一个窗户上出现了一个令人感到可疑的投影,看上去是一个人正在举起酒瓶子试图击打什么。画家出于好奇,随手为这个窗户上的投影画了张素描(如右图)。

"看上去凶手似乎是用右手握着酒瓶子的,是个惯用右手的人。"瑞恩警官一边看着画家提供的素描一边判断。

"不一定,凶手也完全有可能是个左撇子。这要看凶手当时是面朝窗户还是背对窗户。如果他是面对窗户,那么凶手举起酒瓶子的手就是左手;而如果他是背对窗户,则举酒瓶的手就是右手。"昆德拉推断。

"对,的确如此!"瑞恩警官一边思考昆德拉的推断一边点头,"这么说来,从这张素描来看,并不能判断出凶手是左撇子还是右撇子。"

"不,如果单独看素描的话,的确是如此,不过,如果将素描结合现场的情况,我们就能够推断出这一点。"昆德拉果断地说。

现在,你来对照一下这张凶杀现场图和素描图,看能否推理出凶手是左撇子还是右撇子?

25. 弄巧成拙的"自杀"

一个富商无儿无女,只有一个侄子。富商一旦死去,其财产便会根据血缘关系归其侄子所有。但是,有一天,富商突然从别人那里得知自己一直以来很看好的侄子多年来一直都在蒙骗自己的钱财,然后到外面去花天酒地,而并非如他在自己面前所装出来的那样是个对社会有用的俊才。并且,这个侄子对于富商也并不像他平时装出来的那么爱戴和尊敬,而是经常在背后咒骂他抠门,并且咒他早死,好继承他的财产。富商感到十分气愤,一生靠打拼走到今天的他最瞧不起的就是那种寄生虫。并且,这个侄子还完全是个没有良心的无赖。因此,他将侄子叫到自己跟前,坦率地告诉他所有的一切,然后明确告诉他,他以后休想从自己这里再拿到一分钱。并且,富商也明确告诉侄子,自己死后会将遗产捐献给慈善机构,而不会给他留一个子儿。

这个无赖的侄子听到富商的这番话后,简直急得发了疯,这许多年来,他可是日夜在盼着富商死去好继承他的财产的。这下,竹篮打水一场空,他对于这个结果无法接受。于是,财迷心窍的侄子竟然想到一个狠毒的主意,在富商还没有来得及立出将财产捐献给慈善机构的遗嘱之前,雇用一名杀手前去暗杀自己的叔叔。这样一来,根据法律,自己可以舒舒服服地继承他的遗产。

杀手先是摸进富商的办公室里,趁富商靠在沙发上打盹,用装了消音器的手枪在富商的左边太阳穴上开了一枪,完事后杀手又将手枪放在了富商的右手里。然后,杀手又按照富商侄子提前安排给他的指示用富商的打印机打印出了一份遗书,然后又将打印机上的指纹全部擦掉,以造成富商开枪自杀的假象。而遗书的内容自然是富商侄子提前抄给他的。富商侄子很狡猾,在遗书上富商并没有提财产留给谁的话,而只是说明了一下自己自杀的原因是因为年老孤独,这是独身老人自杀常见的原因,很合逻辑。这样一来,只要富商没有在遗嘱中特别说明对于自己财产的安排,按照血缘关系,自然便都归富商的侄子了。

富商侄子为自己的完美计策而得意,他先是假装从警察那里得知了自己"亲爱"的叔叔的死亡消息,然后到叔叔办公室假惺惺地伤心了一场。最后,他便怀着按捺不住的心情等待着律师将富商的财产移交给他。但是,令他感到意外的是,警察首先登门"拜访"了他。警察提出,他们根据现场的情况判定富商是他杀而非自杀,而富商的侄子因为富商死后可以继承他的一大笔财产,是富商死亡的最大受益者,因此被认为是杀人嫌犯。

但是,这个无赖将自己的计策从头到尾想了一遍,也没有想出有什么漏洞,让警察认定富商是他杀。几个月后,这个案子被完全告破,杀手也被捉拿归案。这时,警察才告诉富商的侄子,为何他们怀疑富商是他杀而非自杀。简单说,杀手留下了两个破绽,一个是因为太粗心了,另一个则是因为太小心了,以至于弄巧成拙。

你能猜出杀手留下的两个破绽在什么地方吗?

26. 刁藩都的墓碑

在古希腊的亚历山大里亚,曾经有一名著名的数学家刁藩都。对于这个数学家,人们只知道他是公元3世纪的人,而对于其年龄和生平史籍上均无明确记载。另外,在他的墓志铭上,给人们留下了一些信息。

刁藩都的墓碑上是这样写的:

刁藩都长眠于此,倘若你懂得碑文的奥秘,它会告诉你刁藩都的寿命。诸神赐予他的生命的1/6是幸福的童年;又过了生命的1/12后,他长出了胡须;其后刁藩都结了婚,不过还不曾有孩子,这样又度过了一生的1/7;再过5年,他得到了第一个儿子,但不幸的是,这个儿子只活了其父亲寿命的1/2;儿子死后,刁藩都在数学中寻求慰藉,4年后离开了这个世界。

你能根据墓碑上的信息得出刁藩都的大致生平吗?

27. 陶渊明考子

东晋大诗人陶渊明隐居后，其妻子一共为其生下了 5 个儿子。陶渊明无官一身轻，除了出游去拜访朋友外，在家里则是每天写写诗，与妻子和儿子共享天伦之乐，日子倒是过得十分惬意。一天，陶渊明见几个孩子都越来越大了，便决定考一考他们的智力，给他们出了一个题目，其内容是这样的：每只公鸡值 5 文钱，每只母鸡值 3 文钱，每只小鸡只值 1 文钱。现在如果要用 100 文钱，买 100 只鸡，试问：这 100 只鸡中，公鸡、母鸡、小鸡各多少只？

据说，结果陶渊明的 5 个儿子都没有能得出答案，陶渊明由此对自己的儿子也颇感失望。他在《责子》一诗中写道："白发被两鬓，肌肤不复实。虽有五男儿，总不好纸笔。阿舒已二八，懒惰故无匹。阿宣行志学，而不爱文艺。雍端年十三，不识六与七。通子垂九龄，但觅梨与栗。天运苟如此，且进杯中物。"意思是长子阿舒，懒惰到举世无双；次子阿宣，对应考没兴趣；阿雍和阿端是双胞胎，谁知笨得不认识六和七；小儿子阿通成天都在找果子吃。老陶我只好听天由命，管他三七二十一，喝自己的酒去。

据此，有现代优生学专家提出：这是陶渊明近亲生育的结果。但是也有人反对这推测，认为这道题目看似简单，实际上相当有难度，要算出来，是需要动一番脑子的。

聪明的读者，你能够算出这道题目吗？

28. 智辨小偷

小王刚从警校毕业，被分到一个市的公安局工作，因为初来乍到，没有工作经验，局里安排他和在局里工作了十几年的老警察老张做搭档，意思是让老张带一带这个年轻人。

一天晚上，小王和老张一起执勤时，看到从马路对面的一处豪宅的大门口走出来一个年轻人，这个年轻人手里拎着一个大提包，看上去步履匆忙，神色也有些慌张。经验丰富的老张便马上对他产生了怀疑，示意小王上前盘问。于是，小王走上前去喊道："请你站住！"

那个年轻人于是便停了下来，问道："什么事？"

小王上下打量了一下这个年轻人，发现他虽然故作镇定，实际上眼神却飘忽不定，于是感到更加怀疑。小王问道："这么晚了，你带这么多东西干什么去？"

年轻人于是便看上去有些不耐烦地回答说："这是我的家，我从家里拿点东西赶去女朋友家去睡觉，不行吗？"说完，便要走开。

小王一看他不买账，也一下子急了，喊道："现在宅子里没有开灯，显然里面根本没人，因此我们怀疑你趁主人不在，来偷东西，请跟我们走一趟！"这话显然听上去十分笨拙了。

"笑话，我不在里面住了，还开着灯干吗！"年轻人似乎是很不屑地反驳道，"好了同志，你这样怀疑人也是本着对我的财产负责的态度，我很感激，不过我真不是贼！"似乎是感到局面太僵，顿了一下之后，年轻人又说道。

就在这时，从宅子里跑出来一条卷毛的宠物狗，冲着年轻人直摇尾巴。年轻人也俯下身子摸着小狗的脑袋说："你看，这是我家的小狗，名字叫'公主'。这下不会错了吧，狗难道会乱认主人？"

小王一看那狗对年轻人这么亲热，觉得自己是真的错了，于是对他说："对不起，那请你走吧！"

年轻人于是便准备离开，恰在这时，小狗突然跑到路边的小树那儿，抬起一条后腿撒尿。老张一看，突然又喝住了年轻人："站住，你就是小偷！"

你知道老张凭什么断定年轻人是小偷的吗？

29. 女孩智捉小偷

法国记者安娜一次去日本进行新闻采访。在东京地铁的时候，她在车厢里面不小心丢失了一个钱包。

在地铁停稳之后，她赶紧跑出来焦急地对地铁警务人员说自己的钱包丢了，请他们帮忙暂时不要放乘客出站，帮忙查一下。

警务人员对安娜的遭遇非常同情，但是由于来来往往的人比较多，他们很无奈地对安娜说："这是终点站，我们不放走人没有关系，但是怎么才能帮你找到钱包呢？难道要挨个人搜身吗？"

"当然不是，你们只需要让乘客中的男人都脱下鞋子检查一下脚背就能找到那个小偷了。"

警察非常奇怪地说："这是怎么一回事呢？"

安娜接着向警务人员解释说当时在车厢里面的时候，她在那个小偷的脚背上面狠狠地踩了一脚，所以一定会留下脚印的。

事情是这样的：安娜当时在车厢里面的时候，觉得身后有个男人的手伸进了自己的腰部，她知道假如在这个时候她大声喊叫的话，说不定小偷手里会有凶器，那样一来，很有可能会受伤。于是，她急中生智假装被前面的人挤了一下，趁势猛地踩了后面的男人一脚。

警务人员按照安娜说的办法，把所有的男乘客都集中到出口处，挨个让他们把鞋子脱下来进行检查。果然，经过检查发现了一个男乘客的脚背上有一块红肿，然后警务人员就对他进行了全身搜查，果然在他的身上找到了安娜的钱包。

警务人员后来奇怪地问安娜："当时，你身后的男人那么多，你怎么就能够判定他就是小偷呢？"

你知道这个问题的答案吗？

30. "拆半仙"授徒

古时候，有个人善于通过拆字替人占卜，每每应验，于是，人们便赠送他一个绰号，叫"拆半仙"。

"拆半仙"因为十分灵验，找他拆字的人很多，因此他的收入颇为可以。有个青年很是羡慕，便登门想要拜他为师，学习他的本领。"拆半仙"看这个青年挺机灵，便收下了他。但是，青年拜师之后，却迟迟不见"拆半仙"传授他占卜的诀窍，只是在有人前来拆字时，要青年在旁边观看。

这样过了一年，青年也没有看出个眉目，只是觉得"拆半仙"的确拆得很准，但对于其中的门道却一无所知。一天早上，"拆半仙"又在街头摆出摊位时，徒弟实在忍不住了，就对"拆半仙"说："师傅，我已经跟随您老人家一年了，您总该教我点什么了吧？"拆半仙一听徒弟如此说，便说道："怎么，我不是天天在教你吗？怎么说我什么也没有教你呢？"徒弟一听愣了，摸着脑袋说道："师傅，我是天天看您拆字，可是，对于这其中的门道我一点也不懂啊！"拆半仙于是说道："我以为你早就看明白了，看来你还需要我点拨你一下。那好吧，今天有人来拆字的话，你还在旁边观看，晚上我给你讲讲这其中的门道。"徒弟高兴地点点头。

这天上午，一个小脚老太太颤巍巍地走了过来。老太太眯着眼对"拆半仙"道："先生，我有个东西丢了，想拆个字，烦您帮我找找。"

"老人家，不知道您丢的是什么东西？""拆半仙"问道。"是我祖上传下来的两颗珍珠。因为藏在箱子底很长时间了，我今天早上就把它们拿出来，想到屋外光线亮的地方看一下它们变色了没有。没想到跨过门槛时被绊了一下，手里的珍珠便掉在了地上。我赶紧找，结果找了几遍，只找到了一颗，另一颗怎么也找不着了。所以先生您能不能帮我找一下？""当然可以，老人家，就请您抽一个字吧。"说罢将放字的箱子递到老太太面前。

老太太于是抽出了一个字，"拆半仙"一看，是个"酉"字。"拆半仙"眯起眼，捋着胡子想了一会儿，又装模作样地掐着指头算了算，开口说道："照这个字来看，酉乃是地支，生肖属鸡，因此你丢的东西应该是在鸡肚子里。你回家后将鸡杀掉，想必就可以找到失物。"老太太知道"拆半仙"算得很准，一听这话，坚信不疑，立刻支付了"规矩钱"，便喜滋滋地回去了。

到了中午，老太太上街买菜时路过"拆半仙"的摊位，笑嘻嘻地说道："先生，真亏了您，我那宝贝果然在鸡的肚子里找到了！"

老太太刚一走，城南铁匠铺的铁匠着急上慌地跑来拆字了，原来他的一把干活离不开的榔头不见了。眼看着下午自己没法干活，便赶忙来求"拆半仙"帮忙找一下，好不耽搁下午干活。也巧，铁匠正好也抽了"酉"字。"拆半仙"于是舌头一转，说道："'酉'字嘛，横着放，看起来就像个风箱。你的榔头想必就在风箱旁边。"铁匠也留下"规矩钱"便着急忙慌地离去了。没想到过了一会儿，从城南过来的人便捎来信，称铁匠的榔头找到了。这时，青年不得不佩服地看了一眼师傅，而"拆半仙"则并没有说什么，只是微笑了一下。

到了下午，一个邻近小城上的人也因为听闻"拆半仙"的大名，大老远赶来请"拆半仙"给占卜一下。原来，这个人的父亲病了，医治没什么效果，便想请"拆半仙"卜下吉凶。"病人几岁了？""拆半仙"煞有介事地问道。"71岁了。""什么样的症状呢？""总喊胸口疼。""病人饭量如何？""几天时间都只能喝一点粥了。""好吧，你先抽个字，我看看吧。"真是巧了，这次又抽了个"酉"字。"拆半仙"看了抽出的字后，皱着眉头说道："看来令尊过不了这一关了，'酉'字，上下一出头就是个'奠'字，回去给病人准备后事吧！"

到傍晚快要收摊时，又有个小媳妇前来拆字，要"拆半仙"帮她找一找自己头上戴的一只簪子。她称自己下午一直在院子里做针线活，中间只回过两趟屋，并无去别的地方。但是，自己头上的簪子却怎么也找不到了。小媳妇说完抽了一个字，真是无巧不成书，她还是抽了个"酉"字。这次，"拆半仙"没有多加解释，只是眯着眼想了一下，便果断地判断："你的簪子在门帘里挂着。"

打发走了小媳妇后，"拆半仙"便收了摊。晚上回到家里，徒弟忍不住向师傅请教道："师傅您今天拆了4个'酉'字，用4种解法打发了4个顾客，我实在是很奇怪，这里面的奥妙究竟在什么地方呢？"

"拆半仙"于是笑着对徒弟说："实话给你说吧，拆字这个东西，其实并没有什么奥秘，只是需要你善于用脑子分析，同时对顾客察言观色，揣摩对方心理。说白了，所谓占卜，就是猜。当然，很重要的一点，你要有好的口才，将事情说得很玄乎。如此，就算你有时猜对有时猜错，人们都会觉得了不得，称你为'半仙'。"看徒弟还是不太明白，"拆半仙"继续说道："比如说今天上午的那个老太太。她来打听珍珠的下落，又说了珍珠丢失的过程。你想，被门槛绊了一下，身体必然向前扑倒，所以珍珠必然是落在了屋外了。我看那老太太的脚上有不少鸡粪，她身上也稍微有些鸡的味道，想必她是养了鸡的。老太太养鸡，鸡便往往喜欢绕着她脚跟。珍珠掉下来之后，鸡肯定以为是老太太又给它们喂食了。老太太找几遍找不到，珍珠便很可能被鸡给吞下去了。而'酉乃是地支，生肖属鸡'这不过是我临时发挥，讲一些骗人的行话罢了。即使她抽出别的字，我同样可以将其拉到鸡身上。

"再来说铁匠的榔头。榔头是铁匠干活时时刻离不了的家什，肯定不会放得太远。用罢放在风箱上，是很多铁匠的习惯。而一旦遇到其他的事出去一下，外人来将风箱撞了一下，或者是自己不小心将风箱撞了一下，榔头一下子掉进了风箱旁边的空隙里，是很有可能的。至于'酉'字横倒像风箱，则又是我嘴皮子的临时发挥了。"

"不过师傅，您要那个中年人为自己的父亲准备后事，不是太冒险了吗？万一即使他的病治不好，但就是不死，拖上了几年，您的话不就穿帮了吗？"

"你不是已经听了病人的情况了吗？心口疼，又吃不下饭，这么大年纪的人，恐怕明眼人一听都知道必然活不了多久了！况且，即使他今年不死，拖到了明年，甚至拖到了后年，到时我也可以解释说是'本人年轻时行了善事'之类的话解释，这么好听的话谁会拒绝接受呢？我还是有回旋的余地。"

听师傅这么一说，徒弟这时脑子才开了窍。这个徒弟也的确是机灵，这里刚开了窍，便自告奋勇地对那个找簪子的小媳妇的拆字的情况进行了一番分析。师傅一听，点头称赞道："好了，你可以出师了！"

你知道徒弟是怎么解释的吗？

31. 不一样的态度

一天，有个人到饭馆吃饭，吃完后一摸口袋，才发现自己忘了带钱。他于是感到十分窘迫，满怀歉意地对老板说："老板，实在不好意思，我今天出门出得急，忘了带钱，明天一定送来。"老板一听，很爽快地答应了，并且还很客气地将他送出了门。这一切被旁边一个无赖看在眼里，他一看这老板这么好说话，便想趁机占点便宜。于是，他吃完后，同样是假装摸摸各个口袋，然后模仿刚才那个顾客所说的话对饭馆老板讲了一通。没想到老板一听，立刻把脸一沉，赶紧把身子堵在无赖可能逃走的方向，非要无赖当场结账。无赖一看老板态度坚决，便不服气地嚷道："刚才那个人可以赊账，我为什么就不能？"老板于是便说出了自己的理由。无赖一听，也合乎情理，便只好乖乖地付账。

老板对无赖解释的自己对待两个人的态度迥异的原因是什么？

32. 贵妇人的小狗

一个相当有地位的英国贵妇喜欢养宠物，特别是小狗，她尤其喜爱。最近这位贵妇特意从法国买回来了一条名贵的小狗。为了将这条小狗培养成世界一流的名犬，贵妇将小狗专门送到了柏林的一家专门的宠物训练学校进行培训。

经过几个月的特殊训练，贵妇人的名狗终于从德国回来了。在送这只小狗回来的时候，柏林校方向贵妇信誓旦旦地保证："小狗经过特殊的训练之后，主人要它做的基本动作全部可以完成。"

贵妇人非常高兴地欢迎小狗回来，她更想验证一下这几个月的训练效果。但是，不管贵妇人发出多么简单的指令，小狗都始终呆呆地站着，没有任何反应。这下子可急坏了贵妇人。但是，这家动物训练学校是世界闻名的，不可能撒谎或者欺瞒顾客，因此，其中必有蹊跷。

你知道这其中的原因吗？

33. 县令智判捡钱案

明天启年间，有个乡下人进城卖驴，将驴卖掉，准备回家时，他在一个街上捡到一个钱袋。乡下人很老实，拿着钱袋站在原地等失主。

过了一会儿，有个财主着急忙慌地走到乡下人附近的街上，来来回回地盯着地面找东西。乡下人一看，便走上前去问他是不是丢了钱袋。财主慌忙点头称是。乡下人没多想，便将钱袋递给了他，说是自己刚刚在这里捡到的。

这个财主接过钱袋一看，果然是自己的。但是，这个财主却是个贪婪无德之人，他见乡下人这么老实，也不问问他丢的钱袋的样式和颜色，便将钱袋给了他。又见这个乡下人肩上背的钱袋鼓鼓囊囊，显然是有银子在里面。于是，这个财主便起了贪心。他假装翻开钱袋数了数里面的银子，然后便说自己的钱袋里本来有 20 两银子，现在只剩下 10 两了。他一口咬定是乡下人贪财，昧了他 10 两银子。乡下人自然不认。于是两人争吵起来。路边很快围了一圈人，大家不知道真相，纷纷指指点点，有的指责乡下人昧银子，有的指责财主诬赖好人。最后，这个财主竟然拉着乡下人到县衙见官。

县官于是审理了此案。在听了两人各自的陈述后，县官心想，乡下人如果有心昧银，便干脆将 20 银子全部昧掉，何苦再将银子归还主人？因此说乡下人昧银，逻辑上说不通。再看堂下的两人，乡下人明显老实巴交，不像歹人；而那财主，则看上去贼眉鼠眼，不像良善之人，并且眼神也总是躲躲闪闪，显然是理亏。于是，县官心里大致有了数，有心惩罚下这个贪婪无德的财主。心下略一思忖，县官想到一个绝妙的主意。

于是，县官问乡下人道："你捡到钱袋之后，可曾离开过原地？"

"不曾离开。"乡下人回答。

"可有人作证？"县官又问。

当时街上的几个人便为乡下人作证。

"那么你可曾打开过钱袋？"

"不曾打开。"

并且又有目击者愿意替乡下人作证。

于是，县官便给出了判决。这个财主一听，哑口无言，自悔因贪心而最终搬起手头砸了自己脚。

你猜，县官是如何判决的？

34. 被冤枉的县官

李勉是唐朝中期的名臣，他不仅廉政爱民，而且聪慧过人，尤其擅长断案。在他镇守陕西凤翔的时候，那个地方曾发生了一起非常奇怪的案子，而且被告人不是别人，正是当地的县太老爷。

事情是这样的，有两个当地的老百姓一天到田地里去种庄稼，他们从地里面挖出来了一个瓮子，打开一看，万万没有想到的是，里面装的竟是一瓮金元宝。

这两个农民心地非常善良，他们看到了那么多的钱财并没有起什么非分之心，而是报告了当地知县。知县得知这一情况，就派了两个手下，把这一瓮金元宝抬到了自己家中，因为他担心放在衙门中不太安全。

可是几天过后，奇怪的事情发生了。一天，李勉到这个地方来私访，知县就把当地百姓挖出金元宝的事告知了他。李勉听说此事，感到非常好奇，于是，他就让知县把瓮子打开，想看一看是不是真有此事。然而，当知县命家人打开瓮子时，却发现瓮子里只有几个土块，并没有什么金元宝。这时候，知县可就傻眼了。李勉说："会不会是那两个农民故意在骗你呢？他们挖出来了一瓮子土块，然后说是一瓮子元宝。你把他们传过来，我要亲自审问他们。"

于是，知县就派人把两个农民带到了县衙。可是两个农民说，那天他们把宝物挖出来的时候，乡里的许多有脸面的人都看过了，他们都可以作证。李勉把农民说的那些证人一一传到衙门，他们果然说确有此事，那天看到过一瓮子金元宝。这下就麻烦了，金元宝藏在知县家中，却变成了土块，于是大家都说是县官在暗中做了手脚，把金元宝一个人吞了。

百口莫辩的县官只好承认是自己偷了元宝。可是，他却不能提供元宝的用处或去处。而李勉呢，他根本不相信知县会做出这种事，因为如果知县想一人独吞这些钱财，他又怎么会主动向他提及此事，这不是自我暴露吗，知县再愚蠢，也不会这么做的！

李勉想了一会儿，有了一个好主意。他让人打开瓮子，数了数其中的土块，一共是 250 块。接着，他让人按照土块的大小制造些金属块，结果才制了一半的土块，就已经 300 斤重了。

于是，李勉马上就为县官洗雪了冤情。想一下，这是为什么？

35. 盲人

在一个思维培训课堂上，老师走上讲台后给大家出了一道题目：

有个说话喜欢夸大其词的人旅行回来后，告诉自己的朋友说，他这次出去遇到了一件奇事。他声称自己到了一个偏僻的村子后，便被一大群盲人包围了。"包围我的这群人中，有三个人看不见左边，三个人看不见右边；三个人看得见左边，三个人看得见右边；三个人左右两边都看得见，三个人双眼都失明了！"这个人眉飞色舞地介绍到，最后他得出结论："那天我看到了十几个盲人，太奇怪了，这真是个诡异的村子啊！"

其中有个朋友一向比较了解这个人，觉得他肯定又是在夸夸其谈了，于是他根据这个人所说的情况冷静想象了一下当时的情景，便说道："我猜你又在吹牛了，这个村子里的盲人可能是要比通常的村子要多些，但绝非你说的那么多！"

你认为最少会有多少盲人呢？

36. 争烟袋

古时候，一个县官遇到名叫王老五、张财旺的两个人为争一个烟袋而来告状。两人都自称这烟袋是自己的，不肯相让。

其中，王老五说道："这个烟袋是我父亲留给我的，我老汉每天都用这个烟袋抽烟，都已经 20 年了。今天正在大街上抽，突然来了这么一个人，非说这烟袋是他的。本来一个烟袋也不值什么，要是别的烟袋，我送一个给他都成，但这是父亲流传下来的，怎能轻易给人？请老爷为我做主！"

县官听了点点头，觉得在理，再看王老五老实巴交，不像是会撒谎的人，于是问张财旺是不是这样。张财旺说道："大人，他说的全是谎话，这烟袋明明是我在十几年前到外地经商时买回来的。这烟袋是用黄藤所制，做工精细，我因为特别喜欢才花了 20 两银子买来的，已经用了十几年了，在黑夜里一摸都能认出来，怎么会是这老汉的？大人您想，他一个穷老汉买得起这么贵的烟袋吗？"

县官一听，也觉得有理，又点点头。于是，县官便不知如何是好了。于是，他拿起那根烟袋仔细看起来，只见烟袋果然是用黄藤制造，做工十分精细，看上去已经用了许多年了但依旧没有一点损坏的地方，果然是一把好烟袋，难怪两人争抢。就在这时，县官突然想到了一个主意。只见他假意对两人说道："你们两人说得都似乎在理，本官实在决断不出。不过，所幸这一根烟袋也不值什么，因此我倒是有个好主意，不瞒两位说，本官也是个大大的瘾君子，这根烟袋我看了也是很喜欢。我看这样，我掏20两银子将烟袋买下来，回头你们两个人分10两银子得了。"顿了一下之后，县官继续道，"不过嘛，既然二位喜欢这烟袋，本官准许你们每人在堂上抽三袋烟，过把瘾，如何？"

两人见县官喜欢这烟袋，也就不敢再争，于是听从县官的招呼，轮流点上烟开始抽起来。

两人在抽烟时，县官一直在堂上悄悄观察，他看到张财旺每当烟灰吹不出来时，便习惯性地将烟袋在地上磕，将烟灰磕出来；而王老五遇到烟灰吹不出来时，便用一根小竹片将烟灰挑出来。

等二人将三袋烟抽完后，县官将惊堂木一拍，呵斥道："大胆张财旺，你赖掉别人的烟袋，并且公然欺骗本官，该当何罪！"

张财旺一听，大声喊冤，不过当县令说出自己的判断依据后，他便只好老实认罪了。

你猜，县令是如何判断出张财旺是撒谎者的？

37. 诸葛亮猜箭数

大家肯定听说过诸葛亮"草船借箭"的故事，当时嫉妒诸葛亮的周瑜为了为难诸葛亮，要他在10天之内造出10万支箭。诸葛亮于是在周瑜面前立下军令状，保证10天内造出10万支箭。但是，诸葛亮并没有真的叫人造箭，而是悠哉游哉地过了九天，直到第十天，他才和鲁肃等人率20只扎满草人的轻便小舟去曹营那边"借箭"。几乎未费江东半分之力，便得到了10万余支箭，这正是诸葛亮通天文、识地理、善计谋的结果。我们的故事要讲的则是诸葛亮"借箭"回来后的一件趣事。

话说诸葛亮"借"完箭，率船归岸后，命令500军兵清点箭数。这些军兵从中拣好的箭数够10万支后，发现还剩下一些多余的箭。军兵们于是便将这些剩下的箭也都清点了一下，正准备报给诸葛亮听，却见诸葛亮轻轻挥了一下羽毛扇，让这个士兵不要报出数来，并对在座的将士们说："今天大获全胜，大家都很高兴，我呢，就来猜猜这些剩下的箭数，给大家助助兴。"说完，诸葛亮微笑着对前来汇报的士兵说："你们都不必说出要报的箭数，但是你们得回答我的问题。你们中间不论是谁，当我问问题时，你们只要回答'是'或'不是'，我只要问够10个问题，我就能知道你们要报的箭数了。"

士兵们一听都不相信，其中的一个士兵迫不及待地站了起来，想尝试一下。诸葛亮问这位士兵："你想报的箭数比1024大还是比1024小？"士兵答道："比1024小。"接着，诸葛亮又向这位士兵依次问了9个问题，等诸葛亮问完，士兵答完，诸葛亮果然说出了个数目。将士们一听，个个称奇不已。因为诸葛亮说的那个数正好是他们想报的箭数，一点儿也不差。

你知道诸葛亮问了士兵哪些问题吗？诸葛亮又如何算出箭数的呢？

38. 过桥

在印度恒河某处的中心，有一座风景秀丽的小岛。这座小岛的景色秀美，从远处看去，一片郁郁葱葱的树木，五彩缤纷的花朵，变幻莫测的天空，在夕阳西下的映照下，实在迷人极了。可是，人们却只能远远地观赏这个小岛，而不能到小岛上去，因为通往这座小岛的只有一座古老的木桥，而这座桥已经破烂不堪，人走在上面摇摇晃晃，随时有可能跌落下去。因此，大家都不敢冒这个危险去尝试登上小岛。

一天，一位旅行家路过这里，他看到这座小岛的景色实在太美了，忍不住就上了那座危险的木桥。虽然木桥一直摇摇晃晃，可是他还是试着通过了木桥，来到了岛上。

这座岛从远处看着漂亮，走在其中更是怡人，其景物自然天成，赏心悦目，小动物来回穿梭，见有人过来，竟然一点儿也不躲闪，十分可爱。旅行家在岛上流连忘返，等他把岛转了个遍，不知不觉天慢慢黑了，这时他才想起要回去。

可是在走上那座桥准备返回时，旅行家刚在桥上走了两三步，桥就发出嘎嘎喳喳的响声，好像就要断了似的，他只好又返回这座岛上。

旅行家不会游泳，于是他大声呼叫希望有人能够救他，可是根本无人应答。这时候旅行家才发了愁，他只好待在这个岛上，搜肠刮肚地想回去的办法，饿了就在岛上找一些野果子填饱肚子，不知不觉间，竟在岛上困了10天。

到第11天，旅行家没有想出什么好办法，却安然地回到了岸上。你猜这是怎么回事？

39. "阿尔昆过河难题"

阿尔昆是中世纪著名的学者、教育家和作家，他的聪明才智在当时人尽皆知，他曾经编了一本谜题手册，上面的题目让很多人想破脑袋也想不出答案。

当时的天主教势力知道阿尔昆在社会上很有影响力，就想拉拢他，作为宣传神学的工具。可是，阿尔昆像当时的许多进步人士一样，对于当时权力膨胀的天主教势力很是反感。但是碍于神学势力太强大，阿尔昆没有严词拒绝神学势力的拉拢，而是提出了一个条件：自己出一个题，如果过来请他的人当中有人能回答出来，那他就认同天主教的权威。这个题是这样的：

有一个猎人到外面打猎，忙活了一天后，他打到了一只羊，同时还捉到了一只受伤的狼，他便将两个猎物牵着往回走。在回家的路上，他又捡到了一颗大白菜。最后，他带着这三样东西往回走。在途中，猎人要过一条河，他却发现这条河边只有一条渡船，而这条船的承载量有限，猎人一次只能带狼、羊和白菜中的一样。如此一来，猎人便遇到了难题，因为在没有猎人看管的情况下，羊会吃掉白菜、狼会吃羊。虽然母狼不会吃白菜，因此猎人可以先将羊带到对岸。但是，当猎人第二趟无论是将狼还是白菜运到对岸后，同样的问题便会在河对岸出现。那么，猎人该如何安排才能将所有东西都运到对岸，同时又保证每一样东西都安然无恙呢？

听了这道题，这些自诩为无所不知的神学人士讨论了半天，还是没有人想出答案，只好承认自己的智慧有限，悻悻地离去了，阿尔昆也因此巧妙地化解了一场丧失自己自由的危机。后来，这道题逐渐流传开了，人们也想不出答案，久而久之，就形成了有名的"阿尔昆过河难题"。

聪明的你知道这道难题应该怎么解开吗？

40. 兄弟巧过关卡

在民国时期，河北丰宁县的祝家庄有一个人人痛恨的恶霸名叫李玄城。李玄城无恶不作，巧取豪夺，祸害乡里，乡亲们对他是敢怒不敢言。

李玄城有一个习惯，就是喜欢闲着没事就到山上去转。这天，他绕了大半天就到了一个山间小道，这小道一面是陡峭的山壁，一面是无底的悬崖，一次只能容一个人过去。而这儿也是附近村民去集市的必经之地，可谓是村里的交通要道。李玄城在此处站立了一会儿后，眉头一皱，一个生财的坏点子又冒出来了。

李玄城回到自己的宅子后，立马召集自己的家丁，让他们抓紧时间在那条山间唯一的交通要道上设置五个关卡，并巧立名目对过路行人进行敲诈勒索。其中有这么一条规定：凡赶家畜者，每个关卡先扣其家畜的半数，然后退还一只；如果所赶的家畜是单数，则多扣留半只。

附近村民对李玄城的做法深恶痛绝，可只能咬牙忍着，没有人敢出声。一天，附近村庄有兄弟三人赶着五只羊，准备翻山到集市上去卖。当他们从过路行人那里得知上述的规定后，都很生气，又很着急。可这三兄弟很聪明，他们聚在一起商量了半天，最后，终于想了一个好办法，大哥向两个弟弟嘱咐了几句，便扬鞭赶着羊顺利地通过了5道关卡，结果一只羊也没有损失。

你知道这兄弟三人是怎样赶着羊通过关卡的吗？

41. 越狱

在美国，有一个名叫肯尼的盗窃犯，他的智商非常高，他曾经用高科技手段盗取了一家银行里上百亿的美金，还曾经用电子计算机盗取过国家机密文件。不仅如此，他还利用自己的聪明才智屡屡逃脱美国警察的追捕。然而，最终他还是被捕了。

由于肯尼的罪行十分严重，他被法官判为终身监禁。考虑到他是一个非同常人的高智商囚犯，警方决定把他关押在一个看守和保险系数最先进的监狱里。

肯尼被关在一间单人牢房里。这间牢房设备很简单，里面摆着一张床、一张桌子、一张椅子，还有一间独立卫生间。肯尼在监狱里表现得非常好，他听从狱警的安排，只做自己被要求去做的事情，从没有违反过监狱的规定。

然而，谁也没有想到的是，三年之后的一天，当狱警打开肯尼的牢房时，发现肯尼不见了。是的，他越狱了。

狱警仔细检查了肯尼住的那间牢房，发现在他的床底下有一条长达30米的地道！这条地道直通到监狱外面，显然，肯尼就是由此地道逃走的。

根据专家鉴定，挖出一条这样长的地道，至少会产生10吨的泥土，可是令人不能理解的是，狱警在那间牢房时却没有发现一点泥土，也从没有谁看到过肯尼把泥土从牢房带到外面来，难道这些泥土被肯尼全吃掉了？

后来，警长肖恩来到牢房，他仔细检查了肯尼的牢房后，终于弄明白了肯尼是怎样处理那多达10吨的泥土的了，他对那些狱警说了一番话之后，他们才一个个恍然大悟。

你能猜出警长肖恩对狱警说了什么吗？

42. 高斯算法的进一步运用

这是德国大数学家卡尔·弗里德里希·高斯小时候的一个广为流传的故事。

传说小高斯10岁时，数学老师出了一个题目：1＋2＋3＋……＋99＋100 的和是多少？没想到老师刚把题目说完，小高斯就算出了答案：这100个数的和是5050。

原来小高斯是这样算的：依次将这100个数的头和尾都加起来，即1＋100，2＋99，3＋98……50＋51，共50对，每对都是101，总和就是101×50＝5050。

现在，对于高斯的这种算法，只要读过中学的人，都已经知道了。不过，我们知道，对已知知识的掌握，并不能体现出一个人的创造性思维。因此，尽管你如今懂得这个难题该如何计算了，但是并不能说明你就和高斯一样聪明了，而面对一个难题时，你能不借助别人的方法来创造性地解决掉，才是真正的聪明。下面，请你也来算一道题：从1到1000000000，这10亿个数的数字之和是多少？

请注意：题目中所说的是"10亿个数的数字之和"，而非"这10亿个数的和"。比如，1、2、3、4、5、6、7、8、9、10、11，这11个数的数字之和就是1＋2＋3＋4＋5＋6＋7＋

8+9+1+0+1+1=48。

面对这个难题，你能够像小高斯那样找到一种快速得出答案的方法吗？提醒一下，上面的小高斯的方法是可以给你一些启发的。

43. 自私的五兄弟

我国著名数学家华罗庚先生曾经出过一道著名的数学题：

说有个财主有5个儿子，他们从小冥顽不化，处处惹祸，长大后则不学无术，自私而无赖，老财主看这5个儿子如此不成器，活活被气死了。老财主死后，5个儿子更是如脱缰的野马，挥霍无度，很快将父亲留下来的财产给挥霍干净了。这5个无赖见没有钱财可以花销，便想着如何能够发大财。有一天，他们听人说东海龙宫中有许多珠宝，于是便想去偷回来一些。

于是，这哥儿5个便经常在海边溜达，想着如何能够进入龙宫中。这天，5人正在海边溜达，突然，海上卷起了狂风，同时，黑云压顶。五兄弟十分害怕，纷纷躲进了一个巨大的树洞里。没想到，这个树洞是空的，5个人进入树洞后，只感觉自己的身体不停地往下掉，耳边只有呼呼的风声。好一会儿，他们才感觉自己着了地，睁眼一看，五兄弟高兴坏了，原来他们都已经掉入了龙宫中，满眼都是金光灿灿的珠宝。

还是老大反应快，其他几个兄弟还在那里啧啧称赞，他已经冲上前去将那些珍珠玛瑙往口袋里装了。剩下的几个弟弟看到哥哥如此，这才反应过来，赶紧也上前去将珍宝往口袋里装。

就在几兄弟装得不亦乐乎之际，突然传来一声断喝："喂，你们这帮讨厌的贼，敢来龙宫里打主意！"原来是龙宫的虾兵蟹将前来巡逻，结果它们将五兄弟抓了起来，送给龙王发落。

老龙王自从上次被孙悟空骗走了定海神针，心里一直都很不舒服，对于前来向他讨宝的各路神仙都一概回绝，没想到这几个普通的毛贼竟然敢来在太岁头上动土，于是心里就别提多恼火了。尤其是龙王听说其中有个人，偷宝最多，对此人更是恨得牙根直痒痒。最终，龙王下令，对于其中偷宝最多的那个人，明天处死，剩下的几个则每人痛打一顿，赶出宫去。

再说五兄弟这边，5个人被关在龙宫的监狱中。其中，老大正是那个偷宝最多的人，他也知道偷宝最多的人将要被处死的消息，因此他整夜都没有睡着。看到其他4个弟弟都睡着了，老大眼珠子一转，偷偷起身，将自己口袋里的珍宝偷偷往其他4弟弟的口袋里塞。最后，他塞给每个人的珠宝正好等于这4人原有的珠宝数。老大干完后，才安下心来，睡了下去。

过了一会儿，老二醒了，他一摸自己的口袋，发现珠宝竟然变多了，感到十分恐惧。于是他眼珠子也转了转，同样悄悄爬起来把自己的口袋里的珠宝塞到其余4个人的口袋里，并且，他所塞进的珠宝数也分别等于4个人原有的珠宝数。

接下来，老三、老四、老五也都依次醒来，并采取了和两位哥哥一样的行动。最后，5个自私的家伙都放心地睡了过去，心想自己大不了挨顿打就可以出去了。

到了第二天早晨，虾兵蟹将进来准备看谁偷的珠宝最多，准备首先将其拖出去处死。没想到，它们发现，5个人每个人的口袋里都是32颗珠宝，一模一样！

你能根据前面的条件算出这五兄弟原来每个人各偷了多少颗珠宝吗？

44. 辅币制度改革

20世纪初期，一个曾经在美国留学的某小国的王子回国继承了王位。这位王子新官上任三把火，一上任便决心做出各方面的改革，以使国家的经济政治更加健康有活力。首先，他选择了改革本国的辅币制度。

之所以将辅币制度作为自己改革的突破口，是因为这位王子在美国时便深深体会到了美国不健全的辅币制度给人们的生活所带来的麻烦。据他观察，美国在1美元以下的辅币仅仅只有寥寥几种，而商品的标价往往出现很多并非整数的价格。有时候，商店里的营业员往往因为无法找零而不找钱了。有时候，为了表示一种并非整数的货币，人们要动用很多枚辅币才能做到。比如，要表示99美分这个金额，人们至少需要8枚辅币，即：1只5角，1只2角5分，2只1角，4只1分。为了避免本国出现这种极不方便的现象，这个新国王找来了负责造币的官员，叮嘱他设计一套更完善的辅币制度，其要求是能够使得1元以下的任何零头数，至多使用2枚硬币便能表示，而辅币的数量多一些倒无所谓。

这位官员在接到国王的命令后，很快便胸有成竹地给国王送来了自己的方案，声称国王陛下的要求可以完全得到满足。原来他的方案是造出18种辅币，分别是1分、2分、3分、4分、5分、6分、7分、8分、9分；1角、2角、3角、4角、5角、6角、7角、8角、9角。国王一看，哭笑不得，对这个官员说道："如果是这样的方案，小学生都能想得出来，我还要专门找你商量什么？我说的辅币可以多一些，也不是这个多法啊！要知道辅币种类太多，也同样是一种麻烦。"国王发完火后，对这个官员说，"记住，辅币种类越少越好，并且，最大面值不能超过5角，三天之后，拿来你的新方案，否则，你就不要再在这个位置上待了！"

这个官员接到命令后，愁眉苦脸，寝食不安，最终他聪明的儿子帮他想出了一个很好的方案。

你猜，官员儿子的方案是什么？

45. 蜗牛爬墙

有一个古老的"蜗牛爬墙"的智力题。其题目是这样的：

有一座高11尺的很滑的水泥墙。一只蜗牛从墙角开始往上爬，其一小时能爬5尺，但是每爬一小时后，蜗牛因为很累，便会停下来休息一小时。而在这休息的一小时里，它又会下滑3尺。问：蜗牛爬到墙顶需要多长时间？

一般而言，人们都会认为如此一来，蜗牛每两个小时实际上升了两尺，所以等于说是平均每小时爬一尺，所以说它需要11个小时才能爬到墙的顶端。

实际上，这种算法便陷入了作者设定的陷阱，答案并非如此。不过，对于细心的读者而言，这道题目实际上并不难得出。但是，后来，有位数学家看到这个题目后，觉得太简单了，他将其稍作改动，使其变成了一个新的题目，这下，几十个人只有极个别几个人能够得到正确的答案了。其改动后的题目是这样的：

题目原来的各个条件都不做变动，但是蜗牛这次不是从下往上爬，而是改由从上往下爬。问：这次蜗牛需要多久能够爬到墙脚？

你能分别说出原来题目的答案和数学家改动后的题目的答案吗？

46. 炮舰环岛航行

南印度洋的一个岛国因为经常遭到海盗的侵袭，下狠心买了两艘炮舰，用来护卫岛国的安全。两艘炮舰的军事打击能力相当强，完全使得岛国从此一劳永逸地摆脱了海盗的侵扰。因此，岛国总统决定要开动炮舰进行一次盛大的环岛航行，以庆祝这件值得高兴的事情，同时也是对海盗们的一种震慑。不过，美中不足的是，这两艘炮舰的燃料消耗量都很大，它们装满燃料也只够锅炉烧 24 小时（炮舰能行驶 120 海里）。岛国的军事大臣就这一点提醒了，他指出，海岛的周长应该不止 120 海里。但是，总统一言既出，不肯收回成命，并且，这也涉及到整个岛国的面子问题。因此，总统责令海军大臣务必想办法解决这个问题。

于是，海军大臣请来了岛上的一个著名的数学教授，帮助自己解决这个令他头疼的问题。数学教授详细考察了各方面的数据，他了解到，在港口内为一艘炮舰装运燃料大概要用 8 个小时；而在海上的两艘炮舰之间互相输送燃料时则很快可以完成，所耽搁的时间可以忽略不计。于是，他经过一番精心计算后，提出了一个方案。该方案的大致设想就是让其中一艘炮舰在中途折回取燃料。而该方案也是在两艘炮舰的燃料刚好燃完的情况下完成了此次环岛航行。你能推算出数学教授的方案具体是怎样的吗？小岛的周长是多长？

47. 福克纳买东西

福克纳是 20 世纪美国著名小说家，曾在 1949 年获得了诺贝尔文学奖。据说他多愁善感，对美丽的女孩尤其着迷，下面说的便是他一次在商店买东西时遇到了一位迷人的收银员时的逸事。

其实，福克纳对这个女孩心仪已久，不过一直都只是远远地打量，不敢近前。终于有一天，他鼓起勇气，买了两样东西，夹杂在付款的队伍中，以能够近距离地听女孩说句话。

"一瓶水果沙拉，一包香肠，"福克纳听到姑娘在对前面的顾客报价，"27 美元！"她的声音真好听啊！

"一罐蚕豆，一瓶水果沙拉，15 个半美元。"她的身材真是令人着迷！

"一包泡泡脆，一罐蚕豆，请您付 14 美元。"她的性格真温柔啊！

"一瓶酱油，一包香肠，总共是 35 美元。"她的嘴唇也很饱满！

"一包泡泡脆，一瓶酱油，您总共该付 28 美元。"她笑起来真迷人。

轮到福克纳付钱了。"总共是 24 美元，先生。"那天使般的声音说道。福克纳听到这声音，一激灵，又是脱帽向她致敬，又是慌乱地伸手到口袋里摸钱，又将小姐找给他的钱给弄掉在了地上。最后，他迷迷糊糊、梦游般地向门口走去时，又差点被一个胖贵妇给绊倒。

"等一下，先生！"那个天使般的声音又响了起来，"您买的东西还没拿呢！"

"什么东西？我买的？"福克纳回头茫然地看着女孩问。经女孩提醒，福克纳才勉强想起自己刚才的确买了两样食品，这两样食品的类型就包含在排在他前面的几位顾客所买的食品类型中，但是，具体是什么，他却怎么也想不起来了。

你能帮咱们这位大作家推算一下他买了什么东西吗？另外，你能推算出前面几位顾客所买商品的价格吗？

48. 发财机会

杰瑞的父亲是一名私家侦探，在父亲的影响下，仅 12 岁的杰瑞也具有了很强的分析能力，甚至有时他能够帮助父亲找到案件的关键，于是他自称少年侦探。每到学校有假期，他便在自家大门旁的墙上贴上告示，上写：史密斯·杰瑞侦探事务所很愿意为您提供服务，无论案件大小，杰瑞探长都竭尽全力帮助您破案，每天仅收费 20 美分。地址：斯坦福大街 75 号。

暑假的一天，杰瑞侦探接到了一个案子，于是和助手 11 岁的苏珊一起骑车出门去工作。当他们经过泽维尔高尔夫球场的时候，他们远远地看到少年里奇·史蒂夫在球场内。他们于是便骑车靠近史蒂夫，只见他像往常一样，挽着上衣袖子，袖子还有些湿，长裤也没有穿。

□ 世界思维名题

史蒂夫一直在附近的池塘和草丛中寻找高尔夫球，他把这些球洗干净后再卖给打高尔夫球的人，以此赚点零花钱。

苏珊问道："嗨，史蒂夫，我听说你最近不想干这个活了，是这样吗？"

"是的，苏珊，今天大概是我最后一次干这个活了，感谢上帝，我再也不用和水蛇、乌龟打交道了！"史蒂夫抬头回答道。

"那么，就是说，你发了一笔横财咯？"苏珊好奇地问。

"那倒还没有，不过，就快了！"史蒂夫回答道。

"到底是怎么一回事呢，说来听听！"苏珊好奇地问。

"是这样，约翰逊说，下午4点他要在那棵长得像一个弯着腰的老人的那棵桉树下召开秘密会议。他保证我们很快都会发财，我们每个人都会有钱开自己的糖果店！"

"约翰逊一定又在骗你们了！"杰瑞接过话茬。

约翰逊是一个退学的高中生，因为懒得读书，已经在家里待了一年了，他几乎每天晚上都躺在床上，想办法骗附近的孩子们的零用钱。杰瑞经常揭穿他的阴谋，因此两人之间一向有过节。

"约翰逊说了如何让你们发财吗？"苏珊继续问。

"他还没有说，他只是再三保证这次不会让我们失望！"

"你还没有被这个骗子骗够吗？"杰瑞忍不住说道。

"也许这次他说的是真的。"史蒂夫说道。

"好吧，你能带我一起去吗？我想看看他这次又耍什么把戏！"杰瑞说道。

"当然！"史蒂夫回答。

下午3点半，史蒂夫带着杰瑞、苏珊一起来到了约翰逊约定的地方。他们远远地看到，附近的小孩子们基本上都在这里了，他们围在那棵粗壮的歪脖桉树下，约翰逊像个老大似的坐在中间。

"朋友们，都坐过来一点，"约翰逊喊道，"我不想让你们中的任何一个人错过这次难得的发财机会。"

他看到杰瑞和苏珊也跟着史蒂夫一起来到了这里，便低声咕噜："我可没有邀请你们两个来！"然后，他从裤子里掏出一张纸，表情诡异地笑着问他身边的小孩子，"你们猜这是什么？"还没等有人回答，他便解释道："这是藏宝图，它上面标出了爱德华船长藏宝的位置。"

爱德华船长是100年前从这个镇上走出去的船长。据说他曾经从海上运回来一箱子财宝，并在临死前将它埋在了镇上的一个地方，他在埋藏的地方种了一棵小树作为标记，并在树上刻上了他的名字。

"这张地图是我费了很大劲才搞到手的，通过它我们就能找到那棵树。"约翰逊解释道。

"不对吧，在小镇的每个礼品店里都能找到这本书，这张地图也都出现在书的插页上呀！最关键的还是找到那棵刻着爱德华船长名字的树！"有一个小朋友分析道。

"对，你说得很对，现在这棵树已经找到了，就是这棵！"说着，他拍了拍身旁的那棵歪脖桉树，"这就是我找你们到这个地方开会的原因，伙计们，我们找到财宝啦！"

"那还等什么，我们赶紧挖呀！"史蒂夫忍不住兴奋地喊道。

"不不不，不行，"约翰逊阻止道，"这块地现在不是我们的，因此我们从地里挖出的任何东西都要交给这块地的主人。"看大家开始低声商量办法，约翰逊等了一会儿，才又开腔，"如果我们能够将这块地买下来，那么我们就能挖财宝了。现在，你们只要每人肯出10美分，就有权分一份财宝。当然，出的钱越多，分得就越多！"

小朋友们又开始议论纷纷了，最后大家一致觉得，最好还是先看看这棵树上是否真的有爱德华的名字。"我想在我们缴钱之前，你得让我们先看看树杆上有没有刻着爱德华的名字。"史蒂夫建议。

"好吧，根据记载，爱德华在 100 年前埋财宝时，那棵树还很小，现在它已经长高了，因此他的名字也已经长在了很高的地方了。"说着，他掏出了望远镜，递给史蒂夫，"你们自己看吧。"

史蒂夫接过望远镜便仔细看了起来，他慢慢地将望远镜的镜头沿着树干往上移。"在那儿，我看到了，这果然是爱德华藏宝的那棵树！"史蒂夫一边惊奇地大声嚷，一边指着树干上十几米高的地方。其他小朋友一听，也纷纷拿过望远镜观察，接过他们都看到了，于是最后大家一片欢呼。

"喂，你们小声点，"约翰逊严肃地对孩子们说，"如果这个秘密传出去，这块地皮肯定会疯长，我们就买不起这块地了，那些有钱的大人物就会出手买走这块地，那时财宝就是他们的啦！"

于是，小朋友们都纷纷保证会严守秘密。接下来，他们都纷纷掏钱，交给约翰逊，以在将来能够分得一份财宝。

"你们上当啦！"一直在旁边冷眼旁观的杰瑞这时说话了，"这根本不是爱德华作标记的那棵树！"

约翰逊自然不服气，小朋友们也都怀疑地看着杰瑞。杰瑞于是便说出了自己的理由，大家一听都心服口服。你猜杰瑞是如何识穿约翰逊的骗局的？

49. 离奇的火灾起因

众所周知，牛顿是一位伟大的物理学家，许多众人难以理解的物理学现象，他都能轻松地给予合理的解释。但是，实验室中所发生的一次火灾的起因却几乎难倒了这位伟大的科学家，他整整花了几年的时间才解开这其中的谜团。事情是这样的：

一天上午，牛顿正在洗脸，突然想到了一个学术观点，于是他顾不得擦脸，便走到自己的论文旁边拿起笔在论文上做了一点修改。其间他脸上的水珠滴在了稿纸上，他也没有顾得上擦去。

写完之后，牛顿才用毛巾擦了把脸，然后换上衣服到外面办事去了。但是，牛顿办完事回家之后，发现仆人正在自己的实验室里救火。所幸火势不大，仆人很快将火扑灭了，没有酿成大祸。不过，牛顿许多宝贵的论文都被烧成了灰烬。这使牛顿比遭受了物质上的损失更令他难受。

"到底是怎么回事，无缘无故怎么会起火？"牛顿焦急地问仆人。

"不知道啊，先生，是不是您忘了灭掉蜡烛了？"仆人推测道。

"不可能，我明明记得蜡烛是吹灭了的，你知道的，我出去时已经是上午了。"牛顿肯定地说道。

"那么，先生，会不会是您实验室里有镜片之类的，受到阳光的照射，形成焦点，投射在了您的稿纸上，引起了火灾？"跟随牛顿时间长了，仆人谈起科学来也是一套一套的。

仆人这么一提醒，也赶紧去检查了一下起火的桌面。但是，他在上面并没有发现凸透镜或者是凹面镜之类的能够聚焦阳光的东西，而只是看到了一块用来压稿纸的平面玻璃，与烧焦的稿子和书混在一起。

"瞧，先生，这儿还真有块玻璃板！"仆人提醒牛顿道。

"不不，这只是块平面玻璃，不可能引起火灾！"牛顿肯定地说，他想了一下后问道，"是不是有人溜进来放的火？"

"不可能，先生，我一直在院子里除草，如果有人进来，我不可能看不到！"仆人十分肯定地说。

于是，这次火灾原因牛顿便没有找出来，在接下来的几年里，他也因为这次火灾所损失的研究成果而一直感到闷闷不乐。

直到几年后的一天，牛顿又要出门去办事，他在洗脸的时候，突然想起了几年前发生火灾的那天早上他洗脸的情景。突然，他想到了火灾发生的原因，"原来正是那块玻璃的缘故啊！"牛顿忍不住说了出来。

你能推测出火灾发生的原因吗？

50. 阳光揭谎言

罗斯特是小镇上的一个无赖少年，经常干些偷鸡摸狗、抢低年级小学生零花钱的勾当。在这个小镇上，他最恨的人就是机智而富于正义感的卡维诺，因为经常被其揭穿诡计，罗斯特一直伺机对其进行报复。一天，在被卡维诺阻挠了他骗取小学二年级学生卢西奥的玩具气枪后，罗斯特忍无可忍，制定出了一个完美的报复卡维诺的计划。

因为正值暑假期间，只有卡维诺一人在家。罗斯特先是通过公用电话给卡维诺打电话，他变着声音自称是小镇上小学的六年级学生，有事找卡维诺商量，让其到海边的小木屋那里去见面。罗斯特先是远远地躲在卡维诺住宅附近，看到他出门后，便悄悄来到卡维诺的家门口。因为小镇治安非常好，很少有陌生人来，因此人们出门时经常都不锁门，于是罗斯特轻易地进入了卡维诺的卧室里。罗斯特看到卡维诺的房间后，简直忍不住想将这里砸个稀巴烂，但是想到自己的计划，他还是忍住了，只是悄悄地将自己的一块手表放在卡维诺的抽屉里，然后便赶紧离开了。

卡维诺在海边小木屋里等了半个小时，也不见那个约他的六年级学生前来，于是便回家来了，感到有些莫名其妙。没想到一个小时后，一辆警车停在了自己的家门口，从警车上走下来一位警官和罗斯特，罗斯特只穿了一条沙滩裤，浑身上下都被晒得黑黝黝的。卡维诺更是感到有些诧异了，这家伙不是正在准备少年健康大赛的事情吗？怎么和一位警察到这里来了？

"他告诉我说你抢了他的手表，有这事吗？"警官看着卡维诺问。

"什么？抢手表？我这几天可都没见过他！"卡维诺感到有些莫名其妙。

"你是没抢，不过你这里却是个名副其实的贼窝！就在一个小时前，我在海滩上晒太阳时，有个大个子走过来抢走了我戴在手腕上的手表，因为他个子大，我也不敢喊叫，只是悄悄地跟着他，后来我看到他将手表交给了卡维诺，这一点你无法抵赖了吧！"罗斯特一副气愤的样子，这家伙真是演戏的高手。

看来这家伙是为上周的事情要报复我了，看到罗斯特这副无赖样，卡维诺心下这才明白了。

"你今天中午在什么地方？"警官冷静地问卡维诺。

"我在海滩上的小木屋等人。"卡维诺如实回答。

"等谁？"

"有个自称是潘杰小学的六年级学生约我去的那里，说有事找我商量，但我并没有见到他。"

"那么有谁能够证明你在那里吗？"

"没有。"

"当然没有了，因为你根本就没去那里，我一直都在海边沙滩上晒太阳，根本就没有看到你。"罗斯特插话道，"你没想到我会在那里吧，哈哈，你的谎言被戳穿了吧！这些天我为了少年健康大赛的事情，一直都在沙滩晒太阳，今天我又晒了三个小时，要不是有人抢我的表，我还要再晒一个小时，那样的话，这次健康大赛的冠军非我莫属了。哈，晒太阳可是门学问，你要趴在海滩上，翻来覆去地晒，不能像个乌龟似的趴在那儿一动不动。"说完，他得意地举起胳膊给卡维诺看。

卡维诺也不得不承认这家伙晒太阳是有一手，其手上、脚上，乃至整个上半身，既没有一处难看的白印，也没有什么地方晒得明显黑于其他部位。

"我肯定我的表还藏在你的房间里，你想过段时间将它给卖掉，是这样吧，卡维诺！"罗斯特在展示完自己的健美躯体后，又将话题转到了他此行的目的上。

"胡扯，既然你说你的手表在我的房间里，那么你就自己来找吧，只要你能找得到！"卡维诺说道。

"很好，我倒要见识一下你的贼窝，说不定还能顺带破一些其他的失窃案呢！"罗斯特一边说着风凉话，一边便和警官一起进入了房间。

罗斯特于是便用他的晒得通体黝黑的手臂在卡维诺的房间里翻动起来。他假装漫无目的地翻动了一会儿之后，便走到抽屉旁边打开了抽屉，然后假装兴奋地大叫一声："找到了，这就是我的表！"他将表拿在手里，然后挥动给警官看，"您看，警官先生，这正是我的那块被抢的表。你该不会说这表是你爸爸给你买的吧，卡维诺？"

卡维诺看到抽屉里竟然真的有罗斯特的表，也感到很震惊，不过看着罗斯特那得意的表情，他冷静一想，心下彻底明白了——看来那个约他的六年级学生也是罗斯特搞的鬼了，一定是这家伙趁我外出，将表偷偷放在了抽屉里！不过，现在要紧的是揭穿这家伙的谎言，向警官证明自己的清白！于是，卡维诺一边打量着在一旁极力撺掇警官将自己抓起来的罗斯特，一边思考这家伙的整个阴谋的破绽。突然，他眼睛一亮，找到了罗斯特阴谋的一个漏洞，并当即向警官指出，警官一听，信服地点点头，最后将罗斯特带回了警察局。

试想一下，卡维诺所发现的罗斯特阴谋的破绽在什么地方？

51. 邮票失窃案

一年夏天，一场著名的邮票展览会在英国伦敦的一个展览馆举行。这次展览会的规模空前，几乎全英国的邮票收藏爱好者都来到了这里，其中展览的邮票也十分丰富，有许多都是价值达数万英镑的珍贵邮票，尤其是其中的一张印着英国女王维多利亚像的稀有邮票，其价值有几十万英镑。因此，对于这次展览会的安保措施，展览方也做了很精心的布置。但是，没想到展览会进行到第二天，还是出现了事，正是那张最值钱印有维多利亚像的邮票不见了。

罗宾逊警官接到报案电话后，立即赶了过来。经过对现场的作案痕迹一番调查后，罗宾逊警官判断这不像是外面的贼所为，而像是内部人士监守自盗。因此，他对现场的两名安保人员罗伯特和哈里斯进行了盘问。

罗伯特声称今天是由自己和哈里斯两人值的班，两人大部分时间都待在值班室里看电视，每隔半个小时会轮流到放邮票的大厅里来巡视一番。就在 20 分钟前，哈里斯出来巡视后，回

389

到值班室对自己说:"罗伯特,不好了,那张维多利亚邮票不见了!"自己便赶紧来到了大厅里,发现那张邮票果然不见了。于是,自己便报了案。然后,自己便和哈里斯一起等警官的到来,两人都没有离开过。站在一旁的哈里斯边听罗伯特的陈述,边在一旁点头附和同伴的说法。

"那么,在哈里斯告诉你邮票不见后,是你们两个一起立即来到大厅中检查邮票的吗?"罗宾逊警官想了一下后问罗伯特。

"不是,是我先出来了,哈里斯随后才跟了过来。"罗伯特回答。

"那么,请问哈里斯先生,你为何没有和罗伯特一起来到大厅中呢?"罗宾逊转而问哈里斯。

"那是因为我已经知道邮票不在了,在值班室里想要停下来稍微冷静一下,想一想究竟该怎么办,所以才晚到了一会儿。提议报警的就是我,不信你可以问罗伯特。"哈里斯解释道。

"呵呵,这个提议并不能说明什么,无论你提不提议,你们都是要报警的,不是吗?最让人难以理解的就是你为何要在值班室里作停留,因为按照一般人的心理,你们两个应该是一起赶紧到大厅中检查邮票才对!"罗宾逊微笑着看着哈里斯说道。

"警官先生,您这是什么意思?您是在怀疑我?"哈里斯瞪大眼睛气愤地看着罗宾逊警官说道。

"哈里斯先生,您不必这么激动,在破案之前,我们警方可能会怀疑任何人。"停顿了一下之后,罗宾逊警官继续说道,"不过,我想,如果——我是说如果——真是您拿走了那枚邮票的话,我想邮票应该还没有离开这个展览馆。并且据我推测,您最有可能藏邮票的地方,便是值班室,是吧?只要我们搜查下值班室,在那里找不到邮票,您自然可以洗脱嫌疑了,不是吗?"

"那么,您就请便吧,这是您的权力!为了我的清白,我也很赞成您这样做!"哈里斯的表情看上去是受到了侮辱,同时又显得心地坦荡。

于是,罗宾逊警官和自己的两名帮手一起对值班室进行了一番严格的搜查,但是,最终一无所获。他陷入了困惑,因为据他对现场的判断,这显然是一起监守自盗的案子。而在两个值班保安中,哈里斯显然是具备了作案时间的。而他故意在值班室里停留的那一瞬间,很可能就是将邮票藏起来。因此,邮票很可能就在这个值班室内。但是,值班室并不大,里面的东西也十分简单,仅仅有一张桌子和两个凳子,桌子上则放着手电筒、两本杂志、一瓶胶水等小东西,再就是墙上挂着的正在吹着的风扇了。邮票如果在这个屋里,不应该找不出来啊!看到罗宾逊警官找不出邮票,哈里逊表现得有些得意。正在不知所措之际,罗宾逊的眼光在屋里的两样东西之间反复看了几次之后,突然顿悟,他做了一个举动之后,那枚价值不菲的邮票顿时便出现了。而哈里斯沮丧地低下了头,果然如罗宾逊警官的推测,是他偷了邮票又藏在了值班室里。

你猜,罗宾逊警官做了个什么动作,找到了邮票?

52. 数学不好的店主

有个开小商店的店主,数学非常不好。一天,有个年轻人前来买了几项日用品,总价值38元。店主一时没有零钱找,便拿了这张假钞到隔壁的彩票销售点兑换成了零钱,然后找给了顾客零钱。没想到顾客走了一会儿之后,隔壁彩票销售点的人赶来小商店里告诉店主,这张百元大钞是假的。店主无奈,只好用一张百元真钞将这张假钞换了回来。

之后,店主开始琢磨自己到底今天损失了多少钱,他模糊感觉自己今天至少损失了两百元钱，于是越想越气，忍不住大骂起来。这时，一个邻居路过，问了他情况后，告诉店主他其实没有损失得那么多。

聪明的读者，你能在10秒钟内想明白店主究竟损失了多少钱吗？

53. 商业间谍

某年年底的一天，世界知名的金融财团圣安东尼金融公司正在就公司来年的战略召开董事会。上午10点钟，董事们陆续来到会议室，年老的董事长最后拿着材料走进了会议室，可能因为上了年纪，手脚不太灵便，就在他走到办公桌前准备落座时，他手里的文件掉在了地上。董事长正要弯腰去捡，一旁的女秘书赶紧抢先一步去捡文件。就在女秘书拾起文件要站起来时，她的余光注意到会议桌的背面似乎有个什么小东西，于是她将那个小东西给拽了下来，并放在了会议桌上。

"董事长，这是一种用来窃听的小型录音机。"女秘书解释说。董事们都一下子吃惊地瞪大了眼睛，纷纷开始窃窃私语。年老的董事长更是感到十分生气，他骂道："我在这个公司30年了，马上要退休了，却遇到这种肮脏的事情，现在会议停止，立即给我找出这个藏在公司里的商业间谍！"

女秘书开始检查录音机，她倒回磁带，将录了音的磁带重新播放。"董事长，这个录音机是在大约9点40分安放的。"最后，女秘书根据录音的开始时间确定了安放录音机的时间。

"董事长，我今天到得比较早一些，出电梯时，我好像看到一个身穿我们公司制服的人在走廊处闪了一下，会不会是这个人？不过我只能确定这是个女员工，却没有看清楚她的面貌。"

"马上通知各部门负责人，在自己的部门里调查一下，把9点40左右不在科室的女职工全部都带到这里。"董事长当即下令。

不一会儿，三个部门负责人带来了3名女职员。

年老的董事长亲自对她们三个说道："请你们各自解释一下，在9点40分的时候离开岗位的理由。"

第一个回答的是财务部门的史密斯小姐，她声称："我在一楼休息厅，打了一个私人电话，因为公司的电话禁止私人使用。"

"那你为何穿球鞋，而不是按照公司的规定穿皮鞋呢？"

"今天早上上班时，因为人多拥挤，我将脚脖扭伤了，穿皮鞋太疼了，所以换了球鞋。"

接下来回答的是行政部门的苏珊小姐，她穿着一双高跟鞋，她的理由是："我到商店去买了点零食，我早上没吃饭，饿坏了，当然，我知道这不符合公司纪律。"说完她拿出了还未吃完的零食。

第三位回答者是销售部门的凯蒂小姐，她同样穿着高跟鞋，她说："我去献血了。"

"那请你拿出你的献血证让我看看。"

"医生说我贫血，不能献血。"

董事长一听，觉得这个女职员最可疑，于是便想进一步盘问。但是，这时，站在旁边的女秘书突然说话了："董事长，您不必询问了，我已经知道谁是真正的间谍了。不信，你们仔细听一下。"秘书再次打开了录音机的开关。

录音机开始转动，开始时一片寂静，随后传来了轻微的关门声。

三个女职员中的其中一位一听，立即脸色苍白，不自觉地惊叫了一声。

你能猜出这个人是谁吗？

54. 一桩奇案

星期四的中午，律师爱德华被人发现死在自己的家里，他是在和别人通电话的时候，被自己饲养的一只狼狗咬死的。最近，因爱德华出外旅行两个月，就委托他身为生物学家的好友杰瑞代为照顾自己的狼狗。这只狼狗从小就由爱德华饲养，和他有深厚的感情，可是竟因爱德华外出一个月，而忘掉饲主之恩，将主人咬死，这真是令人感到瞠目结舌的一件事。

对于这件有些诡异的事情，有着丰富办案经验的警长凭直觉觉得这不是个离奇的偶然事件，而可能是藏着阴谋。经过一番调查取证后，警长认为凶手很可能是杰瑞，于是传讯了他。杰瑞为自己辩解道，他在星期四的早晨将狗送回了爱德华家中，爱德华被咬死时，自己正在自己的生物实验室里做实验。杰瑞提醒警长，自己的实验室距离爱德华的家有 10 英里远，即使是他曾刻意将狗训练成一只会咬人的狗，也不可能在 10 英里外对狗发号施令让他咬死自己的朋友爱德华。但是，警长却用严密的逻辑证明了杰瑞其实是可以做到的，接下来他又出示了相关证据。杰瑞最终只好承认自己的罪行。

请问，杰瑞是如何策划这起杀人案件的？

55. 假古董

一天，一个小青年拿着一个铜碗到一个古董商店里出售，声称这是一个汉代古董。站在柜台前新来的学徒小张接过铜碗一看，只见这铜碗看上去古色古香，还带有一些明显是埋在地下比较久了的锈迹。翻过来再一看碗底，还刻着"公元前 21 造"的字样。小张顿时觉得这碗很可能真是汉代的，这可是笔大生意啊，于是赶紧喜滋滋地将碗拿给店里的老师傅看。没想到，老师傅仅粗略一看，就扑哧笑出来说道："这也太假了吧！"

你能看出这碗假在什么地方吗？

56. 如何选择伴侣

有一位学识渊博的老哲学家有三个徒弟。一天，三个徒弟请教哲学家应该怎样做才能找到合适的伴侣。老哲学家想了一下说："这样吧，你们每个人都去麦田里沿着一条地埂选择一穗最大最好的麦穗，记住，只许前进，不许后退，并且只能摘一次，然后再来见我。"

先是第一个徒弟去了麦田。他走进麦田后，沿着一条埂子没走多远，便看到一穗很大的麦穗，于是高兴地摘下了。但是，继续往下走时，他又看到几穗更大的。不过他已经不能再采摘了。因此，他带着麦穗遗憾地离开了。当他将自己的感受告诉老哲学家后，老哲学家没有说什么，只是让第二个弟子再去。

第二个弟子吸取了自己同学的教训，他走在麦田里时，每当看到比较大的麦穗时，总是提醒自己：接下来还有更大的！于是，直到他快要走到头时，才发现自己已经错过了所有的大麦穗，最后只好摘了个小麦穗回来了，同样是充满了遗憾。他回到老哲学家身边，告诉老哲学家自己的感受后，老哲学家仍旧没说什么，而是让第三个弟子前去。

第三个弟子于是吸取了前面两个同学的教训，最终满意地回来了，并告诉老哲学家自己没有遗憾。老哲学家一听，微笑着点了点头。

你猜，第三个弟子是怎么做的？

57. 草原失火

一次，一个地理考察小组顶着风在草原上考察当地地貌，有个考察成员突然发现前方烧起了大火，于是赶紧大声喊起来："不好了，草原失火了！"大家一看，果然看到几公里外浓烟滚滚，火光冲天，并且倒霉的是，起火的地方正在风向的上端。火借风势，风借火威，行进得非常快，眼看就要烧过来了。考察小组的成员们纷纷赶紧朝顺风的方向跑。

  但是，大火借助风势，跑的速度比人要快得多，并且人的体力也有限，很快，眼看大火就要追上考察小组的成员了。人们都感到十分绝望，心想这下要死在这片草原上了。正在危急关头，一位蒙古族的老猎人出现了，他看了一下火势后，果断地说："现在所有人照我说的做，马上动手割掉面前的这一片干草，清出一块两丈见方的空白地面。"

  大家看看老猎人一脸沉着，也不细想，慌忙都按照他说的做，一会儿就在眼前清出了一片不大的空地。老猎人接下来让所有人都站到空地上的下风向，然后不慌不忙地点起一束干草，将其扔到了迎着大火那面的草丛里。然后，老猎人回到空地中央对大家说："好了，现在没事了，我们可以欣赏这草原上的大火了！"

  考察队员们此时却并不感到轻松，一个个依旧惊魂未定地看着老人放起的火，心里直打鼓，担心这火顺着风向向自己空地这儿烧来。但是，奇怪的是，老猎人放的火并没有顺着风向人们这边烧来，而是飞快地逆着风向从前方烧过来的大火迎上去。只见两把火在离人们几百米外的地方"撞"在了一起，然后又逐渐变小。最终，大火绕开这块空地向人们背后的下风向烧过去了。考察小组的人得救了，一个个激动得热泪盈眶。同时，他们感到很奇怪，为何老猎人烧的火会逆着风向而去呢？纷纷请教老猎人，经老猎人一解释，便茅塞顿开。

  你知道这老猎人烧的火为何会逆风而行吗？

58. 悬赏启事

  历史学教授爱德华心里感到十分烦躁，因为就在他前几天出门之际，家里遭到了窃贼的造访。因为将精力投入到了对于奇妙历史的研究中，爱德华对于物质方面没什么讲究，家里也没什么贵重物品，所以他在经济上倒没有什么大的损失，想必那个窃贼也多少有些失望。令爱德华感到烦躁的是，他的一个怀表被窃贼给偷走了。这块表本身倒不值什么钱，但是那是早年自己心爱的一个女子送给自己的临别礼物，对爱德华来说就不是金钱可以衡量的了。

  左思右想之后，他决定要找回那块爱人留给自己的唯一纪念品，如何做呢？最终，他决定在报纸上刊登悬赏启事。他想，一旦小偷将表卖给别人之后，那块表对于别人来说没什么价值，自己只要出远高于那块表的价钱，持有者是会动心的。最终，他决定不惜花费300英镑找回那块本来只值30英镑的怀表。当然，加上刊登启事的费用，已经不止300英镑了。于是，他派自己的仆人古德利前去报社办这件事。但是，古德利这人脑子一向比较笨，于是他反复交代了这件事该如何做，才放心地让他出门了。两个小时后，古德利回来了，告诉爱德华教授他已经完全按照他的要求将悬赏启事刊登好了，就等消息了。

  到了第二天下午，爱德华教授正在家里读书，听到了有人敲门的声音，于是他让古德利前去开门。"请问你找谁？"爱德华听到古德利那憨直的声音在问。

  "请问这里是爱德华家吗？我是看到他登的悬赏启事，为了怀表的事来的。"爱德华听到一个略微有些尖细的青年男子的声音。一听到有关怀表的事，爱德华忍不住从座椅上站了起来，径直走到门口去，他看到一个略微有些瘦削的年轻人站在门口。

  "请进来谈吧，您有我的怀表的下落？"爱德华禁不住有些兴奋。

  "是的，先生，我看这个表并不值那么多钱，因此我想这表大概对您有什么特殊的意义吧，所以就给您送来了。"年轻人似乎略微有些不自在地回答。

  "好的，好的，请先进来吧。"

  年轻人进来之后，从口袋里掏出一块怀表，递给爱德华："您看，是这块吗？"

爱德华眼睛一下子就亮了，赶紧接了过去，"是的，正是它！"爱德华边看边说，"您是从哪里得到它的呢？"

"实话给您说吧，我在车站附近看到一个小孩在卖这块表，他要 10 英镑，我觉得这款式不错，就买了下来。"年轻人一边似乎是不经意地随便看着房间里的陈设一边解释道，"但是在今天的报纸上，我却看到您在寻找这块表，我推测他对您可能有什么特殊的意义，于是就给您送来了，我都还没有暖热呢！"年轻人开了个玩笑，然后，似乎是为了证明自己的话，他从口袋里掏出了一张报纸。

爱德华接了过来，只见上面写道：寻找一块对本人有特别意义的怀表，悬赏 300 英镑，电话 567814，爱德华。

看完这则寻人启事，爱德华的眉头禁不住皱了起来。他抬起头上上下下地仔细打量起眼前的年轻人起来。年轻人被爱德华看得有些不自在起来："怎么了，有什么问题吗？"

爱德华有些无奈地看着年轻人的眼睛摇了摇头，年轻人这下就更有些不知所措了，终于在一阵静默之后，爱德华说话了："年轻人，我看你的外表是个挺不错的小伙子的，为何你要做这种事情呢？"

年轻人一听，脸突然红了起来，但他还是故作镇定地说："您这是什么意思呢，究竟？"

爱德华于是冷冷地说："不要再装了年轻人，是你偷了我的怀表。"

年轻人一听，生气地质问道："你凭什么这么说，我只是好心……"

年轻人还没有说完，爱德华便打断了他，并说出了他怀疑他的理由。年轻人一听，便一言不发，灰溜溜地离去了。

你能推测出爱德华是怎么知道眼前的这个人是偷了自己的怀表的人吗？

59. 马知县智识诬告案

清嘉庆年间，浙江湖州地区有一位姓马的知县，此人学识渊博，办事认真，是一位难得的公正廉洁的地方官。一天，马知县接到一纸诉状，当地的崔员外状告刘小四欠债不还。这崔员外是当地有名的财主，家里有良田 10 多顷，在县城又开有多家粮店。崔员外手持两张借据，声称刘小四于嘉庆二年（1797 年）十一月间向自己借了 30 两银子，又在嘉庆三年（1798 年）八月借了 20 两，共是 50 两银子，现在到期不还。崔员外称当初借钱给刘小四时，刘小四曾以自己的房子作为抵押，现在刘小四不还钱，他请马知县为他做主，将刘小四的房子判给他。马知县接过借据一看，果然上面写得很明白，没有什么破绽，于是便立案，传刘小四到庭对质。

这刘小四是一个破落户，本来家境小康，但其好吃懒做，坐吃山空，不几年祖上留给他的产业就被其卖完了，只剩下一处房产还值点钱。刘小四到庭之后，满口都是冤枉，声称自己压根没有向崔员外借过钱，况且自己将祖上的产业卖完了，自觉惭愧，就只剩下这一处房产了，决然不会用这房产去抵押借钱的。马知县听他说得恳切，也不像是在撒谎，而看崔员外也不像是无赖之人。如此，马知县便不知如何判断了，于是宣布退堂，择日再审。

当天晚上，马知县回到后衙后，晚饭也吃不下，独自坐在书房中，思考着该如何审理此案。最后，马知县认为，现在双方各执一辞，无法判断，到底谁说的是真的，其关键就在于这两张借据了。如果借据是真的，那么便是刘小四赖账不还；如果借据是假的，便是崔员外诬告，想要霸占别人房产。想到这里，马知县便又将那两张借据拿起来仔细观察，由于光线暗淡，他将借据拿到蜡烛前去观察。但是，看了半天，也丝毫看不出什么破绽，看来这借据是真的了。可是，看刘小四的样子又不像在抵赖。烦恼之下，马知县挥了一下手，就在一挥手之际，马知县看到借据被其背面的蜡烛一映照，上面的纹路十分清晰地显现了出来。马知县一看之下，便看出这纸是当地产的纸，其纸纹粗细不均，漫无章法，有的像小河流水，有的像高山绵延。马知县一看之下便对纸纹产生了兴趣，他开始细细地看起这些纹路来。看着看着，马知县突然失声说出："这借据是假的了！"原来，他通过纸纹发现，这两张借据所用的纸原本是一张纸一撕为二的。

第二天，马知县便宣布再次升堂审理此案。崔员外和刘小四来到堂上之后，马知县一拍惊堂木呵斥崔员外道："你是如何伪造借据，试图霸占别人的房产，还不从实招来？"崔员外一听，心中吃惊，但还是硬着头皮说道："大人，您凭什么说我伪造证据？"

接下来，马知县便将自己的理由说了出来。崔员外一听，登时心服口服，只得承认因自己贪图刘小四的房产，又欺负他没有亲族，势单力薄，就伪造了借据，试图加以霸占。

你能猜出马知县是如何令崔员外心服口服的吗？

60. 一桩"抢劫案"

这天半夜，罗宾逊警官刚刚进入梦乡，便被一阵电话铃声惊醒。接完电话，罗宾逊警官对妻子说了声抱歉，便驾车前往罗马公寓。刚刚的电话正是罗马公寓的看门人打来的，他告诉罗宾逊警官这里刚刚发生了抢劫案。

罗宾逊警官赶到罗马公寓后，守门人正在等待他的到来。他告诉罗宾逊警官："就在20分钟前，公寓里突然断电了，我正要去查看原因，突然从外面冲进3名歹徒，其中一名带着手电筒。他们显然是有预谋的，直接就奔去了上周出差去了的怀特先生的房间。因为我躲了起来，他们没有看到我，我悄悄地跟在他们身后，透过门缝，我看到他们撬开了怀特先生的保险柜，拿走了里面的850英镑和一块金制怀表。他们离开后，我马上就报了案。"

"那么你看清这些人的面孔了吗？"罗宾逊警官问道。

"看清了，他们三个都明显是白种人，其中的一个额头上有块疤，看上去凶神恶煞。"看门人边想边说。

"当时没有灯，你是如何看清的呢？"

"我是借助他们的手电筒的光……"

"好了，你还是告诉我真实的情况吧！"罗宾逊警官打断了看门人的话。

"警察先生，您这是什么意思？"看门人惊讶地问道。

接下来，罗宾逊警官便说出了他的理由，看门人一听，只好承认了自己监守自盗的行为。

你能找出公寓看守的破绽吗？

61. 阿基里斯追不上乌龟

芝诺是古希腊著名的哲学家，他因为提出了一些著名的悖论而广为人知。他的这些悖论被另一位古希腊哲学家亚里士多德记录在《物理学》一书中，后人称之为"芝诺悖论"。在这些悖论之中，"阿基里斯追不上乌龟"是最著名的一个。

阿基里斯是古希腊史诗《荷马史诗》中的英雄，其跑起来的速度非常快。而显然，乌龟的速度是非常慢的。但是芝诺提出，假设阿基里斯的速度是乌龟的10倍，乌龟在阿基里斯前方100米处，两者同时起跑，阿基里斯便永远追不上乌龟。芝诺的理由是这样的：阿基里斯的速度虽然是乌龟的10倍，但是当阿基里斯跑了100时，乌龟必然便往前又爬了10米；而当阿基里斯又追上这10米时，乌龟则又往前爬了1米；阿基里斯再追上这1米时，乌龟则已经又往前爬了1/10米……如此以此类推，每当阿基里斯追到乌龟原来的位置时，乌龟必然便又往前跑了一段距离，所以说，阿基里斯永远追不上乌龟。

而事实上，根据常识判断，我们知道，阿基里斯显然是能够追上乌龟的。但是，你虽然能从事实上驳倒芝诺的悖论，但是在理论上你却无法将其驳倒，因为他的逻辑是合理的。

聪明的读者，你能解释一下这其中的奥秘吗？

62. 约瑟芬脱险

约瑟芬失恋了。她带着她的悲伤和对一个男人的痛恨开车在城市外的公路上狂奔，她想让自己处于这样一种高度紧张的状态中，好忘却自己的伤心事。

等到她狂奔了三个小时之后，天色逐渐暗了下来，她望望窗外，看不出自己到了什么地方，只是在一百米开外看都有间酒吧。此刻，她正需要酒精，于是，她走进了酒吧。两杯酒下肚后，约瑟芬感觉自己好多了，似乎已经不再记得那个可恶的男人的面孔了。就在她双眼迷离之际，她的眼前出现了另一副男人的面孔。

"你好，小姐，一个人独自在酒吧喝酒可不是件愉快的事！"对方微笑着说道。

听到对方说话，约瑟芬才顿悟眼前的人不是幻觉，而是一个真实的人。并且，定睛一看，看上去还是个相当有魅力的男士。

"我叫哈里斯，欢迎来到凯斯特酒吧！"对方友好地自我介绍。

"你好，我叫约瑟芬。"约瑟芬觉得此时她也正需要一个人——坦白说，是正需要一个有魅力的男士，就像眼前的这位一样——来和自己聊天。于是，两人很愉快地聊上了。最后，约瑟芬心情好多了，觉得那个背叛了自己的男人似乎也并没有那么优秀，她决定开车沿着来的路回家了。

"你可能不知道，这条路上可不安全。有个叫罗伯特的人经常在夜里出来拦路抢劫。"最后，约瑟芬要离开时，男士提醒道。

约瑟芬看看外面漆黑的夜色，心里也的确感到咚咚直跳。就在这时，男士自告奋勇，愿意充当她的保镖。

两人一起坐在了约瑟芬的汽车里，约瑟芬觉得自己简直就是正处在一部浪漫电影中。行驶了不到十英里之后，一辆汽车的亮光从后面射过来。

"不好，这正是罗伯特，他的大胡子太显眼了，我一眼就认出来了。"哈里斯回头看了一下，然后对约瑟芬说，"我想我们最好还是拐弯到旁边的那条公路上，那里会比较安全一点。"

但是，约瑟芬隐隐觉得有什么地方不对劲，因此她没有听从哈里斯的建议，毕竟仔细想来，自己和他认识还不到一个小时。那辆车于是从后面超越，向前面驶去了。过了一会儿，哈里斯又说道："罗伯特肯定是想在前面拦截我们，最好还是不要沿着大路走了，我知道有条小路，可以绕过这段路，然后再回到大路上的！"哈里斯似乎越说越激动，完全没有了在酒吧里的风度和从容。约瑟芬不禁对自己刚刚认识到这个"朋友"越来越怀疑了。她不动声色地回想了一下刚才的事情，突然，她发现了一个非常不合逻辑的地方，据此，她判定与自己同车的这个人绝非善类，自己的处境可能十分危险。

意识到这一点后，约瑟芬故意装作什么也没有发生的样子继续开车。就在前面的路边出现一个汽车修理店的时候，她毫不犹豫地将车开了进去。正如她所愿，汽车修理店里的两个修理工人正在那里忙碌。于是，约瑟芬从容地下车，对里面的"朋友"说道："请你马上离开我的汽车，你今天的把戏到此结束了！"车里的哈里斯一听，看到外面站了两个汽修工人，也不辩解，神情沮丧地下车，然后灰溜溜地便离去了。实际上，坏蛋罗伯特并不存在，他才是一个十足的坏蛋，他从看到约瑟芬的第一眼想的就是将她诱骗到一个偏僻的地方，对她实施抢劫。只是，他的计划不够周密，被约瑟芬识破了诡计。

分析一下，约瑟芬是如何识破哈里斯（如果他真叫哈里斯的话）的诡计的？

63. 报案者

一天晚上，天上下着瓢泼大雨，派出所里面静悄悄的。突然，从外面闯进来一个年轻人，他浑身都湿透了，衣服贴在身上，气喘吁吁，好像走了很长的路才来到这里。

他有些语无伦次地对警长说："刚才我从一座桥上走过，由于天黑路滑，看不清道路，我不小心被脚下的什么东西绊倒了，结果一下子摔倒了河里，幸好我从小就熟悉水性，就游到了岸上。我想看看到底是什么东西把我绊倒了，于是我就又来到了那座桥上。等我来到桥上时，却发现把我绊倒的是一个人。我以为他喝醉了酒，在桥上睡着了，于是我就喊他：'喂，醒醒老兄！'可是无论我用多么大的声音喊他，他还是一动不动。于是我就用手去推他的身体，想把他唤醒。可是等我的手接触到他的身体的时候，感觉手指好像沾到了什么黏糊糊的东西，等我仔细一看，原来这个人脖子里有两道伤口，他被人杀死了，当时早已经没有了气息。我感到此事事关重大，就赶紧过来报案。你们看，我的手上现在还有那人的血迹呢！"

说完，他向警长伸出了他那只手，上面的确还有血迹。

警长听完他的话，想了一会儿，然后问道："既然天那么黑，你怎么能够看清楚他脖子上有两条伤口的呢？"

那个人回答道："我从口袋里掏出火柴划着了才看清的。"

警长听完这句话，对他笑了笑，说："你的谎话说得很不够水平，看来还得多加练习！"说完，就命令工作人员把他逮捕了。

你知道警长根据什么判断他在说谎吗？

64. 明察秋毫的宋慈

南宋嘉熙二年（1238年），宋慈到福建剑州任通判。一天深夜三更时分，剑州城外突然大火冲天，宋慈得到报案后，连忙带着衙役赶到了火灾现场。

起火的地点是一幢不与别家相连的茅舍。等到宋慈赶到的时候，只见几个人正抬着一具被烧焦的尸体从已化为一片灰烬的茅舍中走出来。

"你们可知道起火的原因？"宋慈问在场的百姓。

"估计是不慎失火。"在场百姓中有人回答道。

"被烧焦的人是谁？"宋慈接着问。

人群中有一位老人回答说："那是一个泥匠，半个月前，他的妻子和孩子都被饿死了。起火的原因，很有可能是他自己想不开。"

宋慈立即叫来了随行专门验尸的人员准备验尸。验尸人员撬开焦尸的嘴巴，宋慈仔细检查了一遍，发现死者的口、鼻、咽喉部位都没有一点点的灰尘。他转身问刚才抬尸体的人："你们刚才抬出尸体的时候，尸体是倒向何处的呢？"

"尸体在门边，头朝里，脚朝外。"其中一人回答宋慈说。

宋慈听后立即明白了，他对在场的乡民说："泥匠不是被大火烧死的，也不是自寻短见，而是被他人故意谋杀的。起火的原因应该是凶犯为了焚尸灭迹。"

接着他向村民们对这桩人命案的分析与推理，令在场的村民无一不佩服宋慈的推理能力。后来进一步的调查研究也证实了宋慈的推断是完全正确的。

你知道宋慈是怎么推断出来的吗？

65. 有趣的猜心术

柏拉图在年轻的时候拜苏格拉底为师，一直跟着他学习了10年的时间。除了哲学之外，柏拉图还从苏格拉底那里学到了一套猜心术。

猜心术的内容是：假如有4个人在一起，你心中只要想好4个人之中的任意一个，那么这个时候柏拉图只要向你提问两个问题，而你只需要回答"是"或者"不是"，他就能很快地猜出你在想的那个人到底是谁。假如要是有6个人在一起，那么他就只需要提出3个问题就可以知道你所想的那个人是谁了。

一天，他找来了4个人，贝蒂、哈德、罗特和瓦尔4个人一起来玩这个游戏。

游戏开始，贝蒂先让哈德想好他们4个人中的任意一个，然后贝蒂先向哈德提问："请问你想的人是贝蒂和哈德中的一个吗？"

这个时候如果哈德回答说："是。"那么贝蒂就开始提问第二个问题："你所想的人是贝蒂吗？"这个时候不管哈德如何回答，贝蒂都能立即知道他所想的人是谁了，因为哈德假如回答"是"，说明哈德心里所想的人就是贝蒂；如果哈德回答说"不是"，那么就说明哈德心里想的是哈德。

如果哈德第一个问题的答案是"不是"，那么可以肯定哈德心里所想的那个人一定是罗特和瓦尔其中的一个，这个时候贝蒂依旧可以通过上面相同的第二个问题最后确定说哈德心里所想的那个人是谁。

那么请你也来玩玩这个游戏：

能不能在尽量减少提问次数的情况下，通过提问巧妙的问题，猜出对方心里所想的人是谁呢？假如现在是6个人在玩这个游戏，你是否能够通过提两个非常巧妙的问题，最后快速准确地猜出对方心里想的那个是谁呢？

66. 长老会人数

卡尔喀斯城的长老们一天聚在一起开长老会，共同商议亚里士多德来岛居住的问题。卡尔喀斯城分为西城和东城两城，人们分为诚实族和说谎族两族。这天，两城两族的大部分长老都出席了会议。会上，他们一起选出了会议的主持和副主持，然后大家共同坐在一张圆桌前开始讨论，会上两位主持并肩而坐。

亚里士多德赶到现场的时候，会议已经接近尾声了。亚里士多德对于各位长老是什么族的非常感兴趣，于是就一一询问，结果他们都说自己是诚实族的。这样的回答让亚里士多德感觉自己问了个傻问题，因为诚实族的肯定会说自己是诚实族的，而说谎族的也定会说自己的诚实族的，直接问是没有办法得出准确答案的。

亚里士多德又接着问每一个人这个问题："坐在你左边的人是什么族的？"

没想到的是他们的回答又一样的，他们全都回答说："我左边的人是说谎族的。"

亚里士多德非常失望，看来是没有办法得出答案了。后来亚里士多德又想到一个办法：假如知道一共多少人参加会议，应该能找到结果吧？

于是他就去问会议的主持和副主持。主持给他的答案是31人，而副主持给出的答案却是48人，两人当时是紧挨着坐的。

主持和副主持分别给出了两个不同的答案，你知道哪个是真哪个是假吗？出席会议的到底有多少个人呢？

67. 该释放谁

卡尔喀斯城监狱看守咯米修斯正在为一件事情发愁：监狱长贝迪亚尔留话说昨晚他逮捕了两个武士打扮的流氓。但是早上他去上班的时候却发现一共有三个武士打扮的人在监狱里面，其中一定有一个是假的，他应该是被误抓进来的，但是现在却不知道究竟哪个是被误抓的。

亚里士多德建议他说："你去问问他们不就知道了？真正的那个武士肯定是会和你讲实话的。"

咯米修斯说："我怕我万一问到的是骗子呢？那个骗子是撒谎的老手，从来不讲实话；还有个流氓是墙头草，哪边对他有利他就站在那边，所以说不说谎不一定，要看形势确定。"

亚里士多德就和咯米修斯一起去了牢房。

亚里士多德问一号牢房的那个人："你是谁？"

"我是那个流氓。"一号牢房的人说。

亚里士多德又来到二号牢房前问："一号牢房的那个人是谁？"

"他是骗子！"那人回答说。

最后亚里士多德来到三号牢房门前问："你说一号牢房里面的那个人究竟是谁？"

三号牢房的人很干脆地回答说："武士！"

这个时候，亚里士多德就已经得到了正确的答案，于是转身告诉了咯米修斯。

那么你知道应该释放哪个牢房里面的人吗？

68. 弄巧成拙的凶犯

波尔的朋友梅尔，此时正在和著名女侦探莎拉一起赶往去波尔家里的路上。

梅尔对侦探说："他最近老是和我说有人想谋杀他，今天去一定要帮助他恢复正常。"车子沿着一条曲曲折折的小路向前行驶着，不一会儿就来到了一座掩映在绿树中的红瓦房，房屋有白色的木制台阶和木制门窗。

"两天前，我来过他家一次，波尔说一直有人打电话恐吓他，而且还说三天之内会让他结束性命。我当时认为那是他自己胡说的，因为他平时与世无争，待人非常好，所以根本不会与任何人结怨，所以我根本没有在意这件事情。"

梅尔一边下车一边对女侦探继续说着："今天上午我再次接到他的电话，他又告诉我接到了一个匿名电话恐吓他，我这个时候才感觉事情有点不妙，所以赶紧把你这个大侦探叫来看看情况。"

莎拉还没停好车子，梅尔就急着下车说："请您稍等，我去敲门！"他一边说着一边快步跳上了草坪，很熟练地跳过了台阶，然后迅速地去按门铃。

但是并没有人过来开门，梅尔就走到了窗户面前，用手敲着船户上面的玻璃叫道："波尔，波尔，你在家吗？快开门啊！"

屋子里依旧是没有人回答，这个时候，梅尔又突然从门廊处跳了下来，惊叫道："他……在灌木后面……"

门廊左侧，离墙 4 英尺的地方有一排很漂亮的小树墙，波尔的尸体正静静地躺在树墙后面，他身上压着一个长 6 英尺的梯子，脚边是一桶白色的油漆倒在那里，鞋子上沾满了油漆。

莎拉看了一下说："依我判断，他是 6 个小时前死亡的，油漆现在还没干。"说着她走到了门廊旁边,摸了摸木框,前门板,台阶及窗框。

"油漆都还没干,"她继续说,"看来,波尔应该是早上刚刚刷完油漆的时候被人杀害的。"

梅尔在旁边说:"一定是早上那个打匿名电话的人干的。"

"也许是吧。"莎拉这个时候没有进屋,直接钻进了汽车里面,"我得立即签发逮捕凶犯的逮捕令!"一旁的梅尔一头雾水地站着。

10分钟过后,警察马上过来逮捕了梅尔,莎拉侦探出了那个凶手就是梅尔本人,那么你能猜到梅尔为什么会暴露了自己吗?

69. 贪婪鬼

俄国大文豪列夫托尔斯泰在他的作品《一个人需要很多土地吗》里讲了这样一个故事:有一天,一位叫巴河姆的人去购买土地。卖地人在和巴河姆商量低价的时候提出了一个非常奇怪的地价:每天1000卢布。

原来,卖地人的意思是:每天谁出1000卢布,那么从天亮开始走过所有的路围成的土地都归这个人所有。同时他也有这么一个条件:每天在日落之前,买地的那个人必须走回到出发的地点,假如要是回不来的话自己只好白白浪费了1000卢布,而且最后一点土地都不会得到。

巴河姆听完后想了想,认为这样的地价对自己有利,自己可以使劲多走点路,那样的话就能买到更多的地了。他当场答应了卖地人提出的条件,当即就付了1000个卢布给卖地人。

第二天早上太阳才刚出来,巴河姆就赶紧出发了。他先走了足足有10公里之后,才开始担心自己走太远了赶不回去,于是赶紧朝左拐弯;接着走了好久才想起向右转弯;之后,他又走了有2公里,抬起头,夜幕已经悄悄开始降临了,这个时候,他距离早上出发的那个地方有15公里的距离,巴河姆这个时候马上改变了方向朝回拼命地跑去……

终于,他跑呀跑呀,终于在天黑之前赶到了出发的地方,但是就在他还未站稳的时候,两眼一黑,倒在了地上,再也没有起来了。

你能算出巴河姆一天到底走了多少路,最后走过的路围成的面积是多少吗?

70. 拿破仑考将领

法国著名军事家拿破仑不仅善于带兵打仗,而且特别喜欢数学。有一次,他想考考手下军官的数学思维,于是就召集了几百名士兵前去训练场操练。

拿破仑给在场官员出的题目是:把在场的几百名士兵排成几路整齐的纵队,所有的士兵都必须排进去,而且所有的士兵都要排进去,一个都不许漏掉。

第一个开始的是一位老团长,团长命令所有的士兵站成3路纵队,但是排好后,发现最后多出了一个士兵。于是他又命令士兵排成4路纵队,可是结果依旧是多出了一个士兵。拿破仑看这位团长想不出办法,就又叫来一个以勇敢著称的团长来排列队形。

这位勇敢的团长首先命令所有的士兵排成了5路纵队,但是这个时候依旧是多出一个人,后来他又把所有的士兵排成了6路纵队,但是没想到最后依旧是多出一个人。

在这个时候,一位以聪明著称的团长自告奋勇地要求自己试试,拿破仑很高兴地答应了。果然,这位聪明的团长名不虚传,很快就把所有的士兵都排好了,一个士兵都没有剩下。拿破仑对这位团长进行了重赏。

你开动脑筋想一想,拿破仑一共叫来了多少士兵?这位聪明的团长是如何排列队伍的呢?

71. 琼斯夫人的损失

史密斯夫人和琼斯夫人两人都在市场上卖橘子。二人水果摊相邻，经常会一起聊天，关系非常好。

有一天，史密斯夫人家中突然有急事，于是就把水果摊交给另一个卖主琼斯夫人代管。两人拥有相同数量的橘子，只是橘子的品种不一样，琼斯夫人的橘子个头比较大，所以价格高一点，1个便士买两个橘子。史密斯夫人的橘子个头相对较小，所以价格上也优惠点，1个便士能买3个橘子。琼斯夫人一人看两个摊子有点忙不过来，她想了一下，于是就把两种橘子混在了一起卖，为了让大家都不吃亏，她取了两种橘子之间的价钱：2个便士买5个橘子。

那天的生意非常好，等史密斯夫人晚上忙完回来的时候，两个人的橘子都卖光了。等她们分钱的时候，却发现不知道为什么少了7个便士。琼斯夫人不管怎么算账，都找不出来那7便士在哪里。

为了公平起见，琼斯夫人最后决定把出售橘子的钱平均分配，这样的话，你能算出来琼斯夫人最后究竟损失多少吗？

72. 你头上有角

从前，在古希腊有个非常著名的诡辩家叫欧布里德斯，他非常善于与别人诡辩，许多人和他说话时明明知道道理在自己一边，但就是说不过他。

有一次，欧布里德斯应邀去参加一个宴会。宴会很热闹，到会的人都是有头有脸的人物。想不到会上有一个人看到欧布里德斯后，嘲笑他说："你就是那个什么欧布里德斯吗？听说没有人能够说得过你，我可不信你有这么厉害，想必你不过是善于吹牛罢了！哈哈！"欧布里德斯顿时感到非常不高兴，于是就决定教训一下这个狂妄自大的人。

想了一下后，欧布里德斯走到那个自大的人面前对他说："你好，我想请教你一个问题：你没有失去的东西，就是你自己的东西。这句话，你说对不对？"

那人听后，不假思索地回答说："当然对了！"

欧布里德斯接着说："你没有失去头上的角，那么我就可以说你是个头上有角的人了？"

那个骄傲自大的人一听，顿时愣住了，但也一时找不出反驳的话，只好窘在那里，十分尴尬，最后只好狼狈地离开了宴会。

那么你能找到欧布里德斯的诡辩在什么地方吗？

73. 白吃者的诡辩

有一个非常喜欢占小便宜的人，非常善于和别人诡辩。

有一次，他去一家餐馆吃饭。开始他先要了一碗牛肉米线，服务员很有礼貌的把米线给他端上来了。他以里面有太多辣椒为由不吃了，要服务员把面换成了一盘饺子。

饺子很合口味，不一会儿，一盘饺子就被这个人吃完了。喝了几口水，茶足饭饱之后，这个人起身准备朝外面走。服务员看到后，立即叫住了他说："先生，不好意思，您还没有付吃的饺子钱呢。"

这个人转过身来笑着对服务员说道："我吃的饺子是用米线换的，为什么要给你钱？"

服务员非常生气地对他说："那你也没有给我付米线的钱。"

谁知道这个人却对服务员说："那碗米线我根本就没有吃，为什么要付钱呢？"服务员听后明知对方在耍赖，却说不出个所以然来，站在那里干着急。

那么你能指出这个白吃者的这个理由漏洞在哪里吗？

74. 半瓶可乐

小张、小王、小李、小刘四个大学生在外野营。四个好朋友经常在一起讨论他们感兴趣的问题，这次，他们讨论的是放在草地上的半瓶可乐。

小张说："这个瓶子一半是空的。"

小王说："不对，这个瓶子一半是满的。"

小李这个时候说："你俩别争了，半空的可乐瓶和半满的可乐瓶不是一个概念吗？"

这个时候，小刘想了一下说："你们说的好像都不对，假如'半空的可乐瓶等于半满的可乐瓶'这个等式能够成立的话，那么我们可以把等式的两边都乘以2：半空的可乐瓶乘以2就等于一个空可乐瓶；半满的可乐瓶乘以2就等于一个满瓶。这样计算看来，岂不是一个空可乐瓶等于一个装满可乐的瓶子吗？"

那么请问：在这四个人的各自观点中，谁的观点是诡辩？

75. 帽子值多少钱

理乔特大叔和妻子艾斯特大婶都是中学的数学老师，因此两人在生活中也往往将各种问题都数量化，夫妻俩自得其乐。一天，两人一起到超市里去买东西。这次，理乔特大叔看了一套棕色的立领西服，一顶黑色金丝边帽子，这总共要花费150美元。而艾斯特大婶买了一顶用羽毛装饰的金色丝边帽子，她相中的这款帽子的钱和理乔特大叔买衣服花的钱一样多。然后，艾斯特大婶又买了一件花上衣，把他们的余钱统统花光了。

在回家的途中，两人又习惯性地以他们独特的方式讨论起这次买衣服的事情来。艾斯特大婶提醒理乔特大叔注意，他的黑色金丝边帽子要比艾斯特大婶的花上衣贵10美元钱。然后艾斯特大婶说道："如果我们把买帽子的钱另作安排，去买另外的帽子，使我的帽子的钱是你买帽子的钱的一倍多一半，那么我们两人所花的钱就一样多了。"理乔特大叔笑着说："如果是那样的话，我的帽子究竟值多少钱呢？"

他们讨论的是一个挺难的数学难题啊！你能回答理乔特大叔的问题吗？这对夫妇这次的超市之行一共花了多少钱？你猜理乔特大叔的帽子值多少钱？

76. 案发现场的判断

陈晓东是宛平镇的一名初中物理教师，他平时人缘极好，谁也没有想到他竟然死在自己家的卧室里，而且尸体是被前来向他问问题的学生们发现的。学生们立刻拨打了当地公安局的电话，警察和法医很快便来到了陈晓东的死亡现场。

一个小时之后，警察问法医："您验出什么了吗？死因大致是什么？死亡时间大约是什么时候？"

"不是自杀，大概已经死了快一天了，但是在现场并没有留下任何作案的痕迹。"法医回答负责此案的陈明远警官。

陈明远听了法医的话，自忖道："这可就奇怪了！"

这时，陈明远注意到了陈晓东卧室的桌子上的蜡烛还在燃烧着，他顺手打开了陈晓东屋子里的日光灯，却发现停电了。猛然地，陈明远意识到了什么。

他对法医说："很明显，陈晓东的尸体是从别的地方转移到这儿来的。"

你认为陈明远凭什么做出这样的判断呢？

77. 死亡地点

二战之后，欧美国家的一部分青年因为迷茫，试图探寻人生的意义。许多青年因为对人生充满疑惑，又找不到答案，开始在性与毒品中寻找答案，甚至干脆自杀。这个星期六，在美斯特酒店中，又一名学生服毒自杀了。

第二天打扫房间的时候，酒店服务员发现了已经死亡的学生，便立即告诉了酒店主管。

服务员问主管："我们是不是应该报警呢？"

主管轻蔑地笑了："别这么傻！这是他自己寻死，我们何必又去招惹这个麻烦！一旦报警，这件事便会宣扬开来，这会对酒店的声誉大有影响。"

"但是尸体怎么办呢？总不能不管它呀！"服务员疑惑地问。

"那就丢到我们后面的公园那儿吧！那儿是有名的自杀场所，时不时便有人在那里自杀，警察发现尸体后，无非认为又多了一宗自杀的案件而已。"

于是，这天午夜时分，等酒店安静下来的时候，服务员和主管便悄悄地将尸体抬到附近公园里去了。正巧，他们还在草丛中看到一张被人丢掉的报纸，于是就把尸体放在这张报纸上面，然后将伪造好的遗书放进死者的口袋中，并把死者服毒用的杯子放在尸体的脚边，一切布置好以后，看起来死者真像在公园里自杀一样。

主管和服务生做这件事十分利落，把公园现场那里的线索清理得一干二净。

第三天早上，尸体被发现了。验尸之后，法医证实死者的死亡时间应该是在周六晚上9点左右。老练的探长仔细观察了现场，就说："即使这是一桩自杀的案件，那么自杀的地点也肯定不是在这儿。死者肯定是死亡后被人移到这儿的。"

你知道探长怎么推测出这些的吗？

78. 情人的骗局

陈富贵中年做破烂生意却发了迹。人一有钱了，心野了，在家看着自己的老婆不顺眼，就在酒吧找了一个非常漂亮的情人李艳花。

陈富贵十分疼爱李艳花，还给李艳花买了一栋房子方便两人见面。这天中午，他又如期去见李艳花，可是他刚一推开门，屋内的景象令他大吃一惊：李艳花被绑到床上，一动都不能动。

陈富贵一边解绳子，一边慌忙问李艳花："到底出了什么事情？"

"昨晚10点左右，一个蒙面歹徒突然闯进了我们家里，他粗暴地把我捆绑了起来，然后搜了一番，把你存在我这儿的用假名字存的银行存折翻出来，就扬长而去了。"李艳花一边哭，一边给陈富贵说着。

陈富贵安慰着李艳花，环视了一下房间，突然看到了炉子上的水正在沸腾着。

他气坏了，向李艳花嚷道："你竟然对我撒谎？！你是我来这儿前，自己把自己捆起来的！你还是痛快地把钱给我交出来吧！"

李艳花想抵赖，可是陈富贵的一番话让李艳花哑口无言，她承认正是自己把自己绑起来的。

你知道陈富贵怎么发现李艳花的把戏的吗？

79. 吹牛吹砸了

布伦达是个聪明的小伙子，不过就是有点儿爱吹牛的毛病。他知道自己这个毛病不好，

403

但遇到人就是忍不住就神吹起来。

今年，布伦达在圣诞之夜遇到了他心仪的女孩子——科拉小姐。一天，他终于如愿以偿地得以邀请科拉小姐共进晚餐，却发现对方对自己不大感兴趣，饭后他一个人心情沮丧地在街上闲溜，遇见了自己的老朋友康斯坦丝。

康斯坦丝听了布伦达讲了自己的遭遇之后，就问他在餐桌上同科拉谈了些什么。布伦达说："我给她说，去年圣诞节附近的一天早上，我参加了一个北极探险小组。没想到，在探险途中，我和一个名叫布鲁克的队友和其他同伴们失去联系了，我们两人一起走在冰川上。突然，布鲁克一不小心摔倒了，导致大腿严重骨折。更倒霉的是，不久，我们脚下的冰层也开始慢慢松动了，我们开始向大海漂去。我意识到情况不妙：当务之急，是先生个火，不然我们肯定都会被冻死。但是不巧的是，火柴用光了。于是我取出一个放大镜，又撕了几张纸片，把这些纸片放在一个铁盒子上，接着用放大镜将太阳光聚焦后，就把纸片点燃了。感谢上帝，我的办法成功了。更幸运的是，一天之后，我们的同伴们通过游艇找到了我们。大家都说我临危不惧，能够积极想办法，是个响当当的男子汉！"

康斯坦丝听了布伦达的话之后，大笑起来："你还是改不掉你吹牛的老毛病，科拉小姐没有对你嗤之以鼻，就已经是很有涵养的表现了！"

你能听出布伦达讲的海上遭遇的故事的破绽在哪儿吗？

80. 钱哪儿去了

M市的钢铁大王一进门就接到了一个恐怖的电话："喂，你是张达明吗？"电话那头有个男人阴沉着声音问。

"我是，你是哪位？"

"这你不必问了。你的宝贝孙女现在在我这里。要想她活命，就准备好1000万元的现金。"说完对方就把电话挂上了。

这下张达明可急坏了，孙女可是他的掌上明珠啊！他不敢报警，而是很快就命家人去取了1000万现金回来，等在电话机旁。半个小时过去了，没有电话；一个小时过去了，还没有电话；两个小时、三个小时都过去了，还是没有电话。

"丁零零……"电话总算来了。

"现金你准备好了吗？"

"好了，你要的钱我会如数给你，你不要伤害我的孙女！"张达明着急地说道。

"你放心，只要钱到手，孙女肯定毫发无伤地还给你。现在你把现金用布包好，装到皮箱里，今天晚上8点时，把钱放在艺海公园的铜像旁的椅子下面。"歹徒在电话里这样指示。

为了保住自己唯一的孙女的性命，张达明就按照绑架者的指示，把1000万元的钞票放进箱子里，拿到铜像旁的椅子下。但是，张达明也留了一个心眼，他担心对方得了钱却又撕票，这样的事情不是没有，因此他同时和警方取得了联系。

到了十一点半左右，一位打扮时髦的年轻的女性来了。她从椅子下拿了皮箱，之后就很快离去，完全不顾埋伏在四周的警察。

那个女的看上去若无其事地在马路上走了一会儿后，伸手拦下一辆恰好路过的计程车，上车离去了。埋伏在那儿等待的警车，立刻就开始跟踪。

不久，计程车就停在一个地铁站的前面。那个女的手上提着皮箱从车上下来，进了地铁站，警车上的两名刑警就下车来，悄悄跟着她。

刑警发现，那个女的把皮箱寄放在了地铁站的临时保管物品箱里，然后走上了月台。两名刑警当机立断，一人留下来看守皮箱，另一人继续跟踪女子。

但是没想到的是，一直若无其事的女子此时似乎突然变机警了许多，只见她乘地铁车门刚要关的时候，突然跳了进去。跟踪的便衣刑警想要跟着上车，无奈车门已经关闭了，只好眼睁睁地看着女子逃走了。

然而，刑警们想，至少皮箱还被锁在保管箱里，女子的共犯一定会来拿。因此，刑警们将宝全都押在了这个皮箱上，派人严密看守。

但是，没想到的是，一连好多天，都没有人再来拿皮箱。警方开始觉得不太对劲，便叫负责人把保管箱打开。当他们拿出箱子一看，却发现这箱子竟然是个空箱子。

你能想出这1000万的赎金到底是谁拿走，又是怎么拿走的吗？罪犯又到底是谁呢？

81. 逻辑学家靠山吃山

逻辑学家艾尔和工程师皮斯托是好朋友。一次，俩人相约到埃及参观金字塔。

到达目的地后的第一天，艾尔在宾馆里写旅行日记。工程师皮斯托独自一人在大街上游览，忽然从耳旁传来一位老妇人的叫卖声："卖猫了，卖猫了！"

皮斯托一看，在老妇人旁边放着一只看起来很精致的黑色玩具猫，标价800美元。老妇人说："这只猫是祖传的宝物，因儿媳妇生病，不得已才出卖以换取住院的医疗费。"

皮斯托拿手一举，发现这只猫很重，看起来像是铁铸成的，不过，他发现那只猫的眼睛十分有神，凭借他的丰富的见识，他断定，那猫眼是一对昂贵的珍珠。

于是，工程师就对老妇人说："我给你出400美元，只买下两只猫眼，这样可以吗？"

老妇人急等着用钱，同意了。

皮斯托高高兴兴地回到宾馆，对逻辑学家艾尔说："你今天没出去，可是太遗憾了，知道吗，我刚刚只花了400美元，就买了一对硕大的珍珠！"

艾尔一看这两颗大珍珠，少说也值5000美元，便问他是怎么回事。皮斯托看到艾尔那羡慕的眼神，就得意地将事情的经过告诉了他。艾尔听完后忙问："那位老妇人还在那儿吗？"

皮斯托用嘲弄的口吻说："想必她还在卖那只没有眼睛的铁猫呢！"

艾尔一听，什么也没说，立刻便跑到大街上老妇人卖猫的地方，给了老妇人400美元，将那只铁猫买了回来。

皮斯托一见到艾尔买了那只没有眼睛的铁锚，就嘲笑他说："你呀！花400美元买一只没眼睛的铁猫！这有什么用呢？"

艾尔却不声不响地研究起了铁猫。突然，他灵机一动，用小刀刮铁猫的脚，当黑漆脱落后，他高兴地对皮斯托说："看，正如我想的，你看我上当了吗？"

皮埃托凑上前去一看，后悔得眼睛都变绿了，因为愚蠢的自己白白将一个发大财的机会让给了艾尔。原来，这只猫是由纯金做成的，只是用黑漆将金身掩盖了起来。他问艾尔何以知道这猫是金子做的。艾尔便不紧不慢地给出了自己的理由，皮斯托一听，十分佩服朋友的智慧，并从此也对逻辑学产生了兴趣。

你猜艾尔给出了什么样的理由？

82. 尹家明智断真贼

前秦时期，有一位名叫尹家明的官吏担任冀州刺史。在他当政时期，冀州的治安环境还算稳定，可令他头痛的是，总会有一些捣乱分子在扰乱当地的治安。

一天傍晚，尹家明正在书房专心批阅文件的时候，突然听到门外人声鼎沸，不知发生了什么事情。喧哗声令尹家明没有办法专心批阅文件,正当尹家明集中注意力努力专心工作的时候,一个领头的衙役走进书房,说有人前来报案,他向尹家明报告道:"启禀大人,刚才有个瘦弱的老婆婆在路上被人抢劫了,等这个贼一跑,这位老婆婆就开始大喊'捉贼'。这时,有一个过路的人听到了老婆婆的呼喊声,就赶忙追了过去,把一个人给抓住了。可事情的麻烦处在于,这个被抓住的人就是不承认自己是那个抢劫的贼,却说追他的那个过路人是贼。在分不清谁是好人谁是坏人的情况下,两个人开始争辩,都摆出理由说自己不是那抢劫的人。由于天色已经很晚了,他们二人争执不休,老婆婆的眼力又不太好,她也分不清哪个是抢劫的盗贼,围观的人听明了原委,就决定把这两个人都抓了送到衙门里,请您来定夺到底谁是抢劫犯。"

听完衙役的介绍,尹家明就走了出去,往衙门大堂里走去。他先是看了看大堂里的一帮人的情况,就开始问道:

"你们当中谁是那个过路人呢?"

"回禀大人,我是。"一帮人中一个穿着藏青色衣褂的人往前站了一步,回答了尹家明。

尹家明打量了那人半天,然后沉吟半响说:"嗯,那好,那你知道你追的那个人是谁吗?"

这个身穿藏青色衣褂的人指着正在跟他分辩的一个穿着对襟黑色小褂的人怒气冲冲地说道:"就是他,他就是那个抢老婆婆的贼!"

尹家明看了看那个穿着对襟黑色小褂的人,就问道:"大胆刁徒,你为何要抢劫一个可怜的老婆婆?"

"大人,您休要听这人胡言,他说的全是谎话,我才是那个帮助婆婆的好人呀!"

"听你这么一说,就是他指控你指控错了,对不对?"尹家明沉吟半响又将信将疑地问道。

"是的,大人,请您明鉴!"

一听到穿着对襟黑色小褂的人这么说,身穿藏青色衣褂的人不服气了,两个人又开始大吵起来。

尹家明见状,就道:"停!你说你是好人,他说他是好人。我也无法判断你们哪个人说的是真的,哪个人说的是假的。既然这样,那现在只有通过比赛来揭示答案了,我现在有一个主意:现在你们两个立刻从府衙门口一起向东街的菜市场那里跑,你们两个,谁能第一个跑到那里,谁就是好人。"同时,为了防止真正的贼逃跑,尹家明还派衙役全程跟踪。

两个人一听这个莫名其妙的竞赛,都不知尹家明是什么意思,但也只好来到了门口,向东街菜市场跑去。

一会儿,两个人就在衙役的带领下回到了大堂。一名衙役上前奏道:"大人,这位穿藏青色衣褂的人先跑到菜市场的。"

一听这话,尹家明就明白了真相了,他指着那个穿对襟黑色小褂的人说道:"他就是那个真正抢劫的贼,立刻给我拿下!"

一听这话,这位穿对襟黑色小褂的人就不服气了,不过他底气不足,就结结巴巴地问:"大……大人……!我跑得慢,怎么就说我是贼呢?"

尹家明于是冷笑着说了一句话,这个人一听,便不得不老老实实地认了罪。同时,在场的人也都纷纷佩服这位刺史的智慧。你知道尹家明说了什么话让这个穿对襟黑色小褂的人认罪了么?

83. 鸟王"自杀"

在清朝道光年间,江浙沿海一带有个有名的小镇——鸟岭镇。这个镇子之所以有这个名字，是因为这个镇子的人们都以养鸟为生。镇上的人不仅饲养鸟儿，而且还训练鸟儿，这些鸟儿被驯养好之后，被卖到全国各地。这些鸟儿如果被驯养得很好的话，一只鸟儿可以卖到上千两银子，因此，小镇就因为这些鸟儿出了名。

在这个镇上，大家公认的养鸟高手就是杨永三。杨永三是个孤寡老人，他没有子女，毕生和鸟儿为伴。他对鸟儿十分好，宁愿自己没有吃的，也得给鸟儿买最好的饲料；宁愿自己受伤，也得给鸟儿捉最好的虫子，那对鸟儿的爱护劲儿简直比父母对待子女还要好！因此镇子上的人都说杨永三的子女就是他养的这些鸟儿。他的屋子里全都是鸟，走廊的横梁上挂着鸟笼，窗台上、甚至连床头边都是鸟儿。因为对鸟贴心的呵护和丰富的养鸟经验，被杨永三培养出来的鸟儿在市面上都能卖出大价钱，因此，人们都把杨永三称为"鸟王"。

杨永三对于他的这些"子女"们很是照顾，每天天刚一亮，他就带着这些小动物们出去"散步"，带它们出去呼吸新鲜空气，吃新鲜的"早餐"。每当这些鸟儿溜完圈了，吃饱了，杨永三就带它们回去，在回来的路上，杨永三往往能碰到好多刚起床的人。

这几天，人们忽然觉得少了点什么，原来这些人吃完早饭之后相互聊天的时候，发现他们有好几天都没有看到杨永三了。大家在早上碰到杨永三早已经成为了日常生活中的习惯，他一不出现，立即引起了大家的关注。"鸟王"的朋友杨大海说："哎，我这朋友是不是病了呀？怎么好几天都没有见到他呢？没儿没女的，一个人真可怜，我去看看是怎么回事！"

说着，杨大海就到了杨永三的家门口，可是，任凭杨大海喊了半天，杨永三的门也没见打开，里面也没有人应。杨大海心里往下一沉，就觉得可能出了什么事情。他鼓起劲，一连撞了几下，就把杨永三的家门给撞开了。等走进杨永三的家里一看，一下子被吓傻了。

原来，杨永三躺在床上已经死了。而杨永三屋子里的鸟儿，有很多鸟儿也已经饿死了。杨大海连忙喊来了邻人，同时把这件事上报官府。

官府的衙们差人一赶到，就仔细侦察现场。他们发现杨永三的枕头边还留有一封遗书。上面写着："我这老头子年纪大了，老骨头一大把，也没儿没女，活着没意思，因此我决定先走一步了！"当时到杨永三家的衙役们也是一些糊涂之人，一看杨永三留有遗书，只想草草了事，就报告给县官说："案情很清楚，鸟王留下了遗书，肯定是自杀的。"

一听到当差的人这么说，杨永三的朋友杨大海生气了，他悲伤地看看自己的朋友，又疼惜地看看饿死的小鸟，肯定地对差人说："杨永三不可能自杀，我了解他，一定是有人害死了杨永三，还伪造了现场，造成了让我们误以为杨永三自杀的假象！"

差人们一听这话，很不服气，但是他们听了杨大海下这个判断的依据之后，就认为杨大海的判断是很有道理的。你知道为什么杨大海如此肯定杨永三不是自杀而是他杀呢？

84. 曼哈顿的枪杀案

伊提华尔斯特是纽约曼哈顿区的一位牙医。一天，有一位名叫斯尔达夫的病人来到了伊提华尔斯特的私人诊所，这是斯尔达夫第四次来这里了，这一次他要伊提华尔斯特医生帮他取出上周戴在他右下齿上的齿模。

伊提华尔斯特见到斯尔达夫来了，便像老朋友一样招呼他坐下，让他等一会儿。伊提华尔斯特处理完在斯尔达夫之前到来的病人的病症之后，就着手准备为斯尔达夫取下右下齿上的齿模，可是他没有注意，他诊所的后门在这个时候已经被悄悄地打开了，在那里还多了一样东西：一只戴着黑色手套、握着自动手枪的手，枪口已经指向了斯尔达夫。

一瞬间，就从那支手枪射出了两发子弹，斯尔达夫瞬间就死亡了。这可吓坏了伊提华尔斯特医生，他立刻向当地警察局报了案。

一小时后，负责此案的警官斯特林对侦探艾尔波特说："侦探先生，我们现在找到了一名嫌疑犯，这名嫌疑犯是电梯管理员发现的。因为在斯尔达夫被谋杀前不久，有一个面色紧张的男人上了十三楼，而伊提华尔斯特医生的私人诊所就在这层楼的1303号房间。根据其他在这层楼上办公的其他人说，这个形迹可疑的男人很像是盖布特尔，而盖布特尔则是一名惯犯。"

"盖布特尔现在被假释，"斯特林继续说，"现在我们已经把犯罪嫌疑人从他的公寓中逮捕了。我想由您审问他是最好不过的，因为也只有您可以让这样的人老老实实地承认自己的罪行。"

艾尔波特没说什么，只是吩咐警官把犯罪嫌疑人盖布特尔带来。

盖布特尔很快被带了进来，他生气地问侦探："快点给我一个解释，这到底是怎么回事？你们得给我说清楚！"

"别急，"艾尔波特慢条斯理地说，"你认识伊提华尔斯特医生吗？"

"伊提华尔斯特是谁？我认识他干什么？怎么了？"

"一个名叫斯尔达夫的人在不到两个小时前被人用枪打死了，而事故发生的地点就在伊提华尔斯特医生的诊所里。你难道对这件事情没有任何耳闻吗？"

"我哪里知道这事情，我整个下午都在睡觉，你们可不要冤枉我！"盖布特尔带着愤怒的神情冲着艾尔波特回答。

"你放心，我们不会冤枉一个好人。但是有一名电梯管理员提供了证据，他说他在斯尔达夫枪击发生前不久，有一名神色可疑的人上了十三楼，而这个人的模样和你非常相像。这你怎么解释呢？"

"你们这帮人，怎么可能因为这个就把我抓来？！"盖布特尔吼了出来，"和我长得像的人多的是，你们难道就凭这个抓我？！再说了，自从我进了监狱，我的牙从来就不曾坏过，我也根本没有接近过任何一家牙医诊所。你们可不能冤枉我。我可以发誓：斯尔达夫根本就不是我杀的，我根本没有见过伊提华尔斯特医生，你们快点把我放了！"

盖布特尔认定警察们肯定抓不到足够的证据，所以有恃无恐地在警察局大喊大叫，看起来真的好像是被冤枉了似的。

但艾尔波特侦探却打断这个惯犯吼叫，冷笑着说："够了，盖布特尔，你还要给我演戏演到几时？告诉你，就凭你刚才说的话，就已经足够送你去死刑了！"

盖布特尔听到侦探说出这样的话，心里有些发毛，但嘴上还在逞强，而他听完侦探的分析，顿时张口结舌，不得不承认自己的罪行。你知道艾尔波特侦探凭什么断定杀人凶手正是盖布特尔呢？

85. 弄巧成拙的证明

在一个星期天，警官弗兰斯特享受到了他久违的假期。因为他办案效率高，很受警察局长的信赖，所以他的假期或者双休日的时间也往往被挤掉用来办公了。这个星期天他终于能够带上家人，陪同朋友，愉快地玩上一天了。事实上，这个星期天的白天过得还是蛮愉快的，因为弗兰斯特带领着家人和朋友在街心公园那边玩得十分开心。等玩累了，他们回到家中，正准备享用可口的晚餐时，电话铃响了。弗兰斯特无奈地朝着家人做了个鬼脸，就拿起听筒，因为他知道这个时候有电话，肯定又是警察局里出现了什么案子。

果然不出弗兰斯特所料，电话里面响起了警察局里丹尼斯小姐熟悉的声音："请问是弗兰斯特警官吗？很抱歉地通知您，在街心公园的赫尔德街道23号发生了一起杀人案，局长让您务必赶快到现场。请您抓紧点时间。"

"好的，我立即赶到!"弗兰斯特放下听筒后，抱歉地看了家人和好友一眼，跟妻子说了一声，就匆匆地换了衣服，准备办案去了。弗兰斯特出门前，习惯性地边走边看了看自己腕子上的手表，表上的时针正指向6点钟。

弗兰斯特的家距离事故现场有20公里的路程，弗兰斯特驱车很快便到了现场，他看到被害者是个74岁的老太太。法医告诉弗兰斯特，死者是下午3点钟被害的。

弗兰斯特迅速地检查了现场，希望能找到一些线索。还好，在死者的咖啡杯上，弗兰斯特发现了一个指纹，在被害者家的地板上还留下了男人的脚印。然后，弗兰斯特开始询问起死者的邻居来，从邻居们的讲述中，弗兰斯特逐渐弄清了死者的家庭状况：这位被害的老太太十分可怜，她的丈夫在她很年轻的时候就死掉了，而老太太膝下无子，一直孤身一人生活。虽然孤独寂寞，但由于死去的丈夫生前留下不少财产，所以令人安慰的是老太太不愁吃不愁穿，算是当地的富裕人家。这位老太太性情还算随和，不过平时和大家也没什么交往，邻居们只是听说她还有一个外甥住在纽约市内。

"福斯特，现年25岁，是纽约一家不知名的除尘器企业的采购员，没有任何犯罪史……"被害者侄儿的档案很快就被调查了出来，被交到了弗兰斯特的手里。

弗兰斯特正在看着的时候，丹尼斯小姐把一份鉴定报告放在弗兰斯特面前，这个鉴定结果令案情明朗起来：因为现场指纹和脚印正是被害的老太太的外甥——福斯特的。于是，弗兰斯特当即下令，把福斯特作为嫌疑犯进行拘留审查。

福斯特很快被带到警察局，弗兰斯特审视着这位个看上去很精明的年轻人，心里不免泛起了嘀咕，这小子大概不太好对付。

"你是福斯特对吗？年轻人，你姨妈被人杀害了，你知不知道？"

"嗯，警官，我刚知道。请警官一定要迅速把杀人凶手找到，为我可怜的姨妈报仇，这样我姨妈才能瞑目!"说着，福斯特便抽泣起来，看上去，他十分伤心。

弗兰斯特又问："嗯，我们会尽力的，不过你是被害人唯一的亲属了，你能对破案提供什么帮助吗？"

还没等福斯特回答，弗兰斯特就把话锋一转，接着问："对了，凶杀发生的时候你在什么地方呢？"福斯特沉默着没有回答，而是慢吞吞地从外衣口袋里拿出一张照片，把照片递给了弗兰斯特警官。

弗兰斯特手持照片看了半天，脸上掠过一丝不易被人察觉的微笑，"你给我这张照片要干什么？"弗兰斯特温和地问福斯特道。

"我是想证明凶杀案发生时，我不在杀人现场，而是在当地的街心公园内。这张照片就是我在那里时拍的，你瞧，照片中纪念塔上的大钟正好3点整。"

一听到福斯特这么说，弗兰斯特愤怒了。"年轻人，你还有什么要展示和伪装的？都给我拿出来！你还要给我装到什么时候？"弗兰斯特两眼射出咄咄逼人的目光，"你以为你很聪明对吧！可是，我知道你就是那个杀人凶手，你想用3点不在场的证据骗过警方，可是你忽略了你穿的衣服了。你自己看看吧！"弗兰斯特说完，就把照片还给了福斯特。

福斯特仔细地看了照片，这才发现自己的把戏已经被识穿了。福斯特额头上渗出了汗珠，眼神一下子变得无神，他不得不承认，为了占有姨妈的住宅和财产，他蓄意造成了这起谋杀案。

你知道福斯特的这张照片的破绽在哪儿吗？

86. 瞬间被破的案子

一天上午，米尔和金蒂斯尔森两人坐车去看望住在郊区别墅的珍妮特太太。珍妮特太太是位受人尊敬的女士，她是位心脏病治疗专家，她毕生的信念就是尽力为更多的人带来健康。实际上，在她的一生中，已经挽救了不计其数人的生命，这其中就包括米尔和金蒂斯尔森两人。为此，珍妮特太太获得了"爱心天使"的称号。她退休后便在这里的别墅住了下来。

转眼，两人就到了珍妮特太太繁花似锦、碧草如茵的小院了。金蒂斯尔森忽然对米尔说："你看，珍妮特太太最近似乎身体不太好啊，院子里的草坪似乎已经有段时间没修剪过了。"

两人一边议论着，一边穿过了院子，来到了别墅门口，不知为什么，两人总觉得这里的气氛有点儿异常。他们在门外按了半天的门铃，屋子里却没有人应答。听了半天，屋子内一点声音都没有。这下，米尔也担心起来，他皱着眉头喃喃自语："但愿别出什么事吧！我们还是进去看看……"

金蒂斯尔森轻轻一推，门就打开了，原来门根本没有锁，而是被虚掩上的。两人小心地沿着铺满花草的小径向前搜寻，穿过花园，走进别墅，终于在一楼餐厅里看到了令人震惊而又伤心的一幕：珍妮特太太被人杀害了。

看上去，珍妮特太太已经遇害十多天了，显然，她是在用餐的时候遭到突然袭击的，一柄尖刀贯穿胸口，夺去了她的生命。凶手显然是为钱财而来，因为整幢别墅的抽屉和柜子都被翻得乱七八糟，值钱的东西都被洗劫一空。

"怎么会这样？"金蒂斯尔森和米尔吓得差点瘫倒在地上，整整三分钟后，两人才缓过神来。

"报警吧。"金蒂斯尔森满怀沉痛地对米尔说。

"嗯，只能这样了，我已经让车夫报警去了。"米尔对金蒂斯尔森说道，想了一下后，他又建议道，"我们还是到外面去等吧，我们在这里，会破坏现场，给警察破案带来麻烦。"

于是，两人伤感地来到别墅外面，沉默地坐在别墅前的台阶上。看着送来的报纸堆满了整级台阶，而订阅它的人永远不会再读报了，而他们再也见不到这位慈祥的"爱心大使"了，两人禁不住想哭。而在别墅的台阶下，还放着两瓶早已过期的牛奶，这应该也是珍妮特太太订的。

金蒂斯尔森看着台阶上的一大片报纸和两瓶牛奶，隐隐觉得有什么地方不对劲。突然间，他领悟了这其中的问题，他激动地拉住米尔的手说道："我已经知道谁是凶手了！这只需要思考3秒钟！"

聪明的读者，你能在3秒钟内说出凶手是谁吗？

87. 录音带的疑点

阿尔特尔是一家会计事务所的高级会计师，他主要负责审计和监督股票市场上市公司的财务运行状况，以便让股东了解到有关公司运营的真实信息，防止公司弄虚作假。

这天一大早，阿尔特尔接到了一家名叫"万斯"的房地产企业的等待审核的年度财务报表。这家企业是一家中型的经营房地产开发的企业。从报表上来看，这家企业目前的经营业绩相当好，其年利润高达2亿美元，这在目前美国房地产市场不景气的情况下，是令人难以置信的。

这看起来有些蹊跷的利润额立刻引起了阿尔特尔的注意。阿尔特尔仔细翻阅了一下，很快便发现送来审核的材料中有多处地方都不清楚，让人感觉似乎在故意遮掩什么。他正考虑是不是打电话询问一下，正好这家公司主动打来了电话。

"您好，请问是阿尔特尔会计师吗？"电话那端传来一个彬彬有礼的男声。

这个打电话的人正是万斯公司的财务顾问斯蒂夫，等斯蒂夫一报姓名，阿尔特尔马上说："我正想找您呢！你们送过来的财务报表有些问题，恐怕需要更详细的资料。"

电话另一端的斯蒂夫连忙道歉，而且非常谦恭地邀请阿尔特尔共进午餐，并说会带有关材料给阿尔特尔。阿尔特尔答应了，他们约定当天中午12点在事务所对面的"梅菲尔"咖啡馆见面。

中午时分，阿尔特尔找到了早就等候在咖啡馆里的斯蒂夫。他简单地要了一份小吃和咖啡，跟斯蒂夫寒暄了几句，便直截了当地问道："斯蒂夫先生，材料您都带来了吧？坦白讲，我对你们公司的报表非常怀疑，以现在房地产市场的情况和你们公司的的规模，似乎不大可能有如此高的利润。"

斯蒂夫并不作声，而是微笑着点点头，同时悄悄从桌子底下递过来一个厚厚的信封。阿尔特尔开始时以为他递过来的是材料，还为他用这种偷偷摸摸的方式感到疑惑呢，但是等他打开信封之后，才发现里面装的竟然全都是钱。斯蒂夫趁机悄声对阿尔特尔说道："这是60万美元，请您笑纳。目前来说我们公司是遇到了一点挫折，需要撑过这个难关，因此希望您能给我们一个机会，半年后肯定一切就都会好起来的！"

阿尔特尔是一个有原则的会计师，他当场就坚决地拒绝了斯蒂夫的贿赂。看阿尔特尔态度十分坚决，斯蒂夫也就放弃了贿赂的想法，而是岔开话题，和阿尔特尔聊起两人都感兴趣的电影来。据后来的侍者回忆，这样，他们愉快地谈论了一个小时，然后斯蒂夫结账离开了。

但是，一个小时后，有人在咖啡馆的洗手间里发现了阿尔特尔的尸体。阿尔特尔的心脏上插着一把匕首，双目圆睁，一副怒不可遏的样子。

警察在侦查现场的时候，从阿尔特尔的口袋里翻出了一个微型录音机，当按下这个微型录音机的播放按钮后，不一会儿就从录音机里传来了这样的声音："我有一种不好的预感，一旦我出事，那么万斯房地产开发公司的斯蒂夫是最大的嫌疑人……我拒绝了他的贿赂……上帝，他真的来了，啊！"

警察根据录音，马上逮捕了斯蒂夫。可是斯蒂夫坚持说自己是清白的，录音带是有人想嫁祸于他。由于警方也没有别的证据，案件进入了僵局。

聪明的读者，你觉得斯蒂夫是不是凶手呢？

88. 清洁工的"线索"

阿克斯尔警长负责以德威治公园为中心的一带的治安。这天，他正驾驶着警车在公园附近巡逻，就碰上了金斯基的命案。

金斯基是位银行家，他今年6月刚从伦敦罗伦分行退休。他退休后心情一直很愉悦，因为他再也不用像以前那样，早上一睁眼不容片刻犹豫就得爬下床，然后一直忙碌到天黑了。现在，他每天起床后只需要不慌不忙地洗漱完毕，然后就怀着轻松的心情到德威治公园散步，因为德威治公园离家不远，他只要走几分钟就能到了。

德威治公园的确是个让人心情舒畅的地方，尤其是其内部有一个儿童乐园。一大早，孩子们就牵着大人的手，蹦蹦跳跳地来公园玩耍了，给公园增添了许多欢乐。公园内像金斯基一样满头银发的老人们也不少,他们相互搀扶着,一边闲谈,一边慢吞吞地走到树林边,尽情呼吸新鲜的空气。

今天,在公园大门口出现了一点小事情,几个中学生在那里推推搡搡,像是要打架。阿克斯尔警长看到这种情形,不禁苦笑一下,想起了自己中学时故作嚣张的样子,他把警车停住,准备过去训斥一下这帮不懂事的孩子。就在这时,他突然听到了从公园里传出的一声枪响,接着,又听到人们的惊叫声:"杀人啦!杀人啦!"

阿克斯尔警长一听,便顾不得眼前的小事了,他转身往公园里奔去。

等阿克斯尔警长来到事发现场的时候,银行家金斯基已经倒在了血泊中。他的额头上中了一枪,阿克斯尔警长过去一看,金斯基已经气绝身亡了。阿克斯尔警长忙去向围观的人打听消息,但是所有人都说,他们也是在听到枪声以后才赶来的,不知道是谁杀死了这个可怜的老头。

就在阿克斯尔警长感到无奈之际,一个公园里的清洁工来到了阿克斯尔警长的面前,他悄悄地对阿克斯尔警长说:"我叫希尔斯克,是德威治公园的一名清洁工,我有重要的线索想要告诉您。"

希尔斯克对阿克斯尔警长说:"事故没有发生前,我正好在那边那条小路上扫地,我远远地看到这里站着一位面色苍白的年轻人,在和金斯基说话。他的声音很轻,而金斯基的声音很响亮,似乎在为什么问题而争执。这毕竟不关我的事,所以我也没有多加注意,准备继续干我的活儿。可是,我刚一转身,就听到了枪声。"

阿克斯尔警长听了之后就问:"那你听到他们说了什么吗?"

希尔斯克说:"我跟他们的距离那么远,怎么可能听得到呢?"

阿克斯尔警长听了希尔斯克的回答,冷笑着对他说:"清洁工先生,现在请跟我走,因为你以犯罪嫌疑人的身份被逮捕了!"

你知道阿克斯尔警长为什么怀疑希尔斯克是犯罪嫌疑人吗?

89. 贼喊捉贼

天色很好,警长歇尔金正在办公,门一开,警员福尔斯推门走了进来。福尔斯径直来到歇尔金跟前,说道:"报告警长,刚刚接到报案,七彩星珠宝店的一条钻石项链被盗了,您看怎么安排?"

歇尔金没有丝毫耽搁,立刻就带着福尔斯驱车赶到了七彩星珠宝店。

只见店内的珠宝柜旁正站着一名身穿制服的女子,显然是女营业员。歇尔金走到她跟前说道:"你好,我是负责此案的警长歇尔金,刚才我接到报警,说是贵店里的钻石项链被盗。你是店里的营业员吧,你能不能给我介绍一下当时的情况呢?"

"好的。"这名叫温尔米菲的营业员以简洁的语言回答道,"事实上,正是我报的案,因为我今天早上打开店门之后,发现一条价值上万元的项链不见了,而昨晚还在那里摆放得好好的,情况就是这样!"

歇尔金仔细观察了丢失项链的所在地,那儿并没有被人撬过的痕迹,于是接着问道:"七彩星珠宝店里共有几个人呢?"

"除了老板之外有四个,因为老板不经常到店里,最近他在马来西亚度蜜月,所以我先是给他汇报了情况,然后按他的指示报了案。"

"那这家店的钥匙是谁拿着的呢?"

营业员犹豫了一下,说道:"我们每天下班后,出门的时候会把房门钥匙放在门口地毯下面，第二天谁先到谁就拿出来开门。"

歇尔金于是立即对四名嫌疑人展开了调查。

第一位嫌疑人是一名男营业员，他说："我绝对不是你们想找的那个人，我发誓绝对没有偷项链，晚上我一直在家看世界杯足球赛，比赛刚结束，我正准备睡一会儿，晚些时候再去上班，没想到你们就来了。"说着，还把球赛的情况一点不差地向警官叙述了一遍。

第二位嫌疑人叫温斯坦，他是公司的老会计。温斯坦最近手头有点紧，曾经四处向别人借钱，但多次遭到拒绝。面对警方的盘问，他回答："我的确需要钱，但不至于做偷鸡摸狗的事。我借钱是因为我的老伴病了，晚上我一直在医院陪着她，现在才刚刚回来。"警方调取了医院的监控录像，发现他所说的是事实，看起来没什么破绽。

第三位嫌疑人就是这位年轻的温尔米菲营业员了。温尔米菲说："我吃了晚饭后，男朋友就打了家里的固定电话，案发时我一直和男朋友在通话。大约聊了半个小时，公司的温斯坦先生打了我的手机，问我借钱，我没有借给他。随后继续与男朋友聊天，直到你们来调查，才挂上电话。在此期间一直没离开过房子。所以如果警察先生不相信，我可以提供电话录音。"警方调取温尔米菲的电话录音，发现这个电话录音质量很好，内容很清晰，除了普通的对话外没有任何的杂音，温尔米菲的确在和男友通电话。

第四位嫌疑犯是本先生，警方发现这位本先生是个喜欢顺手牵羊的人，经常从七彩星珠宝店带些办公用品回家。关于自己的不在场证明，本先生是这么说的："我一直用台式机在网上和别人聊天，没有离开过卧室。不相信的话，我可以提供聊天记录。"警官看了看聊天记录，暂时看不出什么可疑的地方，案情一下陷入了僵局。

这时，一直沉默的福尔斯在了解了警方收集的线索之后，笑了起来。福尔斯说道："警长先生，很明显，罪犯就是那个人。"

到底是谁偷了珠宝？福尔斯发现的破绽又是什么呢？

90. 假警察露馅儿

苏斯利亚是个盗窃犯，8年前，他在偷窃一家珠宝店的时候，触动了防盗警报器，结果被及时赶到的警察逮了个正着，最后被法院判处坐牢8年。今天，是苏斯利亚出狱后的第一天。

苏斯利亚从监狱出来后，发现自己在监狱里的这8年期间，这个城市的变化挺大的，他都有些不认识路了。也真是巧，走着走着，他又来到那家他被抓的珠宝店门口。苏斯利亚一看到这家珠宝店，心里便生起了火气，这个不知悔改的家伙心里恨恨地想："哼！我不能白白地坐8年牢，一定要报复一下这家商店！上一次要不是那可恶的报警器，我就得手了。这次我只要事先将报警器弄坏，肯定能够得手！"

如何将商店的报警器弄坏呢，苏斯利亚在街上转悠着想了半天，终于想出了一条妙计。过了几天，他乔装打扮了一番，装扮成一名警官，来到珠宝店里。他对那位接待他的年过半百的经理说："我是杜纳尔警官，警察局最近接到消息，有一伙匪徒流窜到了本市，准备抢劫珠宝店。为了预防此类事情，我今天专门来检查一下防盗警报器。"

已经8年时间了，珠宝店经理哪里还能认出眼前的这个人正是8年前的那个盗贼，于是，他紧张地问："那么，请问警官先生，这伙儿匪徒一共有多少人呢？"

苏斯利亚故作深沉地说道："具体情况我们还没有掌握，所以还不清楚匪徒的人数，目前我们能做的，就是提醒你们提防着点。"

珠宝店经理一听，显得更为紧张："要是万一匪徒来了，我可怎么办才好呢？"

413

苏斯利亚大大咧咧地说："这你就放心吧，我们已经做好了充分的准备，只要防盗警报器一响，那三个坏蛋就别想溜掉！警报器装在哪里，快领我去！我得赶紧检查，完了还要去其他商店呢！"

珠宝店经理于是赶紧点头称是，指着地下室说："警报器开关就安装在下面，麻烦您下去检查吧！"

苏斯利亚一看计谋得逞，十分高兴，想也不想便下到了地下室中。可是，等到苏斯利亚一进去，经理却"砰"的一声，把盖子给盖上了，然后打电话给警察局："是警察局吗？我是梅彩亮珠宝公司的经理，现在我们在店里抓到一个假警官！请你们迅速派人过来……"

苏斯利亚露出了什么马脚，让珠宝店经理发现他是冒充的呢？

91. 撒谎的女秘书

日本的国际礼品博览会是目前日本国内最大、最重要的礼品及生活制品博览会，由日本贸易指导公司主办，得到了许多国家驻日本大使馆商务处及日本许多行业协会的大力支持。

2010年的日本国际礼品博览会在东京举办，世界上许多著名企业的负责人前来东京参加活动。如此一来，全面负责此次安保活动的芥川探长便感到很大的压力，因为，一旦出现任何差错，都会造成恶劣的国际影响。为了万无一失，他不仅在机场和宾馆安排了大量荷枪实弹的警察，而且还布置了许多便衣警察，暗中保护着这些身价不菲的贵宾。

功夫不负有心人，在芥川探长严密的安保措施下，几个月的博览会眼看就要圆满结束了。可是，就在博览会要闭幕的前几天，最担心的事情还是发生了。芥川探长接到报警电话，一个前来博览会的法国著名企业的总经理刚刚在酒店房间里遇害了，芥川探长来不及多想，火速赶往了事发酒店。

到达事发现场后，芥川探长了解到，这个法国总经理是今天上午才刚刚抵达东京，并住进酒店的，但是，下午便出了此事。在酒店保安的带领下，芥川探长来到了死者的卧室。死者住在一间总统套房里，里面的装潢和陈设都十分豪华，桌子上放着高档的茶叶，墙壁上挂着昂贵的名画，地上铺着厚厚的高级地毯，这种地毯非常柔软，走在上面，几乎听不见脚步声。死者就是倒在了地毯上，左脑门上被人开了一枪。桌子上则放着一部电话，话筒没有搁在电话机上，搁在旁边。

正在这时，有一位年轻的女士走了进来，她哭诉着对芥川探长说道："警官，我是总经理的秘书，因为要处理公司的一些事情，晚于总经理到达东京。我一小时前刚刚下飞机，而一下飞机，我就给总经理打了电话。可是，就在和总经理通话的时候，我听到这边的总经理突然大叫了一声，接着就传来"嘭"的一声，似乎是有人倒在地上，再后来，我又听到一阵匆忙的脚步声，应该是罪犯逃跑所发出的声音。然后，无论我怎么对着电话呼叫总经理，却没有一声回应。我知道情况不妙，就打电话报了警，然后坐出租车刚刚赶到这里！请您一定要将凶手抓出来呀！"

芥川探长静静地听完了女秘书的一番话，然后，他一声不吭地开始沉思起来。突然，他用一双锐利的眼睛盯着女秘书说："你不要再编造谎言了，还是将实情告诉我吧！"

芥川探长为什么会说女秘书在撒谎呢？

92. 打电话叫法医

特尔法恩警长吃过午饭后，靠在办公室的椅子上准备眯一会儿。昨天晚上，因为缉毒科的人手不够，他临时被调遣去协助参加了一场缉毒活动，忙活了一个通宵，累极了。可是，就在他准备进入梦乡时，电话却令人讨厌地响了起来。

出于职业的责任心，特尔法恩警长还是爬起来接起了电话，原来是一个人要报案。通过电话，特尔法恩警长听得出，对方很是焦急，对方自称是一个会计事务所的研究人员，名叫弗拉基米尔，他声称自己有一个叫普尔斯的同事刚刚给自己打了电话，在电话里同事告诉自己，自己不想再活下去了，只说了一声"永别了，我的朋友"，就挂了电话。他害怕自己的同事真的出了什么事情，所以，他才给警察局打电话。

特尔法恩警长就问弗拉基米尔："你知道普尔斯为什么有轻生的念头吗？"

"我也不是太清楚，据说是他的女朋友要离开他，他觉得万念俱灰，就不想活了。"弗拉基米尔回答道。

"那你怎么不去他家劝劝他呢？"

"我也很想去，可是根本没有去过他的家，也不知道地址在哪里呀！"弗拉基米尔解释道。

特尔法恩警长就让弗拉基米尔立即赶到警察局，同时通过警察局的资料系统，查到了普尔斯的地址，然后和弗拉基米尔一起，赶到了普尔斯的家里。

在普尔斯的门外，两人敲了几下门，可是没有得到任何回应。特尔法恩警长于是便用力砸开了门，进屋一看，普尔斯已经在客厅里上吊死亡了。弗拉基米尔于是立即抽泣起来："我的朋友，你为什么不等等我呢？为了一个女人你这样做值得吗？"特尔法恩警长马上勘察起现场来。

过了一会儿，特尔法恩警长见自己看不出什么头绪来，就想打电话给法医，让他来检查一下尸体，看能不能通过技术来找到一些线索。可是他四下里看了一下，都没有找到电话机，而自己的手机也在匆忙之中忘记带了。于是，他就拿出一张纸，在上面写下了法医的电话号码，交给弗拉基米尔说："弗拉基米尔先生，麻烦您帮我打一个电话，让法医马上赶来，越快越好！"

弗拉基米尔接过纸条，没有犹豫，立刻奔上二楼，到卧室就去打电话。等他打完电话下了楼，特尔法恩警长已经拿着手铐在那儿候着了，他说："弗拉基米尔先生，您还是老实交代下您杀死自己同事的过程吧！"

弗拉基米尔这才发现自己犯了一个错误，露出了马脚，只好低头认罪。

为什么特尔法恩警长忽然发现基米就是凶手呢？

93. 被狗咬了

小林子十分喜欢狗，她自己也养了一只非常漂亮的哈士奇，名字叫"蓬蓬"。蓬蓬高大而不失可爱，而且性格温顺，从来不会无缘无故地咬人。有一天，小林子正在家里专心看书，突然响起一阵急促的门铃声，她赶紧去开门，门外站着的这个人让小林子知道自己的麻烦事儿又来了。

进来的是隔壁的一个四川籍的老太太，她姓张，虽然名字叫"优雅"，可却是个远近闻名的刁妇，只见她气势汹汹地指着小林子嚷道："你太可恶了！自己的狗也不管好！它把我咬了！你看怎么办吧！"

小林子感到莫名其妙，因为她知道自己的狗从来不咬人，而且今天一直都蹲在她脚边。但是这个张太太一副誓不罢休之势，看来如果事情得不到很好的解决，她是肯定不会善罢甘休的。

于是，小林子问张太太道："请问，蓬蓬是什么时候咬您的？咬在哪里？严重吗？我能否看看伤口呢？"

张太太破口大骂:"你这不知好歹的狗,就在刚才经过你家门口时它把我给咬了!"说着,她把裤子拉得高高的。小林子这才看到,张太太膝盖有一处被咬伤的伤口。

面对张太太那不知是骂人还是骂狗的话,小林子忍着气,认真地看了下张太太的伤口。小林子一向是个爱动脑筋的人,看着看着,她突然醒悟了过来,于是她十分肯定地说:"张太太,你在撒谎!伤口不是蓬蓬咬的!"

张太太一口咬定自己没有撒谎。

于是,小林子不慌不忙地说出了自己的理由,张太太一听,顿时哑口无言,灰溜溜地走了。

你知道小林子的理由是什么吗?

94. 背部中弹

在美国华尔街的一场混战后,史米尔医生的诊所里冲进一个陌生人。这位陌生人神色惊恐地对史米尔医生说:"请您快帮帮我,医生!我刚穿过华尔街时,突然听到一阵枪声,接着见到一个人在前面跑,两个警察在后面追,我也加入了追捕行列。就在您的诊所后的这条死巷里,我们遭到那个家伙的伏击,两名警察被打死,我也受了伤。请您帮我处理一下伤口,替我包扎一下可以吗?"

史米尔医生虽然也有一丝诧异,但听了陌生人的话,没有多说什么,而是冷静地从他背部取出一粒弹头,并把自己的衬衫给他换上,然后又将他的受了轻伤的右臂用绷带吊在胸前。

刚做完这一切,里尔特警长和地方长官跑了进来。地方长官指着史米尔医生诊所里的这个陌生人,喊道:"里尔特警长,就是他!别让他跑了!"

里尔特警长立即拔枪对准了陌生人。

陌生人十分不解,他匆忙地说:"别误会,我是帮你们追捕罪犯的。警长,您这是要做什么呢?"

地方长官忙着说:"别狡辩了,你背部中弹,说明你是逃犯。"

在一旁目睹一切的史米尔医生这时发话了,他对里尔特警长说:"警官先生,您别着急,正因为这个人的背部中弹,这才证明这个伤号不是真凶。"

为什么医生这么肯定这个陌生人不是真凶呢?谁又是真正的那个杀死警察的真凶呢?

95. 物理学家之死

比尔科来德是一位物理学界的新秀。他在一所大学里很被看好,而实际上,比尔科来德曾经发誓为了物理终身不娶。

比尔科来德实际上也是这样做的,因为他的家中除了一位负责他日常生活起居的女仆外,就是物理学有关的书籍和手稿。他的朋友都十分佩服比尔科来德专心治学的精神。

9月30号是比尔科来德所在大学建校九十周年的纪念日,全校师生都在为这个大好日子忙碌准备着。而照着学校惯例,每次建校周年纪念日,就会有青年教师代表发言,今年的青年教师代表就是比尔科来德。

比尔科来德接到了这个任务,积极地准备着。可是等到30号到来,轮到比尔科来德发言了,左等右等就是看不到他的影子。相关负责人立即派人到比尔科来德的家里找他,却发现比尔科来德早已经死在家中了。

警察接到了学校的报案,立即赶到了比尔科来德的案发现场。探长比尔齐对比尔科来德的唯一女佣进行了审讯。

女佣菲尔米看起来有些惊慌,她哭着对比尔齐说:"怎么会发生这样的事情呢?比尔科来德先生是一个多好的人呀!大约在两个小时前,比尔科来德说他口渴,让我给他准备一杯饮料。平时比尔科来德最喜欢的饮料就是加冰的威士忌,因此我就帮他准备了加冰威士忌。比尔科来德喝了之后,说自己比较疲乏,让我给他准备洗澡水。于是,我就准备了。准备完之后,比尔科来德又吩咐我说两个小时后叫他,因为他洗完澡之后会睡两个小时,睡醒之后他就要去参加学校的建校九十周年的纪念会了。但是等两个小时过后,我按时叫他,可是我敲了半天门之后,他都没有反应,所以我就强行打开了他卧室的门,却发现比尔科来德先生已经倒在地上了。"

比尔齐听了菲尔米的诉说之后,就开始检查比尔科来德喝过的那杯加冰威士忌,他发现在那杯加冰威士忌内,除了有冰块之外,还有安眠药。

如果比尔齐相信菲尔米的话,这一切都能讲得通:可能比尔科来德先生经受不住压力或什么原因自杀而死,但是比尔齐却认为是菲尔米杀了比尔科来德先生。这是为什么呢?

答 案

1

刺史大人当然没疯。他知道判断是非最重要的是要找到证据,无论采用什么方法,只要能得到确凿的证据,就能做出正确的判断,所以,他才拷打羊皮。是不是还不明白?那就看接下来的故事吧:

两边的衙役不知道老爷今天演的是哪出戏,也不敢问,只得用力地拷打羊皮。不一会儿,30大板就打完了。只见,羊皮上掉下来薄薄的一层盐粒。大家顿时明白了老爷的用意:如果这张羊皮是贩盐人的,因为贩盐人常年累月地用羊皮垫背,那么羊皮里一定有很多细小的盐粒。如果羊皮是樵夫的,那么羊皮里就不会有盐粒。如此看来,这张羊皮是贩盐人的,樵夫是撒谎的。樵夫看到地上的盐粒,一下子瘫倒在地上,没有话说了。贩盐人高兴地拿着羊皮走了。

2

孙亮检查了一下老鼠屎,然后笑着对大臣们说:"如果老鼠屎在密封之前就浸在蜂蜜里,它里外都应该是湿的,那就是小官员的罪过;如果老鼠屎外面是湿的,而里面是干的,就说明它是刚刚被放到蜂蜜里的,那就是太监做的手脚。现在,大家看看,老鼠屎里面是干的,一定是这个太监为报私仇陷害小官员。"太监听了,慌忙跪在地上,拼命地磕头,请求孙亮从轻发落。

3

听见孔子发问,大嫂笑着说:"你不说要借'东西'的吗。'东'为甲乙,属木;'西'为庚辛,属金。我见你马车坏了,要借的当然是斧头和木材了,怎么不对吗?"

孔子连连点头,说:"对的,对的,多谢大嫂。"

孔子修好马车后,把东西还给了大嫂,就让车夫往回走。

车夫很奇怪,就问孔子:"先生不过河了吗?"

孔子感叹道:"楚国人才济济,连普通的妇女都这么有学问,我还到楚国干吗?还是到别的国家授课吧。"

后来,人们就把那条楚国的小河称为"夫子河"。

洗衣服的大嫂,怎么知道孔子所需要的东西的呢?难道真的是因为孔子所说的"东西"这两个字吗?当然不是这样了,什么东属木、西属金,这根本就是不合理的联系,大嫂不过是在和孔子开玩笑罢了。之所以能够知道孔子所需要的东西,完全是因为大嫂善于观察和推理,看到孔子车子坏了,需要的当然是修车的工具了。

4

路边有一棵挂满李子的李树,鲜红的李子,让人垂涎三尺。但是王戎却很快判断出了李子是苦的。他是怎样得出这个结论的呢?

细心的王戎发现了一个奇怪的地方,李子就长在路边,伸手就可以摘到,怎么来来往往的行人没有去摘呢?根据这个奇怪的现象,王戎进行了简单的推理,如果李子是甜的,那么一定被路人摘光了,而事实是树上的李子根本没人动,所以假设是错误的,李子是苦的。

5

他们指定一个人分粥,规定分粥人只能要其他六个人挑剩下的那一碗粥。显然,谁都会挑粥最多那一碗,最后剩下的只能是粥最少的那一碗。所以,为了能多分到一点粥,分粥人只能把粥平均分到七个碗里,这样每碗粥都是一样多的,就是最后挑也没关系了。有了最后一个办法,再也没有出现过分粥不公平的现象。

6

如果这些战俘能够正确地站成一列，所有人都能被释放。

第 1 个战俘站在这一列的最前面，其他的人依次插入，站到他们所能看到的最后一个戴红色帽子的人后面，或者他们所能看到的第一个戴黑色帽子的人前面。这样一来，这一列前一部分的人全部都戴着红色帽子，后一部分的人全部都戴着黑色帽子。每一个新插进来的人总是插到中间（红色和黑色中间），当下一个人插进来的时候他就会知道自己头上帽子的颜色了。如果下一个人插在自己前面，那么就能判定自己头上戴的是黑色帽子。这样能使 99 个人获救。当最后一个人插到队里时，他前面的一个人站出来，再次按照规则插到红色帽子与黑色帽子中间。这样这 100 个战俘就都获救了。

7

原来，查尔发现朱利安的书房里都是北极的东西，只有那只企鹅是南极的动物，而朱利安从没到过南极，企鹅标本肯定是别人送的。而且他还发现罩着标本的玻璃罩开了一条缝，显然有人动过它。这只是一个无关紧要的细节，大多数人都是这么认为的，然而就是这样一个细节，暴露了小偷的蛛丝马迹——小刀藏在身上简直就是不打自招，而藏在标本里就安全多了，然后再以赠送人的身份要回标本，这样偷到小刀，就是神不知鬼不觉了。

秘密就隐藏在一个毫不起眼的事物后面，只有善于发现和推理的人，才能根据这个不起眼的发现，寻找到事情的真相。

8

大卫把大羊圈分成了三个部分，一部分关着老羊，一部分关着小羊，一部分关着大羊。到了早上，羊们该吃"早点"的时候，大卫首先放出了小羊，小羊"咩咩咩"地欢叫着，跑到草原上，专拣最嫩的草吃。等小羊们吃得差不多了，大卫又把老羊放了出来，

没有年轻体壮的大羊的干扰，老羊们可以安心地吃起好草来了，它们也"咩咩"地感谢着大卫。等到最后，大卫才把大羊放了出来，大羊们饿坏了，它们来不及向大卫"咩咩"地表示抗议，就赶紧跑过去吃草了，草原上已经没有多少好草了，大羊们只好用力地咀嚼着那些又老又硬的草了，幸好，大羊的身体和牙齿都很强壮，它们也能吃饱。

9

用右勾拳击打对面的人时，只会击中对方的左下巴，而死者的下巴右侧有一块淤青，显然是这个目击者在撒谎。

10

崔闪戴的是黄颜色的帽子。下面是崔闪的推理过程：

如果小明和王志中的任何一人看到两顶蓝帽，那么就会马上知道自己戴的是黄帽。既然他们都无法推测自己的帽子的颜色，便说明他们都没有看到 2 顶蓝帽。因此至少有两个黄帽，至多 1 个蓝帽。

而如果小明和王志中有人看到 1 顶蓝帽，那么他就知道自己头上是黄帽，但是仍然没有人能猜出自己帽子的颜色，说明没有人戴蓝帽，因此崔闪可以肯定自己一定带着黄帽。

11

今天是星期四。

小木偶是通过逻辑推理的方式推算出来的，其步骤大致可分为两步：

小木偶先针对长颈鹿的话进行推测。

假设今天是星期一，那么长颈鹿今天说谎，而昨天说真话，那么正好，长颈鹿对小木偶的问题会回答："昨天是我说谎话的日子。"所以今天可能是星期一；

假设今天是星期二，那么长颈鹿今天说谎，昨天也说谎，因此其回答应该是"昨天是我说真话的日子"，而不是"昨天是我说谎话的日子"。由此推测，今天不是星期二。同理，可以推断出今天不是星期三；

假如今天是星期四，那么长颈鹿今天说真话，昨天说假话，所以，对于小木偶的问

题，它会回答"昨天是我说谎话的日子"。所以今天可能是星期四；

假设今天是星期五，那么长颈鹿今天说真话，昨天也说真话，所以，长颈鹿对小木偶的回答应该是"昨天是我说真话的日子"，而不是"昨天是我说谎话的日子"。由此推测，今天不是星期五。同理，可以推出今天不是星期六和星期天。

因此，根据长颈鹿的回答，可以推出今天是星期一或星期四。而用同样的方法对斑马的话进行分析，可以推出今天是星期四或星期天。

进一步，对于小木偶的问题，长颈鹿和斑马都回答"昨天是我说谎话的日子"的时间，只能是星期四。所以，聪明的小木偶断定，今天是星期四。

12

盗窃犯是乙。因为尽管听不懂法语，但是警官也可以推测，无论丙是不是真正的盗窃犯，丙都肯定不会承认自己是盗窃犯。因此，甲的翻译应该是正确的。而乙的翻译则肯定是在故意诬赖丙，或者是自己根本不懂法语，谎称自己懂。无论何种动机，乙肯定是在撒谎。既然撒谎，便是在掩饰什么，而只有犯罪的人才有必要掩饰。所以，乙是真正的盗窃犯。至于丙本人是不是乙的同伙，则目前不能肯定。

13

可以通过排除法进行推测。

首先分析戊的话，他说5个人都在撒谎。如果他说的是真的，那么可以推出他撒的谎是真的这样的悖论。因此他的话不能成立，是谎话。那么，由此可以进一步推出，5个人中至少有1人说的是真话。

接下来我们来分析甲的话。甲说5个人中有1人在撒谎。假定甲说的是真话，那么乙、丙、丁所说的都是谎话了。这便与甲说的只有1人说谎相矛盾，所以可以得知，甲说的也是谎话。

再看乙。乙说5个人中有2人在撒谎。通过前面的推理我们已经得知甲、戊在说谎了。而如果乙说的话是真的，则丙、丁的话又是在撒谎了。如此一来，便可推出有4人在撒谎，这与乙所说的有2人在撒谎相矛盾。因此，乙所说的话不能成立，它也是在撒谎。

同理，丙如果说的是真话，则丁说的便是谎话了，这样一来，丁加上上面已经证实是在说谎的戊、甲、乙就是4个人在说谎了，这又与丙所说的3个人在说谎相矛盾，所以丙也是在说谎。

一开始通过对戊的分析已经得出结论，5个人中至少有一个人在说谎，现在甲乙丙戊都在说谎，则只能是丁说了真话了。同时，丁所说的5个人中有4个在撒谎也正好与事实相符，没有引起矛盾。所以丁说的是真话。

14

庸芮接着秦宣太后的话头说："太后圣明，那么既然您明知道人死后不会有知觉了，为何还要平白无故地将自己所爱的人置于死地呢？而反过来，如果人死后还有知觉的话，那么先王（秦惠文王）这几十年来，在地下都不知积累了多少怒气了。太后您到了阴间，在先王面前补过还来不及，哪还有机会跟魏丑夫在一起。万一先王看到了魏丑夫，这岂不是您的大麻烦吗？"

15

皮埃尔·居里所提的问题有两个，第一个是："你愿意嫁给我吗？"第二个则是："你对于这个问题的回答，和对第一个问题的回答是一样的吗？"思维敏捷的玛莉一下子陷入了窘迫。因为对于第一个问题，她可以回答"不"。但是，接下来对于第二个问题，不论她回答"是"还是"不"，都会陷入逻辑悖论。所以，她只好认输，嫁给难住了自己的皮埃尔·居里。

16

杰克先生的谬误属于对概率的一种错误理解。其实，在现实生活中，犯杰克先生这样错误的人固然几乎是没有，但是这种类似的心理还是普遍存在的。比如在农村的一些重男轻女的夫妇,他们在前面一连生了几个女婴之后,总以为接下来产生的孩子是男婴的几率要大一些。而实际上,生男孩子的几率仍旧只是 50%,不会有任何改变。还有,当一个人在地上掷钱币时,如果一连几次都掷的是同一面,那么他便总以为接下来再掷出同一面不大可能,而掷出相反一面的概率则大大增强。这也仅仅是一种心理错觉,事实上,他接下来掷出的两个面的概率同样是各占 50%,而不会受到前面的投掷结果的影响。

为进一步解释这种现象,让我们引入概率论中的两个基本概念:互不相容事件与相互独立事件。如果一件事和另一件事之间存在互斥关系,即不能同时发生,那么才会彼此产生影响,这种事件称作互不相容事件(或称互斥事件),这样的两件事会影响到彼此发生的概率。而如果两件事彼此是独立的,互不影响,便不会对彼此的概率产生影响。就比如你明天是去郊外度假还是待在家里,便是两件互不相容事件,会彼此影响对方发生的概率。而你明天穿什么颜色的衣服和明天伦敦的天气如何之间便是彼此独立的事件,不会相互影响彼此的发生的概率。显然,杰克带不带炸弹和与他同机的其他旅客是否会带炸弹便是属于互相独立事件。因此,杰克带炸弹并不会影响别的旅客带炸弹的概率。

17

这位母亲想了一下之后,回答说:"我想,鳄鱼先生您肯定会吃掉我那可怜的孩子的!"

"哈哈,算你聪明,竟然猜到我会吃掉你的孩子!哈哈,你以为我真的会无缘无故地放弃一顿美餐吗?我只不过是在逗你玩罢了。"

说完,鳄鱼便要张开血盆大口吞下孩子。

没想到就在这时,母亲制止鳄鱼道:"鳄鱼先生,根据我们的约定,只有我回答错了时,你才能吃掉我的孩子。现在,如果你吃了我的孩子,不就证明我的猜测是正确的吗,你不就失信了吗!"

鳄鱼一听,顿时愣住了,它转了转自己的大眼睛,心想:这女人说得不错啊,我如果将孩子吃了,那她不就是猜对了吗?我就失信了。于是,它心有不甘地准备将孩子放回岸上。

但是,就在孩子快要被放到岸上时,鳄鱼转念一想,如果我把孩子放了,不就又证明她猜错了吗?那我不就可以名正言顺地吃掉孩子了吗?于是,鳄鱼又将要将孩子吃掉。但是,这样一来,孩子母亲的猜测就又是正确的了,还是吃不了。鳄鱼一下子懵了。就在这时,孩子的母亲趁机将自己的孩子从鳄鱼嘴中夺了出来,孩子得救了。

在故事里,这位母亲凭借自己的聪明,给鳄鱼编造了一个逻辑学上的陷阱,使得鳄鱼无论判定她的回答是"对"还是"错",都无法吃掉自己的孩子,从而救下了自己的孩子。于是,直到今天,那条鳄鱼一有空时还在琢磨着这个问题:为何那个女人的回答使得我无法吃掉那孩子呢?当然,它永远都琢磨不明白了。因为这个问题是个悖论,即使是进入了 21 世纪的人类,目前也没有答案破解。

18

原来,只要附近有直升机的干扰,电视图像一定会出现紊或者是"雪花"。但是卡斯特声称电视没有出现一点紊乱。因此,在刚才电视受直升机干扰期间,他肯定是出了自己的房间,所以才没有看到电视受干扰的情况,而他却称自己没有出房间。既然撒谎,便肯定有动机,因此他就是小偷。

19

实际上,约翰在这里便是犯了一个辩论中常见的偷换概念的错误。偷换概念是违反逻辑同一律的规则而产生的逻辑错误。同一律指的是在同一思维过程中,要保持论述的同一性,即概念必须保持同一,不能任意变换。而许多诡辩产生的共同原因便是在论述的过程中,概念没有保持前后统一。比如在这个故事是，约翰的错误便在于没有保持"知道东西在什么地方"的意思的统一。在这个语境当中，约翰在"我想问您的是，如果您知道一个东西在什么地方，那能说这件东西丢了吗"这句话中，"知道一个东西在什么地方"，指的是知道东西在什么地方并且能够拿回来。而接下来他所说的"知道茶具在大海里"所包含的意思是这套茶具已经不能再拿回来了。概念不同一，所以约翰的说法是不能成立的，事实上，船长的茶具已经丢了。

其实，在古希腊还有一个类似的经典的论辩题，叫作"有角的人"。其内容便是：你没有丢的东西就是你还有的东西，因为你没有丢掉你的角，所以你是有角的人。显然，这个论题与事实违背，是不能成立的。但其逻辑上的问题在哪儿呢？就在于"你没有丢掉的东西"这个概念的含义，可以表示"你本来就没有的东西"，也可以表示"你本来是有的而以后还有"。"有角的人"的论题却在推论的小前提中使用后一种含义，而在大前提中则使用前一种含义。经过这个偷换概念的过程，"你是有角的人"的荒唐结论便出来了。

20

卡斯特因为钥匙上留下的死者拇指和食指的指纹而判断死者是自己锁上了门，所以判定他是自杀。但是，你可以想象一下自己用钥匙来开门或锁门时的情景，我们虽然都会使用食指和拇指，但是所使用食指的部分并非是指尖部分，而是关节旁边部分，这样才能发上力。因此如果真是死者自己锁的门，那么钥匙上只会留下他拇指的指纹，而不会留下食指的指纹。

现在，钥匙上留下了拇指和食指的指纹，只能说明是有人故意（很可能是在死者死后）将钥匙放在死者手中捏了捏，使得钥匙上留下死者的指纹，以制造死者自杀的假象。所以说，助手卡斯特的判断是轻率的，死者死于他杀。

21

从逻辑学上讲，"美国国会中的有些议员是婊子养的"是一个"有些S是P"结构的特称肯定判断。而马克·吐温后来在道歉声明中所更正的"美国国会中的有些议员不是婊子养的"则是一个"有些S不是P"的特称否定判断。事实上，"有些S是P"和"有些S不是P"这两种结构是可以等同的，具有同样的意思。所以说，议员们是搬起石头砸自己的脚，被马克·吐温骂了两次。

22

怀特警探分析道："一个人的职业往往对于一个人的思维习惯有着决定性的作用，死者是一名高中数学老师，你们想，'牌'又可以称为圆周率π，代表314，因此，凶手很可能就是住在314房间的贝克汉姆。"

23

斯诺之所以断定是上午8点的那辆车劫持了女画家，是因为牵牛花是一种早上才开的花种。一过上午9点，就开始萎缩。女画家既然画了盛开的牵牛花，而又没有画完，因此她肯定是在牵牛花盛开的时段里被劫持的，所以劫持她的车应该是上午8点的那辆。

24

该推理的关键就在于被害者当时是坐在灯光的垂直下方。凶手只有站在被害者和窗户之间的位置，才会在窗户上出现他的投影。因为如果他是站在相反一面的话，他的影子便不会投射在窗户上，而是会投射在他身后的墙上。窗户上既然出现了凶手的投影，则可以推断他必定是用右手举起了酒瓶，将被害者打死。所以，目前可以推断，凶手是个惯用右手的人。

25

一个破绽是：富商的手枪拿在右手里，脑袋上的弹孔则是在左太阳穴。一个人基本上不会用这么别扭的姿势自杀；另一个破绽则是：杀手为防留下自己的指纹，将打印机上指纹全部擦去了，但同时他也擦去了富商在打印机上留下的指纹。富商既然在"自杀"前用打印机打印了遗书，怎么会没有在打印机上留下指纹，除非富商擦去了指纹，而他显然没有理由这么做。

26

其实，这个问题在数学已经比较发达的今天，解决起来并不难，这仅仅是个一元一次方程而已。我们可以设刁藩都的寿命为 x，然后将墓碑上所给出的条件转换成数学语言即可。"诸神赐予他的生命的 1/6 是幸福的童年"，即为 x/6；"又过了生命的 1/12 后，他长出了胡须"，即为 x/12；"其后刁藩都结了婚，不过还不曾有孩子，这样又度过了一生的 1/7"，即为 x/7；"再过 5 年，他得到了第一个儿子"，即为 5；"但不幸的是，这个儿子只活了其父亲寿命的 1/2"，即为 x/2；"儿子死后，刁藩都在数学中寻求慰藉，4 年后离开了这个世界"，即为 4。

如此，即可得出一个一元一次方程：x＝x/6＋x/12＋x/7＋5＋x/2＋4

解此方程得 x＝84

所以，刁藩都的大致生平是这样的：他 21 岁结了婚，38 岁做了爸爸，80 岁死了儿子，84 岁逝世。

27

公鸡 4 只，母鸡 18 只，小鸡 78 只；或公鸡 8 只，母鸡 11 只，小鸡 81 只；或公鸡 12 只，母鸡 4 只，小鸡 84 只。

28

公狗和母狗的撒尿习惯是不一样的，只有公狗才会抬起后腿撒尿。小青年刚才称这条狗名叫"公主"，这显然是个母狗的名字，说明他和这条狗并不熟悉。老张正是凭借此断定他是小偷的。

29

安娜回答说："假如我当时那一脚踩到的是其他的旅客，那么他们一定大喊大叫，说不定还会大骂我一顿，因为那一踩我确实很用力。但是那个被踩的人却一直默不作声，这说明，他一定是小偷，因为自己的偷盗行为所以即使被我用力踩了也不会声张。"

30

徒弟说道："师傅，那个小媳妇的拆字让我来试着解释一番吧！她自称下午一直在院子里做针线活，只回过两次屋，没去其他地方。如果簪子在院子里，会很显眼，她很容易找到。因此，簪子一定在屋子里。她又称屋子该找的地方都找过了，那么簪子一定在人容易忽略的地方。从逻辑上推理，现在是夏季，为防蚊虫，她屋子必定是挂了帘子的。而她带着簪子进屋几次，来往时簪子肯定容易绊在帘子上，很可能不知不觉间门帘便将簪子给勾下来了。而对于她抽的'酉'字，我可以这样解释：门帘挂起像个'西'字，门帘勾了簪子后，便成了'酉'字。"

31

原来，老板的理由是："人家吃饭斯斯文文，喝酒一盅一盅地倒，吃完后用手帕揩揩嘴，忘了带钱又觉得很惭愧，一眼可以看出是个有品德的人。因此我相信他一定会来还的。再想想你吃饭时的样子吧，双脚蹬在凳子上狼吞虎咽，有酒盅也不用，而是端起酒壶直接就往嘴里送，吃完饭呢，直接就用袖子揩嘴，一眼看上去就是个无赖。你不给钱，我能放心吗？"

32

名狗是在德国接受的训练，只听得懂德语，所以回到贵妇人身边之后，听不懂贵妇人所说的英语，做不出来任何动作也是正常的。

33

县官假装捋着胡子思索了一下，然后便说道："如此看来，事情就很清楚了。被告拿着钱袋站在原地不曾离开，也不曾打开过钱袋。那肯定是没有动过里面的银子了。里面既然只有 10 两银子，而原告的钱袋里有 20 两银子，那么，这个钱袋肯定不是原告的。现在这个钱袋找不到失主，本县为表彰被告拾金不昧的品格，就将这个钱袋判给你。而原告，你再去别的地方找找你的钱袋吧。"听审的人一听这个判决，顿时哄堂大笑。而这个财主也只好灰溜溜地离去了。

34

李勉断定是两个抬瓮的衙役动了手脚。

因为现在按照土块大小才制造了一半的铜铁金属块，其重量就已经达到了300斤，当初金子的重量肯定要远远大于600斤。如果当初抬来时，真的是金元宝，如此重的重量，两个衙役当初根本就不可能抬得动。由此可以推测，在瓮被抬到县官家中之前，金子就已经被掉了包。而最有可能的显然是两个衙役。

李勉推断的关键环节，便是通过假设真是金元宝的话，两个衙役根本抬不动，而他们既然抬动了，便可反推出他们当初抬的不是金元宝。

35

实际上，这个人在村子里碰到了6个人，其中三个人双眼正常，三个人双眼全盲。

36

县令是根据两人抽烟时的习惯动作判断出来的。他看到，张财旺每当遇到烟灰吹不来时，便习惯性地将烟袋头在地上磕，按照他这样的抽烟习惯，这种黄藤制作的精致烟袋必然早就用坏了，不可能像他说的用了十几年。所以张财旺必然是想赖取别人的烟袋。

37

原来诸葛亮预先估出余下的箭比1000支多一些，于是先问："你想报的箭数比1024大还是比1024小？"士兵回答说："比1024小。"接着，诸葛亮取1024的半数512，又问了第二个问题："你想报的箭数比512大还是小？"士兵答："比512大。"这样，诸葛亮接着在512与1024之间取中数768与箭数比大小……重复上面的问题，接下去是896、960、1008分别与箭数比大小，结果箭数都比这些数大。诸葛亮再把箭数与1008和1024的中数1016比大小，知道箭数比1016小。这时他知道，箭数在1008与1016之间，取中数1012，比箭数小，而1012与1016的中数是1014，再次比较，知道箭数比1014小时，就可以断定箭数是1013。

38

这座小桥虽然已经破损不堪，但是既然能够通过它走到岛上，因此它的最大承重量和旅行家的体重是差不多的。而他在岛上饿了10天后，他的体重肯定减轻了不少，因此他再过桥时，就能够安然通过了。

39

猎人先带着羊过河，把狼和白菜留在岸这边，然后猎人乘船回来；接下来，猎人把狼带到对岸去；现在狼和羊在岸的另一端，为了避免等猎人回去运白菜时单独在一起的狼把羊给吃了，猎人在返回时要把羊一同带回来；接着，猎人又将白菜带到对岸，这下，白菜和狼在一侧，不会出现问题，猎人便可放心地又回到岸这边，将羊再次带回来。这样，猎人便将三样东西都带到了对岸。

40

这三兄弟每人各赶1只或2只羊，分别通过关卡。按照李玄城的规定，兄弟三人被扣留的数量正好等于被返还的数量，所以，三兄弟一只羊也没有损失。

41

肖恩警长对狱警们说："你们看到那个卫生间了吗，他挖出来的泥土，就是通过冲厕所，一点一点地冲出去的。"

42

其实，这里将小高斯前面的方法做一变通之后，仍旧可以快速得出结论。具体做法是：在10亿个数前面加"0"，然后再把10亿个数两两分组，即999999999和0；999999998和1；999999997和2；999999996和3。依此类推，则一共可分成5亿组，各组数字之和为9+9+9+9+9+9+9+9+9+0=9+9+9+9+9+9+9+

9+8+1……=81。最后，会剩下一个数字——1000000000找不到配对，可单独算出它的数字之和为1。

如此，便可得出，这10亿个数的数字之和为：(500000000×81)+1=40500000001。

43

可以借用一元一次方程的方式逐个求出。首先，可以求出五个人所偷的珠宝总数是

$32 \times 5 = 160$。然后，设老大偷的珠宝数为 a，那么其余四人偷的珠宝数为（160-a），而老大在悄悄塞给别人珠宝后，余下的珠宝数为 a-（160-a）= 2a-160；而在老二塞给他之后，他的珠宝数又变为 2（2a-160）；老三又塞给他后，他的珠宝数是 4（2a-160）；老四塞给他后，他的珠宝数是 8（2a-160）；老五塞给他后，他的珠宝数是 16（2a-160）。由此可得出方程：16（2a-160）= 32，解得 a=81；

设老二偷的珠宝数为 b，同理可得方程：8（4b-160）= 32，解之得 b=41；

设老三、老四、老五原来偷的珠宝数分别为 c、d、e，依次列出方程：
4（8c-160）= 32，
2（16d-160）= 32，
32e-160 = 32

分别解出得到 c=21、d=11、e=6

所以，老大、老二、老三、老四、老五所偷盗的珠宝数分别是 81、41、21、11、6。

44

官员儿子所设计的辅币品种减少到了 16 种，分别是：1 分、3 分、4 分、9 分、1 角 1 分（简称 11 分，下同）、16 分、20 分、25 分、30 分、34 分、39 分、41 分、46 分、47 分、49 分、50 分。显然，很容易验证出，一元以下的任何一个零钱数额都可以用 2 枚辅币来表示出。比如，82 = 41+41；36 = 11+25。

需要指出的是，这道题目本来是由德国数学家鲁朗·斯普莱格所设计的，后来，英国伦敦大学的彼得·瓦格纳先生曾经花了很大的工夫，力图改进设计，可最终也没有找到更好的方案。或许读者朋友可以想出一个更好的方案。

45

对于原本的题目，人们之所以认为蜗牛需要 11 个小时才能爬到墙顶，是因为他们忽略了一点，那便是蜗牛在爬了 6 小时后，虽然因为进进退退，只爬上去了 6 尺，但到第 7 个小时时，它正好爬到墙顶休息，再也不可能下滑 3 尺。所以，蜗牛一共只需用 7 个小时就能爬到墙顶。这正是这道题目的小小陷阱所在。

而对于数学家改编后的题目，则就要麻烦一些了。其关键在于，要理解蜗牛的下滑现象不仅会在其停下来休息时发生，其在爬行的过程中也同样会发生下滑。事实上，老题目中所说的蜗牛在每小时能向上爬行的 5 尺，便是在扣除了其下滑后的速度。因此，在这个反方向的过程中，也应该将这个下滑的速度给加上去，于是，蜗牛向下爬行时的实际前进速度不是每小时 5 尺，而是每小时 8（5+3）尺。如此一来，说蜗牛在爬行 1 小时后一共行进了 8 尺，然后在休息的一小时里又自动下滑了 3 尺，正好达到了墙角。因此可以得出蜗牛从墙顶到墙脚爬行总共需要 2 个小时。

46

数学教授的方案是这样的：两艘炮舰先是同时出发，在走了 40 英里后，其中一艘炮舰将自己的燃料的一半输送给另一艘炮舰，然后自己折回港口重新装燃料，另一艘炮舰则继续做环岛航行。在折回港口的炮舰装满燃料后，沿反方向去迎接另一艘燃料快要耗尽的炮舰，并将自己的燃料的一半输送给另一艘炮舰。然后，两艘炮舰再一起前进，共同抵达环岛航行的终点。此时，两艘炮舰的燃料也正好全部耗完。而海岛的周长则是 200 海里。

47

根据美丽的收银小姐给排在福克纳前面的五个顾客所报的商品名称和总价，可以列出总共有五个未知数的五元一次方程组。然后利用代入法即可算出五种食品的价格分别是：一瓶水果沙拉价格是 10.5 美元，一包香肠价格是 16.5 美元，一罐蚕豆价值 5 美元，一包泡泡脆 9 美元，一瓶酱油 19 美元。福克纳总共付了 24 美元，因此，他必然是买了一瓶酱油和一罐蚕豆。

48

杰瑞的根据乃是植物学的知识,他指出,一棵树的生长是从顶端不断向上生长,而非从根部往上长。因此,爱德华当年留下的记号不会随着树的生长而升高,而应该还是在原来的高度。所以大家在树干十几米高度看到的记号肯定不是爱德华留下的记号,而是约翰逊自己刻上去以骗大家的钱的。

49

火灾的原因是:当时牛顿没有擦脸便去改稿子,水珠掉在了稿子上的同时,也落在了那块用来压稿子的玻璃板上。由于表面张力的缘故,水在玻璃上成了半圆形,这便形成了一个简易凸透镜,阳光透过水滴形成焦点,使稿纸着了火。

50

罗斯特自称自己在沙滩上晒了三个小时日光浴后,戴在手腕上的手表才被抢走,因此他的手腕上应该留下一道白色印痕才对。但是,卡维诺发现他手臂通体黝黑,所以向警官指出他在撒谎。

51

罗宾逊警官将正在转动的风扇关掉,便找到了邮票。原来,邮票被哈里斯用胶水粘在了风扇的叶轮上。风扇转动起来后,便看不到邮票了。罗宾逊正是在反复看了转动的风扇和放在桌子上的胶水之后,突然顿悟。电扇一停下来,邮票便出现了。

52

店主一共损失了 100 元,即给那位顾客的 38 元的商品钱和找给他的 62 元钱。

53

这个人是史密斯小姐。因为只有她穿着没有声响的球鞋,所以录音机里刚开始时才会是一片寂静。

54

杰瑞是个生物学家,很懂得训练动物,他趁爱德华不在家的这段时间里,训练狗一听到电话铃响,就立刻袭击人,越凶狠,赏赐越丰厚。

星期四的早晨,杰瑞将狗交还给了爱德华,然后假装像往常一样到实验室做实验。到中午时,他打电话给好友爱德华,狗一听到电话铃响,就条件反射性地袭击了爱德华。而警官之所以开始怀疑杰瑞,便是因为他查出和爱德华临死前通话的正是杰瑞。

55

"公元"是近代才产生的概念,汉代根本没有这种说法,因此这碗明显是个没文化的人假造的。

56

第三个弟子将那田埂大致均匀地分成了三段,第一段里,他将他看到的麦穗全都大致分成大、中、小三类;第二段里,他对前面所进行的分类进行了一番验证和纠正;在最后一段里,他根据前面所总结的经验从大类中挑选出了一穗美丽的麦穗。当然,这不一定就是属于最大最美的麦穗,但是这个人对此是感到满意的。事实上,老哲学家就是以此来回答了弟子们向他所提出的问题。

57

火海使其上空的温度升高,空气因受热而迅速上升,变得稀薄,而火海周围没有烧起的地方的空气较冷,密度较大,如此,便形成了气压,使得冷空气朝着火海那边流过去。如此一来,便形成了一股与风向相反的气流,将老猎人放的火吹向火海方向。

58

原来,虽然爱德华觉得古德利这次应该不会把事情办砸了,但是,这个笨蛋还是将事情给办砸了。他在寻人启事上只留下了电话,却没有留地址。而这个前来送表的年轻人并没有通过电话询问爱德华的地址,就直接找到了这里,因此他肯定来过这里,显然他就是几天前前来"拜访"爱德华的贼。他那次没有偷到什么值钱的东西,这次看到寻物启事,便大着胆子准备前来领到赏金。只是没想到他栽在了一个笨蛋(古德利)的手里。

59

马知县问崔员外道:"那好,我来问你,

你这两张借据分别是何时所写?"

崔员外回答道:"自然都是写于借钱之时,一张写于嘉庆二年十一月,一张写于嘉庆三年八月。"

"胡说,这两张借据明明是同时写的!"马知县呵斥道。说完,马知县便点燃一支蜡烛,放在公案上,然后把两张借据对边并在一起对着烛光,说:"你看这两张纸上弯弯曲曲的纸纹,完全照应相连,丝毫不差,构成一幅小河流水的图案。这说明这两张纸是同一张纸裁开的。你说两张借据都是写于借钱之时,我来问你,难道你一张纸先撕下其一半写借据,隔大半年后,又专门找出另一半来写借据吗?"

崔员外一听,哑口无言。最后,马知县当堂责打崔员外 20 大板,罚银 20 两。刘小四无罪释放,赏银 20 两。

60

公寓看守只是从门缝里远远地看,怎么会看得那么清楚,知道匪徒盗走了正好 850 英镑?另外,对于拿手电筒的人来说,人迎着他的手电筒的光看过去,是看不清对方的面孔的。当然,即使是这个拿手电筒的歹徒愚蠢地拿手电筒照射自己的同伴,让公寓看守看到了另外两名同伴的面孔,他自己的面孔也不可能被公寓看守认出。公寓看守一口咬定那三人都是白种人,显然是别有目的,想故意转移警察视线。而公寓看守这样说谎的动机只有一个,那就是他本人就是作案人。罗宾逊警官正是向公寓看守指出了他的这两个逻辑上的错误,使得他不得不认罪。

61

实际上,按照芝诺的说法,不仅仅是阿基里斯追不上乌龟,任何慢跑者只要在快跑者前一段,则快跑者就永远赶不上慢跑者,因为追赶者必须首先跑到被追者的出发点,而当他到达被追者的出发点,慢跑者又向前了一段,又有新的出发点在等着它,有无限个这样的出发点。另外,芝诺还曾提出过类似的"飞天不动"、"运动场"等一系列悖论,进而得出了"运动是不存在的"的结论。

其实,芝诺悖论的逻辑本身并不错,其之所以会得出与实际情况相违背的结论,是因为他采用了与我们通常情况下不同的时间系统。归根结底,这是一个时间的问题。通常情况下,人们都将运动看作时间的连续函数,而芝诺的解释则采用了离散的时间系统。按照通常的时间系统来算的话,假设阿基里斯每秒的速度是 10 米,乌龟是一米,那么在 100/9 秒之后,阿基里斯便会追上乌龟;但是按照离散的时间系统来算的话,这 100/9 秒可以无限细分,似乎永远都过不完。比如如果我们要过完 1 秒的时间,先要过一半即 1/2 秒,再过一半即 1/4 秒,再过一半即 1/8 秒,这样下去我们可以无限细分下去,似乎永远都过不完这 1 秒。但实际上我们真的就永远也过不完这 1 秒了吗?显然不是。因为时间的流动是匀速的,1/2、1/4、1/8 秒……这些看上去无穷无尽的时间段,加起来总归是个常数而已,也就是 1 秒。所以说,芝诺悖论的基础,即时间的离散系统是不存在的,所以说芝诺悖论是不存在的。

62

当汽车灯光从后面射过来的时候,坐在前面的人是无法逆着灯光看清后面车里的人的。而哈里斯声称自己看到了大胡子罗伯特,这显然是在别有用心地撒谎。

63

理由很简单,那个人之前说自己被绊倒,而且跌进了河里。这样一来,他口袋里的火柴自然是湿的,肯定打不着,所以从这里看出来他是在说谎。说谎者最大的麻烦就是要不停地为自己圆谎,而无休无止,有一点点前后矛盾,那么你就被识破了。这个报案人就是一个鲜明的例子,表面上这个人说的话无懈可击,实则一推敲,就露出马脚。

64

宋慈根据多年的经验和现场调查的结果,得出的最后结论,原因如下:

当他发现死者的口、鼻、咽部位没有一

点灰尘的时候，当即就做出了第一个判断就是：死者不是被大火烧死的。假如活人被火烧，那么他一定会大叫，口、鼻、咽部位便会进入灰尘，但是焦尸的上述部位没有一点灰尘，由此可以推断是死后焚尸。

根据死者的倒向宋慈又做出了这样的推断：如果活人被火烧，那么肯定要向外奔跑，那么肯定是头向外，脚朝内。但是这具死尸的位置却是刚好相反，这样便再次推断出来死者是被人故意杀害以后又推入火中的。

65

现在 A、B、C、D、E 和 F 6 个人一起在玩这个游戏。现在由 A 向 B 进行提问。

A 向 B 先提问第一个问题："请问，你心里所想的人是 B、E、D 三个人中的其中一个吗？"

因为 B 心中所想的人仅限于 6 人之中一个，所以他的回答只有"是"和"不是"两种。

假如他回答"不是"，A 由此得出 B 所想的人一定是 A、C、F 中的任意一个。于是，A 就继续问第二个问题："假如在某天的同一时刻，A、C、F 都说了一句话，现在可以知道 A 说的是真话，C 说的是假话，F 则说'某某说的是假话'，其实 F 所说的某某就是你心里所想的那个人，请问，F 说的前一句话是不是真话？"

假如 B 回答"是"，那么就说明他心里想的那个人是 C；如果 B 回答"不是"，那么说明他心里想的人是 A；如果他无法回答，那么说明他心里想的是 F。

原因如下：

如果 F 说的是真话，那么，F 说的"某某说的是假话"这句话是真话，根据题目给出来的条件，这个某某人就是 C，那么按照 F 的话，B 心中所想的人应该是 C。但是 B 心中所想的人不是 C，而是 F，因此，B 无法回答。

反过来，如果 F 说的是假话，那么根据题目中的条件，F 所说的某某人并没有说假话，而是说真话，可见，F 所说的某某就应该是 A。根据 F 的后一句，B 心中所想的那个人应该是 A，事实上，B 心中所想的人是 F，所以 B 也是无法回答，综合 B 的上述反应，可以很快得出 B 心中所想的人是谁。

假如开始的第一个问题，B 对 A 的回答为"是"，则用同样的办法可以推测出来 B 心中所想的那个人是 D、E、B 三个人中的一个，下面依旧可以通过巧妙地回答第二个问题，得知 B 心中所想的那个人是谁。

66

会议在坐的人都说自己左边是说谎族的，所以在坐的人数必定为偶数，这样一来，说到会 31 人的那个主持就是说谎族的了，与他相邻的副主持是诚实族的，因为两个人是交替着坐的，所以 48 人的这个答案是正确的。

67

应该释放 2 号牢房的武士。

68

梅尔两次跳过台阶，并且不去敲窗框而是先敲玻璃，更为暴露的一点是当门铃没有人应答时，他没去敲门板，而是直接去敲了玻璃，这一连串的动作都说明他早已经知道门板、窗框、台阶都是刚刚刷过油漆的。这便与他最近一次来过是在两天前相矛盾了，他在撒谎。

69

根据题意给出的条件，最后可以算出，巴河姆最后一共走了 39.7 公里的路，他这一天所走的路围成的土地面积为 76.2 平方公里。

70

拿破仑一共叫来了 301 个士兵操练，聪明的团长把所有的人员排成了 7 路纵队，每个队 43 人，一共是 43×7＝301 个人士兵，正好一个不多。

71

两种不同品种的橘子单价分别为：个头大的橘子每只 1/2 便士，个头较小的橘子每只 1/3 便士。两种橘子混合之后的价格则是

5/6×1/2＝5/12＝25/60 便士，假如 5 个橘子卖 2 便士，那么 1 个橘子的价格就是 2/5＝24/60 便士，这样一计算，每卖掉 1 只橘子，就会损失 1/60 便士。

因为题目中已经告诉我们结果是少了 7 个便士，所以可以得出橘子的总数量为 60×7＝420 个，也就是说当初两个人各有 210 个橘子等待出售。琼斯夫人的 210 个橘子按照她原来的价格应该卖的价钱为 105 便士。史密斯夫人的 210 个橘子按照原来的价格应该得到的总价为 70 个便士。

混合之后两种橘子的总收入为 2/5×420＝168 个便士，二人平分之后每个人得到的是 168/2＝84 个便士。所以琼斯夫人损失为 105－84＝21 个便士，而史密斯夫人的应得收入应该是 70 个便士，最后实际收入是 84 个便士，多得了 14 个便士。

72

欧布里德斯的诡辩在于他偷换了"失去"的概念。前一个"失去"指的是已经拥有的东西失去了，而后一个"失去"则指的是从来不曾拥有的东西。

73

这位白吃者偷换了一个"所有权"的概念。

他说"饺子是用米线换的"，其实是为自己做的掩护，他偷换了米线的所有权的概念。虽然他最后并没有吃米线，但是由于开始就没有付款，所以米线的所有权依然在店主手里。他虽然没吃米线，但是他要用米线来换饺子，就必须先将米线的所有权买过来，所以他应该付钱。

74

小李和小刘的观点属于诡辩。

"半空的可乐瓶"和"半满的可乐瓶"之间其实是相互蕴含的关系，也就是说他们之间是一种相互可推出的关系：从"半个空可乐瓶"可推出"这是半满的可乐瓶"。小李用"等于"的概念替换了"可推出"，得出的结果其实就错了，他忽略了"半空"不等于"半满"这两个关键的词语。

小刘开始说小李的话不对，是正确的。但是接下来他的陈述也犯了偷换概念的错误。他认为"两个半空瓶子就是一个空瓶"和"两个半满的瓶子就是一个满的瓶子"其实是不对的。因为"两个半空的瓶子"和"两个半满的瓶子"分别说的是两个瓶子，但是小刘却把"两个半空的瓶子"偷换成了"一个空瓶"，也把"两个半满的瓶子"偷换成了"一个满瓶"；这里，说他是诡辩是因为他错把"两个半满可乐瓶"偷换成了"一个可乐瓶"。

75

可以将理乔特大叔实际所买帽子的钱设为 X，衣服的价钱设为 Y，那么艾斯特大婶所买帽子的钱也是 Y，而艾斯特大婶的衣服的价钱则是 X－10。我们知道，X＋Y＝150 美元，所以，如果将他们所花费的 150 美元分作两份，而其中一份是另一份的一倍半的话，则这两份便分别是 90 美元和 60 美元。利用这些数据关系即可列出下列方程：

90＋X－10＝60＋150－X

2X＝130

X＝65

X 为 65 美元，即理乔特大叔的帽子的价钱是 65 美元。进而可知理乔特大叔买立领西服花的钱数为 85 美元。于是得知：艾斯特大婶买帽子用去 85 美元，买衣服用钱 55 美元，全部消费金额为 290 美元。

76

陈明远看到那段燃烧着的蜡烛后产生了怀疑。假如陈晓东是在自己的卧室里被杀，过了近一天的时间，蜡烛应该早已经燃尽了。因此蜡烛肯定不是死者死之前点燃的，而是在死者死后另有人点燃了蜡烛。这个人为何要点蜡烛呢？考虑到停电的缘故，最符合逻辑可能性即是有人在夜里将尸体从其他地方弄到了这里，走时忘记了灭掉蜡烛。

77

因为法医说这个死者是在周六晚上 9 点

钟左右死亡的，酒店服务员是星期日发现死者尸体并将尸体搬到公园里的，而警察接到报案是在星期一。在制造伪造现场的过程中，酒店主管和服务员顺手将一张报纸垫在了死者身下，这张报纸星期天的。星期六死的人又怎么会躺在星期日的报纸上呢？那个时候报纸还没有发行呢。所以，探长知道尸体是被迁移到这儿来的。

78

是炉子上沸腾的水让陈富贵发现了这个把戏。李艳花说她昨晚上10点左右就被闯进来的蒙面歹徒绑起来了。可是，今天陈富贵来的时候是中午，就是说炉子上的开水已经沸腾了大约14个小时。如果她说的是真的，那炉子上的水壶早就烧干了，怎么可能还会沸腾呢？

79

在圣诞节那天，根本无法利用太阳在北极圈内生火，因为从当年的10月份到第二年的3月份，北极圈里根本没有太阳。所以，科拉小姐和康斯坦丝凭此足以判断布伦达在吹牛皮。

80

犯人其实是那名接时髦女子的计程车司机。那名女子事实上和绑票并没有任何关系，她只是受绑架者之托，从公园把皮箱拿走而已。计程车司机把里面的钱拿出来之后，又把空的皮箱交给那名女子，拜托她放在地铁站的保管箱里。当然他也给了那名女子一些钱作为酬劳。这个狡猾的罪犯和警察玩了一出调虎离山之计。

81

艾尔说道："我是这么想的，既然这只猫的眼睛都是由珍贵的珍珠做成的，那么猫的全身怎么会用一文不值的铁铸成呢？因此，我想这里面定有文章。"

身为逻辑学家的艾尔正是通过一种逻辑推理发了大财，真可谓靠山吃山了。

82

尹家明对这个跑得慢的人说道："如果你能跑得快的话，怎么可能被过路的行人追上捉住呢！"显然，贼被人追上捉住，必然是因为自己没有对方跑得快，尹家明运用常识即可判断出事情的真相。

83

杨大海十分了解杨永三的习性，他知道杨永三十分爱鸟，假如杨永三要自杀，他肯定会把自己天天养着的这些鸟儿先放走或者赠送给别人，而不可能不顾鸟儿的死活，自己自杀先死，这根本不符合逻辑，所以杨大海肯定杨永三是他杀而不是自杀。

84

艾尔波特侦探自始至终只说伊提华尔斯特是名医生，从没说明他是为位牙医。但是，盖布特尔却声称自己"牙从来不曾坏过，我也根本没有接近过任何一家牙医诊所"，显然，他知道伊提华尔斯特是名牙医，他是怎么知道的？答案只能是他正是那个开枪的凶手。

85

福斯特提供的这张照片是一张处理过的照片。福斯特是用星期天上午在街心公园拍摄的照片的底片反过来冲洗出这张照片的。这样一冲洗出来，上午9点就变成了下午3点。即使这样，也掩盖不了，因为不仅钟表反过来的同时，照片上的福斯特的衣服也反过来了，就像早期的电影中的演员一样，在拍摄场地是用右手写字，可是等我们观看影片时，会发现这些荧幕中的演员都是用左手写字的。细心的弗兰斯特注意到了，福斯特提供的这张照片中的上衣口袋是从左边移到了右边的，衣服襟子也反了，右襟扣在左襟上面。弗兰斯特这么聪明，他怎么会不明白福斯特的鬼把戏呢？

86

凶手无疑是送牛奶工。虽然珍妮特太太已经死了，但是送报纸的人并不知道，他依旧每天按时将报纸送来。而送牛奶的工人却不再给珍妮特太太送奶了，这说明他知道了珍妮特太太已经死了。他显然没想到珍妮特太太的死直到十几天后才会被人发现，因此暴露了自己的罪行。

87

斯蒂夫并不是杀人凶手，证据就在这个"此地无银三百两"的录音带上。当警察按下录音播放按钮的时候，细心的读者会发现，这卷带子是从头开始播放的，所以才会只等待一会儿，就可以听到录音了。可是如果这盘录音带的确是阿尔特尔在被害现场录音的话，录音带会在阿尔特尔被害后继续往后走，直到走到头为止。录音带从头开始，说明有人把带子倒过来听过，或者这个带子根本就是一个伪证，已经被人事先录好了。更关键的是，如果凶手真的是斯蒂夫的话，他干吗不毁灭掉这盘对自己不利的证据呢？

88

希尔斯克前后说的话自相矛盾。他在描述案情的时候说"那位可疑的年轻人的声音很轻，而金斯基的声音很响亮"，等阿克斯尔警长追问的时候，他又说"听不见两人说些什么"。既然听不到两人在说些什么，怎么可能知道两人说话的声音轻和响呢？显然清洁工在撒谎。

89

行窃的正是这名陈述案情的营业员温尔米菲。她提供了一段电话录音，而录音里除了对话外却没有别的杂音了。可是，温尔米菲关于自己不在场的描述中，说在她与男朋友通话期间，公司的温斯坦曾打过她的手机，并使用手机通话。在使用固定电话时，如果同时手机来电，那么在固定电话里会传出信号干扰的声音。温尔米菲的电话录音却没有出现这样的杂音，所以温尔米菲提供的不在场证明是假的。而温尔米菲的报案行为，正是一种贼喊捉贼的策略。

90

是苏斯利亚的话出卖了自己。苏斯利亚的话自相矛盾，珠宝店经理一开始问苏斯利亚匪徒的人数时，苏斯利亚说不知道，可后来说着说着，一时漏了嘴，说"只要防盗警报器一响，那三个坏蛋就别想溜掉！"这便露出了马脚。

91

芥川探长在侦查犯罪现场的时候发现卧室里铺了厚厚的高级地毯，人走在上面或者是摔倒在上面根本就听不到声音。可是女秘书却说，从话筒里听到总经理倒地时所发出的"嗵"的一声，并且还听到凶手逃走时的脚步声，这显然是在撒谎。

92

弗拉基米尔的话和行动自相矛盾，他在报案的时候说自己没有来过普尔斯的家，可是当警长让他打电话的时候，他根本没有寻找，就直接到了死者的二楼的卧室去打电话。这就足以证明他相当熟悉普尔斯家的情况，这就说明他是在撒谎。如果他不是凶手，何必撒谎呢？

93

如果张太太膝盖上的伤口的确是蓬蓬咬的，那伤口上面的裤子不可能完好无缺，也肯定被咬破了，而张太太无须撩起裤子就可以让小林子看伤口，这就说明张太太是在骗人。

94

真凶是地方长官。理由如下：第一，医生已经把陌生人的衬衫换了，很难从外表看出来陌生人是背部中弹的，而地方长官却冲口便说出"你背部中弹"的话，这是此地无银三百两，说明正是地方长官开枪打中陌生人的背部；第二，医生把陌生人的右臂用绷带吊起，如果不是地方长官作案打中某人的右臂，他是不会一进门就喊"就是他"的，因为，诊所也可以有右手受伤的普通病人的。

95

疑点就出在酒杯中的冰块上。比尔齐发现在经过两个小时之后，威士忌中的冰块竟然还没有融化完，这说明这杯加冰的威士忌是比尔科来德先生死后有人放进他的房间的。从而也说明女仆菲尔米是在说谎，说谎的目的就是在掩饰自己的行为，所以，比尔齐探长认为女仆菲尔米才是杀人凶手，比尔科来德并不是自杀。